力学丛书·典藏版 31

理论流体动力学

下册

〔英〕H. 兰 姆 著

游镇雄 译

科学出版社

1992

(京)新登字 092 号

内 容 简 介

原著为经典名著，自 1879 年问世以来曾多次再版. 书中系统地介绍了有关经典流体动力学方面的基本理论，特别侧重于流体力学的数学理论. 本书推理严谨，编写精练，应用广泛. 中译本分上、下两册出版. 下册包括表面波、疏密波、粘性、旋转流体等内容.

本书对于理工科大专院校流体力学和空气动力学专业的学生、研究生是一本不可多得的基础理论参考书，对于从事流体力学和空气动力学等方面的科技工作者也是一本必备的参考书.

图书在版编目 (CIP) 数据

理论流体动力学 . 下册 / (英) 兰姆 (Lamb，S. H.) 著 ; 游镇雄，牛家玉译. —北京 : 科学出版社，1992.1 (2016.1 重印)

(力学名著译丛)

书名原文 : HYDRODYNAMICS

ISBN 978-7-03-002497-8

I. ①理… II. ①兰… ②游… ③牛… III. ①流体动力学 IV. ① O351.2

中国版本图书馆 CIP 数据核字 (2016) 第 018694 号

力学名著译丛

理论流体动力学

下 册

〔英〕H. 兰 姆 著

游镇雄 译

责任编辑 朴玉芬

科 学 出 版 社 出版

北京东黄城根北街 16 号

邮政编码：100707

北京京华虎彩印刷有限公司印刷

新华书店北京发行所发行 各地新华书店经售

*

1992 年第一版 开本：850×1168 1/32

2016 年印刷 印张：15

插页：平 1 精 3

字数：397 000

定价：128.00元

目　录

第 IX 章　表　面　波

227.　二维问题；表面条件………………………………459
228.　驻波；流线………………………………460
229,230.　行波；质点的轨道．波速；数值表．简谐波列的能量…463
231.　叠置流体的振荡………………………………468
232.　两股流体间公界面的不稳定性………………………………471
233,234.　化为定常运动的技巧………………………………474
235.　非均质液体的波动………………………………478
236,237.　群速度．能量的传递………………………………481
238—240.　Cauchy-Poisson 波动问题；由初始局部升高或局部冲量所引起的波………………………………486
241.　关于线性介质中一个局部扰动的效应的 Kelvin 近似公式．图线构造………………………………500
242—246.　水流的表面扰动．水深为有限时的情况．河床起伏的影响………………………………505
247.　被淹没的柱体所引起的波动………………………………519
248,249.　由移动着的扰动所引起的波动的一般性理论．波阻…522
250.　有限波高的波动；恒定型的波动．极限形状………………………………527
251.　Gerstner 有旋波………………………………533
252,253.　孤立波．Korteweg 和 De Vries 的振荡波………………………………537
254.　关于恒定型波动的 Helmholtz 动力学条件………………………………542
255,256.　波沿两个水平方向传播时的情况．局部扰动的效应…544
移动的扰动压力的效应；波浪图案………………………………550
256a,256b.　其它形式的移动扰动．船波．波阻．有限水深对波浪图案的影响………………………………555
257—259.　有限质量液体中的驻波．三角形截面和半圆形截面渠道中的横向振荡………………………………559

260,261. 纵向振荡;三角形截面的渠道; 边缘波……………… 565
262—264. 球形液体团的振荡,流线. 覆盖在球形核上的具有均匀深度的海洋……………… 572
265. 毛细作用. 表面条件……………… 578
266. 表面张力波. 群速度……………… 579
267,268. 在重力和表面张力双重作用下的波动. 最小波速·两股平行流动的公界面上的波动……………… 582
269. 局部扰动所引起的波动. 移动着的扰动的效应;波浪和涟波……………… 587
270—272 水流的表面扰动;正规的探讨. 钓鱼丝问题. 波纹图案……………… 589
273—274. 圆柱形液体的振荡. 射流的不稳定性……………… 597
275. 圆球形液滴和气泡的振荡……………… 601

第 X 章 疏 密 波

276—280. 平面波;声速;波系的能量……………… 604
281—284. 有限振幅的平面波;Riemann 和 Earnshaw 方法. 恒定形态的条件; Rankine 的探讨. 近似的不连续波……………… 610
285,286. 球面波. 用初始条件来表示的解……………… 621
287,288. 声波的普遍方程. 能量方程. 解的确定性……………… 626
289. 简谐振动. 简单源和双源. 能量的发射……………… 630
290. Helmholtz 对 Green 定理的改编. 用源的面分布来表示速度势. Kirchhoff 公式……………… 633
291. 周期性扰力……………… 637
292. 球谐函数的应用. 一般性公式……………… 639
293. 圆球形外壳中的空气的振动. 球面形空气层的振动……………… 643
294. 从一个球形曲面向外传播的波动;由侧向运动引起的衰减……………… 646
295. 空气对球摆振荡的影响;惯性的修正;阻尼……………… 648
296—298. 由球形障碍物所引起的声波散射. 声波对可移动的球体的冲击;同步时的情况……………… 649
299—300. 当波长相对较大时，由圆板、挡板上的孔隙以及由任

何形状的障碍物所引起的衍射 …………………… 656
301. 用球谐函数求解声波方程．波阵上的条件 …………… 662
302. 二维中的声波．瞬时源的效应；和一维情况以及三维情况的比较 …………………… 665
303,304. 简谐振动；用 Bessel 函数所表示的解．振荡着的柱体．由圆柱形障碍物所引起的声波散射 …………… 669
305. 二维中长波衍射的近似理论． 由平板条和由薄隔板上的孔隙所引起的衍射 …………………… 674
306,307. 声波遇到隔栅时的反射和透射 …………………… 677
308. 由半无限隔板所引起的衍射 …………………… 682
309,310. 大气中沿铅直方向传播的波动；"等温"假设和"对流"假设 …………………… 686
311,311a,312. 大气中的长波理论 …………………… 693
313. 气体在常力作用下振动时的普遍方程 …………… 704
314,315. 非转动球体上的大气的振荡 …………………… 706
316. 转动着的球体上的大气潮．共振的可能性 …………… 708

第 XI 章 粘　　性

317,318. 耗散力的理论．单自由度；自由振荡和强迫振荡．摩擦对相位的影响 …………………… 713
319. 在赤道渠道中的潮汐问题上的应用；潮汐滞后和潮汐摩擦 …………………… 716
320. 耗散系统的一般性方程；摩擦项和陀螺项．耗散函数… 720
321. 耗散系统围绕绝对平衡位形的振荡 …………………… 721
322. 陀螺项的影响．二自由度之例；长周期的扰力………… 723
323—325. 流体的粘性；对应力的说明；变换公式 …………… 725
326,327. 作为应变率的线性函数的应力．粘性系数． 边界条件；滑移问题…………………… 728
328.,328a 动力学方程组．修改后的 Helmholtz 方程；涡量的扩散 …………………… 731
329. 粘性引起的能量耗散 …………………… 734
330,330a. 液体在二平行平面之间的流动．Hele Shaw 实验．润滑理论；例…………………… 737

331,332. 圆形截面管道中的流动;Poiseuille 定律;滑移问题.
其它形状的截面 …………………………………… 741
333,334. 定常转动. 实际上的限制 ……………………………… 744
334a. 非定常运动之例. 涡旋的扩散.深水中表面力的效应… 747
335,336. 缓慢的定常运动;用球谐函数表示的通解;用于应力
的公式 …………………………………………… 753
337. 作直线运动的圆球;阻力;末速度;流线. 圆球为液体
时的情况;固体圆球具有滑移时的情况……………… 757
338. Stokes 方法;用流函数来表示的解 ……………………… 763
339. 作定常运动的椭球 ……………………………………… 766
340,341. 常力场中的定常运动 …………………………………… 768
342. 作定常运动的圆球;Oseen 的评论和 Oseen 解……… 772
343,343a. 作定常运动的圆柱体(用 Oseen 方法来处理的). 对
其它研究的简述 ………………………………………… 781
344. 定常运动中的能量耗散;Helmholtz 和 Korteweg 的
定理. Rayleigh 的推广 …………………………………… 784
345—347. 周期性运动问题. 层流运动;涡量的扩散. 振荡着的
平面. 周期性的引潮力;粘性在快速运动中的微弱
影响 ………………………………………………… 787
348—351 粘性对水波的影响. 由风所引起的波浪. 波浪上的
油所产生的镇定作用 ………………………………… 792
352,353. 具有球形边界的周期性运动问题;用球谐函数来表示
的通解 ……………………………………………… 803
354. 应用:球形容器中的运动衰减;装满液体的球壳的扭
转振荡 ……………………………………………… 810
355. 粘性对液体球振荡的影响 ……………………………… 813
356. 粘性对圆球旋转振荡和对摆的振动的影响 …………… 815
357. 对二维问题的提示 ……………………………………… 819
358. 气体中的粘性;耗散函数………………………………… 821
359,360. 粘性对平面声波的衰止作用;粘性和导热的联合影响… 823
360a. 在粘性单独影响下的恒定形声波 ……………………… 828
360b. 多孔物体对声音的吸收作用 …………………………… 830
361. 粘性对发散波的影响 …………………………………… 833

362,363. 粘性对球形障碍物（固定的或自由的）所引起的声波散射的影响 …… 837
364. 球形容器中声波的衰减 …… 843
365,366. 湍流. Reynolds 实验；水管中的临界速度；阻力定律. 由量纲理论而作出的推断 …… 845
366a. 二旋转圆柱之间的运动 …… 850
366b. 湍流系数；“旋涡”粘性系数（“摩尔”粘性系数）…… 851
366c. 大气中的湍流；风随高度的变化 …… 852
367,368. Rayleigh 和 Kelvin 的理论探讨 …… 854
369. Reynolds 的统计方法 …… 859
370. 流体的阻力. 对 Kirchhoff 和 Rayleigh 的不连续解的评论 …… 865
370a. Kármán 的阻力公式 …… 867
370b. 由环量产生的升力 …… 868
371. 由量纲而得出的公式. 模型和足尺之间的关系 …… 869
371a,b,c. 边界层. 对机翼理论的提示 …… 872
371d,e,f,g. 压缩性的影响. 流线型流动在高速下的失效 …… 881

第 XII 章 旋转流体

372. 相对平衡下的形状. 一般性理论 …… 889
373. 和椭球体引力有关的公式. 椭球体的势能 …… 893
374. Maclaurin 椭球. 离心率、角速度和角动量之间的关系. 数值表 …… 895
375. Jacobi 椭球. 椭球形平衡形状的线性系列. 数值结果 …… 898
376. 相对平衡下的其它特殊形状. 旋转的环 …… 902
377. 相对平衡的一般性问题；Poincaré 的探讨. 平衡形状的线性系列；极限形式和分歧形式. 稳定性的互换 …… 906
378—380. 在旋转系统中的应用. Maclaurin 椭球和 Jacobi 椭球的长期稳定性. 梨形的平衡形状 …… 909
381. 作旋转的椭球体的微小振荡；Poincaré 方法. 参考文献 …… 913

382. Dirichlet 的探讨；参考文献．不旋转的液体椭球的有限引力振荡 ………………………………………… 916
383. Dedekind 椭球体．无旋椭球体．旋转的椭圆柱体…… 920
384. 装满液体的旋转椭球壳的自由振荡和强迫振荡．进动… 923
385. 液体椭球的进动 ………………………………………… 928

第 IX 章

表　面　波

227. 在本章中，我们要尽可能地探讨液体中的波动在铅直运动不再被忽略时的规律. 上一章中的理论所未包括的最重要情况是在较深液体中的波动. 在这种波动中，我们会看到，当从液面向下时，质点运动的振幅就迅速减小；不过，我们将会了解到，这种波动可以连续过渡到上一章中所讨论的情况(从顶部到底部，流体的水平运动几乎是一样的).

我们从水平水层的振荡开始，而且首先只限于二维流动——其中一维(x)是水平的，另一维(y)是铅直的. 于是，自由表面的升高处和凹陷处就表现为一系列互相平行的直峰和直谷，并与平面 xy 垂直.

假定液体在普通力系的作用下由原来的静止状态进入运动，则运动一定是无旋的，且速度势应满足方程

$$\frac{\partial^2\phi}{\partial x^2}+\frac{\partial^2\phi}{\partial y^2}=0, \tag{1}$$

并在固定边界上具有条件

$$\frac{\partial\phi}{\partial n}=0. \tag{2}$$

为求得在自由表面 ($p=\text{const.}$) 上所必须满足的条件，把原点 O 取在未受扰时的液面上，并取 Oy 铅直向上. 假定运动为无穷小，把 $\Omega=gy$ 代入第 20 节公式(4)并略去 q 的平方项后可得

$$\frac{p}{\rho}=\frac{\partial\phi}{\partial t}-gy+F(t). \tag{3}$$

因此，如 η 表示时刻 t 时液体表面在点 $(x,0)$ 上部的升高度，则

由于液面上的压力是均匀的，我们可有

$$\eta = \frac{1}{g}\left[\frac{\partial \phi}{\partial t}\right]_{y=\eta}, \tag{4}$$

并假定函数 $F(t)$ 和附加常数已被合并在 $\partial\phi/\partial t$ 项之中了。

在误差与已被略去的诸项量级相同的前提下，上式可写为

$$\eta = \frac{1}{g}\left[\frac{\partial \phi}{\partial t}\right]_{y=0}. \tag{5}$$

由于自由表面的法线和铅直方向之间的夹角 ($\partial\eta/\partial n$) 为无穷小，因此，自由表面上液体质点的法向分速必等于液面本身的法向速度，而这一条件则在足够的近似级下给出

$$\frac{\partial \eta}{\partial t} = -\left[\frac{\partial \phi}{\partial y}\right]_{y=0}. \tag{6}$$

事实上，上式正是普遍表面条件(第 9 节(3)式)所能变成的形式，只要令 $F(x,y,z,t) = y - \eta$，并略去二阶小量即可。

由(5)，(6)二式把 η 消去后，可得在 $y = 0$ 处所应满足的条件为

$$\frac{\partial^2 \phi}{\partial t^2} + g\,\frac{\partial \phi}{\partial y} = 0. \tag{7}$$

它与 $Dp/Dt = 0$ 等价。

在简谐运动中，时间因子为 $e^{i(\sigma t+\varepsilon)}$，上述条件变为

$$\sigma^2 \phi = g\,\frac{\partial \phi}{\partial y}. \tag{8}$$

228. 现在我们把上节所述的内容应用于具有均匀深度 h 的水层或直渠道中的自由振荡，并假定流体在 x 方向没有限界(如果有任何固定边界的话，也是一些与平面 xy 平行的铅直平面)。

因为边界条件对于所有的 x 都是一样的，所以我们可以作的最简单假定是设 ϕ 为 x 的简谐函数；相容于前述假定的最普遍情况则可利用 Fourier 定理由叠加而得出。

于是假定

$$\phi = P\cos kx \cdot e^{i(\sigma t+\varepsilon)}, \tag{1}$$

其中 P 仅为 y 之函数。227 节方程(1)给出

$$\frac{d^2P}{dy^2}-k^2P=0, \tag{2}$$

故

$$P=Ae^{ky}+Be^{-ky}. \tag{3}$$

底部无铅直运动的条件为在 $y=-h$ 处 $\partial\phi/\partial y=0$,故

$$Ae^{-kh}=Be^{kh}=\frac{1}{2}C(\text{设为}).$$

它导致

$$\phi=C\cosh k(y+h)\cos kx\cdot e^{i(\sigma t+\varepsilon)}. \tag{4}$$

于是 σ 之值就由 227 节(8)式确定为

$$\sigma^2=gk\tanh kh. \tag{5}$$

把(4)式代入 227 节(5)式,可得

$$\eta=\frac{i\sigma C}{g}\cosh kh\cos kx\cdot e^{i(\sigma t+\varepsilon)}. \tag{6}$$

如令

$$a=-\frac{\sigma C}{g}\cdot\cosh kh,$$

并只保留表达式中的实部，则有

$$\eta=a\cos kx\cdot\sin(\sigma t+\varepsilon). \tag{7}$$

它表示一个"驻波"系，波长为 $\lambda=2\pi/k$，铅直振幅为 a。周期 $(2\pi/\sigma)$ 和波长之间的关系由(5)式给出，这一依赖关系的某些数值实例在 229 节中给出。

用 a 来表示时有

$$\phi=-\frac{ga}{\sigma}\,\frac{\cosh k(y+h)}{\cosh kh}\cos kx\cdot\cos(\sigma t+\varepsilon), \tag{8}$$

而由第 62 节不难看出相应的流函数为

$$\psi=\frac{ga}{\sigma}\,\frac{\sinh k(y+h)}{\cosh kh}\sin kx\cdot\cos(\sigma t+\varepsilon). \tag{9}$$

如 x,y 为一质点相对于其平均位置 (x,y) 的坐标，则若忽

略 (x,y) 处和 $(x+\mathrm{x},y+\mathrm{y})$ 处的分速度之差（这种差异是二阶小量），可有

$$\frac{d\mathrm{x}}{dt}=-\frac{\partial\phi}{\partial x},\quad \frac{d\mathrm{y}}{dt}=-\frac{\partial\phi}{\partial y}. \tag{10}$$

把(8)式代入上式并对 t 求积，可得

$$\left.\begin{aligned}\mathrm{x}&=-a\,\frac{\cosh k(y+h)}{\sinh kh}\,\sin kx\cdot\sin(\sigma t+\varepsilon),\\ \mathrm{y}&=a\,\frac{\sinh k(y+h)}{\sinh kh}\,\cos kx\cdot\sin(\sigma t+\varepsilon).\end{aligned}\right\} \tag{11}$$

在得出上式时，曾借助(5)式作了一点简化。每一个质点都作着直线简谐运动，其运动方向则由波峰和波谷之下（$kx=m\pi$）的铅直方向变到节点之下$\left(kx=\left(m+\frac{1}{2}\right)\pi\right)$的水平方向。当我们由水面向下到底部时，铅直运动的振幅由 $a\cos kx$ 减小到 0，而水平运动的振幅则按 $\cosh kh:1$ 的比例而减小。

当波长远小于水深时，kh 很大，因而 $\tanh kh=1$[1]。这时，(11)式简化为

$$\left.\begin{aligned}\mathrm{x}&=-ae^{ky}\sin kx\cdot\sin(\sigma t+\varepsilon),\\ \mathrm{y}&=ae^{ky}\cos kx\cdot\sin(\sigma t+\varepsilon),\end{aligned}\right\} \tag{12}$$

且有

$$\sigma^2=gk. \tag{13}$$

现在，当由水面向下时，运动会很快地减弱；例如，当向下的深度为一个波长时，振幅就以 $e^{-2\pi}=1/535$ 之比例而减小。这种振荡运动的流线（$\psi=$ const.）形状已示于本节附图中。

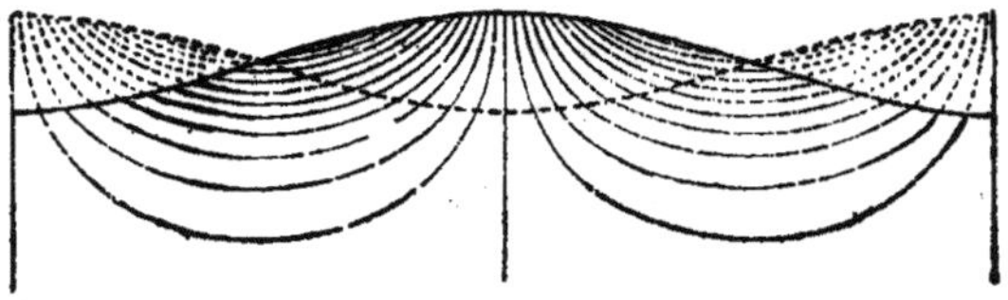

1）独立地探讨这一情况当然更为容易。

在上述探讨中，流体被假定为在 x 方向延伸至无穷远处，因而对 k 之值并无限制。但如取适当的 k 值，那么，诸公式也可给出有限长度渠道中的纵向振荡。例如，若流体以铅直平面 $x=0$ 和 $x=l$ 为边界，则若 $\sin kl=0$，即若 $kl=m\pi$（其中 $m=1, 2, 3, \cdots$），则条件 $\partial\phi/\partial x=0$ 可在两端处被满足。诸正则振型的波长因而由 $\lambda=2l/m$ 给出。参看 178 节。

229. 在上一节中已提到了“驻波”。在一开始时就提到它，是因为，为了确定一个系统在其平衡状态附近振荡时之正则振型，这样作法可使我们直接应用通常所用的方法。

在一个具有均匀深度的水层或渠道中，如水在前后两个水平方向上都延伸至无穷远处，我们可以把两个波长相同的驻波系叠加而得到一个以常速度传播的行波系，但一个分支波系的峰谷必须与另一分支波系的节点在水平方向上重合，且二波系的振幅必须相等，其相角应相差四分之一周期。

因此，如令

$$\eta=\eta_1\pm\eta_2, \tag{1}$$

其中

$$\left.\begin{aligned}\eta_1&=a\sin kx\cos\sigma t,\\ \eta_2&=a\cos kx\sin\sigma t,\end{aligned}\right\} \tag{2}$$

则可得

$$\eta=a\sin(kx\pm\sigma t). \tag{3}$$

它表示沿 x 的正方向或负方向传播的一列无限长波系，其传播速度为（下式中 σ 之值取自 228 节(5)式）

$$c=\frac{\sigma}{k}=\left(\frac{g}{k}\tanh kh\right)^{\frac{1}{2}}. \tag{4}$$

如用波长（λ）来表示，则有

$$c=\left(\frac{g\lambda}{2\pi}\tanh\frac{2\pi h}{\lambda}\right)^{\frac{1}{2}}. \tag{5}$$

当波长小于两倍水深时，实际上就有 $\tanh kh=1$，因而[1]

$$c=\left(\frac{g}{k}\right)^{\frac{1}{2}}=\left(\frac{g\lambda}{2\pi}\right)^{\frac{1}{2}}. \tag{6}$$

另一方面，当 λ 与 h 之比为中等大小时，近似地有 $\tanh kh=kh$，于是，波速与波长无关，并为

$$c=(gh)^{\frac{1}{2}}, \tag{7}$$

它与 170 节中的结果相同. 在这里我们是假定了波剖面为一正弦曲线而得到这一结果的，但 Fourier 定理表明，这一限制基本上是不必要的.

如果画出曲线 $y=(\tanh x)/x$，或者根据即将给出的数值表，可以看出在给定的水深 h 下，波速随波长由零不断增大到(7)式中的渐近值.

为论述时确定起见，我们现在把注意力放在一列沿正方向传播的简谐波上，也就是我们在(1)式和(3)式中取下面的符号. 和 228 节(7)式相比较后可表明，如令 $\varepsilon=\frac{1}{2}\pi$，并在 kx 的值中减去 $\frac{1}{2}\pi$[2]，就可得出 η_1，而简单地令 $\varepsilon=0$，就可得出 η_2. 这一点证实了我们在上面所作出的关于这两个驻波分支之间关系的论述，而且还可以使我们立即对上节中其余诸公式作出适当的修正.

于是，对于一个质点的位移分量，可得

$$\left.\begin{aligned}
\mathrm{x}=\mathrm{x}_1-\mathrm{x}_2=a\,\frac{\cosh k(y+h)}{\sinh kh}\cos(kx-\sigma t),\\
\mathrm{y}=\mathrm{y}_1-\mathrm{y}_2=a\,\frac{\sinh k(y+h)}{\sinh kh}\sin(kx-\sigma t).
\end{aligned}\right\} \tag{8}$$

上式表明每一个质点都作着椭圆谐运动，其周期 ($2\pi/\sigma,=\lambda/c$) 就是扰动传播一个波长所需的时间. 椭圆轨道的水平与铅直半轴分别为

1) Green, "Note on the Motion of Waves in Canals", *Camb. Trans.* vii. (1839) [*Papers*, p. 279].

2) 它仅仅等价于把度量 x 所用的原点改变一下.

$$a\,\frac{\cosh k(y+h)}{\sinh kh} \text{ 和 } a\,\frac{\sinh k(y+h)}{\sinh kh}.$$

当从水面向下到底部（$y=-h$）时，这两个半轴都减小，而且后者减为零。两个焦点之间的距离对于所有椭圆都是一样的，并等于 $a\,\mathrm{cosech}\,kh$。把(8)式与(3)式比较后不难看出，当水面质点位于波峰时，它沿波的传播方向运动；而当它位于波谷时，它就沿相反的方向运动[1]。

当水深超过半个波长时，e^{-kh} 就很小，(8)式可简化为

$$\left.\begin{aligned} x &= ae^{ky}\cos(kx-\sigma t),\\ y &= ae^{ky}\sin(kx-\sigma t).\end{aligned}\right\} \tag{9}$$

于是，每一个质点都描出一个圆，并具有常角速度 $\sigma=(2\pi g/\lambda)^{\frac{1}{2}}$[2]。诸圆的半径由 ae^{ky} 给出，因而，从水面向下时就迅速减小。

在下面的数值表中，第二列给出了对应于不同比值 h/λ 的 $\mathrm{sech}\,kh$ 值，这一数值表示水平运动在底部处的幅度和在水面处的幅度之比。第三列给出水面质点椭圆轨道的铅直直径和水平直径之比，第四列和第五列分别给出波速与同样波长的波在无限水深中的波速之比以及波速与实际水深中"长"波波速之比。

h/λ	$\mathrm{sech}\,kh$	$\tanh kh$	$c/(gk^{-1})^{\frac{1}{2}}$	$c/(gh)^{\frac{1}{2}}$
0.00	1.000	0.000	0.000	1.000
0.01	0.998	0.063	0.250	0.999
0.02	0.992	0.125	0.354	0.997
0.03	0.983	0.186	0.432	0.994
0.04	0.969	0.246	0.496	0.990
0.05	0.953	0.304	0.552	0.984
0.06	0.933	0.360	0.600	0.977
0.07	0.911	0.413	0.643	0.970
0.08	0.886	0.464	0.681	0.961
0.09	0.859	0.512	0.715	0.951
0.10	0.831	0.557	0.746	0.941
0.20	0.527	0.850	0.922	0.823

1) 228 和 229 节中关于有限水深中的一些结果在实质上是 Airy 给出的，见其"Tides and Waves", Arts. 160… (1845).

2) Green，本节前面脚注中引文.

续表

h/λ	$\operatorname{sech} kh$	$\tanh kh$	$c/(gk^{-1})^{\frac{1}{2}}$	$c/(gh)^{\frac{1}{2}}$
0.30	0.297	0.955	0.977	0.712
0.40	0.161	0.987	0.993	0.627
0.50	0.086	0.996	0.998	0.563
0.60	0.046	0.999	0.999	0.515
0.70	0.025	1.000	1.000	0.477
0.80	0.013	1.000	1.000	0.446
0.90	0.007	1.000	1.000	0.421
1.00	0.004	1.000	1.000	0.399
∞	0.000	1.000	1.000	0.000

另两个数值表中的周期和波速的绝对值摘自 Airy 的文献[1]. Airy 所选用的 g 值为 32.16 英尺[2]/秒.

从理论上来讲，行波以不变的形状传播的可能性仅限于均匀深度的情况，但数值

水深	波长(英尺)					
(英尺)	1	10	100	1 000	10 000	
	周期（秒）					
1	0.442	1.873	17.645	176.33	1763.3	
10	0.442	1.398	5.923	55.80	557.62	
100	0.442	1.398	4.420	18.73	176.45	
1 000	0.442	1.398	4.420	13.98	59.23	
10 000	0.442	1.398	4.420	13.98	44.20	

水深	波长(英尺)					
(英尺)	1	10	100	1 000	10 000	
	波速(英尺/秒)					
1	2.262	5.339	5.667	5.671	5.671	5.671
10	2.262	7.154	16.88	17.92	17.93	17.93
100	2.262	7.154	22.62	53.39	56.67	56.71
1 000	2.262	7.154	22.62	71.54	168.8	179.3
10 000	2.262	7.154	22.62	71.54	226.2	567.1

1) "Tides and Waves," Arts. 169, 170.

2) 1 英尺=0.3048 米.——译者注

结果表明，只要深度处处都超过半个波长(例如)，那么，深度的变化并不产生显著的影响.

最后，我们应注意到，无需以驻波为中介也可以得出行波的理论，只要设

$$\phi = Pe^{i(\sigma t+\varepsilon)} \tag{10}$$

以替换掉 228 节(1)式即可. P 所应满足的条件完全和前面一样，而且不难求得(在实数形式下)为

$$\eta = a\sin(kx - \sigma t), \tag{11}$$

$$\phi = \frac{ga}{\sigma}\frac{\cosh k(y+h)}{\cosh kh}\cos(kx - \sigma t), \tag{12}$$

其中 σ 也用和前面相同的方法来确定. 由(12)式可不难得出前面的全部结果，包括单个质点的运动在内.

230. 简谐型驻波系的能量是很容易求出的. 设想画出了两个与平面 xy 平行的铅直平面，其间距离为一个单位，那么，这两个平面之间的流体在一个波长中的势能为

$$\frac{1}{2}g\rho\int_0^\lambda \eta^2 dx.$$

把 228 节(7)式中 η 之值代入后得

$$\frac{1}{4}g\rho a^2\lambda\cdot\sin^2(\sigma t+\varepsilon). \tag{1}$$

由第61节公式(1)可得动能为

$$\frac{1}{2}\rho\int_0^\lambda\left[\phi\frac{\partial\phi}{\partial y}\right]_{y=0}dx.$$

把228节(8)式代入，并记住 σ 与 k 之间的关系，可得

$$\frac{1}{4}g\rho a^2\lambda\cdot\cos^2(\sigma t+\varepsilon). \tag{2}$$

总能量为(1)与(2)之和，它是常数并等于 $\frac{1}{4}g\rho a^2\lambda$. 我们可以把这一结果说成单位水面面积的总能量为 $\frac{1}{4}g\rho a^2\lambda$.

对于行波，可以作出类似的计算，但也可以应用 174 节所作出

的更为普遍的讨论．不论用哪种方法，我们都可以求出，在任意时刻，能量中一半是势能，一半是动能，而单位面积的总能量为 $\frac{1}{2}g\rho a^2$．换言之，振幅为 a 的行波系的能量等于把厚度为 a 的流体层升高 $\frac{1}{2}a$ 时所作之功．

231. 下面，我们讨论两层叠置液体的公界面的振荡，这两层液体除了这一公界面外，并无其它限界．

把原点取在界面的平均水平面上，可写出（下式中，带有一撇的记号用于上层流体）

$$\left.\begin{aligned}\phi &= Ce^{ky}\cos kxe^{i\sigma t},\\ \phi' &= C'e^{-ky}\cos kxe^{i\sigma t}.\end{aligned}\right\} \tag{1}$$

这是因为它们能满足 227 节(1)式，并分别在 $y=-\infty$ 和 $y=+\infty$ 处为零．故如受扰后的界面方程为

$$\eta = a\cos kxe^{i\sigma t}, \tag{2}$$

则根据 227 节(6)式，必有

$$-kC = kC' = i\sigma a. \tag{3}$$

又公式

$$\frac{p}{\rho} = \frac{\partial\phi}{\partial t} - gy \text{ 和 } \frac{p'}{\rho'} = \frac{\partial\phi'}{\partial t} - gy \tag{4}$$

给出

$$\rho(i\sigma C - ga) = \rho'(i\sigma C' - ga), \tag{5}$$

它可作为界面上压力的连续性条件． 把(3)式中 C 和 C' 之值代入上式后可得

$$\sigma^2 = gk\cdot\frac{\rho-\rho'}{\rho+\rho'}. \tag{6}$$

故波长为 $2\pi/k$ 之波系的传播速度由下式给出：

$$c^2 = \frac{g}{k}\cdot\frac{\rho-\rho'}{\rho+\rho'}. \tag{7}$$

因而，上层流体的出现会使任一波长的波系降低波速，而且波

速按比值 $\{(1-s)/(1+s)\}^{\frac{1}{2}}$（$s$ 为上部流体与下部流体之密度比）而减小。引起这种减小有着双重的原因：在给定的公界面变形下的势能要按比值 $1-s$ 而减小，同时，惯性还要按比值 $1+s$ 而增大[1]。一个数值例子是，当水覆盖于水银之上时（$s^{-1}=13.6$），波速按比值 0.929 降低。

应当注意到，在上述情况和其它这类情况中，公界面处具有不连续性。当我们穿过公界面时，法向速度（$-\partial\phi/\partial y$）当然是连续的，但切向速度（$-\partial\phi/\partial x$）却改变符号，换言之，有着（151 节）一个**涡旋层**。这是第 17 节所作注释的一个极端例子，也就是，变密度的液体的自由振荡不一定是无旋的。在实际情况中，如果产生了这种不连续面，它会立即在粘性的影响下被一个布满涡量的薄区域替换掉[2]。

如果 $\rho<\rho'$，σ 之值为虚数。这时，未受扰动时的平衡状态是不稳定的。

如果两层流体夹在刚性水平平面 $y=-h$ 和 $y=h'$ 之间，可以假定

$$\left.\begin{aligned}\phi&=C\cosh k(y+h)\cos kx e^{i\sigma t},\\ \phi'&=C'\cosh k(y-h')\cos kx e^{i\sigma t},\end{aligned}\right\}\tag{8}$$

用以替换(1)式。这是因为它们能在上述两个水平平面处分别使 $\partial\phi/\partial y=0$ 和 $\partial\phi'/\partial y=0$。于是

$$-kC\sinh kh=kC'\sinh kh'=i\sigma a.\tag{9}$$

压力的连续性要求

---

1) 它解释了为什么密度接近相等的两层液体公界面的固有振荡周期要远大于同样尺度下自由表面的固有振荡周期。这一事实是 Benjamin Franklin 在水被油所覆盖的情况下注意到的。见 1762 年的一封信（*Complete Works*, London, n. d., ii. 142)。

另外，在靠近挪威海湾的某些河口处，有一层淡水覆盖在咸水上。由于在给定的公界面变形下，波系的势能相对地较小，所以很容易使这一公界面出现相当高的波。船舶在这些海域中航行时，有时会遇到反常的阻力，这种现象也认为是由于这一原因所引起的。见 Ekman, "On Dead-Water," *Scientific Results of the Norwegian North Polar Expedition*, pt. xv. Christiania, 1904. 还可参看本书作者的一篇论文："On Waves due to a Travelling Disturbance, with an application to Waves in Superposed Fluids," *Phil. Mag.* (6), xxxi. 386 (1916).

2) 考虑进粘性时的解由 Harrison 给出，见 *Proc. Lond. Math. Soc.* (2), vi. 396 (1908).

$$\rho(i\sigma C\cosh kh - ga) = \rho'(i\sigma C'\cosh kh' - ga). \tag{10}$$

消去 C 和 C' 后得

$$\sigma^2 = \frac{gk(\rho - \rho')}{\rho\coth kh + \rho'\coth kh'}. \tag{11}$$

当 kh 和 kh' 都很大时，上式就简化为(6)式的形式 .当 kh' 很大而 kh 很小时，可近似地得到

$$c^2 = \sigma^2/k^2 = \left(1 - \frac{\rho'}{\rho}\right)gh. \tag{12}$$

这时，具有上部流体时所产生的主要影响是改变给定变形下的势能．上部流体的动能远小于下部流体的动能．

如果上部流体的上表面是自由表面，可假定

$$\left.\begin{aligned} \phi &= C\cosh k(y + h)\cos kxe^{i\sigma t}, \\ \phi' &= (A\cosh ky + B\sinh ky)\cos kxe^{i\sigma t}. \end{aligned}\right\} \tag{13}$$

于是动力学条件为

$$-kC\sinh kh = -B = i\sigma a. \tag{14}$$

界面处压力连续的条件为

$$\rho(i\sigma C\cosh kh - ga) = \rho'(i\sigma A - ga). \tag{15}$$

自由表面上的压力为常数的条件已由 227 节(8)式给出，现在只要在求导后令 $y = h'$ 即可．于是有

$$\sigma^2(A\cosh kh' + B\sinh kh') = gk(A\sinh kh' + B\cosh kh'). \tag{16}$$

在(14)，(15)，(16)三式中把 A, B, C 消去后可导出

$$\sigma^4(\rho\coth kh\coth kh' + \rho') - \sigma^2\rho(\coth kh' + \coth kh)gk + (\rho - \rho')g^2k^2 = 0. \tag{17}$$

由于它是 σ^2 的二次方程，所以在任一给定周期 ($2\pi/\sigma$) 下，就有两个可能的波系．这一点我们是可以预料到的，因为当波长被规定后，系统实际上有两个自由度，因此，围绕平衡状态的振荡就有两个独立的振型．例如，在 ρ'/ρ 很小的极端情况下，一个振型是主要由上部流体在振荡，其情况几乎和下部流体被固化时一样；而另一振型则可说成是下部流体在振荡，其情况几乎和下部流体的上表面是自由表面时一样．

上下两个表面的振幅之比可求得为

$$\frac{kc^2}{kc^2\cosh kh' - g\sinh kh'}. \tag{18}$$

在种种可以讨论的特殊情况中，最令人感兴趣的是 kh 很大时的情况，也就是，下部流体的深度远大于波长的时候．这时，令 $\coth kh = 1$，我们可看出，现在，(17)式的一个根是

$$\sigma^2 = gk, \tag{19}$$

这和无限深度的单一流体中的结果一样，而振幅之比则为 $e^{kh'}$．它仅仅是 233 节中接近末尾处所叙述的普遍结论的一个特殊情况．事实上，经过验算后可以看到，目前，在两种流体的公界面上是没有滑移的．

在同一假定下，(17)式的另一个根是

$$\sigma^2 = \frac{\rho - \rho'}{\rho \coth kh' + \rho'} gk,\tag{20}$$

与之相应，比值(18)为

$$-\left(\frac{\rho}{\rho'} - 1\right)e^{-kh'}.\tag{21}$$

如在(20)式和(21)式中令 $kh' = \infty$，我们就回到前面已讨论过的一种情况中．反之，如令 kh' 很小，可得

$$\frac{\sigma}{k^2} = \left(1 - \frac{\rho'}{\rho}\right)gh',\tag{22}$$

且振幅之比为

$$-\left(\frac{\rho}{\rho'} - 1\right).$$

最早研究这些问题的是 Stokes[1]．任何数量的不同密度的流体层相叠置时的情况曾由 Webb[2] 和 Greenhill[3] 作过处理．

232. 我们接着假定有密度为 ρ 和 ρ' 的两层流体，一层在另一层之下，并分别以速度 U 和 U' 平行于 x 轴而运动，其公界面在未受扰时当然是平面而且是水平的．这一问题实际上是一个在定常运动附近作微小振荡的问题．

于是我们写出

$$\phi = -Ux + \phi_1, \quad \phi' = -U'x + \phi_1',\tag{1}$$

其中 ϕ_1 和 ϕ_1' 根据假定为小量．

每层流体在界面处的速度可认为是由界面本身的速度和流体相对于这一界面的速度所合成的．因此，如 η 为界面变形后的纵坐标，那么，考虑铅直方向的分量时就有

$$\left.\begin{aligned}\frac{\partial\eta}{\partial t} + U\frac{\partial\eta}{\partial x} &= -\frac{\partial\phi}{\partial y},\\ \frac{\partial\eta}{\partial t} + U'\frac{\partial\eta}{\partial x} &= -\frac{\partial\phi'}{\partial y},\end{aligned}\right\}\tag{2}$$ [4]

---

1) "On the Theory of Oscillatory Waves," *Camb. Tran.* viii. (1847) [*Papers*, i. 212].

2) *Math. Tripos Papers*, 1884.

3) "Wave Motion in Hydrodynamics," *Amer. Journ. of Math.* ix. (1887).

4) 这是第 9 节中普遍边界条件(3)的特殊情况，可令 $F = y - \eta$ 并略去二阶项而看出．

它们就是 $y=0$ 处所需满足的运动学条件.

另外，下部流体中的压力公式为

$$\frac{p}{\rho}=\frac{\partial\phi_1}{\partial t}-\frac{1}{2}\left\{\left(U-\frac{\partial\phi_1}{\partial x}\right)^2+\left(\frac{\partial\phi_1}{\partial y}\right)^2\right\}-gy+\cdots$$

$$=\frac{\partial\phi_1}{\partial t}-U\frac{\partial\phi_1}{\partial x}-gy+\cdots, \tag{3}$$

其中被略去的各项或者是二阶小量，或者对我们所要讨论的问题不起作用. 因此，压力的连续性条件为

$$\rho\left(\frac{\partial\phi_1}{\partial t}+U\frac{\partial\phi_1}{\partial x}-g\eta\right)$$

$$=\rho'\left(\frac{\partial\phi_1'}{\partial t}+U'\frac{\partial\phi_1'}{\partial x}-g\eta\right). \tag{4}$$

我们曾经在别的地方见到过，在围绕定常运动的振荡中，并不需要整个系统在相位上均匀，而且在目前的情况下，也不可能在相位均匀的假定下使所有条件能得到满足. 如假定两种流体都具有无限深度，那么，适宜的作法是写出

$$\left.\begin{aligned}\phi_1&=Ce^{ky+i(\sigma t-kx)},\\ \phi_1'&=C'e^{-ky+i(\sigma t-kx)},\end{aligned}\right\} \tag{5}$$

和

$$\eta=ae^{i(\sigma t-kx)}. \tag{6}$$

于是条件(2)给出

$$\left.\begin{aligned}i(\sigma-kU)a&=-kC,\\ i(\sigma-kU')a&=kC',\end{aligned}\right\} \tag{7}$$

同时，由(4)式有

$$\rho\{i(\sigma-kU)C-ga\}=\rho'\{i(\sigma-kU')C'-ga\}. \tag{8}$$

故

$$\rho(\sigma-kU)^2+\rho'(\sigma-kU')^2=gk(\rho-\rho'), \tag{9}$$

或

$$\frac{\sigma}{k}=\frac{\rho U+\rho'U'}{\rho+\rho'}\pm\left\{\frac{g}{k}\cdot\frac{\rho-\rho'}{\rho+\rho'}\right.$$

$$\left.-\frac{\rho\rho'}{(\rho+\rho')^2}(U-U')^2\right\}^{\frac{1}{2}}. \tag{10}$$

上式右边第一项可称为两股流体的平均速度. 相对于这一平均速度,具有以速度 $\pm c$ 传播的波系, c 之值由

$$c^2 = c_0^2 - \frac{\rho\rho'}{(\rho+\rho')^2}(U-U')^2 \tag{11}$$

给出, 而 c_0 则为流体不作流动时的波速(231 节). 然而应注意到, 如

$$(U-U')^2 > \frac{g}{k}\cdot\frac{\rho^2-\rho'^2}{\rho\rho'}, \tag{12}$$

则(9)式所给出的 σ 值为虚数. 因此,平面形状的公界面对波长足够小的扰动是不稳定的. 这一结果表明, 如果没有其它因素起修正作用,那么,极其微弱的风就能把水面吹皱(以后我们会给出一个较为完整的研究,它将考虑进起稳定作用的表面张力). 如 $\rho=\rho'$ 或 $g=0$, 那么, 平面形状的界面就对所有波长的扰动都是不稳定的了. 这一结果是第 79 节中对液体中不连续面的不稳定性所作叙述的一个例子[1].

$\rho=\rho'$ 且 $U=U'$ 的情况对于说明船帆和旗帜的摆动是具有一些趣味的[2]. 我们可以令 $U=U'=0$ 而很方便地使问题简化(以后如果需要, 还可以再把任何公速度叠加上去). 在这样的假定下,方程(9)简化为 $\sigma^2=0$. 由于具有二重根, 所以必须应用微分方程书籍中所阐述的方法来求解, 并可得到两个独立解为

$$\eta = ae^{ikx}, \quad \phi_1 = 0, \quad \phi_1' = 0, \tag{13}$$

和

$$\eta = ate^{ikx}, \quad \phi_1 = -\frac{a}{k}e^{ky}e^{ikx}, \quad \phi_1' = \frac{a}{k}e^{-ky}e^{ikx}. \tag{14}$$

前一个解表示一种平衡状态;后一个解给出一个驻波系,其振幅正比于时间而增大. 在问题的这种形式中, 并没有一个实际的分离面,但如人为地制造出一个微弱的不连续运动(例如, 在一个薄膜上施加冲量,这一薄膜则在后来被溶解掉), 则不连续性会继续保

1) 这一不稳定性是 Helmholtz 最早注意到的,见第 23 节脚注中引文.

2) Rayleigh, *Proc. Lond. Math. Soc.* (1) x. 4 (1879) [*Papers*, i. 361].

持下去，而且像我们已看到的那样，波形的高度将不断增大。

把同样方法应用于厚度为 $2b$ 的射流穿入密度相同的静止流体时的情况是有趣的[1]. 把原点取在射流的中央平面上，并对受扰后的射流写出 $\phi=-Ux+\phi_0$，对两侧流体中 $y>b$ 的部分写出 $\phi=\phi_1$，对 $y<-b$ 的部分写出 $\phi=\phi_2$. 再令 η_1 和 η_2 分别表示界面 $y=b$ 和 $y=-b$ 的法向位移. 于是，适宜的假定为

$$\left.\begin{aligned}&\phi_1=A_1e^{-ky}e^{i(\sigma t-kx)},\quad \phi_2=A_2e^{ky}e^{i(\sigma t-kx)},\\&\eta_1=C_1e^{i(\sigma t-kx)},\qquad \eta_2=C_2e^{i(\sigma t-kx)},\\&\phi_0=(A_0\cosh ky+B_0\sinh hy)e^{i(\sigma t-kx)}.\end{aligned}\right\}\tag{15}$$

显然，可以有两种不同形式的扰动，在这两种形式的扰动中，分别有 $\eta_1=\eta_2$ 和 $\eta_1=-\eta_2$. 在前一种情况下，我们有 $C_1=C_2$，$A_0=0$，$A_2=-A_1$. 于是，界面 $y=b$ 处的运动学条件(2)给出

$$i\sigma C_1=kA_1e^{-kh},\quad i(\sigma-kU)C=-kB_0\cosh kh,\tag{16}$$

而略去重力后的压力连续性条件要求

$$(\sigma-kU)B_0\sinh kh=\sigma Ae^{-kh}.\tag{17}$$

因此，

$$(\sigma-kU)^2\tanh kh+\sigma^2=0.\tag{18}$$

如厚度 $2b$ 远小于扰动的波长，就近似地有

$$\sigma=\pm ikU\sqrt{kh}.\tag{19}$$

它表示一种变化得很慢的不稳定情况，就像我们在香烟的烟柱中常可看到的那样.

在 $\eta_1=-\eta_2$ 的对称情况下，我们应该用

$$(\sigma-kU)^2\coth kh+\sigma^2=0\tag{20}$$

来换掉(18)式.

233. 还可以用 175 节中的方法以非常简洁的方式来探讨行波的理论[2].

为此，设 ϕ 和 ψ 为问题简化为定常运动后的速度势函数和流函数，可假定

$$\frac{\phi+i\psi}{c}=-(x+iy)+i\alpha e^{ik(x+iy)}+i\beta e^{-ik(x+iy)},$$

故

$$\left.\begin{aligned}\frac{\phi}{c}&=-x-(\alpha e^{-ky}-\beta e^{ky})\sin kx,\\\frac{\psi}{c}&=-y+(\alpha e^{-ky}+\beta e^{ky})\cos kx.\end{aligned}\right\}\tag{1}$$

1) Rayleigh，同第 473 页脚注 2).

2) Rayleigh, 174 节脚注中引文.

它表示一个对 x 具有周期性的运动和一个速度为 c 的均匀流动相叠加. 我们假定 $k\alpha$ 和 $k\beta$ 为小量,也就是,假定扰动的振幅远小于波长.

自由表面的剖面线必然是一条流线,我们取它为 $\psi=0$. 于是,它的形状就由(1)式给出,并在取初步近似时为

$$y=(\alpha+\beta)\cos kx. \tag{2}$$

它表明,原点位于自由表面的平均高度上.另外,在底部 $(y=-h)$ 也必须有 $\psi=\text{const.}$,这就要求

$$\alpha e^{kh}+\beta e^{-kh}=0.$$

于是方程组(1)可写成以下形式:

$$\left.\begin{aligned}\frac{\phi}{c}&=-x+C\cosh k(y+h)\sin kx,\\ \frac{\psi}{c}&=-y+C\sinh k(y+h)\cos kx.\end{aligned}\right\} \tag{3}$$

用于压力的公式为(略去 k^2C^2)

$$\begin{aligned}\frac{p}{\rho}&=\text{const.}-gy-\frac{1}{2}\left\{\left(\frac{\partial\phi}{\partial x}\right)^2+\left(\frac{\partial\phi}{\partial y}\right)^2\right\}\\ &=\text{const.}-gy-\frac{c^2}{2}\{1-2kC\cosh k(y+h)\cos kx\}.\end{aligned}$$

由于流线 $\psi=0$ 的方程近似为

$$y=C\sinh kh\cos kx, \tag{4}$$

所以沿这条流线有

$$\frac{p}{\rho}=\text{const.}+(kc^2\coth kh-g)y.$$

因此,如

$$c^2=gh\cdot\frac{\tanh kh}{kh}, \tag{5}$$

那么,对于自由表面所要求的条件就可以得到满足. 也就是,上式确定了具有均匀深度 h 和速度 c 的水流中可能出现的驻留波形的波长 $(2\pi/k)$. 不难看出,kh 是按照 c 小于或大于 $(gh)^{\frac{1}{2}}$ 而为

实数或虚数的.

如果我们把平行于 x 轴的速度 $-c$ 强加到每一流体质点上，就得到在静水中的行波，而(5)式就是波速的公式，就像 229 节中的那样.

当深度与波长之比足够大时，公式(1)变为

$$\left.\begin{aligned}\frac{\phi}{c}&=-x+\beta e^{ky}\sin kx,\\ \frac{\psi}{c}&=-y+\beta e^{ky}\cos kx.\end{aligned}\right\}\tag{6}$$

它导致

$$\frac{p}{\rho}=\text{const.}-gy-\frac{c^2}{2}\{2k\beta e^{ky}\cos kx+k^2\beta^2e^{2ky}\}.\tag{7}$$

如略去 $k^2\beta^2$，(7)式可写为

$$\frac{p}{\rho}=\text{const.}+(kc^2-g)y+kc\psi.\tag{8}$$

因而，如

$$c^2=g/k,\tag{9}$$

那么压力不仅在水面上是均匀的，而且沿每一条流线 $\psi=\text{const.}$ 都是均匀的[1]. 这一点是具有某些重要意义的，因为它表明，由(6)式和(9)式所表示的解，可推广到任意数量的不同密度液体以水平层的方式而一层层叠置起来的情况，只要最上面的液面是自由表面、而且总深度为无穷大即可. 而且，由于对各层的厚度并无限制，因此我们甚至可以把密度连续地随深度变化的非均质液体也包括在内. 参看 235 节.

此外，为求出两层流体水平公界面上所出现的波动的传播速度（这两层流体除了它们之间的公界面外，没有别的限界），我们可假定(下式中带一撇的记号用于上部流体)

$$\left.\begin{aligned}\frac{\psi}{c}&=-y+\beta e^{ky}\cos kx,\\ \frac{\psi'}{c}&=-y+\beta e^{-ky}\cos kx,\end{aligned}\right\}\tag{10}$$

1) 必须提到一下，这一结论只局限于无限深度的情况. 它是由 Poisson 最早作出注释的.

这是因为上式能满足无旋运动的条件 $\nabla^2\psi = 0$，而且能在距界面上下很远处给出均匀速度 c. 如设距界面很远处有 $\psi = \psi' = 0$，则近似有 $y = \beta\cos kx$.

压力的方程为

$$\left.\begin{aligned}\frac{p}{\rho} &= \text{const.} - gy - \frac{c^2}{2}(1 - 2k\beta e^{ky}\cos kx),\\ \frac{p'}{\rho'} &= \text{const.} - gy - \frac{c^2}{2}(1 + 2k\beta e^{-ky}\cos kx).\end{aligned}\right\} \quad (11)$$

在界面上，上式给出(在得出下式时，用到了通常的近似处理法)

$$\frac{p}{\rho} = \text{const.} - (g - kc^2)y, \quad \frac{p'}{\rho'} = \text{const.} - (g + kc^2)y. \quad (12)$$

于是条件 $p = p'$ 就给出

$$c^2 = \frac{g}{k}\,\frac{\rho - \rho'}{\rho + \rho'}, \quad (13)$$

和 231 节中的结果相同.

234. 作为上述方法的又一个例子，我们可以考虑 232 节中用直接方法处理过的两股流动相叠置的情况.

因流体在铅直方向上没有限界，所以对下部和上部流体分别设

$$\left.\begin{aligned}\psi &= -U\{y - \beta e^{ky}\cos kx\},\\ \text{和}\qquad \psi' &= -U'\{y - \beta e^{-ky}\cos kx\},\end{aligned}\right\} \quad (1)$$

原点已取在公界面的平均高度上，而这一界面则被假定为固定不动的，并具有形状

$$y = \beta\cos kx. \quad (2)$$

压力的方程给出

$$\left.\begin{aligned}\frac{p}{\rho} &= \text{const.} - gy - \frac{1}{2}U^2(1 - 2k\beta e^{ky}\cos kx),\\ \frac{p'}{\rho'} &= \text{const.} - gy - \frac{1}{2}U'^2(1 + 2k\beta e^{-ky}\cos kx).\end{aligned}\right\} \quad (3)$$

所以，在界面上有

$$\left.\begin{aligned}\frac{p}{\rho} &= \text{const.} + (kU^2 - g)y,\\ \frac{p'}{\rho'} &= \text{const.} - (kU'^2 + g)y.\end{aligned}\right\} \quad (4)$$

因在这一界面上必须有 $p = p'$，所以得到

$$\rho U^2 + \rho' U'^2 = \frac{g}{k}(\rho - \rho'). \tag{5}$$

上式是在两股流动 U 和 U' 之间的界面上出现驻波的条件，它也可写成

$$\left(\frac{\rho U + \rho' U'}{\rho + \rho'}\right)^2 = \frac{g}{k} \cdot \frac{\rho - \rho'}{\rho + \rho'} - \frac{\rho\rho'}{(\rho + \rho')^2}(U - U')^2. \tag{6}$$

不难看出上式等价于 232 节(10)式。

如两股流动被夹在固定的水平平面 $y = -h$ 和 $y = h'$ 之间，则假定

$$\left.\begin{aligned} \psi &= -U\left\{y - \beta\frac{\sinh k(y+h)}{\sinh kh}\cos kx\right\}, \\ \psi' &= -U'\left\{y + \beta\frac{\sinh k(y-h')}{\sinh kh'}\cos kx.\right. \end{aligned}\right\} \tag{7}$$

于是，公界面出现驻波的条件可求得为

$$\rho U^2 \coth kh + \rho' U'^2 \coth kh' = \frac{g}{k}(\rho - \rho'). \tag{8}$$[1]

235. 还可以提一下非均质液体中的波动，以便和均质中的情况作出比较。

因平衡状态下的密度 ρ_0 仅为铅直坐标 (y) 的函数，所以如令 (下式中 p_0 为平衡状态下的压力)

$$p = p_0 + p', \quad \rho = \rho_0 + \rho', \tag{1}$$

则运动方程组

$$\rho\frac{\partial u}{\partial t} = -\frac{\partial p}{\partial x}, \qquad \rho\frac{\partial v}{\partial t} = -\frac{\partial p}{\partial y} - g\rho, \tag{2}$$

$$\frac{\partial \rho}{\partial t} + u\frac{\partial \rho}{\partial x} + v\frac{\partial \rho}{\partial y} = 0, \tag{3}$$

在略去二阶小量后就变为

$$\rho_0\frac{\partial u}{\partial t} = -\frac{\partial p'}{\partial x}, \qquad \rho_0\frac{\partial v}{\partial t} = -\frac{\partial p'}{\partial y} - g\rho', \tag{4}$$

$$\frac{\partial \rho'}{\partial t} + v\frac{\partial \rho_0}{\partial y} = 0. \tag{5}$$

由于是不可压缩流体，连续性方程保持为

$$\frac{\partial u}{\partial x} + \frac{\partial v}{\partial y} = 0 \tag{6}$$

的形式，所以可写出

---

1) Greenhill, 同第 471 页脚注 3).

$$u = -\frac{\partial\psi}{\partial y}, \quad v = \frac{\partial\psi}{\partial x}. \tag{7}$$

消去 p' 和 ρ' 后可得[1)]

$$\nabla^2\ddot{\psi} + \frac{1}{\rho_0}\frac{d\rho_0}{dy}\left\{\frac{\partial\ddot{\psi}}{\partial y} - g\frac{\partial^2\psi}{\partial x^2}\right\} = 0. \tag{8}$$

在自由表面上必有 $Dp/Dt = 0$,即

$$\frac{\partial p'}{\partial t} = -v\frac{\partial p_0}{\partial y} = g\rho_0\frac{\partial\psi}{\partial x}. \tag{9}$$

根据上式和(4)式,我们在自由表面上必有

$$\frac{\partial\ddot{\psi}}{\partial y} = g\frac{\partial^2\psi}{\partial x^2}. \tag{10}$$

为探讨波动的情况,假定

$$\psi \propto e^{i(\sigma t - kx)}. \tag{11}$$

方程(8)就变为

$$\frac{\partial^2\psi}{\partial y^2} - k^2\psi + \frac{1}{\rho_0}\frac{d\rho_0}{dy}\left(\frac{\partial\psi}{\partial y} - \frac{gk^2}{\sigma^2}\psi\right) = 0; \tag{12}$$

而条件(10)的形式就成为

$$\frac{\partial\psi}{\partial y} - \frac{gk^2}{\sigma^2}\psi = 0. \tag{13}$$

不论密度沿铅直方向如何分布,只要

$$\sigma^2 = gk, \tag{14}$$

那么,以上二式就可由假定 ψ 正比于 e^{ky} 而得到满足. 于是,对于无限深度的流体而言,波长和周期之间的关系就和均质流体中的相同(参看229节),而且运动是无旋的.

为了作出进一步的探讨,必须对 ρ_0 和 y 之间的关系作出某种假定. 最简单的假定是

$$\rho_0 \propto e^{-\beta y}; \tag{15}$$

在这种情况下,(12)式的形式成为

$$\frac{\partial^2\psi}{\partial y^2} - k^2\psi - \beta\left(\frac{\partial\psi}{\partial y} - \frac{gk^2}{\sigma^2}\right)\psi = 0. \tag{16}$$

其解为

$$\psi = (Ae^{\lambda_1 y} + Be^{\lambda_2 y})e^{i(\sigma t - kx)}, \tag{17}$$

其中的 λ_1 和 λ_2 为

$$\lambda^2 - \beta\lambda + \left(\frac{g\beta}{\sigma^2} - 1\right)k^2 = 0 \tag{18}$$

的根.

---

1) 参看 Love,"Wave Motion in a Heterogeneous Heavy Liquid", *Proc. Lond. Math. Soc* xxii. 307 (1891).

我们首先把这一结果应用到充满于一个矩形封闭容器内的液体的振荡[1]. k 之值可为 π/l 的任何倍数,其中 l 为容器之长度. 如水平边界的方程为 $y=0$ 和 $y=h$,则该处的条件 $\partial\psi/\partial x=0$ 给出

$$A+B=0,\quad Ae^{\lambda_1 h}+Be^{\lambda_2 h}=0, \tag{19}$$

故

$$e^{(\lambda_1-\lambda_2)h}=1,\ 或\ \lambda_1-\lambda_2=2is\pi/h, \tag{20}$$

其中 s 为整数. 因此,从(18)式得

$$\lambda_1=\frac{1}{2}\beta+is\pi/h,\quad \lambda_2=\frac{1}{2}\beta-is\pi/h, \tag{21}$$

并因而有

$$\left(\frac{g\beta}{\sigma^2}-1\right)k^2=\lambda_1\lambda_2=\frac{1}{4}\beta^2+\frac{s^2\pi^2}{h^2}. \tag{22}$$

于是,我们证明了 σ 按照 β 为正还是为负(也就是,向上时密度是减小还是增大)而为实数或虚数(也就是,平衡状态是稳定的还是不稳定的)[2].

流体(其深度为 h)具有自由表面时的情况可以用来作为湖泊中"温度静振"理论的例子[3]. 设(18)式之根为复数,并设为

$$\lambda=\frac{1}{2}\beta\pm im, \tag{23}$$

且

$$m^2=\left(\frac{g\beta}{\sigma^2}-1\right)k^2-\frac{\beta^2}{4}, \tag{24}$$

则把 y 的原点取在底部时,我们有

$$\psi=Ce^{\frac{1}{2}\beta y}\sin my. \tag{25}$$

表面条件(13)式给出

$$\frac{1}{2}\beta\sin mh+m\cos mh=\frac{gk^2}{\sigma^2}\sin mh. \tag{26}$$

借助于(24)式,上式可写为

---

1) Rayleigh, "Investigation of the Character of the Equilibrium of an Incompressible Heavy Liquid of Variable Density", *Proc. Lond. Math. Soc.* (1) xiv. 170 [*Papers*, ii. 200]. 还可参看本书作者的一篇论文: "On Atmospheric Oscillations", *Proc. Roy. Soc.* lxxxiv. 566, 571 (1910). 在这篇论文中,讨论了另一种密度变化规律.

2) 有限深度液体中的波动由 Love 作了讨论(见本节前面脚注中引文). 还可参看 Burnside, "On the small Wave-Motions of a Heterogeneous Fluid under Gravity", *Proc. Lond. Math. Soc.*(1) xx. 392 (1889).

3) 由 Wedderburn 作了讨论, 见 *Trans. R.S.Edin.* xlvii. 619 (1910) 和 xlviii. 629 (1912).

$$\tan mh = \beta h \cdot \frac{mh}{m^2h^2 + k^2h^2 - \frac{1}{4}\beta^2h^2}. \tag{27}$$

可由它求出 mh 之值. 这些 mh 之值是用图解法而由曲线

$$\left.\begin{aligned} y &= \tan x \\ y &= \frac{\mu x}{x^2 + a^2} \end{aligned}\right\} \tag{28}$$

和

$\left(上式中\ \mu = \beta h,\ a^2 = k^2h^2 - \frac{1}{4}\beta^2h^2\right)$之交点给出的，但只在 βh 很小时，曲线才相交. 这时，我们近似地有 $mh = s\pi$，因而有

$$\sigma^2 = g\beta \cdot \frac{k^2h^2}{s^2\pi^2 + k^2h^2}. \tag{29}$$

可以看出，上式和略去 βh 平方项后的(22)式是一样的. (25)式显示出，事实上，自由表面上的铅直运动是很微小的. 最大的铅直扰动发生于高度为 $y = \left(s - \frac{1}{2}\right)\pi$ 处.

当(18)式的根为实数时，我们所得到的只是对均质流体中的公式 $\sigma^2 = gk\tanh kh$ 作出很小的修正.

236. 227—234 节中所探讨的是特殊类型的波系，其剖面是简谐函数形的，而且波系在前后两个方向上都延伸至无穷远. 但由于我们要讨论的所有问题都是线性的（只要仅限于初步近似），因此，可以借助于 Fourier 定理，应用叠加方法而组合出一个能表示任意初始条件的影响的解. 一般来讲，由于随后所发生的运动是许多波系组成的，这些波系具有所有可能的波长，又沿着前后两个方向而传播，而且每一波系的波速又都对应于它自己的波长，所以自由表面的形状就会连续地发生变化. 唯一的例外是当每一具有显著振幅的波系的波长都远大于流体深度时，波的传播速度（即 $\sqrt{gh}$）就和波长无关，因而在波系都沿同一方向传播的情况下，波的剖面形状能在传播时保持不变(170 节).

我们现在要讨论的是，在深度为无限的情况下，水面上的一个局部扰动的影响. 为论述方便起见，需要首先引进“群速度”这一非常重要的概念. 这一概念不仅在水的波动中要应用到，而且在所有波速随波长而改变的简谐式波动中都要应用到.

经常可观察到，当波长几乎相同的波所组成的一个孤立波群在较深的水上前进时，波群整体的推进速度要小于组成它的一个

个波的推进速度．如果把注意力放在某一个波上，可以看到，它会相对于波群而向前挺进，并在接近波群的前端时逐渐消逝，同时，它在波群中的原来位置就接连不断地由别的波所占据，这些别的波是从波群的后尾向前跑过来的[1]．

这种波群的最简单的解析表达是用两个波系相叠加而得到的，这两个波系的振幅相同，波长则几乎相等而又不完全相等．自由表面的相应方程就是

$$\eta = a\sin(kx - \sigma t) + a\sin(k'x - \sigma' t)$$
$$= 2a\cos\left\{\frac{1}{2}(k-k')x - \frac{1}{2}(\sigma-\sigma')t\right\}$$
$$\times \sin\left\{\frac{1}{2}(k+k')x - \frac{1}{2}(\sigma+\sigma')t\right\}. \quad (1)$$

如果 k 和 k' 非常接近于相等，上式中的余弦部分就随 x 变化得很慢．因此，在任一时刻，波的剖面具有正弦曲线式的形状，其振幅则随 x 而在 0 和 $2a$ 之间逐渐变化．于是，水面就呈现出一连串的波群，它们由几乎是平坦的水带分为相等的区间．这样，每一波群的运动就明显地和其它波群是否存在无关．由于两个相邻波群的中心之间的距离为 $2\pi/(k-k')$，而波群漂移过这样一段空间所需时间为 $2\pi/(\sigma-\sigma')$，因此，群速度（设为 U）等于 $(\sigma-\sigma')/(k-k')$，或即，最终有

$$U = \frac{d\sigma}{dk}. \quad (2)$$

用波长 $\lambda(=2\pi/k)$ 来表示时，有

$$U = \frac{d(kc)}{dk} = c - \lambda\frac{dc}{d\lambda}, \quad (3)$$

上式中的 c 为波速．

对于在均匀介质中传播的任何波动，上式都能成立．在目前

1) Scott Russel, "Report on Waves," *Brit. Ass. Rep.* 1844, p. 369. 关于这一问题，W. Froude 写过一封很有趣的信，这封信刊载于 Stokes 的 *Scientific Correspondence*, Cambridge, 1907, ii. 156.

应用时，因有

$$c=\left(\frac{g}{k}\tanh kh\right)^{\frac{1}{2}}, \tag{4}$$

故群速度为

$$\frac{d(kc)}{dk}=\frac{1}{2}c\left(1+\frac{2kh}{\sinh 2kh}\right). \tag{5}$$

它和波速 c 的比值随着 kh 的减小而增大. 当深度远大于波长时，这一比值为 $\frac{1}{2}$；而当深度远小于波长时，这一比值为 1.

上述讨论似乎首先是由 Stokes 给出的[1]. 把它们推广到形态上更为普遍的波群是由 Rayleigh[2] 和 Gouy[3] 做的.

可以用另一个或许更为直觉些的方法来导出(3)式如下. 在我们所考虑的这种波速随频率而改变的介质里，一般来讲，在一个由有局限性的初始扰动所引起的波系中，以不同波速传播的那些不同波长的波会逐渐区分开(238 和 239 节). 如果我们把 λ 视为 x 和 t 的函数，就有

$$\frac{\partial\lambda}{\partial t}+U\frac{\partial\lambda}{\partial x}=0. \tag{6}$$

这是因为，在一个以速度 U 而前进的几何点的邻域内，λ 是不变的——这正是 U 的定义. 此外，如果再考虑另一个跟着波一起前进的几何点，那么有

$$\frac{\partial\lambda}{\partial t}+c\frac{\partial\lambda}{\partial x}=\lambda\frac{\partial c}{\partial x}=\lambda\frac{dc}{d\lambda}\frac{d\lambda}{dx}; \tag{7}$$

其中两个等号之间的那一项表示相邻两个波峰相互拉开距离的速

---

1) 1876 年 Smith 奖金考试 [*Papers*, v. 362]. 还可参看 Rayleigh, *Theory of sound*, Art. 191.

2) *Nature*, xxv. 52 (1881) [*Papers*, i. 540].

3) "Sur la vitesse de la lumière", *Ann. de Chim. et de Phys.* xvi. 262 (1889). 近来有人指出，在此之前，这一理论已在某种程度上由 Hamilton 于 1839 年从光学观点出发而得到了，见 Havelock, *Cambridge Tracts*, No. 17 (1914), p. 6.

率．由(6)，(7)二式，我们就又可得到公式(3)[1]．

(3)式允许我们作出一个简单的几何表示[2]．如果以 λ 为横坐标、以 c 为纵坐标而画出一条曲线，群速度就可由这一曲线的切线在 c 轴上的交点表示出来．例如，在插图中，PN 表示波长为 ON 时的波速，OT 则表示群速度．还可注意到，角 PON 的正切表示振荡的频率．

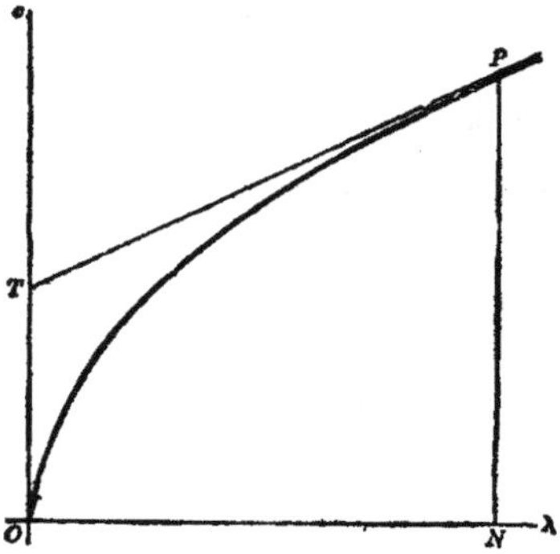

在深水重力波中，$c\propto\lambda^{\frac{1}{2}}$，这一曲线具有抛物线 $y^2=4ax$ 的形状，因而 $OT=\frac{1}{2}PN$，即群速度为波速的一半．

237. 群速度还有着动力学和几何学上的意义．这一点最初是由 Osborne Reynolds[3] 在计算深水重力波中穿过一个铅直平面的能量时所表明的．在深度为无限的情况下，相应于一列简谐波

$$\eta=a\sin k(x-ct) \tag{8}$$

的速度势为

$$\phi=ace^{ky}\cos k(x-ct). \tag{9}$$

---

1) 见本书作者的一篇论文 "On Group-Velocity," *Proc. Lond. Math. Soc.* (2) i. 473 (1904). 这一课题由 G. Green 作了进一步的讨论，见 "On Group-Velocity, and on the Propagation of Waves in a Dispersive Medium," *Proc. R.S. Edin.* xxix. 445 (1909).

2) *Manch. Mem.* xliv. No. 6 (1900).

3) "On the Rate of Progression of Groups of Waves, and the Rate at which Energy is Transmitted by Waves," *Nature*, xvi. 343 (1877) [*Papers*, i. 198]. Reynolds 还制造了一个模型，它是把一行相同的摆的摆锤用绳索连接起来，当它作横向振荡时，能以醒目的方式显示出波速和群速之间的区别．

这是可由 $y=0$ 处必须有 $\partial\eta/\partial t=-\partial\phi/\partial y$ 而证实的. 如略去二阶小量,则压力中的可变部分为 $\rho\partial\phi/\partial t$. 又因 $c^2=gk$, 因而压力作用于平面 x 右边流体的功率为

$$-\int_{-\infty}^{0} p\,\frac{\partial\phi}{\partial x}\,dy$$

$$=\rho a^2k^2c^3\sin^2k(x-ct)\int_{-\infty}^{0} e^{2ky}dy$$

$$=\frac{1}{2}\,g\rho a^2c\sin^2k(x-ct). \tag{10}$$

这一表达式的平均值为 $\frac{1}{4}g\rho a^2c$.参看 230 节后可知,它正好是单位时间中穿过上述平面的波的能量的一半. 因此, 对一个孤立波群而言, 只要波群以单个波波速一半的速度而推进,那么,能量的供给就够了.

用同样的方式可以很快地证明出,在深度 h 为有限的情况下,平均每单位时间中所传递的能量为[1)]

$$\frac{1}{4}\,g\rho a^2c\left(1+\frac{2kh}{\sinh 2kh}\right); \tag{11}$$

而根据(5)式,它相当于

$$\frac{1}{2}\,g\rho a^2\cdot\frac{d(kc)}{dk}. \tag{12}$$

因此, 能量的传递率等于我们用前面的方法能独立地得到的群速度 $d(kc)/dk$.

上一节中的运动学上的群速度和现在所讨论的能量传递率之间的同一性可以推广到所有各种波. 的确, 这是可以从普遍性的干涉群理论(236 节)而得知的. 因为, 可令 P 为这些波群中一个波群的中心, Q 为其前方相邻的静止区域的中心. 在时间间隔 τ (它包含了几个周期,但又远小于波群穿过 P 所需的时间)内,波群

---

1) Rayleigh, "On Progressive Waves", *Proc. Lond. Math. Soc.* (1) ix. 21 (1877) [*Papers*, i. 322]; *Theory of Sound*, i. Appendix.

的中心就会到达 $PP'=U\tau$ 的 P' 处，而在 P 和 Q 之间的空间中就会获得与前述相应的能量．另一个无需涉及“干涉”概念的探讨已由 Rayleigh 给出（见前面脚注中引文）．

从物理学观点来看，群速度或许比波速更为重要和更有意义．波速可以大于或小于群速，而且甚至可以设想有这样的一种力学介质，在这种介质中，波速具有和群速相反的方向．也就是，一个扰动可能是以波群的形式从一个中心而向外传播的，但组成这一波群的那些单个波本身却是往回传播的，它们在波群的前缘处出现，而在到达波群后尾时消逝[1]．此外，可以认为，即使在常见的声学和光学现象中，也主要是在波速与群速相同的情况下，波速才具有重要性．当必须着重二者间的区别时，我们可以借用近代物理学中的术语“相速”来表示“波速”，以表明该课题中更多地涉及到的是什么．

238. 在 Cauchy[2] 和 Poisson[3] 的两篇经典论文中，讨论了深水中由水面上一个局部扰动所引起的波动．长期以来，这一问题被认为是很难的，甚至是模糊不清的，但不管怎么说，在二维形式中是可以用相对而言较为简单的面貌来对它作出介绍的．

第 40 节和 41 节表明，如已知初始时的边界形状和边界上的法向速度 $\partial\phi/\partial n$ 或速度势 ϕ，则流体的初始状态就是确定的．因此，很自然地会出现两种形式的问题：我们可以从自由表面没有初始速度但有一个初始升高出发，也可以从自由表面尚未发生扰动（因而是水平的）但有一个初始表面冲量（$\rho\phi_0$）出发．

如把原点取在未受扰时的水面上，y 轴铅直向上，那么，根据普通的简谐波“驻波”理论，可知初始为静止时的典型解为

$$\eta=\cos\sigma t\cos kx, \tag{1}$$

$$\phi=g\frac{\sin\sigma t}{\sigma}e^{ky}\cos kx, \tag{2}$$

---

1) Lamb, *Proc. Lond. Math. Soc.* (2) i. 473.

2) 见第 23 页脚注 1).

3) "Memoire sur la théorie des ondes," *Mém. de l'Acad. Roy. des Science*,

其中

$$\sigma^2 = gk. \tag{3}$$

如果借助于 Fourier 重积分定理

$$f(x) = \frac{1}{\pi}\int_0^\infty dk \int_{-\infty}^\infty f(\alpha)\cos k(x-\alpha)d\alpha \tag{4}$$

而推广上面的结果，那么，对应于初始条件（下式中下标 0 指水面处（$y=0$）之值）

$$\eta = f(x), \quad \phi_0 = 0, \tag{5}$$

我们有

$$\eta = \frac{1}{\pi}\int_0^\infty \cos\sigma t\, dk \int_{-\infty}^\infty f(\alpha)\cos k(x-\alpha)d\alpha, \tag{6}$$

$$\phi = \frac{g}{\pi}\int_0^\infty \frac{\sin\sigma t}{\sigma} e^{ky}dk\int_{-\infty}^\infty f(\alpha)\cos k(x-\alpha)d\alpha. \tag{7}$$

而若初始升高只局限于原点的邻域内，并因而除了对于无穷小的 α 外，$f(\alpha)$ 对于所有其它 α 值均为零，那么，如假定

$$\int_{-\infty}^\infty f(\alpha)d\alpha = 1, \tag{8}$$

就有

$$\phi = \frac{g}{\pi}\int_0^\infty \frac{\sin\sigma t}{\sigma} e^{ky}\cos kx dk. \tag{9}$$

它可被展为以下形式（用到了(3)式）

$$\phi = \frac{gt}{\pi}\int_0^\infty\left\{1 - \frac{gt^2}{3!}k + \frac{(gt^2)^2}{5!}k^2 - \cdots\right\}e^{ky}\cos kx dk. \tag{10}$$

如写出

$$-y = r\cos\theta, \quad x = r\sin\theta, \tag{11}$$

则当 y 为负值时有

$$\int_0^{\infty} e^{ky}\cos kx k^n dk = \frac{n!}{r^{n+1}}\cos(n+1)\theta, \qquad (12)^{1)}$$

于是(10)式成为

$$\phi = \frac{gt}{\pi}\left\{\frac{\cos\theta}{r} - \frac{1}{3}\left(\frac{1}{2}gt^2\right)\frac{\cos 2\theta}{r^2} + \frac{1}{3\cdot 5}\left(\frac{1}{2}gt^2\right)^2\frac{\cos 3\theta}{r^3} - \cdots\right\}, \qquad (13)$$

这是一个不难证明的结果． 根据上式，就可由 227 节(5)式并令 $\theta = \pm\frac{1}{2}\pi$ 而得到 η．这样，对于 $x > 0$，有

$$\eta = \frac{1}{\pi x}\left\{\frac{gt^2}{2x} - \frac{1}{3\cdot 5}\left(\frac{gt^2}{2x}\right)^3 + \frac{1}{3\cdot 5\cdot 7\cdot 9}\left(\frac{gt^2}{2x}\right)^5 - \cdots\right\}. \qquad (14)^{2)}$$

显然，水面扰动的任意一个特定相位(例如 η 为零或极大或极小)都是和 $\frac{1}{2}gt^2/x$ 的一个确定值相联系在一起的，因而，这一相位是以一个常加速度而在水面上推进的．这一多少值得注意的结果的意义不久(240 节)就会显示出来．

(14)式中的级数实质上和 Fresnel 的衍射积分中所遇到的级数(通常用 M 表示[3])是一样的． 这一级数的目前形式只在我们处理扰动的初始阶段时才较为方便．当 $\frac{1}{2}gt^2$ 不再很小时，它是收敛得很慢的．但是，可以求得另一个形式如下．

1) 这一公式是可以免掉的．只要计算出铅直对称轴上各点的 ϕ 值，那么，ϕ 在其它地方的值可由谐函数的一个性质而立即写出（参看 Thomson and Tait, *Art*. 498).

2) 如从"量纲"上来考虑，那么，一个截面积为 Q 的集中初始升高的影响很明显地必然具有以下形式：

$$\eta = \frac{Q}{x}f(gt^2/x).$$

3) 参看 Raleigh, *Papers*, iii. 129.

根据(9)式，ϕ在表面处的值为

$$\phi_0=\frac{g}{\pi}\int_0^\infty\frac{\sin\sigma t}{\sigma}\cos kx\,dk$$
$$=\frac{1}{\pi}\left\{\int_0^\infty\sin\left(\frac{\sigma^2x}{g}+\sigma t\right)d\sigma\right.$$
$$\left.-\int_0^\infty\sin\left(\frac{\sigma^2x}{g}-\sigma t\right)d\sigma\right\}. \tag{15}$$

令

$$\zeta=\frac{x^{\frac{1}{2}}}{g^{\frac{1}{2}}}\left(\sigma\pm\frac{gt}{2x}\right), \tag{16}$$

可得

$$\int_0^\infty\sin\left(\frac{\sigma^2x}{g}+\sigma t\right)d\sigma=\frac{g^{\frac{1}{2}}}{x^{\frac{1}{2}}}\int_\omega^\infty\sin(\zeta^2-\omega^2)d\zeta, \tag{17}$$

$$\int_0^\infty\sin\left(\frac{\sigma^2x}{g}-\sigma t\right)d\sigma=\frac{g^{\frac{1}{2}}}{x^{\frac{1}{2}}}\int_{-\omega}^\infty\sin(\zeta^2-\omega^2)d\zeta, \tag{18}$$

式中

$$\omega=\left(\frac{gt^2}{4x}\right)^{\frac{1}{2}}. \tag{19}$$

故

$$\phi_0=-\frac{2g^{\frac{1}{2}}}{\pi x^{\frac{1}{2}}}\int_0^\omega\sin(\zeta^2-\omega^2)d\zeta. \tag{20}$$

根据 227 节(5)式，可由上式得出 η 为

$$\eta=\frac{g^{\frac{1}{2}}t}{\pi x^{\frac{3}{2}}}\int_0^\omega\cos(\zeta^2-\omega^2)d\zeta$$
$$=\frac{g^{\frac{1}{2}}t}{\pi x^{\frac{3}{2}}}\left\{\cos\omega^2\int_0^\omega\cos\zeta^2d\zeta\right.$$
$$\left.+\sin\omega^2\int_0^\omega\sin\zeta^2d\zeta\right\}. \tag{21}$$

它和 Poisson 所给出的一个结果相符．上式中的定积分实际上是

Fresnel 形式的[1]，并可视为已知函数. Lommel 在研究衍射时[2]曾为(14)式中所包含的函数

$$1-\frac{z^2}{3\cdot 5}+\frac{z^4}{3\cdot 5\cdot 7\cdot 9}-\cdots \tag{22}$$

给出了一个计算表，z 的范围由 0 到 60. 因此，我们能够很容易地描绘出前九个或前十个波. 本节中第一个附图表示了某一特定地点的 η 随时间的变化. 对不同的地点而言，指定相位之间的时间间隔和 $\sqrt{x}$ 成正比，对应的升高量则与 x 成反比. 另一方面，本节第二，三两个附图则表示某一特定时刻的波剖面. 在不同时刻，两个对应点间的水平距离和自扰动开始后算起的时间的平方成正比，对应的升高量则与这一时间的平方成反比.

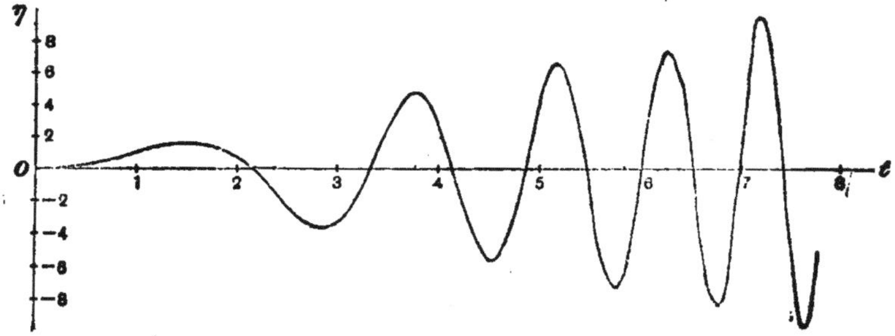

[水平刻度的单位为 $\sqrt{2x/g}$. 铅直刻度的单位为 $Q/\pi x$（Q 为初始升高的流体截面面积）.]

1) 用通常的记号来表示的话，有

$$\int_0^\infty \cos\zeta^2 d\zeta=\sqrt{\frac{1}{2}\pi}\,C(u),\quad \int_0^\infty \sin\zeta^2 d\zeta=\sqrt{\frac{1}{2}\pi}\,S(u),$$

其中

$$C(u)=\int_0^u \cos\frac{1}{2}\pi u^2 du,\quad S(u)=\int_0^u \sin\frac{1}{2}\pi u^2 du,$$

积分上限为 $u=\sqrt{\frac{1}{2}\pi}\cdot\omega$. 在多数物理光学的书籍中给出了 Gilbert 等人提供的 $C(u)$ 和 $S(u)$ 的计算用表. 由 Lommel 所提供的篇幅较大的计算表已转载于 Watson, *Theory of Bessel Functions*, pp. 744, 745.

2) "Die Begungserscheinungen geradlinig begrenzter Schirme," *Abh. d. k. Bayer. Akad. d. Wiss.* 2^e Cl. xv. (1886).

当 $gt^2/4x$ 为大值时，我们需要依靠公式(21)而近似地得到

$$\eta = \frac{g^{\frac{1}{2}}t}{2^{\frac{3}{2}}\pi^{\frac{1}{2}}x^{\frac{3}{2}}}\left(\cos\frac{gt^2}{4x} + \sin\frac{gt^2}{4x}\right), \tag{23}$$

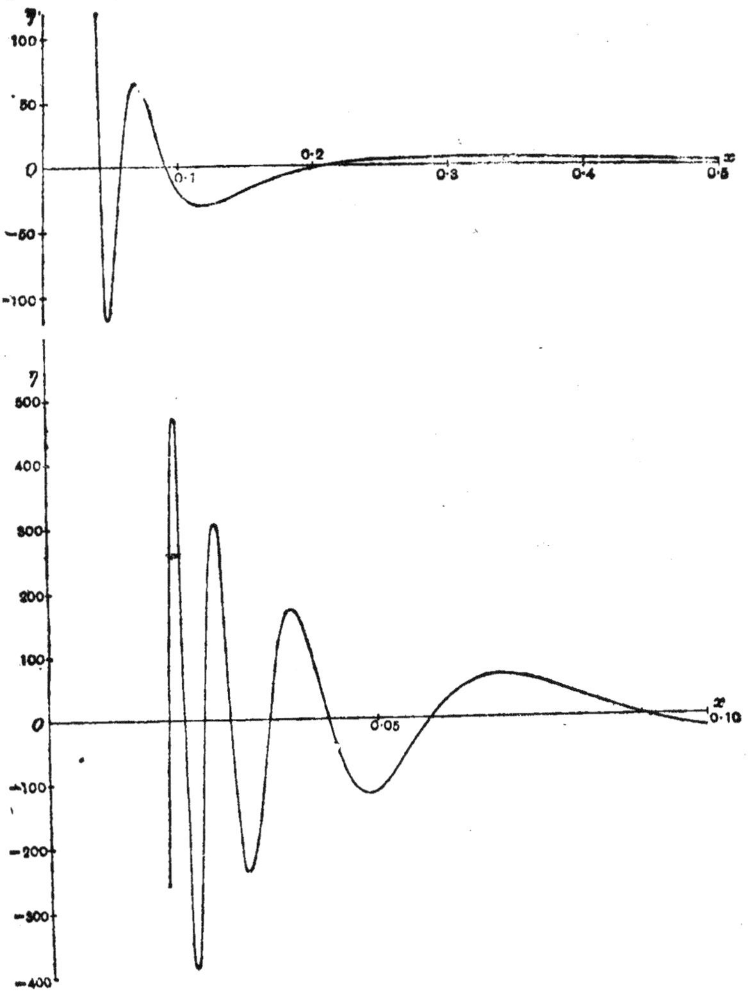

[水平刻度的单位为 $\frac{1}{2}gt^2$. 铅直刻度的单位为 $2Q/\pi gt^2$.]

正如 Poisson 和 Cauchy 所求得的那样．在得出上式时用到了下面的已知公式：

$$\int_0^\infty \cos \zeta^2 d\zeta = \int_0^\infty \sin \zeta^2 d\zeta = \frac{\sqrt{\pi}}{2\sqrt{2}}. \qquad (24)$$

上述作者也给出了余项的表达式．例如，实质上，Poisson 所得到的半收敛展开式为

$$\begin{aligned} \eta = & \frac{g^{\frac{1}{2}}t}{2^{\frac{3}{2}}\pi^{\frac{1}{2}}x^{\frac{3}{2}}}\left(\cos\frac{gt^2}{4x} + \sin\frac{gt^2}{4x}\right) \\ & - \frac{1}{\pi x}\left\{\frac{2x}{gt^2} - 1\cdot 3\cdot 5\left(\frac{2x}{gt^2}\right)^3 \right. \\ & \left. + 1\cdot 3\cdot 5\cdot 7\cdot 9\left(\frac{2x}{gt^2}\right)^5 - \cdots\right\}. \end{aligned} \qquad (25)$$

它可导出如下．连续应用分部积分，可得

$$\begin{aligned} & \int_0^\infty e^{i(\zeta^2-\omega^2)}d\zeta \\ = & \int_0^\infty e^{i(\zeta^2-\omega^2)}d\zeta - \int_\infty^\infty e^{i(\zeta^2-\omega^2)}d\zeta \\ = & \frac{1}{2}\sqrt{\pi}\, e^{-i(\omega^2-\frac{1}{4}\pi)} + \frac{1}{2i\omega} + \frac{1}{(2i)^2\omega^3} + \frac{1}{(2i)^3\omega^5} + \cdots \end{aligned} \qquad (26)$$

取其实部并代入(21)式的第一行，就得出公式(25)．

239. 如有初始冲量作用于尚未发生扰动的自由表面上时，典型解为

$$\rho\phi = \cos\sigma t e^{ky}\cos kx, \qquad (27)$$

$$\eta = -\frac{\sigma}{g\rho}\sin\sigma t\cos kx, \qquad (28)$$

其中 $\sigma^2 = gk$，和以前一样．因此，如初始条件为

$$\rho\phi_0 = F(x),\ \eta = 0, \qquad (29)$$

我们有

$$\phi = \frac{1}{\pi\rho}\int_0^\infty \cos\sigma t e^{ky}dk\int_{-\infty}^\infty F(\alpha)\cos k(x-\alpha)d\alpha, \qquad (30)$$

$$\eta = -\frac{1}{\pi g\rho}\int_0^\infty \sigma\sin\sigma t dk\int_{-\infty}^\infty F(\alpha)\cos k(x-\alpha)d\alpha, \qquad (31)$$

对于一个作用于表面上 $x=0$ 处的集中冲量，可令

$$\int_{-\infty}^{\infty} F(\alpha)d\alpha = 1, \tag{32}$$

而有

$$\phi = \frac{1}{\pi\rho}\int_0^{\infty} \cos\sigma t e^{ky} \cos kx dk. \tag{33}$$

可以用处理(9)式的方式来处理上面的积分，但很明显，只要对 238 节中的结果作一下 $\frac{1}{g\rho}\cdot\frac{\partial}{\partial t}$ 的运算，就可以立即得到所要的结果了．于是由(13)式和(14)式，我们可导出

$$\phi = \frac{1}{\pi\rho}\left\{\frac{\cos\theta}{r} - \frac{1}{2}gt^2\frac{\cos 2\theta}{r^2} + \frac{1}{1\cdot 3}\left(\frac{1}{2}gt^2\right)^2\frac{\cos 3\theta}{r^3} - \cdots\right\}, \tag{34}$$

$$\eta = \frac{t}{\pi\rho x^2}\left\{\frac{1}{1} - \frac{3}{1\cdot 3\cdot 5}\left(\frac{gt^2}{2x}\right)^2 + \frac{5}{1\cdot 3\cdot 5\cdot 7\cdot 9}\left(\frac{gt^2}{2x}\right)^4 - \cdots\right\}. \tag{35}$$ [1)]

(35)式中的级数与函数

$$\frac{z}{1\cdot 3} - \frac{z^3}{1\cdot 3\cdot 5\cdot 7} + \frac{z^5}{1\cdot 3\cdot 5\cdot 7\cdot 9\cdot 11} - \cdots \tag{36}$$

有关，而这一函数也已由 Lommel 给出了计算用表． 如分别用 Σ_1 和 Σ_2 表示级数(22)和(36)，则可得

$$1 - \frac{3z^2}{1\cdot 3\cdot 5} + \frac{5z^4}{1\cdot 3\cdot 5\cdot 7\cdot 9} - \cdots = \frac{1}{2}\left(1 + \sum\nolimits_1 + z\sum\nolimits_2\right), \tag{37}$$

1) 借助于“量纲”的理论，不难推测出一个集中的初始冲量 P（在每单位宽度上）的影响必具有以下形式：

$$\eta = \frac{Pt}{\rho x^2} f(gt^2/x).$$

而开头的几个波的形状就不难描绘出来了.

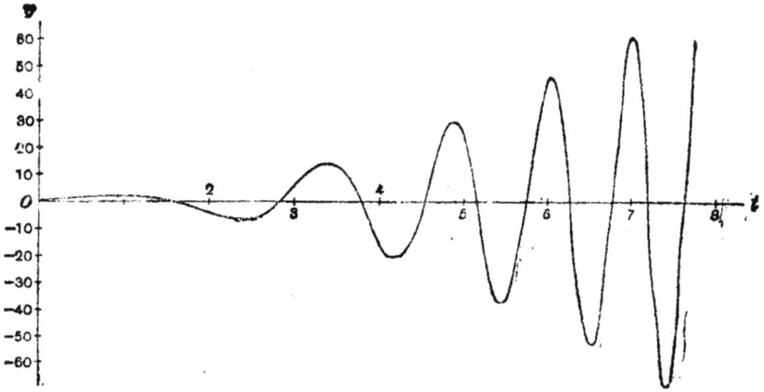

[水平刻度的单位为 $\sqrt{2x/g}$. 铅直刻度的单位为 $\frac{P}{\pi\rho x}\sqrt{\frac{2}{gx}}$,

其中 P 为初始总冲量.]

本节第一个附图表示某一特定地点的水面升降.在不同地点,和上一种情况相同的是,指定相位间的时间间隔正比于 $\sqrt{x}$; 不同的是,升高量现在反比于 $x^{\frac{3}{2}}$. 本节第二和第三个附图给出了瞬时的波剖面图; 两个对应点间的水平距离和时间的平方成正比,而对应的纵坐标则与时间的三次方成反比.

对于大的 $\frac{1}{2}gt^2/x$ 值,在完成对(23)式的 $\frac{1}{g\rho}\cdot\frac{\partial}{\partial t}$ 运算后可近似地得到

$$\eta=\frac{g^{\frac{1}{2}}t^2}{2^{\frac{5}{2}}\pi^{\frac{1}{2}}\rho x^{\frac{3}{2}}}\left(\cos\frac{gt^2}{4x}-\sin\frac{gt^2}{4x}\right). \tag{38}$$

240. 剩下来的是要对上面所得到的结论及其意义作出探讨. 主要考虑 238 节中所假定的有一个初始升高集中于自由表面上的一条线上的情况就足够了.

在随后的任一时刻 t, 表面都被一个波系所占据, 这一波系中向前推进的部分已勾画于 238 节第二、三两个附图上. 对于足够小的 x 值,波的形状由(23)式给出;因此,当我们向原点逼近时,

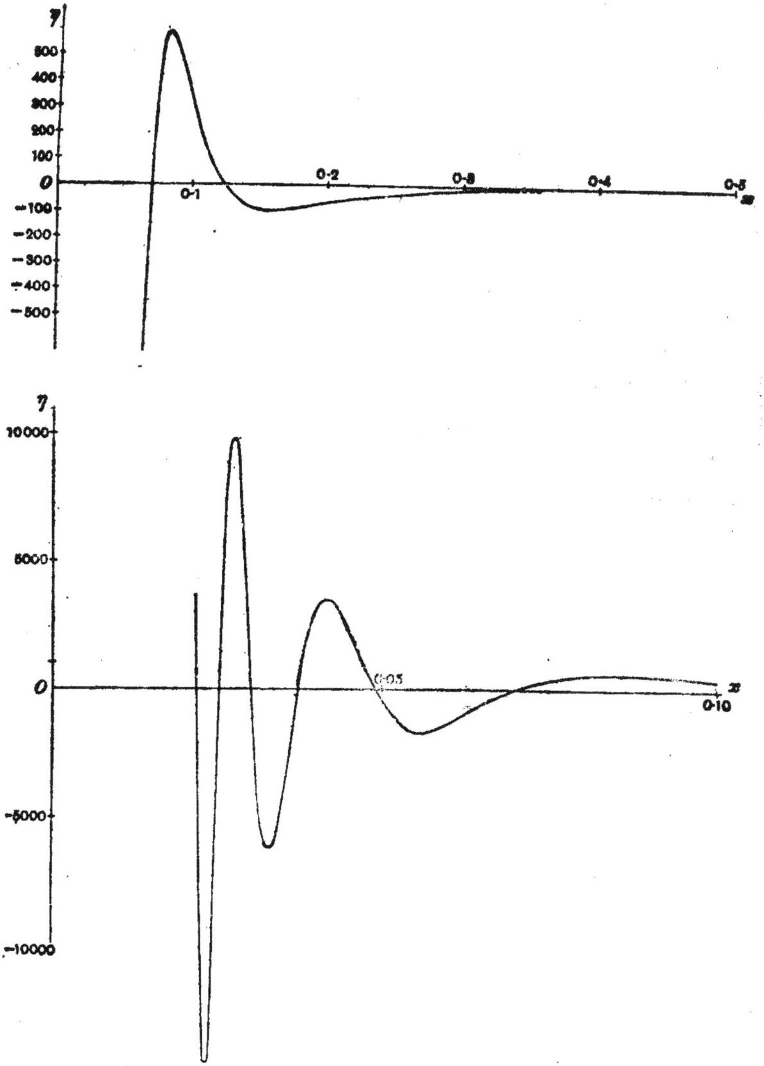

[水平刻度的单位为 $\frac{1}{2}gt^2$. 铅直刻度的单位为 $\frac{4P}{\pi\rho g^2t^3}$. 如把上图中的曲线继续向右画下去，就会穿过 x 轴，但在目前所用比例尺下，会难以辨认的.]

可以发现，波长不断减小，而波高则不断增大，而且二者都无极限。

当 t 增大时，波系以正比于时间平方的方式沿水平方向伸长；同时，铅直坐标则相应减小，其减小的方式是使波剖面、x 轴和对应于任意两个指定相位的（也就是，两个指定 ω 值的）纵坐标线所围圈的面积

$$\int \eta dx$$

保持不变[1]. 后面的这条陈述只要从(14)式或(21)式的形式就可得到证明.

另一方面，任一特定地点处的水位振荡情况则已在 238 节中第一个附图上表明了. 这种振荡一个比一个快，而且振幅不断增大. 对于足够大的 t，这种振荡过程由(23)式给出.

任何时候，在(23)式能适用的范围内，从一个波到另一个波，波长和波高的变化是很慢的，因此，许多相连的波可以近似地用一条正弦式的曲线来表示. 事实上，当

$$\Delta \frac{gt^2}{4x} = 2\pi \tag{39}$$

时，情况就会近似地重复. 因此，如果我们单独改变 t，并令 Δt 等于振荡周期 τ，就有

$$\tau = \frac{4\pi x}{gt}; \tag{40}$$

而如果我们单独改变 x，并令 $\Delta x = -\lambda$（λ 为波长），就有

$$\lambda = \frac{8\pi x^2}{gt^2}. \tag{41}$$

波速应由

1）这一陈述不适用于具有初始冲量的情况. 在那种情况下，对应的陈述应是两个指定 ω 值之间的

$$\int \phi_0 dx$$

保持不变. 这一点可由(34)式看出.

$$\Delta \frac{gt^2}{4x} = 0 \tag{42}$$

求出. 上式和(41)式给出波速为

$$\frac{\Delta x}{\Delta t} = \frac{2x}{t} = \sqrt{\frac{g\lambda}{2\pi}}, \tag{43}$$

它和波长为 λ 的无限长列简谐波中的情况相同.

我们可以来看一下为什么每一个波会不断加速的某种原因了. 在前面的波要比后面的长,因而也就跑得较快,其后果是所有的波都不断地被拉长,而使得它们在推进时不断提高其传播速度. 但一个波在它所在的一串波中的阶越高,其加速度越小.

至今, 我们考虑的是单个波的推进. 而如果把注意力放到一个具有(近似地)给定波长 λ 的波群上,那么,按照(43)式, 这一波群的位置就由

$$\frac{x}{t} = \frac{1}{2}\sqrt{\frac{g\lambda}{2\pi}} \tag{44}$$

来规定,也就是,波群以等于分波波速一半的常速度而推进. 但波群在推进时并不保持其振幅不变. 从(23)式不难看出, 对于一个给定的 λ 值,振幅反比于 $\sqrt{x}$ 而变化.

看来,原点附近可以看作是一种源, 这种源向两侧无休止地、一个接一个地发射出振幅和频率不断增大的波, 而波在后来的发展则由前述诸规律所控制. 这个源具有持续活力一事并不是荒谬的, 因为我们把流体有限体积的初始升高假定为聚积在一个无限狭窄的基础上,这就意味着能量有无限的贮备.

然而,在实际情况中,初始升高是分布在一个有限宽度的条带上的,我们用 l 来表示这一宽度. 在任一点 P 处的扰动是宽度 l 中各微元 $d\alpha$ 所引起的扰动合成的,所以,要用前面的公式来计算这些扰动,然后再在条带的宽度上求积. 在结果中,就不会出现我们在一个集中线源中所遇到的数学上的无穷大和其它令人困惑的特性. 写出一些必要的公式是不难的,但它们并不是很容易处理的,而且也没有包含前面的叙述中未曾包含的什么内容, 所以可以把

它们跳过去．一般来讲，更有指导意义的是探查一下前面的结果如何被修正．

很明显，当 l/x 为小量时，在 x 处所发生的扰动的初始阶段应和在前面的假定下所得到的结果差不多相同．由各微元 $d\alpha$ 所引起的扰动只是简单地相互起加强作用，把

$$\int_{-\infty}^{\infty} f(\alpha)d\alpha$$

——也就是把流体初始升高的截面积乘到（14）式或（23）式上就足以表示其结果了，特别是，公式(23)在 $\frac{1}{2}gt^2/x$ 为大量时能成立，也就是，只要所考虑的点处的波长 λ 远大于 l 时，或者根据(41)式说，只要 $\frac{1}{2}gt^2/x\cdot l/x$ 为小量时，(23)式就能成立．但当 t 不断增大时，x 处的波长会变得和 l 相差不多甚至小于 l，l 中不同部分所给出的贡献就不再接近于具有相同的相位，我们也就遇到和光学意义中的"干涉"相类似的情况了．当然，其结果要取决于$f(\alpha)$ 值在空间 l 上的初始分布的特点[1]，但不难理解，振幅的增大必然会在后来停止，而使我们最终有一个逐渐衰减的扰动．

在后期阶段中有一个普遍性的特点必须特别谈一下，因为它曾引起过某些困惑，这就是在波的振幅中所出现的脉动现象．用"干涉"原理是很容易解释它的．作为一个足以说明问题的实例，可假定初始升高在宽度 l 上是均匀分布的，而我们所考虑的扰动阶段则已晚到点 x 附近的 λ 已经变得远小于 l 了．我们很明显会有一列波群，这些波群由相当平静的水带隔开，这些水带的中心则出现于 l 为 λ 的整数倍的地方，我们设之为 $l=n\lambda$．代入(41)式后可得

$$\frac{x}{t}=\frac{1}{2}\sqrt{\frac{gl}{2n\pi}},\tag{45}$$

也就是，所说的水带是以常速度向前移动的，这一常速度事实上就

1) 参看 Burnside, "On Deep-Water Waves resulting from a Limited Original Disturbance," *Proc. Lond. Math. Soc.* (1)xx.22(1888).

与水带附近平均波长相对应的群速度[1].

至于在原点本身处会发生什么现象的问题，238 节中的理想解肯定是不能给出任何信息的。为了用一个特殊情况来说明这一问题，可假定

$$f(\alpha)=\frac{Q}{\pi}\frac{b}{b^2+\alpha^2}, \tag{46}$$

于是(7)式给出

$$\phi=\frac{gQ}{\pi}\int_0^\infty\frac{\sin\sigma t}{\sigma}e^{k(y-b)}\cos kx\,dk. \tag{47}$$

原点处的水面升高量为

$$\begin{aligned}\eta&=\frac{Q}{\pi}\int_0^\infty\cos\sigma t\,e^{-kb}dk\\&=\frac{2Q}{\pi g}\int_0^\infty\cos\sigma t\,e^{-\sigma^2b/g}\sigma\,d\sigma\\&=\frac{2Q}{\pi g}\frac{d}{dt}\int_0^\infty\sin\sigma t\,e^{-\sigma^2b/g}d\sigma.\end{aligned} \tag{48}$$

根据一个已知公式，可有[2]

$$\int_0^\infty e^{-x^2}\sin 2\beta x\,dx=e^{-\beta^2}\int_0^\beta e^{x^2}dx. \tag{49}$$

因此，令

$$\omega^2=gt^2/4b, \tag{50}$$

可得

$$\begin{aligned}\eta&=\frac{Q}{\pi b}\frac{d}{d\omega}e^{-\omega^2}\int_0^\omega e^{x^2}dx\\&=\frac{Q}{\pi b}\left(1-2\omega e^{-\omega^2}\int_0^\omega e^{x^2}dx\right).\end{aligned} \tag{51}$$

因此，

---

1) 这种脉动首先是由 Poisson 在初始升高(也许，不如说凹陷更好)具有抛物线外形的特殊情况下指出的。

上面的探讨可以很有趣地推广到我们所讨论的课题以外，以便显示出波散介质(即波速随波长而改变的介质)中的一个初始冲量的效应会和声波或弹性体振动等问题中所出现的效应相差得多么悬殊。上面的讨论取自本书作者的一篇论文 "On Deep-Water Waves," *Proc. Lond. Math. Soc.* (2) ii. 371 (1904)，但作了一些改动；在那篇论文中还探讨了一个局部的周期性压力的效应。

2) 这一公式是在应用围线积分法计算

$$\int_0^\infty e^{-x^2}\cos 2\beta x\,dx$$

的过程中、作为一个附加的结果而出现的。

$$\frac{d}{d\omega}(\eta e^{\omega^2})=\frac{2Q}{\pi b}\int_0^\omega e^{x^2}dx, \tag{52}$$

它表明，当 t 增大时，ηe^{ω^2} 不断地减小．因此，η 只能改变一次符号．(48)式中积分的形式又表明，η 最终要趋于极限零，而且可以证明，η 的渐近值中的首项为 $-2Q/\pi g t^2$[1]．

在上述问题中，有一个值得注意的特点，即扰动是在一瞬间传到所有各处的，不管那些地方距原点有多远．从解析上来看，这一特点好像可以用下述事实来解释，那就是，我们所涉及到的是所有可能波长的波的综合，而对于无限波长的波来讲，其波速是无穷大．但是，Rayleigh 曾表明过[2]，即使在波速有一个上限的有限深度的水中，这一瞬时性特点也还是存在的．出现这一特点的物理原因在于流体被当作不可压缩的来处理了，因此，压力的变化就以无穷大的速度而传播(参看第 20 节)．如果考虑进压缩性，那么，当扰动出现在任一点之前，是要经过一段虽然可能很短、但却是有限的时间的[3]．

241. 用一些篇幅来作出上述探讨是正确的，这不仅是由于它在历史上曾引起过兴趣，而且还由于所遇到的是极少数完全可以求解的问题之一．不过，Kelvin 曾表明过，可以用一个简单的方法来对某些有趣的特点得出近似的表达[4]．

这一方法依赖于对

$$u=\int_a^b \phi(x)e^{if(x)}dx \tag{1}$$

这种类型的积分作出近似计算．为此，需要假定式中圆函数在积

---

1) (52)式中的定积分曾由 Dawson 制成计算用表，见 *Proc. Lond. Math. Soc.* (1)xxix. 519 (1898)，而(49)式中的函数则由 Terazawa 制成计算用表，见 *Science Reports of the Univ. of Tokyo*, vi. 171, 1917.

2) "On the instantaneous Propagation of Disturbance in a Dispersive Medium,…," *Phil. Mag.*(6), xviii. 1(1909) [*Papers*, v.514]．还可参看 Pidduck, "On the Propagation of a Disturbance in a Fluid under Gravity," *Proc. Roy. Soc.* A, lxxxiii. 347(1910).

3) Pidduck, "The Wave-Problem of Cauchy and Poisson for Finite Depth and Slightly Compressible Fluid," *Proc. Roy. Soc. A.* lxxxvi. 396(1912).

4) Sir W. Thomson, "On the Waves produced by a Single Impulse in Water of any Depth, or in a Dispersive Medium," *Proc. R. S.* xlii. 80(1887) [*Papers*, iv.303] 但 Stokes 已经对如何处理(1)式类型的积分提出过建议，见 Stokes 的文章"On the Numerical Calculation of a Class of Definite Integrals and Infinite Series," *Camb. Trans.* ix. (1850) [*Papers*, ii. 341, *footnote*].

分区间内完成了大量周期，而 $\phi(x)$ 则相对地变化得很慢. 说得更精确一些是，假定当 $f(x)$ 改变 2π 时，$\phi(x)$ 的改变量和它本身相比是很小的. 在这样的条件下，积分中的微元大部分会互相消去，除非在能使 $f(x)$ 成为平稳值的 x（如果有的话）的邻域内. 如令 $x=\alpha+\xi$，其中 α 为 x 的一个值，它在积分区间内，并使 $f'(\alpha)=0$，那么，对于小的 ξ 值，就近似地有

$$f(x)=f(\alpha)+\frac{1}{2}\xi^2 f''(\alpha). \tag{2}$$

因此，积分中的重要部分（对应于 α 邻域中的 x）近似地等于

$$\phi(\alpha)e^{if(\alpha)}\int_{-\infty}^{\infty} e^{\frac{1}{2}if''(\alpha)\cdot\xi^2}d\xi, \tag{3}$$

这是因为被积函数是脉动的，所以把积分上下限延伸到 $\pm\infty$ 并不会引起显著的误差. 现在，根据一个已知公式（238节(24)式），可有

$$\int_{-\infty}^{\infty} e^{\pm im^2\xi^2}d\xi=\frac{\sqrt{\pi}}{m}\cdot\frac{1\pm i}{\sqrt{2}}=\frac{\sqrt{\pi}}{m}\cdot e^{\pm\frac{1}{4}i\pi}. \tag{4}$$

于是，(3)式成为

$$\frac{\sqrt{\pi}\ \phi(\alpha)}{\sqrt{\left|\frac{1}{2}f''(\alpha)\right|}}\cdot e^{i\left\{f(\alpha)\pm\frac{1}{4}\pi\right\}}, \tag{5}$$

其中，在指数中取正号还是负号取决于 $f''(\alpha)$ 为正还是为负.

如 α 和(1)式中的一个积分极限重合，(3)式中的积分极限就要改换为 0 和 ∞、或 $-\infty$ 和 0，而(5)式中的结果就只取一半.

如把近似式(2)继续写下去，下一项应为 $\frac{1}{6}\xi^3 f'''(\alpha)$，因此，只有在 $\xi^2 f''(\alpha)$ 即使是 2π 的一个不大的倍数时，$\xi f'''(\alpha)/f''(\alpha)$ 也是一个小量的情况下，上述方法才能适用. 这一点要求

$$f'''(\alpha)/\{|f''(\alpha)|\}^{\frac{3}{2}}$$

应为小量.

现在假定，在任何一种介质中，一个在每单位长度上的大小为

$\cos kx$ 的初始扰动(它的性质可以是冲量也可以是位移)所引起的振荡具有以下形式:

$$\eta = \phi(k)\cos kx e^{i\sigma t}, \tag{6}$$

其中,σ 为 k 的函数,并由自由波动理论所确定. 于是,由 Fourier 表达式,一个集中的单位初始扰动的效应就是

$$\eta = \frac{1}{2\pi}\int_0^\infty \phi(k)e^{i(\sigma t-kx)}dk + \frac{1}{2\pi}\int_0^\infty \phi(k)e^{i(\sigma t+kx)}dk. \tag{7}$$

应当有一个理解,那就是,最后只保留上式中的实数部分.

(7)式中的两项分别表示了沿 x 轴正方向和负方向传播的、所有可能波长的简谐波列的叠加结果. 如果考虑到对称性所带来的方便,我们只把注意力放在原点右侧的区域中,那么,作为一条规律[1],只有第一个积分中的指数函数有给出平稳值的可能,也就是,平稳值出现于

$$t\frac{d\sigma}{dk} = x \tag{8}$$

时. 上式就确定了 k (因而还有 σ)是 x 和 t 的什么样的函数,然后,根据(5)式,可得

$$\eta = \frac{\phi(k)}{\sqrt{|2\pi t d^2\sigma/dk^2|}}\cdot\cos\left(\sigma t - kx \pm \frac{1}{4}\pi\right), \tag{9}$$

式中 $\frac{1}{4}\pi$ 前的正负号按 $d^2\sigma/dk^2$ 为正或为负而取. 这一近似方法要求比值

$$d^3\sigma/d\sigma^3 \div \sqrt{t|d^2\sigma/dk^2|^3} \tag{10}$$

为小量.

因根据(8)式有

$$\left.\begin{aligned}\frac{\partial}{\partial x}(\sigma t - kx) &= \left(t\frac{d\sigma}{dk} - x\right)\frac{\partial k}{\partial x} - k = -k,\\ \frac{\partial}{\partial t}(\sigma t - kx) &= \left(t\frac{d\sigma}{dk} - x\right)\frac{\partial\sigma}{\partial t} + \sigma = \sigma,\end{aligned}\right\} \tag{11}$$

---

1) 如果群速度是负的(像 237 节所提到过的人造例子中那样),第二个积分就会是重要的了.

所以，点 x 附近在时刻 t 时的波长和周期分别为 $2\pi/k$ 和 $2\pi/\sigma$。关系式(8)也表明了这一波长所对应的群速度（236 节）为 x/t，

上述方法及其结果可以用多种图线构造来予以说明[1]. 最简单(在某些方面)的一种是把 236 节中的图解法略加修改而得到的. 我们以 λ 为横坐标、以 ct 为纵坐标而作出一条曲线，其中 t 为自扰动开始后所消逝的时间. 为了确定出波系在任一点 x 附近的性质，我们沿纵坐标轴量出一段长度 OQ 等于 x. 如 PN 为对应于任一给定横坐标 λ 的纵坐标，那么，在 x 处由波长为 λ 的基元波列所产生的扰动的相位就由 QP 线的斜率来给出. 这是因为，如作 QR 平行于 ON，可有

$$\frac{PR}{QR}=\frac{PN-OQ}{ON}=\frac{ct-x}{\lambda}=\frac{\sigma t-kx}{2\pi}. \tag{12}$$

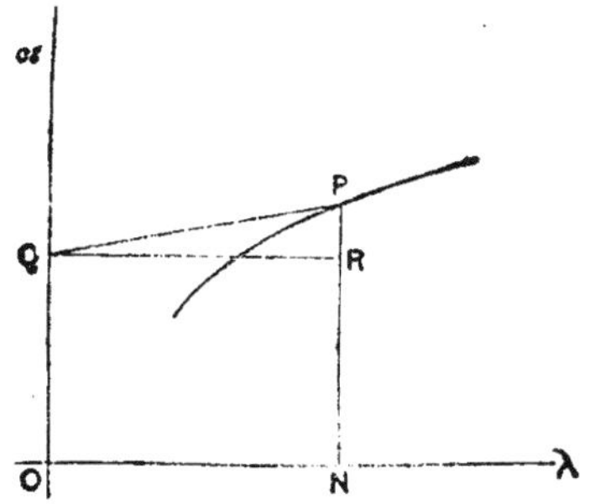

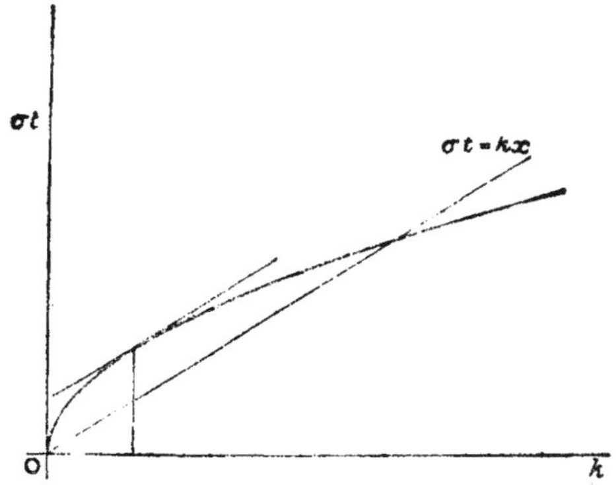

1) *Proc. of 5th Intern. Congress of Mathematicians*, Cambridge, 1912, p.281.

因此，如 QP 为曲线的一条切线，则相位取平稳值；而在点 x 处起主要作用的几个波长就相应地由自 Q 点所能画出的几条切线的切点横坐标来给出．这些波长所具有的特征是群速度具有给定值 x/t.

如果让 Q 点沿纵坐标轴而移动，可以得到时刻 t 时（曲线是对这一时刻画出的）的波长分布情况；而如果想了解在给定点 x 处的波长随时间的变化，可以或者假想 Q 点的纵坐标按 x 与对应时间之比值而变化，或者假想 Q 点是以 OQ 反比于时间的方式而趋近于 O.

上述图线构造有一个缺点是它不能指示出波系中不同部分的相对振幅．为了了解这一情况，我们可以以 σt 为纵坐标、k 为横坐标而画出一条表示二者间关系的曲线．要是再通过原点作一条斜率为 x 的直线，那么，一个特定的基元波列的相位 $\sigma t-kx$ 就由曲线和直线的纵坐标之差来表示．当曲线的切线和上述直线平行时，也就是，当 $td\sigma/dk=x$ 时，这一差值取平稳值，就像我们已求得的那样．另外，可以看出，对于波长稍有差别的一些基元波列，其相位差最终将正比于 k 的增量的平方．还有，如果曲线的曲率半径越大，那么，相位接近于相等的那些 k 值的范围也越大，因而，合成的扰动也就越强．这一点说明了何以会在(9)式的分母中出现 $td^2\sigma/dk^2$ 这一个量．

在 238 节的理论流体动力学问题中，我们有[1)]

$$\phi(k)=1,\quad \sigma^2=gk. \tag{13}$$

由此，得

$$\left.\begin{aligned} d\sigma/dk &= \frac{1}{2}\ g^{\frac{1}{2}}k^{-\frac{1}{2}},\\ d^2\sigma/dk^2 &= -\ \frac{1}{4}g^{\frac{1}{2}}k^{-\frac{3}{2}},\\ d^3\sigma/dk^3 &= \frac{3}{8}\ g^{\frac{1}{2}}k^{-\frac{5}{2}}. \end{aligned}\right\} \tag{14}$$

因此，由(8)式得

$$k=gt^2/4x^2,\quad \sigma=gt/2x, \tag{15}$$

因而有

$$\eta=\frac{g^{\frac{1}{2}}t}{\sqrt{2\pi}\ x^{\frac{3}{2}}}\ e^{i(gt^2/4x-\frac{1}{4}\pi)},$$

1）关于这种情况下的收敛性问题，可以用个附注来解决，那就是，238 节(9)式给出

$$\eta=\frac{1}{g}\ \frac{\partial\phi_0}{\partial t}=\lim_{y\to 0}\frac{1}{\pi}\int_0^\infty e^{ky}\cos\sigma t\cos kx\,dk,$$

其中 y 在达到极限 0 之前为负值．

或在抛掉虚部后有

$$\eta=\frac{g^{\frac{1}{2}}t}{(2\pi)^{\frac{1}{2}}x^{\frac{3}{2}}}\cos\left(\frac{gt^2}{4x}-\frac{1}{4}\pi\right). \tag{16}$$

可求得(10)中之商和 $(2x/gt^2)^{\frac{1}{2}}$ 为同一量级，因此，只有对于能使 $\frac{1}{2}gt^2$ 远大于 x 的那些时刻和地点，这一近似才能成立。

这些结果和 238 节中较为完整的研究相符. 239 节中的情况也可用同样方式来处理.

(16)式或上述几何构造（现在，曲线像 236 节中那样是一条抛物线）显示出，在任一时刻，波在传播时，其波长都是从前到后不断减小的；而通过任一指定点的波，其波长也不断减小[1].

242. 接下去，我们可以来计算一个任意的定常压力作用于水流表面时的影响. 我们只考虑定常运动，这种运动是在耗散力(不管是多么小)的作用下最终能建立起来的[2]. 开始时，我们用直接方法来处理这一问题，到 248 节时，再介绍一种可以得出主要结果的较为简练的方法.

要提到一点，在没有耗散力时，这一问题在某种程度上是不确定的，因为我们永远可以叠加上一个任意振幅的无限长自由波动波列，它的波长则取为使波列相对于水的速度和水流速度大小相等而反向，在这种情况下，这一波列就会在空间保持一个固定位置.

---

1) 有关进一步的研究可参看 Havelock, "The Propagation of Waves in Dispersive Media …," *Proc. Roy. Socr.* lxxxi. 398(1908).

2) 下述探讨的前几步取自 Rayleigh 的文章 "The Form of Standing Waves on the Surface of Running Water," *Proc. Lond. Math. Soc.* xv.69(1883) [*Papers*, ii.258]，但删除了有关毛细作用的部分而得到简化. 对所涉及到的定积分，改用较为一般的方式作出了处理，而且，对结果的讨论也就必然按照另一种程序来作了.

这一问题也曾由 Popoff 处理过，见 "Solution d'un problème sur les ondes permanentes," *Liouville* (2), iii. 251(1858). 他的分析是对的，但未注意到问题的不确定性（在没有摩擦的情况下），因此就没有能把结果推向对实际现象的说明上去.

我们可以利用 Rayleigh 的手法来避免这一不确定性，而假定任一流体质点相对于均匀流动时的位置偏离受到一个正比于相对速度的力的抵制。

这一摩擦力规律并不真的表示自然界中的情况，但它可以用来粗略地表示出小耗散力的影响，而且，它还带来数学上的方便，那就是，它不干扰运动的无旋性质. 因为，如令第 6 节方程组中的

$$X = -\mu(u - c),\ Y = -g - \mu v,\ Z = -\mu w, \tag{1}$$

其中 c 为水流沿 x 轴正方向运动的速度，则把第 33 节所述方法应用于一个闭回路后，就有

$$\left(\frac{D}{Dt} + \mu\right)\int(udx + vdy + wdz) = 0, \tag{2}$$

由此得到

$$\int(udx + vdy + wdz) = Ce^{-\mu t}. \tag{3}$$

因此，一个随着流体一起运动的回路上的环量如果在某一时刻为零，那就永远为零了. 这样，我们现在就有

$$\frac{p}{\rho} = \text{const.} - gy + \mu(cx + \phi) - \frac{1}{2}q^2. \tag{4}$$

事实上，它就是第 21 节(2)式在目前所具有的形式，因为可由(1)式而写出

$$\Omega = gy - \mu(cx + \phi).$$

首先来计算压力为简谐分布时的效应，为此，假定

$$\frac{\phi}{c} = -x + \beta e^{ky}\sin kx,\ \frac{\psi}{c} = -y + \beta e^{ky}\cos kx. \tag{6}$$

则在略去 $k\beta$ 的平方后，(4)式变为

$$\frac{p}{\rho} = \cdots - gy + \beta e^{ky}(kc^2\cos kx + \mu c\sin kx). \tag{7}$$

对于上表面 ($\psi = 0$) 上各部分的压力，上式给出

$$p_0 = \rho\beta\{(kc^2 - g)\cos kx + \mu c\sin kx\}, \tag{8}$$

它等于

$$\rho\beta(kc^2 - g - i\mu c)e^{ikx}$$

的实部．如令 e^{ikx} 的系数等于 C，我们可以说，和压力

$$p_0 = Ce^{ikx} \tag{9}$$

相对应的表面形状为

$$g\rho y = \frac{\kappa}{k-\kappa-i\mu_1}Ce^{ikx}, \tag{10}$$

其中已把 g/c^2 写为 κ，因此，$2\pi/\kappa$ 为能反抗水流流动而维持其位置不变的自由波动的波长；此外，为简练起见而令 $\mu/c = \mu_1$。

于是，只取实部，我们就求得表面压力

$$p_0 = C\cos kx \tag{11}$$

所产生的波形为

$$g\rho y = \kappa C\,\frac{(k-\kappa)\cos kx - \mu_1\sin kx}{(k-\kappa)^2+\mu_1^2}. \tag{12}$$

上式表明，如 μ 很小，则若波长小于 $2\pi/\kappa$，那么，波峰和波谷的位置就分别和所作用的压力的极大值和极小值的位置重合；在相反的情况下，叙述就相反．这是符合一个普遍原理的．如果我们在一切东西上都加一个平行于 x 轴的速度 $-c$，则令(12)式中 $\mu_1 = 0$ 而得到的结果就是 168 节(14)式的一个特殊情况．

在 $k=\kappa$ 的临界情况下，有

$$g\rho y = -\frac{\kappa C}{\mu_1}\cdot\sin kx, \tag{13}$$

它表明压力中的余量现在作用于面向下游的诸斜坡上．它可以粗略地解释出，一个行波系如何能由于在它的诸斜面上有着适当分布的压力而对抗我们所假定的耗散力、并得以维持下去．

243. (12)式所表示的解是可以推广的，只要先把 x 增加一个任意常数，然后再对 k 求和．用这一方法并借助于 Fourier 定理(238 节(4)式)，我们就可以得到任意压力分布

$$p_0 = f(x) \tag{14}$$

的效应．

首先，我们假定，除了对于无穷小的 x 外，$f(x)$ 都为零；而对

于无穷小的 x，$f(x)$ 则以

$$\int_{-\infty}^{\infty} f(x)dx = P \tag{15}$$

的方式而成为无穷大．它给出总量为 P 的压力集中在原点处的一个无限狭窄的水面条带上时的效应． 把(12)式中的 C 换成 $(P/\pi)\delta k$，并在极限 0 和∞之间对 k 求积，可得

$$g\rho y = \frac{\kappa P}{\pi}\int_0^{\infty}\frac{(k-\kappa)\cos kx - \mu_1\sin kx}{(k-\kappa)^2+\mu_1^2}dk. \tag{16}$$

如令 $\zeta = k + im$，其中 k 和 m 为平面上一个可变点的直角坐标，则表达式(16)的性质就包含在复积分

$$\int \frac{e^{ix\zeta}}{\zeta - c}\, d\zeta \tag{17}$$

的性质之中．

我们已知，当沿着任一不包含奇点 $(\zeta = c)$ 的面积的边界来求积上式时，积分之值为零．在目前情况下，我们有 $c = \kappa + i\mu_1$，其中 κ 和 μ_1 均为正值．

我们先假定 x 为正值，并把上述定理应用于这样一个区域，它的外边界由直线 $m = 0$、以原点为圆心且位于 m 为正值的那一侧的一个无穷小半圆所组成，内边界为包围 (κ, μ_1) 点的一个小圆．沿无穷小半圆上的积分显然为零，而且，如令 $\zeta - c = re^{i\theta}$，则不难看出，沿小圆的积分为(积分方向按照第 32 节中所述规则来取)

$$-2\pi i e^{i(\kappa+i\mu_1)x}.$$

于是得到

$$\int_{-\infty}^{0}\frac{e^{ikx}}{k-(\kappa+i\mu_1)}\,dk + \int_0^{\infty}\frac{e^{ikx}}{k-(\kappa+i\mu_1)}\,dk - 2\pi i e^{i(\kappa+i\mu_1)x} = 0,$$

它等价于

$$\int_0^{\infty}\frac{e^{ikx}}{k-(\kappa+i\mu_1)}\,dk = 2\pi i e^{i(\kappa+i\mu_1)x} + \int_0^{\infty}\frac{e^{-ikx}}{k+(\kappa+i\mu_1)}\,dk. \tag{18}$$

反之，如 x 为负值，我们可以沿一条由直线 $m = 0$、以及位于 m 为负值的那一侧的无穷小半圆所组成的轮廓线来求积(17)式．在结果中，除了不出现由奇点(它现在位于轮廓线之外)所引起的那一项外，其它和上面一样．这样，当 x 为负值时有

$$\int_0^{\infty}\frac{e^{ikx}}{k-(\kappa+i\mu_1)}\,dk = \int_0^{\infty}\frac{e^{-ikx}}{k+(\kappa+i\mu_1)}\,dk. \tag{19}$$

如沿由 k 轴的负值部分、m 轴的正值部分以及一个无穷小的象限弧所组成的轮廓线而求积，则可得(18)式中最后一项的另一个形式．这样作时可得

$$\int_{-\infty}^{0}\frac{e^{ikx}}{k-(\kappa+i\mu_1)}\,dk + \int_0^{\infty}\frac{e^{-mx}}{im-(\kappa+i\mu_1)}\,idm = 0,$$

它等价于

$$\int_0^{\infty} \frac{e^{ikx}}{k+(\kappa+i\mu_1)}\,dk = \int_0^{\infty} \frac{e^{-mx}}{m-\mu_1+i\kappa}\,dm. \tag{20}$$

上式适用于 x 为正值时．当 x 为负值时，必须把轮廓线取为 k 轴和 m 轴的负值部分和一个无穷小的象限弧．这就导致

$$\int_0^{\infty} \frac{e^{-kx}}{k+(\kappa+i\mu_1)}\,dk = \int_0^{\infty} \frac{e^{mx}}{m+\mu_1-i\kappa}\,dm, \tag{21}$$

可用于变换(19)式的右边．

在上面的讨论中，μ_1 为正值．虽然我们目前并不需要知道关于积分

$$\int \frac{e^{ix\zeta}}{\zeta-(\kappa-i\mu_1)}\,d\zeta \tag{22}$$

的一些相应结果，但为了以后用到时方便而叙述一下．当 x 为正值时，可得

$$\int_0^{\infty} \frac{e^{ikx}}{k-(\kappa-i\mu_1)}\,dk = \int_0^{\infty} \frac{e^{-ikx}}{k+(\kappa-i\mu_1)}\,dk$$

$$= \int_0^{\infty} \frac{e^{-mx}}{m+\mu_1+i\kappa}\,dm; \tag{23}$$

而当 x 为负时，可得

$$\int_0^{\infty} \frac{e^{ikx}}{k-(\kappa-i\mu_1)}\,dk = -2\pi i e^{i(\kappa-i\mu_1)x} + \int_0^{\infty} \frac{e^{-ikx}}{k+(\kappa-i\mu_1)}\,dk$$

$$= -2\pi i e^{i(\kappa-i\mu_1)x} + \int_0^{\infty} \frac{e^{mx}}{m-\mu_1-i\kappa}\,dm. \tag{24}$$

它们的证明留给读者[1]．

如果我们分别取公式(18)，(20)和(19)，(21)的实部，就得到下面的结果．

当 x 为正时，(16)式等价于

$$\frac{\pi g\rho}{\kappa P}\cdot y = -2\pi e^{-\mu_1 x}\sin\kappa x + \int_0^{\infty} \frac{(k+\kappa)\cos kx - \mu_1\sin kx}{(k+\kappa)^2+\mu_1^2}\,dk$$

$$= -2\pi e^{-\mu_1 x}\sin kx + \int_0^{\infty} \frac{(m-\mu_1)e^{-mx}dm}{(m-\mu_1)^2+\kappa^2}; \tag{25}$$

而当 x 为负值时，则等价于

$$\frac{\pi g\rho}{kP}\cdot y = \int_0^{\infty} \frac{(m+\mu_1)e^{mx}dm}{(m+\mu_1)^2+\kappa^2}. \tag{26}$$

---

1) 关于这些积分的另一个处理，见 Dirichlet, *Vorlesungen ueber d. Lehre v.d. einfachen u. mehrfachen bestimmten Integralen* (ed. Arendt), Braunschweig, 1904, p. 170.

解释这些结果是很简单的事．(25)式中第一项表示一个简谐波列，它位于原点的下游一侧，波长为 $2\pi c^2/g$，其振幅按照 $e^{-\mu_1 x}$ 的规律而逐渐减小．由(25)式和(26)式中定积分所表示的自由表面变形的其余部分虽然对于小 x 值会很大，但不论摩擦系数 μ_1 多么小，当 x 的绝对值增大时，就会迅速减小．

当 μ_1 为无穷小时，上述结果的形式就较为简单．这时，对于正的 x 有

$$\frac{\pi g\rho}{\kappa P}\cdot y=-2\pi\sin\kappa x+\int_0^\infty\frac{\cos kx}{k+\kappa}\,dk$$

$$=-2\pi\sin\kappa x+\int_0^\infty\frac{me^{-mx}}{m^2+\kappa^2}\,dm;\qquad(27)$$

而对于负的 x 有

$$\frac{\pi g\rho}{\kappa P}\cdot y=\int_0^\infty\frac{\cos kx}{k+\kappa}\,dk=\int_0^\infty\frac{me^{mx}}{m^2+\kappa^2}\,dm.\qquad(28)$$

这两个式子中定积分所表示的水面扰动现在对称于原点，并随距原点的距离增大而不断减弱．当 κx 为中等大小时，可由常用的方法而求出一个半收敛展开式

$$\int_0^\infty\frac{me^{-mx}}{m^2+\kappa^2}\,dm=\frac{1}{\kappa^2x^2}-\frac{3!}{\kappa^4x^4}+\frac{5!}{\kappa^6x^6}-\cdots.\qquad(29)$$

它显示出，在下游距原点约半个波长处，简谐波剖面就完全建立起来了．

(27)式和(28)式中的定积分可化为已知函数如下．如令 $(k+\kappa)x=u$，则当 x 为正时，有

$$\int_0^\infty\frac{\cos kx}{k+\kappa}\,dk=\int_{\kappa x}^\infty\frac{\cos(\kappa x-u)}{u}\,du$$

$$=-\mathrm{Ci}\,\kappa x\cos\kappa x+\left(\frac{1}{2}\pi-\mathrm{Si}\,\kappa x\right)\sin\kappa x,\qquad(30)$$

其中，按照通常所用的记号，

$$\mathrm{Ci}\,u=-\int_u^\infty\frac{\cos u}{u}\,du,\quad \mathrm{Si}\,u=\int_0^u\frac{\sin u}{u}\,du.\qquad(31)$$

函数 Ciu 和 Siu 已由 Glaisher 给出计算用表[1]. 它显示出，当 u 从零增大时，它们很快地分别趋于渐近值 0 和 $\frac{1}{2}\pi$. 对于小的 u 值，有

$$\left.\begin{aligned}\mathrm{Ci}u&=\gamma+\log u-\frac{u^2}{2\cdot 2!}+\frac{u^4}{4\cdot 4!}-\cdots,\\ \mathrm{Si}u&=u-\frac{u^3}{3\cdot 3!}+\frac{u^5}{5\cdot 5!}-\cdots;\end{aligned}\right\}\tag{32}$$

式中 γ 为 Euler 常数 0.5772.

由(25),(26)式不难求出，当 μ_1 为无穷小时，表面的总凹陷量为

$$-\int_{-\infty}^{\infty}y\,dx=\frac{P}{g\rho},\tag{33}$$

和流体是静止时完全一样.

244. 表达式(25),(26)以及(27),(28)使原点处的水面升高量为无穷大，但如我们所假定的压力不是集中在水面上的一条数学直线上，而是扩散到一个有限宽度的条带上，这一困难就消失了.

为计算分布压力

$$p_0=f(x)\tag{34}$$

的影响，只需把(27),(28)二式中的 x 写为 $x-\alpha$，把 P 换为 $f(\alpha)d\alpha$，然后在相应的上下限中对 α 求积以求得 y. 由积分学中的已知原理可知，如 p_0 有限，则积分也对所有的 x 值有限.

当均匀压力 p_0 作用于水面上从 $-\infty$ 到原点时，我们由求积(25)式不难对 $x>0$ 求得

$$g\rho y=-2p_0\cos\kappa x+\frac{\kappa p_0}{\pi}\int_0^{\infty}\frac{e^{-mx}dm}{m^2+\kappa^2},\tag{35}$$

1) "Tables of the Numerical Values of the Sine-Integral, Cosine-Integral, and Exponential Integral," *Phil. Trans.* 1870; Dale, 以及 Jahnke 和 Emde 给出了摘要. Schlömilch 用了不同于这里所说的方法而把(27)式中最后一个积分表示成正弦积分和余弦积分，见 "Sur l'integrale définie $\int_0^{\infty}\frac{d\theta}{\theta^2+a^2}e^{-x\theta}$," *Crelle*, xxxiii. (1846); 还可看 De Morgan, *Differential and Integral Calculus*, London, 1842, p. 654 和 Dirichlet, *Vorlesungen*, p. 208.

其中已令 $\mu_1=0$ 了. 而如压力 p_0 作用于水面上由 0 到 $+\infty$ 的部分，则可对 $x<0$ 求得

$$g\rho y=\frac{\kappa p_0}{\pi}\int_0^\infty \frac{e^{mx}dm}{m^2+\kappa^2}. \tag{36}$$

从以上结果，我们不难为均匀压力作用于有限宽度条带上的情况导出必要的公式. (35)式和(36)式中的定积分可通过函数 Ciu 和 Siu 来计算，例如，对(35)式中的定积分有

$$k\int_0^\infty \frac{e^{-mx}dm}{m^2+\kappa^2}=\int_0^\infty \frac{\sin kx}{k+\kappa}\,dk$$

$$=\left(\frac{1}{2}\pi-\mathrm{Si}\,\kappa x\right)\cos\kappa x+\mathrm{Ci}\,\kappa x\sin\kappa x. \tag{37}$$

用这一方法画出了本节中的附图，它所表示的情况是条带 (AB) 的宽度为 κ^{-1}，亦即一个驻波波长的 0.159.

这类情况中的现象可以把一块稍微倾斜的板子的边缘浸入水流表面而近似地制造出来，只是板的湿面上的压力不是均匀的，而是从中央向边缘不断减小. 为了得到均匀的压力，板面从中央到边缘应是弯曲的，它的形状应和图中 A, B 之间那段波剖面相同.

应当注意到，如果条带的宽度准确地等于波长 ($2\pi/\kappa$) 的整数倍，那么，在扰动源的下游某个距离处和上游某个距离处，水面的升高量为零.

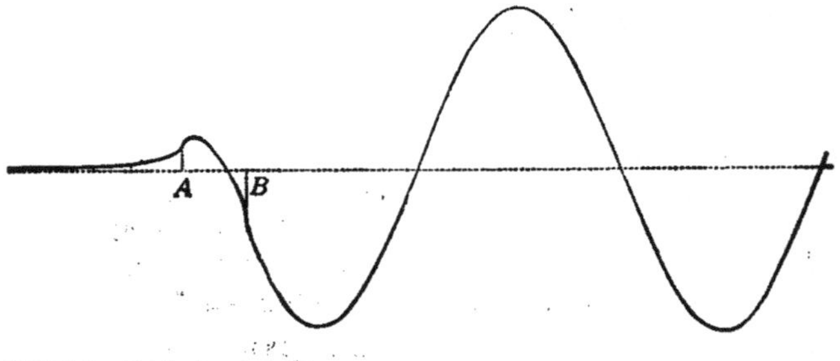

附图中表示出了在点 A, B 处由于所作用的压力的不连续性而产生的某些特点. 一个局部压力的更为自然些的表达式是假定

$$p_0 = \frac{P}{\pi} \frac{b}{b^2 + x^2}. \tag{38}$$

我们可以把它写成

$$p_0 = \frac{P}{\pi} \frac{1}{b - ix} = \frac{P}{\pi}\int_0^\infty e^{-kb+ikx} dk \tag{39}$$

的形式，只要理解到，我们在最后只保留实部即可。参照 242 节(9),(10)二式,可看出自由表面的相应升高量应由

$$g\rho y = \frac{\kappa P}{\pi}\int_0^\infty \frac{e^{-kb+ikx}}{k - \kappa - i\mu_1} dk \tag{40}$$

给出。

借助于 243 节中的方法,可求得,当 $x > 0$ 时，上式等价于

$$g\rho y = \frac{\kappa P}{\pi}\left\{2\pi i e^{(\kappa+i\mu_1)(ix-b)} + \int_0^\infty \frac{e^{-imb-mx}}{m - \mu_1 + i\kappa} dm\right\}; \tag{41}$$

而在 $x < 0$ 时等价于

$$g\rho y = \frac{\kappa P}{\pi}\int_0^\infty \frac{e^{imb+mx}}{m + \mu_1 - i\kappa} dm. \tag{42}$$

于是,只取实部,并令 $\mu_1 = 0$,可得

$$g\rho y = -2\kappa P e^{-\kappa b} \sin \kappa x + \frac{\kappa P}{\pi}\int_0^\infty \frac{m\cos mb - \kappa \sin mb}{m^2 + \kappa^2} e^{-mx} dm,\ [x > 0], \tag{43}$$

$$g\rho y = \frac{\kappa P}{\pi}\int_0^\infty \frac{m\cos mb - \kappa \sin mb}{m^2 + \kappa^2} e^{mx} dm,\ [x < 0]. \tag{44}$$

(43)式右边第一项中的因子 $e^{-\kappa b}$ 表明了压力扩散后的影响。不难证明,上面这两个式子在 $x = 0$ 处所给出的 y 值和 dy/dx 值是相符的[1]。

245. 如果在 242 节的问题中假定水深为有限并等于 h，那么,当不存在耗散力时,就会按照流动的速度 c 小于或大于给定水

1) Kelvin 在一篇论文中对 243 节和 244 节中的问题给出了一个不同的处理法，见 "Deep Water Ship-Waves," *Proc. R.S. Edin.* xxv. 562(1905) [*Papers*, iv.368).

深下的最大波速$(gh)^{\frac{1}{2}}$(见229节)而使问题成为不确定的或确定的。在前一种情况下所出现的困难可由引进小摩擦力而回避掉。但从前面的探讨可以预料到，这种小摩擦力的主要影响是使扰动压力区上游一侧远处的水面升高被消除掉，因此，如果我们在一开始时就作出这样的假定，我们就无需由于要保留摩擦力项而使方程组复杂化了[1]。

当压力为简谐分布时，我们像233节(3)式那样，假定

$$\left.\begin{aligned}\frac{\phi}{c}&=-x+\beta\cosh k(y+h)\sin kx,\\ \frac{\psi}{c}&=-y+\beta\sinh k(y+h)\cos kx.\end{aligned}\right\}\tag{1}$$

因此，在表面

$$y=\beta\sinh kh\cos kx\tag{2}$$

上，有

$$\begin{aligned}\frac{p_0}{\rho}&=-gy-\frac{1}{2}(q^2-c^2)\\ &=\beta(kc^2\cosh kh-g\sinh kh)\cos kx.\end{aligned}\tag{3}$$

于是，对应于强加的压力

$$p_0'=C\cos kx,\tag{4}$$

水面形状为

$$y=\frac{C}{\rho}\ \frac{\sinh kh}{kc^2\cosh kh-g\sinh kh}\ \cos kx.\tag{5}$$

像242节中那样，按照波长大于或小于速度C所对应的波长，压力在波谷处最大并在波峰处最小或反之，这和普遍性理论相符。

应用 Fourier 方法把(5)式推广，就得到

$$y=\frac{P}{\pi\rho}\int_0^\infty\frac{\sinh kh\cos kx}{kc^2\cosh kh-g\sinh kh}\,dk,\tag{6}$$

表示了总量为P的压力作用于原点处的一个狭窄的水面条带上时的效应。它可写为

$$\frac{\pi\rho c^2}{P}\ y=\int_0^\infty\frac{\cos(xu/h)}{u\coth u-gh/c^2}\,du.\tag{7}$$

现在来考虑复积分

$$\int\frac{e^{ix\zeta/h}}{\zeta\coth\zeta-gh/c^2}\,d\zeta,\tag{8}$$

其中 $\zeta=u+iv$. 积分号内的函数按照x为正或为负而在 $\zeta=\mp i\infty$ 处有奇点，而

1) 如摩擦力很小，那么，考虑进摩擦力而把探讨作出某些改变也并没有什么困难。

其余的奇点则由

$$\frac{\tanh\zeta}{\zeta}=\frac{c^2}{gh} \tag{9}$$

给出．由于(6)式为 x 的偶函数，因此，只取 x 为正值的情况来考虑就够了．

先假定 $c^2>gh$．这时，(9)式之根全部为纯虚数，也就是，它们的形式是 $\pm i\beta$，而 β 则为

$$\frac{\tan\beta}{\beta}=\frac{c^2}{gh} \tag{10}$$

的根．(10) 式最小的正根位于 0 和 $\frac{1}{2}\pi$ 之间，较大的根则愈来愈接近于渐近值 $\left(s+\frac{1}{2}\pi\right)$ (s 为整数)．我们按顺序用 $\beta_0,\beta_1,\beta_2,\cdots$ 来表示这些根．现在，我们取 u 轴、位于 u 轴正侧的一个无穷大的半圆、以及围绕诸奇点 $\zeta=i\beta_0,i\beta_1,i\beta_2,\cdots$ 的一系列小圆为轮廓线，并沿这一轮廓线来积分(8)式．在无穷大半圆上的那部分积分显然为零．此外，已经知道，如 α 为 $f(\zeta)=0$ 的一个单根，则沿正方向绕一个把点 $\zeta=\alpha$ 围圈在内的小圆所取的积分

$$\int\frac{F(\zeta)}{f(\zeta)}\,d\zeta$$

之值等于

$$2\pi i\,\frac{F(\alpha)}{f'(\alpha)}. \tag{11}$$

对于(8)式，我们有

$$\begin{aligned}f'(\alpha)&=\coth\alpha-\alpha(\coth^2\alpha-1)\\&=\frac{1}{\alpha}\left\{\frac{gh}{c^2}\left(1-\frac{gh}{c^2}\right)+\alpha^2\right\};\end{aligned} \tag{12}$$

由此，令 $\alpha=i\beta_s$ 后，(11)的形式就成为

$$2\pi B_s e^{-\beta_s x/h}, \tag{13}$$

其中

$$B_s=\frac{\beta_s}{\beta_s^2-\frac{gh}{c^2}\left(1-\frac{gh}{c^2}\right)}. \tag{14}$$

于是，上述定理就给出

$$\int_{-\infty}^{0}\frac{e^{ixu/h}}{u\coth u-gh/c^2}\,du+\int_0^{\infty}\frac{e^{ixu/h}}{u\coth u-gh/c^2}\,du-2\pi\sum_0^{\infty}B_s e^{-\beta_s x/h}=0. \tag{15}$$

如把第一个积分中的 u 写为 $-u$，则上式成为

$$\int_0^{\infty}\frac{\cos(xu/h)}{u\coth u-gh/c^2}\,du=\pi\sum_0^{\infty}B_s e^{-\beta_s x/h}. \tag{16}$$

这样，水面形状就由

$$y = \frac{P}{\rho c^2} \cdot \sum_0^{\infty} B_s e^{-\beta_s x/h} \tag{17}$$

给出.

它显示出，在离开扰动源某个距离以外，水面升高量(对称于原点)是很小的.

反之，当 $c^2 < gh$ 时，方程(10)的最小根 ($\pm\beta_0$) 不再出现，方程(9)就有一对实根(设为$\pm\alpha$). 这时，(7)式中的积分是不确定的，因为积分号内的函数在积分区域内会变成无穷大. 不过，它的数值之一 (Cauchy 意义下的"主值")仍可用和上面相同的方法求得，只要我们在轮廓线中用两个半径为 ε 的微小半圆(位于 v 为正值的一侧)把点 $\zeta = \pm\alpha$ 排除出去即可. 复积分(8)中沿这两个微小半圆积分所得的那部分结果分别为

$$-i\pi \frac{e^{\pm i\alpha x/h}}{f'(\pm\alpha)},$$

其中 $f'(\alpha)$ 由 12 式给出；这两部分之和于是就等于

$$2\pi A \sin \frac{\alpha x}{h}, \tag{18}$$

其中

$$A = \frac{\alpha}{\alpha^2 - \frac{gh}{c^2}\left(\frac{gh}{c^2} - 1\right)}. \tag{19}$$

现在，与(16)式相对应的方程就具有以下形式:

$$\left\{\int_0^{\alpha-\varepsilon} + \int_{\alpha+\varepsilon}^{\infty}\right\} \frac{\cos(xu/h)}{u\coth u - gh/c^2} du$$

$$= -\pi A \sin \frac{\alpha x}{h} + \pi \sum_1^{\infty} B_s e^{-\beta_s x/h}. \tag{20}$$

因此，如对(7)式中的积分取其主值，则 x 为正值部分的水面形状为

$$y = -\frac{P}{\rho c^2} A \sin \frac{\alpha x}{h} + \frac{P}{\rho c^2} \sum_1^{\infty} B_s e^{-\beta_s x/h}. \tag{21}$$

于是，在远离原点处，水面变形就由上式右边第一项所表示的简谐波列所组成，其波长 $2\pi h/\alpha$ 和相对于静水的传播速度为 c 的波长相对应.

由于函数(7)对称于原点，因此，x 为负值部分的相应结果为

$$y = \frac{P}{\rho c^2} A \sin \frac{\alpha x}{h} + \frac{P}{\rho c^2} \sum_1^{\infty} B_s e^{\beta_s x/h}. \tag{22}$$

把形式为

$$C\cos \frac{\alpha x}{h} + D\sin \frac{\alpha x}{h} \tag{23}$$

的两项加到(21)式和(22) 式上就完成了这一不确定的问题的通解. 考虑进无穷小耗散力时的实际解则由调整以上两项、使上游侧远处的水面变形很小而得到. 这样，我

们最后就对 x 的正值部分得到

$$y=-\frac{2P}{\rho c^2}A\sin\frac{\alpha x}{h}+\frac{P}{\rho c^2}\sum_1^\infty B_s e^{-\beta_s x/h},\tag{24}$$

对 x 的负值部分得到

$$y=\frac{P}{\rho c^2}\sum_1^\infty B_s{}^{\beta_s x/h^s}.\tag{25}$$

关于另一个简化本问题中定积分的方法需要参看下面提到的 Kelvin 的文章.

246. 同样的方法可用来研究稍有起伏的河床对均匀流动的影响[1].

把原点取在未受扰时的水面上，那么，当河床为简谐式起伏

$$y=-h+\gamma\cos kx\tag{1}$$

时，我们假定

$$\left.\begin{aligned}\frac{\phi}{c}&=-x+(\alpha\cosh ky+\beta\sinh ky)\sin kx,\\ \frac{\psi}{c}&=-y+(\alpha\sinh ky+\beta\cosh ky)\cos kx.\end{aligned}\right\}\tag{2}$$

(1)式应为一条流线的条件为

$$\gamma=-\alpha\sinh kh+\beta\cosh kh.\tag{3}$$

压力的公式近似为

$$\frac{p}{\rho}=\text{const.}-gy+kc^2(\alpha\cosh ky+\beta\sinh ky)\cos kx,\tag{4}$$

因而沿流线 $\psi=0$ 有

$$\frac{p}{\rho}=\text{const.}+(kc^2\alpha-g\beta)\cos kx,$$

而自由表面的条件就给出

$$kc^2\alpha-g\beta=0.\tag{5}$$

方程(3)和(5)就确定了 α 和 β. 自由表面的剖面由下式给出

$$y=\beta\cos kx=\frac{\gamma}{\cosh kh-g/kc^2\cdot\sinh kh}\cos kx.\tag{6}$$

如果水流的速度小于均匀深度为 h 的静水中具有和河床起伏同样波长的波的传播速度(由 229 节(4)式所确定)，那么，上式中分母为负值，因此，自由表面的起伏和河床的起伏是相反的. 在相反的情况下，自由表面的起伏和河床一致，但在铅直尺度上

---

1) W. Thomson 爵士，"On Stationary Waves in Flowing Water," *Phil. Mag.* (5) xxii. 353,445,517 (1886)，和 xxiii. 52(1887) [*Papers*, iv. 270].河床高度有突然变化的影响由 Wien 作了讨论，见其 *Hydrodynamik*, p. 201.

有所不同．如 c 正好等于229节(4)式所给出之值，那么，由于分母为零而使上面的解失效，就像我们所能预料到的那样．而为了能在这一情况下得出一个易于理解的结果，就必须考虑进耗散力．

可借助 Fourier 定理把上述解推广到能应用于河床起伏遵循任意规律时的情况．于是，如河床剖面为

$$y = -h + f(x)$$
$$= -h + \frac{1}{\pi}\int_0^\infty dk \int_{-\infty}^\infty f(\xi)\cos k(x-\xi)d\xi, \tag{7}$$

那么，自由表面的剖面可由 Fourier 积分中所有微元产生的各项((6)式形式的)叠加而得到，即

$$y = \frac{1}{\pi}\int_0^\infty dk\int_{-\infty}^\infty \frac{f(\xi)\cos k(x-\xi)}{\cosh kh - g/kc^2\cdot\sinh kh}d\xi. \tag{8}$$

当河床上有一个孤立的突起位于原点的正下方时，上式化为

$$y = \frac{Q}{\pi}\int_0^\infty \frac{\cos kx}{\cosh kh - g/kc^2\cdot\sinh kh}dk$$
$$= \frac{Q}{\pi h}\int_0^\infty \frac{u\cos(xu/h)}{u\cosh u - gh/c^2\cdot\sinh u}du, \tag{9}$$

式中 Q 表示突起部分的剖面在河床总体水平线之上的面积．如为一凹陷，Q 当然取负值．

对于积分

$$\int \frac{\zeta e^{ix\zeta/h}d\zeta}{\zeta\cosh\zeta - gh/c^2\cdot\sinh\zeta} \tag{10}$$

的讨论可以完全像245节中那样来做．由于被积函数和那一节中的只相差一个因子 $\zeta/\sinh\zeta$，所以奇点和前面所述相同，而我们也就可以立即把结果写出来．

于是，当 $c^2>gh$ 时，可得水面形状为

$$y = \frac{Q}{h}\sum_0^\infty B_s\frac{B}{\sin\beta_s}e^{\mp\beta_s x/h}, \tag{11}$$

其中，按照 x 为正或为负而在指数中取上面的或下面符号．

当 $c^2<gh$ 时，对于 x 为正值部分的"实际"解为

$$y = -\frac{2Q}{h}A\frac{\alpha}{\sinh\alpha}\sin\frac{\alpha x}{h}+\frac{Q}{h}\sum_1^\infty B_s\frac{\beta_s}{\sin\beta_s}e^{-\beta_s x/h}; \tag{12}$$

而对于 x 为负值部分的实际解为

$$y = \frac{Q}{h}\sum_1^\infty B_s\frac{\beta_s}{\sin\beta_s}e^{\beta_s x/h}. \tag{13}$$

这里的符号 α,β_s,A,B_s 具有与245节中完全相同的意义[1]．

1) 河床上的一个孤立的突起所引起的表面波在 Kelvin 的一篇文章中给出了极为有趣的剖面图线，见 *Phil.Mag.*(5) xxii. 517(1886) [*Papers*, iv.295]．

247. 可以用类似于上面的方法来计算均匀水流中由一个淹没的圆柱形障碍物所产生的扰动[1]。设圆柱体的半径 b 远小于其轴线的深度，而且，圆柱体是水平放置的，并横跨水流。

我们写出

$$\phi = -cx\left(1+\frac{b^2}{r^2}\right)+\chi, \tag{1}$$

其中 c 和以前一样表示水流的总体速度，r 则为距柱体轴线的距离，即

$$r=\sqrt{x^2+(y+f)^2} \tag{2}$$

(原点取在未受扰时的水面上，并位于柱体轴线的正上方)。只要 χ 在柱体附近可以略去，那么，(1)式就能在 $r=b$ 处使 $\partial\phi/\partial r=0$。

假定

$$\chi=\int_0^\infty \alpha(k)e^{ky}\sin kx dk, \tag{3}$$

其中 $\alpha(k)$ 为 k 的待定函数。对于自由表面，假定它是定常的，并设其方程为

$$\eta=\int_0^\infty \beta(k)\cos kx dk. \tag{4}$$

在自由表面上所应满足的几何条件为

$$-\frac{\partial\phi}{\partial y}=c\ \frac{d\eta}{dx}, \tag{5}$$

并可在 $y=0$ 处取值。因(1)式在 $y+f$ 为正值时等价于

$$\phi=-cx-b^2c\int_0^\infty e^{-k(y+f)}\sin kx dk+\chi, \tag{6}$$

故若

1) 这一探讨取自本书作者的一篇文章："On some cases of Wave-Motion on Deep Water," *Ann. di. matematica* (3), xxi. 237(1913). 我发现，这一问题曾由 Kelvin 提出过，见 *Phil. Mag.* (6) ix. 733(1905) [*Papers*, iv. 369].

$$b^2 c e^{-kf} + \alpha(k) = c\beta(k), \tag{7}$$

则几何条件(5)式可得以满足。

此外，自由表面上压力中的变量部分为

$$\begin{aligned}\frac{p}{\rho} &= -gy - \frac{1}{2}\left(\frac{\partial \phi}{\partial x}\right)^2 \\ &= -g\eta - \frac{1}{2}c^2 - b^2c^2\int_0^\infty e^{-kf}\cos kx k dk + c\frac{\partial \chi}{\partial x} \\ &= -g\eta - \frac{1}{2}c^2 - b^2c^2\int_0^\infty e^{-kf}\cos kx k dk \\ &\quad + c\int_0^\infty \alpha(k)\cos kx k dk,\end{aligned} \tag{8}$$

其中已略去了扰动中的二阶项。如

$$g\beta(k) + kb^2c^2e^{-kf} - kc\alpha(k) = 0, \tag{9}$$

则表达式(8)就与 x 无关。

(9)式与(7)式合在一起给出

$$\left.\begin{aligned}\alpha(k) &= \frac{k+\kappa}{k-\kappa}\, b^2 c e^{-kf}, \\ \beta(k) &= \frac{2b^2 k e^{-kf}}{k-\kappa},\end{aligned}\right\} \tag{10}$$

其中

$$\kappa = g/c^2, \tag{11}$$

和 242 节中一样。故

$$\begin{aligned}\eta &= 2b^2\int_0^\infty \frac{ke^{-kf}\cos kx dk}{k-\kappa} \\ &= \frac{2b^2 f}{x^2+f^2} + 2\kappa b^2\int_0^\infty \frac{e^{-kf}\cos kx dk}{k-\kappa}.\end{aligned} \tag{12}$$

上式中的积分是不确定的，但如 x 为正值，则它等于表达式

$$i\pi e^{-\kappa f + i\kappa x} + i\int_0^\infty \frac{e^{-imf-mx}}{im-\kappa}\, dm \tag{13}$$

的实部。采用(13)式后，有

$$\eta = \frac{2b^2 f}{x^2 + f^2} - 2\pi\kappa b^2 e^{-\kappa f} \sin \kappa x$$

$$- 2\kappa b^2 \int_0^\infty \frac{(\kappa \sin mf - m \cos mf) e^{-mx}}{m^2 + \kappa^2} dm. \quad (14)$$

对于大的 x 值，只有第二项是重要的。

由于(12)式中的 η 是 x 的偶函数，所以当 x 为负值时，必有

$$\eta = \frac{2b^2 f}{x^2 + f^2} + 2\pi\kappa b^2 e^{-\kappa f} \sin \kappa x$$

$$- 2\kappa b^2 \int_0^\infty \frac{(\kappa \sin mf - m \cos mf) e^{mx}}{m^2 + \kappa^2} dm. \quad (15)$$

我们可以把任意一个波长为 $2\pi/\kappa$ 的驻波系叠加到上述公式所表示的扰动上去，因为驻波可以不顾水流在流动而仍保持它在空间的位置。而如我们把所要附加的驻波系选为

$$\eta = -2\pi\kappa b^2 e^{-\kappa f} \sin \kappa x, \quad (16)$$

我们就可以做到物理解所要求的那样，使上游（$x < 0$）远处的扰动被消除掉。其结果为

$$\left.\begin{aligned} \eta &= \frac{2b^2 f}{x^2 + f^2} - 4\pi\kappa b^2 e^{-\kappa f} \sin \kappa x + \&\text{c.} \quad [x > 0], \\ \eta &= \frac{2b^2 f}{x^2 + f^2} + \&\text{c.} \quad [x < 0]. \end{aligned}\right\} \quad (17)$$

它表明，在障碍物的正上方有一个局部扰动，并在其下游有一个波长为 $2\pi c^2/g$ 的波列与其连接[1]。

很容易使我们的研究适用于柱体截面具有任意形状的场合．我们在上面所作的假定实际上是，在初步近似下，一个圆柱体在远处的影响就和一个适当调节的双源的影响一样．在较为一般的情况下，参看第 72a 节，可写出

$$\phi = -cx + \phi_1 + \chi, \quad (18)$$

其中

1) 如果我们研究(13)式中的定积分在 κf 为大值时的渐近展开式，那么，在代人(12)式后可知，最重要的项给出 $-2b^2 f/(x^2 + f^2)$，因而就消去了上面 η 中的第一项．Havelock 曾进一步对中等大小的 κf 讨论了这一近似，见 *Proc. Roy. Soc. A*, cxv. 274(1927).

$$\phi_1 = -\frac{(A+Q)x + H(y+f)}{2\pi\{x^2+(y+f)^2\}}\, c. \tag{19}$$

用复变量来作出处理较为方便，因而写成

$$\phi_1 = C\int_0^\infty e^{-k(y+f)+ikx}\,dk, \tag{20}$$

其中

$$C = \frac{i(A+Q)-H}{2\pi}\, c. \tag{21}$$

最后当然只保留(20)式的实部. 具体的计算过程留给读者，而最后的结果在 $|x|$ 为大值时为

$$\left.\begin{aligned} \eta &= \frac{(A+Q)f - Hx}{\pi(f^2+x^2)} - \{2(A+Q)\kappa\sin\kappa x + 2\kappa H\cos\kappa x\}e^{-\kappa f} + \&c. \quad [x>0],\\ \eta &= \frac{(A+Q)f - Hx}{\pi(f^2+x^2)} + \&c. \quad [x<0]. \end{aligned}\right\} \tag{22}$$

除非 $H=0$，否则，靠近原点处的扰动是不对称的.

对于长轴和水流方向成 α 角的椭圆形截面柱体，我们有

$$\left.\begin{aligned} A &= \pi(a^2\sin^2\alpha + b^2\cos^2\alpha),\\ Q &= \pi ab,\\ H &= \pi(a^2-b^2)\sin\alpha\cos\alpha. \end{aligned}\right\} \tag{23}$$

于是，波幅的平方为

$$4\kappa^2(A+Q)^2 + 4\kappa^2H^2 = 4\pi^2\kappa^2(a+b)^2(a^2\sin^2\alpha + b^2\cos^2\alpha). \tag{24}$$

248. 在 243，245 节所讨论的问题中，如果把一个平行于 x 轴的速度 $-c$ 强加到所有物体上，就得到压力扰动以常速度 c 沿水面推进的情况（如无这一压力扰动，水就是静止的）. 一般来讲，在问题的这种形式中，不难理解，波列的原点是跟随着扰动而运动的.

例如，如果相等的无穷小冲量以相等的时间间隔、一个接一个地作用于水面上一系列等距、且无限接近的平行直线上，那么，每一个冲量都会独自产生一个具有 239 节中所讨论过的特点的波系，各冲量所产生的波系就要叠加起来. 在叠加的结果中，只有波速和外界扰动的推进速度相等、并沿这一推进速度方向传播的部分才会互相加强. 而且，236 和 237 节的研究表明，在这一问题中，所产生的这一特定波长的波群会不断地被甩到后面. 当考虑的是表面张力波时，就必须对后面的这条叙述作出修改了.

可以和所考虑的波的特殊种类无关而从很普遍的角度来探讨

这一问题如下[1]。

设外界扰动以速度 c 沿 x 轴的负方向移动，我们把原点取在外界扰动的瞬时位置上。在时间 t 以前所施加的冲量 δt 的效应由 241 节(7)式给出，只要把式中 x 换为 $ct-x$ 并乘上 δt。假定有一个正比于速度的小摩擦力，并由 $t=0$ 到 $t=\infty$ 积分，得

$$\eta=\frac{1}{2\pi}\int_0^\infty\left\{\int_0^\infty \phi(k)e^{i\sigma t-ik(ct-x)}dk\right.$$
$$\left.+\int_0^\infty \phi(k)e^{i\sigma t+ik(ct-x)}dk\right\}e^{-\frac{1}{2}\mu t}dt. \qquad (1)$$

对 t 积分后给出

$$\eta=\frac{1}{2\pi}\int_0^\infty\frac{\phi(k)e^{ikx}dk}{\frac{1}{2}\mu-i(\sigma-kc)}$$
$$+\frac{1}{2\pi}\int_0^\infty\frac{\phi(k)e^{-ikx}dk}{\frac{1}{2}\mu-i(\sigma+kc)}. \qquad (2)$$

根据假定，μ 为小量，并在极限情况下为零。因而，最后结果中最重要的部分应该是第一个积分中能近似地使

$$\sigma=kc \qquad (3)$$

的 k 值所产生的。设 κ 为这一方程的根，并令 $k=\kappa+k'$，可近似地有

$$\sigma-kc=\left(\frac{d\sigma}{dk}-c\right)k'=(U-c)k', \qquad (4)$$

式中 U 表示对应于波长为 $2\pi/\kappa$ 的群速度。因而，在大 x 值下，(2)式中的重要部分为

$$\eta=\frac{1}{2\pi}\phi(\kappa)e^{i\kappa x}\int_{-\infty}^{\infty}\frac{e^{ik'x}dk'}{\frac{1}{2}\mu-i(U-c)k'}, \qquad (5)$$

这是因为把积分区域扩展到 $k'=\pm\infty$ 并不引起重大差别。现

1) Lamb, *Phil. Mag.* (6) xxxi. 386(1916).

如 a 为正值，我们有[1]

$$\int_{-\infty}^{\infty} \frac{e^{imx}dm}{a+im} = \begin{cases} 2\pi e^{-ax} & [x>0] \\ 0 & [x<0], \end{cases} \tag{6}$$

和

$$\int_{-\infty}^{\infty} \frac{e^{imx}dm}{a-im} = \begin{cases} 0 & [x>0] \\ 2\pi e^{ax} & [x<0]. \end{cases} \tag{7}$$

因此，如 $U<c$，则按照 $x \gtrless 0$ 而有

$$\eta = \frac{\phi(\kappa)e^{i\kappa x}}{c-U} e^{-\frac{1}{2}\mu x/(c-U)} \text{ 或 } 0; \tag{8}$$

而如 $U>c$，则相应地有

$$\eta = 0 \text{ 或} \frac{\phi(\kappa)c^{i\kappa x}}{U-c} e^{-\frac{1}{2}\mu x(U-c)}. \tag{9}$$

现如令 $\mu \to 0$，那么，对于由向前推进的扰动所产生的波列就得到一个简单的表达式

$$\eta = \frac{\phi(\kappa)e^{i\kappa x}}{|c-U|}. \tag{10}$$

这一波列按照 $U \lessgtr c$ 而跟随在外界扰动的后面或超前于外界扰动。水面上的重力波和表面张力波(236 节和 266 节)分别为这两种情况提供了实例。

仅当商

$$d^2\sigma/dk^2 \cdot k' \div (U-c) \tag{11}$$

很小时(即使 $k'x$ 为 2π 的中等大小倍数)，(4) 式中的近似才能成立。这就要求

$$d^2\sigma/dk^2 \div (U-c)x \tag{12}$$

应为小量。除非正好 $U=c$，否则，只要 x 足够大，这一条件就总

1) 所引用的结果等价于熟知的公式

$$a\int_{-\infty}^{\infty} \frac{\cos mx dx}{a^2+m^2} = \pm\int_{-\infty}^{\infty} \frac{m \sin mx dx}{a^2+m^2} = \pi e^{\mp ax}$$

(指数中的上下两个符号按照 x 为正或为负而取)，但也可直接由围道积分而得到。

能得到满足．可以补充一点是，(8)式和(9)式中的结果在下述意义下是精确的，那就是，它们给出用 Cauchy 剩余法计算(2)式中的水面升高量时的首项，参看 242 节．

对于深水中由于一个总量为 P 的集中压力而引起的波动，我们取

$$\phi(k) = i\sigma P / g\rho, \tag{13}$$

以与 239 节(28)式一致．因 $U = \frac{1}{2}c$，故取实部后得

$$\eta = -\frac{2P\kappa}{g\rho} \sin\kappa x, \tag{14}$$

与 243 节(27)式相符[1]．

如果有不止一个 k 值能满足(3)式，那么，对于每一个 k 值就有一个(10)式类型的项．这种情况发生在重力和表面张力共同作用下的水波(269 节)和即将谈到的重叠流体中．

249. 上面的结果和"波阻"理论有关．把问题取为二维的形式，并设想在扰源体的前、后方画出了两个固定的铅直平面．如 $U < c$，那么，两平面之间的区域在单位时间中所获得的能量为 cE，其中 E 为平均每单位面积自由表面上的能量．所获得的能量一部分来源于流体在后面那个平面上所作之功，其功率为 UE(237 节)，一部分则来源于扰源体的反力．因此，如 R 为扰源体所受到的阻力，而且只是由于形成水波而产生的，就有

$$Rc + UE = cE, \quad 或 \quad R = \frac{c-U}{c}E. \tag{1}$$

反之，如 $U > c$，则波列超前于扰源体，二平面之间的空间在单位时间内就损失掉能量 cE．由于在第一个平面处所损失的能量为 UE，故有

$$Rc - UE = -cE, 或 \ R = \frac{U-c}{c}E. \tag{2}$$

---

1) 从(2)式不难导出 243 节中完整的(27)式．

因此，当深度为 h 的静水在水面上有一个以速度 $c(<\sqrt{gh})$ 推进的扰动时，可在参考 237 节后求得

$$R=\frac{1}{4}g\rho a^2\left(1-\frac{2\kappa h}{\sinh 2\kappa h}\right),\tag{3}$$

其中 a 为波幅. 当 c 由 0 增大到 $\sqrt{gh}$ 时，κh 由∞降低到 0，故 R 由 $\frac{1}{4}g\rho a^2$ 减小到 0. 当 $c>\sqrt{gh}$ 时，所产生的影响只是局部的，并有 $R=0$[1]. 但必须注意到，由一个给定类型的扰动所产生的振幅 a 还会随 c 而变化. 例如，在 244 节(43)式所讨论的淹没柱体问题中，a 正比于 κe^{-kb}，其中 $\kappa=g/c^2$（水深为无穷大），因此，R 正比于

$$c^{-4}e^{-2gb/c^2}.\tag{4}$$[2]

可以把上述普遍性问题作出一个有趣的改变，那就是，我们来考虑有一层流体位于另一层密度较大的流体上部时的情况. 设 ρ,ρ' 分别为下部和上部流体的密度，并设上部流体层的深度为 h'，下部流体层的深度则在实用上可视为无穷大. 231 节中所引用的 Stokes 结果表明了可以产生出两种波系，它们的波长 $(2\pi/k)$ 和扰动推进速度 c 之间的关系为

$$c^2=\frac{g}{\kappa},\quad c^2=\frac{\rho-\rho'}{\rho\coth\kappa h'+\rho'}\cdot\frac{g}{\kappa}.\tag{5}$$

不难证明，只有当

$$c^2<\frac{\rho-\rho'}{\rho}gh'\tag{6}$$

时，由(5)中第二个方程所确定的 κ 值才是实数.

如 c 超过了上述临界值，就只会产生出一种波系，而如密度差又很小，阻力就在实际上和单一流体中的情况相同. 但如 c 小于上述临界值，就会产生出第二种波系，在这种波系中，公界面处的波幅远远超过上表面处的波幅. 231 节引文中所提到的"死水

---

1) 参看 W. Thomson 爵士，"On Ship Waves," *Proc. Inst. Mech. Eng.* Aug. 3, 1887 [*Popular Lectures and Addresses*, London, 1889—94. iii. 450]. 他还给出了一个和(3)式等价的公式，见 *Phil. Mag.* (5) xxii. 451 [*Papers*, iv. 279].

2) Havelock 计算了作用于柱体的铅直力，见 *Proc. Roy. Soc.* A, cxxii. 387 (1928).

阻力”正是由这种波系所引起的[1]．

247 节所讨论的淹没柱体问题是能够计算出固体运动时所受波阻的一种情况．该节方程(14)中第二项所表示的波在每单位水面上的平均能量为

$$E=\frac{1}{2}g\rho(4\pi\kappa b^2e^{-\kappa f})^2.$$

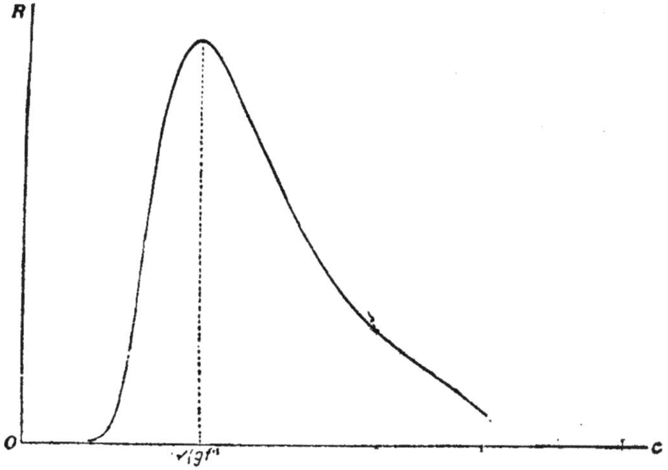

因 $U=\frac{1}{2}c$，故由(1)式可得

$$R=4\pi^2g\rho b^4\kappa^2e^{-2\kappa f}. \tag{7}$$

当淹没深度（f）给定时，则在 $\kappa f=1$ 时，或即

$$c=\sqrt{gh} \tag{8}$$

时，R 具有最大值．用速度 c 来表示时，可有

$$R=4\pi^2g^3\rho b^4c^{-4}e^{-2gf/c^2}. \tag{9}$$

R 随 c 变化的函数关系已示于本节附图中[2]．

有限振幅波

250. 在 227，… 诸节中，我们只局限于探讨“无穷小”的运动，它意味着最大升高量和波长之比（a/λ）必须很小． 在抛掉这一

1) Ekman, 231 节第一个脚注中引文．还可参看同一脚注中本书作者的文章．

2) Lamb, *Ann. di mat.* (247 节第一个脚注)．

限制的情况下来确定以不变的形状作均匀传播时的波形问题，就构成了 Stokes[1] 的经典研究和其后许多研究的一个课题.

最为方便的办法是把这一问题用定常运动来处理. Rayleigh 指出[2]，如略去量级为 a^3/λ^3 的小量，则无限深度情况下的解就被包含在下式之中：

$$\frac{\phi}{c} = -x + \beta e^{ky}\sin kx,\quad \frac{\psi}{c} = -y + \beta e^{ky}\cos kx. \tag{1}$$

波剖面（$\psi = 0$）的方程是用逐步逼近法求出的，它是

$$\begin{aligned} y &= \beta e^{ky}\cos kx = \beta\left(1 + ky + \frac{1}{2}k^2y^2 + \cdots\right)\cos kx \\ &= \frac{1}{2}k\beta^2 + \beta\left(1 + \frac{9}{8}k^2\beta^2\right)\cos kx + \frac{1}{2}k\beta^2\cos 2kx \\ &\quad + \frac{3}{8}k^2\beta^3\cos 3kx + \cdots; \end{aligned} \tag{2}$$

而如令

$$\beta\left(1 + \frac{9}{8}k^2\beta^2\right) = a,$$

则它可写为

$$\begin{aligned} y - \frac{1}{2}ka^2 &= a\cos kx + \frac{1}{2}ka^2\cos 2kx \\ &\quad + \frac{3}{8}k^2a^3\cos 3kx + \cdots. \end{aligned} \tag{3}$$

在我们所展开的范围内，上式和一条次摆线的方程相同，这条次摆线的滚圆圆周为 $2\pi/k$（即 λ），追迹点的臂长为 a.

我们还需要来表明，沿这一流线具有均匀压力的条件可由适

---

1) "On the theory of Oscillatory Waves," *Camb. Trans.* viii. (1847) [*Papers*, i. 197]. 所用方法是以前面第 9 节和第 20 节中的一些精确方程为基础而作逐步逼近. 在 1880 年所作的一个补充中，把空间坐标 x 和 y 看作是自变量 ϕ 和 ψ 的函数 [*Papers*, i. 314].

2) 第 328 页脚注 1). 其后，这一方法又推广到能把 Stokes 的全部结果都包括了进去. 见 *Phil. Mag.* (6) xxi. 183 [*Papers*, vi. 11].

当选择 c 值而得到满足．无需近似，由(1)式有

$$\frac{p}{\rho}=\text{const.}-gy-\frac{1}{2}c^2\{1-2k\beta e^{ky}\cos kx+k^2\beta^2e^{2ky}\}, \tag{4}$$

于是，在曲线 $y=\beta e^{ky}\cos kx$ 上所有点处，有

$$\begin{aligned}\frac{p}{\rho}&=\text{const.}+(kc^2-g)y-\frac{1}{2}k^2c^2\beta^2e^{2ky}\\&=\text{const.}+(kc^2-g-k^3c^2\beta^2)y+\cdots.\end{aligned} \tag{5}$$

因此，如

$$c^2=\frac{g}{k}+k^2c^2\beta^2=\frac{g}{k}(1+k^2a^2), \tag{6}$$

则在目前所取的近似级下，自由表面的条件可被满足．

(6)式确定了恒定型行波的波速，并表明它多少要随振幅 a 而增大．

附图表示了当 $ka=\frac{1}{2}$ (即 $a/\lambda=0.0796$)时，由(3)式所给出的波剖面[1)]

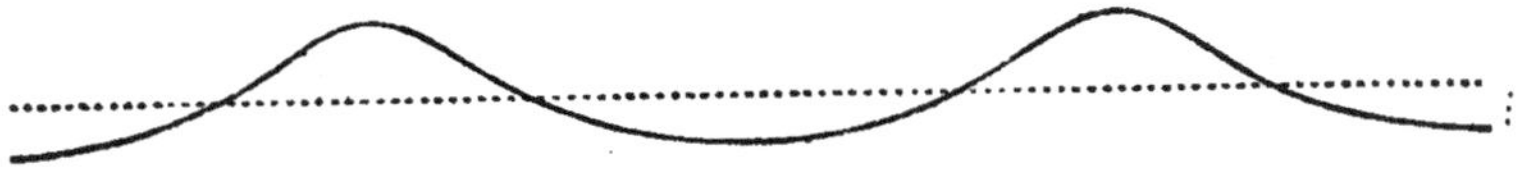

和 229 节所研究的无穷小振幅简谐波的形状相比，由次摆线所表示的近似波形在波峰附近比较尖陡，在波谷附近则比较平坦．而且，当振幅增大时，这一特点也更为突出．如果次摆线不仅仅是波的近似形状，而是一个准确的形状的话，那么，波的极限形状就应该在波峰处出现尖点，就像即将谈到的 Gerstner 波中的情况那样．

实际上(这是无旋运动问题之一)，Stokes[2)] 已经用很简单的

---

1) (3)式中的近似未必适用于这么大的 ka 值，见下面的(17)式．但这一图线可以用来显示出波剖面的一般形状．

2) *Papers*, i. 227(1880).

方法证明了波的极限形状具有 120° 的尖角. 当仍然用定常运动来处理这一问题时，尖角附近的运动就由第 63 节中的公式给出. 也就是，如果引用极坐标 r,θ，并以波峰为原点，把 θ 的始线取为铅直向下，则有

$$\psi = Cr^{m}\cos m\theta, \tag{7}$$

且当 $\theta = \pm\alpha$ (设)时，$\psi = 0$，于是 $m\alpha = \frac{1}{2}\pi$. 由上式可导出

$$q = mCr^{m-1}, \tag{8}$$

其中 q 为流体的合速度. 但由于波峰处的速度为零，所以按照第 24 节(2)式，在自由表面上靠近波峰的点处，速度应由

$$q^2 = 2gr\cos\alpha \tag{9}$$

给出. 比较(8)，(9)二式后，可看出必有 $m = \frac{3}{2}$，并因而有 $\alpha = \frac{1}{3}\pi$[1).

当具有极限形状的行波在静水中推进时，波峰处的质点就准确地以波速而向正前方运动.

和这种恒定型的波动有关的另一个有趣问题是，这种波在波的传播方向上具有(相对于未受扰时的静水)动量. 位于自由表面和深度 h (由原点处的水位向下计算，并假定它远大于 λ)之间的流体在单位波长中的动量为

$$-\rho\iint\frac{\partial\psi}{\partial y}\,dxdy = \rho ch\lambda, \tag{10}$$

这是因为，根据假定，在水面处有 $\psi = 0$，而由(1)式，在很深的 h 处又有 $\psi = h$. 当不出现波动时，根据(3)式，上表面的方程应为

---

1) 整个波剖面已由 Michell 作了研究并绘出，见 "The Highest Waves in Water," *Phil. Mag.* (5) xxxvi. 430(1893). 他求得波的极限高度为 0.412λ，而且波速以比值 1.2 比 1 而大于无穷小波高情况下的波速. 还可参看 Wilton, *Phil. Mag.* (6) xxvi. 1053(1913).

$y=\frac{1}{2}ka^2$，因而相应的动量应为

$$\rho c\left(h+\frac{1}{2}ka^2\right). \tag{11}$$

以上两个结果之差为

$$\pi\rho a^2c, \tag{12}$$

这就给出了在很深的静水中推进的一个恒定型行波中每单位波长的动量。

为求出这一动量沿铅直方向的分布，我们提一下，流线 $\psi=ch'$ 的方程可由把(2)式中的 y 写为 $y+h'$、β 写为 $\beta e^{-kh'}$ 而得到. 因而这一流线的平均水位线为

$$y=-h'+\frac{1}{2}k\beta^2e^{-2kh'}. \tag{13}$$

于是，在未受扰的流动中，位于水面和该流线之间的流体层在单位波长中的动量应为

$$\rho c\lambda\left\{h'+\frac{1}{2}k\beta^2(1-e^{-2kh'})\right\}. \tag{14}$$

而实际动量则为 $\rho ch'\lambda$. 这样，我们就得到，当波在静水中推进时，该流体层的动量为

$$\pi\rho a^2c(1-e^{2kh'}). \tag{15}$$

因此，上述讨论表明，在这种恒定型的行波中，单个质点的运动并不是单纯的振荡，而是(总的来看)不断缓慢地沿波的传播方向前进的[1]. 在深度为 h' 处，这一前进运动的速度可近似地由(15)式对 h' 求导后再除以 $\rho\lambda$ 而求得，它是

$$k^2a^2ce^{-2kh'}. \tag{16}$$

从水面往下时，它就迅速减小.

Stokes 所作的进一步近似（已由 Rayleigh 和其他学者用独

---

1) Stokes, 250 节第一个脚注中引文. 对这一陈述所作的另一个非常简单的证明是由 Rayleigh 给出的，见 174 节脚注中引文.

立的计算所证实)给出波剖面的方程为

$$y = \text{const.} + a\cos kx - \left(\frac{1}{2}ka^2 + \frac{17}{24}k^3a^4\right)\cos 2kx + \frac{3}{8}k^2a^3\cos 3kx - \frac{1}{3}k^3a^4\cos 4kx + \cdots, \tag{17}$$

波速为

$$c^2 = \frac{g}{k}\left(1 + k^2a^2 + \frac{5}{4}k^4a^4 + \cdots\right). \tag{18}$$

Burnside[1] 提出了一个问题：当这一近似不断延续下去时，依次由诸余弦项的系数所形成的那个级数以及由此所得到的余弦级数是否收敛？ 他甚至对是否可能有严格的恒定型波动表示怀疑。这一问题使 Rayleigh 从事了进一步的探讨[2]，并证明了，当 ka 足够小时，水面保持均匀压力的条件可以在很高准确度下得到满足。他推断出，在最高的 Michell 波范围内，恒定型波动实际上是可以存在的(即使在理论上还不能作出证明)。这一存在问题最终由 Levi Civita 教授的研究[3]所明确地证实，并从而结束了这场力学史上的争论。

这种恒定型波动有一两个简单的性质，它们可由一些基本原理而不难得出[4]. 把问题化为定常运动，再把原点取在一个波峰下方的平均水位上，并设 λ 为波长. 以 η 表示自平均水位向上计算的水面升高量，于是有

$$\int_0^\lambda \eta\, dx = 0. \tag{19}$$

此外，如 q 为水面上任一点处的速度，q_0 为水面上位于平均水位高度处的速度，则有

$$q^2 = q_0^2 - 2g\eta,$$

因而

$$\int_0^\lambda q^2 dx = q_0^2\lambda. \tag{20}$$

---

1) *Proc. Lond. Math. Soc.* (2) xv. 26(1916).

2) *Phil. Mag.* (6) xxxiii. 381(1917)[*Papers*, xi. 478].

3) "Détermination rigoureuse des ondes permanentes dámpleur finie," *Math. Ann.* xciii. 264(1925). Struik 把它推广到有限深度渠道中的波动，见 *Math. Ann.* xcv. 595(1926).

4) Levi Civitià, 同上引文.

接着，我们在两个相邻波峰处各作一个铅直平面，并考虑位于这两个铅直平面之间、由平面 $y=-h_1$（该处的速度已几乎为水平方向且等于 c）为下界的这样一部分流体．不难看出，由于并没有铅直方向的动量穿过这部分流体的边界，所以这部分流体的总体没有铅直方向的加速度．因此，如 p 为水面压力，p_1 为深度 h_1 处的压力，则应有

$$\int_0^\lambda (p_1-p)dx = g\rho\int_0^\lambda (h_1+\eta)dx = g\rho h_1\lambda. \tag{21}$$

但如比较一下同一铅直线上两个点的压力，就又会有

$$p_1-p=g\rho(h_1+\eta)+\frac{1}{2}(q^2-c^2).$$

于是得到

$$\int_0^\lambda q^2dx=c^2\lambda. \tag{22}$$

我们可以把上式说成：把水面按 x 的相等增量加以分割后，则各小段上的速度平方的平均值等于 c^2．此外，还可从(20)式得知，$q_0=c$，也就是，波剖面和平均水位线的交点处的速度等于 c.

251. 远在 1802 年，Gerstner[1] 就曾对无限深的流体给出了一种可能形式的波动的精确方程，其后，Rankine[2] 也独立地给出了同一结果．但由于在这种波动中，运动不是无旋的，所以，出于物理方面的原因而使他们的结果所能引起的兴趣受到了损害．

把 x 轴取为水平方向，y 轴取为铅直向上，那么，所述结果可以写成

$$\left.\begin{aligned} x&=a+\frac{1}{k}e^{kb}\sin k(a+ct),\\ y&=b-\frac{1}{k}e^{kb}\cos k(a+ct). \end{aligned}\right\} \tag{1}$$

上式所用的是 Lagrange 变量(第 16 节)，也就是，a 和 b 为用来标记某一质点的两个参数，而 x 和 y 则为这一质点在时刻 t 的坐标．常数 k 确定了波长；c 为波速，而且波是沿着 x 的负方向而传播的．

1) 布拉格的数学教授，1789—1823．他的文章“Theorie der Wellen”发表于 *Abh. d. k. böhm. Ges. d. Wiss.* 1802 [Gilbert's *Annalen d. Physik*, xxxii, (1809)].

2) “On the Exact Form of Waves near the Surface of Deep Water,” *Phil. Trans.* 1863 [*Papers*. p. 481].

为了证实上述解并确定出 c 之值，我们首先注意到

$$\frac{\partial(x,y)}{\partial(a,b)} = 1 - e^{2kb}, \tag{2}$$

因此，Lagrange 的连续性方程（第 16 节(2)式）可被满足．接着，把(1)式代入运动方程组（第 13 节），可得

$$\left.\begin{aligned} \frac{\partial}{\partial a}\left(\frac{p}{\rho} + gy\right) &= kc^2 e^{kb} \sin k(a + ct), \\ \frac{\partial}{\partial b}\left(\frac{p}{\rho} + gy\right) &= -kc^2 e^{kb} \cos k(a + ct) + kc^2 e^{2kb}, \end{aligned}\right\} \tag{3}$$

故有

$$\begin{aligned} \frac{p}{\rho} = \text{const.} - g\left\{b - \frac{1}{k}\ e^{kb} \cos k(a + ct)\right\} \\ - c^2 e^{kb} \cos k(a + ct) + \frac{1}{2} c^2 e^{2kb}. \end{aligned} \tag{4}$$

对于自由表面上的一个质点而言，其压力必须是常数，这就要求

$$c^2 = g/k, \tag{5}$$

和 229 节中的结果相同．(5)式使

$$\frac{p}{\rho} = \text{const.} - gb + \frac{1}{2} c^2 e^{2kb}. \tag{6}$$

从(1)式可明显看出，任一质点 (a,b) 的路线是一个半径为 $k^{-1}e^{kb}$ 的圆．

方才已经提到过，在这种波动中，流体的运动是有旋的．为证实这一点，我们来看一下

$$\begin{aligned} u\delta x + v\delta y &= \left(\dot{x}\ \frac{\partial x}{\partial a} + \dot{y}\ \frac{\partial y}{\partial a}\right)\delta a + \left(\dot{x}\ \frac{\partial x}{\partial b} + \dot{y}\ \frac{\partial y}{\partial b}\right)\delta b \\ &= \frac{c}{k}\ \delta\{e^{kb} \sin k(a + ct)\} + ce^{2kb}\delta a, \end{aligned} \tag{7}$$

的确不是一个恰当微分．

顶点与质点

$$(a,b),\ (a+\delta a),\ (a,b+\delta b),\ (a+\delta a,b+\delta b)$$

相重合的平行四边形上的环量为

$$-\frac{\partial}{\partial b}(ce^{2kb}\delta a)\delta b,$$

而平行四边形回路所围圈的面积为

$$\frac{\partial(x,y)}{\partial(a,b)}\delta a\delta b=(1-e^{2kb})\delta a\delta b.$$

故微元（a，b）的涡量（ω）为

$$\omega=-\frac{2kce^{2kb}}{1-e^{2kb}}. \tag{8}$$

它在水面处最大，并随着深度的增加而迅速减小。它的方向和质点沿其圆形轨道作回转运动的方向相反。

因此，这种类型的波系不能在第 17 节和第 33 节普遍定理中所考虑的那种力的作用下由静止而产生出来，也不能在那种力的作用下被消除。但是，我们可以假定，借助于适当调整作用于波面上的压力，可使液体逐渐变成沿水平直线流动的状态，其中速度（u'）仅为纵坐标（y'）的函数[1]。在这种流动状态中，$\partial x'/\partial a=1$，y' 则为 b 之函数，其间关系由以下条件所确定：

$$\frac{\partial(x',y')}{\partial(a,b)}=\frac{\partial(x,y)}{\partial(a,b)}, \tag{9}$$

即

$$\frac{\partial y'}{\partial b}=1-e^{2kb}. \tag{10}$$

它使

$$\frac{\partial u'}{\partial b}=\frac{\partial u'}{\partial y'}\frac{\partial y'}{\partial b}=-2\omega\frac{\partial y'}{\partial b}=2kce^{2kb}, \tag{11}$$

因而

$$u'=ce^{2kb}. \tag{12}$$

---

1) 较为详细的叙述可看 Stokes, *Papers*, i, 222.

所以，为了能在通常的作用力之下而产生出这种有旋波动，需要一个初始的水平流动作为基础，这一水平流动的方向和最后被建立起来的波的传播方向相反，其速度分布则遵循(12)式中的规律(自水面向下时，速度迅速减小)——(12)式中的 b 为 y' 的函数且

$$y' = b - \frac{1}{2} k^{-1} e^{2kb}. \tag{13}$$

还要提到一点，当这种有旋波动被建立起来之后，就不再具有总体的动量。

附图表示出了等压线 $b = \text{const.}$ 的形状(取了一系列等差的 b 值)[1]. 这些曲线是由半径为 k^{-1} 的滚圆沿诸直线 $y = b + k^{-1}$ 的下部滚动而得出的次摆线，其中各追迹点距滚圆圆心为 $k^{-1}e^{kb}$. 这些曲线中的任何一条都可用来表示自由表面，而可允许的极限形状则是一根摆线。图中虚线表示这样的一些质点的连线，当这些质点位于波峰和波谷时，它们的连线为铅直直线。

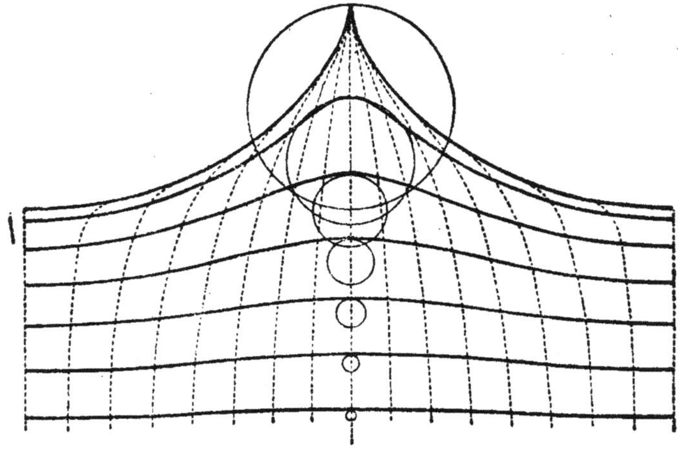

1) 这一附图和 Gerstner 原来所给出的图形以及其后一些作者在不同程度上的复制非常相似。在本书第二版中，对 Gerstner 的研究作出了解释，并在某一方面作了改正。

252. Scott Rusell 在他所作的有趣的实验研究中[1]，曾对他称之为"孤立波"的特殊类型波动给予很大的注意．这是由单一的一个隆起所组成的波，其波高并不需要远小于液体的深度；当用适当的方式而使这种波产生时，它可以以不变的形状或几乎不变的形状在均匀渠道中传播相当长的距离．但相对振幅与之类似的一个凹陷所组成的波却不具备这种持久性，而会破碎成波长较短的波系。

Russell 的"孤立"波可以看作是 Stokes 的恒定型振荡波的极限情况．当后者的波长远大于渠深时，相距很远的一个个隆起部分就在实际上彼此无关了．但 Stokes 所用的近似方法不能适用于波长过多地超过深度的情况，所以，对恒定型孤立波所作的一些相继研究都用的是其它方法。

最早出现的方法是由 Boussinesq[2] 和 Rayleigh[3] 独立地给出的．后者是把问题处理为定常运动，并在实质上是从

$$\phi + i\psi = F(x + iy) = e^{iy\frac{d}{dx}}F(x) \tag{1}$$

出发的（$F(x)$ 为实函数）．(1)式特别适用于流线族中有一根是直线的情况（就像目前所讨论的问题这样）．从(1)式可得出

$$\left.\begin{aligned} \phi &= F - \frac{y^2}{2!}F'' + \frac{y^4}{4!}F^{\text{iv}} - \cdots, \\ \psi &= yF' - \frac{y^3}{3!}F''' + \frac{y^5}{5!}F^{\text{v}} - \cdots, \end{aligned}\right\} \tag{2}$$

其中用加撇来表示对 x 求导．现在，流线 $\psi = 0$ 形成渠道的底部，而对于自由表面则有 $\psi = -ch$（c 为在波的前方或后方很远处的均匀流速，h 则为该处的流体深度）.

自由表面应具有均匀压力的条件给出

$$u^2 + v^2 = c^2 - 2g(y - h), \tag{3}$$

或把(2)式中结果代入上式而得

$$F'^2 - y^2F'F''' + y^2F''^2 + \cdots = c^2 - 2g(y - h). \tag{4}$$

但由(2)式，可知沿这一表面有

$$yF' - \frac{y^3}{3!}F''' + \cdots = -ch. \tag{5}$$

接下去所要做的是从(4)式和(5)式消去 F，以便得到确定自由表面纵坐标 y 的微分方

1) "Report on Waves," *Brit. Ass. Rep.* 1844.

2) *Comptes Rendus*, June 19, 1871.

3) 见第 328 页脚注 1)。

程．如果（这正是我们所要假定的）函数 $F'(x)$ 及其各阶导数随 x 的变化是极为缓慢的，以致当 x 增大了一个在量级上和深度 h 相同的数量时，$F'(x)$ 及其各阶导数都只改变本身的很小一部分，那么，(4)式和(5)式左边部分就是逐项减小的．这时，消去 F 一事就可以用逐次逼近的方法来实现．

于是，由(5)式有

$$F' = -\frac{ch}{y} + \frac{1}{6}y^2F''' + \cdots = -ch\left\{\frac{1}{y} + \frac{1}{6}y^2\left(\frac{1}{y}\right)'' + \cdots\right\}; \tag{6}$$

而如我们只限于保留上式中所写出的最后一项的量级，则方程(4)成为

$$\frac{1}{y^2} - \frac{2}{3}y\left(\frac{1}{y}\right)'' + y^2\left(\frac{1}{y}\right)' = \frac{1}{h^2} - \frac{2g(y-h)}{c^2h^2},$$

即

$$\frac{1}{y^2} + \frac{2}{3}\frac{y''}{y} - \frac{1}{3}\frac{y'^2}{y^2} = \frac{1}{h^2} - \frac{2g(y-h)}{c^2h^2}. \tag{7}$$

把上式乘以 y' 后求积，并令 $y=h$ 时之 $y'=0$ 以确定任意常数项，可得

$$-\frac{1}{y} + \frac{1}{3}\frac{y'^2}{y} = -\frac{1}{h} + \frac{y-h}{h^2} - \frac{g(y-h)^2}{c^2h^2},$$

即

$$y'^2 = 3\frac{(y-h)^2}{h^2}\left(1 - \frac{gy}{c^2}\right). \tag{8}$$

因此，只有在 $y=h$ 和 $y=c^2/g$ 处，y' 才等于零；又因(8)式中最后的那个因子必须为正值，所以 c^2/g 为 y 的极大值．由此可知，这种波必须是水面上所出现的一个隆起．如以 a 表示从未受扰处的水面算起的最大隆起高度，则有

$$c^2 = g(h+a), \tag{9}$$

它正是 Russell 对波速所采用的经验公式．

和 250 节中所谈到的一样，波的极限形状必然是波峰处出现一个 120° 的尖角；又因流体在这一尖角的顶点处的速度为零，故有 $c^2 = 2ga$．如果(9)式能适用于这一极限情况，那就可以对极限情况得出 $a=h$．

如为简练起见而令

$$\left.\begin{aligned} y - h &= \eta, \\ \frac{h^2(h+a)}{3a} &= b^2, \end{aligned}\right\} \tag{10}$$

则由(8)式可得

$$\eta' = \pm\frac{\eta}{b}\left(1 - \frac{\eta}{a}\right)^{\frac{1}{2}}, \tag{11}$$

其积分为（原点取在峰顶的正下方）

$$\eta = a\,\mathrm{sech}^2\frac{1}{2}\frac{x}{b}. \tag{12}$$

这种波并没有确定的波"长"，但我们可以提出一个粗略的指标以表示波的长短，即当 $x/b = 3.636$ 时，该处的水面升高量为最大值的十分之一．

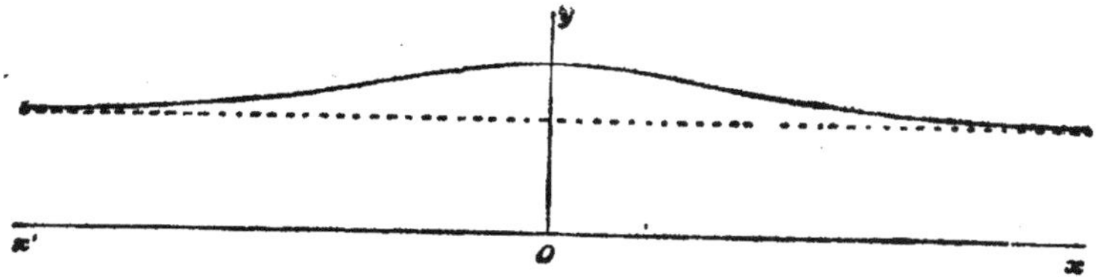

附图中的曲线

$$y = 1 + \frac{1}{2}\operatorname{sech}^2 \frac{1}{2}x$$

表示了 $a = \frac{1}{2}h$ 时的波剖面．对于较低的波，就要按附表所表明的那样来缩小 y 的尺度和增大 x 的尺度——附表中给出了不同 a/h 值下用以确定水平尺度的比值 b/h．

a/h	b/h
0.1	1.915
0.2	1.414
0.3	1.202
0.4	1.080
0.5	1.000
0.6	0.943
0.7	0.900
0.8	0.866
0.9	0.839
1.0	0.816

检查一下上述探讨后可以看到，在所用的近似方法中，被略去的是比值 $(h+a)/2b$ 的四次方[1]．

如在流体上强加一个平行于 x 轴的速度 $-c$，就得到在静水中的行波．不难证明，当比值 a/h 很小时，每一个质点的路线都是一段抛物线，这一抛物线的轴线是铅直的，其顶点位于最高处[2]．

初看起来，好像上述理论和 187 节中的结果相矛盾，因为在 187 节中论述了波长远大于深度的一个有限波高的波在传播时，不可避免地会不断改变其形状，而且，从未受扰时的水位算起的升高量越大，则形状上的变化也越快．但 187 节中的研究有一个前提是，波长要大到能略去铅直方向的加速度，以致使水平速度从上到下几乎是均匀的（169 节）．而本节所附数值表则表明，"孤立波"越长，则其高度越小．换言之，孤立波越是接近于 169 节所述意义下的一个"长"波，那么，它也就越容易借助于稍微调整一下质点速度而防止其形状出现变化[3]．

孤立波边缘处的运动可以用一个很简单的公式来表示．设孤立的行波沿 x 的正方向而传播，并把原点取在渠底，则对于孤立波的前面部分，可设

$$\phi = Ae^{-m(x-ct)}\cos my. \tag{13}$$

它能满足 $\nabla^2\phi = 0$，而且表面条件

$$\frac{\partial^2\phi}{\partial t^2} + g\frac{\partial\phi}{\partial y} = 0 \tag{14}$$

1) Weinstein 曾应用 250 节中所提到的 Levi Cività 方法而处理了孤立波的理论，见 *Lincei* (6) iii. 463(1926)．他发现，公式(9)是一个非常好的近似．

2) Boussinesq，本节第二个脚注中引文．

3) Stokes, "On the Highest Wave of Uniform Propagation," *Proc. Camb. Phil. Soc.* iv. 361(1883) [*Papers*, v. 140]．

也可在 $y=h$ 处得到满足，只要

$$c^2=gh\frac{\tan mh}{mh}. \tag{15}$$

如令 $m=b^{-1}$，则上式大致上和 Rayleigh 的研究结果相符.

上面所提到的这一点，是已故的 George Stokes 爵士[1]受到 McCowan 所作研究[2]的启发后告诉本书作者的. McCowan 证明了公式

$$\frac{\phi+i\psi}{c}=-(x+iy)+\alpha\tanh\frac{1}{2}m(x+iy) \tag{16}$$

可以近似地满足诸条件，只要

$$c^2=\frac{g}{m}\tan mh, \tag{17}$$

而

$$\left.\begin{aligned} m\alpha&=\frac{2}{3}\sin^2 m\left(h+\frac{2}{3}a\right),\\ a&=\alpha\tan\frac{1}{2}m(h+a),\end{aligned}\right\} \tag{18}$$

其中 a 为从平均水面高度算起的最大升高量，α 则为一辅助常数. 他还在后来的一篇文章中[3]，考察了波峰具有 120° 尖角的极限形状，所求得的 a/h 的极限值为 0 78，在此情况下的波速则由 $c^2=1.56gh$ 给出.

253. 把 Rayleigh 和 Boussinesq 的研究稍加改变，可以在有限深度渠道中得出波高为有限值的振荡波系理论[4].

在这一问题的定常运动形式中，单位波长 (λ) 中的动量为

$$\iint\rho u\,dx\,dy=-\rho\iint\frac{\partial\phi}{\partial x}\,dx\,dy=-\rho\psi_1\lambda, \tag{19}$$

其中 ψ_1 为自由表面处之值. 如 h 为平均水深，这一动量就等于 $\rho ch\lambda$，其中 c 表示(在某种意义上)流动的平均速度. 有了这一理解，我们就可以像前面那样在水面上有 $\psi_1=-ch$. 但另一方面，(3)式中的任意常数在目前却是尚未确定的，因此，我们写出

---

1) 参看 *Papers*, v. 62.

2) "On the Solitary Wave," *Phil. Mag.* (5) xxxii. 45(1891).

3) "On the Highest Wave of Permanent Type," *Phil. Mag.* (5) xxxviii. 351(1894).

4) Korteweg and De Vries, "On the Change of Form of Long Waves advancing in a Rectangular Canal, and on a New Type of Long Stationary Waves," *Phil. Mag.* (5) xxxix. 422(1895). 他们所用的方法和本书所述有些不同. 而且，正像文章标题所表明的那样，文章中考察了波剖面在任一时刻的变化方式(如果恒定型的条件不能满足的话).

有关对 Rayleigh 方法所作的其它一些修改，可参看 Gwyther, *Phil. Mag.* (5) l. 213,308,349(1900).

$$u^2 + v^2 = C - 2gy. \tag{20}$$

于是,可求得下式以替换掉(8)式:

$$y'^2 = \frac{3g}{c^2h^2}(y-l)(h_1-y)(y-h_2), \tag{21}$$

其中 h_1 和 h_2 为 y 的上下限,而

$$l = \frac{c^2h^2}{gh_1h_2}. \tag{22}$$

它已意味着 l 不能大于 h_2.

现如写出

$$y = h_1\cos^2\chi + h_2\sin^2\chi, \tag{23}$$

可得

$$\beta\frac{d\chi}{dx} = \sqrt{1 - k^2\sin^2\chi}, \tag{24}$$

其中

$$\beta = \sqrt{\frac{4h_1h_2l}{3(h_1-l)}}, \qquad k^2 = \frac{h_1-h_2}{h_1-l}. \tag{25}$$

因此,如把 x 的原点取在一个波峰上,我们就有

$$x = \beta\int_0^\chi \frac{d\chi}{\sqrt{1-k^2\sin^2\chi}} = \beta F(\chi, k), \tag{26}$$

和

$$y = h_2 + (h_1 - h_2)\mathrm{cn}^2\frac{x}{\beta} \quad [\mathrm{mod.}\ k]. \tag{27}$$[1]

波长为

$$\lambda = 2\beta\int_0^{\frac{1}{2}\pi}\frac{d\chi}{\sqrt{1-k^2\sin^2\chi}} = 2\beta F_1(k). \tag{28}$$

此外,从(23)式和(24)式可得

$$\int_0^\lambda y\,dx = 2\beta\int_0^{\frac{1}{2}\pi}\frac{h_1\cos^2\chi + h_2\sin^2\chi}{\sqrt{1-k^2\sin^2\chi}}\,d\chi$$
$$= 2\beta\{lF_1(k) + (h_1 - l)E_1(k)\}. \tag{29}$$

因它必须等于 $h\lambda$,故有

$$(h-l)F_1(k) = (h_1-l)E_1(k). \tag{30}$$

在方程(25),(28)和(30)中,我们有联系着六个量 h_1, h_2, l, k, λ 和 β 的四个关系式,因此,如果在这六个量中规定了两个量之值,其余几个量就在解析上确定了. 然

1) 由(27)式所表示的波被上面所提到的两位作者称为“极浅水波”. 关于进一步的近似方法,必须参看他们原来的文章.

后，波速 c 就由(22)式给出[1]. 例如，波的形状和波速可由波长 λ 和从渠底算起的波峰高度 h_1 而确定.

252 节中的孤立波可作为一种特殊情况而被包括在本节之中. 如令 $l = h_2$，就有 $k = 1$，于是公式(28)和(30)就表明了 $\lambda = \infty$, $h_2 = h$.

254. Helmholtz 曾把恒定型的波动理论和动力学的普遍原理联系了起来[2].

如在 141 节(23)式"陀螺"系统的运动方程组中令（下式中 V 为势能）

$$Q_1 = -\frac{\partial V}{\partial q_1}, \quad Q_2 = -\frac{\partial V}{\partial q_2}, \cdots, Q_n = -\frac{\partial V}{\partial q_n}, \tag{1}$$

就可看出，$q_1, q_2, \cdots q_n$ 为常数时的定常运动条件为

$$\frac{\partial}{\partial q_1}(V + K) = 0, \quad \frac{\partial}{\partial q_2}(V + K) = 0, \cdots,$$

$$\frac{\partial}{\partial q_n}(V + K) = 0, \tag{2}$$

其中 K 为对应于给定坐标 $q_1, q_2, \cdots, q_n$ 的动能，而 $q_1, q_2, \cdots, q_n$ 则在适宜的外力作用下保持不变.

现在是假定动能由对应于被遗坐标 $\chi, \chi' \cdots$ 和非循环坐标 $q_1, q_2, \cdots, q_n$ 的常动量来表示的. 但它也可以由速度 $\dot{\chi}, \dot{\chi}', \cdots$ 和坐标 $q_1, q_2, \cdots, q_n$ 来表示，那时候就用 T_0 表示这一动能. 和 142 节完全一样，可以证明 $\partial T_0/\partial q_r = -\partial K/\partial q_r$，故条件(2)等价于

$$\frac{\partial}{\partial q_1}(V - T_0) = 0, \quad \frac{\partial}{\partial q_2}(V - T_0) = 0, \cdots,$$

$$\frac{\partial}{\partial q_n}(V - T_0) = 0. \tag{3}$$

1) 当水深为有限时，就出现一个问题，那就是，"传播速度"的精确含意是什么？本书中所用的波速指的是，波剖面相对于两个相距为一个波长的铅直平面之间的流体的惯性中心的速度. 参看 Stokes. *Papers*, i. 202.

2) "Die Energie der Wogen und des Windes," *Berl. Monastber*. July 17, 1890 [*Wiss.Abh.* iii. 333].

因此，给定了不变的 $q_1, q_2, \cdots, \dot{q}_n$ 之值时，自由定常运动的条件就是相应的 $V+K$ 或 $V-T_0$ 应为平稳值。可参看 203 节(7)式。

此外，如在 141 节方程组(23)中把 Q_r 写为 $-\partial V/\partial q_r + Q_r$（这时，$Q_r$ 就表示外力的分量了），并依次以 $\dot{q}_1, \dot{q}_2, \cdots, \dot{q}_n$ 乘诸式，然后相加，可得

$$\frac{d}{dt}(\mathfrak{T} + V + K) = Q_1\dot{q}_1 + Q_2\dot{q}_2 + \cdots + Q_n\dot{q}_n, \tag{4}$$

其中 $\mathfrak{T}$ 为动能中包含有速度 $\dot{q}_1, \dot{q}_2, \cdots, \dot{q}_n$ 的那一部分。随之，用相同于 205 节中的讨论可知，当有耗散力以影响坐标 $q_1, q_2, \cdots q_n$，但却并不影响被遗坐标 $\chi, \chi', \cdots$，时，"长期"稳定性的条件是 $V+K$ 应为一极小值。

把上述理论应用于驻波分析时，可假定流体是在一个半径非常大的环形渠道中作着循环运动(渠道具有均匀的矩形截面，其两侧和底部分别为铅直的和水平的)，以避免出现一切无穷大量而使问题在处理上比较清楚. 对应于被遗坐标的广义速度 $\dot{\chi}$ 可取为单位渠宽中的通量，而循环运动中的常动量则可用循环常数 κ 来代替. 普遍理论中的坐标 $q_1, q_2, \cdots, q_n$ 现在用表面升高量 (η) 来表示，并把它们视为纵向空间坐标 x 的函数. 外力的对应分量为作用于表面的任意压力.

如 l 为回路的全长，则考虑渠道中的单位宽度后，有

$$V = \frac{1}{2}\int_0^l \eta^2 dx, \tag{5}$$

其中 η 应服从于

$$\int_0^l \eta dx = 0. \tag{6}$$

要是对于任意指定表面形状下的定常运动也能这么容易地得出一个普遍表达式，那么就可以应用通常的变分法而由前述两种形式的条件之一确定出孤立波（如果有的话)的可能形状[1].

实际上，这一点并不容易做到（除非应用逐次逼近法). 不过，作为应用上述理论的一个例子，我们可以对已经得到过的无穷小波幅"长"波中的结果作一个重新计算.

如 h 为渠道深度，则当流体表面维持静止不动时，表面升高量为 η 的任一截面处

1) 关于两股流动公界面上的驻波的一般性讨论，可参看 Helmholtz 的文章. 在那篇文章的结尾处，还根据能量计算和动量计算而对风在给定的风速下，在初期所能激发的波长作了某些推测. 这些推测似乎是以恒定型的波动为前提的，因为只有在这种前提之下，才能对一个小波幅波列的动量得出确定值.

的速度就是 $\dot{\chi}/(h+\eta)$，其中 $\dot{\chi}$ 为通量. 因此，循环常数的近似值为

$$\kappa=\dot{\chi}\int_0^l(h+\eta)^{-1}dx=\frac{l\dot{\chi}}{h}\left(1+\frac{1}{h^2l}\int_0^l\eta^2dx\right). \tag{7}$$

在上式中已应用了(6)式而未写出 η 的一次方项.

动能 $\frac{1}{2}\rho\kappa\dot{\chi}$ 可用 $\dot{\chi}$ 和 κ 之一来表示. 于是就有以下两种形式：

$$T_0=\frac{1}{2}\frac{\rho l\dot{\chi}^2}{h}\left(1+\frac{1}{h^2l}\int_0^l\eta^2dx\right), \tag{8}$$

$$K=\frac{1}{2}\frac{\rho h\kappa^2}{l}\left(1-\frac{1}{h^2l}\int_0^l\eta^2dx\right). \tag{9}$$

$V-T_0$ 中的变量部分为

$$\frac{1}{2}\left(g-\frac{\dot{\chi}^2}{h^3}\right)\int_0^l\eta^2dx, \tag{10}$$

而 $V+K$ 中的变量部分为

$$\frac{1}{2}\left(g-\frac{\kappa^2}{hl^2}\right)\int_0^l\eta^2dx. \tag{11}$$

很明显，(10)式和(11)式在 $\eta=0$ 时取平稳值；另外，只要 $\dot{\chi}=gh^3$ 或 $\kappa^2=ghl^2$，那么，它们在 η 为任一无穷小量时也取平稳值. 如令 $\dot{\chi}=ch$ 或 $\kappa=cl$，则所述条件就给出

$$c^2=gh, \tag{12}$$

与 175 节中的结果相符.

还可看出，如 $\eta=0$，则 $V+K$ 按照 c^2 大于或小于 gh 而取极大值或极小值. 换言之，当和仅当 $c<\sqrt{gh}$ 时，平面形状的液面才是长期稳定的. 然而应注意到，这里所考虑的耗散力是具有特殊性质的，那就是，它影响表面的铅直运动，而不(直接)影响液体的流动. 另一方面，当 $c^2>gh$ 时，由 175 节可不难得知，如果施加不均匀的压力以使给定的液面形状保持不变，则这种压力分布一定是在液面隆起部分上有最大值而在凹陷部分上有最小值. 因此，当把不均匀的压力撤掉后，液面凹凸不平的程度就会增大.

二维波的传播

255. 接下去，我们可以讨论波沿两个水平方向 x，y 而传播时的某些情况. 把 z 轴取为铅直向上，则在无穷小运动假定下，可有

$$\frac{p}{\rho}=\frac{\partial\phi}{\partial t}-gz+F(t), \tag{1}$$

其中 ϕ 满足

$$\nabla^2\phi = 0. \tag{2}$$

此外，可以假定任意函数 $F(t)$ 被包含在 $\partial\phi/\partial t$ 项中。

如把原点取在未受扰时的表面上，并以 ζ 表示时刻 t 时液面超出这一水平面的高度，则参看 227 节后可知，液面上的压力所应满足的条件为

$$\zeta = \frac{1}{g}\left[\frac{\partial\phi}{\partial t}\right]_{z=0}, \tag{3}$$

而液面所应满足的运动学条件为

$$\frac{\partial\zeta}{\partial t} = -\left[\frac{\partial\phi}{\partial t}\right]_{z=0}. \tag{4}$$

因此，在 $z=0$ 处必有

$$\frac{\partial^2\phi}{\partial t^2} + g\frac{\partial\phi}{\partial z} = 0; \tag{5}$$

而如所考虑的是简谐运动，并取时间因子为 $e^{i(\sigma t+\varepsilon)}$，那么这一条件就是

$$\sigma^2\phi = g\frac{\partial\phi}{\partial z}. \tag{6}$$

假定流体在水平方向上和向下的方向上都延伸至无穷远，我们可以先扼要地察看一下一个对称于原点的表面局部初始扰动的影响。

根据 100 节所述，不难看出，初始状态为静止情况下的典型解为

$$\left.\begin{aligned}\phi &= g\frac{\sin\sigma t}{\sigma}e^{kz}J_0(k\tilde{\omega}),\\ \zeta &= \cos\sigma t J_0(k\tilde{\omega}),\end{aligned}\right\} \tag{7}$$

其中（如 228 节）

$$\sigma^2 = gk. \tag{8}$$

为了在对称情况下推广上面的结果，需要求助于 100 节(12)式中的定理

$$f(\tilde{\omega})=\int_0^\infty J_0(k\tilde{\omega})kdk\int_0^\infty f(\alpha)J_0(k\alpha)\alpha d\alpha. \tag{9}$$

于是，对应于初始条件

$$\zeta=f(\tilde{\omega}),\quad \phi_0=0, \tag{10}$$

可有

$$\left.\begin{aligned}\phi&=g\int_0^\infty\frac{\sin\sigma t}{\sigma}e^{kz}J_0(k\tilde{\omega})kdk\int_0^\infty f(\alpha)J_0(k\alpha)\alpha d\alpha,\\ \zeta&=\int_0^\infty\cos\sigma t J_0(k\tilde{\omega})kdk\int_0^\infty f(\alpha)J_0(k\alpha)\alpha d\alpha.\end{aligned}\right\} \tag{11}$$

如液面初始升高集中于原点附近，则假定

$$\int_0^\infty f(\alpha)2\pi\alpha d\alpha=1 \tag{12}$$

后，可有

$$\phi=\frac{g}{2\pi}\int_0^\infty\frac{\sin\sigma t}{\sigma}e^{kz}J_0(k\tilde{\omega})kdk. \tag{13}$$

把上式展开，并利用(8)式后，可得

$$\phi=\frac{gt}{2\pi}\int_0^\infty\left\{k-\frac{gt^2}{3!}k^2+\frac{(gt^2)^2}{5!}k^3-\cdots\right\}e^{kz}J_0(k\tilde{\omega})dk. \tag{14}$$

如令

$$z=-r\cos\theta,\quad \tilde{\omega}=r\sin\theta, \tag{15}$$

则可由 102 节(9)式而有

$$\int_0^\infty e^{kz}J_0(k\tilde{\omega})dk=\frac{1}{r}, \tag{16}$$

并因而得到[1]

$$\int_0^\infty e^{kz}J_0(k\tilde{\omega})k^n dk=\left(\frac{\partial}{\partial z}\right)^n\frac{1}{r}=n!\frac{P_n(\mu)}{r^{n+1}}, \tag{17}$$

其中 $\mu=\cos\theta$（参看第 85 节）。于是

1) Hobson, *Proc. Lond. Math. Soc.* xxv. 72, 73 (1893). 但也可不用这一公式，见 238 节第三个脚注.

$$\phi = \frac{gt}{2\pi}\left\{\frac{P_1(\mu)}{r^2} - \frac{gt^2}{3!}\frac{2!P_2(\mu)}{r^3} + \frac{(gt^2)^2}{5!}\frac{3!P_3(\mu)}{r^4} - \cdots\right\}. \tag{18}$$

从上式和(3)式可得出 ζ 之值. 因第 84 节和 85 节中的讨论表明了

$$P_{2n+1}(0) = 0, \quad P_{2n}(0) = (-)^n \frac{1 \cdot 3 \cdots (2n+1)}{2 \cdot 4 \cdots 2n}, \tag{19}$$

故

$$\zeta = \frac{1}{2\pi\tilde{\omega}^2}\left\{\frac{1^2}{2!}\frac{gt^2}{\tilde{\omega}} - \frac{1^2 \cdot 3^2}{6!}\left(\frac{gt^2}{\tilde{\omega}}\right)^3 + \frac{1^2 \cdot 3^2 \cdot 5^2}{10!}\left(\frac{gt^2}{\tilde{\omega}}\right)^5 - \cdots\right\}. \tag{20}$$ [1]

随后可知,任一特定的相位都和 $gt^2/\tilde{\omega}$ 的一个特定值相连系在一起,因此,各相位都以常速度从原点而迅速向外传播.

在 238 节中，曾对二维形式的问题得出该节中的(21)式. 但对于这里的(20)式，却没有发现类似 238 节(21)式的那种精确的等价公式以便用来讨论 $gt^2/\tilde{\omega}$ 为大值时的情况. 不过我们可以应用 Kelvin 的方法(241 节)来得出一个近似表达式. 因 $J_0(x)$ 为脉动函数，当 x 增大时，其周期趋于 2π 而与 $\sin x$ 的周期相同,故(13)式里诸积分微元中,除接近

$$t d\sigma/dk = \tilde{\omega}, \text{ 或即 } k\tilde{\omega} = gt^2/4\tilde{\omega} \tag{21}$$

者外，其余大部分微元都彼此相互抵消了. 而当 $k\tilde{\omega}$ 为大值时，根据 194 节(15)式,又近似地有

$$J_0(k\tilde{\omega}) = \left(\frac{2}{\pi k\tilde{\omega}}\right)^{\frac{1}{2}} \sin\left(k\tilde{\omega} + \frac{1}{4}\pi\right), \tag{22}$$

因而我们可用

1) 这一结果由 Cauchy 和 Poisson 给出.

$$\phi = \frac{g^{\frac{1}{2}}}{2^{\frac{3}{2}}\pi^{\frac{3}{2}}\tilde{\omega}^{\frac{1}{2}}}\int_0^{\infty} e^{kz}\cos\left(\sigma t - k\tilde{\omega} - \frac{1}{4}\pi\right)dk \tag{23}$$

代替(13)式．把上式与 241 节中(7)，(9)二式作比较，并令 $z=0$，可得液面上的 ϕ 值为

$$\phi_0 = \frac{g^{\frac{1}{2}}}{2\pi\tilde{\omega}^{\frac{1}{2}}\sqrt{|td^2\sigma/dt^2|}}\sin(\sigma t - k\tilde{\omega}), \tag{24}$$

其中 k 和 σ 还要借助于(8)，(21)二式而通过 $\tilde{\omega}$ 和 t 来表示．在上式中，已注意到 $d^2\sigma/dt^2$ 为负值这一事实了．于是，因

$$\left.\begin{aligned}\sigma t &= (gkt^2)^{\frac{1}{2}} - 2k\tilde{\omega},\\ td^2\sigma/dk^2 &= -\frac{1}{4}g^{\frac{1}{2}}tk^{-\frac{3}{2}} = -2\tilde{\omega}^3/gt,\end{aligned}\right\} \tag{25}$$

我们就有

$$\phi_0 = \frac{gt}{2^{\frac{3}{2}}\pi\tilde{\omega}^2}\sin\frac{gt^2}{4\tilde{\omega}}. \tag{26}$$

于是，表面升高量就可由(3)式给出． 为了和已有的结果一致起见，只取最重要的项而得

$$\zeta = \frac{gt^2}{2^{\frac{5}{2}}\pi\tilde{\omega}^3}\cos\frac{gt^2}{4\tilde{\omega}}; \tag{27}$$

它与 Cauchy 和 Poisson 用其它方法所得结果相符．

无需对上述结果作出解释了，因为从 240 节对二维形式问题的叙述也就可以立即理解它了． Poisson 曾接着对一个抛物面形状的初始凹陷的影响作出了相当详细的讨论．

当初始数据为冲量时，典型解为

$$\left.\begin{aligned}\rho\phi &= \cos\sigma t\, e^{kz}J_0(k\tilde{\omega}),\\ \zeta &= -\frac{\sigma}{g\rho}\sin\sigma t\, J_0(k\tilde{\omega}).\end{aligned}\right\} \tag{28}$$

把它推广后，可在初始条件为

$$\rho\phi_0 = F(\tilde{\omega}) \text{ 和 } \zeta = 0 \tag{29}$$

时给出以下解：

$$\left.\begin{aligned}\phi &= \frac{1}{\rho}\int_0^\infty \cos\sigma t e^{kz} J_0(k\tilde{\omega}) k dk \int_0^\infty F(\alpha) J_0(k\alpha)\alpha d\alpha, \\ \zeta &= -\frac{1}{g\rho}\int_0^\infty \sigma \sin\sigma t J_0(k\tilde{\omega}) k dk \int_0^\infty F(\alpha) J_0(k\alpha)\alpha d\alpha.\end{aligned}\right\} \tag{30}$$

特别是，当初始冲量为在原点处的一个集中冲量，且

$$\int_0^\infty F(\alpha) 2\pi\alpha d\alpha = 1 \tag{31}$$

时，可得

$$\phi = \frac{1}{2\pi\rho}\int_0^\infty \cos\sigma t e^{kz} J_0(k\tilde{\omega}) k dk. \tag{32}$$

因它可被写成

$$\phi = \frac{1}{2\pi\rho}\frac{\partial}{\partial t}\int_0^\infty \frac{\sin\sigma t}{\sigma} e^{kz} J_0(k\tilde{\omega}) k dk, \tag{33}$$

所以，只要对(18)和(20)二式的右边作出运算 $1/g\rho\cdot\partial/\partial t$，就可得到

$$\left.\begin{aligned}\phi &= \frac{1}{2\pi\rho}\left\{\frac{P_1(\mu)}{r^2} - \frac{gt^2}{2!}\frac{2!P_2(\mu)}{r^3} + \frac{(gt^2)^2}{4!}\frac{3!P_3(\mu)}{r^4} - \cdots\right\}, \\ \zeta &= \frac{t}{2\pi\rho\tilde{\omega}}\left\{1 - \frac{1^2\cdot 3^2}{5!}\left(\frac{gt^2}{\tilde{\omega}}\right)^2 + \frac{1^2\cdot 3^2\cdot 5^2}{9!}\left(\frac{gt^2}{\tilde{\omega}}\right)^4 - \cdots\right\}.\end{aligned}\right\} \tag{34}$$

此外，当 $\frac{1}{2}gt^2/\omega$ 很大时，可有

$$\zeta = -\frac{gt^3}{2^{\frac{7}{2}}\pi\rho\tilde{\omega}^4}\sin\frac{gt^2}{4\tilde{\omega}} \tag{35}$$ [1)]

以替换掉(27)式。

---

1) 由于在液面之下的各种类型的爆炸作用而引起的波动曾由 Terazawa 和本书作者作了研究，见 Terazawa, *Proc. Roy. Soc.* A. xcii. 57 (1915) 和 Lamb, 247 节第一个脚注中引文以及 *Proc. Lond. Math. Soc.* (2) xxi. 359 (1922)。

256. 我们可进而讨论一个以常速度沿液面推进的局部扰动压力的效应[1]。这一讨论，至少在主要特点上，可以对一艘船在足够深的水中航行时所产生的特殊波系作出一个说明。

要作出一个像 242 和 243 节那样完整的探讨是有些困难的，但借助于前面的结果，可以很快地得出某些一般性的特点，所用手法则与 249 节中的类似。

假定一个压力点以速度 c 沿 x 轴的负方向移动，并在所考虑的时刻到达 O 点。在 P 点处的液面升高量 ζ 可以看作是在 x 轴上位于 O 点右边的一个个相等无穷小区间上所作用的一系列无穷小

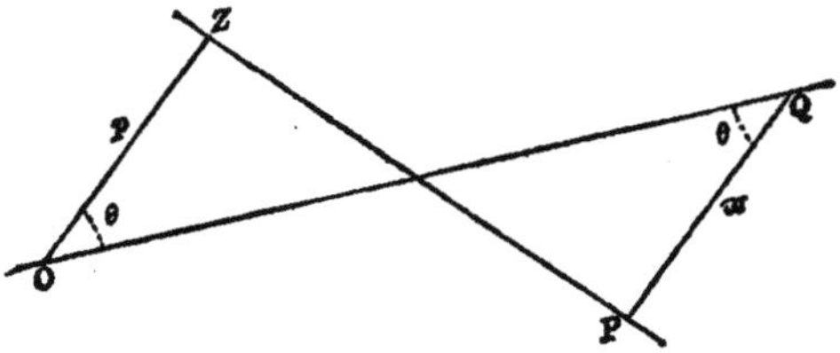

冲量引起的。在由此而不断产生的环形波系中，只有压力点位于某些 Q 点的附近时所产生的波系才能在 P 点处组合出显著的效应；而确定这些 Q 点的方法则是，对于其位置变化而言，P 处的相位应取"平稳值"。现如 t 为扰动源由 Q 移动到 O 所化费的时间，则由 Q 处所发出的波在 P 处的相位为

$$\frac{gt^2}{4\varpi}-\frac{1}{2}\pi, \tag{1}$$

其中 $\varpi=QP$（225 节(35)式）。故相位取平稳值的条件为

$$\dot{\varpi}=\frac{2\varpi}{t}. \tag{2}$$

由于在这一求导中，O 点和 P 点被看作是固定的，故

$$\dot{\varpi}=c\cos\theta,$$

1）对于这类问题的更为一般性的处理可参看本书作者的文章"On Wave-Patterns due to a Travelling Disturbance," *Phil. Mag.* (6) xxxi. 539 (1916).

其中 $\theta = OQP$. 于是得到

$$OQ = ct = 2\tilde{\omega}\sec\theta. \tag{3}$$

另外，很明显，在紧邻 P 点处，与 P 处具有相同合相位的点必位于与 QP 垂直的直线上。于是，看一下本节第一个附图就可明了，一条等相位线的特点是，它的切线平分原点到法线基点的距离。如 p 为从原点向切线所作垂线之长，θ 为 p 与 x 轴的夹角，则由一已知公式可知

$$PZ = -\frac{dp}{d\theta},$$

故

$$2p = -\frac{dp}{d\theta}\cot\theta, \tag{4}$$

$$p = a\cos^2\theta. \tag{5}$$

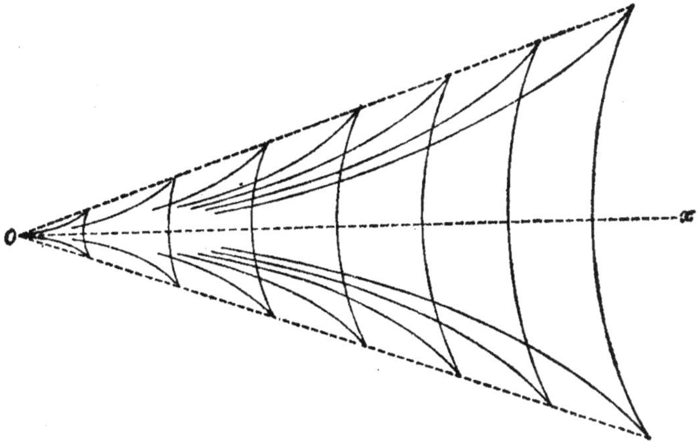

由(5)式所表示的曲线族的形状已示于本节第二个附图[1]，它

---

1) 参看 W. Thomson 爵士，"On Ship Waves," *Proc. Inst. Mech. Eng.* Aug. 3, 1887 [*Popular Lectures*, iii. 482]，该文中给出了一个类似的图形。文中所提到的、似乎是以"群速度"理论为基础的研究并未发表。还可参看 R. E. Froude, "On Ship Resistance," *Papers of the Greenock Phil. Soc.* Jan. 19, 1894. 可以直接证明出，相交于同一尖点的两条分枝曲线之间有着相位差，所以，这一附图不能很精确地表示出波峰的位形。

们是由以下方程所绘制的：

$$\left.\begin{aligned} x &= p\cos\theta - \frac{dp}{d\theta}\sin\theta = \frac{1}{4}a(5\cos\theta - \cos 3\theta),\\ y &= p\sin\theta + \frac{dp}{d\theta}\cos\theta = -\frac{1}{4}a(\sin\theta + \sin 3\theta).\end{aligned}\right\} \tag{6}$$

从图中的一条曲线到相邻的一条对应曲线时，相位差为 2π，意味着参数 a 之差为 $2\pi c^2/g$。

由于有两条上述曲线通过位于波系边界之内的任一指定点 P，所以很明显，对应于该点 P，前面的讨论中所提到的 Q 点应有两个有效位置。这两个位置可以用非常简单的作图方法而求得如下。设 C 点平分线段 OP，以 CP 为直径作一圆，它与 x 轴相交于 R_1 和 R_2，则分别与 PR_1 和 PR_2 相垂直的直线 PQ_1 和 PQ_2 就与 x 轴相交于所需之位置 Q_1 和 Q_2。这是因为 CR_1 平行于 PQ_1 且等于 $\frac{1}{2}PQ_1$，故由 O 点向 PR_2 的延长线所作之垂线等于 PQ_2。

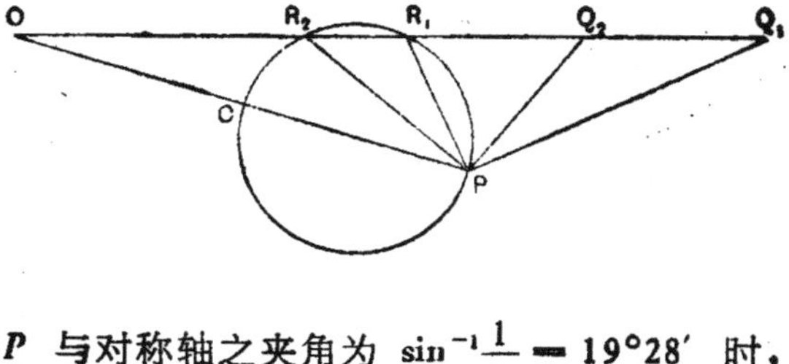

当 OP 与对称轴之夹角为 $\sin^{-1}\frac{1}{3} = 19°28'$ 时，Q_1 与 Q_2 互相重合；当 OP 的倾斜角更大时，Q_1 和 Q_2 为虚点。还可从(6)式看出，当 $\sin^2\theta = \frac{1}{3}$ 时，x 和 y 取平稳值；它给出，一系列的尖点是在直线

$$\frac{y}{x} = \pm\frac{1}{2\sqrt{2}} = \pm\tan 19°28' \tag{7}$$

上。

为了对波系中各部分的实际波高作出近似估算，需要用到255节(35)式。如 P_0 为扰动压力所形成之力，则由位于 O 点右侧 Q 处所发出的环形波系在 P 处所引起的表面升高量可写为

$$\delta\zeta = -\frac{gt^3}{8\sqrt{2\pi\rho\tilde{\omega}^4}}\cdot\sin\frac{gt^2}{4\tilde{\omega}}\cdot P_0\delta t, \tag{8}$$

其中
$$\tilde{\omega} = PQ,\quad t = OQ/c.$$

应把(8)式对 t 求积，但我们已经说明过，在这一积分中，只有 t 非常接近于与前述特殊点 Q_1 和 Q_2 相对应的 τ_1 和 τ_2 的那些部分才能对最后结果作出显著贡献。

就相位而言，令 $t=\tau+t'$ 后，可有

$$\frac{gt^2}{4\tilde{\omega}} = \left[\frac{gt^2}{4\tilde{\omega}}\right] + t'\left[\frac{d}{dt}\left(\frac{gt^2}{4\tilde{\omega}}\right)\right] + \frac{t'^2}{1\cdot 2}\left[\frac{d^2}{dt^2}\left(\frac{gt^2}{4\tilde{\omega}}\right)\right] + \cdots, \tag{9}$$

其中[ ]内的各项应根据情况而令 t 等于 τ_1 或 τ_2。因根据假定，从 Q_1 和 Q_2 附近发出的波在 P 处的相位取“平稳值”，故上式右边第二项为零。此外，可得

$$\frac{d^2}{dt^2}\left(\frac{gt^2}{4\tilde{\omega}}\right) = \frac{g}{2\tilde{\omega}} - \frac{gt}{\tilde{\omega}^2}\dot{\tilde{\omega}} + \frac{gt^2}{4}\left(\frac{2\dot{\tilde{\omega}}^2}{\tilde{\omega}^3} - \frac{\ddot{\tilde{\omega}}}{\tilde{\omega}^2}\right).$$

因

$$\dot{\tilde{\omega}} = c\cos\theta,\quad \ddot{\tilde{\omega}} = \frac{c^2\sin^2\theta}{\tilde{\omega}}, \tag{10}$$

再借助于(2)式，可得

$$\left[\frac{d^2}{dt^2}\left(\frac{gt^2}{4\tilde{\omega}}\right)\right] = \frac{g}{\tilde{\omega}}\left(\frac{1}{2} - \tan^2\theta\right). \tag{11}$$

由于(8)式中三角函数因子的脉动性，因此，如略去(8)式第一个因子的变化，并进一步在求积时把上下限取为±∞，是不致引起很大的误差的。于是可近似地有

$$\zeta = -\frac{g\tau_1^3 P_0}{8\sqrt{2\pi\rho\tilde{\omega}_1^4}}\int_{-\infty}^{\infty}\sin\left(\frac{g\tau_1^2}{4\tilde{\omega}_1} + m_1^2 t'^2\right)dt'$$

$$-\frac{g\tau_2^3 P_0}{8\sqrt{2}\ \pi\rho\tilde{\omega}_2^4}\int_{-\infty}^{\infty}\sin\left(\frac{g\tau_2^2}{4\tilde{\omega}_2}+m_2^2t'^2\right)dt', \qquad (12)$$

其中

$$m_1^2=\frac{g}{2\tilde{\omega}}\left(\frac{1}{2}-\tan^2\theta\right),\quad m_2^2=\frac{g}{2\tilde{\omega}}\left(\tan^2\theta-\frac{1}{2}\right), \qquad (13)$$

下标则分别对应于第二个附图上的点 Q_1 和 Q_2。

因

$$\int_{-\infty}^{\infty}\cos m^2t'^2dt'=\int_{-\infty}^{\infty}\sin m^2t'^2dt'=\sqrt{\frac{1}{2}\pi}\Big/m, \qquad (14)$$

其中 m 取正值，故得

$$\zeta=-\frac{g\tau_1^3P_0}{8\sqrt{2}\ \pi^{\frac{1}{2}}\rho\tilde{\omega}_1^4m_1}\cdot\sin\left(\frac{g\tau_1^2}{4\tilde{\omega}_1}+\frac{1}{4}\pi\right)$$
$$-\frac{g\tau_2^3P_0}{8\sqrt{2}\ \pi^{\frac{1}{2}}\rho\tilde{\omega}_2^4m_2}\cdot\sin\left(\frac{g\tau_2^2}{4\tilde{\omega}_2}-\frac{1}{4}\pi\right). \qquad (15)$$

上式中的两项分别给出横向波和侧波所引起的升高量. 因 $\tilde{\omega}_1=PQ_1=\frac{1}{2}c\tau_1\cos\theta_1,\tilde{\omega}_2=PQ_2=\frac{1}{2}c\tau_2\cos\theta_2$，所以，如果只考虑其中的一项，那么，在曲线

$$p=\tilde{\omega}=a\cos^2\theta$$

的对应部分上，相位就为一常数，而水面升高量则正比于

$$\frac{\sqrt{2}\ g^{\frac{1}{2}}P_0}{\pi^{\frac{1}{2}}\rho c^3a^{\frac{1}{2}}}\cdot\frac{\sec^3\theta}{\sqrt{1-3\sin^2\theta}}. \qquad (16)$$

在两个波系相连接的尖点处，这两个波系之间有四分之一周期的相位差。

所得到的公式使 ζ 在 $\sin^2\theta=\frac{1}{3}$ 的尖点处成为无穷大，但它只表明我们的近似计算在该处失效. 在尖点附近的一个 P 点处的升高量会相对地很大一事是可以预见到的，因为(9)式和(11)式已显示出，在 x 轴上发送出使 P 处具有相位几乎相同的波的那些点

的区域被不正常地扩大了．不过，$\theta=\frac{1}{2}$ 时所出现的无穷大却具有不同的性质，它是由于我们人为地假定了压力集中在一个点上所引起的．如果考虑的是分布的压力，这一障碍就不出现[1]．

此外，还应注意到，这里的整个讨论只适用于 $gt^2/4\varpi$ 为大值的点，参看 240 节和 250 节．经过分析后可以发现，这一限制等价于假定参数 a 远大于 $2\pi c^2/g$．因此，所作讨论不能无保留地应用于靠近原点处的波浪图案．

256a 已经提到过，上述类型的波系也可由其它形式的移动扰动所产生，其中有些情况是适于计算的．例如，Havelock[2] 曾处理了一个移动的潜没圆球问题，并求出波阻．本书作者[3]曾用另一方法讨论了潜没物体的问题，而并不受物体的准确形状和方位的限制．当移动的方向和 124 节中所述的三个"恒定平移"方向之一重合时，结论是很简单的．这时候的阻力是

$$R=\frac{g^4(\mathbf{A}+\rho Q)^2I}{\pi\rho c^6}. \tag{17}$$

其中 $\mathbf{A}$ 为 121 节中的惯性系数，Q 为物体体积，c 为速度，而 I 则为（下式中 f 为潜没深度）

$$I=\int_0^{\frac{1}{2}\pi}\sec^5\theta e^{-2gf/c^2\sec^2\theta}d\theta. \tag{18}$$

Havelock 给出了这一 I 的另一个形式，他采用了 Bessel 函数的记号而写为[4]

$$I=\frac{1}{4}e^{-\alpha}\left\{K_0(\alpha)+\left(1+\frac{1}{2\alpha}\right)K_1(\alpha)\right\}, \tag{19}$$

1) Hopf 在慕尼黑时期的一个报告 (1909) 和 Hogner 的文章 (*Arkiv för Matem.* xvii. (1923)) 曾作了更为细致的研究．Hogner 特别考察了靠近两个波系相交的"尖点"处的波形．

2) *Proc. Roy. Soc.* A, xciii. 520 (1917); xcv. 354 (1918). 还见 Green, *Phil. Mag.* (6) xxxvi. 48 (1918).

3) *Proc. Roy. Soc.* A, cxi. 14 (1926).

4) Watson, p. 172.

其中 $\alpha = gf/c^2$. 对于半径为 a 的圆球，$\mathbf{A} = \frac{2}{3}\pi\rho a^3$，$Q = \frac{4}{3}\pi a^3$. 因此，如 M' 为被排开的流体质量，则

$$R = 3M'g\left(\frac{a}{f}\right)^3\left(\frac{gf}{c^2}\right)^3 \cdot I, \qquad (20)^{1)}$$

与 Havelock 的结果相符。例如，如 $c = \sqrt{gf}$，则

$$R = 0.365M'g(a/f)^3,$$

Havelock 给出了 R 随 c 变化的图线，它和 249 节中的曲线类似。

Havelock 在随后的一篇文章中[2]，还把这一方法应用于由各种排列的(双)源所组成的移动扰动中，它对于船的兴波阻力有重要的应用。

可以在这里进一步谈谈关于兴波阻力的理论研究. 虽然一条船的船头和一个压力点在扰动的类型上有所不同，但仍可把二者的作用进行比较. 256 节第二个附图中的图线可以说明我们所观察到的横向波系和侧波系、以及靠近尖点处（这两个波系在该处相交)特别引人注意的"阶梯"波. 如果再设想在船尾处有一个负的压力点，就对整个船所起的作用得到一个粗略的表示. 在不同的速度下，尾波可以部分地消除、也可以加强首波的作用，其结果是，可以预料到，当船的长度增大或船速变化时，船的阻力会上下脉动[3]. 事实上也已经发现，阻力随航速而变化的曲线上出现一些极大值（峰值)和极小值，而总体来看则是随航速而增大的.

对于怎样能把紧靠船体处所发生的现象表示得更接近于实际，并从而求出由此而产生的阻力，当然不是一件容易的事情. 但在这方面有过努力，并取得了相当大的成功. J. H. Michell[4] 用理想的船体形状作了一个开端，这种理想形状和实际船体形状的差别主要是它的表面相对于中央平面的倾斜角处处都很小. 这种方法近来被

---

1) 在本书作者的文章中所写的这一公式有误.

2) *Proc. Roy. Soc.* A. cxviii. 24 (1927).

3) W. Froude, "On theEffect on the Wave-Making Resistance of Ships of Length of Parallel Middle Body," *Trans. Inst. Nav. Arch.* xvii (1877). 还有 R. E. Froude, "On the Leading Phenomena of the Wave-Making Resistance of Ships," *Trans. Inst. Nav. Arch.* xxii (1881). 其中画出了各种速度下的实际波形图案，它们在主要特点上和上述理论所得出的结果非常相符. 其中有些图转载于前面提到过的 Kelvin 在 *Proc. Inst. Mech. Eng.* 上所发表的文章中.

4) *Phil. Mag.* (5) xlv. 106 (1898).

Wigley[1] 所采用，他讨论了各种形状(都服从于上述限制)的船体，计算了它们的阻力，而且和模型实验的结果作了比较．从定性上来看，计算的结果能在相当大的程度上和实验结果相符．Havelock 在一系列文章中讨论了船舶设计中的各种特点（诸如"平行中体"以及平均吃水等等）的影响[2]．他的方法主要在于如何选定移动的源系的布置，因而不受上述特殊条件的限制[3]．

Froude 在很久以前就给出了诸几何相似物体在相似浸没情况(全部浸没或部分浸没)下波阻的一个一般公式．因为阻力只依赖于速度、流体密度、重力的大小以及表示物体大小的某个线性尺度，所以，从量纲上来考虑，阻力必然满足以下形式的关系式：

$$R = \rho l^2 c^2 f\left(\frac{gl}{c^2}\right), \tag{21}$$

其中 c 为速度，l 为特征线性尺度．应注意到，(17)式为上式的特殊情况．从(21)式可知，如船模和实船的 l/c^2 值相同，则船的波阻可由船模实验而作出断定．

256b 当必须考虑进水深时，为了考查波浪图案会出现什么样的改变，就要用更为普遍的方式来讨论 256 节中的问题．如仍用 t 表示压力点由 Q 移动到 O 所需时间，可以证明，由 Q 处所发出的冲量使 P 处所产生的扰动在相位上和

$$k(Vt - \tilde{\omega}) \tag{22}$$

只相差一个常数，其中 $2\pi/\kappa$ 为 P 点附近的主波长，V 为对应的波速[4]．确定这一主波长的条件是，对于波长的变化而言，相位应取平稳值，即

$$\frac{\partial}{\partial k} k(Vt - \tilde{\omega}) = 0, \text{或即 } \tilde{\omega} = Ut, \tag{23}$$

其中 $U = d(kV)/dk$ 为群速度(236 节)．

---

1) *Trans. Inst. Nav. Arch.* lxviii. 124 (1926); lxix. 27 (1927); lxxii. (1930).

2) 从 1909 年的 *Proc. Roy. Soc.* 起．

3) Hogner 和 Wigley 对这一课题的发展作出了极好的叙述，见 Hogner, *Proc. Congress. App. Math.* Delft, 1924, p. 146, 和 Wigley, *Congress for techn. Mechanics*, Stockholm, 1930.

4) 以前用来表示这一意义的符号 c 现在表示压力点在水面上的移动速度．

P 处所发生的扰动中的有效部分的相位(22)式还必须在 Q 点位置变化时取平稳值. 因此,对 t 求偏导数后,有

$$\left.\begin{aligned}\tilde{\omega} &= V,\\ V &= c\cos\theta.\end{aligned}\right\} \tag{24}$$

或即(因 $\tilde{\omega} = c\cos\theta$)

参看 256 节第一个附图后可知

$$p = ct\cos\theta - \tilde{\omega} = Vt - \tilde{\omega}. \tag{25}$$

因此,对于某一个波峰而言, p 和波长 λ 之间就有某一个比值, 而从一个波峰到下一个波峰, 这一比值就增大(或减小) 1. 又由于 λ 是由(24)式而作为 θ 的函数来确定的, 因而就可以得出 p 与 θ 之间的关系式.

于是,当水深为无穷大时,(24)式给出

$$c^2\cos^2\theta = V^2 = \frac{g\lambda}{2\pi}, \tag{26}$$

而所需的关系式就是

$$p = a\cos^2\theta, \tag{27}$$

和以前一样.

而当水深 (h) 为有限值时,有

$$c^2\cos^2\theta = V^2 = \frac{g\lambda}{2\pi}\tanh\frac{2\pi h}{\lambda}, \tag{28}$$

所需之关系式就是

$$\frac{p}{a}\tanh\frac{a}{p} = \frac{c^2}{gh}\cos^2\theta; \tag{29}$$

对于相继的波峰, 上式中的 a 形成等差数列. 由于上式左边不能超过 1,所以它表明,当 $c^2 > gh$ 时, θ 之值有一个由

$$\cos^2\theta = gh/c^2 \tag{30}$$

所确定的下限,这时,所画出的曲线延伸至无穷远.

随之还可知,当扰源体的速度超过 $\sqrt{gh}$ 时,横向波系就消失

而只有侧波系，其后果是使兴波阻力趋于减小(参看 249 节)[1]。

当比值 c^2/gh 由零增大到无穷大时，波浪图案中的变化已由 Havelock 画出[2]。

有限质量液体中的驻波

257. 当均匀深度的液体在侧面被铅直壁面所围圈时，其二维自由振荡问题可以化成和 190 节中相同的解析形式。

把原点取在未出现扰动时的液面上，并以 ζ 表示液面在时刻 t 时超出这一水平面的高度，则自由表面所应满足的条件与 255 节(3)，(4)二式相同。

连续性方程 $\nabla^2\phi=0$ 和深度 $z=-h$ 处无铅直运动的条件都可由

$$\phi=\phi_1\cosh k(z+h) \tag{1}$$

所满足，其中 ϕ_1 为 x 和 y 之函数，且

$$\frac{\partial^2\phi_1}{\partial x^2}+\frac{\partial^2\phi_1}{\partial y^2}+k^2\phi_1=0. \tag{2}$$

ϕ_1 的形式和可允许的 k 值要由上式以及铅直壁面处的条件

$$\frac{\partial\phi_1}{\partial n}=0 \tag{3}$$

来确定。对应的振荡"速率"(σ) 则由 255 节表面条件(6)所给出，也就是，应有

$$\sigma^2=gk\tanh kh. \tag{4}$$

它使得

---

1) 已经知道，在相对较浅的水中，驱动鱼雷快艇所需之功率随着速度而增大到某一依赖于水深的临界值，然后减小，最后又会增大。见 Rasmussen, *Trans. Inst. Nav. Arch.* xli. 12 (1899); Rota, 同上刊物, xlii. 239 (1900); Yarrow and Marriner, 同上刊物, xlvii. 339, 344 (1905).

2) *Proc. Roy. Soc.* lxxxi. 426 (1908). 还见 Ekman, 231 节第一个脚注中引文.

$$\zeta = \frac{ik}{\sigma} \sinh kh \cdot \phi_1. \tag{5}$$

条件(2)和(3)与小深度情况下的条件具有同样形式，因此，我们可立即写出矩形水池或圆形水池中的结果[1]. 诸基本振型的 k 值和自由表面的形状与 190 节、191 节中的相同[2]，只是振荡的振幅现在是按照规律(1)随着由液面向下的深度的增大而减小；任一特定振型的振荡速率则由(4)式给出.

当 kh 很小时，就有 $\sigma^2 = k^2gh$，和所提到的那两节中的结果相同.

我们还可谈谈在一个长而窄的水池中央有一个或几个柱体（其母线为铅直线）时的情况.

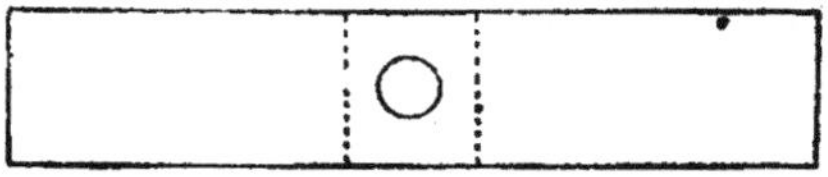

把原点取在自由表面的中心处，x 轴平行于水池之长 l. 假设画出两个平面 $x=\pm x'$，其中 x' 为障碍物水平尺度的中等大小倍数，但仍远小于池长 (l). 在这两个平面的外部，可近似地有

$$\frac{\partial \phi_1}{\partial x^2} + k^2\phi_1 = 0, \tag{6}$$

因而，对于 $x > x'$，

$$\phi_1 = A\sin kx + B\cos kx; \tag{7}$$

而对于 $x < x'$，

$$\phi_1 = A\sin kx - B\cos kx. \tag{8}$$

这是因为我们在这里只考虑最缓慢的振型，而在这种振型中，ϕ 一定是 x 的奇函数.

在二平面 $x = \pm x'$ 之间的区域中，曲线族 $\phi_1 =$ const. 的位形几乎和在(2)式中令 $k = 0$ 时相同，其原因将在 290 节中谈论其它问题时再作出说明. 事实上，单就

---

1) 关于 Poisson 和 Rayleigh 原来对圆形水池所作的研究，可参看 191 节第三个和第四个脚注. Merian 和 Ostrogradsky 也曾处理过这一问题，见 Merian, *Ueber die Bewegung tropfbarer Flüssigkeiten in Gefässen*, Basel,1828(见 Von der Mühll, *Math. Ann*. xxvii.575) 和 Ostrogradsky, "Mémoire sur la propagation des ondes dans un bassin cylindrique," *Mém. des Sav. Etrang*. iii. (1862).

2) 可以提一下，适当地把一杯水作水平定时摇动，可很容易激发出 191 节第二个附图中两个振型中的任何一个.

这一区域而言，问题与电流沿着一根和这里的水有同样形状的金属棒传导时是一样的. 这一金属棒因而就在障碍物处有着一个或几个孔洞，所以这两个平面之间的电阻就和一根截面相同，但没有孔洞的金属棒在某一长度 $2x'+\alpha$ 上的电阻相同. 因 kx' 很小，所以根据(7)式，这两个平面的电位差可取为 $2(kAx'+B)$；而每单位截面上的电流则近似为 kA. 于是有

$$2(kAx'+B)=(2x'+\alpha)kA, \tag{9}$$

故

$$B/A=\frac{1}{2}k\alpha, \tag{10}$$

且对于 $x>x'$，有

$$\phi_1=A\left(\sin kx+\frac{1}{2}k\alpha\cos kx\right). \tag{11}$$

在 $x=\frac{1}{2}l$ 处所应满足的条件 $\partial\phi/\partial x=0$ 给出

$$\cos\frac{1}{2}kl-\frac{1}{2}k\alpha\sin kl=0. \tag{12}$$

因 $k\alpha$ 很小，故上式也可写为

$$\cos\frac{1}{2}k(l+\alpha)=0. \tag{13}$$

因此，水池中障碍物的影响就和把水池长度增加 α 是一样的. 所以，最缓慢振型的周期为

$$\frac{2\pi}{\sigma}=2\sqrt{\frac{\pi l'}{g}\cdot\coth\frac{\pi h}{l'}}, \tag{14}$$

其中 $l'=l+\alpha$.

在一两种情况下，α 之值是已知的. 例如，当水池中心处有一个半径为 b 的圆柱时，第 64 节(11)式和(13)式表明，在 x 远大于水池宽度 a 处，ϕ_1 实际上正比于 $x+C$，或即，正比于 $x+\pi b^2/a$. 把它和这里的(11)式相比较后可看出

$$\alpha=2\pi b^2/a; \tag{15}$$

但比值 b/a 不能超过大约 $\frac{1}{4}$[1].

当平面 $x=0$ 处被一个宽度为 a 的刚性薄膜所占据，且在薄膜中央有一个宽度为 c 的铅直裂口时，α 之公式为

$$\alpha=\frac{2a}{\pi}\log\sec\frac{\pi(a-c)}{2a}. \tag{16}$$

258. 在变深度下，只在很少几种情况下才有已求出的解.

---

1) (14)式能在这一情况下与实验很好地符合 (Lamb and Cooke, *Phil. Mag.* (6) xx. 303 (1910)). 实验的主要目的是为了检验上述近似方法. 这种近似方法还有其它更为重要的应用，见 306 节和 307 节.

1° 首先，我们可注意到，渠道的横截面由两条与铅直线成45°角的直线所组成时，水在这一渠道中的二维横向振荡[1]。

在渠道的一个横截面中取 y 轴和 z 轴，且分别沿水平方向和铅直方向. 设

$$\phi + i\psi = A\{\cosh k(y + iz) + \cos k(y + iz)\}, \tag{1}$$

并应理解到，在上式中还有一个未被写出的时间因子 $\cos(\sigma t + \varepsilon)$. 它给出

$$\left.\begin{aligned} \phi &= A(\cosh ky\cos kz + \cos ky\cosh kz), \\ \psi &= A(\sinh ky\sin kz - \sin ky\sinh kz). \end{aligned}\right\} \tag{2}$$

上面第二个式子立即表明出直线 $y = \pm z$ 组成了流线 $\psi = 0$，并因而可取为固定边界.

在自由表面上所应满足的条件与227节所述相同，即

$$\sigma^2\phi = g\frac{\partial\phi}{\partial z}. \tag{3}$$

把(2)式代入(3)式，并以 h 表示自由表面在原点之上的高度，得

$$\begin{aligned} &\sigma^2(\cosh ky\cos kh + \cos ky\cosh kh) \\ &\quad = gk(-\cosh ky\sin kh + \cos ky\sinh kh). \end{aligned}$$

上式可在所有 y 值之下得到满足，只要

$$\left.\begin{aligned} \sigma^2\cos kh &= -gk\sin kh, \\ \sigma^2\cosh kh &= gk\sinh kh. \end{aligned}\right\} \tag{4}$$

且（第二式）

故

$$\tanh kh = -\tan kh \tag{5}$$

它就确定了可允许的 k 值；而相应的 σ 值就由(4)式中任一方程给出.

因(2)式中的 ϕ 是 y 的偶函数，所以它所表示的振荡是对称于中央平面 $y = 0$ 的.

非对称振荡由下式给出：

$$\phi + i\psi = iA\{\cosh k(y + iz) - \cos k(y + iz)\}. \tag{6}$$

上式即

$$\left.\begin{aligned} \phi &= -A(\sinh ky\sin kz + \sin ky\sinh kz), \\ \psi &= A(\cosh ky\cos kz - \cos ky\cosh kz). \end{aligned}\right\} \tag{7}$$

流线 $\psi = 0$ 和前面一样由直线 $y = \pm z$ 组成；而表面条件(3)则给出

$$\begin{aligned} &\sigma^2(\sinh ky\sin kh + \sin ky\sinh kh) \\ &\quad = gk(\sinh ky\cos kh + \sin ky\cosh kh). \end{aligned}$$

它要求

$$\left.\begin{aligned} \sigma^2\sin kh &= gk\cos kh, \\ \sigma^2\sinh kh &= gk\cosh kh. \end{aligned}\right\} \tag{8}$$

且（第二式）

---

1) Kirchhoff, "Ueber stehende Schwingungen einer Schweren Flüssigkeit," *Berl. Monatsber.* May 15, 1879 [*Ges. Abh. p.* 428]; Greenhill, 231 节最后一个脚注中引文.

故

$$\tanh kh = \tan kh. \tag{9}$$

方程(5)和(9)也出现在两端自由杆的横向振动理论中，也就是说，这两个方程都被包括在以下方程之中：

$$\cos m \cosh m = 1, \tag{10}$$ [1]

其中 $m = 2kh$.

方程(9)的一个根 $kh = 0$ 在两端自由杆的横向振动理论中虽然没有重要意义，但现在却是重要的. 事实上，它正对应于我们所要讨论的最缓慢振型. 令 $Ak^2 = B$, 并令 k 为无穷小，则(7)式在恢复时间因子和只取实部后成为

$$\left.\begin{aligned}\phi &= -2Byz \cdot \cos(\sigma t + \varepsilon),\\ \psi &= B(y^2 - z^2) \cdot \cos(\sigma t + \varepsilon),\end{aligned}\right\} \tag{11}$$

且由(8)式可得

$$\sigma^2 = \frac{g}{h}. \tag{12}$$

相应的自由表面形状为

$$\zeta = \frac{1}{g}\left[\frac{\partial\phi}{\partial t}\right]_{z=h} = 2\sigma Bhy \cdot \sin(\sigma t + \varepsilon). \tag{13}$$

因此，在这一振型中，自由表面总是平面. 附图中表示出了一系列等差 ψ 值下的流线 ($\psi = \text{const.}$).

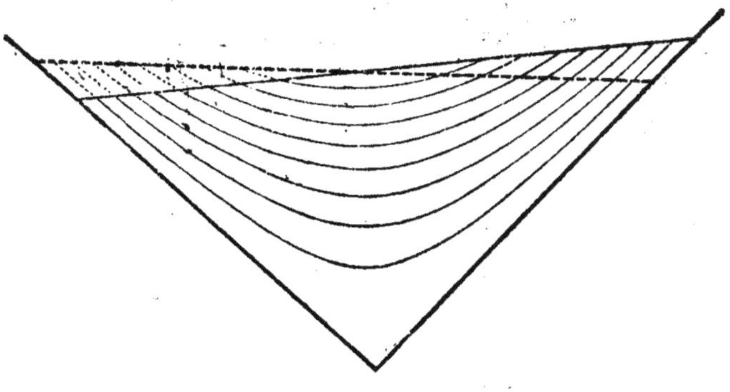

最缓慢振荡中的下一个振型是对称的，并由(5)式的最小有限根给出. 这一根为 $kh = 2.3650$，故 $\sigma = 1.5244(g/h)^{\frac{1}{2}}$. 自由表面的剖面线上有两个节点，它们的位置可由令(2)式中 $\phi = 0$ 和 $z = h$ 予以确定，并可求得为

1) 参看 Rayleigh, *Theory of Sound*, i. 277, 其中详细讨论了这一方程的数值解.

$$\frac{y}{h} = \pm 0.5516^{1)}.$$

再在下的一个振型对应于(9)式的最小有限根，其余以此类推[2]。

2° Greenhill 在我们所提到过的文章中，曾探讨了截面由两根与铅直线倾斜60°的直线所组成的渠道中的横向对称振荡．对于这类振荡中最简单（在解析上）的振型，可有(未写出时间因子)

$$\phi + i\psi = iA(y + iz)^3 + B, \tag{14}$$

即

$$\left.\begin{aligned} \phi &= Az(z^2 - 3y^2) + B, \\ \psi &= Ay(y^2 - 3z^2). \end{aligned}\right\} \tag{15}$$

(15)式中第二个式子使边界 $y = \pm\sqrt{3}z$ 上 $\psi = 0$．只要

$$\left.\begin{aligned} \sigma^2 &= g/h, \\ B &= 2Ah^3, \end{aligned}\right\} \tag{16}$$

且

则表面条件(3)可在 $z = h$ 处得到满足．相应的自由表面为

$$\zeta = \frac{1}{g}\left[\frac{\partial\phi}{\partial t}\right]_{z=h}$$

$$= -\frac{3A}{\sigma}(h^2 - y^2)\sin(\sigma t + \varepsilon). \tag{17}$$

它是一个抛物柱面，两条节线距中心线的距离为渠面半宽的 0.5774．最缓慢的振型很明显一定是非对称的，尚未求出．

3° 如在上述两种情况的任一种中，把原点改到渠道的一个棱边上，并使渠宽为无穷大，可得到以倾斜海岸为界的海洋中的驻波系．这一驻波系可看作是由一个入射波系和一个反射波系所组成．这种反射是完全反射，但一般来讲，有相位上的变化．

当海岸的倾斜角为 45° 时，其解为

$$\phi = H\{e^{kz}(\cos ky - \sin ky) + e^{-ky}(\cos kz + \sin kz)\}\cos(\sigma t + \varepsilon). \tag{18}$$

如海岸相对于水平面的倾斜角为 30°，可有

$$\phi = H\Big\{e^{kz}\sin ky + e^{-\frac{1}{2}k(\sqrt{3}y+z)}\sin\frac{1}{2}k(y - \sqrt{3}z) - \sqrt{3}e^{-\frac{1}{2}k(\sqrt{3}y-z)}\cos\frac{1}{2}k(y + \sqrt{3}z)\Big\}\cos(\sigma t + \varepsilon). \tag{19}$$

在每一种情况中都有 $\sigma^2 = gk$，就像无界深水中的波动那样．

上述结果是由 Kirchhoff 给出的(见前述引文)，可以很容易地从头到尾作出证明．

1) Rayleigh, *Theory of Sound*, Art. 178.

2) Kirchhoff 和 Hansemann 对各种振型中的频率和波腹（铅直振幅最大处）的位置作了实验证明，见 "Ueber stehende Schwingungen des Wassers," *Wied. Ann*, x. (1880) [Kirchhoff, *Ges. Abh.* p. 442].

259. 在这方面有一个有趣的问题是水在圆形截面渠道中的横向振荡．这一问题尚未解出．但值得指出，当自由表面位于渠道轴线的水平高度时，可由 168 节接近结尾处所述 Rayleigh 的方法而近似地确定出最缓慢振型的频率．

如果我们假定一个"近似振型"，其中自由表面始终保持为平面，并与水平面之间的夹角为一小量 θ，则由第72节(17)式可知，动能T由下式给出：

$$2T=\left(\frac{4}{\pi}-\frac{\pi}{4}\right)\rho a^4\dot{\theta}^2, \tag{1}$$

其中 a 为半径；而对于势能则有

$$2V=\frac{2}{3}g\rho a^3\theta^2. \tag{2}$$

如设 θ 正比于 $\cos(\sigma t+\epsilon)$，就给出

$$\sigma^2=\frac{8\pi}{48-3\pi^2}\frac{g}{a}, \tag{3}$$

故 $\sigma=1.169(g/a)^{\frac{1}{2}}$[1]．

当渠道截面为宽度等于 $2a$、深度等于 a 的矩形时，则振荡速率由 257 节(4)式给出，其中 $h=a$，而且，根据 178 节，应令 $k=\pi/2a$．于是

$$\sigma^2=\frac{1}{2}\pi\left(\tanh\frac{1}{2}\pi\right)\frac{a}{g}, \tag{4}$$

即 $\sigma=1.200(g/a)^{\frac{1}{2}}$．在实际问题中，频率要小一些，这是因为由给定的表面运动所产生的动能要大一些，而给定变形下的势能则相同．参看第 45 节．

260. 接着，我们可以考虑水在一个均匀水平渠道中两个横向隔墙之间的振荡．在讨论某些特殊情况之前，可以稍用点时间来看一下这种问题在解析方面的特点．

把 x 轴取为与隔舱长度平行，原点取在隔舱的一端，任一基本振型中的速度势就根据 Fourier 定理而假定为以下形式：

$$\begin{aligned}\phi=(P_0+P_1\cos kx+P_2\cos 2kx+\cdots\\+P_s\cos skx+\cdots)\cos(\sigma t+\epsilon),\end{aligned} \tag{1}$$

其中 $k=\pi/l$，而 l 则为隔舱之长．系数 P_s 在这里是 y 和 z 的函数．把 z 轴取为铅直向上，那么 y 轴就是水平的，并相对于渠道

---

1) Lamb, *Hydrodynamics*, 2nd ed. (1895). Rayleigh 求得一个更好的近似结果是 $\sigma=1.1664\ (g/a)^{\frac{1}{2}}$，见 *Phil. Mag.* (5) xlvii. 566 (1899) [*Papers*, iv. 407].

是横向的。诸函数 P_s 的形式以及可允许的 σ 值就应由连续性方程

$$\nabla^2\phi = 0 \tag{2}$$

以及在隔舱四壁上有

$$\frac{\partial\phi}{\partial n} = 0 \tag{3}$$

和在自由表面上有

$$\sigma^2\phi = g\,\frac{\partial\phi}{\partial z} \tag{4}$$

来确定。因在 $x = 0$ 和 $x = l$ 处，$\partial\phi/\partial x$ 必须为零，因此，由已知的原理[1]可知，(1)式右边每一项都必须独立地满足条件(2)，(3)，(4)，即必须有

$$\frac{\partial^2 P_s}{\partial y^2} + \frac{\partial^2 P_s}{\partial z^2} - s^2k^2P_s = 0, \tag{5}$$

且在侧边界上有

$$\frac{\partial P_s}{\partial n} = 0, \tag{6}$$

以及在自由表面上有

$$\sigma^2P_s = g\,\frac{\partial P_s}{\partial z}. \tag{7}$$

P_0项给出 258 节已讨论过的那种纯横向振荡。其余任一项$P_s \times \cos skx$ 则给出一系列基本振型，这些基本振型具有 s 个横向于渠道的节线和 0，1，2，3，… 个平行于渠道的节线。

对我们的需要来讲，只探讨 $P_1\cos kx$ 项就够了。很明显，由适宜形式的 P_1 和根据上面所述而得到的 σ 值所组成的表达式

$$\phi = P_1\cos kx \cdot \cos(\sigma t + \varepsilon) \tag{8}$$

在给定截面形状的无限长渠道中，给出了具有任意波长 $2\pi/k$ 的一个可能的驻波系的速度势。现在，根据 229 节所述，把两个适宜的这种类型的驻波系相叠加，就可以建立起一个行波系

1) 见 Stokes, "On the Critical Values of the Sums of Periodic Series," *Camb. Trans.* viii. (1847) [*Papers*, i. 236].

$$\phi = P_1 \cos(kx \mp \sigma t). \tag{9}$$

由此我们可以断言，在任何均匀截面的无限长渠道中，任一指定波长的简谐剖面的行波是可能出现的。

我们可以更深入一步地断言，对于任一给定波长，可以有无限多个振型，其波速范围由某一个最小值到无穷大。但从我们现在的观点来看，在离开侧岸某个距离处具有纵向节线的那些振型是较为次要的。

需要特别注意到两种极端情况，它们是波长远大于和波长远小于渠道横截面的线性尺度时的情况。

前一种情况下最令人感兴趣的是没有纵向节线的振型，这类振型已被概括在 169 节和 170 节"长"波的一般理论中了。而我们能额外去寻找的只是波峰形状沿渠道横向的变化之类的知识。

对于波长相对地较小的情况，最重要的振型是波峰的高度沿渠道横向作着缓慢的变化、而波速则与 229 节(6)式所给出的深水中自由波动的波速相同的那种振型。

当侧岸是倾斜的时候，会出现另一种短波，它可称为"边缘波"，以表示其特点，因为它的波幅随着距侧岸的距离以指数的方式减小。事实上，如侧岸处波幅之值在我们的近似方法所允许的限度之内，那么，当距侧岸的距离在岸坡上的投影超过一个波长时，就难以察觉有什么波动了。这种波的波速要小于深水中同样波长的波速，这种类型的运动并不是很重要的。

Stokes 对这种边缘波给出了一个一般公式[1]。把原点取在渠道的一个棱边上，z 轴取为铅直向上，y 轴则横向于渠道，并把渠宽处理为相对无穷大，则所述问题中的公式为

$$\phi = He^{-k(y\cos\beta - z\sin\beta)}\cos k(x - ct), \tag{10}$$

其中 β 为侧岸与水平面之间的坡角，而

$$c = \left(\frac{g}{k}\sin\beta\right)^{\frac{1}{2}}. \tag{11}$$

---

1) "Report on Recent Researches in Hydrodynamics," *Brit. Ass. Rep.* 1846 [*Papers*, i. 167].

读者不难证明这一结果。

261. 现在来考虑几个特殊情况。我们将把问题处理为无限长渠道中的驻波问题，或者处理为以两个横向隔墙（其间距离为任意波长 $2\pi/k$ 的一半的整数倍）为界限的舱室中的驻波问题。但所作探讨可不难像前面所述而把它修改到应用于行波，而且我们有时也会用术语波速来叙述所得到的结果。

1° 具有水平河床和铅直侧岸的矩形截面渠道中的解可由 190 节和 257 节中的结果立即写出．除非两个不同振型的周期相重合（那时是可能出现更为复杂的波动的．例如，当水池为正方形时），否则诸节线是横向的和纵向的．

2° 当渠道截面由两根与铅直方向成 45° 的直线所组成时，我们首先有 Kelland 所发现的一种振型，即（下式中 x 轴与渠道底线重合）

$$\phi = A\cosh\frac{ky}{\sqrt{2}}\cosh\frac{kz}{\sqrt{2}}\cos kx\cdot\cos(\sigma t+\varepsilon). \tag{1}$$

它显然能满足 $\nabla^2\phi=0$，并分别在 $y=\pm z$ 处使

$$\frac{\partial\phi}{\partial y}=\pm\frac{\partial\phi}{\partial z}. \tag{2}$$

于是，表面条件（260 节(4)式）给出

$$\sigma^2=\frac{gk}{\sqrt{2}}\tanh\frac{kh}{\sqrt{2}}, \tag{3}$$

其中 h 为自由表面高出于渠道底线的高度．如令 $\sigma=kc$，则波速由

$$c^2=\frac{g}{\sqrt{2}\,k}\tanh\frac{kh}{\sqrt{2}} \tag{4}$$

给出，式中 $k=2\pi/\lambda$，而 λ 则为波长．

当 h/λ 很小时，上式简化为

$$c=\left(\frac{1}{2}gh\right)^{\frac{1}{2}}, \tag{5}$$

与170节(13)式相符，因为现在的平均水深为 $\frac{1}{2}h$[1]．

另一方面，当 h/λ 较大时，有

$$c^2=\frac{g}{k\sqrt{2}}. \tag{6}$$

(1) 式表明，向侧岸靠近时，波幅迅速增大．事实上，这是一个"边缘波"的例子，波速也和令 Stokes 公式中的 $\beta=45°$ 而得到的结果相符．

1) Kelland, "On Waves," *Trans. R. S. Edin.* xiv. (1839).

其它振型中的那些对称于中央平面 $y=0$ 的振型由

$$\phi = C(\cosh\alpha y\cos\beta z + \cos\beta y\cosh\alpha z)\cos kx\cos(\sigma t+\varepsilon) \tag{7}$$

给出，其中 α、β 和 σ 是要适当确定的．上式显然满足(2)式，而连续性方程则给出

$$\alpha^2 - \beta^2 = k^2. \tag{8}$$

$z=h$ 处所应满足的表面条件(260 节(4)式)要求

$$\left.\begin{aligned}\sigma^2\cosh\alpha h &= g\alpha\sinh\alpha h,\\ \sigma^2\cos\beta h &= -g\beta\sin\beta h,\end{aligned}\right\} \tag{9}$$

故

$$\alpha h\tanh\alpha h + \beta h\tan\beta h = 0. \tag{10}$$

α 和 β 之值由(8)式和(10)式确定，然后可由(9)式中的任一式而得出相应的 σ 值．如暂时令

$$x = \alpha h, \quad y = \beta h, \tag{11}$$

则(8)式和(10)式之根由曲线

$$x\tanh x + y\tan y = 0 \tag{12}$$

(它的一般形状是很容易画出的)和双曲线

$$x^2 - y^2 = k^2h^2 \tag{13}$$

的交点所给出．实数解有无限多个，且 βh 位于第二、四、六、…象限．它们分别给出自由表面上的二、四、六、…根纵向节线．当 h/λ 较大时，近似地有 $\tanh\alpha h=1$，而 βh 则(在这类振荡的最简单振型中)略大于 $\frac{1}{2}\pi$．当 λ 不断减小时，这种振型中的两根纵向节线就趋于非常靠近侧岸，而波速就变得实际上和深水中波长为 λ 的波速相等．作为一个数值例子，设 $\beta h = 1.1\times\frac{1}{2}\pi$，可得

$$\alpha h = 10.910, \quad kh = 10.772, \quad C = 1.0064\left(\frac{g}{k}\right)^{\frac{1}{2}}.$$

每根节线到较近的岸线的距离则为 $0.12h$．

可以接下去考虑非对称的振型．这类振型中与 Kelland 解相类似的解是 Greenhill (见前述引文)所注意到的．它是

$$\phi = A\sinh\frac{ky}{\sqrt{2}}\sinh\frac{kz}{\sqrt{2}}\cos kx\cos(\sigma t+\varepsilon), \tag{14}$$

且

$$\sigma^2 = \frac{gk}{\sqrt{2}}\coth\frac{kh}{\sqrt{2}}. \tag{15}$$

当 kh 很小时，上式使 $\sigma^2=g/h$，因而振荡"速率"远大于"长"波理论所给出之值．事实上，振荡主要是横向的；沿渠道的纵向，相位的变化非常缓慢．水面中线当然是节线．另一方面，当 kh 为大值时，就会像 Kelland 解那样得到"边缘波"．

其余的非对称振荡由

$$\phi = A(\sinh\alpha y\sin\beta z + \sin\beta y\sinh\alpha z)\cos kx\cos(\sigma t+\varepsilon) \tag{16}$$

给出．和前面一样，上式导致

$$\alpha^2 - \beta^2 = k^2, \tag{17}$$

和

$$\left.\begin{aligned} \sigma^2 \sinh \alpha h &= g\alpha \cosh \alpha h, \\ \sigma^2 \sin \beta h &= g\beta \cos \beta h. \end{aligned}\right\} \tag{18}$$

故

$$\alpha h \coth \alpha h = \beta h \cot \beta h. \tag{19}$$

解有无限多个，且 βh 之值位于第三、五、七、…象限，分别给出三、五、七、…根纵向节线，其中一根为水面中线。

3° Macdonald 曾处理了渠道两侧岸为与铅直方向成 60° 的平面时的情况[1]。他发现了一个综合性很强的解，可求得如下。

假定

$$\phi = P\cos kx \cos(\sigma t + \varepsilon), \tag{20}$$

其中

$$P = A\cosh kz + B\sinh kz + \cosh\frac{ky\sqrt{3}}{2}\left(C\cosh\frac{kz}{2} + D\sinh\frac{kz}{2}\right), \tag{21}$$

故(20)式显然满足连续性方程，而且很容易证明，如

$$C = 2A, \quad D = -2B, \tag{22}$$

则(20)式能在 $y = \pm\sqrt{3}\,z$ 处使

$$\frac{\partial\phi}{\partial y} = \pm\sqrt{3}\,\frac{\partial\phi}{\partial z}.$$

于是，只要

$$\left.\begin{aligned} &\frac{\sigma^2}{gk}(A\cosh kh + B\sinh kh) = A\sinh kh + B\cosh kh, \\ &\frac{2\sigma^2}{gk}\left(A\cosh\frac{kh}{2} - B\sinh\frac{kh}{2}\right) = A\sinh\frac{kh}{2} - B\cosh\frac{kh}{2}, \end{aligned}\right\} \tag{23}$$

则表面条件(260 节(4)式)就可满足。

(23)式中第一式等价于

$$\left.\begin{aligned} A &= H\left(\cosh kh - \frac{\sigma^2}{gk}\sinh kh\right), \\ B &= H\left(\frac{\sigma^2}{gk}\cosh kh - \sinh kh\right); \end{aligned}\right\} \tag{24}$$

于是由(23)式中第二式可得

$$2\left(\frac{\sigma^2}{gk}\right)^2 - 3\frac{\sigma^2}{gk}\coth 3\frac{kh}{2} + 1 = 0. \tag{25}$$

此外，把(22)式和(24)式代入(21)式后，得

---

1) "Waves in Canals," *Proc. Lond. Math. Soc.* xxv. 101(1894).

$$P = H\left\{\cosh k(z-h) + \frac{\sigma^2}{gk}\sinh k(z-h)\right\}$$

$$+ 2H\cosh\frac{ky\sqrt{3}}{2}\left\{\cosh k\left(\frac{z}{2}+h\right) - \frac{\sigma^2}{gk}\sinh k\left(\frac{z}{2}+h\right)\right\}. \tag{26}$$

Macdanald 是用另一种方法而得到方程(25)和(26)的．P在水面上之值为

$$P = H\left\{1 + 2\cosh\frac{ky\sqrt{3}}{2}\left(\cosh\frac{3kh}{2} - \frac{\sigma^2}{gk}\sinh\frac{3kh}{2}\right)\right\}. \tag{27}$$

(25)式是 σ^2/gk 的二次方程．在波长 $(2\pi/k)$ 远大于 h 的情况下，近似地有

$$\coth\frac{3kh}{2} = \frac{2}{3kh},$$

于是(25)式的两个根近似地为

$$\left.\begin{aligned}\frac{\sigma^2}{gk} &= \frac{1}{2}kh\\ \text{和}\qquad \frac{\sigma^2}{gk} &= \frac{1}{kh}.\end{aligned}\right\} \tag{28}$$

令 $\sigma = kc$，则前一个根给出 $c^2 = \frac{1}{2}gh$，与通常的“长”波理论(169 节和 170 节)相符．现在(27)式近似地使 $P = 3H$，即P几乎与y无关，故波脊接近于直线．(28)式中第二个根使 $c^2 = g/(k^2h)$，它给出大得多的“相速度”，但这一点并不带来什么矛盾．事实上，群速度是相对较小的．进一步作考察可以求得波的横截面为抛物线形的，并有两条平行于渠道之长的节线．振荡周期几乎和 258 节所讨论的对称横向振荡的周期完全相同．

另一方面，当波长远小于渠道横向尺度时，kh 为大值，而近似有 $\coth\frac{3}{2}kh = 1$．于是，(25)式的两个根近似为

$$\left.\begin{aligned}\frac{\sigma^2}{gk} &= 1\\ \text{和}\qquad \frac{\sigma^2}{gk} &= \frac{1}{2}.\end{aligned}\right\} \tag{29}$$

前一个根近似地给出 $P = H$，因而波脊为直线；当靠近侧岸时，波高只有微小的变化．振荡速率 $\sigma = (gk)^{\frac{1}{2}}$，和我们从相对较深的水中一般性波动理论所能预料到的一样．

在这种情况中，如果把原点改换到水面上一个边缘处，并把z写为 $z+h$，把y写为 $y-\sqrt{3}\,h$，然后令h为无穷大，我们就得到一个平行于与水平面成30°坡角的海岸而传播的波系．其结果为

$$\phi = H\{e^{kz} + e^{-\frac{1}{2}k(\sqrt{3}\,y+z)} - 3e^{-\frac{1}{2}k(\sqrt{3}\,y-z)}\}\cos kx\cos(\sigma t+\varepsilon), \tag{30}$$

且 $c = (g/k)^{\frac{1}{2}}$．它是可以立即予以证明的．在距离海岸约一个波长处，水面附近的ϕ值在实际上简化为

$$\phi = He^{kx}\cos kx\cos(\sigma t+\varepsilon), \tag{31}$$

与 228 节相符．靠近海岸时，水面升高量改变符号，出现一条纵向节线，该处

$$\frac{\sqrt{3}}{2}ky = \log_e 2, \tag{32}$$

亦即该处之 $y/\lambda = 0.127$.

(29)式中第二个根给出一个边缘波系，其结果和令 Stokes 公式中 $\beta = 30°$ 所得结果等价[1]．

球形液体团的振荡

262. 一个球形液体团相对于其圆球形状而作引力振荡时的理论是由 Kelvin 提出的[2]．

把原点取在球心处，以 $a+\zeta$ 表示液面上任一点的矢径（a 为未出现扰动时的液面半径），并设

$$\zeta = \sum_1^{\infty} \zeta_n, \tag{1}$$

其中 ζ_n 为 n（整数）阶的球面谐函数．连续性方程 $\nabla^2\phi = 0$ 可由

$$\phi = \sum_1^{\infty} \frac{r^n}{a_n} S_n \tag{2}$$

所满足，其中 S_n 为一球面谐函数；而 $r=a$ 处所应满足的运动学条件

$$\frac{\partial \zeta}{\partial t} = -\frac{\partial \phi}{\partial r} \tag{3}$$

就给出

1) Hanson 把讨论推广到海岸具有其它倾斜角时的情况，见 *Proc. Roy. Soc.* A, cxi. 491(1926).

2) W. Thomson 爵士，"Dynamical Problems regarding Elastic Spheroidal Shells and Spheroids of incompressible Liquid," *Phil. Trans.* 1863 [*Papers*, iii. 384].

$$\frac{\partial \zeta_n}{\partial t} = -\frac{n}{a}S_n. \tag{4}$$

自由表面上的引力势为

$$\Omega = -\frac{4\pi\gamma\rho a^3}{3r} - \sum_1^{\infty} \frac{4\pi\gamma\rho a}{2n+1}\zeta_n, \tag{5}$$

式中 γ 为引力常数。令

$$g = \frac{4}{3}\pi\gamma\rho a, \quad r = a + \Sigma\zeta_n,$$

可得

$$\Omega = \text{const.} + g\sum_1^{\infty} \frac{2(n-1)}{2n+1}\zeta_n. \tag{6}$$

把(2)式和(6)式代入压力方程

$$\frac{p}{\rho} = \frac{\partial \phi}{\partial t} - \Omega + \text{const.}, \tag{7}$$

则因 p 在自由表面上必须为常数，可得

$$\frac{\partial S_n}{\partial t} = \frac{2(n-1)}{2n+1}g\zeta_n. \tag{8}$$

由(4),(8)二式消去 S_n，就得到

$$\frac{\partial^2 \zeta_n}{\partial t^2} + \frac{2n(n-1)}{2n+1}\frac{g}{a}\zeta_n = 0. \tag{9}$$

它表明 $\zeta_n \propto \cos(\sigma_n t + \varepsilon)$，其中

$$\sigma_n^2 = \frac{2n(n-1)}{2n+1}\frac{g}{a}. \tag{10}$$

当液体具有均匀的密度时，$g \propto a$，因而振荡频率与球体的尺度无关。

(10)式使 $\sigma_1 = 0$，这是可以预料到的，因为在一阶球面谐函数所表示的微小变形中，自由表面保持为球形，因而振荡周期就是无限长的。

“对于 $n=2$（椭球形变形），等时单摆之长为 $\frac{5}{4}a$，或者说，如均质液体球具有和地球相同的质量和直径，则等时单摆之长为地球半径的一又四分之一倍。因此，对于这种情况，或对于任一密度约为水密度 $5\frac{1}{2}$ 倍的均质液体球，半周期为 47 分 12 秒.”

“一个各部分之间没有相互引力的同样大小的钢球却不能振动得这么快，因为平面变形波在钢中的传播速度仅约为每秒 10,140 英尺，在这样的一个速率之下，波要穿过长度等于地球直径的一段空间就不能少于 1 小时 8 分 40 秒[1].”

当液面以二阶带谐球体的形式而振荡时，流线的方程为 $x\varpi^2=\text{const.}$，其中 ϖ 为任一点到对称轴的距离，而对称轴则取为 x 轴(见第 95 节(11)式). 把常数取一系列

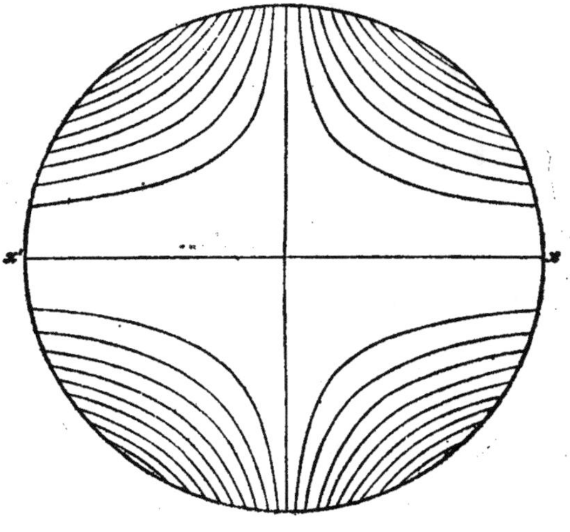

1) W. Thomson 爵士，前述引文. 弹性球体振动的精确理论给出，一个和地球同样大小的钢球的最缓慢振动的周期为 1 小时 18 分. 见“On the Vibrations of an Elastic Sphere,” *Proc. Lond. Math. Soc.* xiii. 212(1882). 不可压缩物质的球形体在引力和弹性联合影响下的振动问题曾由 Bromwich 作了讨论，见 *Proc. Lond. Math. Soc.* xxx. 98(1889). 压缩性的影响由 Love 作了探讨，见 *Some Problems of Geodynamics*(获 Adams 奖论文)，Cambridge, 1911, p. 126.

等差值时的流线族的形状已示于本节附图中.

263. 这一问题也可以用"正则坐标"的方法(168 节)处理得非常简洁.

计算动能的公式为

$$T=\frac{1}{2}\rho\iint\phi\frac{\partial\phi}{\partial r}dS, \tag{11}$$

其中 δS 为曲面 $r=a$ 上的微元. 因此,当液面以 $r=a+\zeta_n$ 的形式而振荡时,把(2)式和(4)式代入(11)式,就得到

$$T=\frac{1}{2}\frac{\rho a}{n}\iint\dot{\zeta}_n^2dS. \tag{12}$$

为求出势能,可假定液面被迫使其形状连续地按 $r=a+\theta\zeta_n$ 变化,而 θ 则由 0 变到 1. 在这一过程的任一阶段中,根据(6)式,液面上的引力势为

$$\Omega=\text{const.}+\frac{2(n-1)}{2n+1}g\theta\zeta_n. \tag{13}$$

因此,在液面上增加一个厚度为 $\zeta_n\delta\theta$ 的薄层而所需之功为

$$\theta\delta\theta\cdot\frac{2(n-1)}{2n+1}g\rho\iint\zeta_n^2dS. \tag{14}$$

从 $\theta=0$ 到 $\theta=1$ 积分上式, 可得

$$V=\frac{n-1}{2n+1}g\rho\iint\zeta_n^2dS. \tag{15}$$

在 (12) 式和 (15) 式的右边最前面添上一个对 n 的求和符号 Σ, 就可以得到对应于(1)式中普遍形式的变形结果. 这是因为,根据第 87 节所述,由不同阶的球面谐函数的乘积而组成的各项都等于零了.

T 和 V 的普遍表达式因而就简化为各平方项之和, 这一事实表明,任一球面谐和变形都是一个"正则振型". 此外,如假定 $\zeta_n\propto\cos(\sigma_nt+\varepsilon)$, 则由总能量 $T+V$ 必为常数就又可得到(10)式中的结果.

在强迫振荡中,如扰力的势函数为 $\Omega'\cos(\sigma t+\varepsilon)$,且 Ω' 在

流体中所有各点处能满足 $\nabla^2\Omega'=0$,就必须假定 Ω' 被展为球体谐函数的级数。而如 $\bar{\zeta}_n$ 为与 n 阶项相对应的平衡升高量,则根据 168 节(14)式,对强迫振荡可有

$$\zeta_n=\frac{1}{1-\sigma^2/\sigma_n^2}\bar{\zeta}_n, \tag{16}$$

其中 σ 为扰力的变化速率,而 σ_n 则为与扰力类型相同的自由振荡的振荡速率,并由(10)式给出。

上一节中对 $n=2$ 所给出的数值结果表明,在一个不作转动、但和地球的大小和平均密度相同的液体球中,具有太阴潮和太阳潮的特点和周期的强迫振荡的振幅实际上和潮汐平衡理论所给出之值相同。

264. 不难把所作的探讨推广到覆盖在一个对称球形核上的、具有任意均匀深度的海洋中。

设 b 为球核半径,a 为海洋外表面的半径. 令自由表面的形状为

$$r=a+\sum_1^\infty\zeta_n, \tag{1}$$

并设速度势为

$$\phi=\left\{(n+1)\frac{r^n}{b^n}+n\frac{b^{n+1}}{r^{n+1}}\right\}S_n, \tag{2}$$

其中诸系数已被调节得能使 $r=b$ 处的 $\partial\phi/\partial r=0$ 了.

$r=a$ 处应满足的条件

$$\frac{\partial\zeta}{\partial t}=-\frac{\partial\phi}{\partial r} \tag{3}$$

给出

$$\frac{\partial\zeta_n}{\partial t}=-n(n+1)\left\{\left(\frac{a}{b}\right)^n-\left(\frac{b}{a}\right)^{n+1}\right\}\frac{S_n}{a}. \tag{4}$$

对于自由表面(1)上的引力势,有

$$\Omega=-\frac{4\pi\gamma\rho_0a^3}{3r}-\sum_1^\infty\frac{4\pi\gamma\rho a}{2n+1}\zeta_n, \tag{5}$$

式中 ρ_0 为整个海洋和球核的平均密度. 故令 $g=\frac{4}{3}\pi\gamma\rho_0a$,就得到

$$\Omega=\text{const.}+g\sum_1^\infty\left(1-\frac{3}{2n+1}\frac{\rho}{\rho_0}\right)\zeta_n. \tag{6}$$

于是,由自由表面上压力所必须满足的条件就可得到

$$\left\{(n+1)\left(\frac{a}{b}\right)^n+n\left(\frac{b}{a}\right)^{n+1}\right\}\frac{\partial S_n}{\partial t}=\left(1-\frac{3}{2n+1}\frac{\rho}{\rho_0}\right)g\zeta_n. \tag{7}$$

再从(4),(7)二式把 S_n 消去后得

$$\frac{\partial^2\zeta_n}{\partial t^2}+\sigma_n^2\zeta_n=0. \tag{8}$$

其中

$$\sigma_n^2=\frac{n(n+1)\left\{\left(\frac{a}{b}\right)^n-\left(\frac{b}{a}\right)^{n+1}\right\}}{(n+1)\left(\frac{a}{b}\right)^n+\left(\frac{b}{a}\right)^{n+1}}\left(1-\frac{3}{2n+1}\frac{\rho}{\rho_0}\right)\frac{g}{a}. \tag{9}$$

因为在计算时假定了球核是固定不动的，所以 $n=1$ 是个例外情况．但(9)式仍可提示我们，当 $\rho=\rho_0$ 时，$\sigma_1=0$，而当 $\rho>\rho_0$ 时，σ_1 为虚数，和我们的预料相同．并没有什么必要对(9)式作出什么修正，不过可以提一下：可以证明，如果球核是自由的，那么，(9)式所给出的

$$\sigma^2=\frac{1-b^3/a^3}{1+b^3/2a^3}\left(1-\frac{\rho}{\rho_0}\right)\frac{g}{a} \tag{10}$$

就必须按照比值

$$1+\frac{b^3}{2a^3}:1+\frac{b^3}{2a^3}-\frac{m}{M}$$

(M 为全部质量，而 m 则为海水之质量）而增大．关于稳定性方面的结论则不受影响．

如令(9)式中 $b=0$，就又会得到前一节中的结果．反之，如海洋深度远小于其半径，则令 $b=a-h$ 并略去 h/a 的平方项后，可在 n 远小于 a/h 时得到

$$\sigma_n^2=n(n+1)\left(1-\frac{3}{2n+1}\frac{\rho}{\rho_0}\right)\frac{gh}{a^2}. \tag{11}$$

它和 200 节中用更为直接的方法所得到的 Laplace 结果相符．

而如 n 与 a/h 的数量级相同，则令 $n=ka$ 后可有

$$\left(\frac{a}{b}\right)^n=\left(1-\frac{h}{a}\right)^{-ka}=e^{kh},$$

于是，(9)式化为

$$\sigma^2=gk\tanh kh, \tag{12}$$

与 228 节中的结果相同．此外，如令 $r=a+z$，则速度势的表达式(2)可变为

$$\phi=\phi_1\cosh k(z+h), \tag{13}$$

其中 ϕ_1 为表面上各点坐标的函数，而这一表面现在则可被处理为一个平面．参看 257 节．

普遍情况下的动能和势能的表达式不难用上一节中的方法求得，它们是

$$T = \frac{1}{2}\rho a \sum_{1}^{\infty} \frac{(n+1)\left(\frac{a}{b}\right)^n + n\left(\frac{b}{a}\right)^{n+1}}{n(n+1)\left\{\left(\frac{a}{b}\right)^n - \left(\frac{b}{a}\right)^{n+1}\right\}} \iint \dot{\zeta}_n^2 dS, \tag{14}$$

$$V = \frac{1}{2} g\rho \sum_{1}^{\infty}\left(1 - \frac{3}{2n+1}\frac{\rho}{\rho_0}\right)\iint \zeta_n^2 dS. \tag{15}$$

(15)式表明，平衡位形是使势能为极小值的一种位形，并因而在 $\rho<\rho_0$ 下是完全稳定的.

当水深相对地很小且 n 为有限值时，令 $b=a-h$ 后可得

$$T = \frac{1}{2}\frac{\rho a^2}{h}\sum_{1}^{\infty}\frac{1}{n(n+1)}\iint \dot{\zeta}_n^2 dS, \tag{16}$$

而势能的表达式则当然不变.

如把谐函数 ζ_n 中的振幅视为广义坐标，则(16)式表明，当水深相对地较小时，"惯性系数"和水深成反比. 关于约束的影响，我们在讨论潮汐波时已作过一些其它的说明了.

毛　细　作　用

265. 分子内聚力在流体的某些运动中所起的作用在很久以前就已大体上有所了解，但对这一问题作出精确的数学处理却是较为晚近的事. 我们现在来介绍 Kelvin 和 Rayleigh 在这一领域中所得到的某些值得注意的研究结果.

讨论物质的物理理论[1]就超出本书的范围了. 对我们的需要来讲，只要知道一点点就够了，那就是，液体的自由表面——或者说得更普遍些，两种互不掺混流体的公界面表现出处于均匀地受到张拉的状态，而公界面(表面)上相邻两部分之间的张拉应力(单位长度公界线上的拉力)则只依赖于这两种流体的性质和温度. 我们将以符号 T_1 来表示这一所谓的"表面张力". 在绝对单位制中，T_1 的量纲为 $\mathbf{MT^{-2}}$. 在 C.G.S. 制中，对于 20℃ 的水，其值

1）关于这方面，可看 Maxwell, *Encyc. Britann.* Art. "Capillary Action" [*Papers*, Cambridge, 1890, ii. 541]，其中提到了更为早期的作者. 还可见 Rayleigh, "On the Theory of Surface Forces," *Phil. Mag.* (5) xxx. 285, 456(1890) [*Papers*, iii. 397].

(每厘米上的达因数)约为 74[1]，并在温度升高时有所降低。对于水银-空气界面，其值约为 540.

和上述相等价的说法是：在任意一个把液体表面包含在内的系统的"自由能"中，有一项是和表面面积成正比的，它称为"表面能"(通常的叫法)，而单位面积的表面能就等于 T_1[2]. 由于稳定平衡的条件是自由能应为极小值，所以液体的表面就要在其它条件允许的情况下而尽量缩小。

考虑表面张力之后，对于以前所述理论需要作出改变的地方主要是流体的压力在分界面上出现了间断，也就是，应有

$$p - p' = T_1\left(\frac{1}{R_1} + \frac{1}{R_2}\right),$$

其中 p 和 p' 是分界面两侧附近的压力，R_1 和 R_2 是分界面的主曲率半径，当曲率中心位于一撇所指的那一侧时，相应的曲率半径就取负值。把分界面上一个由诸曲率线所围圈的微元曲面上的作用力投影到法线方向，就可以立即证明出这一公式；但好像无需在这里证明，因为可以在多数近代的流体静力学中找到。

266. 可以首先谈到的最简单的问题是两种静止流体公界平面上的波动。

把原点取在这一公界平面上，y 轴与之正交，则公界面出现简谐波动时的速度势为

$$\left.\begin{aligned}\phi &= Ce^{ky}\cos kx\cdot\cos(\sigma t+\varepsilon),\\ \phi' &= C'e^{-ky}\cos kx\cdot\cos(\sigma t+\varepsilon),\end{aligned}\right\}\qquad(1)$$

其中前一个方程用于 y 为负值的那一侧，而后一个方程则用于 y 为正值的那一侧。它们能满足 $\nabla^2\phi = 0$ 和 $\nabla^2\phi' = 0$，并分别使 $y = \pm\infty$ 处的速度为零。

---

1) Rayleigh, "On the Tension of Water-Surface, Clean and Contaminated, investigated by the Method of Ripples," *Phil. Mag.* (5) xxx. 386(1890) [*Papers*, iii. 394]; Pedersen, *Phil. Trans.* A, ccvii. 341 (1907); Bohr, *Phil. Trans.* A, ccix. 281(1909).

2) "自由"能和"内"能的区别在于热力学原理。如果变化过程是在压力不变之下发生的，而且热量可以自由传递，那么，我们所涉及的就是"自由"能。

公界面在 y 方向上的位移具有以下形式:

$$\eta = a\cos kx \cdot \sin(\sigma t + \varepsilon); \tag{2}$$

而 $y = 0$ 处所应具有的条件

$$\frac{\partial \eta}{\partial t} = -\frac{\partial \phi}{\partial y} = -\frac{\partial \phi'}{\partial y}$$

就给出

$$\sigma a = -kC = kC'. \tag{3}$$

如暂时略去重力，则压力中的变量部分由下式给出:

$$\left.\begin{aligned}\frac{p}{\rho} &= \frac{\partial \phi}{\partial t} = \frac{\sigma^2 a}{k} e^{ky}\cos kx \cdot \sin(\sigma t + \varepsilon),\\ \frac{p'}{\rho'} &= \frac{\partial \phi'}{\partial t} = -\frac{\sigma^2 a}{k} e^{-ky}\cos kx \cdot \sin(\sigma t + \varepsilon).\end{aligned}\right\} \tag{4}$$

为求得压力在公界面上所应满足的条件，可以计算一下宽度为 δx 的条带在 y 方向所受的作用力. 这一条带两侧的压力所产生的合力分量为 $(p' - p)\delta x$，而它在两个棱边上所受拉力之差在 y 方向的分量为 $\delta(T_1\partial\eta/\partial x)$. 于是就近似地得到，在 $y = 0$ 处应满足

$$p - p' + T_1\frac{\partial^2 \eta}{\partial x^2} = 0. \tag{5}$$

当然，也可能有的人是把它作为普遍表面条件(265 节)的特殊情况而立即把它写出来的. 把(2)式和(4)式代入(5)式，可得

$$\sigma^2 = \frac{T_1 k^3}{\rho + \rho'}, \tag{6}$$

它就确定了波长为 $2\pi/k$ 的波动的振荡速率.

相距为一个单位的两个平行于 xy 的平面之间的流体在一个波长中的动能为

$$T = \frac{1}{2}\rho\int_0^\lambda \left[\phi\frac{\partial \phi}{\partial y}\right]_{y=0} dx - \frac{1}{2}\rho'\int_0^\lambda\left[\phi'\frac{\partial \phi'}{\partial y}\right]_{y=0} dx. \tag{7}$$

如假定

$$\eta = a\cos kx, \tag{8}$$

其中 a 仅依赖于时间，再根据运动学条件设

$$\phi = -k^{-1}\dot{a}e^{ky}\cos kx, \quad \phi' = k^{-1}\dot{a}e^{-ky}\cos kx, \tag{9}$$

则可得

$$T=\frac{1}{4}(\rho+\rho')k^{-2}a^2\lambda. \tag{10}$$

此外，由于公界面伸长而具有的能量为

$$V=T_1\int_0^\lambda\left\{1+\left(\frac{\partial\eta}{\partial x}\right)^2\right\}^{\frac{1}{2}}dx-T_1\lambda=\frac{1}{2}T_1\int_0^\lambda\left(\frac{\partial\eta}{\partial x}\right)^2dx. \tag{11}$$

把(8)式代入后得

$$V=\frac{1}{4}T_1k^2a^2\cdot\lambda. \tag{12}$$

为了得到对公界面上每单位面积而言的平均动能和平均势能，就要把因子 λ 去掉.

如设 $a\propto\cos(\sigma t+\varepsilon)$，其中 σ 由(6)式所确定，我们就可证实总能量 $T+V$ 为常数. 另一方面，如设

$$\eta=\Sigma(\alpha\cos kx+\beta\sin kx), \tag{13}$$

则不难看出 T 和 V 的表达式分别化为 $\dot{\alpha},\dot{\beta}$ 和 α,β 的平方项之和，并具有常系数，因而，α,β 为"正则坐标". 于是，可由 168 节的普遍理论而独立地得出关于振荡速率的公式(6).

像 229 节中那样，把两个驻波系组合起来就得到行波系

$$\eta=a\cos(kx\mp\sigma t). \tag{14}$$

其传播速度为

$$c=\frac{\sigma}{k}=\left(\frac{T_1k}{\rho+\rho'}\right)^{\frac{1}{2}}, \tag{15}$$

或用波长来表示为

$$c=\left(\frac{2\pi T_1}{\rho+\rho'}\right)^{\frac{1}{2}}\lambda^{-\frac{1}{2}}. \tag{16}$$

这一结论与 229 节中结论的不同之处是值得注意的. 现在，当波长减小时，周期就减小得更快，从而使波速**增大**.

因 c 正比于 $\lambda^{-\frac{1}{2}}$，所以根据 236 节(3)式，群速度为

$$U=c-\lambda\frac{dc}{d\lambda}=\frac{3}{2}c. \tag{17}$$

对群速度和能量传递之间的关系作出证明是饶具趣味的. 取

$$\eta=a\cos k(ct-x), \tag{18}$$

可由(10)式和(12)式得到每单位面积公界面的总能量为

$$\frac{1}{4}(\rho+\rho')kc^2a^2+\frac{1}{4}T_1k^2a^2=\frac{1}{2}(\rho+\rho')kc^2a^2. \tag{19}$$

流体压力在一个垂直于 x 轴的平面上所作的平均功率可由类似于 237 节中的计算法而求得为

$$\frac{1}{4}(\rho+\rho')kc^3a^2. \tag{20}$$

表面张力在这一平面上所作之功率为

$$T_1\frac{\partial\eta}{\partial x}\dot{\eta}=T_1k^2ca^2\sin^2k(ct-x),$$

其平均值为

$$\frac{1}{2}T_1k^2ca^2=\frac{1}{2}(\rho+\rho')kc^3a^2. \tag{21}$$

把上式与(20)式相加再除以(19)式中右边部分，所得之商就是 $\frac{3}{2}c$，与(17)式相符.

表面张力波的群速度超过波速一事有助于解释以后（271 和 272 节）要提到的某些有趣现象.

作为数值实例，可以用自由水面为例，于是令 $\rho=1$，$\rho'=0$ 和 $T_1=74$ 后，可得到本节附表中的结果，其中的单位为米和秒[1].

波长	波速	频率
0.50	30	61
0.10	68	680
0.05	96	1930

267. 当考虑进重力时，平衡状态下的公界面当然是水平的. 于是，把 y 轴的正方向取为铅直向上，则出现扰动后，界面上的压力就近似地由下式给出：

---

1) 参看 W. Thomson 爵士，*Papers*, iii. 520.

用一个湿手指抚摩洗指盂的边缘而使洗指盂发生振动时，上述理论可以解释盂中水面所出现的皱波. 然而可以看到，在这一实验中，表面张力波的频率是盂的振动频率的两倍，见 Rayleigh, "On Maintained Vibrations," *Phil. Mag.* (5) xv. 229(1883) [*Papers*, ii. 188; *Theory of Sound*, 2nd ed., c. xx.].

$$\left.\begin{aligned}\frac{p}{\rho}&=\frac{\partial\phi}{\partial t}-gy=\left(\frac{\sigma^2}{k}-g\right)a\cos kx\cdot\sin(\sigma t+\varepsilon),\\ \frac{p'}{\rho'}&=\frac{\partial\phi'}{\partial t}-gy=-\left(\frac{\sigma^2}{k}+g\right)a\cos kx\cdot\sin(\sigma t+\varepsilon).\end{aligned}\right\}\quad(1)$$

代入 266 节(5)式后，可得

$$\sigma^2=\frac{\rho-\rho'}{\rho+\rho'}gk+\frac{T_1k^3}{\rho+\rho'}.\quad(2)$$

令 $\sigma=kc$，可对一列行波的波速得到

$$c^2=\frac{\rho-\rho'}{\rho+\rho'}\frac{g}{k}+\frac{T_1}{\rho+\rho'}k=\frac{1-s}{1+s}\left(\frac{g}{k}+T'k\right),\quad(3)$$

其中所引用的符号为

$$\frac{\rho'}{\rho}=s,\qquad\frac{T_1}{\rho-\rho'}=T'.\quad(4)$$

在分别为 $T_1=0$ 和 $g=0$ 的特殊情况下，我们就回到 231 节和 266 节中的结果。

关于公式(3)，要特别提到几点。首先是，虽然波长 $(2\pi/k)$ 从 ∞ 减小到 0 时，振荡速率 (σ) 会不断增大，但波速却在降低到某一最小值后又会开始增大。这一最小值(设为 c_m)由下式给出：

$$c_m^2=\frac{1-s}{1+s}\cdot 2(gT')^{\frac{1}{2}},\quad(5)$$

并对应于波长

$$\lambda_m=\frac{2\pi}{k_m}=2\pi\sqrt{\frac{T'}{g}}.\quad(6)^{1)}$$

用 λ_m 和 c_m 来表示时，公式(3)可写成

$$\frac{c^2}{c_m^2}=\frac{1}{2}\left(\frac{\lambda}{\lambda_m}+\frac{\lambda_m}{\lambda}\right).\quad(7)$$

它表明，对于任意一个大于 c_m 的指定值 c，有两个 λ/λ_m 的允许

1) 最小波速的理论以及 266 和 267 节中的大部分内容都是 W. Thomson 爵士给出的，见其著作 "Hydrokinetic Solutions and Observations," *Phil. Mag.* (4) xlii. 374(1871) [*Papers*, iv. 76]；还见 *Nature*, v. 1(1871).

值(它们互为倒数)。例如,对应于

$$\frac{c}{c_m}=1.2 \qquad 1.4 \qquad 1.6 \qquad 1.8 \qquad 2.0 \quad ,$$

有

$$\frac{\lambda}{\lambda_m}=\begin{cases}2.467 & 3.646 & 4.917 & 6.322 & 7.873\\ 0.404 & 0.274 & 0.203 & 0.158 & 0.127,\end{cases}$$

以及(为了以后要用到)

$$\sin^{-1}\frac{c_m}{c}=56°26' \quad 45°35' \quad 38°41' \quad 33°45' \quad 30°.$$

对于足够大的 λ,确定 c^2 的公式(3)中的第一项远大于第二项,因此,控制波动的主要是重力.反之,当 λ 很小时,第二项就占了压倒的优势,于是,运动就像 266 节中所讨论的那样主要由内聚力所控制.在这方面,作为实际大小的一个指标,我们可以提一下,如 $\lambda/\lambda_m>3$,内聚力对波速的影响就只占百分之五以内;而如 $\lambda/\lambda_m<\frac{1}{3}$,则重力就相对地不重要到同样程度.

Kelvin 建议用"涟漪"这个名称来表示波长小于 λ_m 的水面波.

把(7)式代入群速度的普遍公式(236 节(3)式),可得

$$U=c-\lambda\frac{dc}{d\lambda}=c\left(1-\frac{1}{2}\frac{\lambda^2-\lambda_m^2}{\lambda^2+\lambda_m^2}\right). \tag{8}$$

因此,群速度按照 $\lambda\lessgtr\lambda_m$ 而大于或小于波速.对于足够长的波,群速度实际上就等于 $\frac{1}{2}c$;而对于很短的波,群速度就接近于 $\frac{3}{2}c$[1].

关于重力和内聚力的相对重要性取决于 λ 值一事,可以由界面的变形为

$$\eta=a\cos kx \tag{9}$$

时的势能表达式看出其原因.在每单位面积的界面上,由于界面的伸展而产生的势能

1) 参看 237 节脚注中所提到的 Rayleigh 的文章.

为

$$\frac{\pi^2 T_1 a^2}{\lambda^2},\tag{10}$$

而由重力所产生的势能则为

$$\frac{1}{2}g(\rho-\rho')a^2.\tag{11}$$

当 λ 减小时，前者就越来越比后者重要了.

对于水面，使用和前面同样的数据和 $g=981$ 后，可由(5)式和(6)式得到

$$\lambda_m=1.73,\quad c_m=23.2,$$

所用的单位为厘米和秒．也就是说，大致上，最小波速约为每秒 9 英寸或每小时 0.45 海里，其波长则为三分之二英寸．再加上前面已经得到的结果，可得，当

$$c=27.8\quad 32.5\quad 37.1\quad 41.8\quad 46.4$$

时，

$$\lambda=\begin{cases}4.3 & 6.3 & 8.5 & 10.9 & 13.6\\ 0.70 & 0.47 & 0.35 & 0.27 & 0.22,\end{cases}$$

其中 λ 和 c 分别以厘米和每秒厘米计.

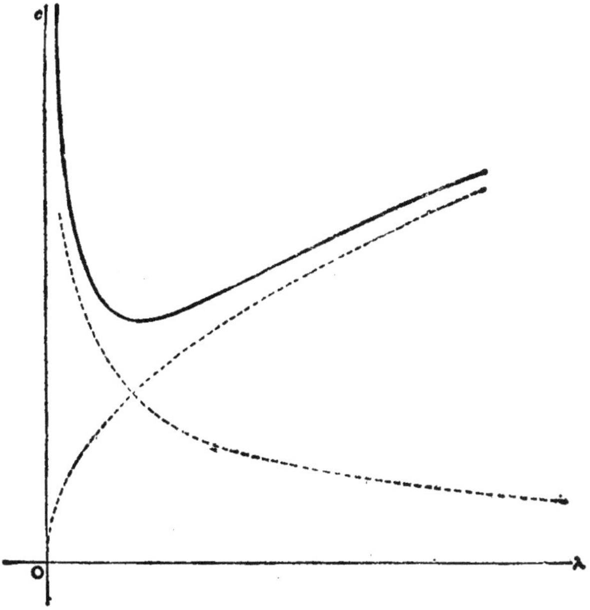

在本节附图中，用曲线表示出了波长和波速之间的关系，其中两条虚线分别表示重力和表面张力单独起作用时的情况，而实线则展示出二者的联合效应．在 236 节中

已解释过，群速度由曲线的切线和纵坐标轴的交点来表示．由于从纵坐标轴上任何一点（距O点某个距离以外）可以作出曲线的两条切线，所以有两个波长和任一指定的群速度U相对应．当U为某一值时，这两个λ值互相重合．这一U值由曲线在拐点处的切线和 Oc 轴的交点所表明，而且我们可不难证明出，此时

$$\frac{\lambda}{\lambda_m}=\sqrt{3+2\sqrt{3}}=2.542,\quad U=0.767c_m,$$

其中 c_m 和前面一样表示最小波速．

由(2)式可进一步得出一个值得注意的结论．在此以前，我们不言而喻地假定了下部流体较为稠密(即 $\rho>\rho'$)，因为这是在 T_1 被略去的情况下能具有稳定性所必须的．但(2)式却表明，即使 $\rho<\rho'$，只要

$$\lambda<2\pi\left(\frac{T_1}{g(\rho'-\rho)}\right)^{\frac{1}{2}},\tag{12}$$

那就仍可具有稳定性，也就是，如λ小于重流体位于下部时的最小波速下的波长时，就具有稳定性．因此，当水位于上部而空气位于下部时，能符合稳定性条件的最大波长为1.73cm．如果流体夹在两个互相平行的铅直壁面之间，上述结论就对可允许的波长给出了一个上极限，而且我们也知道，只要二壁面的间隔不超过 0.86cm 时，就具有稳定性（在二维问题中）．我们在这里也就对一个熟知的实验——杯口由足够细密的网筛所覆盖的一个倒置玻璃杯（或其它容器）里的水可以由大气所顶住在原理上作出了解释[1)]．

268. 下面，我们讨论两股平行流动U和 U' 之间水平公界面上的波动[2)]。

应用234节中的方法，不难求得，在现在的情况下出现驻波的条件为

$$\rho U^2+\rho' U'^2=\frac{g}{k}(\rho-\rho')+kT_1,\tag{1}$$

式中最后一项来源于界面处所必须满足的压力条件，这个条件已具有和以前不同的形式。上式也可写为

$$\left(\frac{\rho U+\rho' U'}{\rho+\rho'}\right)^2=\frac{g}{k}\frac{\rho-\rho'}{\rho+\rho'}+\frac{kT_1}{\rho+\rho'}$$

---

1) Maxwell 求解了液体被盛装在一个倒置的圆管中时的情况（见 *Encyc. Britann.* Art. "Capillary Action" [*Papers*, ii. 585]，并与 Duprez 的一些实验作了比较．要是考虑到理论分析中略去了液面和管壁的接触线处所应满足的特殊条件时，那么，理论结果和实验结果之间的相符程度就超过了所能期望的了．

2) W. Thomson 爵士，同第582页脚注1)．

$$-\frac{\rho\rho'}{(\rho+\rho')^2}(U-U')^2. \tag{2}$$

相对于两股流动平均速度的波速 $\pm c$（232 节）则由下式给出：

$$c^2=c_0^2-\frac{\rho\rho'}{(\rho+\rho')^2}(U-U')^2, \tag{3}$$

其中 c_0 表示两种流体静止时的波速.

从(3)式所能作出的一些推论和 232 节所述差不多，但却有一个重要的不同之处，那就是，因 c_0 现具有最小值(即 267 节(5)式中的 c_m)，所以，只要(下式中 $s=\rho'/\rho$)

$$|U-U'|<\frac{1+s}{S^{1/2}}c_m, \tag{4}$$

那么，平面形状的平衡界面就对于所有波长的扰动都是稳定的.

当两股流动的相对速度超过上述数值后，则在波长位于某个范围内时，c 成为虚数. 显然，在 232 节所述的另一方法中，时间因子 $e^{i\sigma t}$ 现在的形式为 $e^{\pm\alpha t+i\beta t}$，其中

$$\left.\begin{aligned}\alpha&=\left\{\frac{s}{(1+s)^2}(U-U')^2-c_0\right\}^{\frac{1}{2}}k,\\ \beta&=\frac{s}{1+s}k|U-U'|.\end{aligned}\right\} \tag{5}$$

指数中的实部表明了扰动不断增大其振幅的可能性.

对于空气位于水面之上时的情况，有 $s=0.00129$，$c_m=23.2\mathrm{cm/sec}$，因此，稳定性所允许的最大 $|U-U'|$ 之值约为每秒 646 厘米，亦即大约为每小时 12.5 海里[1]. 略高于这一值时，开头所出现的不稳定性表现为形成了波长约为三分之二英寸的小波，其振幅不断增大，直到超过了我们所作假定的允许限度.

269. 由作用于静水表面上的局部冲量所引起的波动可在某个范围内应用 Kelvin 方法(241 节)而作出探讨.

因水面上的 $\eta=-\partial\phi/\partial y$，故作用于原点处的一个单位冲量的效应为

$$\left.\begin{aligned}\phi&=\frac{1}{\pi\rho}\int_0^\infty\cos\sigma t e^{ky}\cos kx dk,\\ \eta&=-\frac{1}{\pi\rho}\int\frac{\sin\sigma t}{\sigma}\cos kxk dk.\end{aligned}\right\} \tag{1}$$

---

1) 水面实际出现皱纹并足以失去清晰的反射能力时的风速要比这一数值小很多，它是由别的原因所确定的. 这一问题要在以后(第 XI 章)讨论到.

为了与 241 节(6)式相符，必须令

$$\phi(k)=ik/\rho\sigma. \tag{2}$$

如在267节(2)式中令 $\rho'=0$，并为简练起见而令

$$T_1/\rho=T', \tag{3}$$

可有

$$\sigma^2=gk+T'k^3. \tag{4}$$

我们先假定只有表面张力在起作用，则

$$\sigma^2=T'k^3. \tag{5}$$

于是

$$\frac{d\sigma}{dk}=\frac{3}{2}T'^{\frac{1}{2}}k^{\frac{1}{2}},\quad \frac{d^2\sigma}{dk^2}=\frac{3}{4}T'^{\frac{1}{2}}k^{-\frac{1}{2}}, \tag{6}$$

而可得

$$k=\frac{4}{9}\frac{x^2}{T't^2},\ \sigma=\frac{8}{27}\frac{x^3}{T't^3},\quad t\frac{d^2\sigma}{dk^2}=\frac{9}{8}\frac{T't^2}{x}. \tag{7}$$

因而由 241 节中的方法可得

$$\eta=\frac{1}{\pi^{\frac{1}{2}}\rho T'^{\frac{1}{2}}x^{\frac{1}{2}}}\sin\left(\frac{4x^3}{27T't^2}-\frac{1}{4}\pi\right). \tag{8}$$

在241节中作为检验用的比值(10)式现在和 $T'^{\frac{1}{2}}t/x^{\frac{3}{2}}$ 具有同一量级，因此，除非所研究的情况是扰动在任一点处的早期阶段，否则，在所用的近似中是得不到较高精确度的。由(8)式还可看出，任一点处的波长和周期是从无穷小量开始不断增大的。这些情况和重力波(240 节)不同。

我们已在 267 节中见到，当考虑进重力时，有两个波长和任一指定的群速度 U（它大于最小值 U_0)相对应。和给定的 x 与 t 相对应的特定波长则可由 241 节中的几何方法求得。用解析方法的话，可令 $d\sigma/dk=U=x/t$，则波长可由能满足方程

$$(g+3T'k^2)^2=4\sigma^2\left(\frac{d\sigma}{dk}\right)^2=\frac{4x^2}{t^2}(gk+T'k^3) \tag{9}$$

的实数值 k 而确定。与之相应，η 的近似表达式就由两项（都是 241 节(9)式类型的)所组成，因此，我们就得到互相叠加的两个波

系．在 $x < U_0 t$ 处，Kelvin 方法表明扰动是不大的[1]．

当 $x/U_0 t$ 足够大时，(9)式的实数解近似为

$$k = \frac{1}{4}\frac{gt^2}{x^2},\quad k = \frac{4}{9}\frac{x^2}{T't^2}, \tag{10}$$

正如重力和表面张力分别在单独起作用那样．在这种情况下，Kelvin 近似的有效性条件所要求的 gt^2/x 和 $x^3/T't^2$ 都应为大值就有点互相对立了，但如 x 和 t 二者都足够大时，是可以消除掉这一对立的．(10)式所表示的两种波的波长都必须远小于 x．

由一个推进的扰动所产生的效应可由 248 节中的普遍公式而写出．如 $2\pi/\kappa_1$ 和 $2\pi/\kappa_2$ 为与波速 c 相对应的两个波长，则由 267 节中的图线可看出，如 $\kappa_1 < \kappa_2$，就应有 $U_1 < c$，$U_2 > c$．其结果为

$$\left.\begin{aligned} \eta &= \frac{\phi(\kappa_1)}{c - U_1} e^{i\kappa_1 x} \quad [x > 0], \\ \eta &= \frac{\phi(\kappa_2)}{U_2 - c} e^{i\kappa_2 x} \quad [x < 0]. \end{aligned}\right\} \tag{11}$$

如令

$$\phi(k) = iP/\rho\sigma, \tag{12}$$

就可发现上述近似结果和以后要谈到的更为完整的探讨中的结果相符．

270. 我们要再次应用 242 和 243 节中的方法，来对作用于水流表面上的一个定常压力扰动的效应作出较为正规的探讨，但现在要考虑进表面张力的影响了．它可以在过去所述的结果之外，额外地对一个以中等速度在静水中运动的固体的前方所出现的涟波，或对均匀流动中的任一扰动的上游所出现的涟波，给出原则上的解释．

以简谐式的压力扰动来开始讨论，设

---

1) Rayleigh, *Phil. Mag.* (6) xxi. 180(1911) [*Papers*, vi. 9].

$$\left.\begin{aligned}\frac{\phi}{c} &= -x + \beta e^{ky}\sin kx,\\ \frac{\psi}{c} &= -y + \beta e^{ky}\cos kx,\end{aligned}\right\} \tag{1}$$

上表面则与流线 $\psi = 0$ 重合，其方程近似为

$$y = \beta\cos kx. \tag{2}$$

在刚刚位于这一表面之下的一点处，可像 242 节(8)式一样而求得其压力中的变量部分为

$$p_0 = \beta\rho\{(kc^2 - g)\cos kx + \mu c\sin kx\}, \tag{3}$$

其中 μ 为摩擦系数．而在刚刚位于表面之上的一个邻近点处，必有

$$\begin{aligned}p_0' &= p_0 + T_1\frac{d^2y}{dx^2}\\ &= \beta\rho\{(kc^2 - g - k^2T')\cos kx + \mu c\sin kx\},\end{aligned} \tag{4}$$

其中 T' 为 T_1/ρ。上式等于

$$\beta\rho(kc^2 - g - k^2T' - i\mu c)e^{ikx}$$

的实部．于是我们推断，与所作用的压力

$$p_0 = C\cos kx \tag{5}$$

相对应的水面形状为

$$\rho y = C\frac{(kc^2 - g - k^2T')\cos kx - \mu c\sin kx}{(kc^2 - g - k^2T')^2 + \mu^2c^2}. \tag{6}$$

我们先假定水流速度 c 超过了 267 节中所讨论到的最小波速 (c_m)．于是可以写出

$$kc^2 - g - k^2T' = T'(k - \kappa_1)(\kappa_2 - k), \tag{7}$$

其中 κ_1 和 κ_2 为和静水中波速 c 相对应的两个 k 值，换言之就是，$2\pi/\kappa_1$ 和 $2\pi/\kappa_2$ 是在流动着的水流表面上可以保持其空间位置不动的两个自由波系的波长．我们还设 $\kappa_2 > \kappa_1$。

(6)式可用上述诸量而写成

$$\rho y = \frac{c}{T'}\cdot\frac{(k - \kappa_1)(\kappa_2 - k)\cos kx - \mu'\sin kx}{(k - \kappa_1)^2(\kappa_2 - k)^2 + \mu'^2}, \tag{8}$$

式中 $\mu' = \mu c/T'$. 它表明，当 k 大于 κ_2 或小于 κ_1 时，如 μ' 为小量，则压力在波峰处最小而在波谷处最大；而当 k 在 κ_1 和 κ_2 之间时，情况就颠倒过来．当一个推进的扰动沿静水表面移动时，可看出上述结果与 168 节(14)式相符．

271. 对于集中于水面上通过原点的一条直线上、且总量为 P 的一个压力的效应，我们可像 243 节中那样而由 (8) 式推断出来，即可得

$$y = \frac{P}{\pi T_1}\int_0^\infty \frac{(k-\kappa_1)(\kappa_2-k)\cos kx - \mu'\sin kx}{(k-\kappa_1)^2(\kappa_2-k)^2+\mu'^2}. \tag{9}$$

(9) 式中的定积分是

$$\int_0^\infty \frac{e^{ikx}dk}{(k-\kappa_1)(\kappa_2-k)-i\mu'} \tag{10}$$

的实部．引进耗散系数 μ' 的目的仅仅是为了使问题具有确定性，所以，我们可以假定 μ' 为无穷小而在简化问题方面得到一点好处．在这种情况下，(10)式分母中的两个根为

$$k = \kappa_1 + i\nu,\ k = \kappa_2 - i\nu,$$

其中

$$\nu = \frac{\mu'}{\kappa_2 - \kappa_1}.$$

于是(10)式中的积分等价于

$$\frac{1}{\kappa_2-\kappa_1-2i\nu}\left\{\int_0^\infty \frac{e^{ikx}dk}{k-(\kappa_1+i\nu)} - \int_0^\infty \frac{e^{ikx}dk}{k-(\kappa_2-i\nu)}\right\}. \tag{11}$$

上式中的两个积分属于 243 节中所讨论过的形式．因 $\kappa_2>\kappa_1$，ν 为正值，所以当 x 为正值时，前一个积分等于

$$2\pi i e^{i\kappa_1 x} + \int_0^\infty \frac{e^{-ikx}}{k+\kappa_1}\,dk, \tag{12}$$

后一个积分则等于

$$\int_0^\infty \frac{e^{-ikx}}{k+\kappa_2}\,dk. \tag{13}$$

反之，当 x 为负值时，前一个积分可化为

$$\int_0^\infty \frac{e^{-ikx}}{k+\kappa_1}\,dk, \tag{14}$$

而后一个积分则化为

$$-2\pi i e^{i\kappa_2 x} + \int_0^\infty \frac{e^{-ikx}}{k+\kappa_2}\,dk. \tag{15}$$

在这里，我们是在变换后令 $\nu=0$ 而把所得到的式子简化了.

如果现在扔掉以上诸表达式中的虚部，就可得到下面的结果.

当 μ' 为无穷小时，对于正 x 值，方程(9)给出

$$\frac{\pi T_1}{P}\cdot y=-\frac{2\pi}{\kappa_2-\kappa_1}\sin\kappa_1 x+F(x);\tag{16}$$

对于负 x 值则给出

$$\frac{\pi T_1}{P}\cdot y=-\frac{2\pi}{\kappa_2-\kappa_1}\sin\kappa_2 x+F(x),\tag{17}$$

其中

$$F(x)=\frac{1}{\kappa_2-\kappa_1}\left\{\int_0^\infty\frac{\cos kx}{k+\kappa_1}dk-\int_0^\infty\frac{\cos kx}{k+\kappa_2}dk.\right.\tag{18}$$

这一函数 $F(x)$ 可用 243 节 (30) 式中的已知函数 $\mathrm{Ci}_{\kappa_1 x}$, $\mathrm{Si}_{\kappa_1 x}$, $\mathrm{Ci}_{\kappa_2 x}$ 和 $\mathrm{Si}_{\kappa_2 x}$ 而表达出来. 当 x 之值(不论正负)超过较大的那个波长 $(2\pi/\kappa_1)$ 的一半(譬如说)时，$F(x)$ 所表示的水位扰动是非常小的.

因此，在上述距离之外，下游水面形状是一列波长为 $2\pi/\kappa_1$ 的规则的简谐波，上游水面形状则是一列波长较短 $(2\pi/\kappa_2)$ 的简谐波. 从 267 节中的数值结果可以看出，当水流速度 c 超过最低波速 (c_m) 很多时，前一波系主要由重力所控制，后一波系则主要由内聚力所控制.

值得注意的是，和 234 节中所讨论的情况不同，现在，在 $x=0$ 处的水面升高量为有限值，即在该处有

$$\frac{\pi T_1}{P}\cdot y=\frac{1}{\kappa_2-\kappa_1}\log\frac{\kappa_2}{\kappa_1}.\tag{19}$$

上式可由(16)式和(18)式不难得出.

附图中表示出了 $\kappa_2=5\kappa_1$ 时，在前述两个波系之间的过渡情况.

对于在静止水面上推进的一个孤立的压力扰动所产生的效应的一般性说明，现在要由于下述事实而作出修正了，那就是，现在有两个波长不同的波系和一个给定的速度 c 相对应了. 两个波系

中一个(波长较小的那一个)的群速度大于 c，另一个的群速度则小于 c. 从而我们可以明白，为什么波长较小的波系应当在扰动压力源的前方被看到，而波长较大的波系则在扰动压力源的后部被看到了.

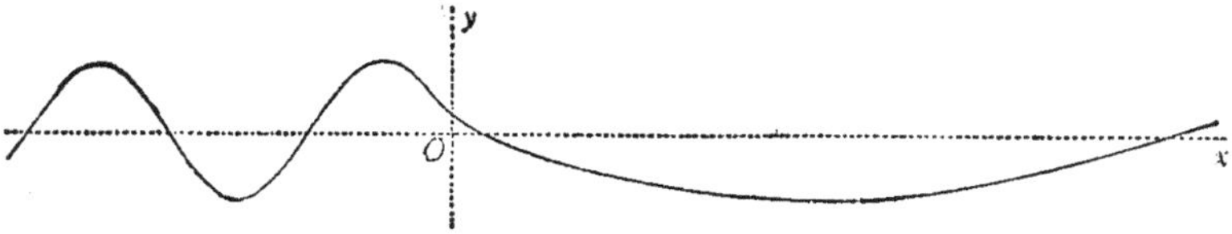

大家会注意到(16)和(17)二式使上游的表面张力波和下游的重力波的波高相同，但如压力不是集中在一条数学直线上而是分散在一个有限宽度的条带上，那么这一结果就要大为修改了. 例如，如果条带的宽度不超过下游波长的四分之一，但又比上游涟波的波长大得相当多（就像在一个徐缓的速度下所能发生的那样)，这时，从总体上来看，条带中各部分就会在下游一侧起到互相加强的作用，而在上游一侧则会“相干”，并使上游一侧的残余振幅比较小.

这一点可举一例来表明. 假定表面压力 P 的分布为

$$p' = \frac{P}{\pi}\frac{b}{b^2+x^2}, \tag{20}$$

当 b 愈大时，压力就愈为分散.

计算方法可由 244 节而得到了解. 其结果为，在下游侧是

$$y = -\frac{2P}{\rho T'(\kappa_2-\kappa_1)}e^{-\kappa_1 b}\sin\kappa_1 x + \cdots, \tag{21}$$

而在上游侧则是

$$y = -\frac{2P}{\rho T'(\kappa_2-\kappa_1)}e^{-\kappa_2 b}\sin\kappa_2 x + \cdots; \tag{22}$$

在上面两个式子中，距原点半个波长(大致上)以外就很小了的那些项已被省略而未写出. 指数中的因子表明了由于压力的分散而引起的衰减. 因 $\kappa_2>\kappa_1$，这种衰减在表面张力波的一侧就较大.

当水流速度 c 小于最小波速时，

$$kc^2 - g - k^2T'$$

的因子为虚数。这时，从一开始就令 $\mu=0$ 并不会使问题成为不确定的。水面形状为

$$y=-\frac{P}{\pi\rho}\int_0^\infty \frac{\cos kx}{k^2T'-kc^2+g}dk. \tag{23}$$

这一积分可以用以前的方法加以变换，但很明显，当 x 增大时，由于 $\cos kx$ 的符号越来越快地脉动，因此，这一积分也就随着 x 的增大而很快趋于零。所以，水面的扰动也就只局限于原点的附近。在 $x=0$ 处，可得

$$y=-\frac{P}{(c_m^4-c^4)^{\frac{1}{2}}\rho}\left(1+\frac{2}{\pi}\sin^{-1}\frac{c^2}{c_m^2}\right). \tag{24}$$

最后要讨论的是当 c 正好等于最低波速（因而 $\kappa_2=\kappa_1$）时的临界情况。这时，(16)式和(17)式中的第一项为无穷大，而表达式中的余项则为有限值。为了对这种情况得出一个合理的结果，就必须保留摩擦系数 μ'。

如令 $\mu'=2\tilde{\omega}^2$，则有

$$(k-\kappa)^2+i\mu'=\{k-(\kappa+\tilde{\omega}-i\tilde{\omega})\}\{k-(\kappa-\tilde{\omega}+i\tilde{\omega})\}, \tag{25}$$

而积分式(10)就等于

$$\frac{1+i}{4\tilde{\omega}}\left\{\int_0^\infty \frac{e^{ikx}}{k-(\kappa-\tilde{\omega}+i\tilde{\omega})}dk-\int_0^\infty \frac{e^{ikx}}{k-(\kappa+\tilde{\omega}-i\tilde{\omega})}dk\right\}. \tag{26}$$

于是，243 节中的公式就表明出，当 $\tilde{\omega}$ 很小时，在原点两侧较远的地方，表达式(26)中的最重要部分为

$$\frac{1+i}{4\tilde{\omega}}\cdot 2\pi i e^{i\kappa x}. \tag{27}$$

可看出水面升高量现由下式给出：

$$\frac{\pi T_1}{P}\cdot y=-\frac{\pi}{\mu'^{\frac{1}{2}}}\cos\left(\kappa x-\frac{1}{4}\pi\right). \tag{28}$$

272. Rayleigh[1] 所作的研究（它和上述内容的差别主要在于对诸定积分的处理方式不同）是为了较为详细地解释 Scott Russell[2] 和 Kelvin[3] 所叙述的一些现象而进行的。

1）见第 505 页脚注 1）.

2）"On Waves," *Brit. Ass. Rep.* 1844.

3）见 267 节第一个脚注.

当一个小障碍物（例如钓鱼用的钓鱼线）缓慢地在静水中向前移动时，或者在流动的水中被把住不动时（它和前者当然是一会事），水面上就会出现一个美丽的波纹图案，这一图案相对于障碍物是固定不动的。在上游侧，波长较小，而且 Thomson 已证明过，控制波动的力主要是内聚力。在下游侧，波长较大，并主要由重力所控制。上下游两侧的波相对于水而移动的速度是相同的，也就是，波的移动速度是为使波相对于障碍的位置不变所要求的那么大小。同一条件也控制着波纹图案中阵面与运动方向斜交的那些部分的波速和（因而）波长。如运动速度和波阵面法线之间的夹角为 θ，波的传播速度就必为 $v_0\cos\theta$（v_0 表示水流相对于固定障碍物的速度）。

Thomson 曾证明过，不论波长是多少，波在水面上的传播速度不能小于约每秒 23 厘米。水必须流动得多少比这一速度快些才能形成上述波纹图案。即使在这种情况下，由于 θ 角要服从 $v_0\cos\theta=23$ 所规定的限制，所以曲线形的波阵面具有相应的渐近线。

"障碍物的浸没部分还要独立于上述水面变形而使水流受到扰动，并给问题的原始形式带来巨大困难。但是，我们可以不改变事物的实质而假定扰动是由一种稍微异常的压力作用于水面上的一点而产生的——诸如是由电的引力或由细小的空气射流而产生的。的确，不论用哪种方法（尤其是后者），都给出很漂亮的波纹图案。[1]"

波纹图案的特征可用 256b 节所述方法而得出。如只考虑毛细作用，则根据 266 节可由 256b 节(24)式得出

$$c^2\cos^2\theta=V^2=\frac{2\pi T'}{\lambda}, \tag{1}$$

而波脊的形状则由方程

$$p=a\sec^2\theta \tag{2}$$ [2]

1) Rayleigh，同上脚注。

2) 现因 $U>V$，故由 256b 节(25)式可看出常数 a 必为负值。

所确定。由它可得出

$$\left.\begin{aligned} x &= a\sec\theta(1-2\tan^2\theta), \\ y &= 3a\sec\theta\tan\theta. \end{aligned}\right\} \tag{3}$$

当同时考虑进重力和表面张力时，可根据 267 节而有

$$c^2\cos^2\theta = V^2 = \frac{g\lambda}{2\pi} + \frac{2\pi T'}{\lambda}. \tag{4}$$

因此，如令

$$c_m = (4gT')^{\frac{1}{4}}, \quad b = 2\pi\left(\frac{T'}{g}\right)^{\frac{1}{2}}, \tag{5}$$

就有

$$\frac{\cos^2\theta}{\cos^2\alpha} = \frac{1}{2}\left(\frac{\lambda}{b} + \frac{b}{\lambda}\right), \tag{6}$$

其中

$$\cos\alpha = c_m/c. \tag{7}$$

于是，p 与 θ 之间的关系就具有以下形式：

$$\frac{\cos^2\theta}{\cos^2\alpha} = \frac{1}{2}\left(\frac{p}{a\cos^2\alpha} + \frac{a\cos^2\alpha}{p}\right), \tag{8}$$

即

$$\frac{p}{a} = \cos^2\theta \pm \sqrt{\cos^4\theta - \cos^4\alpha}. \tag{9}$$

$\theta = \pm\alpha$ 的四条直线为上式所表示的曲线的渐近线。几种比值 c/c_m 下的 $\frac{1}{2}\pi - \alpha$ 之值已在 267 节中给出。

当比值 c/c_m 很大时，α 接近于 $\frac{1}{2}\pi$，诸渐近线就和 x 轴形成很尖锐的夹角。本节附图中的上图是在讨论 $c = 10c_m$ 的具体情况时所画出的部分曲线[1)]。在对称轴上，“波”和“涟漪”在波长上的比值当然是很大的。这一图中的曲线应和 256 节第二个图在主

1) 必要的计算是由 H. J. Woodall 所作的。图线所用的比例尺不能把渐近线和曲线清楚地区别开。

要方面具有可比性.

当比值 c/c_m 不断减小时,诸渐近线就张开了,同时,对称轴两侧的两个尖点就由彼此接近变到互相重合,并在最后消失掉[1].这时,波系就具有附图中下图所示的那种位形.这一个图是对于对称轴上的波长比为 4:1 而作出的,对应于 $\alpha = 26°34'$ 和 $c = 1.12c_m$[2].当 $c < c_m$ 时,波纹图案就消失了.

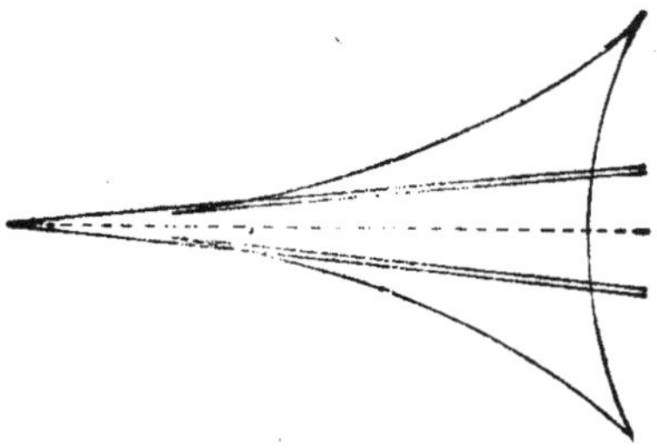

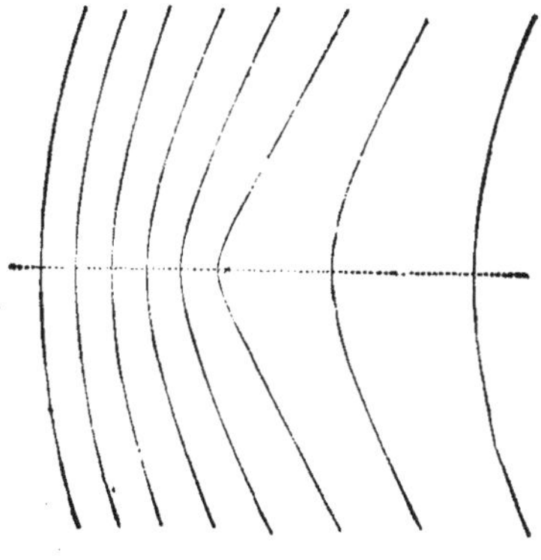

273. 另一个颇具趣味的问题是确定圆柱形液体平衡的性质,它包含了对 Bidone, Savart 和其他人作的著名实验(即在压力作用下从容器壁面上一个小孔喷出的射流的行为)所提出的理论.很明显,沿射流轴线方向的均匀速度对问题的动力学方面并不产生

1) 为试探的目的而作的图线表明,当 $c = 2c_m$ 时 ($\alpha = 60°$),它们就几乎重合了.

2) 这个图可以和 Scott Russell(见本节前面脚注)由观察所画出的图形来比较.

影响，因此，在解析处理上无需去考虑它。

首先考虑液柱的二维振荡，同时也就假定了液柱各截面的运动是相同的。在一个截面上取极坐标 r,θ，并取原点位于液柱轴线上，我们可根据第63节而写出

$$\phi = A\frac{r^s}{a^s}\cos s\theta\cdot\cos(\sigma t+\varepsilon), \tag{1}$$

其中 a 为平均半径。于是，液柱边界在任一时刻的方程为

$$r = a+\zeta, \tag{2}$$

其中

$$\zeta = -\frac{sA}{\sigma a}\cos s\theta\cdot\sin(\sigma t+\varepsilon); \tag{3}$$

(3)式中的系数则是由 $r=a$ 处的

$$\frac{\partial\zeta}{\partial t} = -\frac{\partial\phi}{\partial r} \tag{4}$$

而定出的。在液体内部靠近表面处，对压力中的变量部分有

$$\frac{p}{\rho} = \frac{\partial\phi}{\partial t} = -\sigma A\cos s\theta\cdot\sin(\sigma t+\varepsilon). \tag{5}$$

和一个圆心位于原点的圆相差为无穷小量的一条曲线的曲率可用一些基本方法而求得为

$$\frac{1}{R} = \frac{1}{r}-\frac{1}{r^2}\frac{d^2r}{d\theta^2},$$

或应用(2)式中的记号后写为

$$\frac{1}{R} = \frac{1}{a}-\frac{1}{a^2}\left(\zeta+\frac{\partial^2\zeta}{\partial\theta^2}\right). \tag{6}$$

于是，把(5)式和(6)式代入表面条件

$$p = \frac{T_1}{R}+\text{const.} \tag{7}$$

后，得

$$\sigma^2 = s(s^2-1)\frac{T_1}{\rho a^3}. \qquad (8)^{1)}$$

对于 $s=1$，有 $\sigma=0$。在我们的近似级下，截面仅出现位移，但仍保持为圆形，因此，液柱的平衡是中性的。对于所有其它整数值的 s，σ^2 为正，因此，对二维变形而言，液柱的平衡是彻底稳定的，这是一个未卜而可先知的结论，因为当截面面积给定时，圆形具有最小的周长，因而也就具有最小的能量。

当射流从椭圆形、等边三角形或正方形孔口喷出时，起突出作用的扰动分别对应于 $s=2,3,4$。射流中的运动是定常的，并出现一个驻波系，其波长等于射流速度乘以周期 $(2\pi/\sigma)$[2]。

274. 现在，我们不再局限于二维扰动，并假定

$$\phi = \phi_1 \cos kz \cdot \cos(\sigma t+\varepsilon), \qquad (9)$$

其中 z 轴和液柱轴线重合，而 ϕ_1 则为剩下的两个坐标 x 和 y 的函数。把(9)式代入连续性方程 $\nabla^2\phi=0$ 后，得

$$(\nabla_1^2-k^2)\phi_1=0, \qquad (10)$$

其中 $\nabla_1^2=\partial^2/\partial x^2+\partial^2/\partial y^2$。如令 $x=r\cos\theta$ 和 $y=r\sin\theta$，则上式可写为

$$\frac{\partial^2\phi_1}{\partial r^2}+\frac{1}{r}\frac{\partial\phi_1}{\partial r}+\frac{1}{r^2}\frac{\partial^2\phi_1}{\partial\theta^2}-k^2\phi_1=0. \qquad (11)$$

这一方程属于101和191节中所讨论过的形式，只是 k^2 前的符号不同，因而，在 $r=0$ 处为有限值的解所具有的形式为

$$\phi_1 = BI_s(kr)\left.{\cos \atop \sin}\right\} s\theta, \qquad (12)$$

式中(像 210 节(11)式所表明的那样)

$$I_s(z)=\frac{z^s}{2^s\cdot s!}\left\{1+\frac{z^2}{2(2s+2)}\right.$$

---

1) 关于 Rayleigh 原来应用能量方法所作的研究可见其文章 "On the Instability of Jets." *Proc. Lond. Math. Soc.* x. 4(1878) 和 "On the Capillary Phenomena of Jets,"*Proc. Roy. Soc.* xxix. 71(1879) [*Papers*, i. 361, 377; *Theory of Sound*, 2nd ed. c. xx.]。后一篇文章中含有理论和实验的比较。

2) 这里是假定了波长远大于射流周界。否则，应使用(18)式，且 $\sigma=kc$ (c 为射流的速度)。

$$+\frac{z^4}{2\cdot 4(2s+2)(2s+4)}+\cdots\Big\}. \qquad (13)$$

因此，可写出

$$\phi = BI_s(kr)\cos s\theta\cos kz\cdot\cos(\sigma t+\varepsilon), \qquad (14)$$

并由(4)式而得到

$$\zeta = -B\frac{kaI_s'(ka)}{\sigma a}\cos s\theta\cos kz\cdot\sin(\sigma t+\varepsilon). \qquad (15)$$

为求出诸主曲率之和，我们可以提一下，Euler 和 Meunier 关于曲面曲率定理的一个明显的推理是：准确到一阶小量，则与主正截面相差为无穷小量的任一截面的曲率就和该主截面本身的曲率相同。因此，在目前的问题中，我们只要计算液体的一个横截面的曲率和一个把液柱轴线包含在内的截面的曲率就足够了。这两个截面是液柱未受扰时的主截面，液柱表面出现变形后的主截面则和它们以无穷小的夹角相交。对于横截面，(6)式可以适用，而对于轴向截面，则曲率为$-\partial^2\zeta/\partial z^2$。因而所需要的二主曲率之和为

$$\frac{1}{R_1}+\frac{1}{R_2}=\frac{1}{a}-\frac{1}{a^2}\left(\zeta+\frac{\partial^2\zeta}{\partial\theta^2}\right)-\frac{\partial^2\zeta}{\partial z^2}$$

$$=\frac{1}{a}-B\frac{kaI_s'(ka)}{\sigma a^3}(k^2a^2+s^2-1)\cos s\theta\cos kz$$

$$\cdot\sin(\sigma t+\varepsilon). \qquad (16)$$

此外，在液柱表面上有

$$\frac{p}{\rho}=\frac{\partial\phi}{\partial t}=-\sigma BI_s(ka)\cos s\theta\cos kz\cdot\sin(\sigma t+\varepsilon). \qquad (17)$$

于是，265 节的表面条件就给出

$$\sigma^2=\frac{kaI_s'(ka)}{I_s(ka)}(k^2a^2+s^2-1)\cdot\frac{T_1}{\rho a^3}. \qquad (18)$$

对于 $s>0$，σ^2 为正值；而如变形对称于轴线（$s=0$），则当 $ka<1$ 时，σ^2 就为负值；也就是说，对于波长（$2\pi/k$）超过射流周长的扰动而言，液柱的平衡是不稳定的。为了弄清楚究竟什么样的

扰动使不稳定性最大，就需要知道使

$$\frac{kaI_0'(ka)}{I_0(ka)}(1-k^2a^2)$$

成为极大值的 ka 之值．Rayleigh 所求得的结果是 $k^2a^2=0.4858$，因此，出现最大不稳定性的波长为

$$2\pi/k=4.508\times 2a.$$

所以，液柱就具有这样的一个趋势，那就是，按照上述波长而出现串珠状的鼓胀和收缩，其波幅不断增大，直到最后破碎为分离的液滴[1]。

275. 上述讨论很自然地会引导我们去讨论一个液滴相对于其圆球形状所作的微小振荡[2]。我们假定密度为 ρ 的一个液体圆球被密度为 ρ' 的无限液体为包围，从而把问题稍稍一般化一些。

把原点取在球心处，并设公界面在任一时刻的形状为

$$r=a+\zeta=a+S_n\cdot\sin(\sigma t+\varepsilon), \tag{1}$$

其中 a 为平均半径，S_n 为一 n 阶球面谐函数．相应的速度势在球体外部为

$$\phi=-\frac{\sigma a}{n}\frac{r^n}{a^n}S_n\cdot\cos(\sigma t+\varepsilon), \tag{2}$$

而在球体内部为

$$\phi'=\frac{\sigma a}{n+1}\frac{a^{n+1}}{r^{n+1}}S_n\cdot\cos(\sigma t+\varepsilon). \tag{3}$$

这是因为以上二式能在 $r=a$ 处使

1) 这里所用到的论据是，如果有一系列可能形式的扰动，其时间因子为 $e^{\alpha_1 t}, e^{\alpha_2 t}, e^{\alpha_3 t}, \cdots$，且 $\alpha_1>\alpha_2>\alpha_3>\cdots$，那么，如果这些扰动同时被激发，第一个扰动的波幅就会相对于其它扰动的波幅以比值 $e^{(\alpha_1-\alpha_2)t}, e^{(\alpha_1-\alpha_3)t}, \cdots$ 而增大．因此，具有最大 α 值的那个扰动分量就会最终占据统治地位。

Rayleigh 也曾讨论了由其它流体所包围的柱状射流的不稳定性，见"On the Instability of a Cylindrical Fluid Surfaces," *Phil. Mag.* (5) xxxiv. 177(1892) [Papers, iii. 594]．对于水中的空气射流，可求得具有最大不稳定性的波长为 $6.48\times 2a$.

2) Rayleigh，上一脚注中引文；Webb, *Mess. of Math.* ix.177(1880).

$$\frac{\partial \zeta}{\partial t}=-\frac{\partial \phi}{\partial r}=-\frac{\partial \phi'}{\partial r}.$$

于是，在界面处，内部压力和外部压力中的变量部分为

$$\left.\begin{aligned} p &= \cdots+\frac{\rho\sigma^2 a}{n} S_n \cdot \sin(\sigma t+\varepsilon), \\ p' &= \cdots-\frac{\rho'\sigma^2 a}{n+1} S_n \cdot \sin(\sigma t+\varepsilon). \end{aligned}\right\} \tag{4}$$

为了求出诸曲率之和，我们应用立体几何中的一个定理，那就是，如 λ, μ, ν 为曲面族

$$F(x, y, z)=\text{const}.$$

中通过 (x, y, z) 点的一个曲面在该点的法线的方向余弦，即如

$$\lambda, \mu, \nu=\frac{F_x, F_y, F_z}{\sqrt{F_x^2+F_y^2+F_z^2}},$$

则

$$\frac{1}{R_1}+\frac{1}{R_2}=\frac{\partial \lambda}{\partial x}+\frac{\partial \mu}{\partial y}+\frac{\partial \nu}{\partial z}. \tag{5}$$

因为 ζ 的平方项是要被略去的，所以也可把谐和球体的方程式(1)写成

$$r=a+\zeta_n, \tag{6}$$

其中

$$\zeta_n=\frac{r^n}{a^n} S_n \cdot \sin(\sigma t+\varepsilon), \tag{7}$$

也就是，ζ_n 为一 n 阶球体谐函数．于是可得

$$\left.\begin{aligned} \lambda &= \frac{x}{r}-\frac{\partial \zeta_n}{\partial x}+n \frac{x}{r^2} \zeta_n, \\ \mu &= \frac{y}{r}-\frac{\partial \zeta_n}{\partial y}+n \frac{y}{r^2} \zeta_n, \\ \nu &= \frac{z}{r}-\frac{\partial \zeta_n}{\partial z}+n \frac{z}{r^2} \zeta_n. \end{aligned}\right\} \tag{8}$$

故

$$\frac{1}{R_1}+\frac{1}{R_2}=\frac{2}{r}+\frac{n(n+1)}{r^2}\zeta_n$$

$$=\frac{2}{a}+\frac{(n-1)(n+2)}{a^2}S_n\cdot\sin(\sigma t+\epsilon). \quad (9)$$

把(4)式和(9)式代入265节所述表面条件的普遍式中，可得

$$\sigma^2=n(n+1)(n-1)(n+2)\frac{T_1}{\{(n+1)\rho+n\rho'\}a^3}. \quad (10)$$

如令 $\rho'=0$，上式就给出

$$\sigma^2=n(n-1)(n+2)\frac{T_1}{\rho a^3}. \quad (11)$$

$n=2$ 时的振型是最重要的振型，这时，

$$\sigma^2=\frac{8T_1}{\rho a^3}.$$

因此，对于一个水滴，令 $T_1=74$，$\rho=1$ 后，可得频率为

$$\sigma/2\pi=3.87a^{-\frac{3}{2}}\text{（每秒振荡次数）},$$

其中 a 为半径，并以厘米计．每秒振荡一次的球体的半径是 $a=$ 2.47cm，比 1 英寸略小一点．

对于由液体所包围的一个圆球形空气泡，可令(10)式中 $\rho=0$ 而得到

$$\sigma^2=(n+1)(n-1)(n+2)\frac{T_1}{\rho' a^3}. \quad (12)$$

如果上述两种情况中的液体的密度相同，那么，在给定振型下，空气泡的振荡频率就大于(11)式所表示的情况中的频率，这是因为惯性减小了．参看第91节(7)式和(8)式．

第 X 章

疏　密　波

276. 即使单纯从实际流体都或多或少可以压缩来看，也需要讨论一下与压缩性有关的课题才能使一本理论流体动力学的专著成为完整的材料，而且，只有承认这种压缩性，我们才能避免第 20 节中出现过的那类和实际明显矛盾的结果（在那一节中，压力的变化是在一瞬间就传遍整个液体的）．

因此，我们在这一章中要探讨微小扰动传播的普遍规律，不过，在大多数内容中，我们要跳过那些属于声学理论中的细节．

在我们所考虑的多数情况下，压力的变化都是很小的，而且可以看作和密度的变化成正比，即

$$\Delta p = \kappa \cdot \frac{\Delta\rho}{\rho},$$

其中的 $\kappa(=\rho dp/d\rho)$ 称为"容积弹性系数"． 对于给定的液体而言，κ 随温度而变化，而且也略微随压力而变化．对于 15℃ 的水，$\kappa = 2.045\text{dyn/cm}^2$．气体中的情况则即将谈到．

平　面　波

277. 首先讨论均匀介质中的平面波．

由于运动是一维 (x) 的，所以，如无外力，则动力学方程为

$$\frac{\partial u}{\partial t} + u\frac{\partial u}{\partial x} = -\frac{1}{\rho}\frac{\partial p}{\partial x} = -\frac{1}{\rho}\frac{\partial p}{\partial \rho}\frac{\partial \rho}{\partial x}, \tag{1}$$

而第 7 节中的连续性方程 (5) 则简化为

$$\frac{\partial \rho}{\partial t}+\frac{\partial}{\partial x}(\rho u)=0。\tag{2}$$

如令

$$\rho=\rho_0(1+s),\tag{3}$$

其中 ρ_0 为未受扰时的密度，则 s 可称为 x 平面中的"压缩率"。把上式代入 (1) 式和 (2) 式、并假定运动为无穷小后，可得

$$\frac{\partial u}{\partial t}=-\frac{\kappa}{\rho_0}\frac{\partial s}{\partial x},\tag{4}$$

和

$$\frac{\partial s}{\partial t}=-\frac{\partial u}{\partial x},\tag{5}$$

其中

$$\kappa=\left[\rho\frac{dp}{d\rho}\right]_{\rho=\rho_0},\tag{6}$$

如前所述。由 (4), (5) 二式消去 s 后得

$$\frac{\partial^2 u}{\partial t^2}=c^2\frac{\partial^2 u}{\partial x^2},\tag{7}$$

其中

$$c^2=\frac{\kappa}{\rho_0}=\left[\frac{dp}{d\rho}\right]_{\rho=\rho_0}.\tag{8}$$

方程 (7) 属于 170 节所处理过的形式，其全解为

$$u=f(ct-x)+F(ct+x).\tag{9}$$

它表示以常速度 c 而传播的两个波系，其一沿 x 轴的正方向传播，另一个沿 x 轴的负方向传播。由 (5) 式可看出，相应的 s 值由下式给出：

$$cs=f(ct-x)-F(ct+x).\tag{10}$$

对于一个单个的波系，则因 f 和 F 中有一个为零，而有

$$u=\pm cs,\tag{11}$$

并根据波是沿正方向还是沿负方向而传播来取上面的符号或下面的符号。不难证明，在这一情况下，如 u 处处远小于 c，那么，得到 (4) 式和 (5) 式时所作的近似就能成立。

上述近似理论和水中"长"重力波的理论之间有着很好的对应关系。如把 s 写为

η/h，把 κ/ρ_0 写为 gh，则上面(4)，(5)二式就变得和169节中(3)，(5)二式相同.

278. 应用276节所给出的 κ 值，可对15℃的水求得

$$c = 1,430\text{米/秒}.$$

由 Colladon 和 Sturm[1] 在日内瓦湖用实验而直接得到的数值是，在8℃时，c 为1,437米/秒[2].

对于气体，如假定温度不变，则 κ 值由 Boyle 定律

$$p/p_0 = \rho/\rho_0 \tag{1}$$

所确定，即

$$\kappa = p_0, \tag{2}$$

于是

$$c = \sqrt{p_0/\rho_0}. \tag{3}$$

上式称为"Newton 的"声速[3]. 如 H 为气体的"均匀大气层"的厚度，则有 $p_0 = g\rho_0 H$，因而

$$c = (gH)^{\frac{1}{2}}, \tag{4}$$

它和170节中的液体"长"重力波的波速公式(13)形式相同. 对于0℃的空气，p_0 和 ρ_0 在 C.G.S. 单位制中为

$$p_0 = 76 \times 13.60 \times 981, \quad \rho_0 = 0.00129,$$

故

$$c = 280\text{米/秒}.$$

它比实验所得到的数值小了很多.

使理论能和实际情况相符的工作是由 Laplace 完成的[4]. 当

---

1) *Ann. de Chim. et de Phys.* xxxvi. (1827). 可以提到一点，如果水装在一个管子里，那么，水中声速会由于壁面的变形而显著降低. 见 Helmholtz, *Fortschritte, d. Physik*, iv. 119(1848) [*Wiss. Abh.* i. 242]; Korteweg, *Wied. Ann.* v. 526 (1878); Lamb, *Manch. Mem.* xlii. No. 1 (1898).

2) 晚近在海水中所作实验的结果是，在17℃时，声速为每秒4,956英尺，而且，每增高1摄氏度，则声速约增大每秒11英尺(Wood and Others, *Proc. Roy. Soc.* A, ciii. 284 (1923)).

3) *Principia*, Lib. ii. Sect. viii. Prop. 48.

4) 通常所引用的是 Laplace 的文章"Sur la vitesse du son dans l'air et dans l'eau," *Ann. de Chim. et de Phys.* iii. 238 (1816) [*Mécanique Céleste*, Livre 12me, c. iii. (1823)]. 但 Poisson 在1807年的一篇论文(见后面283节中的引文)已谈到了本书正文中所述的、由 Laplace 所给出的解释.

气体突然被压缩时，它的温度就会升高，因此，压力所增大的数量就不仅仅和体积的缩小率成正比，而是要更大一些；当气体突然膨胀时，当然也有类似的现象发生．(1) 式只能适用于膨胀得非常缓慢的情况(要缓慢到能靠热传导和辐射而实现温度上的平衡)．在多数有实际意义的情况中，密度是交替地变化得非常之快的；热还没来得及从一个气体微元流向另一微元时，热流的方向就颠倒过来了．因此，每一个微元的行为就和并没有获得热量也没有失去热量一样．

根据这一观点，我们用绝热律

$$p/p_0 = (\rho/\rho_0)^{\gamma} \tag{5}$$

(式中 γ 为气体两种比热的比值)来换掉 (1) 式．它使

$$\kappa = \gamma p_0, \tag{6}$$

故

$$c = \sqrt{\gamma p_0/\rho_0} = \sqrt{\gamma g H}. \tag{7}$$

如令 $\gamma = 1.402$[1)]，那么，前面所得到的结果就要乘以 1.184，故

$$c = 332\text{米/秒},$$

它和最好的直接测定结果非常相符．

物理学家们坚信 Laplace 的观点是正确的，所以现在常以相反的方式来应用 (7) 式，也就是，通过实测各种气体和蒸汽中的波速并由 (7) 式而推算出它们的 γ 值．

严格来讲，对于液体和固体，也应该把“绝热”容积弹性系数和“等温”容积弹性系数区别开，但在实用上，它们之间的差别并不重要．例如，水的这两种容积弹性系数之比可求得为 1.0012[2)]．

Stokes[3)] 和 Raleigh[4)] 曾从理论上探讨了热辐射和热传导对空气波的影响．当振荡快得使温度平衡不能完全实现，但又还不是快得使相邻微元之间的热传递完全被排除掉时，那么，由于在热过程中所出现的能量耗散，波在传播时，其振幅就会减小．在下一章中讨论粘性的影响时，将会谈到热传导的影响．

---

1) 这一数值是最近的直接实验结果．

2) Everett. *Units and Physical Constants.*

3) “An Examination of the possibleeffect of the Radiation of Heat on the Propagation of Sound,” *Phil. Mag.* (4) i. 305 (1851) [*Papers*. iii 142].

4) *Theory of Sound*, Art. 247．参看本书后面 360 节．Rayleigh 在一篇文章 “On the Cooling of Air by Radiation and Conduction, and on the Propagation of Sound” (*Phil. Mag.*(5) xlvii. 308 (1899) [*Papers*, iv. 376]).中，根据实验结果而推断出热传导的影响要比辐射的影响大得多．

按照 Charles 和 Daltor 定律，有

$$p = R\rho\theta, \tag{8}$$

式中 θ 为绝对温度，而 R 则为依赖于气体性质的常数。因此，声速正比于 θ 的平方根。对于几种具有同样 γ 值的永久气体而言，如果它们的密度是在同样的压力和温度之下测定的，那么，(7) 式表明，声速与密度的平方根成反比。

279. 平面波的理论还可用 Lagrange 方法(第 13,14 节)处理得很简单。

如 ξ 表示未出现扰动时横坐标为 x 的质点在时刻 t 时之位移，则原来夹在平面 x 和 $x+\delta x$ 之间的流体层在时刻 $t+\delta t$ 时就被夹在平面

$$x+\xi \text{ 和 } x+\xi+\left(1+\frac{\partial \xi}{\partial x}\right)\delta x$$

之间，因而连续性方程为

$$\rho\left(1+\frac{\partial \xi}{\partial x}\right) = \rho_0, \tag{1}$$

其中 ρ_0 为未出现扰动时之密度。因此，如 s 表示"压缩率" $(\rho-\rho_0)/\rho_0$，就有

$$s = -\frac{\partial \xi}{\partial x}\bigg/\left(1+\frac{\partial \xi}{\partial x}\right). \tag{2}$$

考虑作用于上述流体层每单位面积上的作用力后，可得动力学方程为

$$\rho_0 \frac{\partial^2 \xi}{\partial t^2} = -\frac{\partial p}{\partial x}. \tag{3}$$

以上诸方程是精确方程，而在微小运动的情况下，我们可写出

$$p = p_0 + \kappa s, \tag{4}$$

和

$$s = -\frac{\partial \xi}{\partial x}. \tag{5}$$

代入 (3) 式后可得

$$\frac{\partial^2 \xi}{\partial t^2} = c^2 \frac{\partial^2 \xi}{\partial x^2}, \tag{6}$$

其中 $c^2 = \kappa/\rho_0$。(6) 式之解与 170 节和 277 节中的相同。

280. 一个平面波系的动能为

$$T = \frac{1}{2}\rho_0 \iiint u^2 dxdydz, \tag{1}$$

其中 u 为时刻 t 时、点 (x, y, z) 处的速度。

计算内能时需要小心一些。当单位质量气体从其实际体积 v 经过微小膨胀而达到标准体积 v_0 时，它所作之功为（准确到二阶小量）

$$\frac{1}{2}(p + p_0)(v_0 - v),$$

这是可以从 Watt 图上明显地看出的.令

$$p = p_0 + \kappa s, \quad v_0 - v = sv_0, \tag{2}$$

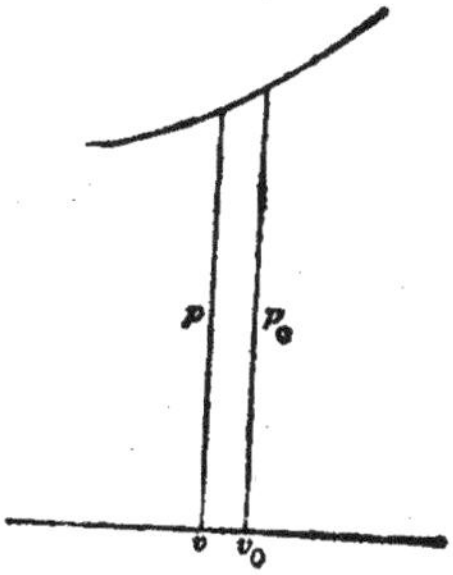

就有

$$\frac{1}{2}(p + p_0)(v_0 - v) = p_0(v_0 - v) + \frac{1}{2}(p - p_0)(v_0 - v)$$

$$= p_0(v_0 - v) + \frac{1}{2}\kappa s^2 v_0. \tag{3}$$

把这一表达式应用于系统中的所有微元，然后求和，那么，只要系统总体积的变化为零，$p_0(v_0 - v)$ 项就不出现。在这一假定之下，对于任一给定区域中的气体，当它由其实际状态变为标准状态时，它所作之功就是

$$W = \frac{1}{2}\kappa \iiint s^2 dxdydz. \tag{4}$$

迄今为止，并未假定变化过程是以什么样的方式发生的，而不同的方式则会影响到 κ 之值.只有在绝热膨胀中，表达式 (4) 才等同于严格意义下的“内能”。在等温膨胀中，(4) 式所给出的是热力学中所说的“自由能”。

在平面行波中，有 $cs = \pm u$，因而 $T = W$。这两种能量在这一情况下相等一事，也可以从 174 节中所述的更为一般性的讨论中推断出来。

在声学理论中特别感兴趣的当然是简谐振动。如 a 为周期等

于 $2\pi/\sigma$ 的行波的振幅，则根据 279 节 (6) 式，可假定

$$\xi = a\cos(kx - \sigma t + \varepsilon), \tag{5}$$

其中 $k = \sigma/c$，而波长则为 $\lambda = 2\pi/k$。于是，一个截面积为一个单位、长度(沿 x 方向)为 λ 的棱柱形空间中的能量可由(1) 式和(4) 式求得为

$$T + W = \frac{1}{2}\rho_0\sigma^2 a^2\lambda, \tag{6}$$

这一数值和整个气体以最大速度 σa 运动时的动能相同。

如果作一个与位于其上的质点一起运动的平面，那么，穿过这一平面上每单位面积的能量传输率为

$$\rho\frac{\partial\xi}{\partial t} = \rho\sigma a\sin(kx - \sigma t + \varepsilon). \tag{7}$$

压力中的常量部分在一个完整的周期中所作的功为零．压力中的变量部分则为

$$\Delta p = \kappa s = -\kappa s\frac{\partial\xi}{\partial x} = \kappa k a\sin(kx - \sigma t + \varepsilon). \tag{8}$$

代入 (7) 式后，可求得平均能量传输率为

$$\frac{1}{2}\kappa\sigma k a^2 = \frac{1}{2}\rho_0\sigma^2 a^2 \times c. \tag{9}$$

因此，在任意几个周期中所传输的能量正好等于这段时间内穿过这一平面的所有波的能量．这是我们可以预料到的，因为 c 与 λ 无关，所以群速度就和波速相等 (参看 237 节)．

有限振幅波

281. 如 p 仅为 ρ 之函数，则 279 节 (1) 式和(3)式给出精确方程

$$\frac{\partial^2\xi}{\partial t^2} = \frac{\rho^2}{\rho_0^2}\frac{dp}{d\rho}\frac{\partial^2\xi}{\partial x^2}. \tag{1}$$

在“等温”假定

$$p/p_0 = \rho/\rho_0 \tag{2}$$

下，上式成为

$$\frac{\partial^2\xi}{\partial t^2} = \frac{p_0}{\rho_0}\frac{\dfrac{\partial^2\xi}{\partial x^2}}{\left(1 + \dfrac{\partial\xi}{\partial x}\right)^2}. \tag{3}$$

同样，“绝热”关系式

$$p/p_0 = (\rho/\rho_0)^\gamma \tag{4}$$

则导致

$$\frac{\partial^2\xi}{\partial t^2} = \frac{\gamma p_0}{\rho_0}\frac{\dfrac{\partial^2\xi}{\partial x^2}}{\left(1+\dfrac{\partial\xi}{\partial x}\right)^{\gamma+1}}. \tag{5}$$

精确方程(3)和(5)与173节中对均匀渠道中的“长”波所得到的(3)式具有可比性.

由(1)式可看出，如 p 和 ρ 之间的关系能使

$$\rho^2\frac{dp}{d\rho} = \rho_0^2c^2, \tag{6}$$

那么，279节中方程(6)就可以看作是一个精确方程.因此，当且仅当

$$p - p_0 = \rho_0c^2\left(1-\frac{\rho_0}{\rho}\right) \tag{7}$$

时，有限振幅的平面波在传播时就可以不改变其样式. 然而，对于已知的任何物质而言，不论是在不变温度之下，还是在没有因传导和幅射而出现热的得失之下，关系式7)都不能成立[1]. 因此，振幅为有限值的声波在传播时必然会改变其样式.

282. Earnshaw 和 Riemann 曾独立地在 p 为 ρ 的确定函数的假定下探讨了有限振幅波的传播规律. 这里只打算简述一下所得到的结果，至于有些细节，可参看他们原来的文章和 Rayleigh[2] 在这一问题上所作的详细讨论.

277节中的 Euler 方程(1)和(2)可写为

$$\frac{\partial u}{\partial t} + u\frac{\partial u}{\partial x} = -\frac{\partial\tilde{\omega}}{\partial x},\quad \frac{\partial\tilde{\omega}}{\partial t} + u\frac{\partial\tilde{\omega}}{\partial x} = -c^2\frac{\partial u}{\partial x}, \tag{1}$$

其中

$$\tilde{\omega} = \int_{\rho_0}^{\rho}\frac{dp}{\rho},\quad c = \sqrt{\frac{dp}{d\rho}}. \tag{2}$$

c 为对微小振幅而言的波速，一般来讲，它是 ρ 的函数，因而是个变量. 如令

1) 当 ρ 小于某一值时，这一关系式会使 p 成为负值.

2) “Aerial Plane Waves of Finite Amplitude”, *Proc. Roy. Soc.* A. lxxxiv. 247(1910) [*Papers*, v. 573]. 还有 *Theory of Sound*, c. xi..

即
$$\left.\begin{aligned} d\tilde{\omega} &= c\,d\omega, \\ \omega &= \int_{\rho_0}^{\rho}\left(\frac{dp}{d\rho}\right)^{\frac{1}{2}}\frac{d\rho}{\rho}, \end{aligned}\right\} \tag{3}$$

则 (1) 式成为

$$\frac{\partial u}{\partial t}+u\frac{\partial u}{\partial x}=-c\frac{\partial\tilde{\omega}}{\partial x},\quad \frac{\partial\omega}{\partial t}+u\frac{\partial\omega}{\partial x}=-c\frac{\partial u}{\partial x}. \tag{4}$$

把它们相加和相减后，得

$$\left\{\frac{\partial}{\partial t}+(u+c)\frac{\partial}{\partial x}\right\}(\omega+u)=0, \tag{5}$$

和

$$\left\{\frac{\partial}{\partial t}+(u-c)\frac{\partial}{\partial x}\right\}(\omega-u)=0. \tag{6}$$

因此，对于一个以速度

$$\left(\frac{dp}{d\rho}\right)^{\frac{1}{2}}+u \tag{7}$$

而移动的几何点来讲，$\omega+u$ 之值保持不变；而对于一个以速度

$$-\left(\frac{dp}{d\rho}\right)^{\frac{1}{2}}+u \tag{8}$$

而移动的几何点来讲，其 $\omega-u$ 之值不变。所以，任意给定值的 $\omega+u$ 是向前移动的，任意给定值的 $\omega-u$ 则是向后移动的，其移动速度分别由 (7) 式和 (8) 式给出。

以上是 Riemann 的结果[1]。一般来讲，它们可以使我们了解到任一给定场合下的运动特征。譬如说，如果初始扰动局限于平面 $x=a$ 和 $x=b$ 之间的空间中，我们就可以假定 ω 和 u 在 $x<a$ 和 $x>b$ 处都为零；$\omega+u$ 发生变化的区域会向前挺进，而 $\omega-u$ 发生变化的区域则会向后撤退，过了一段时间后，这两个区域就会分开，并在它们之间留下一个 $\omega=0$ 和 $u=0$ 的空间，在这一空间中的流体因而是静止的，并具有标准密度 ρ_0。原来的扰动就

---

1) "Ueber die Fortpflanzung ebener Luftwellen von endlicher Schwingungsweite," *Gött. Abh.* viii. 43(1858—9) [*Werke*, 2te Aufl., Leipzig, 1892. p. 157].

分裂成两个沿相反方向传播的行波. 在向前挺进的那个行波中，$\omega=u$，因此，密度和质点运动速度以 (7) 式所给出的速率而向前传播. 不论我们考虑的是等温胀缩率还是绝热胀缩率，ρ 越大时，这一传播速度就越大. 可以以 x 为横坐标、ρ 为纵坐标而画出一条曲线，并使这一曲线上每一个点以 (7) 式中的速度向前移动而说明波在传播时的规律. 由于曲线上纵坐标较大的部分移动得较快，这一曲线终于会变得在某个点处和 x 轴垂直. 这时，由于出现了无穷大的 $\partial u/\partial x$ 和 $\partial\rho/\partial x$，前述方法也就不再能为其后的运动过程提供出任何情况了. 参看 187 节.

283. 也可以根据 Earnshaw 的研究[1]而得出类似的结果，但在应用 Earnshaw 的研究时要假定行波已经建立了起来，因而在普遍性上就稍差一些.

为了叙述明确起见，假定 p 和 ρ 之间具有绝热关系. 此外，令 $y=x+\xi$，即 y 表示扰动未发生时坐标为 x 的质点在时刻 t 时的绝对坐标. 则由 281 节 (5) 式可有

$$\frac{\partial^2 y}{\partial t^2}=c_0^2\,\frac{\partial^2 y}{\partial x^2}\Big/\left(\frac{\partial y}{\partial x}\right)^{\gamma+1},\tag{1}$$

其中 $c_0^2=\gamma p_0/\rho_0$. 上式可被

$$\frac{\partial y}{\partial t}=f\left(\frac{\partial y}{\partial x}\right)\tag{2}$$

所满足，只要

$$f'\left(\frac{\partial y}{\partial x}\right)=\pm c_0\Big/\left(\frac{\partial y}{\partial x}\right)^{\frac{\gamma+1}{2}}.\tag{3}$$

故 (1) 式的一个初积分为

$$\frac{\partial y}{\partial t}=C\mp\frac{2c_0}{\gamma-1}\Big/\left(\frac{\partial y}{\partial x}\right)^{\frac{\gamma-1}{2}}.\tag{4}$$

在波的前后边界处(该处 $\partial y/\partial x=1$) 有 $\partial y/\partial t=0$，由此可定出 C 之值；另外，因 $\partial y/\partial x=\rho_0/\rho$，故可得

$$u=\frac{\partial y}{\partial t}=\mp\frac{2c_0}{\gamma-1}\left\{\left(\frac{\rho}{\rho_0}\right)^{\frac{\gamma-1}{2}}-1\right\}.\tag{5}$$

为了求出任一特定的 u 值的传播速度，可注意到，如果

$$\frac{\partial^2 y}{\partial t^2}\,\delta t+\frac{\partial^2 y}{\partial x\partial t}\,\delta x=0,\tag{6}$$

---

1) "On the Mathematical Theory of Sound," *Phil. Trans. cl.* 133(1858).

那么，质点 x 在时刻 t 所具有的 u 值就会在时刻 $t+\delta t$ 传递给质点 $x+\delta x$. 故由(2)式和(3)式有

$$\delta x \pm c_0 \left(\frac{\rho}{\rho_0}\right)^{\frac{\gamma+1}{2}} \delta t = 0. \tag{7}$$

因此，u 值和 ρ 值以速度

$$\mp c_0 \left(\frac{\rho}{\rho_0}\right)^{\frac{\gamma+1}{2}}$$

从一个质点传播到另一质点.

为得出波在空间中的传播速度，可有

$$\delta y = \frac{\partial y}{\partial x}\delta x + \frac{\partial y}{\partial t}\delta t = \left\{\mp c_0\left(\frac{\rho}{\rho_0}\right)^{\frac{\gamma-1}{2}} + u\right\}\delta t. \tag{8}$$

在上式中，下面的符号应用于沿 x 正方向传播的波，上面的符号则应用于沿 x 负方向传播的波. 当 ρ 越大时，传播速度也越大，和从 Riemann 的研究中所看到的一样. 由(8)式可知，在沿 x 正方向传播的波中，u 和 y 之间的关系具有以下形式:

$$u = F\left\{y - \left(c_0 + \frac{\gamma+1}{2}u\right)t\right\}; \tag{9}$$

这是 Rayleigh 把 Poisson[1] 在 1807 年按照等温假定 ($\gamma=1$) 所得公式加以推广后而得到的. Poisson 的那个公式也表明波在传播时会出现样式上的变化，这一点是由 Stokes[2] 指出的. 应注意到，如在(5)式中令 $\gamma\to 1$，则有

或即

$$\left.\begin{aligned} u &= \pm c_0 \log\left(\frac{\rho_0}{\rho}\right), \\ \rho &= \rho_0 e^{\mp u/c_0}. \end{aligned}\right\} \tag{10}$$ [3]

284. Rankine[4] 用很简单的方法探讨了出现恒定型行波的条件.

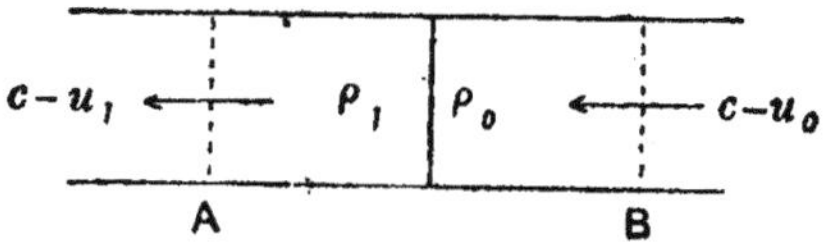

1) "Mémoire sur la théorie du son," *Journ. de l'Ecole Polytechn.* vii. 367.

2) "On a Difficulty in the Theory of Sound," *Phil. Mag.* (3) xxiii. 349 (1848) [*Papers*, ii. 51].

3) 这一结果以及对水中"长"波的一个类似结果似乎首先是 De Morgan 提到的. 见 Airy, *Phil. Mag.* (3) xxxiv. 401(1849).

4) "On the Thermodynamic Theory of Waves of Finite Longtudinal Disturbance," *Phil. Trans.* clx. 277 (1870) [*Papers*, p. 530].

设波沿 x 的正方向传播，沿波的传播方向画出一个截面积为一个单位的理想管子. 设 A 和 B 为这一管子上的两个截面，其上压力、密度和质点速度分别以 p_1, ρ_1, u_1 和 p_0, ρ_0, u_0 来表示.

如果像 175 节那样，在每一样东西上都强加一个和波速大小相等、方向相反的速度 c，我们就把问题简化为一个定常运动的问题了. 由于单位时间中穿过这一管子上任一截面的物质数量是相同的，我们就有

$$\rho_1(c - u_1) = \rho_0(c - u_0) = m, \tag{1}$$

式中 m 也就是在问题的原来形式中的一个随着波一起运动的平面在单位时间中所扫过的质量. Rankine 把 m 称为"质量速度".

此外，在任一时刻，A，B 之间的流体在 BA 方向上所受到的作用力为 $p_0 - p_1$，而这部分流体在单位时间中沿这一方向所得到的动量为 $m(c - u_1) - m(c - u_0)$，故有

$$p_0 - p_1 = m(u_0 - u_1). \tag{2}$$

上式和 (1) 式合在一起就给出

$$p_1 + \frac{m^2}{\rho_1} = p_0 + \frac{m^2}{\rho_0}. \tag{3}$$

因此，除非波是在能使

$$\left.\begin{array}{l} p + \dfrac{m^2}{\rho} = \text{const.} \\ p + m^2 v = \text{const.} \end{array}\right\} \tag{4}$$

或即能使

(其中 v 为单位质量的体积)的介质中传播，否则不可能在传播中不发生变化. 这一结论已在 281 节中用不同的方式得到过. 可以注意到，在 Watt 图上，关系式 (4) 表现为一条直线.

然而，如果密度的变化很小，那么，只要 m 具有适当的数值，就可以认为关系式 (4) 对于实际流体是近似成立的. 令

$$\rho = \rho_0(1 + s), \quad p = p_0 + \kappa s, \quad m = \rho_0 c, \tag{5}$$

可得

$$c^2 = \kappa/\rho_0, \tag{6}$$

和 227 节相同.

在实际流体中，有限振幅的行波要不断改变其样式，就使得波

的前面部分的密度变化变得越来越急剧，这一事实使许多作者认为有可能出现类似于水波中“涌潮”(参看 187 节)的不连续波.

首先由 Stokes[1)]、后来又由一些其它作者证明了，质量守恒的条件和动量守恒的条件都可以在这种波里得到满足. 最简单的情况是 ρ 和 u 除了只在间断面上发生变化外，在其它地方都不出现变化. 如果在上面的讨论中，把两个截面取为一个在这一间断面之前，另一个在这一间断面之后，则由 (3) 式可得

$$m=\left(\frac{p_1-p_0}{\rho_1-\rho_0}\cdot\rho_1\rho_0\right)^{\frac{1}{2}}, \tag{7}$$

$$c-u_0=\frac{m}{\rho_0}=\left(\frac{p_1-p_0}{\rho_1-\rho_0}\cdot\frac{\rho_1}{\rho_0}\right)^{\frac{1}{2}}, \tag{8}$$

和

$$u_1-u_0=\frac{m}{\rho_0}-\frac{m}{\rho_1}=\pm\left(\frac{(p_1-p_0)(\rho_1-\rho_0)}{\rho_1\rho_0}\right)^{\frac{1}{2}}. \tag{9}$$

上式中上下两个符号按照 ρ_1 大于还是小于 ρ_0 来取，也就是，按照波是压缩波还是膨胀波来取. 在上面结果中所出现的是速度之差，这是可以预料到的，因为我们可以对整个介质叠加上一个任意的均匀速度.

作为一个说明，我们可以假定 p_0，ρ_0 和 u_0 (它们表示波的前方介质中的情况) 是任意给定了的，波中空气的密度 ρ_1 也是规定了的. 此外，还根据物理方面的考虑而事先假定了 p_1，ρ_1 和 p_0，ρ_0 之间所具有的某种确定关系. 于是，剩下的三个量 m，c，u_1 就由 (7)，(8)，(9) 三式所确定. (8) 式所给出的速度就是波以这么大的速度而向它的前方区域侵入.

但上述结论却是容易受到非难的，因为在实际流体中，不能在使方程 (1) 和 (2) 得到满足的同时又使能量方程得到满足. 计算一下单位时间中作用于由 B 端流入空间 AB 的流体之功和作用于由 A 端流出的流体之功的差值，再减去所获得的动能，可得

$$p_0(c-u_0)-p_1(c-u_1)-\frac{1}{2}m\{(c-u_1)^2-(c-u_0)^2\},$$

1) 283 节第三个脚注中引文.

亦即
$$p_1u_1 - p_0u_0 - \frac{1}{2}m(u_1^2 - u_0^2),$$

即
$$\frac{1}{2}(p_1 + p_0)(u_1 - u_0). \tag{10}$$

这是由于动力学方程 (2) 使以上三种形式成为等价的. 把以上结果除以 m 后就得到对单位质量而言的结果. 再根据 (1) 式而把 $u_1 - u_0$ 变换掉，就得到

$$\frac{1}{2}(p_1 + p_0)(v_0 - v_1), \tag{11}$$

其中 v 和以前一样表示 $1/\rho$.

如果在 Watt 图上用 A, B 两点来表示介质的两种状态，那么，(11) 式就等于由直线 AB、v 轴和 A, B 处的纵坐标线所围圈的面积. 而如从状态 B 过渡到状态 A 时，在整个过程的任一阶段上都没有热量的得失，那么各点就会落在一条"绝热曲线"上，所获得的内能就应由这一曲线、v 轴和两端的纵坐标线所围圈的面积来表示. 对于实际的气体，绝热曲线是凹形的，因而，后一个面积就小于(在绝对值上)前一个面积. 如果考虑到给这两个面积所加的正负符号，那么可以得知，对压缩波 ($v_1 < v_0$) 来讲，作用于介质上的功要大于动能和内能的增量；而对膨胀波 ($v_1 < v_0$) 来讲，介质对外所作之功要大于表观能量的损失[1].

---

1) 在 Hadamard 的著作 *Lecons sur la propagation des ondes et les équations de L'hydrodynamique* (Paris. 1903) 中阐述了 Hugoniot 所作的某些探讨，其中的论点和本书所作出的相反. 它是先假定不连续波是可能出现的，然后指出，如令 (11) 式和内能的增量(第 (10) 节 (8) 式)相等，则能量方程可以得到满足. 于是提出了，介质从一种状态过渡到另一状态是由公式

$$\frac{1}{2}(p_1 + p_0)(v_0 - v_1) = \frac{1}{\gamma - 1}(p_1v_1 - p_0v_0)$$

所控制的: "Telle est la relation qu'Hugoniot a substituée à[pv^γ = const.] pour exprimer que la condensation ou dilatation brusque se fait sans absorption ni dégagement de chaleur. On lui donne actuellement le nom de *loi adiabatique dynamique*, la relation [pv = const.], qui covient anx changements lents, étant désignée sons le nom de *loi adiabatique statique*" (Hadamard, p. 192). 但并没有物理学上的论据可以支持 Hugoniot 所提出的过渡规律.

由此可知，除非是在绝热曲线为一直线的假想介质中，否则，对不连续波来讲，能量方程是不能得到满足的. 这一条件和为使连续波能保持恒定的样式所得到的条件相同.

在上述探讨中没有考虑耗散力(诸如粘性、热传导和辐射).实际上，不连续波就意味着在间断平面两侧的两部分流体之间有着有限的温度差，因此，即使不考虑粘性，也会由于这两部分流体连接处的热效应而必然会有能量损失. 一个恒定型的膨胀波需要有能量的供应，这一事实表明了这种类型的波是不可能出现的. 而且，也不难看出，这样的一种波即使能出现，也是不稳定的.

对压缩波而言，能否在两种状态的关系中考虑进能量损失而使能量方程得以满足的问题曾由 Rankine 和 Rayleigh[1] 作过讨论(后者讨论得更为详细). 在他们的探讨中，假定了流体是从一种均匀状态连续地过渡到另一种均匀状态的 (虽然变化可以发生得非常快). 由于温度梯度 ($d\theta/dx$) 在波的前端处与后缘处为零，因此，每单位质量流体从状态 B 过渡到状态 A 时，它所获得的总热量必为零. 为实现无穷小变化 δp 和 δv 而需要的热量由热力学公式

$$\delta Q = \frac{v\delta p + \gamma p\delta v}{\gamma - 1} \tag{12}$$

给出. 根据 (4) 式中的假定，$\delta p = -m^2\delta v$，而有

$$\delta Q = \frac{\delta p}{(\gamma - 1)m^2}\{p + m^2v - (\gamma + 1)p\}. \tag{13}$$

因此，把

$$\int dQ = 0$$

表示出来后就有

$$p + m^2v = \frac{1}{2}(\gamma + 1)(p_0 + p_1). \tag{14}$$

把上式中 p, v 取特殊值后就得到

1) 282 节第一个脚注中引文.

$$\left.\begin{aligned} m^2 v_1 &= \frac{1}{2}(\gamma-1)p_1 + \frac{1}{2}(\gamma+1)p_0, \\ m^2 v_0 &= \frac{1}{2}(\gamma+1)p_1 + \frac{1}{2}(\gamma-1)p_0. \end{aligned}\right\} \tag{15}$$

由(13)式和(14)式可得

$$\delta Q = \frac{(\gamma+1)\delta p}{2(\gamma-1)m^2}(p_0 + p_1 - 2p), \tag{16}$$

并因而有

$$Q = \frac{\gamma+1}{2(\gamma-1)m^2}(p_1 - p)(p - p_0). \tag{17}$$

上式给出单位质量流体在达到 p 所表示的这一阶段时所吸收的总热量.

在 A 和 B 之间画一平面,那么,由于热传导而在这一平面上所产生的由右向左的热通量为 $k d\theta/dx$(k 为导热系数);而在单位时间内被对流所携带过这一平面的热量则为 mQ. 因这一平面左边的区域并没有热量的得失,故有

$$k\frac{d\theta}{dx} = -mQ. \tag{18}$$

Rankine 借助于公式 $pv = R\theta$ 而消去 θ 并转向寻求 x 与 p 之间的关系. $pv = R\theta$ 和(14)式合在一起可给出

$$\theta = \frac{\left\{\frac{1}{2}(\gamma+1)(p_0+p_1) - p\right\}p}{m^2 R}. \tag{19}$$

故由(18)式而得到

$$\begin{aligned} \frac{dx}{dp} = \frac{d\theta}{dp}\Big/\frac{d\theta}{dx} &= -\frac{(\gamma-1)k}{(\gamma+1)mR} \\ &\cdot \frac{(\gamma+1)(p_0+p_1) - 4p}{(p_1-p)(p-p_0)}. \end{aligned} \tag{20}$$

由于已作了连续变化的假定,所以在波中必有某个截面会使 $p = \frac{1}{2}(p_0 + p_1)$. 在这一截面上,上述 dx/dp 之值为负. 此外,dx/dp 不能改变符号,否则,对应于同一 x 值就会有两个不同的 p 值

了。因此，由于 $p_0 < p_1$ 并因而 $v_0 > v_1$，波必为一压缩波。当 x 增大时，p 就单调地由 p_1 降至 p_0，(20) 式中后面一个分式的分母因而为正值。为使分子为正值，就必须有

$$\frac{p_1}{p_0} < \frac{\gamma+1}{3-\gamma}. \tag{21}$$

对于空气，这一极限比值约为 $\frac{3}{2}$。

如把原点取在 $p = \frac{1}{2}(p_0 + p_1)$ 的截面上，则 (20) 式之积分为

$$x = \frac{k}{(\gamma+1)mC_v}\left\{\frac{(\gamma-1)(p_0+p_1)}{p_1-p_0}\log\frac{p_1-p}{p-p_0} - 2\log\frac{4(p_1-p)(p-p_0)}{(p_1-p_0)^2}\right\}. \tag{22}$$

在得到上式时用到了热力学中的关系式

$$R = (\gamma-1)C_v, \tag{23}$$

其中 C_v 为定容比热。当 p 从 p_1 变到 p_0 时，x 从 $-\infty$ 增大到 $+\infty$，但如果比值 p_1/p_0 显著地大于1，那么，实际上完成过渡所占的空间是非常小的，情况就非常接近于一个间断面[1]。

在空气中，可取(用 C.G.S. 制)

$$k = 5.22 \times 10^{-5},\ \gamma = 1.40,\ C_v = 0.1715,$$
$$\rho_0 = 0.00129;\ p_0 = 1.013 \times 10^6.$$

故若作为例子而设 $p_1/p_0 = 1.40$，可由(15)式得 $m = 49.6$，故

$$\frac{k}{(\gamma+1)mC_v} = 2.559 \times 10^{-6}.$$

从这些数据可求得，压力从 $\frac{9}{10}p_1 + \frac{1}{10}p_0$ 变到 $\frac{9}{10}p_0 + \frac{1}{10}p_1$ 是在长度为 2.7×10^{-5}cm 的空间中发生的。

扰动相对于静止空气的传播速度为

$$m/\rho_0 = 3.84\text{cm/sec}.$$

1) Rayleigh, 前一脚注中引文. G.I. Taylor 独立地得到了同样的结论，见 "The Conditions Necessary for Discontinuous Motion in Gasses," *Proc. Roy. Soc.* A. lxxxiv. 371(1910).

当不仅考虑导热性、而且同时考虑粘性时，研究就变得非常复杂了. Rayleigh 发现，所得结果在一般特性上并没有改变，只是 p_1/p_0 的可允许值的范围大为增大了. 他在只考虑粘性时所得到的解将在以后（360a节）讨论.

球　面　波

285. 微小运动的普遍方程为

$$\rho_0 \frac{\partial u}{\partial t} = -\frac{\partial p}{\partial x},\quad \rho_0 \frac{\partial v}{\partial t} = -\frac{\partial p}{\partial y},$$

$$\rho_0 \frac{\partial w}{\partial t} = -\frac{\partial p}{\partial z}. \tag{1}$$

令

$$p = p_0 + \kappa s,\quad c^2 = \kappa/\rho_0, \tag{2}$$

并对 t 求积，可得

$$\left.\begin{aligned} u &= -c^2 \frac{\partial}{\partial x}\int_0^t s dt + u_0,\\ v &= -c^2 \frac{\partial}{\partial y}\int_0^t s dt + v_0,\\ w &= -c^2 \frac{\partial}{\partial z}\int_0^t s dt + w_0, \end{aligned}\right\} \tag{3}$$

其中 u_0, v_0, w_0 为点 (x, y, z) 处在时刻 $t=0$ 时的 u, v, w 值. 如初始运为具有速度势 ϕ_0 的无旋运动，则有

$$u = -\frac{\partial \phi}{\partial x},\quad v = -\frac{\partial \phi}{\partial y},\quad w = -\frac{\partial \phi}{\partial z}, \tag{4}$$

其中

$$\phi = c^2 \int_0^t s dt + \phi_0. \tag{5}$$

它所表明的速度势会继续存在一事已在第 17 节和第 33 节中作过更为普遍的证明了.

由 (5) 式有

$$c^2 s = \frac{\partial \phi}{\partial t}. \tag{6}$$

现在假定扰动对称于一个固定点，并把这一固定点取为原点。由于随后发生的运动是无旋的，因而具有速度势，这一速度势则仅为距原点的距离 r 和时间 t 的函数。

为建立连续性方程，我们可以注意到，由于球面 r 和 $r+\delta r$ 上的通量差而使这两个球面所围圈的空间中的质量将以速率

$$\frac{\partial}{\partial t}\left(4\pi r^2\rho\frac{\partial\phi}{\partial r}\right)\delta r$$

而增长；又由于这一质量增长率也可表示为

$$(\partial\rho/\partial t)\cdot 4\pi r^2\delta r,$$

所以就有

$$r^2\frac{\partial\rho}{\partial t}=\frac{\partial}{\partial r}\left(\rho r^2\frac{\partial\phi}{\partial r}\right).\tag{7}$$

上式也可直接由变换连续性方程的普遍式(第7节第(5)式)而得到。在无穷小运动的场合下，该式变为

$$\frac{\partial s}{\partial t}=\frac{1}{r^2}\frac{\partial}{\partial r}\left(r^2\frac{\partial\phi}{\partial r}\right).\tag{8}$$

于是，把(6)式代入(8)式后得

$$\frac{\partial^2\phi}{\partial t^2}=c^2\left(\frac{\partial^2\phi}{\partial r^2}+\frac{2}{r}\frac{\partial\phi}{\partial r}\right).\tag{9}$$ [1)]

上式也可写成更为方便的形式如下：

$$\frac{\partial^2 r\phi}{\partial t^2}=c^2\frac{\partial^2 r\phi}{\partial r^2},\tag{10}$$

其解为

$$r\phi=f(r-ct)+F(r+ct).\tag{11}$$

因此，运动是由两个以速度 c 而传播的球面波系组成的，一个波系向外传播，另一个则向内传播。 暂时先只考虑第一个波系，则由(6)式而有

$$cs=-\frac{1}{r}f'(r-ct).$$

---

1) 如采用 Boyle 定律，则对称球面波的精确方程为

$$\frac{\partial^2\phi}{\partial t^2}-2\frac{\partial\phi}{\partial r}\frac{\partial^2\phi}{\partial r\partial t}+\left(\frac{\partial\phi}{\partial r}\right)^2\frac{\partial^2\phi}{\partial r^2}=C^2\left(\frac{\partial^2\phi}{\partial r^2}+\frac{2}{r}\frac{\partial\phi}{\partial r}\right).$$

它表明，一个压缩以速度 c 而向外传播，但由于它的大小反比于距原点的距离，所以，它在推进时就会不断衰减. 在这一波系中的速度为

$$-\frac{\partial \phi}{\partial r}=-\frac{1}{r} f'(r-ct)+\frac{1}{r^2} f(r-ct).$$

当 r 增大时，右边第二项比起第一项来就越来越不重要，因此，速度最终是和压缩以相同的规律而传播的.

应注意到，当会聚波或发散波单独出现时，由 (11) 式可有

$$\frac{1}{r}\frac{\partial}{\partial r}(r\phi)=\mp cs, \tag{12}$$

它与 277 节 (11) 式相对应.

出于某种自的而把一个发散波系的公式写成

$$4\pi r\phi=f\left(t-\frac{r}{c}\right) \tag{13}$$

会更为方便.

因上式可使

$$\lim_{r\to 0}\left[-4\pi r^2\frac{\partial \phi}{\partial r}\right]=f(t), \tag{14}$$

因此，这一波系可以看作是由原点处的一个强度为 $f(t)$ 的源所产生的. 参看 196 节.

如源只在一个有限的时间中起作用，则由 (13) 式所给出的 ϕ 在波的范围之外为零. 因此，如在空间取定一点，并在扰动穿过这一点所需的全部时间上求积，则由 (6) 式可得

$$\int s\,dt=0. \tag{15}$$

即一个发散的球面波必然既含有压缩部分也含有膨胀部分. 这一事实首先是由 Stokes[1] 提到的. 参看 197 节.

和平面行波 (280 节) 一样，在一个有限的发散球面波系的能

---

1) "On Some Points in the Received Theory of Sound," *Phil. Mag.* (3) xxxiv. 52(1849)[*Papers*, ii. 82]. 还可看 Rayleigh, *Theory of Sound* gt. 279.

量中，一半是动能，另一半是势能。

上述结论可由 174 节中的普遍性讨论而得知，也可以独立地作出证明如下．我们有恒等式

$$r^2\left(\frac{\partial\phi}{\partial r}\right)^2=\left\{\frac{\partial(r\phi)}{\partial r}\right\}^2-\frac{\partial}{\partial r}(r\phi^2).$$

如令

$$q=-\frac{\partial\phi}{\partial r},\quad c^2s=\frac{\partial\phi}{\partial t},\tag{16}$$

则根据（12）式，可由上面的恒等式而对发散波系得出

$$r^2q^2=c^2r^2s^2-\frac{\partial}{\partial r}(r\phi^2).$$

因此，如 $r\phi^2$ 在波系的内外边界上为零，则[1]

$$\int_0^\infty\frac{1}{2}\rho q^2\cdot 4\pi r^2dr=\int_0^\infty\frac{1}{2}\rho c^2s^2\cdot 4\pi r^2dr.\tag{17}$$

286. 对于无限空间，用初始条件来确定（11）式中的函数 f 和 F 的工作可按以下步骤完成。

假定 $t=0$ 时的速度分布和压缩率的分布是由

$$\phi=\psi(r),\quad\frac{\partial\phi}{\partial t}=\chi(r)\tag{18}$$

所确定的，其中 ψ 和 χ 为任意函数．和（11）式相比较后有

$$\begin{aligned}f(z)+F(z)&=z\psi(z),\\-f'(z)+F'(z)&=\frac{z}{c}\chi(z).\end{aligned}\tag{19}$$

后一个方程给出以下积分：

$$-f(z)+F(z)=\frac{1}{c}\int_0^z z\chi(z)dz+C.\tag{20}$$

此外，没有流体在原点处被创造出来或被湮灭的条件（即当 $r\to0$ 时，$r^2\partial\phi/\partial r\to0$）给出

$$f(-z)+F(z)=0.\tag{21}$$

（19）式和（20）式确定了 z 为正值时的 f 和 F，然后，（21）式就确定了 z 为负值时的 f[2]。

---

1) Lamb, *Proc. Lond. Math. Soc.* (1) xxxv. 160 (1902).

2) Rayleigh, *Theory of Sound*, Art. 279.

最后的结果可按照 r 大于或小于 ct 而写为

$$r\phi=\frac{1}{2}(r-ct)\phi(r-ct)+\frac{1}{2}(r+ct)\phi(r+ct)$$

$$+\frac{1}{2c}\int_{r-ct}^{r+ct}z\chi(z)dz, \tag{22}$$

或

$$r\phi=-\frac{1}{2}(ct-r)\phi(ct-r)+\frac{1}{2}(ct+r)\phi(ct+r)$$

$$+\frac{1}{2c}\int_{ct-r}^{ct+r}z\chi(z)dz. \tag{23}$$

作为一个简单的例子，假定空气在初始时是静止的，初始扰动则为在半径为 a 的球内有一个均匀的压缩率 s_0. 于是有 $\phi(z)=0$, 以及按照 $z\lessgtr a$ 而有 $\chi(z)=c^2s_0$ 或0. 在距原点为 $r(>a)$ 处，要到 $t=(r-a)/c$ 时才开始运动，并在 $t=(r+a)/c$ 时停止运动. 在这两个时刻之间有

$$r\phi=\frac{1}{4}cs_0\{a^2-(r-ct)\}^2, \tag{24}$$

并因而有

$$\frac{s}{s_0}=\frac{r-ct}{2r}. \tag{25}$$

扰动只局限于一个厚度为$2a$的球形壳内. 在整个厚度中，外部一半的压缩率 s 为正值，内部一半的压缩率为负值.

我们不久就要用到由初始情况来表示原点处 ϕ 值（在所有 t 值下）的表达式. 由 (11) 式和 (21) 式有

$$[\phi]_{r=0}=\lim_{r\to 0}\frac{f(r-ct)+F(r+ct)}{r}$$

$$=\lim_{r\to 0}\frac{F(ct+r)-F(ct-r)}{r}$$

$$=2F'(ct),$$

或由 (19) 式及其后续方程而有

$$[\phi]_{r=0}=\frac{d}{dt}t\phi(ct)+t\chi(ct). \tag{26}$$

例如，在方才所讨论的特殊问题中，我们对所有 r 值有 $\phi=0$, 并按照 $r\lessgtr a$ 而有 $\chi(r)=c^2s_0$ 或 0. 因此，按照 $ct\lessgtr a$ 而在原点处有 $\Phi=c^2s_0$ 或0. 当$ct=a$ 时，Φ 从 acs_0 突然地变为 0，所以，球心处的 s 值有一个瞬间为负无穷大. 如果假定初始 s 值在 $r=a$ 附近是连续地、但却是很快地变到 s_0, 就可以避免出现这一无穷大，

声波的普遍方程

287. 我们进而讨论一般情况下的疏密波传播问题。像前面一样略去二阶小量，则动力学方程为（285 节）

$$c^2 s = \frac{\partial \phi}{\partial t}. \tag{1}$$

此外，令普遍形式连续性方程（第 7 节（5）式）中的 $\rho = \rho_0(1+s)$，则在同样的近似级下有

$$\frac{\partial s}{\partial t} = \frac{\partial^2 \phi}{\partial x^2} + \frac{\partial^2 \phi}{\partial y^2} + \frac{\partial^2 \phi}{\partial z^2}. \tag{2}$$

从（1），（2）两式中消去 s 后得

$$\frac{\partial^2 \phi}{\partial t^2} = c^2 \left(\frac{\partial^2 \phi}{\partial x^2} + \frac{\partial^2 \phi}{\partial y^2} + \frac{\partial^2 \phi}{\partial z^2} \right), \tag{3}$$

或用以前所用记号而写成

$$\frac{\partial^2 \phi}{\partial t^2} = c^2 \nabla^2 \phi. \tag{4}$$

由于这一方程是线性的，所以它能被任意数量的解 ϕ_1，ϕ_2，ϕ_3，… 的算术平均所满足。现在，我们像第 38 节中那样，假定有无限多个以任意一点 P 为原点的直角坐标系，它们围绕 P 点而均匀布置，并设速度势 $\phi_1, \phi_2, \phi_3, \cdots$ 所表示的运动相对于各对应坐标系的运动情况和原来的 ϕ 所表示的运动相对于坐标系 x, y, z 的运动情况相同。这时，诸函数 $\phi_1, \phi_2, \phi_3, \cdots$ 的算术平均 $\bar{\phi}$ 就是一个对称于 P 点的运动的速度势了，并属于前面两节所讨论的范围（r 则指任一点距 P 点的距离了）。换言之，如 $\bar{\phi}$ 为由

$$\bar{\phi} = \frac{1}{4\pi} \iint \phi \, d\tilde{\omega} \tag{5}$$

所定义的一个 r 和 t 的函数，其中 ϕ 为（4）式的任一解，$\delta\tilde{\omega}$ 为以 P 为球心、以 r 为半径的球面上的一个微元在 P 点处所对的立体角，则有

$$\frac{\partial^2 r\phi}{\partial t}=c^2\frac{\partial^2 r\phi}{\partial r^2}. \tag{6}$$[1]

故

$$r\bar{\phi}=f(r-ct)+F(r+ct). \tag{7}$$

因此，ϕ 在一个球面(其中心为介质中任一点)上的平均值和一个对称的球面扰动的速度势服从同样的规律。如以 P 为中心、以 ct 为半径作一球面，那么，我们很快就会看到，P 点处在时刻 t 时的 ϕ 值取决于这一球面上各点原来的 ϕ 和 $\partial\phi/\partial t$ 的平均值，所以，扰动是以均匀速度 c 向各方向传播的。因此，如果原来的扰动只局限于空间中一个有限部分 Σ，那么，在 Σ 之外的 P 点处，就会在经过时间 r_1/c 后开始出现扰动，扰动将持续一段时间 $(r_2-r_1)/c$，然后停息。r_1 和 r_2 为以 P 为中心所作的两个球面的半径，这两个球面中的一个刚把 Σ 排除在外，另一个则刚把 Σ 围圈进去。

为了把实际上已经得到了的 (4) 式之解用解析形式表示出来，令 $t=0$ 时的 ϕ 和 $\partial\phi/\partial t$ 为

$$\phi=\psi(x,y,z),\ \frac{\partial\phi}{\partial t}=\chi(x,y,z). \tag{8}$$

它们在以点 (x,y,z) 为中心、r 为半径的球面上的平均值为

$$\bar{\phi}=\frac{1}{4\pi}\iint\psi(x+lr,y+mr,z+nr)d\varpi,$$

$$\frac{\partial\bar{\phi}}{\partial t}=\frac{1}{4\pi}\iint\chi(x+lr,y+mr,z+nr)d\varpi,$$

其中 l,m,n 为这一球面中任一半径的方向余弦，$\delta\varpi$ 为对应的微元立体角。如令

$$l=\sin\theta\cos\omega,\ m=\sin\theta\sin\omega,\ n=\cos\theta,$$

就有

$$\delta\varpi=\sin\theta\delta\theta\delta\omega.$$

---

1) Poisson 用不同的方法而得到这一结果，见“Mémoire sur latheorie du son,” *Journ. de L'École Polytenchn.* vii. 334—338(1807). 能由它而立即得出 (4) 式全解一事是 Liouville(*Journ. de Math.* i. 1(1856)) 提到的.

因此，和 286 节（26）式相比较后，我们可看出，点（x，y，z）处在后来任一时刻 t 时的 ϕ 值为

$$\phi = \frac{1}{4\pi}\frac{\partial}{\partial t}\cdot t\iint \phi(x + ct\sin\theta\cos\omega, y + ct\sin\theta\sin\omega, z + ct\cos\theta)\sin\theta d\theta d\omega + \frac{t}{4\pi}\iint \chi(x + ct\sin\theta\cos\omega, y + ct\sin\theta\sin\omega, z + ct\cos\theta)\sin\theta d\theta d\omega. \tag{9}$$

这是 Poisson[1] 所给出的形式。

可以用 286 节所考虑过的特殊问题来作一个简单的应用．在这一特殊问题中，初始条件是在以原点为心、r 为半径的球内有均匀的压缩率 s_0．如以球外一点 P 为中心、$PQ = ct$ 为半径作一球面，并与球面 $r = a$ 相交，则这一以 P 为心的球面在球面 $r = a$ 内的那部分面积为 $2\pi\cdot PQ^2(1 - \cos OPQ)$，因而，初始 s 值在整个球面 $4\pi\cdot PQ^2$ 上的平均值就是

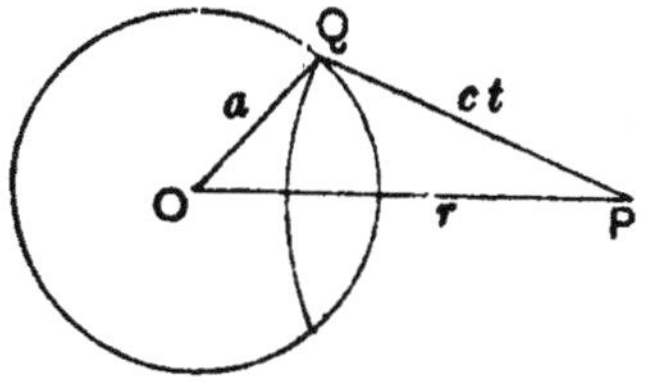

$$\frac{1}{2}(1 - \cos OPQ)s_0 = \frac{a^2 - (ct - r)^2}{4ctr}s_0, \tag{10}$$

式中 $r = OP$．故

$$\phi_P = \frac{cs_0}{4r}\{a^2 - (ct - r)^2\}, \tag{11}$$

与 286 节（24）式相同．

对于在无限空间中只持续有限时间的扰动来讲，任一点处的压缩率 s 对时间的平均值为零。这是因为从（1）式可有

1）"Mémoire sur l'intégration de quelques équations linéaires aux différences partielles, et particuliérement de l'équation générale du movement des fluids élastiques," *Mém. de L'Acad. des Sciences*, iii. 121(1819).

关于其它的证明，见Kirchhoff, *Mechanik*, c. xxiii 和 Raleigh, *Theory of Sound*, Art. 273.

$$c^2\frac{\partial s}{\partial x}=\frac{\partial^2\phi}{\partial x\partial t}=-\frac{\partial u}{\partial t}$$

和另两个类似的方程，因此，在下面对时间的求积中，如在积分上下限时 $u, v, w=0$，则有

$$\frac{\partial}{\partial x}\int s\,dt=-\left[\frac{u}{c^2}\right]=0$$

和另两个类似的结果，所以积分

$$\int s\,dt$$

在空间所有各点处具有同样的值。而考虑到由于发散而使波在无穷远点处已完全衰减了，就可看出这一积分为零了。参看 285 节 (15) 式。

288. 在任一给定区域中的流体的动能表达式为

$$T=\frac{1}{2}\rho_0\iiint\left\{\left(\frac{\partial\phi}{\partial x}\right)^2+\left(\frac{\partial\phi}{\partial y}\right)^2+\left(\frac{\partial\phi}{\partial z}\right)^2\right\}dxdydz. \qquad (1)$$

故

$$\frac{dT}{dt}=\rho_0\iiint\left(\frac{\partial\phi}{\partial x}\frac{\partial\dot{\phi}}{\partial x}+\frac{\partial\phi}{\partial y}\frac{\partial\dot{\phi}}{\partial y}+\frac{\partial\phi}{\partial z}\frac{\partial\dot{\phi}}{\partial z}\right)dxdydz,$$

其中 $\dot{\phi}$ 表示 $\partial\phi/\partial t$。根据 Green 定理（第 43 节），上式可写成以下形式：

$$\begin{aligned}\frac{dT}{dt}&=-\rho_0\iint\dot{\phi}\frac{\partial\phi}{\partial n}dS-\rho_0\iiint\dot{\phi}\nabla^2\phi\,dxdydz\\&=-\rho_0\iint\dot{\phi}\frac{\partial\phi}{\partial n}dS-\frac{\rho_0}{c^2}\iiint\dot{\phi}\ddot{\phi}\,dxdydz.\end{aligned}$$

因此，如

$$W=\frac{1}{2}\kappa\iiint s^2dxdydz=\frac{1}{2}\frac{\rho_0}{c^2}\iiint\dot{\phi}^2dxdydz, \qquad (2)$$

就有

$$\frac{d}{dt}(T+W)=-\rho_0\iint\dot{\phi}\frac{\partial\phi}{\partial n}dS. \qquad (3)$$

我们已经知道（280 节），在某种条件下，W 就表示内能。

对于 (3) 式的解释留给读者. 在许多重要场合下,也就是,当边界为固定边界 ($\partial\phi/\partial n = 0$) 或自由边界 ($\phi = 0$) 时, (3) 式中的面积分为零,这时就有

$$T + W = \text{const.}, \tag{4}$$

在给定了初始的速度分布和压缩率分布后, 上式可以使我们证明出随之而发生的运动是确定的. 因为,如 ϕ_1, ϕ_2 为满足初始条件的两个不同的速度势,则在 $\phi=\phi_1-\phi_2$ 所表示的运动中,由于 $T+W$ 在初始时为零,所以也就始终保持为零. 又因 T 和 W 中的每一微元都为本性正值, 这就要求 ϕ 对 x, y, z, t 的导数都为零,即 ϕ_1 和 ϕ_2 只能相差一个绝对常数[1]. 这一讨论当然适用于我们能断定 (3) 式中面积分为零的所有场合.

简 谐 振 动

289. 在流体作简谐运动的情况下,时间因子为 $e^{i\sigma t}$, 287 节方程 (4) 的形式成为

$$(\nabla^2 + k^2)\phi = 0, \tag{1}$$

其中

$$k = \sigma/c. \tag{2}$$

和 280 节比较后可以看出, $2\pi/k$ 就是周期为 $2\pi/\sigma$ 的平面波系的波长.

在对称于原点的情况下, 由 285 节 (10) 式,或把 (1) 式作变换后,可得

$$\frac{\partial^2 r\phi}{\partial r^2} + k^2 r\phi = 0. \tag{3}$$

上式之解可写为[2]

$$\phi = A\frac{\sin kr}{kr} + B\frac{\cos kr}{kr}. \tag{4}$$

如没有源位于原点处,则必有 $B = 0$, 而 (4) 式就简化为

1) Kirchhoff, *Mechanik*, c. xxiii.

2) 为简洁起见,在这里和其它一些地方,把时间因子省去而未写出.

$$\phi = A\frac{\sin kr}{kr}. \tag{5}$$

可注意到，这一解可由传播方向均匀分布的平面波系叠加而得到. 因为，对于传播方向和给定的矢径 r 成 θ 角的平面波系可有

$$\phi = e^{-ikr\cos\theta}, \tag{6}$$

因此，取它在通过原点的所有方向上的平均值就得到

$$\phi = \frac{1}{4\pi}\int_0^{\pi} e^{-ikr\cos\theta}\cdot 2\pi\sin\theta d\theta = \frac{\sin kr}{kr}. \tag{7}$$

我们可以从 (5) 式得出一个结论，它适用于符合 (1) 式的普遍情况. 由 287 节 (6) 式可知，如以任一点 O 为心作一半径为 r 的球面，则 ϕ 在这一球面上的平均值满足 (3) 式形式的方程. 因此，应用 287 节中的记号后，有

$$\phi = \frac{\sin kr}{kr}\phi_0, \tag{8}$$

其中 ϕ_0 表示 O 点处的 ϕ 值. 这里已假定了在半径为 r 的球内没有奇点[1]. 参看第 38 节.

再回到对称于原点的情况，并注意到 (4) 式之解也可写为

$$\phi = C\frac{e^{-ikr}}{r} + D\frac{e^{ikr}}{r}. \tag{9}$$

根据 285 节 (13) 式，不难看出

$$\phi = \frac{e^{-ikr}}{4\pi r} \tag{10}$$

表示原点处的一个单位源所引起的发散波系.

为计算自由空间中的一个孤立源所发射的能量，我们应用实数形式的表达式

$$4\pi\phi = \frac{\cos k(ct - r)}{r}. \tag{11}$$

在一个半径为 r 的球面上，每单位时间作用于其外部流体的功为

$$\left(p_0 + \rho_0\frac{\partial\phi}{\partial t}\right)\left(-\frac{\partial\phi}{\partial r}\right)4\pi r^2. \tag{12}$$

1) 这一定理由 H. Weber 给出，见 *Crelle*, lxix. (1868).

把(11)式代入上式,并取三角函数项的平均值,就得到以下结果:

$$\frac{\rho_0 k^2 c}{8\pi}. \tag{13}$$

它也可由 280 节(9)式得出,因为随着半径不断增大,球面波就愈来愈接近平面波[1].

与上述类似,(9)式右边第二项表示一个汇,能量在该处以(13)式所给出的速率而被吸收.但在声学中,能量汇的概念是很不自然的,所以实际上并不用到它.

一个双源的速度势可以像第 56 节中那样而得到.于是,如对称轴和 x 轴重合,就可写出

$$4\pi\phi = -\frac{\partial}{\partial x}\frac{e^{-ikr}}{r}, \tag{14}$$

或写成实数的形式而为

$$\begin{aligned}4\pi\phi &= -\frac{\partial}{\partial x}\frac{\cos k(ct-r)}{r}\\ &= -\frac{\partial}{\partial r}\frac{\cos k(ct-r)}{r}\cdot\cos\theta,\end{aligned} \tag{15}$$

式中 θ 为矢径 r 和 x 轴之间的夹角.在大 kr 值下,可近似地有

$$4\pi\phi = -\frac{k\sin k(ct-r)}{r}\cos\theta. \tag{16}$$

现在,能量的发射率是

$$\frac{\rho_0 k^4 c}{24\pi}. \tag{17}$$

它可以像前面那样计算出来,也可以用平面波的理论推算出来.

可以再说一遍,以上只是对自由空间中的一个孤立的源而作的计算.如有障碍物出现,就可能会使结果发生很大变化.例如,当一个简单源靠近一个无限平面壁时,由于源的镜像反射会使任一点处的振动振幅加倍,而维持这一源所需之功率则四倍于前述.

1) 280 节中的 a 现在等于 $1/4\pi cr$. 把它代入 280 节(9)式,再乘以 $4\pi r^2$,就得到(13)式中的结果.

反之，如一个源完全由刚性壁面所包围，那么从总体上来看，源是不作功的，因为气体的动能是常数。

290. Helmholtz[1]，Rayleigh[2] 和其他一些人[3]发展了满足方程

$$(\nabla^2+k^2)\phi=0 \tag{1}$$

的函数的一般性理论。这一理论和关于 Laplace 方程 $\nabla^2\phi=0$ 的解的理论有许多类似之处，而 Laplace 方程实际上也只是 (1) 式在 $c=\infty$ 或 $\sigma=0$ 时的特殊情况。

(1) 式的典型解（从这一个解可得出所有其它解）是和单位源相对应的一个解，即

$$\phi=\frac{e^{-ikr}}{4\pi r}, \tag{2}$$

其中 r 为距源的距离。

由 Green 定理（第 43 节）可知，如 ϕ 和 ϕ' 为任意两个函数，而且它们及其一阶、二阶导数在任一有限区域中都是有限的和单值的，则有

$$\iint\left(\phi\frac{\partial\phi'}{\partial n}-\phi'\frac{\partial\phi}{\partial n}\right)dS$$

$$=\iiint(\phi'\nabla^2\phi-\phi\nabla^2\phi')dxdydz. \tag{3}$$

而如 ϕ 和 ϕ' 额外地还满足 (1) 式，则 (3) 式右边部分为零，就有

$$\iint\phi\frac{\partial\phi'}{\partial n}dS=\iint\phi'\frac{\partial\phi}{\partial n}dS. \tag{4}$$

应用和第 57 节相同的方法[4]，可由上式导出以下公式：

---

1) "Theorie der Luftschwingungen in Röhren mit offenen Enden," *Crelle*, lvii. 1 (1859) [*Wiss. Abh.* ii. 303].

2) *Theory of Sound*, ii.

3) 对于较近代的数学理论可看 Pockels, "Ueber die partielle Differentialgleichung $\Delta u+k^2u=0$" (Leipzig, 1891) 以及 Sommerfeld, 第 58 节最后一个脚注中引文.

4) 即令 $\phi'=e^{-ikr}/r$，其中 r 表示距一个固定点的距离；当这一固定点落于所考虑的区域之内时，就用一个小球面把它隔离开.

$$\phi_P = -\frac{1}{4\pi}\iint \frac{e^{-ikr}}{r}\frac{\partial \phi}{\partial n}dS + \frac{1}{4\pi}\iint \phi \frac{\partial}{\partial n}\left(\frac{e^{-ikr}}{r}\right)dS, \quad (5)$$

它用边界上的 ϕ 和 $\partial\phi/\partial n$ 之值而给出区域中任一点 P 处的 ϕ 值. 符号 r 在这里表示从 P 点到各面元的距离,因而我们可以看出, ϕ 的值可以看作是由简单源和双源在边界面上的某种分布而产生的[1].

此外,如 r' 表示从域外一点 P' 到面元的距离,则有

$$0 = -\frac{1}{4\pi}\iint \frac{e^{-ikr'}}{r'}\frac{\partial \phi}{\partial n}dS + \frac{1}{4\pi}\iint \phi \frac{\partial}{\partial n}\left(\frac{e^{-ikr'}}{r'}\right)dS. \quad (6)$$

应当注意到,可以在边界上作出无限多种源分布,它们都对域内点给出完全相同的 ϕ 值,而 (5) 式所展示的源的特殊分布只是这无限多种分布中的一种. 例如,把 (5) 式和 (6) 式相加,就得到这类分布中的另一种,而且,这种分布还能随着 P' 点的位置而改变[2].

(5) 式和 (6) 式也适用于在内部有一个或几个闭曲面作为边界的无限区域,只要 ϕ 在距原点无穷远处趋于以下形式:

$$\phi = C\frac{e^{-ikR}}{R}. \quad (7)$$

我们可以把这一条件说成在无穷远处没有声波源.

在某些条件下,可以进一步得到类似于普通势函数理论中的结果,并只用简单源在边界上的分布、或只用双源在边界上的分布来表示给定区域中任意点的 ϕ 值,即可有

$$\phi_P = -\frac{1}{4\pi}\iint \frac{e^{-ikr}}{r}\left(\frac{\partial \phi}{\partial n} + \frac{\partial \phi'}{\partial n'}\right)dS, \quad (8)$$

$$\phi_P = \frac{1}{4\pi}\iint (\phi - \phi')\frac{\partial}{\partial n}\left(\frac{e^{-ikr}}{r}\right)dS, \quad (9)$$

其中辅助函数 ϕ' 及其一阶、二阶导数被假定为在给定区域的外部空间中为有限、且满足 (1) 式,并在边界上则根据情况而取为

---

1) Helmholtz, 上面脚注中引文.

2) Lamor, 第 58 节第二个脚注中引文.

$$\left.\begin{aligned}\phi' &= \phi\\ \frac{\partial\phi'}{\partial n} &= \frac{\partial\phi}{\partial n}.\end{aligned}\right\}\tag{10}$$

或

而且，如果这一外部空间是无限的，那就还要假定 ϕ' 最终趋于(7)式的形式．无需给出证明了，因为完全可以按照第 58 节中的思路来做．

然而，如果像对待普通势函数那样认为必有一函数 ϕ 能在给定的有限区域中满足(1)式，并能在边界上使 ϕ 或 $\partial\phi/\partial n$ 符合任意指定的值，那就错了．虽然存在定理是有的，但如果边界条件为 $\phi=0$ 或 $\partial\phi/\partial n=0$，那么，对于和所考虑区域中空气的正则振型相对应的一系列确定的 k 值而言，存在定理就失效了．

由于同样原因，(8)式和(9)式就不能无条件地应用于无限区域，因为有可能不能确定辅助函数 ϕ'．

为举例说明上述理论，我们假定在以 O 点为中心、r 为半径的球内有

$$\phi=\frac{\sin kR}{R},\tag{11}$$

其中 R 现在表示距 O 点的距离．如在外部空间中设

$$\phi'=\sin ka\cdot\frac{e^{-ik(R-a)}}{R},\tag{12}$$

则(8)式的有效性条件可以满足，而我们可求得

$$\phi=\frac{ke^{ika}}{4\pi a}\iint\frac{e^{-ikr}}{r}\,dS.\tag{13}$$

不难证明，当 $R<a$ 时，上式等价于(11)式，而当 $R>a$ 时，则等价于(12)式．

现在，我们来寻求简单源的面分布，使它能令球外空间中

$$\phi=\frac{e^{-ikR}}{R}.\tag{14}$$

对于内部空间，能在边界上与上式相符的 ϕ' 为

$$\phi'=\frac{e^{-ika}}{\sin ka}\cdot\frac{\sin kR}{R},\tag{15}$$

于是得到

$$\phi'=\frac{k}{4\pi a\sin ka}\iint\frac{e^{-ikr}}{r}\,dS.\tag{16}$$

但当 k 为 $\sin ka=0$ 的一个根时，ϕ' 就不能确定．事实上，在这种情况下，在半径为 a 的球面上均匀分布的简单源系对球外各点并不产生影响．

一个特殊情况是被考虑的区域为由一平面所界限的“半无限”

区域. 例如,假定所考虑的是平面 $x=0$ 的正侧空间. 如令

$$\phi'(-x,y,z)=\phi(x,y,z),$$

则在边界上有 $\phi'=\phi$ 和 $\partial\phi'/\partial n=\partial\phi/\partial n$, 于是(8)式简化为

$$\phi_P=-\frac{1}{2\pi}\iint\frac{e^{-ikr}}{r}\frac{\partial\phi}{\partial n}dS. \tag{17}$$

而如令 $\phi'(-x,y,z)=-\phi(x,y,z)$, 则在边界上有 $\phi'=-\phi$, $\partial\phi'/\partial n=\partial\phi/\partial n$, 因而

$$\phi_P=\frac{1}{2\pi}\iint\phi\frac{\partial}{\partial n}\left(\frac{e^{-ikr}}{r}\right)dS. \tag{18}$$

如果所考虑的区域中所有尺寸都远小于波长, 则可近似地令(5)式中 $e^{-ikr}=1$, 而(5)式就成为

$$\phi_P=-\frac{1}{4\pi}\iint\frac{1}{r}\frac{\partial\phi}{\partial n}dS+\frac{1}{4\pi}\iint\phi\frac{\partial}{\partial n}\left(\frac{1}{r}\right)dS, \tag{19}$$

它和第57节中的一样. 因此,在远小于波长的距离之内, ϕ 的变化可以按照它能满足 $\nabla^2\phi=0$ 来计算. 这一原则在对各种声学问题作近似处理时是很有用的(参看299节和300节).

最后,我们提一下,如恢复时间因子,则(5)式可写成

$$\phi_P=-\frac{1}{4\pi}\iint\frac{e^{i\sigma\left(t-\frac{r}{c}\right)}}{r}\frac{\partial\phi}{\partial n}dS+\frac{1}{4\pi}\iint\phi\frac{\partial}{\partial n}\left(\frac{e^{i\sigma\left(t-\frac{r}{c}\right)}}{r}\right)dS. \tag{20}$$

可用 Fourier 二重积分定理

$$F(t)=\frac{1}{2\pi}\int_{-\infty}^{\infty}d\sigma\int_{-\infty}^{\infty}F(\tau)e^{i\sigma(t-\tau)}d\tau \tag{21}$$

而把上式推广. 如以 $\phi(t)$ 表示时刻 t 时边界上 (x,y,z) 点处所具有的 ϕ 值,以 $f(t)$ 表示相应的 $\partial\phi/\partial n$ 值,则可得域内 P 点处的 ϕ 值为

$$\phi_P=-\frac{1}{4\pi}\iint\frac{f\left(t-\frac{r}{c}\right)}{r}dS+\frac{1}{4\pi}\iint\frac{\partial}{\partial n}\frac{\phi\left(t-\frac{r}{c}\right)}{r}dS, \tag{22}$$

其中最后一项中的对空间求导只作用于以显性方式出现的 r 上。这一公式是值得注意的，它是用过去的 ϕ 和 $\partial\phi/\partial n$ 在围圈 P 的一个闭曲面上各点处的数值来表示 P 点在任一时刻的 ϕ 值，是首先由 Kirchhoff[1] 用另一方法而由 287 节 (4) 式得到的。有些作者认为这一公式也对声学中"Huygens 原理"作出了精确的数学表述，但我们在谈到特殊情况(5)式时就已指出过，用这种方式来表示 ϕ 具有很大的任意性，因而是不确定的。

291. 上一节中所提到的一些作者也处理了方程

$$(\nabla^2+k^2)\phi=\Phi \tag{1}$$

之解，式中 Φ 为 x,y,z 的给定函数，并在有限区域 $\sum$ 之外为零。

和普通引力理论之间的类似可对求解给出提示。(1) 式可由

$$\phi_P=-\frac{1}{4\pi}\iiint\Phi'\frac{e^{-ikr}}{r}\,dx'dy'dz' \tag{2}$$

所满足，其中 Φ' 为 (x',y',z') 处的 Φ 值，r 表示从这一点到需要求其 ϕ 值的那点 P 的距离，积分则是在整个区域 $\sum$ 上求积。当 P 位于 $\sum$ 之外时，(2) 式为解是很明显的，因为 (2) 右边部分是简单源在 $\sum$ 内以体密度 $-\Phi$ 分布时所产生的势函数。而为了检验当 P 点位于 $\sum$ 之内时，(2) 式是否为解，我们把这一区域分为 $\sum_1$ 和 $\sum_2$ 两部分，其中 $\sum_2$ 把 P 点包含在内，它的线性尺度则最终被取为无穷小(与 k^{-1} 相比)。由于 P 在 $\sum_1$ 之外，所以在 (2) 式的积分微元中，我们只需进而考虑和 $\sum_2$ 内的空间相对应的部分。对这部分积分微元来讲，把指数函数展开后可得

$$\phi_P=-\frac{1}{4\pi}\iiint\frac{\Phi'}{r}\,dx'dy'dz'+\frac{ik}{4\pi}\iiint\Phi'dx'dy'dz'+\cdots. \tag{3}$$

和普通势函数理论中的情况一样，右边第一项满足 $\nabla^2\phi=\Phi$，但它对 ϕ 本身所提供的影响最终是趋于零的。右边第二项和其后

1) "Zur Theorie der Lichtstrahlen," *Berl. Ber.* 1882, p.641 [*Ges. Abh.* ii. 22]. 也还有一些其它的证明方法，可参看 Larmor，第 58 节第二个脚注中引文和 Love, *Proc. Lond. Math. Soc.* (2) i. 37 (1903).

各项最终都对 ϕ 和 $\nabla^2\phi$ 没有贡献。

可以证明，(2) 式是 (1) 式唯一的一个能在空间所有各点都成立、并在无穷远处为零的解。在有界区域的场合下，我们可以再加上 $(\nabla^2+k^2)\phi=0$ 的任意一个解。这种做法可以使我们满足边界条件。

我们可以应用上述理论来确定作用于介质上的周期性外力的效应。运动方程可由277节 (4) 式和 (5) 式推广而得到，它们显然应为

$$\frac{\partial u}{\partial t}=-c^2\frac{\partial s}{\partial x}+X,\quad \frac{\partial v}{\partial t}=-c^2\frac{\partial s}{\partial y}+Y,$$

$$\frac{\partial w}{\partial t}=-c^2\frac{\partial s}{\partial z}+Z, \tag{4}$$

和

$$\frac{\partial s}{\partial t}=-\left(\frac{\partial u}{\partial x}+\frac{\partial v}{\partial y}+\frac{\partial w}{\partial z}\right). \tag{5}$$

故

$$\frac{\partial^2 s}{\partial t^2}=c^2\nabla^2 s-\left(\frac{\partial X}{\partial x}+\frac{\partial Y}{\partial y}+\frac{\partial Z}{\partial z}\right); \tag{6}$$

如假定时间因子为 e^{ikct}，则有

$$(\nabla^2+k^2)s=\frac{1}{c^2}\left(\frac{\partial X}{\partial x}+\frac{\partial Y}{\partial y}\quad\frac{\partial Z}{\partial z}\right). \tag{7}$$

在无界区域中的解为

$$s=-\frac{1}{4\pi c^2}\iiint\left(\frac{\partial X'}{\partial x'}+\frac{\partial Y'}{\partial y'}+\frac{\partial Z'}{\partial z'}\right)\frac{e^{-ikr}}{r}dx'dy'dz', \tag{8}$$

这里已假定了 X, Y, Z 在距原点某个距离之外为零。因

$$\partial/\partial x'\cdot r^{-1}=-\partial/\partial x\cdot r^{-1},\cdots,$$

故上式可写成

$$s=\frac{1}{4\pi c^2}\iiint\left(X'\frac{\partial}{\partial x}+Y'\frac{\partial}{\partial y}+Z'\frac{\partial}{\partial z}\right)\frac{e^{-ikr}}{r}dx'dy'dz'. \tag{9}$$

由 (4) 式可看出，在力所作用的区域之外，运动是无旋的，且速度势为

$$\phi=-ics/k, \tag{10}$$

它是由双源的某种分布而引起的。

例如，假定作用力集中于环绕原点的一个无穷小空间中，并沿 x 轴方向，则令

$$F=\rho\iiint X'dx'dy\,dz' \tag{11}$$

后，可得

$$\phi=-\frac{iF}{4\pi kc\rho}\frac{\partial}{\partial x}\frac{e^{-ikr}}{r}, \tag{12}$$

其中 r 表示从原点算起的距离。因此，一个集中力等价于一个强度为 $iF/kc\rho$ 的双

源.

恢复时间因子后，可由(9)式和(11)式而得到

$$s = \frac{F}{4\pi\rho c^2}\frac{\partial}{\partial x}\frac{e^{i\sigma\left(t-\frac{r}{c}\right)}}{r}, \tag{13}$$

它与周期力 $Fe^{i\sigma t}$ 相对应. 上式显然可以推广到外力为任一时间函数时的情况. 以 $F(t)$ 表示这种外力，就有

$$s = \frac{1}{4\pi\rho c^2}\frac{\partial}{\partial x}\frac{F\left(t-\frac{r}{c}\right)}{r}. \tag{14}$$

球谐函数的应用

292. 当边界条件与球面有关时，方程

$$(\nabla^2 + k^2)\phi = 0 \tag{1}$$

之解可用下述方法得到。

我们可以假定 ϕ 在以原点为心、以 r 为半径的任一球面上的值被展为球面谐函数的级数，其系数为 r 的函数。于是可写出

$$\phi = \sum R_n\phi_n, \tag{2}$$

其中 ϕ_n 为 n 阶球体谐函数，而 R_n 仅为 r 之函数。

现在

$$\begin{aligned}\nabla^2(R_n\phi_n) &= \phi_n\nabla^2 R_n + 2\left(\frac{\partial R_n}{\partial x}\frac{\partial\phi_n}{\partial x} + \frac{\partial R_n}{\partial y}\frac{\partial\phi_n}{\partial y}\right.\\ &\qquad\left. + \frac{\partial R_n}{\partial z}\frac{\partial\phi_n}{\partial z}\right) + R_n\nabla^2\phi_n\\ &= \phi_n\nabla^2 R_n + \frac{2}{r}\frac{dR_n}{dr}\left(x\frac{\partial\phi_n}{\partial x}\right.\\ &\qquad\left. + y\frac{\partial\phi_n}{\partial y} + z\frac{\partial\phi_n}{\partial z}\right) + R_n\nabla^2\phi_n.\end{aligned} \tag{3}$$

而根据球体谐函数的定义有

$$\nabla^2\phi_n = 0,$$

且

$$x\frac{\partial\phi_n}{\partial x} + y\frac{\partial\phi_n}{\partial y} + z\frac{\partial\phi_n}{\partial z} = n\phi_n.$$

故

$$\nabla^2(R_n\phi_n)=\left(\nabla^2 R_n+\frac{2n}{r}\frac{dR_n}{dr}\right)\phi_n$$

$$=\left(\frac{d^2R_n}{dr^2}+\frac{2(n+1)}{r}\frac{dR}{dr}\right)\phi_n. \tag{4}$$

如把(2)式代入(1)式，则因对应于每一个 n 的 $R_n\phi_n$ 都必须独立地满足(1)式，故有

$$\frac{d^2R_n}{dr^n}+\frac{2(n+1)}{r}\frac{dR_n}{dr}+k^2R_n=0. \tag{5}$$

上式可用级数求解. 为此，假定

$$R_n=\sum A_m(kr)^m,$$

其相继系数之间的关系可求得为

$$m(2n+1+m)A_m+A_{m-2}=0.$$

它给出两个升幂级数，一个由 $m=0$ 开始，另一个由 $m=-2n-1$ 开始. 于是得到

$$R_n=A\left\{1-\frac{k^2r^2}{2(2n+3)}+\frac{k^4r^4}{2\cdot 4(2n+3)(2n+5)}-\cdots\right\}$$

$$+Br^{-2n-1}\left\{1-\frac{k^2r^2}{2(1-2n)}\right.$$

$$\left.+\frac{k^4r^4}{2\cdot 4(1-2n)(3-2n)}-\cdots\right\},$$

其中 A, B 为任意常数. 故如令 $\phi_n=r^nS_n$，则 S_n 为一 n 阶球面谐函数，(1)式之通解可写为

$$\phi=\sum\{A\psi_n(kr)+B\Psi_n(kr)\}r^nS_n, \tag{6}$$

其中

$$\psi_n(\zeta)=\frac{1}{1\cdot 3\cdots(2n+1)}\left\{1-\frac{\zeta^2}{2(2n+3)}\right.$$

$$\left.+\frac{\zeta^4}{2.4(2n+3)(2n+5)}-\cdots\right\},$$

$$
\left.\begin{aligned}
\Psi(\zeta) = \frac{1\cdot 3\cdots(2n-1)}{\zeta^{2n-1}}\Bigl\{1 - \frac{\zeta^2}{2(1-2n)} \\
+ \frac{\zeta^4}{2\cdot 4(1-2n)(3-2n)} - \cdots\Bigr\}.
\end{aligned}\right\} \tag{7}
$$
[1]

当运动速度在原点处不是无穷大时，就只保留(6)式中第一项.

函数 $\psi_n(\zeta)$ 和 $\Psi_n(\zeta)$ 也可用有限项的形式表示如下：

$$
\left.\begin{aligned}
\psi_n(\zeta) &= \left(-\frac{d}{\zeta d\zeta}\right)^n \frac{\sin\zeta}{\zeta}, \\
\Psi_n(\zeta) &= \left(-\frac{d}{\zeta d\zeta}\right)^n \frac{\cos\zeta}{\zeta}.
\end{aligned}\right\} \tag{8}
$$

只要把 $\sin\zeta$ 和 $\cos\zeta$ 展开并求导，就立即可证明出它们和(7)式相同了. 作为特殊情况，有

$$
\left.\begin{aligned}
&\psi_0(\zeta) = \frac{\sin\zeta}{\zeta},\quad \psi_1(\zeta) = \frac{\sin\zeta}{\zeta^3} - \frac{\cos\zeta}{\zeta^2}, \\
&\psi_2(\zeta) = \left(\frac{3}{\zeta^5} - \frac{1}{\zeta^3}\right)\sin\zeta - \frac{3\cos\zeta}{\zeta^4}.
\end{aligned}\right\} \tag{9}
$$

(6)式和(8)式表明，方程

$$
\frac{d^2 R_n}{d\zeta^2} + \frac{2(n+1)}{\zeta}\frac{dR_n}{d\zeta} + R_n = 0 \tag{10}
$$

(它是把(5)式中的 kr 写成 ζ 而得到的)的通解为

---

1) 这里的记号和 Heine (*Kugelfunktionen*, i. 82) 所采用的有些不一致. 还可注意到，(6)式对 289 节(8)式给出了一个直接证明.

(7)式中的函数和分数阶的 Bessel 函数有以下关系：

$$
\zeta^n \psi_n(\zeta) = \sqrt{\frac{\pi}{2\zeta}}\, J_{n+\frac{1}{2}}(\zeta),
$$

$$
\zeta^n \Psi_n(\zeta) = (-1)^n \sqrt{\frac{\pi}{2\zeta}}\, J_{-n-\frac{1}{2}}(\zeta).
$$

Lommel 作出了 $\pm\frac{1}{2}(2m+1)$ 阶 (m 为整数) Bessel 函数的计算表，ζ 的间隔为 1；在 Janke and Emde 和 Watson 的著作中作了转载. 把 ζ 分得更细(间隔为 0.2)的计算表由 Dinnick 给出，见 *Archiv d. Math. u. Phys.* (3) xx.(1912).

$$R_n=\left(\frac{d}{\zeta d\zeta}\right)^n\frac{Ae^{i\zeta}+Be^{-i\zeta}}{\zeta}. \tag{11}$$

这是不难证明的，因如 R_n 为(10)式的解，则对应于 R_{n+1} 的微分方程就可由

$$R_{n+1}=\frac{dR_n}{\zeta d\zeta}$$

所满足，而重复应用这一结果就可看出(10)式可由

$$R_n=\left(\frac{d}{\zeta d\zeta}\right)^n R_0 \tag{12}$$

所满足，其中 R_0 为

$$\frac{d^2(\zeta R_0)}{d\zeta^2}+\zeta R_0=0$$

之解，即

$$R_0=\frac{Ae^{i\zeta}+Be^{-i\zeta}}{\zeta}. \tag{13}$$[1]

对于函数 $\phi_n(\zeta)$ 和 $\Psi_n(\zeta)$ 的各种组合中的那种适于表达发散波的组合，用一个特殊记号来表示是比较方便的作法．令

$$f_n(\zeta)=\left(-\frac{d}{\zeta d\zeta}\right)^n\frac{e^{-i\zeta}}{\zeta}=\Psi_n(\zeta)-i\phi_n(\zeta). \tag{14}$$

作为特殊情况，有

$$\left.\begin{aligned}&f_0(\zeta)=\frac{e^{-i\zeta}}{\zeta},\quad f_1(\zeta)=\left(\frac{i}{\zeta^2}+\frac{1}{\zeta^3}\right)e^{-i\zeta},\\&f_2(\zeta)=\left(-\frac{1}{\zeta^3}+\frac{3i}{\zeta^4}+\frac{3}{\zeta^5}\right)e^{-i\zeta}.\end{aligned}\right\} \tag{15}$$

普遍式则为

$$f_n(\zeta)=\frac{i^ne^{-i\zeta}}{\zeta^{n+1}}\left\{1+\frac{n(n+1)}{2i\zeta}+\frac{(n-1)n(n+1)(n+2)}{2\cdot4\cdot(i\zeta)^2}+\cdots+\frac{1\cdot2\cdot3\cdots2n}{2\cdot4\cdot6\cdots2n(i\zeta)^n}\right\}. \tag{16}$$

1）上述分析在数学物理中有着广泛的应用，它首先由 Laplace 所给出，见 "Sur la diminution de la durée jour par le refroidissement de la Terre," *Conn. des Tems* pour l'An 1823, p. 245 (1820) [*Méc. Célest*, Livre 11me, c. iv.]．其后，许多作者又给出过几种形式．把这一问题作为微分方程中的一个问题来考虑的历史见 Glaisher, "On Ricatti's Equation and its Transformations," *Phil. Trans.* 1881.

它可用"数学归纳法"来证明，或借助于 $f_n(\zeta)$ 所应满足的微分方程来证明[1]。

如分别令实部和实部、虚部和虚部相等，则可由(14)式得出用 $\cos\zeta$，$\sin\zeta$ 和有限项代数级数来表示 $\psi_n(\zeta)$ 和 $\Psi_n(\zeta)$ 的表达式。

函数 $\psi_n(\zeta)$，$\Psi_n(\zeta)$ 和 $f_n(\zeta)$ 都满足以下类型的递推公式：

$$\psi_n'(\zeta)=-\zeta\psi_{n+1}(\zeta), \tag{17}$$

$$\zeta\psi_n'(\zeta)+(2n+1)\psi_n(\zeta)=\psi_{n-1}(\zeta), \tag{18}$$

在简化中常会用到它们。

我们也还有关系式

$$\{\psi_n'(\zeta)\Psi_n(\zeta)-\psi_n(\zeta)\Psi_n'(\zeta)\}\zeta^{2n+2}=1, \tag{19}$$

或其等价公式

$$\{\psi_{n-1}(\zeta)\Psi_n(\zeta)-\psi_n(\zeta)\Psi_{n-1}(\zeta)\}\zeta^{2n+1}=1. \tag{20}$$

由(17)式和(18)式可知，当把 n 改换为 $n-1$ 时，(19)式的左边并不改变其值，因此，为证明(19)式，只要在 $n=0$ 的情况下作出检验就可完成。如所考虑的是位于两个同心球面之间的区域，那么(19)式也可由290节(14)式得出[2]。因如令290节(4)式中

$$\phi=\Psi_n(kr)r^nS_n,\quad \phi'=\psi_n(kr)r^nS_n, \tag{21}$$

则可看出，表达式(其中积分包括所有顶点在原点处的微元立体角 $\delta\varpi$)

$$\{\psi_n'(kr)\Psi_n(kr)-\psi_n(kr)\Psi_n'(kr)\}r^{2n+2}\iint S_n^2\,d\varpi \tag{22}$$

与 r 无关。在 r 为无穷小量下进行计算，就又可得到(19)式中的关系。

293. 圆球形外壳中的空气的振荡问题是上述理论的一个简单应用。

1° 首先讨论刚性球壳内空气的自由振荡。因速度在原点处为有限值，故有

---

1) 参看 Stokes，294 节第一个脚注中引文；所用记号和这里不同。

2) 参看 Rayleigh, *Theory of Sound*, Art. 327.

$$\phi = A\psi_n(kr)r^n S_n \cdot e^{i\sigma t}, \tag{1}$$

且边界条件为

$$ka\psi'_n(ka) + n\psi_n(ka) = 0, \tag{2}$$

其中 a 为球壳半径．上式确定了可允许的 k 值，因而也就确定了 σ 值（$=kc$）．

从 292 节 (8) 式不难看出，上式总可以化为以下形式：

$$\tan ka = F(ka), \tag{3}$$

其中 $F(ka)$ 为一有理代数函数．于是，它的根可以或者应用级数方法、或者用 Fourier[1] 想出的一个方法而不难算出．

在单纯作径向振荡 ($n = 0$) 的场合中，有

$$\phi = A\,\frac{\sin kr}{kr}\,e^{i\sigma t}, \tag{4}$$

以及边界条件

$$\tan ka = ka. \tag{5}$$

(5) 式确定了正则振型的频率．这一方程也在其它物理问题中出现，最方便的求根方法是应用级数[2]．Schwerd[3] 所求得的前面几个根是

$$\frac{ka}{\pi} = 1.4303,\ 2.4590,\ 3.4709,\ 4.4774,\ 5.4818,\ 6.4844, \tag{6}$$

它们逐渐接近于 $m + \frac{1}{2}$ 的形式（m 为整数）．这些数值给出了球壳直径与波长之比 $2a/\lambda$．取其倒数，得

$$\frac{\lambda}{2a} = 0.6992,\ 0.4067,\ 0.2881,\ 0.2233,\ 0.1824,\ 0.1542. \tag{7}$$

在 (5) 式第二个根和其后各根所对应的振荡中，较其阶低的根就给出波节球面 ($\partial\phi/\partial r = 0$) 的位置．例如，在第二个振型中有一个波节球面，它的半径由

$$\frac{r}{a} = \frac{1.4303}{2.4590} = 0.5817$$

给出．

在 $n = 1$ 的情况下，如取 x 轴和球面谐函数 S_1 的轴线重合，并令 $x = r\cos\theta$，就有

$$\phi = A\left(\frac{\sin kr}{k^2r^2} - \frac{\cos kr}{kr}\right)\cos\theta \cdot e^{i\sigma t}; \tag{8}$$

而方程 (2) 就成为

$$\tan ka = \frac{2ka}{2 - k^2a^2}. \tag{9}$$

其零根并无意义．下一个根则给出直径和波长之比为

---

1) Théorie analytique de la chaleur, *Paris*, 1822, Art. 286.

2) Euler, *Introductio in Analysin Infinitorum*, Lansannae, 1748, ii. 319; Rayleigh, *Theory of Sound* Art. 207.

3) 由 Verdet 所引用，见 *Leçons d'Optique Physique*, Paris, 1869—70, i. 266.

$$ka/\pi = 0.6625.$$

对于其它更高阶的根，这一比值就接近于相继的整数 2, 3, 4, …. 当根为最小值时，取这一比值的倒数，有

$$\lambda/2a = 1.509.$$

它是所有正则振型中最缓慢的振荡，在这一振荡中，空气像在两端封闭的管中那样而来回摆动着. 在任一更高阶的根所对应的振荡中，较低阶的根就给出波节球面（$\partial\phi/\partial r = 0$）的位置. 关于对这一问题的进一步讨论需参看 Rayleigh[1] 所作的探讨.

2° 外壳以指定的规律

$$\frac{\partial\phi}{\partial r} = S_n \cdot e^{i\sigma t} \tag{10}$$

作法向振动时，为求出由此而引起的内部空气的运动，可有

$$\phi = A\psi_n(kr)r^n S_n \cdot e^{i\sigma t} \tag{11}$$

和边界条件

$$A\{ka\psi'_n(ka) + n\psi_n(ka)\}a^{n-1} = 1,$$

故

$$\phi = \frac{\psi_n(kr)}{ka\psi'_n(ka) + n\psi_n(ka)} \cdot a\left(\frac{r}{a}\right)^n S_n \cdot e^{i\sigma t}. \tag{12}$$

像我们可预料到的那样，当 ka 为 (2) 式的一个根时，也就是，当外壳的振动周期和其中空气的一个固有周期（对应于同一 n 阶球谐型振荡的）相重合时，上面的表达式就成为无穷大了.

如令 $ka = 0$，就得到不可压缩流体的情况. 这时，(12) 式简化为第 91 节中的

$$\phi = \frac{a}{n}\left(\frac{r}{a}\right)^n S_n \cdot e^{i\sigma t}. \tag{13}$$

一件重要的事情是应注意到，即使是气体，但只要 ka 很小，即只要与实际周期相对应的波长（$2\pi/k$）远小于球壳的周长，这一结果也是能近似成立的. 我们在这里就有了一个 290 节中所述普遍原理的实例，而且也很快会多次用到这一普遍原理（299 节和 300 节）.

3° 当气体位于两个同心球面所夹空间中时，为确定其运动，需要应用 292 节 (6) 式这种完整的形式. 但是，唯一有兴趣的是二球面的半径接近于相等的情况，而这种情况是可以用另一种方法[2]更为容易地来求解的.

在球极坐标系 r, θ, ω 中，方程 $(\nabla^2 + k^2)\phi = 0$ 成为

$$\frac{\partial^2\phi}{\partial r^2} + \frac{2}{r}\frac{\partial\phi}{\partial r} + \frac{1}{r^2}\left[\frac{\partial}{\partial\mu}\left\{(1-\mu^2)\frac{\partial\phi}{\partial\mu}\right\} + \frac{1}{1-\mu^2}\frac{\partial^2\phi}{\partial\omega^2}\right] + k^2\phi = 0, \tag{14}$$

其中 $\mu = \cos\theta$. 如在 $r = a$ 和 $r = b$ 处有 $\partial\phi/\partial r = 0$，且 a 和 b 几乎相等，就

---

1) "On the Vibrations of a Gas contained within a Rigid Spherical Envelope," *Proc. Lond. Math. Soc.* (1)iv. 93(1872); *Theory of Sound*, Art. 331.

2) Rayleigh, *Theory of Sound*, Art. 333. 直接解法是由 Chree 给出的，见 *Mess. of Math.* xv. 20(1886); 它所根据的是 292 节 (19) 式.

可以把径向运动完全忽略掉，于是上式就简化为

$$\frac{\partial}{\partial \mu}\left\{(1-\mu^2)\frac{\partial \phi}{\partial \mu}\right\}+\frac{1}{1-\mu^2}\frac{\partial^2 \phi}{\partial \omega^2}+k^2a^2\phi=0. \tag{15}$$

和 199 节中完全一样，可以看出，在整个球面上都为有限值的唯一解应具有以下形式：

$$\phi \propto S_n, \tag{16}$$

式中 S_n 为整数阶 n 的球面谐函数，而对应的 k 值则由

$$k^2a^2=n(n+1) \tag{17}$$

给出.

在最缓慢的振型 ($n=1$) 中，气体穿过谐函数 S_1 的赤道而来回摆动. 当振荡相位在两极处为极端值时，气体在一个极点处压缩而在另一极点处膨胀. 由于在此情况下 $ka=\sqrt{2}$，所以可得波长与直径之比为 $\lambda/2a=2.221$.

在下一个振型 ($n=2$) 中，振荡的类型取决于球谐函数 S_n 的类型. 如果 S_2 是带谐函数，则赤道为波节. 振荡频率由 $ka=\sqrt{6}$ 或 $\lambda/2a=1.283$ 确定.

294. 接下去，我们讨论在无界介质中从一个球形曲面向外传播的波动[1].

如在球面 ($r=a$) 上具有指定的法向速度

$$\dot{r}=S_n\cdot e^{i\sigma t}, \tag{1}$$

则 $(\nabla^2+k^2)\phi=0$ 的对应解为(应用 292 节中的记号)

$$\phi=C_nf_n(kr)r^nS_n\cdot e^{i\sigma t}. \tag{2}$$

在球面 ($r=a$) 上所需满足的条件

$$-\frac{\partial\phi}{\partial r}=S_n\cdot e^{i\sigma t} \tag{3}$$

给出

$$C_n=-\frac{1}{\{kaf'_n(ka)+nf_n(ka)\}a^{n-1}}. \tag{4}$$

在距离远大于波长 ($2\pi/k$) 的 r 处，近似地有

$$f_n(kr)=\frac{i^ne^{-ikr}}{(kr)^{n+1}}, \tag{5}$$

故(2)式变为

$$\phi=\frac{i^nC_n}{k^{n+1}}\frac{e^{ik(ct-r)}}{r}S_n, \tag{6}$$

其实数形式为

$$\phi=\frac{|C_n|}{k^{n+1}}\frac{\cos k(ct-r+\varepsilon)}{r}S_n. \tag{7}$$

在单位时间中向外传播的能量为

---

1) Stokes 用不太一样的方法求解了这一问题，见 "On the Communication of Vibrations from a Vibrating Body to a surrounding Gas", *Phil, Trans.* 1866[*Papers*, iv. 299].

$$-\iint p \frac{\partial\phi}{\partial r} r^2 d\tilde{\omega}, \tag{8}$$

其中 $\delta\tilde{\omega}$ 为微元立体角，而 r 则可为方便起见而取得很大．因

$$p = p_0 + \rho_0 \frac{\partial\phi}{\partial t}, \tag{9}$$

故可得表达式 (8) 的平均值为

$$\frac{1}{2} \frac{\rho_0 c}{k^{2n}} |C_n^2| \cdot \iint S_n^2 d\tilde{\omega}. \tag{10}$$

它也可以从 280 节 (9) 式而立即得出，因为在任意一个指定的方向上，当波传播时，它最终会趋于一个平面波．

当 $n>0$ 时，球面 $r=a$ 上由节线 $S_n=0$ 所分隔开的任意两部分上的法向速度的相位相反．靠近球面处的空气就会出现侧向流动，其方向由向外运动的部分流向向内流动的部分，因此，如果波长不是太小的话，就会产生一种效应，这种效应是使传播到远处的扰动强度减弱（和法向速度在球面上处处具有同样相位的情况相比）．球谐函数的阶数 n 越高，这一效应也就越显著，因为球面被更多的节线分隔成更多的块数．此外，对同一球谐函数和指定的频率 $(\sigma/2\pi)$ 而言，这种侧向运动的影响也会随着波速 c 和(因而)波长 $2\pi/k$ 的增大而迅速增长．这一点就说明了何以在氢气中所发出的钟声较之在空气中听到的要微弱的原因了[1]．

为了用实例来表明以上叙述，可注意到，如果空气的侧向运动由一组沿径向从球面向外伸展到无穷远处的锥形隔壁所阻止，则表达式 (10) 就应替换为

$$\frac{1}{2} \rho_0 c |C_0|^2 \cdot \iint S_n^2 d\tilde{\omega}. \tag{11}$$

它和表达式 (10) 之比 I_n 等于

$$\frac{(ka)^{2n}\{kaf_n'(ka) + nf_n(ka)\}^2}{\{kaf_0'(ka)\}^2} \tag{12}$$

的"绝对值"．从 292 节 (15) 式所给出的 f_0，f_1 和 f_2 之值可不难得到

$$\left.\begin{aligned} &I_0 = 1, \quad I_1 = \frac{4 + k^4a^4}{k^2a^2(1 + k^2a^2)}, \\ &I_2 = \frac{81 + 9k^2a^2 - 2k^4a^4 + k^6a^6}{k^4a^4(1 + k^2a^2)}. \end{aligned}\right\} \tag{13}$$

附表中的数值结果(还有一些其它结果)是由 Stokes 给出的．

ka	I_0	I_1	I_2
4	1	0.95588	0.87523
2	1	1	1.8625
1	1	2.5	44.5
0.5	1	13	1064.2
0.25	1	60.294	19650

1) Stokes，前一个脚注中引文．

此外，对同样条件下的两种不同气体而言，能量传递速率之比为

$$\frac{(k'a)^{2n-1}\{k'af'_n(k'a)+nf_n(k'a)\}^2}{(ka)^{2n-1}\{kaf'_n(ka)+nf_n(ka)\}^2} \tag{14}$$

的绝对值，其中带撇的 k 指的是第二种气体．这一表达式是不难从（10）式和（4）式、并借助于关系式（取两种情况中的频率相同[1]）

$$\frac{\rho_0 c}{\rho'_0 c'}=\frac{c'}{c}=\frac{k}{k'}$$

而得出．当 $n=2$ 时，表达式（14）等于

$$\frac{(ka)^7(81+9k'^2a^2-2k'^4a^4+k'^6a^6)}{(k'a)^7(81+9k^2a^2-2k^4a^4+k^6a^6)}. \tag{15}$$

因此，如假定两种气体为氧和氢，并取 $ka=0.5$，$k'a=0.125$，可得能量向外传播速率之比约为 16000:1[2]．

295. 从摆锤理论的观点来看，上一节中 $n=1$ 的情况是具有特殊意义的，因为它对应于一个刚性圆球沿直线来回振荡．不过应注意到，由于在动力学方程中略去了二阶项，所以也就意味着已假定了球的振幅远小于其半径．

为求解这一问题，几乎无需依靠前述普遍理论，因为流体的运动和由位于球心处的一个双源（289 节）所引起的运动一样．

设球心在 x 轴上以速度 $u=\alpha e^{i\sigma t}$ 而振荡，可写出

$$\phi=C\frac{\partial}{\partial x}\frac{e^{-ikr}}{r}=C\frac{d}{dr}\frac{e^{-ikr}}{r}\cdot\cos\theta, \tag{16}$$

其中 $x=r\cos\theta$．在 $r=a$ 处的条件 $-\partial\phi/\partial r=U\cos\theta$ 给出

$$C\frac{d^2}{da^2}\frac{e^{-ika}}{a}=-\alpha, \tag{17}$$

故

$$C=\frac{(2-k^2a^2-2ika)\alpha a^3e^{ika}}{4+k^4a^4}. \tag{18}$$

作用于圆球上的合力为

$$X=-\int_0^\pi p\cos\theta\cdot 2\pi a^2\sin\theta d\theta, \tag{19}$$

其中 p 为球面上的压力，即

---

1) 还假定了两种气体中的两种比热的比值 γ 相等．

2) 一个振动着的圆球周围空间中的能量分布曾由 Lennard-Jones 作了探讨，见 *Proc. Lond. Math. Soc.* (2)xx. 347 (1921)．在紧邻球体的区域中，能量主要是动能，流体的运动几乎就像是不可压缩流体那样，参看 290 节．频率越低，球谐函数的阶越高，这一区域也就越大．如果考虑整个波系，可得知动能比势能大一个有限值．

$$p = p_0 + \rho_0\dot{\phi} = p_0 + i\sigma\rho_0 C \frac{d}{da}\frac{e^{-ika}}{a}\cdot\cos\theta. \tag{20}$$

完成积分运算并把(18)式中的C值代入后可得

$$X = -\frac{4}{3}\pi\rho_0 a^3\cdot\frac{2+k^2a^2-ik^3a^3}{4+k^4a^4}i\sigma\alpha e^{i\sigma t}. \tag{21}$$

上式可写为以下形式:

$$X = -\frac{4}{3}\pi\rho_0 a^3\cdot\frac{2+k^2a^2}{4+k^4a^4}\cdot\frac{du}{dt} - \frac{4}{3}\pi\rho_0 a^3\cdot\frac{k^3a^3}{4+k^4a^4}\cdot\sigma u. \tag{22}$$ [1]

把X的正负符号颠倒过来后,就得到为维持圆球作所假定的简谐振荡而必须施加于圆球的外力.

(22)式右边第一项相当于圆球的惯性增大了

$$\frac{2+k^2a^2}{4+k^4a^4}\times\frac{4}{3}\pi\rho_0 a^3; \tag{23}$$

第二项则相当于圆球受到一个正比于其速度的摩擦力,其摩擦系数为

$$\frac{k^3a^3}{4+k^4a^4}\times\frac{4}{3}\pi\rho_0 a^3\sigma. \tag{24}$$

在不可压缩流体中,或说得更为普遍些,只要波长 $2\pi/k$ 远大于圆球的周界时,可令 $ka = 0$. 这时,附加的惯性就等于圆球所排开的流体惯性的一半,而摩擦系数为零[2]. 参看第92节.

摩擦系数在任何情况下都是高阶 ka,所以,如果圆球周界适当地小于波长,这种"摩擦"对圆球振荡的影响并不大. 而为了求出每单位时间中耗费于在周围介质中产生波所需要的能量,就需要把(22)式(现在把它看作是诸实变量之间的关系式)中的摩擦项乘以 u,并取其平均值,其结果为

$$\frac{2}{3}\pi\rho_0 a^3\cdot\frac{k^3a^3}{4+k^4a^4}\cdot\sigma\alpha^2. \tag{25}$$

换言之,如 ρ_1 为球体的平均密度,那么,它在一个周期中所耗费的能量在它本身所具有的能量中所占的比值为

$$2\pi\frac{\rho_0}{\rho_1}\cdot\frac{k^3a^3}{4+k^4a^4}. \tag{26}$$

296. 292节中的分析也可用来计算一个球形障碍物所引起的散射波. 尤其是,我们所要考虑的情况是入射波为一平面波系,它沿 x 负方向传播,并由(在不考虑时间因子时)

---

1) 这一公式由 Rayleigh (*Theory of Sound*, Art. 325) 给出. 作振荡的圆球问题的另一处理方法见 Poisson, "Sur les mouvements simultanés d'un pendule et de l'air environnant", *Mém. de l'Acad. des Sciences*, xi. 521 (1832) 和 Kirchhoff, *Mechanik*, C. xxiii.

2) Poisson, 前一个脚注中引文.

$$\phi = e^{ikx} \tag{1}$$

所表示。

由于上式能满足 $(\nabla^2 + k^2)\phi = 0$，而且在原点附近没有奇点，又对称于 x 轴，所以它一定能展为一个级数，其中各项具有以下形式（所用符号的意义为 $x = r\cos\theta = r\mu$）：

$$\psi_n(kr)r^n \cdot P_n(\cos\theta). \tag{2}$$

于是我们假定

$$e^{ikr\mu} = A_0\psi_0(kr) + A_1\psi_1(kr)krP_1(\mu) + \cdots + A_n\psi_n(kr)(kr)^nP_n(\mu) + \cdots. \tag{3}$$

如把上式对 μ 求导 n 次，则因 $P_s(\mu)$ 为 s 次的代数式，故前 n 项就不再出现。把所得结果除以 $(kr)^n$，并注意到可由第 85 节 (1) 式而有

$$\frac{d^n}{d\mu^n}P_n(\mu) = 1\cdot 3\cdot 5\cdots(2n-1), \tag{4}$$

可得

$$i^ne^{ikr\mu} = 1\cdot 3\cdots(2n-1)A_n\psi_n(kr) + \cdots. \tag{5}$$

令 $r = 0$ 后并根据 292 节 (7) 式可得

$$A_n = (2n+1)i^n. \tag{6}$$

于是得到

$$e^{ikx} = \sum_0^\infty (2n+1)\psi_n(kr)(ikr)^nP_n(\mu). \tag{7}$$ [1]

上式是用球面谐函数来表示出位于无穷远处的一个源所产生的速度势．如源距原点 O 为有限距离，也可得到一个类似的展开式如下．设 P' 为源的位置，P 为需要求速度势的那个点的位置．令

$$OP = r,\ OP' = r',\ \rho^2 = r^2 - 2rr'\mu + r'^2, \tag{8}$$

其中 $\mu = \cos POP'$．如 $r<r'$，可假定

$$f_0(k\rho) = \sum_0^\infty A_n\psi_n(kr)(kr)^nP_n(\mu). \tag{9}$$

如只改变 ρ 和 μ，可有 $\rho d\rho = -rr'd\mu$，故

---

1) Rayleigh, *Proc. Lond. Math. Soc.* (1)iv. 253 (1878). 还可看． Heine, *Kugelfunctionen*, i. 82(1878). 以上证明是把 Heine 对下面 (13) 式的证明改写了一下而得出的．

$$-\frac{1}{k\rho}\frac{d}{d(k\rho)}=\frac{1}{kr\cdot kr'}\frac{d}{d\mu}. \tag{10}$$

把这一运算对 (9) 式施行 n 次，并根据 292 节 (14) 式，可有

$$f_n(k\rho)=\frac{1\cdot 3\cdots(2n-1)}{(kr')^n}\psi_n(kr)A_n+\cdots. \tag{11}$$

现令 $r=0$，就有

$$A_n=(2n+1)(kr')^n f_n(kr'), \tag{12}$$

于是得到

$$f_0(k\rho)=\sum_0^\infty (2n+1)(kr)^n(kr')^n f_n(kr')\psi_n(kr)P_n(\mu). \tag{13}$$

如 $r>r'$，只需把上式中的 r 和 r' 互换一下即可，因为 ρ 对于这两个变量是对称的．故有

$$f_0(k\rho)=\sum_0^\infty (2n+1)(kr)^n(kr')^n\psi_n(kr')f_n(kr)P_n(\mu). \tag{14}$$ [1]

下面，我们可以利用 (7) 式来表明，

$$(\nabla^2+k^2)\phi=0 \tag{15}$$

在原点处为有限值的典型解

$$\phi=\psi_n(kr)r^n s_n \tag{16}$$

怎样可由平面波叠加而得到．其中 $n=0$ 时的情况已作过讨论 (289 节)．

由球面谐函数的共轭性(第 87 节)可有

$$\iint e^{ikr\mu}S_n d\tilde{\omega}=(2n+1)(ikr)^n\psi_n(kr)\iint P_n(\mu)S_n d\tilde{\omega}, \tag{17}$$

其中 $\delta\tilde{\omega}$ 表示以原点为心、半径为一个单位的球面上的微元．符号 μ 在这里表示 $\delta\tilde{\omega}$ 到某个 Q 点的角距离的余弦，而这一 Q 点则为任一矢径 r 和上述球面的交点．根据一个已知的 Laplace公式[2]，有

$$\iint P_n(\mu)S_n d\tilde{\omega}=\frac{4\pi}{2n+1}S'_n, \tag{18}$$

其中 S'_n 表示 S_n 在 Q 点之值．于是得到

$$(ikr)^n\psi_n(kr)S'_n=\frac{1}{4\pi}\iint e^{ikr\mu}S_n d\tilde{\omega}. \tag{19}$$

这样，典型解就被表示为一系列单位振幅的平面波的平均了，这些平面波的法线相对于原点的分布密度则为一变量，并由球面谐函数 S_n 来表示．

随之可知，在任意一个没有源的区域中，流体的运动可分解为一个个相互叠加的平面波列．

---

1) (13) 式是 Heine (i. 346) 用上述方式证明的(只是所用记号不同)．Clebsch (1863) 在第 8 节第二个脚注的引文中曾得到一个等价的形式．

2) Ferrers, *Spherical Harmonics*, p. 89.

297. 我们着手讨论空气波射向一个球形障碍物这样一个特殊问题。

考虑入射波系中的一个组成部分

$$\phi = B_n\psi_n(kr)r^nS_n, \tag{1}$$

并设散射波中所对应的组成部分为

$$\phi' = B'_nf_n(kr)r^nS_n. \tag{2}$$

如球形障碍物是固定的，则在 $r=a$ 处所需满足的条件

$$\frac{\partial}{\partial r}(\phi+\phi')=0 \tag{3}$$

给出

$$\frac{B'_n}{B_n} = -\frac{ka\psi'_n(ka)+n\psi_n(ka)}{kaf'_n(ka)+nf_n(ka)}. \tag{4}$$

只有当波长远大于球体周界时，也就是，只有当 ka 为小量时，才便于表明上式的作用．这时，根据 292 节 (7) 式和 (16) 式，对于小 ξ 值可近似地有

$$\psi_n(\xi)=\frac{1}{1\cdot 3\cdots(2n+1)},\quad f_n(\xi)=\frac{1\cdot 3\cdots(2n-1)}{\xi^{2n+1}}, \tag{5}$$

故当 $n>0$ 时

$$\frac{B'_n}{B_n}=\frac{n}{n+1}\frac{(ka)^{2n+1}}{\{1\cdot 3\cdots(2n-1)\}^2(2n+1)}. \tag{6}$$

$n=0$ 时比较特殊，这时近似地有

$$\frac{B'_0}{B_0}=-\frac{1}{3}(ka)^3. \tag{7}$$

如入射波为平面波并被表示为 e^{ikx}，则 $S_n=P_n$，再根据 296 节 (7) 式有

$$B_n=(2n+1)i^nk^n, \tag{8}$$

故

$$B'_0=-\frac{1}{3}(ka)^3,\quad B'_1=\frac{1}{2}ik(ka)^3. \tag{9}$$

因此，在 r 远大于波长处，散射波中的最主要部分可根据 292 节 (15) 式而表示为

$$\begin{aligned}\phi' &= B'_0f_0(kr)+B'_1f_1(kr)r\cos\theta\\ &= -(ka)^3\left(\frac{1}{3}+\frac{1}{2}\cos\theta\right)\frac{e^{-ikr}}{kr}.\end{aligned} \tag{10}$$

这两项在物理上的来源将在 300 节中靠近结尾处作出解释．

在散射波中，平均每单位时间向外传播的能量可像 294 节中那样而求得为

$$\Sigma\frac{1}{2}\frac{\rho_0c}{k^{2n}}|B'_n|^2\cdot\iint P_n^2d\tilde{\omega}. \tag{11}$$

现在，适于作为比较的标准是入射波系中单位面积波阵面上的能量通量．在现在的假定下，根据 280 节，这一能量通量为 $\frac{1}{2}\rho_0k^2c$，而表达式 (11) 和它之比则根据第 87 节 (5) 式可得为

$$\Sigma \frac{4\pi}{(2n+1)k^{2n+2}}|B_n'^2|. \tag{12}$$

当 ka 为小量时，最低阶的两项对应于 $n=0$ 和 $n=1$. 把(9)式代入(11)式并完成求和后，可得

$$\frac{7}{9}(ka)^4\cdot\pi a^2, \tag{13}$$

因此，能量的散射率反比于波长的四次方[1].

一个数值实例是，如入射波的波长为4英尺，那么，直径为 $\frac{1}{1000}$ 英寸的小球只散射掉入射能量的 1.43×10^{-17}. 因此，不难理解，为什么在光学上透明度很差的大雾能不受多大阻碍地传递普通的声音了.

298. 下面讨论平面入射波射向一个可移动的球体时的情况. 所讨论的球体具有以下形式的运动方程：

$$M\ddot{\xi} = -\iint p\cos\theta a^2 d\tilde{\omega} + X, \tag{1}$$

其中 X 为外力(如果有的话).

如时间因子为 e^{ikct}，则

$$p = p_0 + \rho_0\frac{\partial}{\partial t}(\phi+\phi') = p_0 + ikc\rho_0(\phi+\phi'). \tag{2}$$

此外，运动学上的表面条件为

$$-\frac{\partial}{\partial r}(\phi+\phi') = \dot{\xi}\cos\theta = ikc\xi\cos\theta. \tag{3}$$

1° 首先，假定球体在空气波的冲击之下可以完全自由地运动，因而 $X=0$. 令 $M=\frac{4}{3}\pi\rho_1 a^3$，并把(2)式代入(1)式，可得

$$kc\rho_1\xi = i\{B_1\psi_1(ka) + B_1' f_1(ka)\}\rho_0, \tag{4}$$

这是因为不同阶的球面谐函数的乘积项沿球面求积时就消失了. 再根据(3)式可有

$$-ikc\xi = B_1\{ka\psi_1'(ka) + \psi_1(ka)\} + B_1'\{kaf_1'(ka) + f_1(ka)\}, \tag{5}$$

而297节(4)式则对 $n>1$ 仍能成立. 从(4)式和(5)式消去 ξ，可得

$$\frac{B_1'}{B_1} = -\frac{\{ka\psi_1'(ka)+\psi_1(ka)\}\rho_1 - \psi_1(ka)\rho_0}{\{kaf_1'(ka)+f_1(ka)\}\rho_1 - f_1(ka)\rho_0}. \tag{6}$$

如 ka 为小量，则 $\psi_1(ka)$ 和 $f_1(ka)$ 的近似值使

$$\frac{B_1'}{B_1} = \frac{\rho_1-\rho_0}{6\rho_1+3\rho_0}k^3a^3. \tag{7}$$

---

1) Rayleigh 用有些不同于这里的方法探讨了这一问题，见 *Proc. Lond. Math. Soc.* (1)iv. 253(1872)；还可看 *Theory of Sound*, Arts. 296, 334, 335. (13)式中的结果是他在下面的文章中给出的："On the Transmission of Light through an Atmosphere containing Small Particles in Suspension" *Phil. Mag.* (5) xlvii.375 (1899) [*Papers*, iv. 397].

当 $\rho_1=\rho_0$ 时，在这一近似级下，如我们所能预料到的那样，$n=1$ 型的散射波就消失了，这时，球体只是随着空气而来回飘动.

假设不出现球体时，空气在原点处的位移为 ξ_0，那么在我们现在所作的假定下，

$$ikc\xi_0=-ike^{ikct}. \tag{8}$$

于是，把 (7) 式代入 (5) 式，并回想起 $B_1=3ik$，就得到

$$\frac{\xi}{\xi_0}=\frac{3\rho_0}{2\rho_1+\rho_0}. \tag{9}$$

如所预料的那样，这一比值按照 $\rho_1 \gtrless \rho_0$ 而小于或大于 1.

2° 作为说明共振理论的一个例子，可以讨论一下球体受到一个正比于其位移的力而被推向一个固定位置时的情况. 设空气的影响被略去时，球体振动的固有周期为 $2\pi/\sigma_0$，并在 (1) 式中令

$$X=-M\sigma_0^2\xi. \tag{10}$$

于是代替 (4) 式而有

$$(\sigma_0^2-k^2c^2)\rho_1\xi=-ikc\rho_0\{B_1\psi_1(ka)+B_1'f_1(ka)\}. \tag{11}$$

由上式和 (5) 式可得

$$\frac{\sigma_0^2-k^2c^2}{k^2c^2}\rho_1=-\frac{B_1\psi_1(ka)+B_1'f_1(ka)}{B_1\{ka\psi_1'(ka)+\psi_1(ka)\}+B_1'\{kaf_1'(ka)+f_1(ka)\}}\cdot\rho_0. \tag{12}$$

当无外部源时，$B_1=0$，就有

$$\frac{\sigma_0^2-k^2c^2}{k^2c^2}\rho_1=-\frac{f_1(ka)}{kaf_1'(ka)+f_1(ka)}\cdot\rho_0. \tag{13}$$

这一方程确定了 k，并因而确定了球体在周围介质影响下所作"自由"运动的特点. 如应用 292 节 (15) 式而把它化为代数方程的形式，就得到 k 的一个双二次方程[1]，即

$$(k^2c^2-\sigma_0^2)(k^2a^2-2ika-2)+2\beta k^2c^2(ika+1)=0, \tag{14}$$

其中 $\beta=\frac{1}{2}\rho_0/\rho_1$. 从我们目前的观点来看，只有较小的两个根才是重要的，它们近似地由

$$k^2c^2=\sigma_0^2/(1+\beta) \tag{15}$$

给出. 我们看到，流体的存在所起的主要影响是使球体的惯性增加，所增加之值为它所排开的流体惯性的一半. 参看第 92 节和 295 节. 为求得振荡的衰减率，需要把近似方法引伸一步. 可以求得，和 295 节中的讨论相符，"自由"振荡属于以下类型:

$$\xi=Ce^{-\nu t}\cos(\sigma' t+\varepsilon), \tag{16}$$

其中 σ' 和 ν 如只保留主要部分则为

$$\sigma'=\frac{\sigma_0}{\sqrt{1+\beta}},\quad \nu=\frac{\beta}{4(1+\beta)}\frac{\sigma'^4a^3}{c^3}. \tag{17}$$

---

1) 可令 295 节 (21) 式中

$$\alpha e^{i\sigma t}=i\sigma\xi,\quad X=M(\sigma_0^2-\sigma^2)\xi$$

而得到一个与之等价的结果.

在强迫振荡中，k 之值是指定的，可由 (12) 式求得

$$\frac{B_1'}{B_1} = -\frac{\{ka\psi_1'(ka) + \psi_1(ka)\}(\sigma_0^2 - k^2c^2) + 2\beta k^2c^2\psi_1(ka)}{\{kaf_1'(ka) + f_1(ka)\}(\sigma_0^2 - k^2c^2) + 2\beta k^2c^2f_1(ka)}. \tag{18}$$

如 ka 为小量，则 $\psi_1(ka)$ 和 $f_1(ka)$ 的近似值就使

$$\frac{B_1'}{B_1} = \frac{\sigma_0^2 - (1-2\beta)k^2c^2}{\sigma_0^2 - (1+\beta)k^2c^2}\cdot\frac{1}{6}\ k^3a^3; \tag{19}$$

但很明显，当 kc 和 $\sigma_0/(1+\beta)^{1/2}$ 接近相等时，也就是，当入射波的频率和自由振动频率接近相等时，这一近似结果就不对了.

为了仔细考查接近于同步时的情况，在精确公式 (18) 中令

$$f_1(ka) = \Psi_1(ka) - i\psi_1(ka), \tag{20}$$

并得到

$$\frac{B_1'}{B_1} = -\frac{g_1(ka)}{G_1(ka) - ig_1(ka)}, \tag{21}$$

其中

$$\left.\begin{aligned} g_1(ka) &= \{ka\psi_1'(ka) + \psi_1(ka)\}\left(\frac{\sigma_0^2a^2}{c^2} - k^2a^2\right) + 2\beta k^2a^2\psi_1(ka), \\ G_1(ka) &= \{ka\Psi_1'(ka) + \Psi_1(ka)\}\left(\frac{\sigma_0^2a^2}{c^2} - k^2a^2\right) + 2\beta k^2a^2\Psi_1(ka). \end{aligned}\right\} \tag{22}$$

(21) 式右边的模永远不能大于 1，但当

$$G_1(ka) = 0 \tag{23}$$

时，这一模之值为 1，因而这时散射波振幅为最大值，而

$$B_1' = -iB_1. \tag{24}$$

如所考虑的入射波系由 296 节 (1) 式所表示时，就有

$$B_1' = 3k, \tag{25}$$

而散射波系在远外的速度势为(在实数形式中)

$$\phi' = -3\ \frac{\sin k(ct - r)}{kr}\cos\theta, \tag{26}$$

它所对应的入射波系为

$$\phi = \cos k(ct + x). \tag{27}$$

可注意到，这一结果与 ka 的大小无关.

当 ka 为小量时，我们把 292 节 (7) 式代入 $\Psi_1(ka)$，(23) 式就变成

$$\begin{aligned} &-\left(2 + \frac{1}{4}\ k^4a^4 + \cdots\right)\left(\frac{\sigma_0^2a^2}{c^2} - k^2a^2\right) \\ &\qquad + 2\beta k^2a^2\left(1 + \frac{1}{2}\ k^2a^2 + \cdots\right) = 0, \end{aligned} \tag{28}$$

而且不难看出，当 σ_0a/c 为小量时，它可由仅比自由振荡下的

$$ka = \frac{\sigma_0a}{(1+\beta)^{1/2}c} \tag{29}$$

小一点点的实数值 ka 所满足. 此外，根据 (3) 式，可近似地得到

$$\xi = \frac{6}{k^3a^3c}\ \sin kct. \tag{30}$$

而在我们所考虑的入射波中，空气质点在入射波中的振动振幅为 $1/c$，所以球体的振幅超过了这一振幅，其比值为 $6/(k^3a^3)$. 此外，由 (10) 式可以看出，散射波的最大能量耗散率为 $6\pi\rho_0 c$，如以入射波单位阵面上的能量通量为单位，则为

$$3\lambda^2/\pi, \tag{31}$$

其中 λ 为波长. 它和一个固定圆球所产生的能量耗散率之比为 $\frac{108}{7}(ka)^{-6}$.

另一方面，应注意到，上述最大耗散率下的波长是极其严格地被确定的. 无需很困难就可以证明，当入射振荡的波长只偏离这一临界值的

$$\frac{\beta k^3a^3}{4(1+\beta)}$$

时，能量耗散率就降低到最大值的一半. 而在所有声学应用中，这一偏离量都是一个极其微小的数值. 实际上，物体通常都不是在空气波的直接冲击下发生强烈的和振的，而要利用空腔共振器和共振板.

对(31)式中的因子 3 也要作出一点说明. 由于球体具有三个自由度，所以(31)式中的结果与入射波的方向无关. 而如球体被限制在一条确定的直线上振动，散射的程度就和入射波的方向有关. 对所有方向的入射波取平均值后所得到就是 λ^2/π[1].

299. 由一块薄板、或由于在挡板上有一孔隙而引起的声波衍射问题可以用近似方法予以处理，只要障碍物的尺度或孔隙的尺度远小于波长[2]. 这一前提条件和通常在光学中所用到的前提条件正好相反，因此，衍射的特征也很不相同，尤其是，我们遇不到声影或声射线的性质这样的问题.

1° 首先考虑一列沿 x 负方向传播的波射向位于平面 $x=0$ 上的一块薄板时的情况. 如果没有薄板，那么流体的运动就处处都由

$$\phi = e^{ikx} \tag{1}$$

来表示. 由于上式使薄板板面上具有法向速度 $-ik$，因此，所需之全解应为

$$\phi = e^{ikx} + \chi, \tag{2}$$

---

1) 本节所作探讨取自本书作者的一篇文章: "A Problem in Resonance, illustrative of the Theory of Selective Absorption of Light," *Proc. Lond. Math. Soc.* xxxii. 11 (1900). 最后的说明是由 Rayleigh 作出的，见 "Some General Theorems concerning Forced Vibrations and Resonance," *Phil. Mag.*(6)iii 97(1902)[*Papers*, v. 8].

2) Rayleigh, "On the Passage of Waves through Apertures in Plane Screens, and Allied Problems," *Phil. Mag.*(5) xliii. 259(1897)[*Papers*, iv. 283].

其中 χ 表示当薄板以与其平面正交的速度 ik 而振荡时在周围空气中所引起的运动.290 节(18)式给出

$$\chi_P = \frac{1}{2\pi}\iint \chi \frac{\partial}{\partial n}\left(\frac{e^{-ikr}}{r}\right) dS, \tag{3}$$

并只在薄板的正侧上求积. 如 x,y,z 为 P 相对于薄板上一个原点的坐标,则可写出 $\partial/\partial n = -\partial/\partial x$;而如果从薄板上任意一点到 P 之距离都远大于薄板的线性尺度,就可进一步写出

$$\chi_P = -\frac{1}{2\pi}\iint \chi dS \cdot \frac{\partial}{\partial x}\left(\frac{e^{-ikr}}{r}\right), \tag{4}$$

其中的 r 现在已可取为距原点的距离了. 于是,散射波就像是由一个适当强度的双源所产生的一样.

在前述基本条件下,χ 在平板附近的变化情况就非常接近于流体为不可压缩时的情况(290 节). 在不可压缩流体中,如把流体的密度和薄板的速度(与板面正交)都取为 1,那么,表达式 $2\iint \chi dS$ 就等于薄板的"惯性系数"(121 节(3)式). 以 M 表示这一系数(它只取决于薄板的大小和形状),则在目前情况下可有

$$\iint \chi dS = \frac{1}{2} ikM, \tag{5}$$

并因而近似地有

$$\chi_P = -\frac{ikM}{4\pi}\frac{\partial}{\partial x}\left(\frac{e^{-ikr}}{r}\right) = -\frac{k^2M}{4\pi}\cdot\frac{e^{-ikr}}{r}\cos\theta, \tag{6}$$

其中 θ 为 OP 和 Ox 的夹角.

对于一块半径为 a 的圆板,由 102 节和 108 节而有

$$M = \frac{8}{3}a^3, \tag{7}$$

故

$$\chi_P = -\frac{8}{3}\frac{\pi a^3}{\lambda^2}\cdot\frac{e^{-ikr}}{r}\cos\theta. \tag{8}$$

2° 当平面波直射于平面 $x=0$ 上的一块挡板时,则如挡板没有孔隙,就按照 $x \gtrless 0$ 而有

$$\left.\begin{array}{l}\phi = e^{ikx} + e^{-ikx},\\ \phi = 0,\end{array}\right\} \tag{9}$$

或

其中 e^{-ikx} 项表示反射波. 当挡板上有一空隙时,可分别对挡板两侧假定

$$\left.\begin{array}{l}\phi = e^{ikx} + e^{-ikx} + \chi,\\ \phi = \chi'.\end{array}\right\} \tag{10}$$

和

压力和速度的连续性要求孔隙处有

$$2 + \chi = \chi', \quad \frac{\partial\chi}{\partial x} = \frac{\partial\chi'}{\partial x}, \tag{11}$$

而在平面 $x=0$ 的其余部分上则有

$$\frac{\partial \chi}{\partial x}=0,\ \frac{\partial \chi'}{\partial x}=0. \tag{12}$$

如果我们把 χ 和 χ' 取为由简单源在孔隙上的某种面分布而产生的势函数，而且这种分布能在孔隙上使

$$\chi=-1,\ \chi'=+1, \tag{13}$$

那么上述诸条件就都可得到满足.

现由 290 节 (17) 式有

$$\chi_P=-\frac{1}{2\pi}\iint \frac{e^{-ikr}}{r}\frac{\partial \chi}{\partial n}dS. \tag{14}$$

在目前情况下，可根据 (12) 式而只在孔隙面上求积. 在这一理解之下，可对距离 r 远大于孔隙尺度处写出

$$\chi_P=-\frac{1}{2\pi}\iint \frac{\partial \chi}{\partial n}dS\cdot\frac{e^{-ikr}}{r}. \tag{15}$$

假如 k 为零，那么，按照 (13) 式来确定 χ 的问题就和求解不可压缩流体穿过孔隙时的流动问题相同；而对紧邻孔隙处来讲，流动实际上具有几乎相同的位形. 因而可写出

$$\iint \frac{\partial \chi}{\partial n}dS=2C, \tag{16}$$

其中 C 为孔隙的传导率[1]. 于是 (15) 式成为

$$\chi_P=-C\frac{e^{-ikr}}{\pi r}. \tag{17}$$

由上式并根据一个明显的关系式

$$\chi'(-x,y,z)=-\chi(x,y,z) \tag{18}$$

就可得出 χ'. 它表示，透射波就犹如是由一个强度适当的简单源所产生的.

椭圆形孔隙的传导率已在 113 节 (8) 式给出. 对于圆形孔隙，

$$C=2a, \tag{19}$$

故

$$\chi_P=-\frac{2a}{\pi}\frac{e^{-ikr}}{r}. \tag{20}$$

把上式和 (8) 式相比较后可看出，在所假定的前提下，在相同的距离处，由薄板所引起的散射波振幅要比一个同样大小和形状的孔隙的透射波小得多. 不难求得，每秒钟从一个圆形孔隙中透射过去的总能量和原始波中的能量通量之比为

$$8a^2/\pi^2=0.8106a^2. \tag{21}$$

只要波长远大于孔隙的最大宽度，那么，在远方任一点处，散射波振幅与原始波振幅之比就与波长无关.

300. 对于一个任意形状的障碍物所散射的声波，在和前面相同的前提条件下，也就是，当障碍物的所有线性尺度都远小于波

---

1) 参看 102 节 3°，108 节 1° 和 113 节.

长时，可以应用和前述类似的方法来计算[1]。

把原点取在障碍物内或取在碍障物附近，并假定

$$\phi = e^{ikx} + \chi, \tag{1}$$

其中右边第一项表示人射波，第二项表示散射波．假定障碍物是刚性的并固定不动，则在障碍物表面上必有（l, m, n 为外向法线的方向余弦）

$$\frac{\partial \chi}{\partial n} = -\frac{\partial}{\partial n} e^{ikx} = -ikle^{ikx}. \tag{2}$$

290 节 (5) 式给出

$$\chi_P = -\frac{1}{4\pi}\iint \frac{e^{-ikr}}{r}\frac{\partial \chi}{\partial n} dS + \frac{1}{4\pi}\iint \chi \frac{\partial}{\partial n}\left(\frac{e^{-ikr}}{r}\right) dS, \tag{3}$$

其中积分是在整个障碍物表面上实施的．现在，我们来为距离 r 远大于障碍物尺度处寻求 (3) 式右边部分的近似表达式．障碍物表面上任一点的坐标用 x, y, z 来表示，而 P 点的坐标则用 x_1, y_1, z_1 来表示．

先考虑 (3) 式右边第一项，并写出

$$\frac{e^{-ikr}}{r} = \left(\frac{e^{-ikr}}{r}\right)_0 + x\left(\frac{\partial}{\partial x}\frac{e^{-ikr}}{r}\right)_0 + y\left(\frac{\partial}{\partial y}\frac{e^{-ikr}}{r}\right)_0 + z\left(\frac{\partial}{\partial z}\frac{e^{-ikr}}{r}\right)_0 + \cdots,$$

其中下标 0 表示把具有这一下标的那个表达式中的 x, y, z 取为 0．上式也可写成

$$\frac{e^{-ikr}}{r} = \left(1 - x\frac{\partial}{\partial x_1} - y\frac{\partial}{\partial y_1} - z\frac{\partial}{\partial z_1} + \cdots\right)\frac{e^{-ikr_0}}{r_0}, \tag{4}$$

其中 r_0 表示 P 到原点的距离．此外，由 (2) 式有

$$\frac{\partial \chi}{\partial n} = -ikl + k^2xl + \cdots. \tag{5}$$

取 (4)，(5) 二式的乘积，并在障碍物表面上求积，可近似地得到

$$\iint \frac{e^{-ikr}}{r}\frac{\partial \chi}{\partial n} dS = k^2Q\frac{e^{-ikr_0}}{r_0} + ikQ\frac{\partial}{\partial x_1}\frac{e^{-ikr_0}}{r_0}, \tag{6}$$

其中 Q 为障碍物体积．在得出上式时，我们用到了以下几个很明显的关系式：

$$\iint l dS = 0, \quad \iint xl dS = Q, \quad \iint yl dS = 0, \quad \iint zl dS = 0. \tag{7}$$

(6) 式右边各项具有相同的量级，被略去的诸项则量级较小．

关于 (3) 式右边第二项，我们有

$$\frac{\partial}{\partial n}\frac{e^{-ikr}}{r} = \left(l\frac{\partial}{\partial x} + m\frac{\partial}{\partial y} + n\frac{\partial}{\partial z}\right)\frac{e^{-ikr}}{r}$$

$$= -\left(l\frac{\partial}{\partial x_1} + m\frac{\partial}{\partial y_1} + n\frac{\partial}{\partial z_1}\right)\frac{e^{-ikr}}{r}. \tag{8}$$

---

1) Rayleigh, "On the Incidence of Arial and Electric Waves upon Small Obstacles in the Form of Ellipsoids or Elliptic Cylinders…," *Phil. Mag.* (5) xliv. 28(1897) [*Papers*, iv. 305].

我们可在相容于已用到的近似之下而把 r 写为 r_0，并把 e^{-ikr_0}/r_0 的空间导数提到积分符号之外．于是，结果中包含了以下积分：

$$\iint l\chi dS,\quad \iint m\chi dS,\quad \iint n\chi dS. \tag{9}$$

由 (2) 式或 (5) 式以及 290 节所述普遍原理可知，在障碍物附近，函数 χ 与障碍物在液体中以速度 ik 平行于 x 轴移动时所引起的液体运动的速度势几乎相同．因此，可以把 (9) 式中的诸积分看作是这一想像的运动中的"冲量"分量，并按照 121 节写出（把假想运动中的液体密度取为 1）

$$\left.\begin{aligned}\iint l\chi dS &= ik\mathbf{A},\\ \iint m\lambda dS &= ik\mathbf{C}',\\ \iint n\chi dS &= ik\mathbf{B}'.\end{aligned}\right\} \tag{10}$$

故

$$\iint \chi\frac{\partial}{\partial n}\left(\frac{e^{-ikr}}{r}\right)dS = -ik\left(\mathbf{A}\frac{\partial}{\partial x_1}+\mathbf{C}'\frac{\partial}{\partial y_1}+\mathrm{B}'\frac{\partial}{\partial z_1}\right)\frac{e^{-ikr_0}}{r_0}. \tag{11}$$

于是，最后的近似公式为

$$\chi_p = -\frac{k^2Q}{4\pi}\frac{e^{-ikr}}{r}-\frac{ik}{4\pi}\left\{(\mathbf{A}+Q)\frac{\partial}{\partial x_1}+\mathbf{C}'\frac{\partial}{\partial y_1}+\mathbf{B}'\frac{\partial}{\partial z_1}\right\}\frac{e^{-ikr}}{r}, \tag{12}$$ [1)]

式中，添加于 r 的下标 0 已被略去，因已不再需要．当 kr 很大时，上式可写成

$$\chi_p = -\frac{k^2Q}{4\pi}\frac{e^{-ikr}}{r}-\frac{k^2}{4\pi}\{(\mathbf{A}+Q)\lambda_1+\mathbf{C}'\mu_1+\mathbf{B}'\nu_1\}\frac{e^{-ikr}}{r}, \tag{13}$$

其中 λ_1，μ_1，ν_1 为 r 的方向余弦．

对于一个半径为 a 的圆球，

$$\mathbf{A}=\frac{2}{3}\pi a^3,\ Q=\frac{4}{3}\pi a^3,\ \mathbf{B}'=0,\ \mathbf{C}'=0,$$

就再次得出 297 节 (10) 式中的结果．

散射波可以看作是由一个简单源和一个双源组合后产生的．一般来讲，双源的轴线和入射波的方向并不重合．

为得到一个在形式上较为对称的公式，可假定原始波以任意方向 (λ,μ,ν) 射过来，于是 (1) 式就由下式所替换：

$$\phi = e^{ik(\lambda x+\mu y+\nu z)}+\chi. \tag{14}$$

回顾一下前面所作探讨中的各个步骤，可不难得到

$$\chi_p = -\frac{k^2Q}{4\pi}\frac{e^{-ikr}}{r}-\frac{k^2Q}{4\pi}(\lambda\lambda_1+\mu\mu_1+\nu\nu_1)\frac{e^{-ikr}}{r}$$

---

1) 如除以 k，然后令 $k\to 0$，就又得出 121a 节中对不可压缩流体所得到的结果．

$$- \frac{k^2}{4\pi}\{\mathbf{A}\lambda\lambda_1 + \mathbf{B}\mu\mu_1 + \mathbf{C}\nu\nu_1 + \mathbf{A}'(\mu\nu_1 + \mu_1\nu)$$

$$+ \mathbf{B}'(\nu\lambda_1 + \nu_1\lambda) + \mathbf{C}'(\lambda\mu_1 + \lambda_1\mu)\} \frac{e^{-ikr}}{r} \tag{15}$$

以替换掉(13)式．和124节中一样，坐标轴的方向可以选取得使 $\mathbf{A}', \mathbf{B}', \mathbf{C}' = 0$，而把公式简化为

$$\chi_p = - \frac{k^2 Q}{4\pi} \frac{e^{-ikr}}{r} - \frac{k^2}{4\pi}\{(\mathbf{A} + Q)\lambda\lambda_1 + (\mathbf{B} + Q)\mu\mu_1$$

$$+ (\mathbf{C} + Q)\nu\nu_1\} \frac{e^{-ikr}}{r}. \tag{16}$$

对于一个半轴为 a, b, c 的椭球体，由121节(4)式有

$$\mathbf{A} + Q = \frac{2}{2 - \alpha_0} Q, \ \mathbf{B} + Q = \frac{2}{2 - \beta_0} Q, \ \mathbf{C} + Q = \frac{2}{2 - \gamma_0} Q, \tag{17}$$

其中 α_0, β_0, γ_0 由114节(6)式定义．对于一个圆盘 $(a = b, c = 0)$，$Q = 0$，$\mathbf{A} = \frac{8}{3} a^3$，$\mathbf{B} = 0$，$\mathbf{C} = 0$，(16)式就简化为

$$\chi_p = - \frac{2}{3} \frac{k^2 a^3}{\pi} \lambda\lambda_1 \frac{e^{-ikr}}{r}. \tag{18}$$

圆盘相对于入射波的倾斜度的影响是以与倾斜角的余弦(λ)成正比的方式而使散射波的振幅减小．

不难对(13)式或(16)式中的两种形式的扰动作出一般性的解释．首先，如果没有障碍物，那么，障碍物所占据的地方就会是交替地出现压缩和膨胀的地方．障碍物阻止了这种交替的压缩和膨胀，它就对介质施加了某种反作用，由此而在远距离处所产生的波就和障碍物的体积作周期性变化(它刚好抵消掉前述密度变化)时而在静止介质中所产生的波相同．这一效应等价于一个声的"简单源"．又由于障碍物是不移动的，所以我们还要有第二个波系叠加到上述扰动上．如障碍物能自由移动，而且和它所排开的空气具有同样的惯性，它就会随着声振动而前后摆动，也就不会出现第二个波系．事实上，这第二个波系就犹如是由障碍物沿直线往复振动(和未受扰的波中质点运动等速反向)所引起的．这一效应等价于一个"双源"．

关于波长远小于(而不是大于)障碍物尺度时的衍射问题，一般来讲，是难于解析求解的．唯一可认为完全被解出的问题是半无穷平面挡板，这时，波长的大小是不起作用的．这一问题将在后面308节中讨论．一个初看起来很有希望求解的问题是平面波射向一个固定的圆球，这时，由入射波和散射波所引起的扰动的完整表达式可由297节中的公式给出，即可有

$$\phi + \phi' = \Sigma(2n+1)(ikr)^n \left\{\psi_n(kr) - \frac{ka\psi_n'(ka) + n\psi_n(ka)}{kaf_n'(ka) + nf_n(ka)} f_n(kr)\right\} P_n(\mu). \tag{19}$$

在球面上各点处，上式简化为

$$\phi + \phi' = -\Sigma \frac{(2n+1)i^n P_n(\mu)}{(ka)^{n+1}\{kaf_n'(ka) + nf_n(ka)\}}. \tag{20}$$

不幸的是，当波长远小于圆球的周界 $2\pi a$ 时，ka 很大，(20) 式中的级数收敛得非常慢，以致于为获得一个满意的近似结果就必须取许多项。Rayleigh[1] 在 $ka=10$ 的情况下应用了这一方法，足以表明出圆球后部(即 $\mu=-1$ 附近)初步形成的声影[2]。

301. 现在，我们不再局限于简谐振动，并在求解方程

$$\frac{\partial^2\phi}{\partial t^2}=c^2\nabla^2\phi \tag{1}$$

时，企图采用把 ϕ 展为球谐函数的级数

$$\phi=\Sigma R_n\phi_n \tag{2}$$

(其中 ϕ_n 为 n 阶球体谐函数)的方法。由 292 节 (4) 式，有

$$\frac{\partial^2 R_n}{\partial t^2}=c^2\left\{\frac{\partial^2 R_n}{\partial r^2}+\frac{2(n+1)}{r}\frac{\partial R_n}{\partial r}\right\}. \tag{3}$$

如 R_n 为这一方程的解，不难证明，R_{n+1} 的对应方程必能由

$$R_{n+1}=\frac{1}{r}\frac{\partial R_n}{\partial r} \tag{4}$$

满足，故 (3) 式能由

$$R_n=\left(\frac{\partial}{r\partial r}\right)^n R_0=\left(\frac{\partial}{r\partial r}\right)^n\frac{f(r-ct)+F(r+ct)}{r} \tag{5}$$ [3]

满足。

对于 $n=1$，我们有解式

$$\phi=\frac{\partial}{\partial r}\frac{f(r-ct)+F(r+ct)}{r}\cos\theta. \tag{6}$$

Kirchhoff 和 Love 曾应用这一解式考察了圆球运动时所引起的波系中的阵面在周围介质中是如何传播的这一有趣问题。

---

1) "On the Acoustic Shadow of a Sphere", *Phil. Trans.* A. cciii. 87(1904) [*Papers*, v: 149].

2) 和这一问题性质相同的光学问题和电学问题在许多方面(诸如虹的理论以及地球曲率对无线电通讯的影响等)都具有重要意义，它们曾由 Debye, L.Lorenz, Macdonald, Nicholson, Poincaré 和别人作过讨论，但在所用到的数学方法是否正当的问题上却并不是没有疑问的。Love 给出了丰富的参考文献，见 "On the Transmission of Electric Waves over the Surface of the Earth," *Phil. Trans.* A, ccxv. 105(1914). 还可看 Watson, *Proc. Roy. Soc.* xcv. 83(1918).

3) 参看 Clebsch, 前面第81节第二个脚注中引文; C. Niven, *Solutions of the Senate House Problems… for* 1878, p. 158.

在 Kirchhoff 的探讨中[1]，规定了圆球的运动，其速度为时间的给定函数，而解也较为简单。

Love 讨论了[2]作用于一个球摆上的瞬时冲量所引起的波。摆的运动方程和 298 节中相同，为

$$M\left(\frac{d^2\xi}{dt^2}+\sigma_0^2\xi\right)=-\iint p\cos\theta a^2 d\tilde{\omega}. \tag{7}$$

略去 (6) 式中与向内传播的波相对应的项而假定

$$\phi=\frac{\partial}{\partial r}\frac{f(ct-r)}{r}\cos\theta. \tag{8}$$

它导致

$$\frac{d^2\xi}{dt^2}+\sigma_0^2\xi=\frac{2\beta c}{a^2}\left\{f''(ct-a)+\frac{1}{a}f'(ct-a)\right\}, \tag{9}$$

其中

$$\beta=\frac{2}{3}\pi\rho_0 a^3/M. \tag{10}$$

在球面 $(r=a)$ 上所应满足的运动学条件则要求

$$\frac{d\xi}{dt}=-\frac{1}{a}f''(ct-a)-\frac{2}{a^2}f'(ct-a)-\frac{2}{a^3}f(ct-a). \tag{11}$$

为求解联立方程 (9),(11)，假定

$$f(ct-r)=Ae^{\lambda(ct-r+a)},\quad \xi=Be^{\lambda ct}, \tag{12}$$

故

$$\left.\begin{aligned}(\lambda^2c^2+\sigma_0^2)B&=\frac{2\beta c}{a^3}(\lambda a+1)\lambda A,\\ \lambda cB&=-\frac{1}{a^3}(\lambda^2a^2+2\lambda a+2)A.\end{aligned}\right\} \tag{13}$$

消去比值 A/B 后，得到 λ 的双二次方程如下[3]：

$$(\lambda^2c^2+\sigma_0^2)(\lambda^2a^2+2\lambda a+2)+2\beta c^2\lambda^2(\lambda a+1)=0. \tag{14}$$

用下标把诸根加以区别后可得

$$\xi=-\sum_1^4\frac{\lambda_s^2a^2+2\lambda_s a+2}{ca^3\lambda_s}A_s e^{\lambda_s ct}, \tag{15}$$

$$\phi=-\sum_1^4(\lambda_s r+1)\frac{A_s}{r^2}e^{\lambda_s(ct-r+a)}\cos\theta. \tag{16}$$

当我们从 ξ 和 $d\xi/dt$ 的任意初始值出发时，由于介质原来是静止的，所以上述解是以 $t>0$ 和 $r<ct+a$ 为前提的。初始条件可提供出四个常数 A_s 所应满足的方程中的两个。例如，假定 $t=0$ 时，

---

1) 295 节第一个脚注中引文。

2) "Some Illustrations of Modes of Decay of Vibratory Motions", *Proc. Lond. Math. Soc.* (2)ii 88(1904).

3) 如令 $\lambda=ik$，下式就变得和 298 节 (14) 式相同。

$$\xi = 0, \quad \frac{d\xi}{dt} = U_0, \tag{17}$$

那么就有

$$\left.\begin{aligned} &\sum_1^4 \left(\lambda_s a + 2 + \frac{2}{\lambda_s a}\right) A_s = 0, \\ &\sum_1^4 (\lambda_s^2 a^2 + 2\lambda_s a + 2) A_s = -U_0 a^3. \end{aligned}\right\} \tag{18}$$

另两个方程可由行波球形阵面边界上的不连续性而得到．设 δS 为这一边界面上的一个微元，现通过 δS 的周线上各点向外作诸法线并和距离 $c\delta t$ 处的平行曲面相交，就画出了一个体积为 $\delta S \cdot c\delta t$ 的微元．在时间间隔 δt 中，由于内侧面和外侧面上的压力差 $c^2\rho_0 s$(s 为压缩率)的作用，这一微元体积中的流体的法向速度就由 0 而变到 $-\partial\phi/\partial r$——刚刚位于球形边界之内的流体的法向速度．故有

$$-\frac{\partial\phi}{\partial r} \cdot \rho_0 \delta S \cdot c\delta t = c^2 \rho_0 s \cdot \delta S \cdot \delta t.$$

又因 $c^2 s = \partial\phi/\partial t$，故有

$$\frac{\partial\phi}{\partial t} = -c\frac{\partial\phi}{\partial r}, \tag{19}$$

它应在 $r = ct + a$ 处得到满足[1]．把 (16) 式代入上式，可得

$$\sum(\lambda_s r + 2) A_s = 0.$$

这一方程通常是不能成立的，除非

$$\sum\lambda_s A_s = 0, \quad \sum A_s = 0. \tag{20}$$

而 (20) 式(可以从下面看出来)也保证了 ϕ、并因而保证了波阵切向速度分量的连续性．

(18) 式和 (20) 式中的四个条件现在可以写成

$$\sum\lambda_s^2 A_s = -U_0 a, \quad \sum\lambda_s A_s = 0, \quad \sum A_s = 0, \quad \sum\frac{A_s}{\lambda_s} = 0, \tag{21}$$

故

$$\left.\begin{aligned} &A_1 = \frac{\lambda_1}{(\lambda_1 - \lambda_2)(\lambda_1 - \lambda_3)(\lambda_1 - \lambda_4)} U_0 a, \\ &\cdots\cdots\cdots\cdots\cdots\cdots\cdots\cdots\cdots\cdots, \\ &\cdots\cdots\cdots\cdots\cdots\cdots\cdots\cdots\cdots\cdots, \\ &\cdots\cdots\cdots\cdots\cdots\cdots\cdots\cdots\cdots\cdots. \end{aligned}\right\} \tag{22}$$

因而空气的运动由下式给出:

---

1) 波阵面上的间断性理论曾由 Christoffel 和 Love 作了系统性的处理，见 Christoffel, "Untersuchungen über die mit dem fortbestehen linearer partieller Differential-Gleichungen verträglichen Unstetigkeiten," *Ann. de Matemat.* viii. 81 (1876) 以及 Love, "Wave-Motins with Discontinuities at Wave-Fronts," *Proc. Lond. Math. Soc.* (2) i.37 (1903).

$$
\left.\begin{aligned}
\phi &= \frac{\partial}{\partial r}\sum_1^4 \frac{A_s}{r} e^{\lambda_s(ct-r+a)}\cos\theta \quad [r<ct+a], \\
\phi &= 0 \qquad\qquad\qquad\qquad\qquad [r>ct+a].
\end{aligned}\right\} \tag{23}
$$

实际上，β 是一个很小的分数，(14) 式的几个根在初步近似下为

$$
\lambda_1 = \frac{i\sigma_0}{c},\ \lambda_2 = -\frac{i\sigma_0}{c},\ \lambda_3 = \frac{-1+i}{a},\ \lambda_4 = \frac{-1-i}{a}. \tag{24}
$$

如果声波在一个振荡周期中所传播的距离是圆球周长的可观倍数，λ_3 和 λ_4 就远大于 λ_1 和 λ_2. 于是，把 (24) 式代入 (22) 式和 (23) 式后，可对 $r<ct+a$ 得到

$$
\begin{aligned}
\phi = -\frac{\partial}{\partial r}\Big\{&\frac{U_0a^3}{2r}\cos\sigma_0\left(t-\frac{r-a}{c}\right) \\
&-\frac{\sqrt{2}\,U_0a^3}{2r}e^{-(ct+a-r)/a}\cos\left(\frac{ct+a-r}{a}-\frac{1}{4}\pi\right)\cos\theta.
\end{aligned} \tag{25}
$$

这一表达式中的第一部分犹如圆球以周期 $2\pi/\sigma_0$ 和振幅 U_0/σ_0 不停地作着简谐振动. 第二部分对于距行波边界内侧的距离为球体直径的几倍以上之处是小到不必去注意的，但在靠近这一边界处，它却大到可以和第一部分相比了. 为描述出振荡的衰减情况就需要把近似方法推进一步，但这一问题已在 295 节和 298 节中作过处理，只要谈下面一些就足够了. 在行波内部，扰动中的最重要部分将由形式为

$$
\phi = \frac{C}{r}e^{-m(ct-r)}\cos\sigma_0\left(t-\frac{r}{c}+\epsilon\right)\cos\theta \tag{26}
$$

的表达式来给出. 因子 e^{-mct} 显示出由于球摆原有能量不断地消耗于产生波而使任意一点处的振荡出现衰减. 为说明因子 e^{mr}，我们可注意到，在行波所占据的区域之内，如果没有沿矢径的发散，那么，任意一点 Q 处的振幅就会大于同一矢径上较靠近原点的 P 处的振幅，二者之比为 $e^{m\cdot PQ}$. 其原因在于，传到 Q 处的扰动比传到 P 处的扰动早发出一段时间 PQ/c，而在这一段时间中，球摆的振动已按照 e^{-mct} 的规律而衰减了[1].

二维中的声波

302. 当 ϕ 与 z 无关时，有

$$
\frac{\partial^2\phi}{\partial t^2} = c^2\nabla_1^2\phi, \tag{1}
$$

其中

$$
\nabla_1^2 = \frac{\partial^2}{\partial x^2} + \frac{\partial^2}{\partial y^2}. \tag{2}
$$

1) 参看本书作者的文章 "On a Peculiarity of the Wave-System due to the Free Vibrations of Nucleus in an Extended Medium," *Proc. Lond. Math. Soc.* (1) xxxii. 208(1900).

当运动对称于原点时，(1) 式成为

$$\frac{\partial^2\phi}{\partial t^2}=c^2\left(\frac{\partial^2\phi}{\partial r^2}+\frac{1}{r}\frac{\partial\phi}{\partial r}\right),\tag{3}$$

其中 $r=\sqrt{x^2+y^2}$. (3) 式之通解已在 196 节中得到，其形式为

$$2\pi\phi=\int_0^\infty f\left(t-\frac{r}{c}\cosh u\right)du+\int_0^\infty F\left(t+\frac{r}{c}\cosh u\right)du,\tag{4}$$

而且也曾表明过，解式

$$2\pi\phi=\int_0^\infty f\left(t-\frac{r}{c}\cosh u\right)du\tag{5}$$

表示由原点处的一个源 $f(t)$ 所产生的发散波系。

我们现在可以用另一种方式来得出上面的结果. 从 285 节 (13) 式可看出，如有一点源 $f(t)\delta z$ 位于点 $(0,0,z)$ 处，那么，位于 xy 平面上、且距原点为 r 的点处所受到的影响可表示为

$$\frac{1}{4\pi\sqrt{r^2+z^2}}f\left(t-\frac{\sqrt{r^2+z^2}}{c}\right)\delta z.$$

把它对 z 求积（z 从 $-\infty$ 到 $+\infty$），就可得到以均匀的线密度 $f(t)$ 沿 z 轴分布的点源系所产生的效应，即

$$\phi=\frac{1}{4\pi}\int_{-\infty}^\infty f\left(t-\frac{\sqrt{r^2+z^2}}{c}\right)\frac{dz}{\sqrt{r^2+z^2}}=\frac{1}{2\pi}\int_0^\infty f\left(t-\frac{r}{c}\cosh u\right)du.\tag{6}$$

当然可以应用同样的方法而得到 (4) 式右边第二项。

当只限于讨论对称的情况时，那么，一维、二维和三维的声运动方程就都被包括在以下形式之中：

$$\frac{\partial^2\phi}{\partial t^2}=c^2\left(\frac{\partial^2\phi}{\partial r^2}+\frac{m-1}{r}\frac{\partial\phi}{\partial r}\right).$$

$m=2$ 时的解具有复杂的形式并且较难以处理，它和 $m=1$ 和 $m=3$ 时的解明显地不同（在是否具有解析上的简单性、以及在外貌上），但这一点不应使我们对真正的物理关系产生误解. 为了对这三种情况作出明确的比较，可以考察一下 (A) 一个平面源，(B) 一个线源和 (C) 一个点源的效应，它们的"强度"都是

$$f(t)=\frac{\tau}{t^2+\tau^2}.\tag{8}$$

用(8)式来表示一个或多或少带有瞬时性的源是很方便的，因为我们可以减小 τ 值而把源显著地起作用的那段时间缩小到任意短，而又不影响其时间积分之值.

用压缩率 s 来表示三种情况下的结果更为方便些.

(*A*) 当 $m=1$ 时，对于 $x>0$，可得

$$s=\frac{\tau}{2c}\frac{1}{\left(t-\frac{x}{c}\right)^2+\tau^2}.\tag{9}$$

(*B*) 当 $m=2$ 时，解析上的工作和 197 节中的类似. 其结果是，对于波中的最重要部分有

$$s=\frac{1}{4\sqrt{2}c^2\tau^2}\sqrt{\frac{c\tau}{r}}\sin\left(\frac{1}{4}\pi-\frac{3}{2}\eta\right)\cos^{\frac{3}{2}}\eta,\tag{10}$$

式中 η 由下式所确定:

$$t=\frac{r}{c}+\tau\tan\eta.$$

(*C*) 在三维中有

$$s=\frac{\tau}{2\pi c^2}\frac{\frac{r}{c}-t}{r\left[\left(t-\frac{r}{c}\right)^2+\tau^2\right]^2}.\tag{11}$$

本节插图中以 s 为纵坐标、t 为横坐标而表示出了这三种情况下的结果. 时间 t 的比例尺对这三种情况都是一样的，但铅直方向的比例尺却不同. 在情况 (*A*) 中是单纯的压缩波；在情况 (*B*) 中是先压缩然后是一个强度较小的膨胀，但膨胀所持续的时间却较压缩为长；而在情况 (*C*) 中，压缩和膨胀则是反对称的. 在后两种情况下，在任一点处都必有

$$\int_{-\infty}^{\infty}s\,dt=0.\tag{12}$$

参看 288 节. 如果源的持续时间受到严格的限制，则在三维情况下，当波过去以后，介质会像一维中那样而仍保持为完全静止，只是其原因有所不同；而在二维这种中间情况下，波却有个无限延长的"尾巴"，因而只能渐近地趋于静止.

从物理学的观点来看，似乎是，由于维数增大使介质运动的机动性增大，因此，$m=1$，$m=2$ 和 $m=3$ 这三种情况形成了一个序列，这一序列在性质上有着规则的层次.

当不局限于讨论对称的问题时，(1) 式的通解为(在极坐标系中)

$$\phi=\sum(Q_s r^s\cos s\theta+R_s r^s\sin s\theta),\tag{13}$$

其中 Q_s 和 R_s 为 r 和 t 的函数，并满足

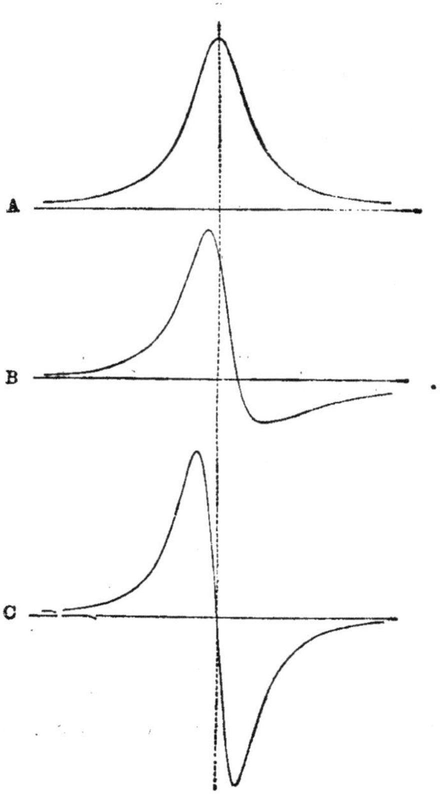

$$\frac{\partial^2 Q_s}{\partial t^2} = c^2\left(\frac{\partial^2 Q_s}{\partial r^2} + \frac{2s+1}{r}\frac{\partial Q_s}{\partial r}\right) \tag{14}$$

和对于 R_s 的同样方程。(14) 式之解为

$$Q_s = \left(\frac{\partial}{r\partial r}\right)^s Q_0, \tag{15}$$

其中

$$Q_0 = \int_0^\infty f\left(t - \frac{r}{c}\cosh u\right) du + \int_0^\infty F\left(t + \frac{r}{c}\cosh u\right) du. \tag{16}$$

它的证明和 301 节 (5) 式的证明类似[1]。

303. 在简谐运动 ($e^{i\sigma t}$) 中,有(用极坐标系时)

$$\frac{\partial^2\phi}{\partial r^2}+\frac{1}{r}\frac{\partial\phi}{\partial r}+\frac{1}{r^2}\frac{\partial^2\phi}{\partial\theta^2}+k^2\phi=0, \tag{1}$$

其中 $k=\sigma/c$。如 191 节所述,在服从原点处为有限值的条件下,这一方程的解为

$$\phi=\sum(A_s\cos s\theta+B_s\sin s\theta)J_s(kr), \tag{2}$$

其中 s 可取为由 0 到∞的所有整数。

从上式可立即导出一个定理,那就是,一个以原点为心、r 为半径的圆上所有各点的 ϕ的平均值($\bar{\Phi}$) 为

$$\bar{\Phi}=J_0(kr)\cdot\phi_0, \tag{3}$$

其中 ϕ_0 为原点处的 ϕ值[2]。这一定理(它当然要服从前述条件)和 289 节 (8) 式类似,而且可能已用类似于该节的方法证明过。

当圆柱形容器中的空气作横向振荡时,诸正则振型由 (2) 式中某些项給出,而可允许的 k 值、以及(因而)可允许的σ 值则由

$$J_s'(ka)=0 \tag{4}$$

所确定,其中 a 为半径. 对于这一结果的说明可由 191 节(在数学问题上是和这里一样的)而得到了解. 191节中第二个附图表示较为重要的两种振型中的等压线,质点的运动则与之垂直[3].

Bessel 函数 $J_s(\zeta)$ 服从对应于 292 节 (17) 式的递传公式

$$\frac{d}{d\zeta}\frac{J_s(\zeta)}{\zeta^s}=-\frac{J_{s+1}(\zeta)}{\zeta^s}, \tag{5}$$

这一点可由 101 节中所给出的 $J_s(\zeta)$ 的级数形式不难得知。由(5)式和 $J_s(\zeta)$ 的微分方程

$$f''(\zeta)+\frac{1}{\zeta}f'(\zeta)+\left(1-\frac{s^2}{\zeta^2}\right)f(\zeta)=0 \tag{6}$$

可以导出一些其它的递推公式,例如,对应于 298 节 (18) 式,可有

$$\zeta J_s'(\zeta)+sJ_s(\zeta)=\zeta J_{s-1}(\zeta). \tag{7}$$

连续应用 (5) 式,可得

---

1) 本节取自 196 节第一个脚注中所提到的文章,但略加改变.

2) H. Weber, *Math. Ann.* i.(1868).

3) Rayleigh 曾详尽地讨论了这一问题,见 *Theory of Sound*. Art. 339.

$$J_s(\zeta) = \zeta^s\left(-\frac{d}{\zeta d\zeta}\right)^s J_0(\zeta). \tag{8}$$

应用“数学归纳法”可不难证明出： 如 $J_0(\zeta)$ 为微分方程 (6) 在 $s=0$ 时的一个解，那么，(8) 式的右边就是 (6) 式的一个解. 这一点提示我们，可以根据需要更为方便地选用“第二类” Bessel 函数。现写出

$$D_s(\zeta) = \zeta^s\left(-\frac{d}{\zeta d\zeta}\right)^s D_0(\zeta), \tag{9}$$

其中 $D_0(\zeta)$ 是 194 节中所引用过的一个函数[1)]，即

$$D_0(\zeta) = \frac{2}{\pi}\int_0^\infty e^{-i\zeta\cosh u}du. \tag{10}$$

无需进一步的证明就可看出，$D_s(\zeta)$ 满足微分方程 (6)，并具有和 $J_s(\zeta)$ 相同的诸递推公式。 (9) 式的一个重要的特殊情况就是

$$D_1(\zeta) = -D_0'(\zeta). \tag{11}$$

下面的一些近似是有用的。 当 ζ 为小值时，由 100 节和 194 节有

$$\left.\begin{aligned} J_0(\zeta) &= 1-\frac{\zeta^2}{4}+\cdots, \\ D_0(\zeta) &= -\frac{2}{\pi}\left(\log\frac{1}{2}\zeta+\gamma+\frac{1}{2}i\pi+\cdots\right), \end{aligned}\right\} \tag{12}$$

并因而由 (8) 式和 (9) 式可知，当 $s>0$ 时，有

$$\left.\begin{aligned} J_s(\zeta) &= \frac{\zeta^s}{2^s\cdot s!}+\cdots, \\ D_s(\zeta) &= \frac{2^s(s-1)!}{\pi\zeta^s}+\cdots. \end{aligned}\right\} \tag{13}$$

当 ζ 为大值时，只要函数的阶 s 本身不是和变量 ζ 的大小差

---

1) 可用 302 节的方法而证明出 $D_0(kr)$ 是简谐点源沿 z 轴均匀分布时的势函数. 见 Rayleigh, "On Point-, Line-, and Plane-Sources of Sound," *Proc. Lond. Math. Soc.* xix.504(1888) [*Papers*, iii.44; *Theory of Sound*, Art. 342].

不多或大于 ζ，就有

$$\left.\begin{aligned} J_s(\zeta) &= \left(\frac{2}{\pi\zeta}\right)^{\frac{1}{2}} \sin\left(\zeta + \frac{1}{4}\pi - \frac{1}{2}s\pi\right) + \cdots, \\ D_s(\zeta) &= \left(\frac{2}{\pi\zeta}\right)^{\frac{1}{2}} i^s e^{-i(\zeta+\frac{1}{4}\pi)} + \cdots. \end{aligned}\right\} \tag{14}$$

上述诸公式用可来探讨一个振荡着的圆柱体（例如钢琴的一根琴弦）把振动传递给周围空气时的情况．如柱体的移动速度为

$$U = \alpha e^{i\sigma t}, \tag{15}$$

则柱表面 $r = a$ 上的径向速度为

$$-\frac{\partial\phi}{\partial r} = \alpha e^{i\sigma t} \cdot \cos\theta. \tag{16}$$

相应的 ϕ 为

$$\phi = AD_1(kr)\cos\theta \cdot e^{i\sigma t}, \tag{17}$$

且

$$-kD_1'(ka) \cdot A = \alpha. \tag{18}$$

如假定柱体的周长远小于声波的波长，ka 就是一个小值，我们可由（13）式而得到

$$A = \frac{1}{2}\pi k a^2 \alpha.$$

因此，在距离远大于 k^{-1} 的 r 处，可由（14）式而得

$$\phi = \sqrt{\frac{1}{2}\pi} \cdot \frac{ik^{\frac{1}{2}}a^2}{r^{\frac{1}{2}}} \alpha\cos\theta e^{i(\sigma t - kr + \frac{1}{4}\pi)}. \tag{19}$$

假如边界 $r = a$ 上的速度处处都是径向的，并具有振幅 α，那么，远处的 ϕ 就会是

$$\phi = \sqrt{\frac{1}{2}\pi} \cdot \frac{a}{k^{\frac{1}{2}} r^{\frac{1}{2}}} \cdot \alpha e^{i(\sigma t - kr - \frac{1}{4}\pi)}. \tag{20}$$

所以，在实际情况中，振荡强度（由振幅平方所度量的）要小于假想的纯径向振荡，二者之比正比于 k^2a^2（根据假定，它是很小的）．它说明了柱体表面附近空气的侧向运动的影响是减小向远处传播的波的振幅，参看 294 节．所以，例如，由钢琴琴弦所产生的声音中的绝大部分并不是来自于金属弦，而是来自于共振板（它由于支座处的交变压力而产生了强迫振动）．

根据（18）式，空气作用于振荡着的柱体的反力为

$$\begin{aligned} -\int_0^{2\pi} p\cos\theta \cdot a\,d\theta &= -\rho_0 a \int_0^{2\pi} \frac{\partial\phi}{\partial t} \cos\theta \\ &= -\pi\rho_0 a \cdot i\sigma AD_1(ka)e^{i\sigma t} \\ &= \pi\rho_0 a^2 \frac{D_1(ka)}{kaD_1'(ka)} \cdot \frac{dU}{dt}. \end{aligned} \tag{21}$$

当 ka 为小值时，上式可近似地简化为

$$-\pi\rho_0 a^2 \frac{dU}{dt}. \tag{22}$$

也就是，空气的作用中的主要部分相当于使柱体惯性增大，所增大之值等于柱体所排开的空气的惯性，参看第 68 节[1]．

304. 我们还可探讨平面波系遇到一个固定的圆柱形障碍物(其轴线平行于波阵)时的散射问题。

像 296 节那样，设入射波的势函数为

$$\phi = e^{ikx}, \tag{1}$$

我们首先要把它展为 303 节 (2) 式的那类级数．所需要的公式是

$$e^{ikx} = J_0(kr) + 2iJ_1(kr)\cos\theta + \cdots$$
$$+ 2i^s J_s(kr)\cos s\theta + \cdots. \tag{2}$$

这是可以把 $e^{ikr\cos\theta}$ 展开后，再应用公式

$$\cos^n\theta = \frac{1}{2^{n-1}}\left\{\cos n\theta + \frac{n}{1}\cos(n-2)\theta\right.$$
$$\left. + \frac{n(n-1)}{1\cdot 2}\cos(n-4)\theta + \cdots\right\}, \tag{3}$$

并把结果中 $\cos s\theta$ 的系数挑出而直接作出证明的[2]。

展开式 (2) 中包含了等式

$$\frac{1}{\pi}\int_0^\pi e^{ikr\cos\theta}\cos s\theta d\theta = i^s J_s(kr), \tag{4}$$

它是 Bessel 函数中的一个熟知公式[3]．反之，如果我们用不同的讨论方式而先有了 (4) 式，也可以用它来给出 (2) 式的另一个证明．

散射波可表示为

$$\phi' = \sum B_s D_s(kr)\cos s\theta, \tag{5}$$

于是，表面条件

$$\frac{\partial}{\partial r}(\phi + \phi') = 0 \quad [r = a] \tag{6}$$

就给出

1) Stokes 给出了更为详细的讨论，见 294 节第一个脚注中引文．

2) Heine, *Kugelfunktionen*, i.82．还可应用证明 296 节 (7) 式时所用的方法．

3) Watson, p.21．$s = 0$ 时的情况已在 100 节中遇到过．在这种情况中，(4) 式可解释为：它表明，势函数 $J_0(kr)$ 可以由一系列在传播方向上相对于原点(位于 xy 平面上)均匀分布的平面波系相叠加而得到．参看 289 节 (7) 式．

$$B_s = -\frac{2i^s J'_s(ka)}{D'_s(ka)}, \tag{7}$$

但在 $s=0$ 时，要去掉上式中的因子 2.

当 ka 为小值时，近似地有

$$J'_0(ka) = -\frac{1}{2}ka, \quad D'_0(ka) = -\frac{2}{\pi ka}, \tag{8}$$

以及对于 $s>0$ 有

$$J'_s(ka) = \frac{(ka)^{s-1}}{2^s(s-1)!}, \quad D'_s(ka) = -\frac{2^s s!}{\pi(ka)^{s+1}}. \tag{9}$$

故

$$\left.\begin{aligned} B_0 &= -\frac{1}{4}\pi k^2 a^2, \\ B_s &= \frac{\pi i^s (ka)^{2s}}{2^{2s-1}s!(s-1)!} \quad [s>0]. \end{aligned}\right\} \tag{10}$$

最重要的两项对应于 $s=0$ 和 $s=1$. 略去其余诸项，就对散射波得到

$$\phi' = -\frac{1}{4}\pi k^2 a^2\{D_0(kr) - 2iD_1(kr)\cos\theta\}. \tag{11}$$

对于大的 kr 值，并把时间因子写出后，上式成为

$$\phi' = -\frac{1}{2}\sqrt{\frac{1}{2}\pi}\,\frac{k^{\frac{3}{2}}a^2}{r^{\frac{1}{2}}}(1+2\cos\theta)e^{i(\sigma t - kr - \frac{1}{4}\pi)}. \tag{12}$$ [1]

单位时间中，由散射波(单位柱长上的)所携带出去的能量为

$$-\int_0^{2\pi} p\,\frac{\partial\phi'}{\partial r}\cdot r d\theta = -\rho_0 r\int_0^{2\pi}\frac{\partial\phi'}{\partial t}\,\frac{\partial\phi'}{\partial r}\,d\theta,$$

其中 r 可以为方便起见而取得很大. 把 (12) 式中 ϕ' 的实部代入上式，可得其平均值为

$$\frac{3}{8}\pi^2\rho_0\sigma(ka)^4. \tag{13}$$

原始波中的能量通量如 297 节所述为 $\frac{1}{2}\rho_0 k^2 c$. (13) 式与这一能量通量之比为(因 $\sigma = kc$)

$$\frac{3}{8}\pi^2(ka)^3\cdot 2a. \tag{14}$$

因此，如波长为 4 英尺，那么，一根直径为 $\frac{1}{50}$ 英寸的细丝只散射掉入射能量的 6.63×10^{-8}.

---

1) 参看 Ralyeigh, *Theory of Sound*, Art. 343.

305. 299 节和 300 节中的近似方法可以应用于对应的二维问题[1]。现在，290 节 (5) 式应替换为

$$\phi_P = -\frac{1}{4}\int D_0(kr)\frac{\partial\phi}{\partial n}ds + \frac{1}{4}\int\phi\frac{\partial}{\partial n}D_0(kr)ds, \qquad (1)$$

它可以用类似于前面的方法予以建立.如果区域延伸至无穷远处，那么，只要在距离原点很远的 R 处，ϕ 趋于 $D_0(kR)$ 或 $e^{-ikR}/R^{\frac{1}{2}}$ 的形式，上式中的线积分就可只沿内部边界来计算。

我们也同样有

$$0 = -\frac{1}{4}\int D_0(kr')\frac{\partial\phi}{\partial n}ds + \frac{1}{4}\int\phi\frac{\partial}{\partial n}D_0(kr')ds, \qquad (2)$$

式中 r' 表示从所考虑的区域之外的 P' 点到线元 ds 的距离。

如果区域在平面 xy 中的尺度远小于波长，则在此区域中，kr 为小值，于是，略去一个常数项后，(1) 式就简化为

$$\phi_P = \frac{1}{2\pi}\int\log r\frac{\partial\phi}{\partial n}ds - \frac{1}{2\pi}\int\phi\frac{\partial}{\partial n}\log r ds. \qquad (3)$$

它满足不可压缩流体中的方程

$$\nabla_1^2\phi = 0. \qquad (4)$$

1° 首先讨论波系正对着一块薄平板冲击过来时的情形，并写出

$$\phi = e^{ikx} + \chi, \qquad (5)$$

其中 χ 为散射波的势函数. 假定薄板所占据的是平面 $x=0$ 上位于直线 $y=\pm b$ 之间的部分，则 χ 所应满足的条件为

$$\frac{\partial\chi}{\partial x} = -ik\ [x=0,\ b>y>-b]. \qquad (6)$$

如把 (1), (2) 二式应用于 y 轴右边的区域，并把 P' 点取在 P 点相对于这一边界的镜像处，则二式相减后可得

$$\chi_P = \frac{1}{2}\int_{-b}^{b}\chi\frac{\partial}{\partial n}D_0(kr)dy, \qquad (7)$$

其中 χ 和 $\partial D_0/\partial n$ 应理解为在薄板的正侧面上取值. 如 x, y 指的是 P 点的位置，则可写出 $\partial/\partial n = -\partial/\partial x$，那么，在距原点的距离 r 远大于 $2b$ 处，有

$$\chi_P = -\frac{1}{2}\int_{-b}^{b}\chi dy\cdot\frac{\partial}{\partial x}D_0(kr); \qquad (8)$$

---

1) Rayleigh, 299 节第一个脚注和300节第一个脚注中引文.

参看 299 节 (4) 式. 上式中的定积分为薄板(每单位长度的)在密度为 1 的不可压缩流体中、以速度 ik 垂直于其平面而移动时之"冲量"的一半，因此，和第 71 节 (11) 式相比较后可得

$$\int_{-b}^{b}\chi dy=\frac{1}{2}ik\cdot\pi b^2, \tag{9}$$

故

$$\chi_P=-\frac{1}{4}i\pi kb^2\frac{\partial}{\partial x}D_0(kr)=\frac{1}{4}i\pi k^2b^2D_1(kr)\cdot\cos\theta. \tag{10}$$

当 kr 为大值时，根据 303 节 (14) 式，上式可简化为

$$\chi_P=-\frac{1}{2\sqrt{2}}\frac{\pi^{\frac{1}{2}}k^{\frac{3}{2}}b^2}{r^{\frac{1}{2}}}e^{-i(kr+\frac{1}{4}\pi)}\cos\theta. \tag{11}$$

每秒种所散射的能量和原始波中能量通量之比不难求得为

$$\frac{1}{16}\pi^2(kb)^3\cdot 2b, \tag{12}$$

它准确地等于半径为 b 的圆柱体的对应比值的六分之一.

2° 当平面隔板 ($x=0$) 上有一个以直线 $y=\pm b$ 为边界的缝隙时，可像 299 节 2° 中那样分别对两侧假定

$$\left.\begin{aligned}&\phi=e^{ikx}+e^{-ikx}+\chi\\ \text{和}\qquad&\phi=\chi',\end{aligned}\right\} \tag{13}$$

并试图确定出 χ 和 χ'，以使得在缝隙上有

$$\chi=-1,\ \chi'=+1, \tag{14}$$

而在隔板上则有

$$\frac{\partial\chi}{\partial x}=0,\ \frac{\partial\chi'}{\partial x}=0. \tag{15}$$

现在把 (1)，(2) 二式应用于 y 轴右边部分的平面上，并把 P' 取在 P 的镜像处，则把二式相加后可得

$$\chi_P=-\frac{1}{2}\int_{-b}^{b}D_0(kr)\frac{\partial\chi}{\partial n}dy, \tag{16}$$

其中 δ_n 是从平面 $y=0$ 的正侧向外取的. 在距原点远大于 $2b$ 的 r 处，上式成为

$$\chi_P=-\frac{1}{2}\int_{-b}^{b}\frac{\partial\chi}{\partial n}dy\cdot D_0(kr). \tag{17}$$

在缝隙附近，由函数 χ 和 χ' 所表示的运动必然和不可压缩流体穿过这一缝隙时的流动情况类似，因此，和第 66 节 1° 中的结果进行比较后，就能够得到 (17) 式中定积分的近似值. 可以看出，如穿过缝隙的通量为 1，则当我们从缝隙处到距离远大于 $2b$ 的 r 处时，χ 的增量为

$$\frac{1}{\pi}\log\frac{2r}{b}.$$

我们仍可假定 r 远小于波长，则由 (14) 式和 (17) 式可知，根据 303 节 (12) 式，在本问题中，上述 χ 的增量为

$$1+\frac{1}{\pi}\int_{-b}^{b}\frac{\partial\chi}{\partial n}dy\cdot\left(\log\frac{1}{2}kr+\gamma+\frac{1}{2}i\pi\right). \tag{18}$$

令(18)式等于

$$\frac{1}{\pi}\int_{-b}^{b}\frac{\partial\chi}{\partial n}dy\cdot\log\frac{2r}{b}, \tag{19}$$

可得

$$\int_{-b}^{b}\frac{\partial\chi}{\partial n}dy=-\frac{\pi}{\log\frac{1}{4}kb+\gamma+\frac{1}{2}i\pi}. \tag{20}$$

于是，当 kr 为大值时，由(17)式可有

$$\begin{aligned}\chi_p&=\frac{\frac{1}{2}\pi}{\log\frac{1}{4}kb+\gamma+\frac{1}{2}i\pi}D_0(kr)\\&=\frac{1}{\log\frac{1}{4}kb+\gamma+\frac{1}{2}i\pi}\left(\frac{\pi}{2kr}\right)^{\frac{1}{2}}e^{-i(kr+\frac{1}{4}\pi)}.\end{aligned} \tag{21}$$

在平面 $x=0$ 的负侧，任一点 P 处的 χ' 值则与 χ 在 P 的镜像(相对于这一平面)处之值符号相反而绝对值相等.

由缝隙所传递过去的能量和原始波中能量通量之比可求得为

$$\frac{\frac{1}{4}\pi^2}{kb\left\{\left(\log\frac{1}{4}kb+\gamma\right)^2+\frac{1}{4}\pi^2\right\}}\cdot 2b. \tag{22}$$

如波长分别为缝隙宽度的 10，100 和 1000 倍，则 $2b$ 前的因子分别等于 1.240，3.795 和 17.20.

3° 平面波遇到任意截面形状柱体时的二维衍射问题可用 300 节的方法来处理[1]. 在处理时，用本节(1)式换掉 290 节(5)式. 由于并没有什么新的论点，所以只把主要结果叙述一下就足够了. 平面波的入射方向假定为 $(\lambda,\mu,0)$，因而写出

$$\phi=e^{ik(\lambda x+\mu y)}+\chi, \tag{23}$$

其中 χ 表示散射波. 我们还假定 x,y 轴不仅位于柱体的一个横截面上，而且具有特殊方向，这一特殊方向是，当柱体以速度 $(u,v,0)$ 在密度为 1 的不可压缩流体中运动时，流体(在 z 方向的厚度为一个单位)的动能由形式为

$$\frac{1}{2}(\mathrm{A}u^2+\mathrm{B}v^2) \tag{24}$$

的表达式所给出，而不出现 uv 项. 假定截面的尺度远小于波长后，在方向为 $(\lambda_1,\mu_1,0)$ 上的散射波就由

---

1) 参看 Rayleigh, 300 节第一个脚注中引文.

$$\chi_p = -\frac{k^2S}{(8\pi kr)^{\frac{1}{2}}}e^{-i(kr+\frac{1}{4}\pi)}$$

$$-\frac{k^2}{(8\pi kr)^{\frac{1}{2}}}\{(\mathbf{A}+S)\lambda\lambda_1+(\mathbf{B}+S)\mu\mu_1\}e^{-i(kr+\frac{1}{4}\pi)} \tag{25}$$

给出，其中 S 为柱体截面面积.

对于在 x,y 方向上的半轴为 a,b 的椭圆形截面柱体，有(见第 71 节(11)式)

$$S=\pi ab,\ \mathbf{A}=\pi b^2,\ \mathbf{B}=\pi a^2. \tag{26}$$

对于圆柱体 ($a=b$) 和薄平板 ($a=0$)，可以再次得到已经得到过的结果.

306. 我们还可探讨一块被一系列互相平行、相等和等间隔的豁口所断开的薄隔栅在平面波系中所引起的扰动. 和前面一样，采用近似的处理方法，并假定波长远大于二相邻豁口中心之间的距离.

我们需要首先确定不可压缩流体穿过上述刚性隔栅时的流动以作为准备工作. 它可以用 Schwarz 方法(第 73 节)来求解，但对于目前的需要来讲，只把结果叙述一下并作出证明就足够了. 把 x 轴取为隔栅平面的法线方向，y 轴位于隔栅平面内并与豁口之长垂直，然后写出

$$\cosh w=\mu\cosh z, \tag{1}$$

其中 w 和 z 的意义现在为

$$w=\phi+i\psi,\ z=x+iy, \tag{2}$$

并假定常数 μ 大于 1. (1) 式使 w 为一循环函数，但如我们先是把自己限于 xy 平面中 $x>0$ 的那一半，然后进一步在某一点上取定 w 之值，就可以避免所有的不确定性. 我们假定，在原点处，$\psi=0$，而 ϕ 则等于 $\cosh^{-1}\mu$ 中的实数正值.

(1) 式给出

$$\left.\begin{aligned}\cosh\phi\cos\psi&=\mu\cosh x\cos y,\\ \sinh\phi\sin\psi&=\mu\sinh x\sin y.\end{aligned}\right\} \tag{3}$$

轨迹 $\phi=0$ 由 y 轴上

$$1>\mu\cos y>-1$$

的各部分组成. 它们所表示的是诸豁口，所以，在我们所用的公式里，豁口的半宽为 $\sin^{-1}(1/\mu)$. 在区域 $x>0$ 的其余部分中，ϕ 为正值. 此外，轨迹 $\psi=0$，$\psi=\pm\pi$，$\psi=\pm2\pi$，… 一部分由 $y=0$，$y=\pm\pi$，$y=\pm2\pi$，… 组成，另一部分则由 y 轴上

$$|\mu\cos y|>1$$

的区段所组成. 后者对应于豁口和豁口之间的部分.

本节附图中画出了某一特殊情况下的曲线族 $\phi=$ const. 和 $\psi=$ const.，其中，为计算方便起见而把 μ 取为

$$\mu=\cosh\frac{1}{5}\pi=1.2040$$

了，因此，

$$\sin^{-1}\frac{1}{\mu}=0.312\pi,\quad \cos^{-1}\frac{1}{\mu}=0.188\pi.$$

这两个数值给出了隔栅上的豁口和板条的相对宽度.

在静电理论和其它数学性质相同的课题里，对 (3) 式和本节附图[1]可作出种种说明. 在本节中，则必须假定，对称地位于 y 轴两侧的两点处的 ψ 值相等，而 ϕ 则绝对值相等但符号相反.

从 (3) 式或附图可以看出，(3) 式中的 ϕ 是 y 的偶函数，而且是周期为 π 的周期函数. 因此，它可以用 Fourier 定理展为 $2y$ 的倍数的余弦级数. 诸系数则为 x 的函数，其一般形式可由把级数代入方程

$$\nabla_1^2\phi=0 \tag{4}$$

而予以确定. 这样，注意到在大 x 值下所应满足的条件后，我们可对正的 x 值得到

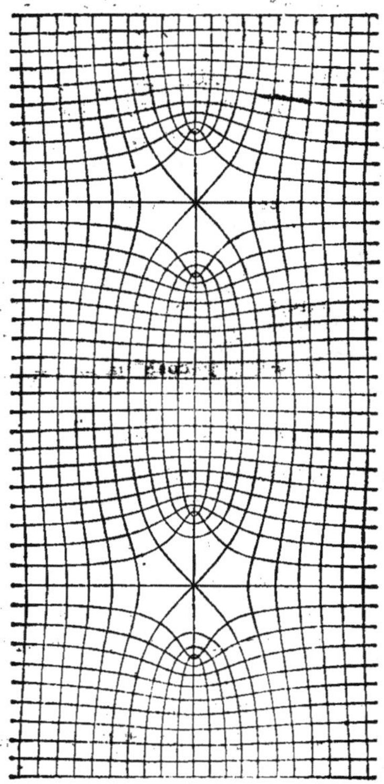

1) 取自后面 307 节脚注中所提到的本书作者的一篇文章. Larmor 曾给出一个和 (1) 式等价的公式，见 Mathematical Tripos, Part II, 1895.

$$\phi = \log\mu + \sum_{1}^{\infty} C_s e^{-2sx}\cos 2sy. \tag{5}$$[1]

如果我们引用更具有一般性的线性单位，并以 a 表示各豁口的宽度，以 b 表示各板条的宽度，可以写出

$$\left.\begin{aligned}\cosh\phi\cos\psi &= \mu\cosh\frac{\pi x}{a+b}\cos\frac{\pi y}{a+b},\\ \sinh\phi\sin\psi &= \mu\sinh\frac{\pi x}{a+b}\sin\frac{\pi y}{a+b},\end{aligned}\right\} \tag{6}$$

其中

$$\mu = \sec\frac{\pi b}{2(a+b)} = \operatorname{cosec}\frac{\pi a}{2(a+b)}. \tag{7}$$

(5)式现在就改换为

$$\phi = \log\mu + \frac{\pi x}{a+b} + \sum_{1}^{\infty} C_s e^{-\kappa_s x}\cos\frac{2s\pi y}{a+b}, \tag{8}$$

其中

$$\kappa_s = \frac{2s\pi}{a+b}. \tag{9}$$

我们现在转到声学问题上来. 对应于势函数为 e^{ikx} 的入射波系，假定当 $x \gtrless 0$ 时分别有[2]

$$\left.\begin{aligned}\Phi &= e^{ikx} + e^{-ikx} + \chi\\ \text{和}\quad \Phi &= \chi.\end{aligned}\right\} \tag{10}$$

和 299 节 2° 以及 305 节 2° 一样，在豁口上必有

$$\chi = -1,\ \chi' = +1; \tag{11}$$

而在平面 $x = 0$ 的其余部分上则必有

$$\frac{\partial\chi}{\partial x} = 0,\ \frac{\partial\chi'}{\partial x} = 0. \tag{12}$$

因 χ 必须满足

$$(\nabla_1^2 + k^2)\chi = 0, \tag{13}$$

而且一定是 y 的周期函数，其周期则为 $a+b$，所以它一定可展为以下形式的 Fourier 级数：

$$\chi = B_0 e^{-ikx} + \sum_{1}^{\infty} B_s e^{-\lambda_s x}\cos\frac{2s\pi y}{a+b}, \tag{14}$$

---

1) 我们无需知道 C_s 的精确值，但可证明(下式中应用了超几何函数的记号)：

$$C_s = \frac{(-1)^{s-1}}{s} F\left(s, -s, 1, \frac{1}{\mu^2}\right) = \frac{(-1)^{s-1}}{s}\left(1 - \frac{1}{\mu^2}\right) F\left(1+s, 1-s, 1, \frac{1}{\mu^2}\right).$$

见上一脚注中所提到的文章.

2) 这里用符号 Φ 表示声波的速度势，因为现在 ϕ 已表示另一意义了.

其中

$$\lambda_s = \left\{\frac{4s\pi^2}{(a+b)^2} - k^2\right\}^{\frac{1}{2}}. \tag{15}$$

由于已假定了 $a+b$ 远小于波长 $2\pi/k$，所以 λ_s 为实数，而且和 κ_s 相差很小. 由于 χ 在 $x=\infty$ 处为有限值而使 (14) 式中不出现含有 $e^{\lambda_s x}$ 的项，因此，由 χ 所表示的波在远处是平面波. 这种波必然是从隔栅向外传播的这一事实则为式中不出现 e^{ikx} 项提供了理由.

假如 k 为零，那么，确定 χ 的条件就和犹如流体是不可压缩时一样了，而我们也就应有

$$\chi = -1 + C\phi, \tag{16}$$

其中 ϕ 为按照前述方法而由 (6) 式所确定的函数，C 为某一常数. 在实际情况中，我们则可期望 (16) 式在隔栅附近近似成立. 此外，对于小 kx 值，展开式 (14) 的形式成为

$$\chi = B_0(1 - ikx) + \sum_1^\infty B_s e^{-\kappa_s x} \cos\frac{2s\pi y}{a+b}. \tag{17}$$

把指数中的 λ_s 在这里换写成 κ_s 包含着一个量级为 $k^2(a+b)^2/4\pi^2$ 的误差. 把 (8) 式代入 (16) 式后，可发现，只要

$$B_0 = -1 + C\log\mu, \quad -ikB_0 = \frac{\pi C}{a+b}, \tag{18}$$

且对于 $s > 0$ 有

$$B_s = CC_s, \tag{19}$$

则 (16) 式和 (17) 式事实上是相同的. 故

$$B_0 = -\frac{1}{1+ikl}, \tag{20}$$

其中

$$l = \frac{a+b}{\pi} \log\sec\frac{\pi b}{2(a+b)}. \tag{21}$$

至于 χ'，如果假定它在隔栅负侧任一点 P' 处之值和 P' 在正侧的镜像 P 处的 χ' 值符号相反而绝对值相等，那么，所有条件都可满足. 故

$$\chi' = -B_0 e^{ikx} - \sum_1^\infty B_s e^{\lambda_s x} \cos\frac{2s\pi y}{a+b}. \tag{22}$$

在距离隔栅几个波长之外，(14) 式和 (22) 式中最后诸项可以略去，因而波在那里几乎已成为平面波了. 再注意到 (10) 式，可以看出，如原始波的系数取为 1，则反射波和透射波的系数就分别为 $1+B_0$ 和 $-B_0$，亦即分别为

$$\left.\begin{array}{l} \dfrac{ikl}{1+ikl} \\ \text{和} \quad \dfrac{1}{1+ikl} \end{array}\right\} \tag{23}$$

因此，这两组波的强度分别由

$$I = \frac{k^2l^2}{1+k^2l^2} \quad \text{和} \quad I' = \frac{1}{1+k^2l^2} \tag{24}$$

给出.

当波长足够大时,即使豁口在隔栅总面积中只占很小的比例,反射也是很小的.作为对应的数值,有

$$\frac{a}{a+b} = 0,\ 0.1,\ 0.2,\ 0.3,\ 0.4,\ 0.5,\ 0.6,\ 0.7,\ 0.8,\ 0.9,\ 1.0.$$

$$\frac{l}{a+b} = \infty, 0.590, 0.374, 0.251, 0.169, 0.110, 0.067, 0.037, 0.016, 0.004, 0.$$

例如,假定波长为间隔 $a+b$ 的 10 倍,豁口占隔栅面积的 1/10,可求得反射强度和透射强度分别为

$$I = 0.121,\quad I' = 0.879.$$

虽然豁口相对来讲很窄,但却通过了 88% 的声波.

307. 当隔栅由互相平行的细圆棒组成时,也可应用类似的方法.

在第 64 节中已证明过,不可压缩流体流过一个由互相平行的圆棒(半径为 b)所组成的隔栅时,其势函数和流函数近似地由

$$w = z + \frac{\pi b^2}{a}\coth\frac{\pi z}{a} \tag{1}$$

给出,其中 a 为二相邻圆棒的轴线间的距离,且 $b < \frac{1}{4}a$.

如 x 的实部为正值,我们有

$$w = z + \frac{\pi b^2}{a}\left(1 + 2\sum_1^\infty e^{-\frac{2s\pi z}{a}}\right), \tag{2}$$

故

$$\phi = x + \frac{\pi b^2}{a}\left(1 + 2\sum_1^\infty e^{-\frac{2s\pi x}{a}}\cos\frac{2s\pi y}{a}\right). \tag{3}$$

同样地,如 x 为负值,可得

$$\phi = x - \frac{\pi b^2}{a}\left(1 + 2\sum_1^\infty e^{\frac{2s\pi x}{a}}\cos\frac{2s\pi y}{a}\right). \tag{4}$$

在声学问题中,速度势将根据 $x \gtrless 0$ 而分别具有以下形式:

$$\Phi = e^{ikx} + Ae^{-ikx} + \sum_1^\infty C_s e^{-\lambda_s x}\cos\frac{2s\pi y}{a}, \tag{5}$$

或

$$\Phi = Be^{ikx} - \sum_1^\infty C_s e^{-\lambda_s x}\cos\frac{2s\pi y}{a}, \tag{6}$$

其中 λ_s 为由

$$\lambda_s^2 = \frac{4s^2\pi^2}{a^2} - k^2 \tag{7}$$

所确定的正值.

如波长远大于 a, 则在 x 之值远小于波长处，可以忽略 λ_s 和 $2s\pi/a$ 之间的差别. 在这种情况下，(5)，(6) 二式就分别化为

$$\Phi = 1 + A + ik(1 - A)x + \sum_1^\infty C_s e^{-\frac{2s\pi x}{a}} \cos \frac{2s\pi y}{a}, \tag{8}$$

和

$$\Phi = B + ikBx - \sum_1^\infty C_s e^{\frac{2s\pi x}{a}} \cos \frac{2s\pi y}{a}. \tag{9}$$

因而，函数 Φ 的形式为

$$\Phi = \alpha\phi + \beta, \tag{10}$$

其中 ϕ 由 (3) 式和 (4) 式所确定，α 和 β 为常数，且

$$\left.\begin{aligned} &1 + A = \alpha\frac{\pi b^2}{a} + \beta,\quad B = -\alpha\frac{\pi b^2}{a} + \beta, \\ &ik(1 - A) = \alpha,\quad ikB = \alpha,\quad C_s = 2\alpha\frac{\pi b^2}{a}. \end{aligned}\right\} \tag{11}$$

(11) 式使

$$A = \frac{ikl}{1 + ikl},\quad B = \frac{1}{1 + ikl}, \tag{12}$$

其中

$$l = \pi b^2/a. \tag{13}$$

于是，反射波和透射波的强度为

$$I = \frac{k^2 l^2}{1 + k^2 l^2},\quad I' = \frac{1}{1 + k^2 l^2}. \tag{14}$$

如半波长远大于 b^2/a，就出现几乎没有反射的自由透射. 它进一步说明了"细丝或纤维对声波在推进中的阻挡作用是极其微小的"[1].

308. 由半无限挡板的边缘所引起的平面声波衍射问题和声影的形成问题曾由 Sommefeld[2] 作过探讨，并由 Carslaw[3] 作

---

1) Rayleigh, *Theory of Sound*, Art. 343. 306 节和 307 节中的讨论取自文章 "On the Reflection and Transmission of Electric Waves by a Metallic Grating," *Proc. Lond. Math. Soc.*(1) xxix. 523(1898).

2) "Mathematische Theorie der Diffraktion," *Math. Ann* xlvii. 317 (1895).

3) "Some Multiform Solutions of the Partial Differential Equations of Physics…," *Proc. Lond. Math. Soc.* xxx. 121(1899).

出某些扩展. 应注意到,在本问题中,除波长外遇不到其它的特殊线性尺度,因而,所得结果中的一般特性与波长无关. 对于正入射波,可用下述方法[1]很简单地来处理.

假定挡板占据了 xz 平面上 x 为正值的那一半. 为方便起见,引用 Hankel 和其他作者所用的"抛物线"坐标. 令

$$k(x+iy)=(\xi+i\eta)^2, \tag{1}$$

或即

$$kx=\xi^2-\eta^2,\ ky=2\xi\eta, \tag{2}$$

故

$$kr=\xi^2+\eta^2, \tag{3}$$

其中 r 为距原点的距离. 诸曲线

$$\xi=\text{const.},\ \eta=\text{const.}$$

形成共焦抛物线族,其公焦点为原点.

坐标 η 除在挡板的两个侧面上为零外,在其它地方都可取为正值. 于是,坐标 ξ 在 x 轴的两侧具有相反的符号,并在 x 轴中未被挡板所占据的部分上为零. 不难求得

$$\left.\begin{aligned}\frac{\partial\xi}{\partial x}=\frac{1}{2}\frac{\xi}{r},\quad \frac{\partial\eta}{\partial x}=-\frac{1}{2}\frac{\eta}{r},\\ \frac{\partial\xi}{\partial y}=\frac{1}{2}\frac{\eta}{r},\quad \frac{\partial\eta}{\partial y}=\frac{1}{2}\frac{\xi}{r}.\end{aligned}\right\} \tag{4}$$

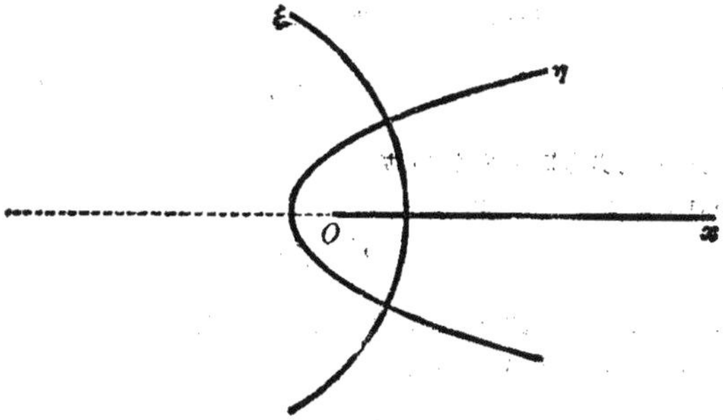

速度势 ϕ 应满足方程

$$\frac{\partial^2\phi}{\partial x^2}+\frac{\partial^2\phi}{\partial y^2}+k^2\phi=0, \tag{5}$$

且其中时间因子也和以前一样取为 e^{ikct}.

设原始波由

---

1) 这一方法取自一篇文章 "On Sommefeld's Diffraction Problem, and on Reflection by a Parabolic Miror," *Proc. Lond. Math. Soc.*(2) iv. 190 (1906).

$$\phi = e^{iky} \tag{6}$$

表示，我们来寻求形式为

$$e^{iky}u, \quad e^{-iky}v \tag{7}$$

的解．如取(7)式中前一种形式，则对于 u 有

$$\frac{\partial^2 u}{\partial x^2} + \frac{\partial^2 u}{\partial y^2} + 2ik\frac{\partial u}{\partial y} = 0。 \tag{8}$$

它可根据关系式(4)而变为以下形式：

$$\frac{\partial^2 u}{\partial \xi^2} + \frac{\partial^2 u}{\partial \eta^2} + 4i\left(\eta\frac{\partial u}{\partial \xi} + \xi\frac{\partial u}{\partial \eta}\right) = 0。 \tag{9}$$

(9)式可由(譬如)

$$u = f(\xi + \eta) = f(\zeta) \tag{10}$$

所满足，只要

$$\frac{d^2 f}{d\zeta^2} + 2i\zeta\frac{df}{d\zeta} = 0, \tag{11}$$

亦即，只要

$$u = A + B\int_0^{\xi+\eta} e^{-i\zeta^2} d\zeta。 \tag{12}$$

因当 ω 为大的正值时有渐近公式

$$\int_0^{\omega} e^{-i\zeta^2} d\zeta = \frac{1}{2}\sqrt{\pi}e^{-\frac{1}{4}i\pi} + \frac{i}{2\omega}e^{-i\omega^2} + \cdots, \tag{13}$$

故在 y 为正值的一侧且距原点很远处，近似地有

$$ue^{iky} = \left(A + \frac{1}{2}\sqrt{\pi}Be^{-\frac{1}{4}i\pi}\right)e^{iky} + \frac{i}{2(\xi+\eta)}e^{-ikr}. \tag{14}$$

上式中最后一项表示从原点向外发散的波．

用类似的方法还可得到一个解

$$u' = A' + B'\int_0^{\xi-\eta} e^{i\zeta^2} d\zeta, \tag{15}$$

但由于它包含着向原点收聚的波，因此不适合目前的需要．

再从(7)式中后一种形式出发，可得

$$v = C + D\int_0^{\xi-\eta} e^{-i\zeta^2} d\zeta \tag{16}$$

和另一个由于和上面相同的原因而被抛弃的解．

现在来证明，可以把系数选取得使以上二解的组合

$$\phi = Ae^{iky} + Ce^{-iky} + Be^{iky}\int_0^{\xi+\eta} e^{-i\zeta^2} d\zeta + De^{-iky}\int_0^{\xi-\eta} e^{-i\zeta^2} d\zeta \tag{17}$$

满足本问题中的所有条件．

首先，当 x 为很大的负值且 $y = 0$ 时，ϕ 必须简化为(6)式．因此，令 $\xi = 0$，$\eta = \infty$，并注意到(13)式，可得

$$
\left.\begin{aligned}
A+\frac{1}{2}\sqrt{\pi}e^{-\frac{1}{4}i\pi}B=1,\\
C-\frac{1}{2}\sqrt{\pi}e^{-\frac{1}{4}i\pi}D=0.
\end{aligned}\right\}
\tag{18}
$$

其次，当 $y=0$ 而 $x>0$ 时，必须有 $\partial\phi/\partial y=0$. 故应用 (4) 式并令 $\eta=0$ 后可知，如

$$
A=C,\ B=D,
\tag{19}
$$

则这一条件可以满足. 因此，

$$
\phi=\frac{1}{2}(e^{iky}+e^{-iky})+\frac{e^{\frac{1}{4}i\pi}}{\sqrt{\pi}}\left\{e^{iky}\int_0^{\xi+\eta}e^{-i\zeta^2}d\zeta\right.
$$

$$
\left.+e^{-iky}\int_0^{\xi-\eta}e^{-i\zeta^2}d\zeta\right\}.
\tag{20}
$$

它和 Sommerfeld 的结果在正入射波中所具有的形式等价[1].

当 $\xi+\eta$ 和 $\xi-\eta$ 都为大的正值时，上式化为

$$
\phi=e^{iky}+e^{-iky};
\tag{21}
$$

它对应于挡板前方右边很远处的区域，其中最后一项表示全反射.

当 $\xi+\eta$ 为大的正值，而 $\xi-\eta$ 为大的负值时，近似地有

$$
\phi=e^{iky};
\tag{22}
$$

它对应于 y 轴左边很远的区域，在那里，原始波占据统治地位.

当 $\xi+\eta$ 和 $\xi-\eta$ 都为大的负值时，有

$$
\phi=0;
\tag{23}
$$

它对应于挡板后面的声影区.

在平面 $y=0$ 的每一侧，都有一个中间区域，在这一中间区域中，发生了由 (22) 式近似地表示的情况向 (21) 式或 (23) 式所表示的情况的过渡. 为了提出我们所作近似讨论的有效范围，可选取一个使 $\omega\sqrt{\pi}$ 能被视为大值的量 ω[2]. 因 (21) 式和 (22) 式可由假定 $|\xi-\eta|$ 和 $|\xi+\eta|$ 为大值而得到，所以，在 y 为正值的一侧，该区域的边界可令 $|\xi-\eta|=\omega$ 而求得. 用这一方法，并根据 (2) 式，可得出一条抛物线

$$
y=\frac{k}{2\omega}x^2-\frac{\omega^2}{2k},
\tag{24}
$$

其正焦弦正比于波长. 在 y 为负值的一侧，该区域的边界为抛物线

$$
y=-\frac{k}{2\omega}x^2+\frac{\omega^2}{2k}.
\tag{25}
$$

这两个中间区域是出现衍射现象的地方，它们在光学问题中很重要，但在这里却要被跳过去. 不难证明，在靠近声影的几何边界处，如距挡板边缘的距离远大于波长，

---

1) 对于斜入射波，可参看本节前两个脚注中引文.

2) ω 之值无需超过中等大小. 例如，如取 $\omega=6$，误差不超过 10%.

所得结果实际上和用 Fresnel 方法[1]得到的结果相符.

大　气　波

309. 在大气中沿铅直方向传播的波动的理论是有趣的，因为它是波在非均匀介质中传播的一个例子[2].

把 x 轴取为铅直向上，令 ξ 表示未受扰时位置为 x 的那些质点所组成的平面在时刻 t 时的位移. 对应的压力和密度为 p 和 ρ，而平衡时的值则以 p_0 和 ρ_0 来表示. p_0 和 ρ_0 服从静力学关系式

$$\frac{\partial p_0}{\partial x} = -g\rho_0. \tag{1}$$

动力学方程为

$$\rho_0\frac{\partial^2\xi}{\partial t^2} = -\frac{\partial p}{\partial x} - g\rho_0 = -\frac{\partial}{\partial x}(p-p_0); \tag{2}$$

而连续性方程为

$$\rho\left(1+\frac{\partial\xi}{\partial x}\right) = \rho_0. \tag{3}$$

如略去热的传导和辐射，则任一点处的 p 和 ρ 之间就有"绝热"关系式

$$p/p_0 = (\rho/\rho_0)^\gamma, \tag{4}$$

其中 γ 为两种比热之比. 因此，在初步近似中有

$$p - p_0 = -\gamma p_0\frac{\partial\xi}{\partial x}. \tag{5}$$

代入 (2) 式后得

---

1) 见所提到的文章. "孤立波"的衍射曾由本书作者作过讨论，见 *Proc. Lond. Math. Soc.* (2) viii. 422 (1910).

2) 这一问题曾由 Poisson 和 Rayleigh 作过处理，见 Poisson, 287 节脚注中引文; Rayleigh, "On Vibrations of an Atmosphere," *Phil. Mag.* (4) xxix. 173 (1890) [*Papers*, iii. 335]. 本教材中所作探讨已刊载于 *Proc. Lond. Math. Soc.*(2) xii. 122(1908).

$$\frac{\partial^2\xi}{\partial t^2}=c^2\frac{\partial^2\xi}{\partial x^2}-\gamma g\frac{\partial\xi}{\partial x},\tag{6}$$

其中

$$c^2=\gamma p_0/\rho_0,\tag{7}$$

即 c 为与平面 x 处的介质参数相对应的声速(通常为变量)．如以 H 表示和这一平面的温度相对应的"均匀大气层"厚度，就有

$$c^2=\gamma gH.\tag{8}$$

首先，假定平衡状态下的温度是均匀的，故 H 和 c 为常数，且

$$\rho_0=Ce^{-x/H}.\tag{9}$$

然后，较为方便的做法是把 $2H$ 取为长度单位，并把时间单位取得使 $c=1$．在这一约定之下，有

$$\rho_0=Ce^{-2x}\tag{10}$$

和

$$\frac{\partial^2\xi}{\partial t^2}=\frac{\partial^2\xi}{\partial x^2}-2\frac{\partial\xi}{\partial x}.\tag{11}$$

如令

$$\xi=ue^{x},\tag{12}$$

则上式成为

$$\frac{\partial^2 u}{\partial t^2}=\frac{\partial^2 u}{\partial x^2}-u.\tag{13}$$

对于简谐振动，时间因子为 $e^{i\sigma t}$；如 $\sigma^2>1$，我们有

$$u=Ae^{i\sigma t+i\sqrt{\sigma^2-1}x}+Be^{i\sigma t-i\sqrt{\sigma^2-1}x}.\tag{14}$$

上式右边第一项和第二项分别表示向下传播和向上传播的波系．

当 $\sigma^2<1$ 时，有

$$u=\{Ae^{\sqrt{1-\sigma^2}x}+Be^{-\sqrt{1-\sigma^2}x}\}e^{i\sigma t}.\tag{15}$$

右边每一项都表示一种驻留振动，这种驻留振动可由一个简谐平面源的连续作用而最终被建立起来，而这两项则分别适用于平面源的下部区域和上部区域．

因此，由于在平面 $x=0$ 上维持着一个指定的振动

$$\xi=e^{i\sigma t}\tag{16}$$

而产生的扰动就由

$$\xi = e^{x} \cdot e^{i[\sigma t \mp \sqrt{\sigma^2 - 1}\, x]} \quad [\sigma^2 > 1] \tag{17}$$

和

$$\xi = e^{[1 \mp \sqrt{1 - \sigma^2}]x} \cdot e^{i\sigma t} \quad [\sigma^2 < 1] \tag{18}$$

给出，其中上下两个符号按照 $x \gtrless 0$ 来取。

又由周期力 $e^{i\sigma t}$ 集中地作用于 $x = 0$ 处的一个无限薄流体层上时所产生的扰动可求得为（把 $x = 0$ 处的密度取为密度的单位）

$$\xi = -\frac{i}{2\sqrt{\sigma^2 - 1}} e^{x} \cdot e^{i[\sigma t \mp \sqrt{\sigma^2 - 1}\, x]} \quad [\sigma^2 > 1] \tag{19}$$

和

$$\xi = \frac{1}{2\sqrt{1 - \sigma^2}} e^{[1 \mp \sqrt{1 - \sigma^2}]x} \cdot e^{i\sigma t} \quad [\sigma^2 < 1]. \tag{20}$$

为证明这一点，我们可以提一下，在现在所用的单位下，(5) 式变为

$$p - p_0 = -e^{-2x} \frac{\partial \xi}{\partial x}. \tag{21}$$

因而 (19) 式和 (20) 式就给出平面 $x = 0$ 两侧的压力差为 $\sigma^{i\sigma t}$. 应注意到，当 σ 趋于临界值 1 时，由 (19) 式和 (20) 式所给出的振幅就无限增大。在一般单位中，σ 的这一临界值为 $c/2H$，相应的周期为 $4\pi H/c$。对于通常温度的空气，这一数值非常粗略地约为 5 分钟。

在 (14) 式中恢复一般单位，然后取实部，可看出，对于波长为 $2\pi k$ 的行波，有

$$\xi = a e^{\frac{1}{2} x H} \cos(\sigma t \pm kx), \tag{22}$$

且

$$\sigma^2 = k^2 c^2 + \frac{1}{4} c^2/H. \tag{23}$$

因而波速为

$$V = \frac{\sigma}{k} = c\sqrt{1 + \frac{1}{4k^2H^2}}. \tag{24}$$

它虽随频率而变，但只要波长远小于 $4\pi H$，它就近似为常数，并与

c只相差一个二阶的小量。密度的不均匀所产生的主要影响只是在振幅上，当波向上传播到较稀薄的区域时，振幅就按照(22)式中指数因子所表明的规律而增大。振幅的这种增大是无需计算就可以预料到的。这是因为，如果在一个波长的范围内，密度变化得很少，就不出现可以察觉的反射，因此，当波推进时，与$a^2\rho_0$(a为振幅)成正比的单位体积中的平均能量就保持不变；又由于 $\rho_0 \propto e^{-x/H}$，也就表明了 $a \propto e^{\frac{1}{2}x/H}$。

不难证明，在(22)式所表示的每一个波系中，每单位体积中的平均能量为

$$\frac{1}{2}\rho\sigma^2a^2, \tag{25}$$

而且，能量传播速率等于运动学上的群速度

$$U = \frac{d\sigma}{dk} = \frac{c}{\sqrt{1+\dfrac{1}{4k^2H^2}}}. \tag{26}$$

我们在上面假定了大气在上方和下方都是无界的，但即使有一个刚性的水平边界，它的影响也不难确定。例如，当静止的大气位于平面 $x=-h$ 之上并在平面 $x=0$ 上维持着指定的振动

$$\xi = a\cos\sigma t \quad [\sigma > c/2H]$$

时，可有

$$\xi = ae^{\frac{1}{2}x/H}\cos(\sigma t - kx) \quad [x>0]$$

和
$$\xi = ae^{\frac{1}{2}x/H}\frac{\sin k(x+h)}{\sin kh}\cos\sigma t \quad [x<0],$$

其中k与σ的关系和(23)式一样。

为求出由任意初始条件所产生的自由运动，我们从(13)式的典型解

$$u = \left\{A(k)\cos\sqrt{k^2+1}\,t + B(k)\frac{\sin\sqrt{k^2+1}\,t}{\sqrt{k^2+1}}\right\}e^{ikx} \tag{27}$$

出发[1)]。上式使

$$u = A(k),\ \frac{\partial u}{\partial t} = B(k) \quad [t\to 0]. \tag{28}$$

---

1) 这一方法类似于 Poicaré 在 'équation des télégraphistes' 中所采用的方法，见其著作 *Théorie analytique de propagation de la chaleur*. Paris 1895, c. viii.

应用 Fourier 定理加以推广后，有

$$u=\int_{-\infty}^{\infty} A(k)\cos\sqrt{k^2+1}t\cdot e^{ikx}dk$$

$$+\int_{-\infty}^{\infty} B(k)\frac{\sin\sqrt{k^2+1}t}{\sqrt{k^2+1}}e^{ikx}dk, \tag{29}$$

其中

$$\left.\begin{aligned}A(k)&=\frac{1}{2\pi}\int_{-\infty}^{\infty} f(\alpha)e^{-ik\alpha}d\alpha,\\ B(k)&=\frac{1}{2\pi}\int_{-\infty}^{\infty} F(\alpha)e^{-ik\alpha}d\alpha.\end{aligned}\right\} \tag{30}$$

它满足（13）式，并使

$$u=f(x),\ \frac{\partial u}{\partial t}=F(x)\ [t\to 0]. \tag{31}$$

作为一个例子，假定没有初始位移，但有初始动量集中于平面 $x=0$ 附近．于是，$f(x)=0$；而 $F(x)$ 则只对于无穷小的 x 值才是显著的，在那里，它以

$$\int_{-\infty}^{\infty} F(\alpha)d\alpha=1 \tag{32}$$

的方式而成为无穷大．如把平面 $x=0$ 处的密度取为密度的单位，上式就使所施加的动量（平面上每单位面积的）为1．因此，$A(k)=0$，$B(k)=1/2\pi$，而

$$u=\frac{1}{2\pi}\int_{-\infty}^{\infty} e^{ikx}\frac{\sin\sqrt{k^2+1}t}{\sqrt{k^2+1}}dk. \tag{33}$$

这一积分可计算如下．改换变量后有

$$u=\frac{1}{2\pi}\int_{-\infty}^{\infty}\sin(t\cosh\omega+x\sinh\omega)d\omega.$$

如 $t^2>x^2$，则令

$$t=\sqrt{t^2-x^2}\cosh\beta,\ x=\sqrt{t^2-x^2}\sinh\beta,\ \omega+\beta=\omega',$$

并根据 Mehler 公式（194 节（7）式）而得

$$u=\frac{1}{2\pi}\int_{-\infty}^{\infty}\sin(\sqrt{t^2-x^2}\cosh\omega')d\omega'=\frac{1}{2}J_0(\sqrt{t^2-x^2}). \tag{34}$$

反之，如 $t^2<x^2$，则令

$$t=\sqrt{x^2-t^2}\sinh\beta,\ x=\pm\sqrt{x^2-t^2}\cosh\beta,\ \omega\pm\beta=\omega',$$

而得

$$u=\frac{1}{2\pi}\int_{-\infty}^{\infty}\sin(\sqrt{x^2-t^2}\sinh\omega')d\omega'=0. \tag{35}$$

要经过一段时间 $t=\pm x$，扰动才能到达位置 x 处，随后发生的位移由

$$\xi=\frac{1}{2}e^{x}J_0(\sqrt{t^2-x^2}) \tag{36}$$

给出，它在一般单位中就是

$$\xi=\frac{1}{2\sqrt{\rho_0\rho_0'}}J_0\left(\frac{\sqrt{c^2t^2-x^2}}{2H}\right), \tag{37}$$

式中 ρ_0 为位置 x 处的密度，ρ_0' 为单位冲量所作用处（$x=0$）的密度．这一公式的结构符合一个熟知的互易定理[1)]．可以看到，当波过去之后，任一点处的位移 ξ 并不像均匀介质中那样保持为常数，而是不断改变其符号并不断减小振幅．而且，这种符号上的变化趋于具有确定的周期性，也就是，其周期趋于极限 2π，在一般单位中为 $4\pi H/c$．

可以注意到在这一问题中对动量守恒的证明方法．考虑波系上下两个边界之间的空气相对于平面 $x=0$ 的线性矩（Σmx）．和平衡状态相比较时，它增大了

$$\int_{-t}^{t}\rho_0\xi dx=\int_{-t}^{t}e^{-x}J_0(\sqrt{t^2-x^2})dx$$

$$=\int_0^t \cosh x J_0(\sqrt{t^2-x^2})dx. \tag{38}$$

可以证明，这一定积分等于 t[2)]．求导后就证明出总动量为 1 了．

310. 现在，我们假定平衡温度已不再是均匀的了，而是以均匀的梯度向上减小．它意味着大气有一个上边界，因而为方便起见，就把原点取在这一边界上，并向下计算 x．于是，如 θ_0 为平衡温度（取绝对温标），可写出

$$\theta_0=\beta x, \tag{1}$$

其中 β 为均匀的温度梯度．因 p_0，ρ_0 和 θ_0 由关系式

$$p_0=R\rho_0\theta_0 \tag{2}$$

联系在一起，故有

$$\frac{1}{\rho_0}\frac{d\rho_0}{dx}=\frac{1}{p_0}\frac{dp_0}{dx}-\frac{1}{\theta_0}\frac{d\theta_0}{dx}=\frac{g\rho_0}{p_0}-\frac{\beta}{\theta_0}=\frac{m}{x},$$

其中

---

1) 见 *Proc. Lond.. Math. Soc.* (1)xix. 144.

2) 直接用级数相乘，可得

$$\cosh(t\cos\theta)J_0(t\sin\theta)=1+\frac{t^2}{2!}P_2(\cos\theta)+\frac{t^4}{4!}P_4(\cos\theta)+\cdots,$$

故由第 87 节 (3) 式，有

$$\int_0^{\frac{1}{2}\pi}\cosh(t\cos\theta)J_0(t\sin\theta)\sin\theta d\theta=1.$$

这一展开式是 Hobson 得到的，见 *Proc. Lond. Math. Soc.* (1) xxv. 66 (1893).

$$m = \frac{g}{R\beta} - 1. \tag{3}$$

故

$$\rho_0 \propto x^m, \quad p_0 \propto x^{m+1}. \tag{4}$$

在 $p_0 \propto \rho_0^\gamma$ 的"对流平衡"[1]大气中，可有 $m\gamma = m + 1$，即

$$m = \frac{1}{\gamma - 1}, \quad \beta = \frac{(\gamma - 1)g}{\gamma R} = \beta_1 \text{（设）}. \tag{5}$$

如 $\beta = g/R$，则 $m = 0$，密度就是均匀的．但如不对铅直运动加以限制，那么，这种情况以及 m 小于 (5) 式所给出之值的所有情况都意味着是不稳定的。

对于运动方程，把 309 节 (6) 式中 x 的符号颠倒过来后，有

$$\frac{\partial^2 \xi}{\partial t^2} = c^2 \frac{\partial^2 \xi}{\partial x^2} + \gamma g \frac{\partial \xi}{\partial x}, \tag{6}$$

其中

$$c^2 = \gamma p_0/\rho_0 = \gamma R \beta x. \tag{7}$$

现令

$$\left.\begin{aligned} \tau &= \int_0^x \frac{dx}{c} = \sqrt{\frac{4x}{\gamma R\beta}}, \\ \text{即} \qquad x &= \frac{1}{4}\gamma R\beta\tau^2, \end{aligned}\right\} \tag{8}$$

则 τ 表示一个始终以局部声速而运动的点从大气层上端移动到位置 x 处所需时间．如在 (6) 式中把自变量 x 换为 τ，可得

$$\frac{\partial^2 \xi}{\partial t^2} = \frac{\partial^2 \xi}{\partial \tau^2} + \frac{2m + 1}{\tau}\frac{\partial \xi}{\partial \tau}, \tag{9}$$

其中 m 由 (3) 式给出。

在简谐振动 ($e^{i\sigma t}$) 中，有

$$\frac{\partial^2 \xi}{\partial \tau^2} + \frac{2m + 1}{\tau}\frac{\partial \xi}{\partial \tau} + \sigma^2 \xi = 0, \tag{10}$$

---

1) W. Thomson 爵士，*Manch. Memoirs* (3) ii. 125 (1862) [*Papers*, iii. 255].

其解为

$$\xi = \tau^{-m}\{AJ_m(\sigma\tau) + BJ_{-m}(\sigma\tau)\}. \tag{11}$$

由 309 节 (5) 式可得

$$p - p_0 \propto p_0 \frac{\partial\xi}{\partial x} \propto \tau^{2m+1}\frac{\partial\xi}{\partial\tau}, \tag{12}$$

而为了使它在 $x \to 0$ 时趋于极限 0，我们就必须有 $B = 0$。

如在平面 $\tau = \tau_1$ 处维持着一个振动

$$\xi = e^{i\sigma t}, \tag{13}$$

则相应的解就因而为

$$\xi = \left(\frac{\tau_1}{\tau}\right)^m \frac{J_m(\sigma\tau)}{J_m(\sigma\tau_1)} e^{i\sigma t}. \tag{14}$$

对于大的 $\sigma\tau$ 值，由 303 节 (14) 式，有

$$\xi = \frac{1}{\tau^{m+\frac{1}{2}}} \sin\left(\sigma\tau + \frac{1}{4}\pi - \frac{1}{2}m\pi\right)e^{i\sigma t}. \tag{15}$$

因此，(14) 式所表示的是一个驻留振荡，它是由一个向上传播的和一个振幅相等但向下传播的两个波列相叠加而形成的。如 Δx，$\Delta\tau$ 为 x 和 τ 对应于一个波长 (λ) 的增量，就有 $\Delta(\sigma\tau) = 2\pi$，并因而在 x 很大时最终有

$$\begin{aligned}\lambda = \Delta x &= \frac{1}{2}\gamma R\beta\tau \cdot \Delta\tau = \pi\gamma R\beta\tau/\sigma \\ &= 2\pi c/\sigma,\end{aligned} \tag{16}$$

正如所预料的那样.

当

$$J_m(\sigma\tau_1) = 0 \tag{17}$$

时，(14)式成为无穷大。这一 (17) 式确定了位于一个固定的刚性平面 (它在 $\tau = \tau_1$ 处)之上的空气作自由振荡时的周期 $2\pi/\sigma$[1)]。

311. 我们进而讨论扰动沿水平方向传播的问题，并把 x 轴和 y 轴取为水平的，z 轴取为铅直的，其正方向指向下方。对于微小运动，"Euler 形式"的运动方程为

---

1) 关于任意初始条件的影响，可参看 309 节第一个脚注中所提到的本书作者的文章.

$$\rho_0 \frac{\partial u}{\partial t} = -\frac{\partial p}{\partial x}, \quad \rho_0 \frac{\partial v}{\partial t} = -\frac{\partial p}{\partial y},$$

$$\rho_0 \frac{\partial w}{\partial t} = -\frac{\partial p}{\partial z} + g\rho, \tag{1}$$

$$\frac{D\rho}{Dt} + \rho_0 \chi = 0, \tag{2}$$

其中

$$\chi = \frac{\partial u}{\partial x} + \frac{\partial v}{\partial y} + \frac{\partial w}{\partial z}. \tag{3}$$

我们再次假定，压力和密度相对于其平衡值的变化基本上由绝热关系式

$$\frac{Dp}{Dt} = c^2 \frac{D\rho}{Dt} \tag{4}$$

联系在一起，而上式中的

$$c^2 = \gamma p_0/\rho_0 = \gamma R\theta_0, \tag{5}$$

即 c 表示与高度为 z 处的平衡温度相对应的声速。

令

$$p = p_0 + p', \quad \rho = \rho_0 + \rho', \tag{6}$$

并不断略去二阶小量，可得

$$\rho_0 \frac{\partial u}{\partial t} = -\frac{\partial p'}{\partial x}, \quad \rho_0 \frac{\partial v}{\partial t} = -\frac{\partial p'}{\partial y},$$

$$\rho_0 \frac{\partial w}{\partial z} = -\frac{\partial p'}{\partial z} + g\rho', \tag{7}$$

和

$$\frac{\partial \rho'}{\partial t} + w \frac{\partial \rho_0}{\partial z} = -\rho_0 \chi. \tag{8}$$

而且，由 (4) 式和 (5) 式，有

$$\frac{\partial p'}{\partial t} + g\rho_0 w = -\gamma p_0 \chi. \tag{9}$$

消去 p' 和 ρ' 后，可得

$$
\left.\begin{aligned}
\frac{\partial^2 u}{\partial t^2} &= \frac{\partial}{\partial x}(c^2\chi + gw), \quad \frac{\partial^2 v}{\partial t^2} = \frac{\partial}{\partial y}(c^2\chi + gw), \\
\frac{\partial^2 w}{\partial t^2} &= \frac{\partial}{\partial z}(c^2\chi + gw) - \left\{\frac{dc^2}{dz} - (\gamma - 1)g\right\}\chi.
\end{aligned}\right\} \quad (10)
$$

于是，如 ξ, η, ζ 为涡量分量，则有

$$
\left.\begin{aligned}
\frac{\partial^2 \xi}{\partial t^2} &= -\left\{\frac{dc^2}{dz} - (\gamma-1)g\right\}\frac{\partial \chi}{\partial y}, \\
\frac{\partial^2 \eta}{\partial t^2} &= \left\{\frac{dc^2}{dz} - (\gamma-1)g\right\}\frac{\partial \chi}{\partial x},
\end{aligned}\right\} \quad (11)
$$

和 $\partial^2\zeta/\partial t^2 = 0$. 迄今为止，这些方程是具有普遍性的，它们表明，除非是在下述两种情况之下，否则，运动就不可能是无旋的．这两种情况之一是

$$
c = \text{const.}, \quad \gamma = 1, \quad (12)
$$

这是均匀平衡温度且出现等温胀缩的情况；另一种情况是

$$
\frac{dc^2}{dz} = (\gamma - 1)g, \quad (13)
$$

亦即

$$
\frac{d\theta_0}{dz} = \frac{(\gamma - 1)g}{\gamma R}, \quad (14)
$$

这是对流平衡的情况．这一推断与第 17 节相符． 在这两种特殊情况中，方程 (10) 可由

$$
u = -\frac{\partial \phi}{\partial x}, \quad v = -\frac{\partial \phi}{\partial y}, \quad w = -\frac{\partial \phi}{\partial z} \quad (15)
$$

所满足，只要 ϕ 能满足

$$
\frac{\partial^2 \phi}{\partial t^2} = -(c^2\chi + gw) = c^2\nabla^2\phi + g\frac{\partial \phi}{\partial z} \quad (16)
$$

即可．我们还可预料到有可能出现定常的有旋运动，因为所设想的这两种情况在所提到过的条件下是中性平衡的[1]．

---

1) 关于这方面的进一步细节，可参看一篇文章 "On Atmospheric Oscillations", *Proc. Roy. Soc.* A, lxxxiv. 551 (1890)；本书 311, 311a, 和 312 节中大部分内容也取自这篇文章．

311a. 现在假定温度沿铅直方向有着各种不同的分布。在等温的大气中，c 为常数，相应的解为

$$u = e^{-(\gamma-1)gz/c^2} f(ct - x),\ v = 0,\ w = 0, \tag{1}$$

或更普遍一些，为

$$u = e^{-(\gamma-1)gz/c^2} \frac{\partial P}{\partial x},\ v = e^{-(\gamma-1)gz/c^2} \frac{\partial P}{\partial y},\ w = 0, \tag{2}$$

其中 P 为水平坐标 x, y 和时间的函数，并满足

$$\frac{\partial^2 P}{\partial t^2} = c^2 \nabla_1^2 P, \tag{3}$$

其中

$$\nabla_1^2 = \partial^2/\partial x^2 + \partial^2/\partial y^2.$$

这些方程表示以常速度 c 沿水平方向而传播的波系，而 $c = \sqrt{\gamma g H}$，H 则为“均匀大气层”的厚度。因在目前的假定中，ρ_0 正比于 $e^{z/H}$，即正比于 $e^{\gamma gz/c^2}$，故由 311 节 (4) 式和 (2) 式可知，Dp/Dt 正比于 e^{gz/c^2}。因而，在 $z \to -\infty$ 的上部区域中，压力变化为零的条件可以满足。质点速度随高度而增大，但单位体积中的动量却减小。在这里，我们是假定了胀缩过程是绝热的，而如果是等温的，就须令 $\gamma = 1$，于是，质点的速度就与高度无关了。

在对流平衡中，我们把原点取在大气的上边界处，并根据 310 节 (5) 式而写出

$$c^2 = (\gamma - 1) gz = gz/m. \tag{4}$$

为了考察沿水平方向传播的波动，假定 311 节 (6) 式中的 ϕ 正比于 $e^{i(\sigma t - kx)}$，或者，为了更普遍一些以便考虑到它可以依赖于水平方向的两个坐标，而假定它满足

$$(\nabla_1^2 + k^2)\phi = 0 \tag{5}$$

并具有时间因子 $e^{i\sigma t}$。在这两种假定下，311 节 (16) 式都变为

$$z \frac{\partial^2 \phi}{\partial z^2} + m \frac{\partial \phi}{\partial z} + \left(\frac{m\sigma^2}{gk} - kz\right) k\phi = 0. \tag{6}$$

如令

$$\phi = e^{-kz} \psi, \tag{7}$$

则 (6) 式可简化为

$$z\frac{\partial^2\psi}{\partial z^2}+(m-2kz)\frac{\partial\psi}{\partial z}-m\left(1-\frac{\sigma^2}{gk}\right)k\psi=0. \tag{8}$$

再令

$$m\left(1-\frac{\sigma^2}{gk}\right)=2\alpha, \tag{9}$$

则当 $z\to 0$ 时为有限值的解为

$$\psi_1=A\left\{1+\frac{\alpha}{1m}(2kz)+\frac{\alpha(\alpha+1)}{1.2m(m+1)}(2kz)^2+\cdots\right\}, \tag{10}$$

或使用一个公认的记号而写为[1)]

$$\psi_1=A_1F_1(\alpha;m;2kz). \tag{11}$$

另一个解具有以下形式:

$$\psi_2=B\psi_1\int_0^z\frac{e^{2kz}dz}{z^m\psi_1^2}. \tag{12}$$

当 $z\to 0$ 时,上式使 $\partial\psi_2/\partial z$ 按 z^{-m} 而变化,而 ρ_0 则按 z^m 而变化。现由 311 节 (2) 式和 (4) 式可得

$$\frac{Dp}{Dt}=-\rho_0c^2\chi=\rho_0(\ddot{\phi}+gw), \tag{13}$$

并因而可知,除非 $B=0$, 否则,当 $z\to 0$ 时, Dp/Dt 就不为零。

当 $z=h$ (大气层的厚度)时, $\partial\phi/\partial z=0$, 这一条件给出

$$\frac{2\alpha}{m}\left\{1+\frac{\alpha+1}{1(m+1)}(2kh)+\frac{(\alpha+1)(\alpha+2)}{1.2(m+1)(m+2)}(2kh)^2+\cdots\right\}$$
$$=1+\frac{\alpha}{1m}(2kh)+\frac{\alpha(\alpha+1)}{1.2m(m+1)}(2kh)^2+\cdots, \tag{14}$$

亦即

$$\frac{2\alpha}{m}\,{}_1F_1(\alpha+1;m+1;2kh)={}_1F_1(\alpha;m;2kh). \tag{15}$$

它可以使我们用波长 $2\pi/k$ 来确定出 α。 相应的 σ 值以及波速的值就可由 (9) 式得出。

我们的主要兴趣是讨论波长远大于 h 的波系。当 kh 很小时,

---

1) 可看 Barnes, *Camb. Trans.* xx. 253(1906), 其中还给出了其它参考文献.

(14) 式的初步近似根为 $2\alpha/m=1$，而二次近似根为

$$\frac{2\alpha}{m}=(1+kh)\Big/\left(1+\frac{m+2}{m+1}kh\right)=1-\frac{kh}{m+1}, \tag{16}$$

故

$$\frac{\sigma^2}{gk}=\frac{kh}{m+1}. \tag{17}$$

现如以 H_1 表示大气层的"换算厚度"，也就是，假如大气层的密度是均匀的，而且这一密度就等于原来大气层底部的密度，那时，大气层所具有的厚度为 H_1，我们就有

$$H_1=h^{-m}\int_0^h z^m dz=\frac{h}{m+1}. \tag{18}$$

于是，长波的传播速度趋于

$$V=\sigma/k=\sqrt{gH_1}. \tag{19}$$

可以把它和 278 节中在等温过程假定下所得到的 (4) 式进行比较。在 15℃ 时，H_1 之值约为 27640ft.，故 $V=943$ft./sec.

至于 z 对运动的影响，可由 (7) 式和 (10) 式近似地求得为

$$\phi=A\left\{1+\frac{k^2}{m+1}\left(\frac{1}{2}z^2-hz\right)\right\}. \tag{20}$$

为简练起见，假定 ϕ 中另一因子为 $e^{i(\sigma t-kx)}$。于是，

$$u=ikA,\ v=0,\ w=\frac{k^2A}{m+1}(h-z), \tag{21}$$

其中也都有一个未写出的因子 $e^{i(\sigma t-kx)}$。因为比值 w/u 的量级为 kh，所以大气的振荡主要是沿水平方向的。从大气层的顶部到底部，水平运动的振幅也几乎是一样的。我们不久就会看到，这一结论是具有特殊性的，它和我们在对流平衡中对振荡所作的假定以及在等温大气中假定了等温的胀缩有关。

还可注意到，(20) 式(它含有一个未写出来的因子)近似地使

$$c^2\left(\frac{\partial u}{\partial x}+\frac{\partial v}{\partial y}+\frac{\partial w}{\partial z}\right)+gw=\frac{gk^2h}{m+1}, \tag{22}$$

因而与高度无关。

在 (14) 式的、适用于 kh 为小值的其余诸解中，包含了一些

不同于小 αkh 值下的解。 和这些解相对应的振荡与 310 节所述沿铅直方向传播的波系近似，但在水平方向上有着缓慢的相位变化。

312. 在温度沿铅直方向作任意分布的普遍情况下，我们要用到 311 节 (10) 式。由求导可得

$$\frac{\partial^2\chi}{\partial t^2}=c^2\nabla^2\chi+\left(\frac{dc^2}{dz}+\gamma g\right)\frac{\partial\chi}{\partial z}+g\left(\frac{\partial\xi}{\partial y}-\frac{\partial\eta}{\partial x}\right), \tag{1}$$

这是由于有恒等式

$$\nabla^2 w=\frac{\partial\chi}{\partial z}+\frac{\partial\xi}{\partial y}-\frac{\partial\eta}{\partial x}. \tag{2}$$

故由 311 节 (11) 式得

$$\frac{\partial^4\chi}{\partial t^4}=c^2\nabla^2\ \frac{\partial^2\chi}{\partial t^2}+\left(\frac{dc^2}{dz}+\gamma g\right)\frac{\partial^3\chi}{\partial t^2\,\partial z}$$
$$-g\left\{\frac{dc^2}{dz}-(\gamma-1)g\right\}\nabla_1^2\chi. \tag{3}$$

如假定 χ 正比于 $e^{i(\sigma t-kx)}$，或更普遍些，假定 χ 满足

$$(\nabla_1^2+k^2)\chi=0 \tag{4}$$

并具有时间因子 $e^{i\sigma t}$，而 k 则为常数(如果需要，可由侧向边界条件予以确定)，可得

$$c^2\frac{\partial^2\chi}{\partial z^2}+\left(\frac{dc^2}{dz}+\gamma g\right)\frac{\partial\chi}{\partial z}+\left[\sigma^2-k^2c^2\right.$$
$$\left.-\frac{gk^2}{\sigma^2}\left\{\frac{dc^2}{dz}-(\gamma-1)g\right\}\right]\chi=0, \tag{5}$$

它就是 χ 所应满足的微分方程。

又由 311 节 (10) 式前两个方程可得

$$\sigma^2\frac{\partial w}{\partial z}+gk^2w=(\sigma^2-k^2c^2)\chi, \tag{6}$$

而由第三个方程可得

$$g\frac{\partial w}{\partial z}+\sigma^2 w=-c^2\frac{\partial\chi}{\partial z}-(\gamma-1)g\chi. \tag{7}$$

于是，由(6)，(7)二式消去 $\partial w/\partial z$ 后，得

$$(\sigma^4 - g^2k^2)w = -\sigma^2c^2 \frac{\partial\chi}{\partial z} - g(\gamma\sigma^2 - k^2c^2)\chi, \qquad (8)^{1)}$$

它是我们马上就要用到的.

我们将只在平衡温度梯度为均匀的情况下作出进一步的变化. 设

$$\theta_0 = \beta z, \qquad (9)$$

原点则取在温度为零的高度处. 和 310 节所述一样, ρ_0 和 p_0 将分别正比于 z^m 和 z^{m+1}, 其中

$$m = \frac{g}{R\beta} - 1, \qquad (10)$$

因而有

$$c^2 = \gamma R\beta z = \frac{\gamma g z}{m+1}. \qquad (11)$$

故

$$\frac{dc^2}{dz} - (\gamma - 1)g = -\frac{\gamma g}{m+1}\left(\frac{\beta_1}{\beta} - 1\right), \qquad (12)$$

其中 β_1 如 310 节 (5) 式所表明的那样, 表示对流平衡中的温度梯度.

现在, 方程 (5) 简化为以下形式:

$$z\frac{\partial^2\chi}{\partial z^2} + (m+2)\frac{\partial\chi}{\partial z} + \left\{\frac{m+1}{\gamma}\frac{\sigma^2}{gk} + \left(\frac{\beta_1}{\beta} - 1\right)\frac{gk}{\sigma^2} - kz\right\}k\chi = 0; \qquad (13)$$

或令

$$\chi = e^{-kz}\psi \qquad (14)$$

而得

$$z\frac{\partial^2\psi}{\partial z^2} + (m + 2 - 2kz)\frac{\partial\psi}{\partial z} + 2\alpha k\psi = 0, \qquad (15)$$

其中

---

1) 如由 (6), (7) 二式把 w 完全消去, 就又得到 (5) 式.

$$2\alpha = \frac{m+1}{\gamma}\frac{\sigma^2}{gk} + \left(\frac{\beta_1}{\beta} - 1\right)\frac{gk}{\sigma^2} - (m+2). \tag{16}$$

(15) 式在 $z \to 0$ 时为有限值的解为

$$\phi = 1 - \frac{\alpha}{1(m+2)}(2kz) + \frac{\alpha(\alpha-1)}{1.2(m+2)(m+3)} \cdot (2kz)^2 - \cdots = {}_1F_1(-\alpha, m+2, 2kz). \tag{17}$$

于是，把 (14) 式和 (17) 式代入 (8) 式后得到

$$(\sigma^4 - g^2k^2)w = -\frac{\gamma g^2 k}{m+1}\left[\frac{\sigma^2}{gk}\left\{z\frac{\partial\phi}{\partial z} + (m+1)\phi\right\} - \left(1 + \frac{\sigma^2}{gk}\right)kz\phi\right]e^{kz}. \tag{18}$$

我们可以预期长波 ($kh \to 0$) 的波速和 $\sqrt{gh}$ 具有同样量级，故

$$\frac{\sigma^2}{gk} = \frac{\sigma^2}{k^2}\cdot\frac{kh}{gh}$$

可暂时假定为一小量．我们已经讨论过 $\beta = \beta_1$ 时“对流平衡”下的情况，所以可以预料到，如比值 β/β_1 稍稍小于 1，那么结果并不会有很大的差别．但如这一比值显著地不等于 1，那么在表示 2α 值的 (16) 式中，中间的那一项就占有优势，α 就会很大，而 αkh 则为有限值．在这种情况下，可近似地有

$$\phi = 1 - \frac{2\alpha kz}{1(m+2)} + \frac{(2\alpha kz)^2}{1.2(m+2)(m+3)} - \cdots = {}_0F_1(m+2; -2\alpha kz), \tag{19}$$

并因而有

$$z\frac{\partial\phi}{\partial z} + (m+1)\phi = (m+1)\left\{1 - \frac{2\alpha kz}{1(m+1)} + \frac{(2\alpha kz)^2}{1.2(m+1)(m+2)} - \cdots\right\} = (m+1)\,{}_0F_1(m+1; -2\alpha kz). \tag{20}$$

这两个式子中的级数可用 Bessel 函数来表示．令

$$\eta^2 = 8\alpha kz,\quad \omega^2 = 8\alpha kh, \tag{21}$$

就可有

$$\phi = 2^{m+1}\prod(m+1)\eta^{-m-1}J_{m+1}(\eta), \tag{22}$$

$$z\frac{\partial\phi}{\partial z} + (m+1)\phi = 2^m\prod(m+1)\eta^{-m}J_m(\eta). \tag{23}$$

因由(16)式可近似地有

$$\frac{gk}{\sigma^2} = 2\alpha \bigg/ \left(\frac{\beta_1}{\beta} - 1\right), \tag{24}$$

故 $\eta = \omega$ 时应有 $w = 0$ 的条件就化为

$$\left(\frac{\beta_1}{\beta} - 1\right) J_m(\omega) = \frac{1}{2}\omega J_{m+1}(\omega). \tag{25}$$

它确定了 ω，并因而确定了 α。对于波速，可有

$$V^2 = \frac{\sigma^2}{k^2} = \left(\frac{\beta_1}{\beta} - 1\right)\frac{4gh}{\omega^2} = \left(\frac{\beta_1}{\beta} - 1\right)\frac{4(m+1)gH_1}{\omega^2}, \tag{26}$$

其中的 H_1，如311a节所述，为底层温度与原大气层底层温度相同的均匀大气层厚度。当 $\beta > \beta_1$ 时，上式使 V 为虚数，这时，大气是不稳定的。

作为一个数值例子，假定温度梯度为对流平衡时之值的一半。令 $\gamma = 1.40$，有 $m = 6$，而方程(25)成为

$$J_6(\omega) = \frac{1}{2}\omega J_7(\omega). \tag{27}$$

上式中的最小根近似为 $\omega = 4.96$，故

$$V = 1.07\sqrt{gH_1}. \tag{28}$$

在任何情况下，波速都在 $\sqrt{gH_1}$ 和 $\sqrt{\gamma gH_1} = 1.18\sqrt{gH_1}$ 之间。如假定15℃时的 H_1 为27640英尺，则(28)式使

$$V = 1010\text{ft/sec.}^{1)}$$

为了用个简单的情况来比较一下水平速度和铅直速度，假定

1) G. I. Taylor 教授曾计算过长波的波速，他所假定的情况更接近于实际大气。他假定温度从地面处的283°(绝对温度)均匀地降到3km高处的220°，从这一高度向上，则温度保持不变，而求得 $V = 1024$ft/sec. 这一数值和1883年Krakatoa大爆炸所引起的空气波波速相差很小(*Proc. Roy. Soc.* cxxvi. 169, 728 (1929))。

u 按 $e^{i(\sigma t-kx)}$ 而变化，$v=0$. 回到 311 节方程 (10) 后，可得

$$\left.\begin{aligned}\sigma^2 u - igkw &= ikc^2\chi,\\ igku + \sigma^2 w &= -c^2\frac{\partial\chi}{\partial z} - \gamma g\chi.\end{aligned}\right\}\tag{29}$$

故

$$\begin{aligned}(\sigma^4 - g^2k^2)u &= -ik\left\{gc^2\frac{\partial\chi}{\partial z} + (\gamma g^2 - \sigma^2c^2)\chi\right\}\\ &= -\frac{i\gamma g^2k}{m+1}\left\{z\frac{\partial\chi}{\partial z} + (m+1)\chi - \frac{\sigma^2}{gk}kz\chi\right\}\\ &= \frac{i\gamma g^2k}{m+1}\left\{z\frac{\partial\phi}{\partial z} + (m+1)\phi - \left(1+\frac{\sigma^2}{gk}\right)kz\phi\right\}e^{-kz}.\end{aligned}\tag{30}$$

把 (29) 式中的 u 消去的话，就又可得到 (13) 式. 把上式与 (18) 式相比较，可以看出，在 $z=0$ 处，铅直速度和水平速度之比为 σ^2/gk；又因在 $z=h$ 处，$w=0$，所以我们可以断言，铅直速度处处都相对地较小.

如略去所有公因子并只保留最重要的项，则把上面结果用 Bessel 函数来表示时，可得

$$u = J_m(\eta)/\eta^m,\tag{31}$$

$$w = \frac{1}{2\alpha}\left\{\left(\frac{\beta_1}{\beta}-1\right)J_m(\eta) - \frac{1}{2}\eta J_{m+1}(\eta)\right\}\Big/\eta^m.\tag{32}$$

现在，水平速度随高度而变化，大气层顶部和底部的水平速度之比为

$$\frac{\omega^m}{2^m\prod(m)J_m(\omega)}.\tag{33}$$

在前述 $\beta=\frac{1}{2}\beta_1$, $m=6$, $\omega=4.96$ 的情况下，这一比值为 2.55.

作为强迫振荡的一个例子，可以引进一个潮汐型的扰力，设其势函数为

$$\Omega = gHe^{-kz+i(\sigma t-kx)},\tag{34}$$

参看181节. 其结果中的主要特点可以根据第 VIII 章所概述的振动理论立即推断出来. 如规定的周期 $2\pi/\sigma$ 不同于波长为 $2\pi/k$ 下的自由周期，但相差很小，则运动和相应的自由振荡在特点上相同，速度沿铅直方向的分布就像方才所说的那样. 但如这

一规定的周期和自由周期相差较大，则从大气层顶部到底部，水平速度实际上保持不变.

313. 在常力场 (X, Y, Z) 作用下，气体围绕平衡状态作微小运动的普遍方程可由稍加推广 311 节中的步骤而得到。

未出现扰动时有

$$\frac{\partial p_0}{\partial x}=\rho_0 X,\quad \frac{\partial p_0}{\partial y}=\rho_0 Y,\quad \frac{\partial p_0}{\partial z}=\rho_0 Z. \tag{1}$$

因而，采用以前所用的记号后，有

$$\left.\begin{aligned}\rho_0\frac{\partial u}{\partial t}&=-\frac{\partial p'}{\partial x}+\rho' X,\\ \rho_0\frac{\partial v}{\partial t}&=-\frac{\partial p'}{\partial y}+\rho' Y,\\ \rho_0\frac{\partial w}{\partial t}&=-\frac{\partial p'}{\partial z}+\rho' z,\end{aligned}\right\} \tag{2}$$

且

$$\frac{D\rho}{Dt}=-\rho_0\chi, \tag{3}$$

其中

$$\chi=\frac{\partial u}{\partial x}+\frac{\partial v}{\partial y}+\frac{\partial w}{\partial z}.$$

和以前一样，假定压力和密度的变化由关系式

$$\frac{Dp}{Dt}=c^2\frac{D\rho}{Dt} \tag{4}$$

相联系在一起，其中 $c^2=\gamma p_0/\rho_0=\gamma R\theta_0$，即 c 为与点 (x, y, z) 处的平衡温度相对应的声速.

故

$$\frac{\partial p'}{\partial t}+\rho_0(Xu+Yv+Zw)=-\rho_0 c^2\chi. \tag{5}$$

从 (2),(3),(5) 三式中消去 p' 和 ρ'，可得

$$\begin{aligned}\rho_0\frac{\partial^2 u}{\partial t^2}=&\frac{\partial}{\partial x}\{\rho_0 c^2\chi+\rho_0(Xu+Yv+Zw)\}\\ &-X\left\{\frac{\partial(\rho_0 u)}{\partial x}+\frac{\partial(\rho_0 v)}{\partial y}+\frac{\partial(\rho_0 w)}{\partial z}\right\}\end{aligned} \tag{6}$$

以及另两个类似的方程.

现在，假定力 X, Y, Z 具有势函数，在这种情况下，平衡压力 p_0 为 ρ_0 的函数，设为

$$p_0 = f(\rho_0). \tag{7}$$

故由(1)式有

$$X = \frac{1}{\rho_0}\frac{\partial \rho_0}{\partial x}f'(\rho_0),\quad Y = \frac{1}{\rho_0}\frac{\partial \rho_0}{\partial y}f'(\rho_0),$$

$$Z = \frac{1}{\rho_0}\frac{\partial \rho_0}{\partial z}f'(\rho_0), \tag{8}$$

并因而有

$$\frac{1}{\rho_0}\frac{\partial \rho_0}{\partial x}(Xu + Yv + Zw)$$
$$= X\left(\frac{u}{\rho_0}\frac{\partial \rho_0}{\partial x} + \frac{v}{\rho_0}\frac{\partial \rho_0}{\partial y} + \frac{w}{\rho_0}\frac{\partial \rho_0}{\partial z}\right). \tag{9}$$

于是可把(6)式写成

$$\frac{\partial^2 u}{\partial t^2} = \frac{\partial}{\partial x}(c^2\chi + Xu + Yv + Zw)$$
$$+ \frac{1}{\rho_0}\frac{\partial \rho_0}{\partial x}\{c^2 - f'(\rho_0)\}\chi. \tag{10}$$

其等价形式为

$$\frac{\partial^2 u}{\partial t^2} = \frac{\partial}{\partial x}(c^2\chi + Xu + Yv + Zw)$$
$$- \left\{\frac{\partial c^2}{\partial x} - (\gamma - 1)X\right\}\chi. \tag{11}$$

因此，一般来讲，受扰后的运动未必是无旋的. 但如未出现扰动时的温度分布能使气体处于对流平衡，则 p_0 正比于 ρ_0^γ，就有

$$f'(\rho_0) = \gamma p_0/\rho_0 = c^2,$$

而(10)式右边第二项就消失. 这时，(10)式(它有三个方程)就可由以下的解所满足：

$$u = -\frac{\partial \phi}{\partial x},\ v = -\frac{\partial \phi}{\partial y},\ w = -\frac{\partial \phi}{\partial z}, \tag{12}$$

只要

$$\frac{\partial^2\phi}{\partial t^2}=c^2\nabla^2\phi+\left(X\frac{\partial\phi}{\partial x}+Y\frac{\partial\phi}{\partial y}+Z\frac{\partial\phi}{\partial z}\right). \tag{13}$$

如果平衡状态下的温度是均匀分布的，而且胀缩过程也是等温的，也可以得出同样的结论．这时，波速 c 为一常数．

如果我们一开始时就引用特殊假定，那么，上述结果可以更快地得到． 假定压力和密度之间始终保持平衡状态下的那种关系((7)式)，则有

$$p'=\rho'f'(\rho_0)=c^2\rho' \tag{14}$$

以代替(5)式．于是方程(2)可写为

$$\rho_0\frac{\partial u}{\partial t}=-\frac{\partial p'}{\partial x}+\frac{p'}{\rho_0}\frac{\partial\rho_0}{\partial x}. \tag{15}$$

故

$$\frac{\partial u}{\partial t}=-\frac{\partial}{\partial x}\left(\frac{p'}{\rho_0}\right),\quad \frac{\partial v}{\partial t}=-\frac{\partial}{\partial y}\left(\frac{p'}{\rho_0}\right),$$

$$\frac{\partial w}{\partial t}=-\frac{\partial}{\partial z}\left(\frac{p'}{\rho_0}\right). \tag{16}$$

上式具有无旋解(12)式，且

$$p'=\rho_0\frac{\partial\phi}{\partial t}. \tag{17}$$

从(5)，(12)和(16)三式消去 p' 和 ρ_0 后，就得到方程(13)．

迄今为止，在我们的考虑中，除常力场 (X,Y,Z) 外，并无别的作用力．从这一意义上来讲，我们迄今所考虑的是"自由运动"．而如果考虑进一个微小的扰力，其势函数为 Ω，则(10)式右边就应该加上一项 $-\rho_0\,\partial^2\Omega/\partial x\,\partial t$．这时，(17)式就改换为

$$p'=\rho_0\left(\frac{\partial\phi}{\partial t}-\Omega\right), \tag{18}$$

并有

$$\frac{\partial^2\phi}{\partial t^2}=c^2\nabla^2\phi+\left(X\frac{\partial\phi}{\partial x}+Y\frac{\partial\phi}{\partial y}+Z\frac{\partial\phi}{\partial z}\right)+\frac{\partial\Omega}{\partial t}. \tag{19}$$

314. 关于地球大气中大尺度振荡问题的理论还不很完善．困难之一是要考虑到大气上部区域中的物理条件．

311a 和 312 节中的结果指出，在缓慢的振型中，空气的运动主要是水平方向的。现在，我们首先把要讨论的情况取为等温大气环绕着一个非转动的球体，而且大气服从等温胀缩律，于是 313 节 (13) 式成为(取球极坐标 r,θ,ϕ)

$$\frac{\partial^2\Phi}{\partial t^2}=c^2\left\{\frac{\partial^2\Phi}{\partial r^2}+\frac{2}{r}\frac{\partial\Phi}{\partial r}+\frac{1}{r^2\sin\theta}\frac{\partial}{\partial\theta}\left(\sin\theta\frac{\partial\Phi}{\partial\theta}\right)+\frac{1}{r^2\sin^2\theta}\frac{\partial^2\Phi}{\partial\phi^2}\right\}-g\frac{\partial\Phi}{\partial r},\tag{1}$$

其中用 Φ 来表示速度势了。如根据 311a 节中的结果(取 $\gamma=1$)而略去径向运动，并令 $r=a$ (球体半径)，则在简谐振荡中可有

$$\frac{c^2}{a^2}\left\{\frac{1}{\sin\theta}\frac{\partial}{\partial\theta}\left(\sin\theta\frac{\partial\Phi}{\partial\theta}\right)+\frac{1}{\sin^2\theta}\frac{\partial^2\Phi}{\partial\phi^2}\right\}+\sigma^2\Phi=0.\tag{2}$$

和 199 节中所讨论的问题一样，在任一正则振型中，Φ 都按照一个整数阶 n 的球面谐函数的规律而变化，故

$$\sigma^2a^2/c^2=n(n+1).\tag{3}$$

可以完全按照 199 节中的方法而对上述结果作出解释.现在，压缩率 ($s=c^{-2}\partial\phi/\partial t$) 对应于 199 节中的 ζ/h，而 c^2 则取代了 gh. 由于现在有 $c^2=gH$，而 H 为均匀大气层的厚度，所以，可以看出，大气的自由振荡和以均匀深度 H 覆盖着球体的液体海洋的自由振荡遵循着同样规律[1]。

作为数值实例，可令

$$c=2.80\times10^4\text{厘米/秒},\quad 2\pi a=4\times10^9\text{厘米}.$$

根据 (3) 式，对于 $n=1$ 和 $n=2$，它给出温度为 0℃ 时的自由周期分别为 28.1 和 16.2 小时. 当温度为 15℃ 时，这两个周期为 27.4 和 15.8 小时.

315. 当假定大气是对流平衡的且(为一致起见)具有绝热的胀缩时，计算也同样比较容易. 在数学上，由于这一假定使大气上边界处具有确定的条件而带来方便.

上节中的方程 (1) 仍能应用，只是应记住，现在 c^2 是随着从大气层上边界往下算的深度而变的. 假定速度势正比于一个 n 阶

---

1) Rayleigh, 309 节第一个脚注中引文.

球面谐函数，则在自由振荡中有

$$c^2\left\{\frac{\partial^2\Phi}{\partial r^2}+\frac{2}{r}\frac{\partial\Phi}{\partial r}-\frac{n(n+1)}{r^2}\Phi\right\}-g\frac{\partial\Phi}{\partial r}+\sigma^2\Phi=0. \quad (1)$$

大气层的厚度 h 被假定为远小于地球半径． 故如令 $r=a-z$，其中 a 是对外边界而言的，并根据 310 节 (5) 式而写出

$$c^2=gz/m, \quad (2)$$

则因 c^2/a 和 g 相比时可以略去而得到

$$z\frac{\partial^2\Phi}{\partial z^2}+m\frac{\partial\Phi}{\partial z}+\left\{\frac{m\sigma^2}{g}-\frac{n(n+1)z}{a^2}\right\}\Phi=0. \quad (3)$$

如令

$$k^2=n(n+1)/a^2, \quad (4)$$

则 (3) 式就变得和 311a 节方程 (6) 相同，随之而知

$$\sigma^2=n(n+1)\frac{gH_1}{a^2}. \quad (5)$$

因此，围绕对流平衡状态所作的自由振荡相似于深度等于大气层换算厚度 H_1 的液体海洋的自由振荡．

316. 当我们进一步讨论球体作转动的情况时，上述大气振荡和海洋振荡之间的相似也仍然成立．现如暂时设 z 轴与球体旋转轴重合，x 轴和 y 轴则以球体的角速度 ω 而转动，则 313 节方程 (2) 就由以下方程所代替：

$$\left.\begin{aligned}\rho_0\left(\frac{\partial u}{\partial t}-2\omega v\right)&=-\frac{\partial p'}{\partial x}+\rho' X-\rho_0\frac{\partial\Omega}{\partial x},\\ \rho_0\left(\frac{\partial v}{\partial t}+2\omega u\right)&=-\frac{\partial p'}{\partial y}+\rho' Y-\rho_0\frac{\partial\Omega}{\partial y},\\ \rho_0\frac{\partial w}{\partial t}&=-\frac{\partial p'}{\partial z}+\rho' Z-\rho_0\frac{\partial\Omega}{\partial z},\end{aligned}\right\} \quad (6)$$

离心力则假定已被包含在 (X,Y,Z) 中了． 这里的符号 u,v,w 表示表观速度，也就是，表示相对于转动着的球体的速度．为普遍起见，已在上式中引进了表示扰力（其势函数为 Ω）影响的诸项，连续性方程的形式则并不改变．

采用 313 节中的讨论方法，可得

$$\left.\begin{array}{c}\frac{\partial^2 u}{\partial t^2}-2\omega\frac{\partial v}{\partial t}=\frac{\partial P}{\partial x},\ \frac{\partial^2 v}{\partial t^2}+2\omega\frac{\partial u}{\partial t}=\frac{\partial P}{\partial y},\\ \frac{\partial^2 w}{\partial t^2}=\frac{\partial P}{\partial z},\end{array}\right\}\tag{7}$$

其中

$$P=c^2\chi+Xu+Yv+Zw-\frac{\partial\Omega}{\partial t}.\tag{8}$$

现在，如改变所用符号的意义，而以 u 表示沿子午线的速度，v 表示沿纬线的速度，w 表示沿铅直方向的速度，则类似于 213 节 (5) 式，可有

$$\left.\begin{array}{l}\frac{\partial^2 u}{\partial t^2}-2\omega\frac{\partial v}{\partial t}\cos\theta=\frac{\partial P}{r\,\partial\theta},\\ \frac{\partial^2 v}{\partial t^2}+2\omega\frac{\partial u}{\partial t}\cos\theta+2\omega\frac{\partial w}{\partial t}\sin\theta=\frac{\partial P}{r\sin\theta\,\partial\phi},\\ \frac{\partial^2 w}{\partial t^2}-2\omega\frac{\partial v}{\partial t}\sin\theta=\frac{\partial P}{\partial r},\end{array}\right\}\tag{9}$$

式中 θ 和 ϕ 分别表示余纬和经度.

把上式应用于大气潮时，可以像讨论海洋问题（213 节）那样，引进种种简化. 特别是，如略去铅直方向的加速度，我们就可以根据最后一个方程而断定 P 可以近似地认为与 r 无关，并随之而知，水平速度 u 和 v 对同一铅直线上的各质点而言几乎是相同的[1]. 现令 $r=a-z$，则在球极坐标中有

$$\begin{aligned}P=&\frac{c^2}{a\sin\theta}\left\{\frac{\partial}{\partial\theta}(u\sin\theta)+\frac{\partial v}{\partial\phi}\right\}\\&-c^2\frac{\partial w}{\partial z}-gw-\frac{\partial\Omega}{\partial t}.\end{aligned}\tag{10}$$

令 $c^2=gz/m$，再通乘以 z^{m-1}，然后在 0 和 h 间对 z 求积，并假定 $z^m w$ 在积分上下限处为零，可得

1）按照大气构造，从更具一般性的观点来看，近似假定 $\partial P/\partial r=0$ 应换为

$$\frac{\partial P}{\partial r}=\left\{\frac{\partial c^2}{\partial r}+(\nu-1)g\right\}\chi,$$

而大气潮就不那么和海洋潮汐完全相像了.

$$P=\frac{gH_1}{a\sin\theta}\left\{\frac{\partial}{\partial\theta}\left(u\sin\theta\right)+\frac{\partial v}{\partial\phi}\right\}-\frac{\partial\Omega}{\partial t}. \tag{11}$$

简化后的方程组现在成为

$$\left.\begin{aligned}\frac{\partial^2 u}{\partial t^2}-2\omega\cos\theta\frac{\partial v}{\partial t}&=\frac{\partial P}{a\,\partial\theta},\\ \frac{\partial^2 v}{\partial t^2}+2\omega\cos\theta\frac{\partial u}{\partial t}&=\frac{\partial P}{a\sin\theta\,\partial\phi},\end{aligned}\right\} \tag{12}$$

其中 P 由 (11) 式给出. 如令

$$P=-g\frac{\partial\zeta}{\partial t},\quad \Omega=-g\frac{\partial\bar{\zeta}}{\partial t}, \tag{13}$$

则方程 (11) 和 (12) 就和 214 节中均匀深度为 H_1 的海洋所得到的方程类似. 因此,第 VIII 章中所讨论的、转动球体上的海洋潮汐理论就可立即应用于这里所考虑的那种类型的大气引力潮.

如令 (10) 式中 $c^2=gH$, 则所得结果也可应用于等温大气(并作等温胀缩的).

Margules[1)]曾对等温大气的自由周期作了一些计算. 他假定温度为 0℃, 并(在实际上)把声速取为 $c=2.84\times10^4$cm/sec. 他所得出的结果也可以看作是水深为 7980 米 (26,240 英尺) 的海洋在略去水质点间相互引力下的自由周期.

他求得带谐型(应用 223 节的记号时, 为 $s=0$) 振荡中前三个对称于赤道的振荡的周期为

12.28, 7.88, 6.37

恒星时, 前三个非对称振荡的周期为

20.44, 9.59, 6.67

恒星时.

对于扇谐型 ($s=1$) 的对称振荡, 他所给出的结果是成对出

---

1) *Wiener Sitzber., Math. nat. wiss. Classe*, ci. 597 (1892) and cii. 11 (1895). 本书作者为这些资料而向 S. Chapman 教授致谢. 在上述第二篇文章中, 对于不同于24小时的一系列 $2\pi/\omega$ 计算了自由周期, 其中包括了 206 节末尾所提到的那种类型的例子. 两篇文章中都讨论了和速度成正比的摩擦力所引起的修正.

现的，每一对中的两个周期分别对应于向东和向西传播(相对于作转动的球体)的波系，它们是

$$\left.\begin{matrix}13.87\\36.57\end{matrix}\right\},\quad\left.\begin{matrix}9.22\\10.22\end{matrix}\right\},\quad\left.\begin{matrix}6.63\\6.77\end{matrix}\right\}.$$

对于田谐型振荡 ($s=2$)，他给出 $\left.\begin{matrix}11.94\\18.42\end{matrix}\right\}.$

可以把以上结果和 Hough 对水深为 29,040 英尺的海洋所得结果(见 222,223 节)作出比较，只是在对大气振荡的计算中并未考虑流体内部相互间的引力。还可参看 210 节和 212 节。

在考虑大气的振荡能否由"共振"增大时，探查一下大气是否能有一个接近于 12 太阴时或 12 太阳时的自由周期是件有趣的事. 我们可注意到，Margules 假定了大气温度为均匀的且为 0℃ 后，对于具有半日潮性质的最重要的自由振荡，得到一个 11.94 恒星时的周期. 此外，Hough[1] 在研究海洋潮汐理论时求得，自由周期正好等于 12 恒星时的海洋水深 h 由

$$gh/4\omega^2a^2 = 0.10049$$

给出. 由之求出的 h 为 29,182 英尺. 但应提到，在 Hough 对海洋的计算中，已计算了流体在出现了扰动后其内部相互引力的影响，而对空气海洋来讲，这种影响应是微不足道的. 考虑到这一点，并对周期为 12 平均太阳时来计算，则

$$gh/4\omega^2a^2 = 0.08911,$$

即 $h = 25,710$ 英尺[2]. 大气在靠近地面处的平均温度通常估计为 15℃，它给出 $H_1 = 27,640$ 英尺.

我们不再过多地提出一些结论了（这些结论是以假定大气均匀地覆盖在地球上、并近似地处于对流平衡为基础而得到的），但差不多已可断言，在大气层的自由振荡中，存在着一个半日型的振型，其周期和 12 平均太阳时相差得不很多，但比 12 平均太阳时多少要小一些.

根据观察，气压的最规则振荡具有全太阳日和半太阳日的周期，但对应的太阴潮却几乎观察不出来[3]. 在赤道上，太阳半日型振荡的振幅约为0.937毫米(0.0375英寸)，而由潮汐的"平衡"理论所给出的振幅则仅为 0.00043英寸. 由 Hough 在说明海洋潮汐的动力理论时所给出的一些数值结果可以表明，为了使这一振幅在动力作用下能增大八十倍到九十倍，自由周期和扰力的周期之差就不能超过两三分钟. 因太阴半日和太阳半日的周期相差 26 分钟，所以可以想到，太阳所产生的影响就会远大于月球. 但

---

1) 见 222 节.

2) 见 311a 节第一个脚注中引文.

3) 例如，Chapman 在 Greenwich 对太阴半日大气潮得到的振幅是 0.00036 英寸汞柱 (*Q. J. R. Met. Soc.* xliv. 271 (1918)).

还剩下一个困难问题，就是如何解释所观察到的半日型振荡的相位相对于太阳中天而言是超前了而不是滞后了(在大气潮摩擦力的作用下应该是滞后)的现象.

Kelvin 曾把观察到的振荡归因于另一原因，即归因于温度的日变化. 把温度的日变化分解为简谐成分时，诸分量的周期分别为 1，$\frac{1}{2}$，$\frac{1}{3}$，$\frac{1}{4}$，… 太阳时. 值得注意的是，第二个(即半日型的)气压振荡的振幅远大于第一个. 对于这一特点，Kelvin 认为，可由温度变化中半日型分量的周期远较全日型的更接近于地球大气的自由周期而得到解释[1].

为了说明选定的共振能达到所需要的强烈程度，在上述两种假说中，都必须以有一个几乎等于12太阳时的自由周期为前提.但最新的看法[2]（它把大气波速和潮汐理论相比较作为基础)所提出的自由周期却要短很多。

1) Kelvin, "On the Thermodynamic Acceleration of the Earth's Rotation", *Proc. R. S. Edin.* xi (1882). 关于更详细的讨论，见 Chapman, *Q. J. R. Met. Soc.* 1. 165 (1923). 由温度变化而引起的强迫大气潮由 Margules 作了讨论，见 *Wiener Ber.* xcix. 204(1890).

2) G. I. Taylor, *Proc. Roy. Soc.* cxxvi. 169, 728 (1929—30).

第 XI 章

粘　　性

317. 本章的主题是流体对变形的阻力，它常被称为"粘性"或"内摩擦力"．所有实际流体都会或多或少地显示出这种阻力，但我们在此以前却一直把它忽略掉了．

较为方便的讨论方法是沿袭我们曾经采用过的方法，先扼要地回顾一下具有耗散力(它是广义速度的线性函数)的动力学系统的一般理论[1]．这样做不仅从某些观点来看易于引出今后将要叙述的绝大多数特殊探讨，而且当超出我们的计算能力时，有时还能指示出想要得到的结果的一般特点．

我们从一个自由度的系统开始．运动方程的形式是

$$a\ddot{q}+b\dot{q}+cq=Q. \tag{1}$$

其中 q 为广义坐标，它规定了相对于平衡位置的偏离；a 为惯性系数，且必为正值；c 为稳定性系数，并在我们所要讨论的问题中为正值；b 为摩擦系数，为正值．由于(1)式左边诸项在 t 改变符号时会受到不同的影响，因此，遵循这样一种方程的系统，其运动是不可逆的．

如令

$$T=\frac{1}{2}a\dot{q}^2,\quad V=\frac{1}{2}cq^2,\quad F=\frac{1}{2}b\dot{q}^2, \tag{2}$$

则方程(1)可写成

$$\frac{d}{dt}(T+V)=-2F+Q\dot{q}. \tag{3}$$

1）对这一理论的较为详细的讨论，可参看 Rayleigh, *Theory of Sound*, cc. iv., v.; Thomson and Tait, *Natural Philosophy*(2nd ed.), Arts. 340—345; Routh, *Advanced Rigid Dynamics*, cc. vi., vii.

它表明，能量 $T+V$ 的增长率小于外力对系统所作的功率。相差之值 $2F$ 表示能量的耗散率，永为正值。

在自由运动中，有

$$a\ddot{q}+b\dot{q}+cq=0. \tag{4}$$

如假定 $q\propto e^{\lambda t}$，则按照摩擦力项的相对重要性的大小，(4)式之解就有不同的形式。如 $b^2<4ac$，则有

$$\lambda=-\frac{1}{2}\frac{b}{a}\pm i\left(\frac{c}{a}-\frac{1}{4}\frac{b^2}{a^2}\right)^{\frac{1}{2}}, \tag{5}$$

或写成

$$\lambda=-\tau^{-1}\pm i\sigma. \tag{6}$$

因此，用实数形式来表示时，全部解就是

$$q=Ae^{-t/\tau}\cos(\sigma t+\epsilon), \tag{7}$$

其中 A 和 ϵ 为任意值。它所表示的运动可描述为振幅以 $e^{-t/\tau}$ 的规律而不断减小并渐近于零的一个简谐振荡。振幅降至其原有值的 $1/e$ 所需时间 τ 则称为振荡的"衰减模量"。

如 $b/2a$ 远小于 $(c/a)^{\frac{1}{2}}$，$b^2/4ac$ 就是一个二阶小量，这时，振荡"速率" σ 实际上就不受摩擦力的影响。只要振幅降至其原有值的 $e^{-2\pi}\left(=\frac{1}{535}\right)$ 所需时间 $2\pi\tau$ 远大于周期 $2\pi/\sigma$，就出现这种情况。

反之，如 $b^2>4ac$，则 λ 为两个负实数。以 $-\alpha_1$ 和 $-\alpha_2$ 表示这两个值，有

$$q=A_1e^{-\alpha_1 t}+A_2e^{-\alpha_2 t}. \tag{8}$$

它表示一个"非周期运动"，即系统绝不会穿过它的平衡位置一次以上，并最终将渐近地向其平衡位置蠕动。

在 $b^2=4ac$ 的临界情况中，λ 的两个值相等；这时可用通常的方法而得到

$$q=(A+Bt)e^{-\alpha t}. \tag{9}$$

对它可以作出和上面类似的解释。

当摩擦系数 b 不断增大时，α_1 和 α_2 这两个量就越来越不相

等，其中之一(设为 α_2)趋于 b/a，另一则趋于 c/b。这时，(8)式右边第二项的影响就很快消失，而剩下的运动就犹如惯性系数(a)为零时一样。

318. 下面，我们考虑周期性外力的影响。假定

$$Q = Ce^{i(\sigma t+\varepsilon)}, \tag{10}$$

(1)式就给出

$$q = \frac{Q}{c - \sigma^2 a + i\sigma b}. \tag{11}$$

如令

$$1 - \frac{\sigma^2 a}{c} = R\cos\varepsilon_1, \quad \frac{\sigma b}{c} = R\sin\varepsilon_1, \tag{12}$$

其中 ε_1 位于 0 和 180°之间，则有

$$q = \frac{Q}{Rc}e^{-i\varepsilon}. \tag{13}$$

取实部后，我们可以说，扰力

$$Q = C\cos(\sigma t + \varepsilon) \tag{14}$$

将维持一个振荡

$$q = \frac{C}{Rc}\cos(\sigma t + \varepsilon - \varepsilon_1). \tag{15}$$

因

$$R^2 = \left(1 - \frac{\sigma^2 a}{c}\right)^2 + \frac{\sigma^2 b^2}{c^2}, \tag{16}$$

故不难求得，如 $b^2 < 2ac$，则当

$$\sigma = \left(\frac{c}{a}\right)^{\frac{1}{2}}\left(1 - \frac{1}{2}\frac{b^2}{ac}\right)^{\frac{1}{2}} \tag{17}$$

时，振幅最大，且其值为

$$\frac{C}{b}\left(\frac{a}{c}\right)^{\frac{1}{2}}\left(1 - \frac{1}{4}\frac{b^2}{ac}\right)^{-\frac{1}{2}}. \tag{18}$$

在摩擦力相对地很小的情况下，$b^2/4ac$ 可由于是二阶小量而被略去，如扰力的周期和自由振荡的周期相重合，则振幅最大(参看 168 节)。这时，(18)式表明，振幅的最大值与其"平衡值"($C/$

c）之比为 $(ac)^{\frac{1}{2}}/b$；根据假定，这一比值为一大值。

反之，如 $b^2 > 2ac$，则振幅随振荡速率 σ 的减小而增大，并最终趋于其"平衡值" C/c。

(15)式和(12)式还表明，最大位移以相位差 ε_1 而落后于最大扰力，且

$$\tan\varepsilon_1 = \frac{\sigma b}{c - \sigma^2 a}. \tag{19}$$

故如扰力的周期大于无摩擦时的自由周期，则这一相位差位于 0 和 90°之间；反之，则位于 90°和 180°之间。如摩擦系数 b 相对很小，那么，除非 σ 非常接近于临界振荡速率 $(c/a)^{\frac{1}{2}}$，否则，这一相位差就按照上述两种情况，或和 0、或和 180°相差很小。当 σ 等于临界振荡速率时，这一相位差为 90°。

能量耗散率为 $b\dot{q}^2$，其平均值不难求得为

$$\frac{1}{2}\frac{bc^2}{(\sigma a - c/\sigma)^2 + b^2}. \tag{20}$$

它在 σ 准确地等于 $(c/a)^{\frac{1}{2}}$ 时最大。

和 168 节中所述情况相同，当扰力的频率非常大时，(11)式近似地给出

$$q = -Q/\sigma^2 a, \tag{21}$$

这时，就只有系统的惯性在起作用。反之，当 σ 很小时，位移就非常接近于其平衡值

$$q = Q/c. \tag{22}$$

319. 一条沿赤道的渠道中的潮汐可以提供一个有趣的例子[1]。

当引进摩擦力后，运动方程就修正为

$$\frac{\partial^2\xi}{\partial t^2} = -\mu\frac{\partial\xi}{\partial t} + c^2\frac{\partial^2\xi}{a^2\partial\phi^2} + X, \tag{1}$$

其中所用记号与181节相同[2]，a 表示地球半径。

---

1) Airy, *Tides and Waves*, Arts. 315, ….

2) 尤其是，c^2现在表示 gh，其中 h 为水深。

对于自由波动，令 $X=0$，并假定

$$\xi \propto e^{\lambda t+ika\phi}, \tag{2}$$

可得

$$\lambda^2+\mu\lambda+k^2c^2=0,$$

故

$$\lambda=-\frac{1}{2}\mu\pm i\left(k^2c^2-\frac{1}{4}\mu^2\right)^{\frac{1}{2}}. \tag{3}$$

如略去 μ/kc 的平方，则上式给出（在实数形式中）

$$\xi=Ae^{-\frac{1}{2}\mu t}\cos\{k(ct\pm a\phi)+\varepsilon\}. \tag{4}$$

衰减模量为 $2\mu^{-1}$，波速并不受（在初步近似下）摩擦的影响。

为求出在月球引力作用下的强迫波动，我们依照 181 节而写出

$$X=ife^{2i(nt+\phi+\varepsilon)}, \tag{5}$$

其中 n 为月球相对于渠道上一个固定点的角速度。假定 ξ 具有同样的时间因子后可得

$$\xi=\frac{1}{4}\frac{ifa^2}{c^2-n^2a^2+\frac{1}{2}i\mu na^2}e^{2i(nt+\phi+\varepsilon)}. \tag{6}$$

因此，对表面升高量可有

$$\eta=-h\frac{\partial\xi}{a\partial\phi}=\frac{1}{2}\frac{Hc^2}{c^2-n^2a^2+\frac{1}{2}i\mu na^2}e^{2i(nt+\phi+\varepsilon)}, \tag{7}$$

其中，和 180 节一样，$H=af/g$。

为把以上诸表达式表示成实数形式，令

$$\tan 2\chi=\frac{1}{2}\frac{\mu na^2}{c^2-n^2a^2}, \tag{8}$$

其中 $0<\chi<90°$. 于是可得，对应于潮汐扰力

$$X=-f\sin 2(nt+\phi+\varepsilon) \tag{9}$$

的水平位移为

$$\xi=-\frac{1}{4}\frac{fa^2}{\left\{(c^2-n^2a^2)^2+\frac{1}{4}\mu^2n^2a^4\right\}^{\frac{1}{2}}}\sin 2(nt+\phi+\varepsilon-\chi), \tag{10}$$

表面升高量为

$$\eta=\frac{1}{2}\frac{Hc^2}{\left\{(c^2-n^2a^2)^2+\frac{1}{4}\mu^2n^2a^4\right\}^{\frac{1}{2}}}\cos 2(nt+\phi+\epsilon-\chi). \tag{11}$$

因为在诸表达式中，$nt+\phi+\epsilon$ 是月球穿过渠道上任一点 (ϕ) 处的子午圈后的时角，所以(11)式表示，高潮出现于月球中天之后，其时间间隔 t_1 由 $nt_1=\chi$ 给出。

如 $c^2<n^2a^2$，即如 $h/a<n^2a/g$，则在摩擦力为无穷小的情况下，有 $\chi=90°$，潮汐为逆潮(参看 181 节)。而在有显著的摩擦力的情况下，χ 位于 90° 和 45° 之间，高潮出现的时间就提前了，所提前的数量就是角度$90°-\chi$ 的时间当量。

反之，如 $h/a>n^2a/g$，则在无摩擦力时，潮汐为正潮。在有摩擦力时，χ 位于 0°和 45°之间，高潮出现的时间就延迟了，所延迟之值为角度 χ 的时间当量。

附图中表明了这两种情况。字母M和 M' 表示月球和“反月”(见第 VIII 章附录 a)的位置，并假定座落在赤道平面上；弧线箭头表示地球转动的方向。

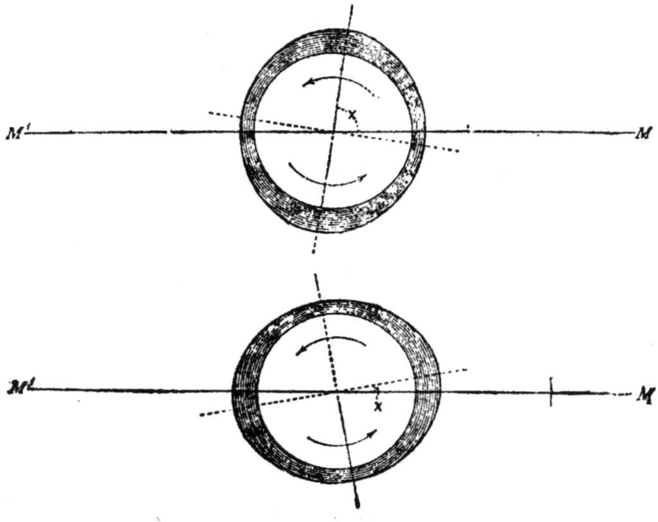

很明显，在这两种情况的每一种中，扰源体对升高的海水的引力都相当于一个力偶，这一力偶趋向于减小由地球和海洋所组成的系统的角动量。

在目前所讨论的问题中，可以很容易计算出这一力偶。对于海水表面上每单位面积，可由(9)式和(11)式而求得作用于升高的海水的平均切向力为

$$\frac{1}{2\pi}\int_0^{2\pi} \rho X\eta d\phi = -\frac{1}{2}\rho hf\sin 2\chi, \tag{12}$$

其中 h 为铅直方向的振幅。由于 X 的正方向是朝东的，因此上式表示，从潮汐的总体上来看，相当于各处都受到朝西的切向力。把(12)式中的结果乘以海水表面面积和地球半径 a，就得到阻滞力偶之值。

两个振荡速率稍有差别的潮汐组合对相位差所产生的影响已在 224 节中讨论过。为了把那里的公式应用于目前所讨论的情况，应令 $\sigma = 2n$，$\epsilon = 2\chi$。由(8)式可得

$$\frac{d\epsilon}{d\sigma} = \frac{d\chi}{dn} = \frac{\mu a^2(c^2 + n^2a^2)}{4(c^2 - n^2a^2)^2 + \mu^2n^2a^4}. \qquad (13)^{1)}$$

如果有两个引潮物体，其引潮力具有接近于相等的周期，则上式给出大潮出现于朔时(或望时)之后的那段时间间隔。这段时间间隔 $d\epsilon/d\sigma$ 和一天 $(2\pi/n)$ 之比不能超过

$$\frac{n^2a^2 + c^2}{8\pi|n^2a^2 - c^2|}.$$

重述以上探讨只是出于理论上的兴趣，把它应用于地球上的实际情况时，其作用却是极其有限的。即使对于水深为 11,250 英尺的一条赤道海洋带，它也不能对相位差作出有实际意义的解释。因为，从(8)式和 181 节可得

$$\tan 2\chi = -\frac{1}{1 - 311(h/a)} \cdot \frac{1}{n\tau} = -191 \times \frac{2\pi}{n\tau},$$

其中 $\tau = 2/\mu$ 为自由振荡的衰减模量；可以合理地假定衰减模量是一个太阴日 $(2\pi/n)$ 的很大的倍数，于是，摩擦对高潮出现的时间的影响就和

$$2\pi/n\tau \times 12 \text{ 分钟}$$

量级相同。所以，只要相位的超前量超过几分钟，就不能用上述讨论来作出解释了。

---

1) 参看 Airy, *Tides and Waves*, Arts. 328, ….

用(13)式来计算大潮的滞后量时，也会出现同样的局限.

外洋中的潮流实际上是很弱的，所以摩擦的影响并不重要(即使从天文学的角度来看). 反之，在浅水、狭窄的海洋和港湾中，由于海水的惯性以及海床和海岸的位形所产生的作用，潮流就大为加强了. 现在看来已证实[1]，在这些区域中的全部能量耗散(它最终要耗费地球转动的能量)和由天文资料所推算出来的数据量级相同. 见 371 节.

320. 现在回到普遍理论上去，并令 $q_1, q_2, \cdots, q_n$ 为一动力学系统的坐标，这一动力学系统则承受着依赖于系统位形的保守力、正比于速度的"动阻力"以及给定的外力. 在最一般性的假定下，可以把这一系统的微小运动方程组写成以下形式:

$$\frac{d}{dt}\frac{\partial T}{\partial \dot{q}_r} + B_{r1}\dot{q}_1 + B_{r2}\dot{q}_2 + \cdots = -\frac{\partial V}{\partial q_r} + Q_r, \tag{1}$$

其中动能 T 和势能 V 则由以下形式的表达式给出:

$$2T = a_{11}\dot{q}_1^2 + a_{22}\dot{q}_2^2 + \cdots + 2a_{12}\dot{q}_1\dot{q}_2 + \cdots, \tag{2}$$

$$2V = c_{11}q_1^2 + c_{22}q_2^2 + \cdots + 2c_{12}q_1q_2 + \cdots. \tag{3}$$

应记得

$$a_{rs} = a_{sr}, \qquad c_{rs} = c_{sr}, \tag{4}$$

但对 B_{rs} 和 B_{sr} 却不假定为相等.

现如令

$$b_{rs} = b_{sr} = \frac{1}{2}(B_{rs} + B_{sr}) \tag{5}$$

和

$$\beta_{rs} = -\beta_{sr} = \frac{1}{2}(B_{rs} - B_{sr}), \tag{6}$$

则典型方程(1)的形式就成为

$$\frac{d}{dt}\frac{\partial T}{\partial \dot{q}_r} + \frac{\partial F}{\partial \dot{q}_r} + \beta_{r1}\dot{q}_1 + \beta_{r2}\dot{q}_2 + \cdots = -\frac{\partial V}{\partial q_r} + Q_r, \tag{7}$$

其中 F 为

$$2F = b_{11}\dot{q}_1^2 + b_{22}\dot{q}_2^2 + \cdots + 2b_{12}\dot{q}_1\dot{q}_2 + \cdots. \tag{8}$$

由这种形式的方程可导出

---

1) G. I. Taylor, 208 节第二个脚注中引文; H. Jeffereys, *Phil. Trans.* A, ccxxi. 239 (1921).

$$\frac{d}{dt}(T+V)+2F=\sum Q_r\dot{q}_r. \tag{9}$$

(9)式的右边表示外力所作的功率. 这一功率的一部分用于增加系统的总能量 $T+V$；剩余的部分从目前的观点来看则是以速率 $2F$ 耗散了. 在应用于自然界中的问题时，函数 F 为本性正值，它被 Rayleigh[1]（他是第一个应用这一函数的人）称为"耗散函数".

(7) 式中由 F 而产生的诸项可称为"摩擦项"，而以 $\dot{q}_1, \dot{q}_2, \cdots, \dot{q}_n$ 的形式出现的诸项，其系数服从关系式 $\beta_{rs}=-\beta_{sr}$，是已在"陀螺"系统的普遍运动方程组（141 节）中见到过的，因而可称为"陀螺项".

321. 当不出现陀螺项时，方程(7)简化为

$$\frac{d}{dt}\frac{\partial T}{\partial \dot{q}_r}+\frac{\partial F}{\partial \dot{q}_r}+\frac{\partial V}{\partial q_r}=Q_r. \tag{10}$$

和 168 节相同，我们可以假定，借助于坐标变换，能把 T 和 V 的表达式简化为平方项之和，即

$$2T=a_1\dot{q}_1^2+a_2\dot{q}_2^2+\cdots+a_n\dot{q}_n^2, \tag{11}$$

$$2V=c_1q_1^2+c_2q_2^2+\cdots c_nq_n^2. \tag{12}$$

有时候(但绝不是必然的)，同一个坐标变换也能同时把 F 简化成这类形式，即有

$$2F=b_1\dot{q}_1^2+b_2\dot{q}_2^2+\cdots+b_n\dot{q}_n^2. \tag{13}$$

这时，典型方程(10)就具有

$$a_r\ddot{q}_r+b_r\dot{q}_r+c_rq_r=Q_r \tag{14}$$

这种简单的形式，并已在 317 节中对这种形式作过讨论. 现在，每一个坐标 q_r 都独立于其余的坐标而变化.

如果用于 T 和 V 的坐标变换并不能使 F 也得到简化，(10)式就具有以下形式：

$$\left.\begin{aligned}
&a_1\ddot{q}_1+b_{11}\dot{q}_1+b_{12}\dot{q}_2+\cdots+b_{1n}\dot{q}_n+c_1q_1=Q_1,\\
&a_2\ddot{q}_2+b_{21}\dot{q}_1+b_{22}\dot{q}_2+\cdots+b_{2n}\dot{q}_n+c_2q_2=Q_2,\\
&\cdots\qquad\cdots\qquad\cdots\qquad\cdots\\
&a_n\ddot{q}_n+b_{n1}\dot{q}_1+b_{n2}\dot{q}_2+\cdots+b_{nn}\dot{q}_n+c_nq_n=Q_n.
\end{aligned}\right\} \tag{15}$$

1) "Some General Theorems relating to Vibrations," *Proc. Lond. Math. Soc.* (1) iv. 357 (1873) [*Papers*, i. 170]; *Theory of Sound*, Art. 81.

其中 $b_{rs}=b_{sr}$.

这种运动就较为复杂了. 例如,在系统围绕稳定的平衡位置作自由振荡时,每一个质点都作着(在任一基本振型中)椭圆谐振动,其椭圆形轨道的两个轴长则按 $e^{-\alpha t}$ 的规律而缩短.

如诸摩擦系数 b_{rs} 很小,这时,因为运动模式和无摩擦时几乎相同,问题也就较为简单了. 对于这种情况,可由(15)式看出,有一种自由运动的模式是可能发生的,在这一模式中,诸坐标中只有一个坐标(设为 q_r)的变化起着主要作用. 这时,第 r 个方程就简化为

$$a_r\ddot{q}_r+b_{rr}\dot{q}_r+c_rq_r=0, \tag{16}$$

其中已把相对较小的量 $\dot{q}_1,\dot{q}_2,\cdots\dot{q}_n$ (除 q_r 以外)和小系数 $b_{r1},b_{r2},\cdots b_{rn}$ 的乘积略去了. 我们已从 317 节看到,当 b_{rr} 为小量时,则(16)式之解具有

$$q_r=Ae^{-t/\tau}\cos(\sigma t+\varepsilon) \tag{17}$$

的形式,其中

$$\tau^{-1}=\frac{1}{2}b_{rr}/a_r,\quad \sigma=(c_r/a_r)^{1/2}. \tag{18}$$

然后,其余诸坐标的相对较小的变化就可由(15)式中其余诸方程给出. 例如,在同样假定下,有

$$a_s\ddot{q}_s+b_{rs}\dot{q}_r+c_sq_s=0, \tag{19}$$

故

$$q_s=\frac{\sigma b_{rs}}{c_s-\sigma^2a_s}Ae^{-t/\tau}\sin(\sigma t+\varepsilon). \tag{20}$$

除非两个基本振型的周期接近于相等,否则,在我们现在的假定下,诸质点的椭圆形轨道都是很扁平的.

如假定

$$q_r=\alpha\cos(\sigma t+\varepsilon), \tag{21}$$

其中 σ 具有无摩擦时的值,α 则缓慢地随时间而变化,并假定其它诸坐标的变化相对地很小,就可近似地得到

$$T+V=\frac{1}{2}a_r\dot{q}_r^2+\frac{1}{2}c_rq_r^2=\frac{1}{2}\sigma^2a_r\alpha^2. \tag{22}$$

此外,耗散率为

$$2F=b_{rr}\dot{q}_r^2,$$

其平均值近似为

$$\frac{1}{2}\sigma^2b_{rr}\alpha^2. \tag{23}$$

于是,令能量衰减率与耗散率的平均值相等,可得

$$\frac{d\alpha}{dt}=-\frac{1}{2}\frac{b_{rr}}{a_r}\alpha, \tag{24}$$

故

$$\alpha=\alpha_0e^{-t/\tau}, \tag{25}$$

其中

$$\tau^{-1} = \frac{1}{2} b_{rr}/a_r,\tag{26}$$

与(18)式相同．当确定运动在摩擦影响下的全部特点有困难时，这种方法有时可用来算出振荡的衰减率(参看 348,355 节).

当摩擦系数相对地很大时，系统的惯性就不起什么作用了，这时，最适宜的坐标系是能同时把 F 和 V 简化为平方项之和的坐标系．现设

$$\left.\begin{aligned} 2F &= b_1\dot{q}_1^2 + b_2\dot{q}_2^2 + \cdots + b_n\dot{q}_n^2, \\ 2V &= c_1q_1^2 + c_2q_2^2 + \cdots + c_nq_n^2. \end{aligned}\right\}\tag{27}$$

于是自由运动的方程具有

$$b_r\dot{q}_r + c_rq_r = 0\tag{28}$$

的形式，故

$$q_r = Ce^{-t/\tau},\tag{29}$$

其中

$$\tau = b_r/c_r.\tag{30}$$

322. 当陀螺项和摩擦项都在基本方程组中出现时，相应的理论当然也就更为复杂了．这里只讨论二自由度的情况以进一步对 206 节所谈到的问题作出一点阐明也就够了[1].

现在，运动方程的形式为

$$\left.\begin{aligned} a_1\ddot{q}_1 + b_{11}\dot{q}_1 + (b_{12} + \beta)\dot{q}_2 + c_1q_1 &= Q_1, \\ a_2\ddot{q}_2 + (b_{21} - \beta)\dot{q}_1 + b_{22}\dot{q}_2 + c_2q_2 &= Q_2. \end{aligned}\right\}\tag{1}$$

为确定自由运动的模式，令 $Q_1 = 0, Q_2 = 0$，并假定 q_1 和 q_2 按 $e^{\lambda t}$ 而变化．于是得出 λ 的双二次方程

$$\begin{aligned} a_1a_2\lambda^4 &+ (a_2b_{11} + a_1b_{22})\lambda^3 + (a_2c_1 + a_1c_2 + \beta^2 + b_{11}b_{22} - b_{12}^2)\lambda^2 \\ &+ (b_{11}c_2 + b_{22}c_1)\lambda + c_1c_2 = 0. \end{aligned}\tag{2}$$

不难应用 Routh 所给出的判别准则[2]证明，如果像我们现在所考虑的情况那样，诸量

$$a_1, a_2, b_{11}, b_{22}, \quad b_{11}b_{22} - b_{12}^2$$

全部为正值，那么，这一双二次方程诸根的实数部分为负值的必要和充分条件为 c_1 和 c_2 都为正值．

如略去摩擦系数的二次项，那么，可以用下述方法直接得出上面的结论．在这一假定下，(2)式之根近似为

$$\lambda = -\alpha_1 \pm i\sigma_1, \quad -\alpha_2 \pm i\sigma_2,\tag{3}$$

其中 σ_1, σ_2 在初步近似中与无摩擦时相同，亦即，它们是

$$a_1a_2\sigma^4 - (a_2c_1 + a_1c_2 + \beta^2)\sigma^2 + c_1c_2 = 0\tag{4}$$

之根，而 α_1 和 α_2 则由

$$\left.\begin{aligned} \alpha_1 + \alpha_2 &= \frac{1}{2}\left(\frac{b_{11}}{a_1} + \frac{b_{22}}{a_2}\right) \\ \text{和}\qquad \frac{\alpha_1}{\sigma_1^2} + \frac{\alpha_2}{\sigma_2^2} &= \frac{1}{2}\left(\frac{b_{11}}{c_1} + \frac{b_{22}}{c_2}\right) \end{aligned}\right\}\tag{5}$$

---

1) 关于较完整的处理，可参看 168 节第一个脚注所提到的一些著作．

2) *Advanced Rigid Dynamics*. Art. 287.

所确定．很明显，如 σ_1 和 σ_2 为实数，则 c_1 和 c_2 的符号必相同；而如 α_1 和 α_2 为正值，则这一符号必为正．反之，如 c_1 和 c_2 都为正值，则 σ_1^2 和 σ_2^2 之值为正的实数，而 c_1/a_1 和 c_2/a_2 则都位于这两个正实数之间． 于是不难由(5)式而得知 α_1 和 α_2 都为正值[1]．

如系数 c_1 和 c_2 中有一个为零(设为 c_2)，则σ中也有一个为零(设为 σ_2)，表示有一个周期为无穷大的自由运动模式．这时有

$$\sigma_1^2 = \frac{c_1}{a_1} + \frac{\beta^2}{a_1 a_2}, \qquad \alpha_2 = \frac{b_{22}c_1}{a_2 c_1 + \beta^2}. \tag{6}$$

可以像 206 节那样不难对 Q_1 和 Q_2 按 $e^{i\sigma t}$ 变化的一般情况写出强迫振荡的表达式，但我们在这里却只考虑 $c_2 = 0$ 和 $Q_2 = 0$ 的情况．这时，方程(1)给出

$$\left.\begin{aligned}(c_1 - \sigma^2 a_1 + i\sigma b_{11})q_1 + (b_{12} + \beta)\dot{q}_2 = Q_1,\\ i\sigma(b_{12} - \beta)q_1 + (i\sigma a_2 + b_{22})\dot{q}_2 = 0.\end{aligned}\right\} \tag{7}$$

故

$$q_1 = \frac{i\sigma a_2 + b_{22}}{-a_1 a_2 i\sigma^3 - (a_2 b_{11} + a_1 b_{22})\sigma^2 + (a_2 c_1 + \beta^2 + b_{11}b_{22} - b_{12}^2)i\sigma + b_{22}c_1} Q_1. \tag{8}$$

它也可写成

$$q_1 = \frac{i\sigma a_2 + b_{22}}{a_1 a_2\{(i\sigma + \alpha_1)^2 + \sigma_1^2\}(i\sigma + \alpha_2)} Q_1. \tag{9}$$

我们的主要目标是考虑长周期扰力下的情况，因为它和 Laplace 对两周潮的讨论(见217节)有关．因此，假定比值 σ_1/σ 和 σ_1/α_1 为大值．于是(9)式简化为

$$q_1 = \frac{i\sigma a_2 + b_{22}}{a_1 a_2 \sigma_1^2(i\sigma + \alpha_2)} Q_1 = \frac{i\sigma a_2 + b_{22}}{b_{22}c_1(i\sigma/\alpha_2 + 1)} Q_1. \tag{10}$$

现在，一切情况全看比值 σ/α_2 和 $\sigma a_2/b_{22}$ 的大小了．如果σ小到使这两个比值都可略去，就有

$$q_1 = Q_1/c_1, \tag{11}$$

与潮汐平衡理论中的结果相同．这里所作的假定也就是扰力的周期远大于衰减模量．而如果反之，假定 σ/α_2 和 $\sigma a_2/b_{22}$ 为大值，则得

$$q_1 = \frac{a_2\alpha_2}{b_{22}c_1} Q_1 = \frac{a_2}{a_2 c_1 + \beta^2} Q_1, \tag{12}$$

---

1) 可以为上述理论提供的一个简单例子是椭球形碗中有一个质点、而碗则绕其铅直主轴而旋转时的情况．如果碗是无摩擦的，则当质点位于最低点时，质点的平衡是稳定的，除非碗的旋转周期位于质点在静止的碗中振荡时的两个基本振型(分别在一个主平面内振荡)的周期之间．但如质点和碗之间有摩擦，那么，只有当旋转速率小于上述两个振型中较缓慢的那个振型的振荡速率时，才是"长期"稳定的．如旋转速率大于所述的这一振荡速率，质点就会逐渐向外运动而走到一个相对平衡的位置上，并在这一位置上和碗一起转动，像锥面摆的摆锤那样．在这一状态下，对于同一角动量而言，质点和碗所组成的系统具有比质点在碗底部时较小的能量． 一些其它例子可见"On Kinetic Stability," *Proc. Roy. Soc.* A. lxxx.168 (1907).

与 206 节(8)式中的结果相同.

粘　　性

323. 下面,我们讨论在流体中会遇到的一种特殊的阻力. 讨论时所用的方法不可避免地要和讨论固体在发生"弹性"变形时所出现的阻力(这是固体的特性)所用的方法相同. 这两种现象在物理上是不同的,后者取决于实际上所发生的形状变化,而前者则取决于形状的变化率,但用到的数学方法在很大程度上是一样的.

我们设想通过任一点 P 画出三个平面,它们分别和 x,y,z 三轴垂直;用 p_{xx},p_{xy} 和 p_{xz} 表示作用于第一个平面单位面积上的应力的三个分量,p_{yx},p_{yy} 和 p_{yz} 表示第二个平面上的应力分量,p_{zx},p_{zy} 和 p_{zz} 表示第三个平面上的应力分量[1]. 如把注意力放在一个以 P 为中心的微元 $\delta x\delta y\delta z$ 上,计算这一微元所受的力矩,再除以 $\delta x\delta y\delta z$ 后,可得

$$p_{yz}=p_{zy},\quad p_{zx}=p_{xz},\quad p_{xy}=p_{yx};$$

在这一计算中,由于外力和动反力是比表面力更高阶的小量而被略去了. 这三个等式把应力的九个分量简化为六个. 在粘性流体中,这三个等式也可从即将(325 节)给出的表达式(它们通过变形率来表示出 p_{yz},p_{zx} 和 p_{xy})而独立地得出.

324. 从第 1 节和第 2 节可以看出,在流体中 P 点处,由 p_{xx},p_{xy},$\cdots$ 所表示的应力状态相对于在各方向都有相等压力的那种应力状态的偏离、完全取决于 P 点附近的变形运动,也就是,取决于六个量 a,b,c,f,g,h——在第 30 节中已表明过,变形运动由这六个量所规定. 但在我们试图把 $p_{xx},p_{xy},\cdots$ 表示为这六个量的函数之前,先建立某些变换公式才较为方便.

沿 P 点处变形主轴方向画出 Px',Py',和 Pz',并令 a',b'

---

1) 为了和弹性理论中的习惯一致,我们把拉应力算为正,把压应力算为负. 因此,在无摩擦的流体中就有

$$p_{xx}=p_{yy}=p_{zz}=-p.$$

	x	y	z
x'	l_1,	m_1,	n_1,
y'	l_2,	m_2,	n_2,
z'	l_3,	m_3,	n_3.

和 c' 为沿这些方向的伸长率. 此外,像通常的做法那样,用附表中的方向余弦来规定两组坐标轴 x,y,z 和 x',y',z' 的相对位形. 于是有

$$\frac{\partial u}{\partial x}=\left(l_1\frac{\partial}{\partial x'}+l_2\frac{\partial}{\partial y'}+l_3\frac{\partial}{\partial z'}\right)(l_1u'+l_2v'+l_3w')$$
$$=l_1^2\frac{\partial u'}{\partial x'}+l_2^2\frac{\partial v'}{\partial y'}+l_3^2\frac{\partial w'}{\partial z'}.$$

故

$$\left.\begin{aligned}a&=l_1^2a'+l_2^2b'+l_3^2c',\\ b&=m_1^2a'+m_2^2b'+m_3^2c',\\ c&=n_1^2a'+n_2^2b'+n_3^2c';\end{aligned}\right\}\tag{1}$$

其中,后面两个关系式是根据对称性而写出的. 由(1)式可看出,

$$a+b+c=a'+b'+c';\tag{2}$$

这是我们可以预料到的,因为等号两边都表示"膨胀率"(第 7 节).

此外,

$$\frac{\partial w}{\partial y}+\frac{\partial v}{\partial z}=\left(m_1\frac{\partial}{\partial x'}+m_2\frac{\partial}{\partial y'}+m_3\frac{\partial}{\partial z'}\right)(n_1u'$$
$$+n_2v'+n_3w')+\left(n_1\frac{\partial}{\partial x'}+n_2\frac{\partial}{\partial y'}+n_3\frac{\partial}{\partial z'}\right)$$
$$\cdot(m_1u'+m_2v'+m_3w'),$$

它再加上另外两个与之相对应的公式就给出

$$\left.\begin{aligned}f&=2(m_1n_1a'+m_2n_2b'+m_3n_3c'),\\ g&=2(n_1l_1a'+n_2l_2b'+n_3l_3c'),\\ h&=2(l_1m_1a'+l_2m_2b'+l_3m_3c').\end{aligned}\right\}\tag{3}$$

325. 由对称性可不难知道,P 点处作用于平面 $y'z'$, $z'x'$ 和 $x'y'$ 上的应力应分别和这些平面垂直. 我们用 p_1,p_2 和 p_3 来表

示它们．在第 2 节的附图中，令 ABC 现在表示垂直于 x 轴的一个平面，并无限靠近 P 点，且与 x',y',z' 三轴分别相交于 A,B,C。令 Δ 表示 ABC 的面积，于是四面体 $PABC$ 的其余三个侧面的面积就是 $l_1\Delta,l_2\Delta,l_3\Delta$。把作用于四面体上的诸力都分解到和 x 轴平行的方向上，可得

$$p_{xx}\Delta = p_1l_1\Delta\cdot l_1 + p_2l_2\Delta\cdot l_2 + p_3l_3\Delta\cdot l_3;$$

在这一计算中，由于和前面所述相同的理由而把外力和反抗加速度的阻力略去了．于是由上式、并按照同样方法而可得

$$\left.\begin{aligned} p_{xx} &= p_1l_1^2 + p_2l_2^2 + p_3l_3^2, \\ p_{yy} &= p_1m_1^2 + p_2m_2^2 + p_3m_3^2, \\ p_{zz} &= p_1n_1^2 + p_2n_2^2 + p_3n_3n_3^2. \end{aligned}\right\} \qquad (1)$$

可看出

$$p_{xx} + p_{yy} + p_{zz} = p_1 + p_2 + p_3. \qquad (2)$$

因此，通过 P 点的任意三个正交平面上的法向压力的平均值是相等的．我们将以 p 表示这一平均压力[1]．

此外，如把诸力分解到和 y 轴平行的方向上，我们就可得到下列对称方程组中的第三个式子：

$$\left.\begin{aligned} p_{yz} &= p_1m_1n_1 + p_2m_2n_2 + p_3m_3n_3, \\ p_{zx} &= p_1n_1l_1 + p_2n_2l_2 + p_3n_3l_3, \\ p_{xy} &= p_1l_1m_1 + p_2l_2m_2 + p_3l_3m_3. \end{aligned}\right\} \qquad (3)$$

它们表明

$$p_{yz} = p_{zy},\quad p_{zx} = p_{xz},\quad p_{xy} = p_{yx},$$

和 323 节中独立作出的证明相同．

如果在上面所用到的图中，假定 PA,PB,PC 是画成分别和 x,y,z 三轴平行的，而 ABC 则为靠近 P 点的任一平面，其方向余弦为 l,m,n，则用同样方法可得作用于这一平面上的应力分量 (p_{hx},p_{hy},p_{hz}) 为

1）仍然遗留下的一个问题是，这一平均压力究竟只是密度和温度的函数（就像在 Boyle 和 Dalton 定律最早所涉及到的静态条件下那样）还是另外依赖于点 (x,y,z) 处的膨胀率．见后面 358 节．

$$
\left.\begin{aligned}
p_{hx} &= l p_{xx} + m p_{xy} + n p_{xz}, \\
p_{hy} &= l p_{yx} + m p_{yy} + n p_{yz}, \\
p_{hz} &= l p_{zx} + m p_{zy} + n p_{zz}.
\end{aligned}\right\} \quad (4)
$$

326. p_1, p_2, p_3 和 $-p$ 之间在数值上的差别依赖于变形运动，因而这种差别必然仅为 a', b', c' 的函数。从这一点出发，我们所能想出的最简单的假设就是这些函数是线性的。于是写出

$$
\left.\begin{aligned}
p_1 &= -p + \lambda(a' + b' + c') + 2\mu a', \\
p_2 &= -p + \lambda(a' + b' + c') + 2\mu b', \\
p_3 &= -p + \lambda(a' + b' + c') + 2\mu c',
\end{aligned}\right\} \quad (1)
$$

其中 λ 和 μ 为取决于流体的性质和物理状态的常数。(1) 式是相容于前述推测和对称性的最普遍的假定。把(1)式中 p_1, p_2, p_3 之值代入 325 节(1)式和(3)式，并应用 324 节中的结果，可得

$$
\left.\begin{aligned}
p_{xx} &= -p + \lambda(a + b + c) + 2\mu a, \\
p_{yy} &= -p + \lambda(a + b + c) + 2\mu b, \\
p_{zz} &= -p + \lambda(a + b + c) + 2\mu c,
\end{aligned}\right\} \quad (2)
$$

$$
p_{yz} = \mu f, \quad p_{zx} = \mu g, \quad p_{xy} = \mu h. \quad (3)
$$

325节中所采用的 p 的定义就意味着

$$
3\lambda + 2\mu = 0, \quad (4)
$$

于是，从第 30 节把 a, b, c, f, g, h 之值引过来，就最后得到

$$
\left.\begin{aligned}
p_{xx} &= -p - \frac{2}{3}\mu\left(\frac{\partial u}{\partial x} + \frac{\partial v}{\partial y} + \frac{\partial w}{\partial z}\right) + 2\mu\frac{\partial u}{\partial x}, \\
p_{yy} &= -p - \frac{2}{3}\mu\left(\frac{\partial u}{\partial x} + \frac{\partial v}{\partial y} + \frac{\partial w}{\partial z}\right) + 2\mu\frac{\partial v}{\partial y}, \\
p_{zz} &= -p - \frac{2}{3}\mu\left(\frac{\partial u}{\partial x} + \frac{\partial v}{\partial y} + \frac{\partial w}{\partial z}\right) + 2\mu\frac{\partial w}{\partial z},
\end{aligned}\right\} \quad (5)
$$

$$
\left.\begin{aligned}
p_{yz} &= \mu\left(\frac{\partial w}{\partial y} + \frac{\partial v}{\partial z}\right) = p_{zy}, \\
p_{zx} &= \mu\left(\frac{\partial u}{\partial z} + \frac{\partial w}{\partial x}\right) = p_{xz}, \\
p_{xy} &= \mu\left(\frac{\partial v}{\partial x} + \frac{\partial u}{\partial y}\right) = p_{yx}.
\end{aligned}\right\} \quad (6)
$$

常数 μ 称为"粘性系数". 它的物理意义可以用流体作所谓"层流"运动（第 30 节)时的情况来作出说明. 在这种运动中，流体沿一系列互相平行的平面而运动，速度的方向处处都相同，其大小则和到这一系列平面中某一固定平面的距离成正比. 这时，每一层流体都对紧靠它的流体层施加一个切向力，其方向与相对运动的方向相反，而单位面积上的切向力的大小就等于 μ 和平面法线方向上的速度梯度的乘积.用符号来表示的话，可设 $u=\alpha y$，$v=0$，$w=0$，就有

$$p_{xx}=p_{yy}=p_{zz}=-p,$$
$$p_{yz}=0,p_{zx}=0,p_{xy}=\mu\alpha.$$

如 **M,L,T** 表示质量、长度和时间的单位，则应力的单位就正比于 $\mathbf{ML^{-1}T^{-2}}$，变形率（a, b, $c\cdots$）的单位就正比于 $\mathbf{T^{-1}}$，故 μ 的量纲为 $\mathbf{ML^{-1}T^{-1}}$.

当不同的流体作着相同的运动时，其中的应力正比于各自的 μ 值，但如果我们想要把应力对运动的影响作出比较，那就应该考虑应力和流体惯性之比值.从这一观点来看，起决定作用的量是比值 μ/ρ，因此，通常用一个特殊符号 ν 来表示这一比值，它被 Mexwell 称为"运动"粘性系数. ν 的量纲为 $\mathbf{L^2T^{-1}}$[1].

应注意到，应力 $p_{xx}, p_{xy},\cdots$ 是应变率 $a,b,c,\cdots$ 的线性函数的上述假设纯粹是试探性的，而且，虽然这一假设先验地极有可能可以准确地表示出微小运动中的事实，但到目前为止，我们还不能确信它可以普遍成立. 不过，Reynolds 曾指出[2]，在 Poiseuille 和别人的实验里，已对这一假设作出了极严格的检验（关于这一点，我们即将在 331 节中涉及到). 考虑到这些实验中的变形率之值具有很大的范围，因此，在承认上述诸方程为粘性规律的普遍表达式一事上，我们就不能太犹豫不决了. 在气体中，我们可以从

1）从某种角度来看，对于可压缩流体，在平均压力 p 和流体的物理状态以及膨胀率之间关系的表达式中，可以有一个第二粘性系数. 见 325 节和 358 节.

2）"On the Theory of Lubrication, &c.," *Phil. Trans.* clxxvii. 157 (1886) [*Papers*, ii. 228].

Maxwell 对气体分子运动理论的探讨[1]中为这一假设得到补充根据。

对μ(或 ν)作出实际测定是有点困难的．我们不去讨论实验方法的细节，而只提提已得到的几个最好的结果． Poiseuille 的观测结果经 Helmholtz[2]简化后，对于水给出(在 C. G. S. 制中)

$$\mu=\frac{0.01779}{1+0.03368\theta+0.000220990\theta^2},$$

式中θ为温度以摄氏标度计．这一粘性系数像迄今已研究过的所有液体一样，随温度升高而很快减小；在 10℃ 时，其值为 $\mu_{10}=0.0131$．近期的实验结果和上面公式非常相符[3]．对于水银，Koch[4] 求得 $\mu_0=0.01697$ 和 $\mu_{10}=0.01633$．应补充一点，某些液体(尤其是矿物油)在压力的数量级为几百个大气压时，其μ值显著地增大[5]．

对于气体，在很大的范围内，其μ值几乎与压力无关，但多少要随温度升高而增大．一个用于空气的经验公式[6]是

$$\mu=0.0001702(1+0.003290\theta+0.0000070\theta^2).$$

在大气压下，假定$\rho=0.00129$，上式给出

$$\nu_0=0.132.$$

ν之值与压力成反比．

327. 我们还必须探讨在边界处所应满足的动力学条件．

在自由表面处，或在两种不同流体的接触面处，作用于其上的应力的三个分量必须是连续的[7]． 这一条件的具体形式可借助于325节(4)式而不难写出．

现在出现的一个较为困难的问题是在流体和固体相接触的表面处是什么状况．看来可能是，在所有通常情况下，流体中直接和固体相接触的部分是并不相对于固体而运动的．这是因为，如果作出相反的假定，就会意味着，当一部分流体在另一部分流体上滑移时，其间阻力就会无限地大于流体在固体上滑移时的阻力了[8]．

1) "On the Dynamical Theory of Gases," *Phil. Trans.* clvii. 49 (1866) [*Papers*, ii. 26].

2) "Ueber Reibung tropfbarer Flüssigkeiten," *Wien. Sitzungsber.* xl.607, (1860) [*Wiss. Abh.* i. 218].

3) Hosking, *Phil. Mag.* (6) xvii. 502 (1909).

4) *Wied. Ann.* xiv. (1881).

5) Hyde, *Proc. Roy. Soc.*A.xvii. 240(1919).

6) Grindley and Gibson, *Proc. Roy. Soc.* A. lxxx. 114 (1907).

7) 当考虑进表面张力时，就明显地需要对这一说法作出修正了．

8) Stokes, "On the Theories of the Internal Friction of Fluids in Motion, &c.," *Camb. Trans.* viii. 287 (1845) [*Papers*, i.75].

但如果我们愿意暂时认为这一问题尚未解决，那么，最自然的做法是假定流体在固体上滑移时，受到一个正比于相对速度的切向阻力．接着，我们考虑流体中一个小薄片的运动，这一小薄片和固体相接触，其厚度和它的侧向尺度相比为无穷小，那么很明显，作用于它内表面上的切向力必然会和固体施加于它外表面上的作用力相平衡．前一个力可由 325 节(4)式计算，后一个力则与相对速度的方向相反并正比于相对速度．表示切向力和相对速度之比的常数(设为 β)可称为"滑移摩擦系数"．

328. 粘性流体的运动方程可以像第 6 节中那样，考虑一个中心位于 (x,y,z) 的直角平行六面体微元 $\delta_x\delta_y\delta_z$ 而得到．例如，取平行于 x 轴的分力，则两个 yz 面上所作用的法向力之差给出$(\partial p_{xx}/\partial_x)\delta x\cdot\delta y\delta z$，两个 zx 面上的切向力给出$(\partial p_{yx}/\partial y)\delta y\cdot\delta z\delta x$，而两个 xy 面也以同样方式而给出$(\partial p_{zx}/\partial z)\delta z\cdot\delta x\delta y$．于是，应用我们常用的记号后，有

$$\left.\begin{aligned}\rho\frac{Du}{Dt}&=\rho X+\frac{\partial p_{xx}}{\partial x}+\frac{\partial p_{yx}}{\partial y}+\frac{\partial p_{zx}}{\partial z},\\ \rho\frac{Dv}{Dt}&=\rho Y+\frac{\partial p_{xy}}{\partial x}+\frac{\partial p_{yy}}{\partial y}+\frac{\partial p_{zy}}{\partial z},\\ \rho\frac{Dw}{Dt}&=\rho Z+\frac{\partial p_{xz}}{\partial x}+\frac{\partial p_{yz}}{\partial y}+\frac{\partial p_{zz}}{\partial z}.\end{aligned}\right\}\tag{1}$$

从326节(5)，(6)二式把 $p_{xx},p_{xy},\cdots$ 之值代入后，可得

$$\left.\begin{aligned}\rho\frac{Du}{Dt}&=\rho X-\frac{\partial p}{\partial x}+\frac{1}{3}\mu\frac{\partial\theta}{\partial x}+\mu\nabla^2u,\\ \rho\frac{Dv}{Dt}&=\rho Y-\frac{\partial p}{\partial y}+\frac{1}{3}\mu\frac{\partial\theta}{\partial y}+\mu\nabla^2v,\\ \rho\frac{Dw}{Dt}&=\rho Z-\frac{\partial p}{\partial z}+\frac{1}{3}\mu\frac{\partial\theta}{\partial z}+\mu\nabla^2w.\end{aligned}\right\}\tag{2}$$

其中

$$\theta=\frac{\partial u}{\partial x}+\frac{\partial v}{\partial y}+\frac{\partial w}{\partial z},\tag{3}$$

而 ∇^2 则具有它通常的意义．

当流体为不可压缩时，(2)式简化为

$$\rho\frac{Du}{Dt}=\rho X-\frac{\partial p}{\partial x}+\mu\nabla^2u,$$

$$\rho\frac{Dv}{Dt}=\rho Y-\frac{\partial p}{\partial y}+\mu\nabla^2 v,$$
$$\rho\frac{Dw}{Dt}=\rho Z-\frac{\partial p}{\partial z}+\mu\nabla^2 w. \tag{4}$$

这一动力学方程组首先是由 Navier[1] 和 Poisson[2] 对流体极限分子的相互作用作不同的考虑而得到的。但这里所采用的方法却并不涉及这类假说，好像原则上是由 Saint-Venant[3] 和 Stokes[4] 提出的。

可以对(4)式作出一个有趣的解释. 以其中第一式为例，它可写成

$$\frac{Du}{Dt}=X-\frac{1}{\rho}\frac{\partial p}{\partial x}+\nu\nabla^2 u. \tag{5}$$

右边前两项表示由于外力和压力的瞬时分布而引起的 u 的变化率，并和无摩擦液体中具有同样形式. 最后一项 $\nu\nabla^2 u$ 是由粘性引起的，它给出一个额外的速度变化率，所遵循的规律和热传导中的温度或扩散理论中的密度的规律相同. 如围绕 (x,y,z) 点以给定半径作一小球面，则这一速度变化率正比于 u 在球内的平均值与在 (x,y,z) 点处之值的差额(正的或是负的)[5]. 在热模拟方面，可有趣地提到，水的 ν 值和 Everett 所求得的 Greenwich 砾石的温度传导率(0.01249)具有同样量级.

当力 X,Y,Z 具有势函数 Ω 时，方程组(4)可写为

$$\left.\begin{aligned}\frac{\partial u}{\partial t}-v\zeta+w\eta&=-\frac{\partial\chi'}{\partial x}+\nu\nabla^2 u,\\ \frac{\partial v}{\partial t}-w\xi+u\zeta&=-\frac{\partial\chi'}{\partial y}+\nu\nabla^2 v,\\ \frac{\partial w}{\partial t}-u\eta+v\xi&=-\frac{\partial\chi'}{\partial z}+\nu\nabla^2 w,\end{aligned}\right\} \tag{6}$$

式中

$$\chi'=\frac{p}{\rho}+\frac{1}{2}q^2+\Omega, \tag{7}$$

---

1) "Mémoire sur les Lois du Mouvement des Fluids," *Mem. de l'Acad. des Sciences*, vi. 389 (1822).

2) "Memoire sur les Équations genérales de l'Equilibre et du Mouvement des Corps Solides élastiques et des Fluides," *Journ. de l'Ecole Polytechn.* xiii. 1 (1829).

3) *Comptes Rendus* xvii. 1240 (1843).

4) "On the Theories of the Internal Friction of Fluids in Motion, &c.," *Camb. Trans.* viii. 287 (1845) [*Papers*, i. 75].

5) Maxwell, "On the Mathematical Classifi cation of Physical Quantities," *Proc. Lond. Math. Soc.* (1) iii. 224 (1871) [*Papers*, ii. 257]; *Electricity and Magnetism*, Art. 26.

而 q 则为合速度，ξ,η,ζ 为涡量的分量．用交叉求导以消去 χ' 后，可得

$$\left.\begin{aligned}\frac{D\xi}{Dt}&=\xi\frac{\partial u}{\partial x}+\eta\frac{\partial u}{\partial y}+\zeta\frac{\partial u}{\partial z}+\nu\nabla^2\xi,\\\frac{D\eta}{Dt}&=\xi\frac{\partial v}{\partial x}+\eta\frac{\partial v}{\partial y}+\zeta\frac{\partial v}{\partial z}+\nu\nabla^2\eta,\\\frac{D\zeta}{Dt}&=\xi\frac{\partial w}{\partial x}+\eta\frac{\partial w}{\partial y}+\zeta\frac{\partial w}{\partial z}+\nu\nabla^2\zeta.\end{aligned}\right\}\tag{8}$$

上式中每一方程式的右边前三项表示涡线随着流体而一起运动且涡旋强度保持不变时，一个给定质点的 ξ,η,ζ 的变化率，就像 146 节(4)式所表示的情况那样．因粘性而引起的涡量分量的附加变化率由最后一项给出，并和热传导的规律相同．从这一模拟上来看，很明显，涡旋运动不能从粘性液体的内部产生，而只能从边界上扩散进去．

328a. 在二维运动中，上节方程组(6)简化为

$$\left.\begin{aligned}\frac{\partial u}{\partial t}-v\zeta&=-\frac{\partial\chi'}{\partial x}-\nu\frac{\partial\zeta}{\partial y},\\\frac{\partial v}{\partial t}+u\zeta&=-\frac{\partial\chi'}{\partial y}+\nu\frac{\partial\zeta}{\partial x}.\end{aligned}\right\}\tag{1}$$

于是(也可由上节(8)式直接得到)

$$\frac{D\zeta}{Dt}=\nu\nabla^2\zeta,\tag{2}$$

这时，可明显看出和热之间的模拟．

由(1)式，我们可对一个固定回路上的环量变化率导出一个简单的表达式

$$\frac{d}{dt}\int(u\,dx+v\,dy)=\int(lu+mv)\zeta\,ds+\nu\int\frac{\partial\zeta}{\partial n}ds,\tag{3}$$

其中 (l,m) 为内法线的方向．右边第一项给出向回路所围区域内输送涡旋的效应，第二项表示粘性的效应．

例如，当液体环绕一根轴线而沿圆形路线运动时，可有

$$r\frac{\partial q}{\partial r}=\nu r\frac{\partial}{\partial r}\left(\frac{\partial q}{\partial r}+\frac{q}{r}\right),\tag{4}$$

即

$$\frac{\partial q}{\partial r}=\nu\left(\frac{\partial^2 q}{\partial r^2}+\frac{1}{r}\frac{\partial q}{\partial r}-\frac{q}{r}\right).\tag{5}$$

最后，为了有时用到时方便起见，我们把一些主要公式写成平面极坐标中的形式．以 u,v 表示沿矢径和与矢径垂直的速度分量，则根据第Ⅴ章附录，运动学中的公式为

$$\frac{\partial u}{\partial r}+\frac{u}{r}+\frac{\partial v}{r\partial\theta}=0,\tag{6}$$

$$\zeta=\frac{\partial v}{\partial r}+\frac{v}{r}-\frac{\partial u}{r\partial\theta}.\tag{7}$$

第Ⅴ章附录中也给出了加速度的表达式，可由它把方程组(1)变换为

$$\left.\begin{aligned}\frac{\partial u}{\partial t}+u\frac{\partial u}{\partial r}+v\frac{\partial u}{r\partial\theta}-\frac{v^2}{r}&=R-\frac{1}{\rho}\frac{\partial p}{\partial r}-\nu\frac{\partial\zeta}{r\partial\theta},\\ \frac{\partial v}{\partial t}+u\frac{\partial v}{\partial r}+v\frac{\partial v}{r\partial\theta}+\frac{uv}{r}&=\Theta-\frac{1}{\rho}\frac{\partial p}{r\partial\theta}+\nu\frac{\partial\zeta}{\partial r},\end{aligned}\right\}\tag{8}$$

其中 R 和 Θ 表示外力的径向和横向分量.

为求得应力分量,以 (u_1, v_1) 表示对固定直角坐标轴 Ox_1, Oy_1 而言的速度,故

$$u_1=u\cos\theta-v\sin\theta,\qquad v_1=u\sin\theta+v\cos\theta,\tag{9}$$

$$\frac{\partial}{\partial x_1}=\cos\theta\frac{\partial}{\partial r}-\sin\theta\frac{\partial}{r\partial\theta},\quad \frac{\partial}{\partial y_1}=\sin\theta\frac{\partial}{\partial r}+\cos\theta\frac{\partial}{r\partial\theta}.\tag{10}$$

于是,如在求导后把 x 轴取得和矢径的瞬时位置重合而令 $\theta=0$, 可得

$$\frac{\partial u_1}{\partial x_1}=\frac{\partial u}{\partial r},\qquad \frac{\partial v_1}{\theta y_1}=\frac{\partial v}{r\partial\theta}+\frac{u}{r},$$

$$\frac{\partial v_1}{\partial x_1}+\frac{\partial u_1}{\partial y_1}=\frac{\partial v}{\partial r}+\frac{\partial u}{r\partial\theta}-\frac{v}{r}.$$

再由 326 节(5)式就得到粘性应力为

$$\left.\begin{aligned}&p_{rr}=-p+2\mu\frac{\partial u}{\partial r},\qquad p_{\theta\theta}=-p+2\mu\left(\frac{\partial v}{r\partial\theta}+\frac{u}{r}\right),\\ &p_{r\theta}=\mu\left(\frac{\partial v}{\partial r}+\frac{\partial u}{r\partial\theta}-\frac{v}{r}\right).\end{aligned}\right\}\tag{11}$$

如果我们把作用于一个微元 $r\delta\theta\delta r$ 各侧面上的应力分解到 r 和 θ 的方向上，就可重新得到方程组(8).

329. 为了计算出粘性所引起的能量耗散率，我们首先考虑流体中的一个微元部分,它在时刻 t 时占据着以 (x, y, z) 点为中心的一个直角平行六面体微元空间. 在计算了这一微元各相对侧面上的作用力之功率后,可得全部表面力对微元所作之功率为

$$\left\{\frac{\partial}{\partial x}(p_{xx}u+p_{xy}v+p_{xz}w)+\frac{\partial}{\partial y}(p_{yx}u+p_{yy}v+p_{yz}w)\right.$$
$$\left.+\frac{\partial}{\partial z}(p_{zx}u+p_{zy}v+p_{zz}w)\right\}\delta x\delta y\delta z.\tag{1}$$

根据 328 节(1)式,上式中诸项

$$\left\{\left(\frac{\partial p_{xx}}{\partial x}+\frac{\partial p_{yx}}{\partial y}+\frac{\partial p_{zx}}{\partial z}\right)u+\left(\frac{\partial p_{xy}}{\partial x}+\frac{\partial p_{yy}}{\partial y}+\frac{\partial p_{zy}}{\partial z}\right)v\right.$$
$$\left.+\left(\frac{\partial p_{xz}}{\partial x}+\frac{\partial p_{yz}}{\partial y}+\frac{\partial p_{zz}}{\partial z}\right)w\right\}\delta x\delta y\delta z\tag{2}$$

表示表面力对整个微元所作的功率中用于增加微元的动能和为反

抗外力 X, Y, Z 而付出的那部分功率. (1)式中的其余部分就表示用于改变微元的体积和形状而付出的功率,它可写成

$$(p_{xx}a + p_{yy}b + p_{zz}c + p_{yz}f + p_{zx}g + p_{xy}h)\delta x\delta y\delta z, \tag{3}$$

其中 a,b,c,f,g,h 的意义和第 30 节、324 节中相同. 把 326 节(2),(3)二式代入后得

$$-p(a+b+c)\delta x\delta y\delta z + \left\{-\frac{2}{3}\mu(a+b+c)^2 + \mu(2a^2+2b^2+2c^2+f^2+g^2+h^2)\right\}\delta_x\delta_y\delta_z. \tag{4}$$

现在只要考虑密度不变的情况就够了,因而

$$a + b + c = 0. \tag{5}$$

而表达式(4)就简化为

$$\mu(2a^2+2b^2+2c^2+f^2+g^2+h^2)\delta x\delta y\delta z, \tag{6}$$

并表示机械能的消失速率. 根据 Joule 所建立的原理,这一表观上的能量损失变成了热的形式而提高了微元的热能.

如在液体的整个体积上求积,可得全部能量耗散率为

$$2F = \iiint \Phi dxdydz, \tag{7}$$

其中

$$\Phi = \mu\left\{2\left(\frac{\partial u}{\partial x}\right)^2 + 2\left(\frac{\partial v}{\partial y}\right)^2 + 2\left(\frac{\partial w}{\partial z}\right)^2 + \left(\frac{\partial w}{\partial y}+\frac{\partial v}{\partial z}\right)^2 + \left(\frac{\partial u}{\partial z}+\frac{\partial w}{\partial x}\right)^2 + \left(\frac{\partial v}{\partial x}+\frac{\partial u}{\partial y}\right)^2\right\}. \qquad (8)^{1)}$$

从上式中减去在目前假定下为零的

$$2\mu\left(\frac{\partial u}{\partial x}+\frac{\partial v}{\partial y}+\frac{\partial w}{\partial z}\right)^2$$

后,得

$$\Phi = \mu\left\{\left(\frac{\partial w}{\partial y}-\frac{\partial v}{\partial z}\right)^2 + \left(\frac{\partial u}{\partial z}-\frac{\partial w}{\partial x}\right)^2 + \left(\frac{\partial v}{\partial x}-\frac{\partial u}{\partial y}\right)^2\right\}$$

---

1) Stokes, "On the Effect of the Intenal Friction of Fluids on the Motion of Pendulums," *Camb. Trans.* ix. [8] (1851) [*Papers*, iii. 1].

$$-4\mu\left(\frac{\partial v}{\partial y}\frac{\partial w}{\partial z}-\frac{\partial v}{\partial z}\frac{\partial w}{\partial y}+\frac{\partial w}{\partial z}\frac{\partial u}{\partial x}-\frac{\partial w}{\partial x}\frac{\partial u}{\partial z}+\frac{\partial u}{\partial x}\frac{\partial v}{\partial y}-\frac{\partial u}{\partial y}\frac{\partial v}{\partial x}\right). \quad (9)$$

如 u,v,w 在一个区域的边界上处处为零，例如液体充满于一个封闭的容器中，并应用无滑移假定，则若在这一区域上求积(9)式，那么，由(9)式右边第二部分所得出的诸项就被消掉(在作了分部积分之后)，而可得

$$2F=\iiint\Phi\,dxdydz=\mu\iiint(\xi^2+\eta^2+\zeta^2)dxdydz. \quad (10)^{1)}$$

如注意到第 10 节(5)式中的能量方程在目前假定下可由下式所代换：

$$\begin{aligned}\frac{D}{Dt}(T+V)&=\mu\iiint(u\nabla^2u+v\nabla^2v+w\nabla^2w)dxdydz\\&=\mu\iiint\left\{u\left(\frac{\partial\eta}{\partial z}-\frac{\partial\zeta}{\partial y}\right)+v\left(\frac{\partial\zeta}{\partial x}-\frac{\partial\xi}{\partial z}\right)\right.\\&\quad\left.+w\left(\frac{\partial\xi}{\partial y}-\frac{\partial\eta}{\partial x}\right)\right\}dxdydz\\&=-\mu\iiint(\xi^2+\eta^2+\zeta^2)dxdydz,\end{aligned} \quad (11)$$

就可得到(10)式的另一个更为直接的证明.

对于不受前述边界条件限制的一般情况，由(9)式可得出

$$2F=\mu\iiint(\xi^2+\eta^2+\zeta^2)dxdydz-\mu\iint\frac{\partial q^2}{\partial n}dS+2\mu\iint\begin{vmatrix}l, & m, & n\\ u, & v, & w\\ \xi, & \eta, & \zeta\end{vmatrix}dS, \quad (12)$$

其中，第一个面积分中的 δn 表示在面元 δS 上向内画出的法线元，第二个面积分中的 l,m,n 则为这一法线的方向余弦.

如所考虑的运动是无旋的，则上式简化为

$$2F=-\mu\iint\frac{\partial q^2}{\partial n}dS. \quad (13)$$

在边界为球面的特殊情况下，(13)式可由第 44 节(5)式得出.

由(6)式可看出，除非在流体中所有各点处都有

$$a=b=c=0 \text{ 和 } f=g=h=0,$$

否则 F 不可能为零. 根据第30节随之可知，液体能在运动时不会由于粘性而引起能量耗散的唯一一种情况就是液体中任一线元都不伸长或缩短，换言之，液体的运动必须像刚体那样整个由一个平移和一个转动所组成.

---

1) Bobyleff, "Einige Betrachtungen über die Gleichungen der Hydrodynamik," *Math. Ann.* vi.72 (1873); Forsyth, "On the Motion of a Viscous, Incompressible Fluid," *Mess. of Math.* ix. (1880).

定常运动问题

330. 现在讨论几个特殊问题。在一开始时就把话明说了可能好些，那就是，虽然粘性流体的运动方程组已完全建立了，但根据它们而得出的计算结果却常受到严格的限制。出现这种情况的一个原因是为了数学上的简化而把加速度的 Euler 表达式中二阶小量删除了，但这些被删除的项却常常在重要性上至少并不低于由粘性所产生的项。另一原因是，即使计算很严格，但所得到的运动形式却常常是不稳定的。这两个原因所引起的后果是往往需要注意到的，我们将在后面 365 节和其它地方更为详细地谈到。

将要讨论的第一个应用是液体受压力的作用而在两个固定的平行平面之间作定常运动。把原点取在一个平面上，z 轴与平面垂直。先假定 u 仅为 z 的函数，且 $v, w = 0$。因为任一垂直于 z 轴的平面上所受到的平行于 x 轴的剪应力等于 $\mu\partial u/\partial z$，所以，厚度为 δz、面积为 1 的液体薄片的两侧面上剪应力之差给出合力 $\mu\partial^2 u/\partial z^2 \cdot \delta z$。它必然由压力所平衡，而压力则对薄片每单位体积给出合力 $-\partial p/\partial x$。故

$$\mu \frac{\partial^2 u}{\partial z^2} = \frac{\partial p}{\partial x}. \tag{1}$$

此外，由于无平行于 z 轴的运动，故 $\partial p/\partial x$ 必为零。这些结果也可以由 328 节普遍方程组而立即得出。

随之可知 $\partial p/\partial x$ 为一绝对常数。故(1)式给出

$$u = A + Bz + \frac{1}{2\mu} z^2 \frac{\partial p}{\partial x}. \tag{2}$$

令 $z = 0$ 和 $z = h$ 处之 $u = 0$ 而定出常数 A 和 B 后，就得到

$$u = -\frac{1}{2\mu} z(h - z) \frac{\partial p}{\partial x}. \tag{3}$$

于是，

$$\int_0^h u dz = -\frac{h^3}{12\mu} \frac{\partial p}{\partial x}. \tag{4}$$

当液体像 Hele Shaw 教授所作实验[1]那样，在两块靠得很近的平行平板之间流动，则因 u, v 随 x, y 的变化率在与随 z 的变化率相比之下可被略去，而可写出

$$\mu \frac{\partial^2 u}{\partial z^2} = \frac{\partial p}{\partial x},\ \mu \frac{\partial^2 v}{\partial z^2} = \frac{\partial p}{\partial y}. \tag{5}$$

此外，假定 w 处处为零，就有 $\partial p/\partial z = 0$，即 p 仅为 x, y 之函数．如写出

$$u = \frac{6z(h-z)}{h^2}u',\quad v = \frac{6z(h-z)}{h^2}v', \tag{6}$$

则在平面 $z=0$ 和 $z=h$ 上的无滑移条件可得以满足．上式中的 u' 和 v' 为液体层中的平均速度，故仅为 x, y 的函数．把(6)式代入(5)式后可得

$$\frac{\partial p}{\partial x} = -\frac{12\mu}{h^2}u',\quad \frac{\partial p}{\partial y} = -\frac{12\mu}{h^2}v'. \tag{7}$$

因此，u' 和 v' 可看作是液体作一种二维无旋运动时的速度分量，且速度势为

$$\phi = ph^2/12\mu. \tag{8}$$

因而，如果两块平板之间夹着一个厚度为 h 的障碍物，并使液体在压力作用下流过这一障碍物，那么，运动学方面的情况大概会和无摩擦流体流过一个截面和障碍物相同的柱体时一样．这一说法当然要受到一点限制，因为粘性流体不能像理想流体那样从障碍物边缘上滑过去，所以在离障碍物的距离近到与 h 具有同样量级时，方程(5)就不再能成立了．但只要使两块平板靠得足够近，就可以使这两种情况下的流线族位形接近到我们所需要的程度[2]．

330a. 如边界 $z=0$ 具有平行于 x 轴的速度 u，则代替(3)式而有

$$u = \frac{h-z}{h}U - \frac{z(h-z)}{2\mu}\frac{dp}{dx}, \tag{9}$$

而穿过一个垂直于 x 轴的单位宽度平面的总通量为

$$\int_0^h u dz = \frac{1}{2}hU - \frac{h^3}{12\mu}\frac{dp}{dx}. \tag{10}$$

即使两个表面之间的间隔 h 为一变量，但只要梯度 dh/dx 很小，或即使两个表面是曲面，但只要 h 处处都远小于曲率半径，那么以上公式也能近似成立．当表面为柱状曲面时，x 可取为曲面上垂直于母线的弧长．

---

1) 参看第71节第三个脚注．

2) Stokes, "Mathematical Proof of the Identity of the Stream-Lines obtained by the means of a Viscous Film with those of a Perfect Fluid moving in Two Dimensions," *Brit. Ass. Rep.* 1898, p.143 [*Papers* v.278].

上述结果经过这样推广后，就在润滑理论（由 Osborne Reynolds 的一篇经典论文[1]所创立）中有着重要的应用了。在两个平行或接近于平行的表面之间只要能保持住一层粘性流体的薄膜，那么，即使这两个表面受到很大的外加法向压力，一个表面也能在另一个表面上滑动而摩擦力很小，这当然是一个熟知的事实。问题是要说明，在实际问题中，不论法向压力多大，上述情况是如何自动实现的。研究结果表明，在实际使用的这类装置中，两个表面之间的间隔必须是变量，而且，二者相对运动的方向必须能不断把润滑油从较厚的地方拖向较薄的地方。

一个简单的典型情况是有一板块在一个平面上滑动。由于重要的只是相对运动，所以我们假定后者 $(z=0)$ 在运动，而板块本身则是静止的。为简化起见，进一步假定两个表面在 y 方向都是无界的，因此，流体的运动是严格的二维流动。假定板的下表面从 $x=0$ 延伸到 $x=a$。于是，假定它是稍有些倾斜的平面后，可写出

$$h=h_1+mx,\qquad h_2=h_1+ma, \tag{11}$$

其中 m 为小量。

因所有垂直于 x 轴的平面上的通量必须相等，故由(10)式可有

$$h^3\frac{dp}{dx}=6\mu(h-h_0), \tag{12}$$

式中 h_0 对应于 p 的最大值。于是有

$$\frac{dp}{dh}=\frac{6\mu U}{m}\left(\frac{1}{h^2}-\frac{h_0}{h^3}\right), \tag{13}$$

$$p=\frac{6\mu U}{m}\left(-\frac{1}{h}-\frac{h_0}{2h^2}+C\right). \tag{14}$$

由 $h=h_1$ 和 $h=h_2$ 处的 $p=0$ 而确定出 h_0 和 C 后得

$$h_0=\frac{2h_1h_2}{h_1+h_2}, \tag{15}$$

$$p=\frac{6\mu Ua}{h_1^2-h_2^2}\cdot\frac{(h_1-h)(h-h_2)}{h^2}. \tag{16}$$

如对 p 普遍加上一个常数，当然在实质上对结果并无影响。

我们可立即看到，如 U 像我们将要假定的那样为正值，那么，除非 $h_1>h_2$，否则油膜中不可能出现正的压力。也就是说，必须像我们在前面所说的那样，二平面之间的间隔在速度 u 的方向上必须是收缩的。

对于压力的总效果，可得

---

1) 已在 326 节第二个脚注中列出。

$$P=\int_0^a p\,dx=\frac{1}{m}\int_{h_1}^{h_2} p\,dh$$

$$=\frac{6\mu U a^2}{(k-1)^2h_2^2}\left(\log k-\frac{2(k-1)}{k+1}\right), \tag{17}$$

其中 $k=h_1/h_2$. 作用于动平面上的摩擦阻力则为

$$F=\int_0^a \mu\frac{du}{dz}dx=\frac{\mu U}{m}\int_{h_1}^{h_2}\left(\frac{4}{h}-\frac{3h_0}{h^2}\right)dh$$

$$=\frac{\mu U a}{(k-1)h_2}\left(4\log k-\frac{6(k-1)}{k+1}\right). \tag{18}$$

Reynolds 求得，并经 Rayleigh[1] 证实，当把 P 看作 k 的函数时，则当 k 约为 2.2 时，P 为最大值. 这时，

$$P=0.16\frac{\mu U a^2}{h_2^2},\quad F=0.75\frac{\mu U a}{h^2}. \tag{19}$$

摩擦系数（F/P）的量级为 h_2/a，因而可使之很小.

压力中心的坐标 $\bar{x}$ 由下式给出:

$$P\bar{x}=\int_0^a xp\,dx=\frac{1}{m^2}\int_{h_1}^{h_2}(h-h_1)p\,dh$$

$$=\frac{kPa}{k-1}-\frac{1}{2m^2}\int_{h_1}^{h_2}h^2\frac{dp}{dh}dh$$

$$=\frac{kPa}{k-1}-\frac{3\mu U a^3}{(k-1)^2h_2^2}\left(1-\frac{2k}{k^2-1}\log k\right), \tag{20}$$

亦即

$$\frac{\bar{x}}{\frac{1}{2}a}=\frac{2k}{k-1}-\frac{k^2-1-2k\log k}{(k^2-1)\log k-2(k-1)^2}. \tag{21}$$[2]

关于把(13)式应用于轴在固定的轴承中（稍有偏心）转动时的问题可参看脚注中所列出的文章[3].

如液体不仅沿 x 方向流动而且还沿 y 方向流动时，则在(10)式之外还应加上

---

1) "Notes on the Theory of Lubrication", *Phil. Mag.*(6) xxxv. 1(1918) [Papers, vi.523].

2) Rayleigh, 上述文章. 在 $k=2.2$ 时，这一公式给出 $\bar{x}=0.580a$.

3) Reynolds，本节第一个脚注中引文；Sommerfeld, *Zeitschrift f. Math.* 1.97 (1904); Harison, *Camb. Trans.* xxii. 39(1913)和 xxii. 373(1920). 还有 A. G. Michell, *Mechanical Properties of Fluids*, London, 1923, p.134; Stanton, *Friction*, London, 1923, p.93.

$$\int_0^h v dz = \frac{1}{2} hV - \frac{h^3}{12\mu} \frac{\partial p}{\partial y}, \tag{22}$$

而连续性方程则成为

$$\frac{\partial}{\partial x}\int_0^h u dz + \frac{\partial}{\partial y}\int_0^h v dz = 0, \tag{23}$$

或即

$$\frac{\partial}{\partial x}\left(h^3 \frac{\partial p}{\partial x}\right) + \frac{\partial}{\partial y}\left(h^3 \frac{\partial p}{\partial y}\right) = 6\mu \left\{\frac{\partial}{\partial x}(hU) + \frac{\partial}{\partial y}(hV)\right\}. \tag{24}$$

Michell 曾把上式应用于有限大小的矩形板在一个平面上滑动的问题[1]。

331. 下面，我们讨论液体在均匀的圆形截面直管中的定常流动。

把 z 轴取为与管轴重合，假定速度处处平行于 z 轴并为距这一轴线的距离(r)的函数，因而，与 r 相垂直的面元上的切向应力就是 $\mu\partial w/\partial r$。于是，考虑流体中的一个柱壳状部分，其内外半径为 r 和 $r+\delta r$，长度为 l，那么，这部分流体内外两个曲面上的切向应力之差就给出一个阻力

$$-\frac{\partial}{\partial r}\left(\mu \frac{\partial w}{\partial r} \cdot 2\pi r l\right)\delta r.$$

考虑到定常流动的特点，这一阻力必由柱壳状流体两端环形平面上的法向力之差所平衡。因 $\partial w/\partial z = 0$，故这一法向力之差等于

$$(p_1 - p_2)2\pi r\,\delta r,$$

其中 p_1 和 p_2 为两端的 p（平均压力）值。故

$$\frac{\partial}{\partial r}\left(r\frac{\partial w}{\partial r}\right) = -\frac{p_1 - p_2}{\mu l} \cdot r. \tag{1}$$

此外，如把作用于一个直角平行六面体微元上的诸力分解到半径方向上，可得 $\partial p/\partial r = 0$，故平均压力在圆管的每一截面上是均匀分布的。

1) *Zeitsch. f. Math.* liii. 123 (1905). 在上一脚注中所提到的两本书中，对这一细致的探讨作出了综述。

(1)式的积分为

$$w=-\frac{p_1-p_2}{4\mu l}r^2+A\log r+B. \tag{2}$$

因轴线上的速度必须为有限值，故必有 $A=0$. 接着，如应用管壁处(设为 $r=a$)无滑移的假定来确定 B，则可得

$$w=\frac{p_1-p_2}{4\mu l}(a^2-r^2). \tag{3}$$

上式给出穿过任一截面的通量为

$$\int_0^a w\cdot 2\pi r dr=\frac{\pi a^4}{8\mu}\cdot\frac{p_1-p_2}{l}. \tag{4}$$

在上面的讨论中，为了简练而假定了流动仅仅是在压力的作用下而发生的。而如在平行于管长的方向上有一个外力 X，则通量就应为

$$\frac{\pi a^4}{8\mu}\left(\frac{p_1-p_2}{l}+\rho X\right). \tag{5}$$

实际上，X 就是重力沿管长方向的分量.

(4)式和 Poiseuille[1] 在毛细管中水流的实验研究里所发现的规律完全相符；也就是，在毛细管中流过给定体积的水所需时间与管长成正比，与两端压力差和管径的四次方成反比.

上面最后所述内容有一个重要的意义是，它有力地证实了在 Poiseuille 的实验中，流体在和壁面相接触处确实没有可察觉的滑移. 而如果我们假定有一个滑移系数 β(如327节所述)，则表面条件成为

$$-\mu\frac{\partial w}{\partial r}=\beta w,$$

或即

$$w=-\lambda\frac{\partial w}{\partial r}, \tag{6}$$

其中 $\lambda=\mu/\beta$. 由这一条件确定 B 后就得到

$$w=\frac{p_1-p_2}{4\mu l}(a^2-r^2+2\lambda a). \tag{7}$$

如 λ/a 为小量，则上式所给出的速度就和半径为 $a+\lambda$ 的管道在无滑移假定下的速

---

1) "Recherches expérimenetales sur le mouvement des liquides dans les tubes de très petits diamètres," *Comptes Rendus*, xi, xii. (1840—1841); *Mém. des Sav. Étrangers*, ix.(1846).

度规律几乎相同．与(7)式对应的通量为

$$\frac{\pi a^4}{8\mu}\cdot\frac{p_1-p_2}{l}\left(1+4\frac{\lambda}{a}\right). \tag{8}$$

因此，在 Poiseuille 所用的最细的管子（$a=0.0015$厘米）中，要是λ和a之比不是非常小的话，实验结果必然会明显地偏离于按直径四次方而变化的规律，但实际上，直径的四次方律却在实验中精确成立．这一点足以把 Helmholtz 和 Piotrowski 所断言的λ值为 0.235 厘米的可能性完全排除掉[1]——λ的这一数值是他们根据充满水的金属球作扭转振动时的实验(在我们曾列出过的文章中有所描述)而作出的断言．

于是，无滑移假定就被判断为是正确的了．把公式(4)和实验相比较就为确定各种流体的粘性系数μ值给出了一个非常直接的方法[2]．

由(3)式和(4)式可得靠近壁面处的流体剪切应变率为$4w_0/a$，其中w_0为断面上的平均速度．我们可取 Poiseuille 实验中的一个情况而给出一个数值实例，他曾在直径为 0.01134厘米的管中得到了平均速度为126.6厘米/秒的流动，在这一情况中，$4w_0/a=89300$(时间单位为秒)．

当w_0超过某个与管径和粘性有关的极限后，这里所考虑的直线式流动就变为(至少，对于超过某个振幅值的扰动而言)不稳定的了，见 365 节．对于 330 节和 331 节中的结果以及今后要讲到的许多计算结果来讲，也都有类似的限制．

332. 可注意到某些非圆形截面管道中的理论结果．

1° 环形截面管道中的解可由上节方程(2)并保留其中的A而立即得出．为此，令边界条件为 $r=a$ 和$r=b$处之$w=0$，可得

$$w=\frac{p_1-p_2}{4\mu l}\left\{a^2-r^2+\frac{b^2-a^2}{\log(b/a)}\log\frac{r}{a}\right\}, \tag{1}$$

通量为

$$\int_a^b w\cdot 2\pi r dr=\frac{\pi}{8\mu}\cdot\frac{p_1-p_2}{l}\left\{b^4-a^4-\frac{(b^2-a^2)^2}{\log(b/a)}\right\}. \tag{2}$$

2° Greenhill[3] 曾指出，从解析条件上来看，目前所讨论的问题和具有同样截面形状的棱柱形容器作旋转时其中的无摩擦流体所作的运动(第 72 节)类似．把z轴取为与管长平行，并设w 仅为 x,y 的函数，则在流体作定常运动的情况下，运动方程组简化为

---

1) 关于这一问题的详细讨论，见 Whetham, "On the alleged Slipping at the Boundary of a Liquid in Motion," *Phil. Trans.* A,clxxxi. 559(1890).

2) 实际上，由于在靠近管子的两端处，流动的情况和理论上的情况有所不同，因而需要作出一些校正．

3) "On the Flow of a Viscous Liquid in a Pipe or Channel," *Proc. Lond. Math. Soc.* (1)xiii. 43(1881).

$$\left.\begin{aligned}&\frac{\partial p}{\partial x}=0, \quad \frac{\partial p}{\partial y}=0,\\&\mu\nabla_1^2 w=\frac{\partial p}{\partial z},\end{aligned}\right\} \tag{3}$$

其中 $\nabla_1^2=\partial^2/\partial x^2+\partial^2/\partial y^2$. 于是,以 P 表示常压力梯度 $(-\partial p/\partial z)$ 后,有

$$\nabla_1^2 w=-P/\mu, \tag{4}$$

且在边界处应有 $w=0$. 如把 w 写成 $\psi-\frac{1}{2}\omega(x^2+y^2)$, 把 P/μ 写成 2ω, 我们就回到了第 72 节所讨论的情况,这就表明了这两种情况之间的模拟.

对于以 a, b 为半轴的椭圆形截面管道,可假定

$$w=C\left(1-\frac{x^2}{a^2}-\frac{y^2}{b^2}\right), \tag{5}$$

只要

$$C=\frac{P}{2\mu}\cdot\frac{a^2b^2}{a^2+b^2}, \tag{6}$$

则(5)式就可满足(4)式. 因而每秒钟的流量为

$$\iint w\,dx\,dy=\frac{P}{4\mu}\cdot\frac{\pi a^3b^3}{a^2+b^2}. \tag{7}$$ [1]

它和同样截面积的圆形管道中的流量之比为 $2ab/(a^2+b^2)$. 对于小偏心率(e)的椭圆形截面,这一比值和 1 相差一个量级为 e^4 的量. 因此,在截面面积不变的情况下,截面形状可以有很大变化而不致于严重地影响流量. 即使 $a:b=8:7$, 流量也只减小不到百分之一.

333. 我们在下面讨论几种简单的定常旋转运动.

第一种情况是流体绕 z 轴作二维转动,其角速度为距转轴的距离 r 的函数. 令

$$u=-\omega y, \quad v=\omega x, \tag{1}$$

可求得沿矢径和垂直于矢径的线应变率为零,而在 xy 平面中的剪应变率为 $r\,d\omega/dr$. 所以,在一个半径为 r、沿 z 轴方向为单位长度的圆柱面上,由切向力所产生的绕轴线之力矩为 $\mu r\,d\omega/dr\cdot 2\pi r\cdot r$. 考虑到运动是定常的,所以,位于两个共轴圆柱面之间的流体就既不能获得、也不能损失动量矩,因而这一力矩必与 r 无

---

1) 这一结果以及某些其它截面形状管道中的对应结果似乎已由 Boussinesq 在 1868年得到;见 Hicks, *Brit. Ass. Rep.* 1882, p.63.

关。由此得到

$$\omega = A/r^2 + B. \tag{2}$$

如流体延展至无限远，而在其内部则有一半径为 a 的固体圆柱以角速度 ω_0 而转动，就有

$$\omega/\omega_0 = a^2/r^2. \tag{3}$$

因而，作用于固体圆柱上的摩擦力偶为

$$-4\pi\mu a^2\omega_0. \tag{4}$$

而如流体在外部被一个半径为 b 的固定的共轴圆柱面所围圈，则应求得

$$\omega = \frac{a^2}{r^2}\cdot\frac{b^2-r^2}{b^2-a^2}\cdot\omega_0, \tag{5}$$

由此而得到的摩擦力偶为

$$-4\pi\mu\cdot\frac{a^2b^2}{b^2-a^2}\cdot\omega_0. \tag{6}$$ [1]

公式(5)，(6)也可应用于外圆柱面在旋转而内圆柱面为静止时的情况，只要把 a 和 b 的意义颠倒一下即可。Mallock[2]，Couette[3]和其他人曾作过这方面的实验，在实验中，作用于圆柱上的力偶是由悬挂用的金属线的扭转(或其它类似的装置)而测定的。所得结果将在以后(366a 节)谈到[4]。

334. 一个和上一节相类似、但求解时需要受到无穷小运动的限制的问题是，一个固体圆球绕某一直径匀速转动时，环绕于其周围的流体所作的定常流动。取球心为原点，转轴为 z 轴，并假定

$$u = -\omega y,\ v = \omega x,\ w = 0, \tag{1}$$

---

1) 这一问题曾由 Newton 不太精确地处理过，见其 *Principia*, Lib. II. Prop. 51. 上述结果实质上是由 Stokes 给出的，见328节第四个脚注和329节第一个脚注中引文。

2) "Determination of the Viscousity of Water," *Proc. Roy. Soc.* xlv. 126 (1888); "Experiments on Fluid Viscousity," *Phil. Trans.* A. clxxxvii. 41.

3) "Études sur le frottement des liquides," *Ann. de chimie et phys.* xxi. 433(1890).

4) Jeffrey 和 Frazer 曾讨论过许多与圆柱面旋转有关的问题，见 Jeffrey, *Proc. Roy. Soc.* A, ci. 169(1922); Frazer, *Phil. Trans.* ccxxv. 93(1925).

其中 ω 仅为矢径 r 的函数. 如令

$$P=\int \omega r dr, \tag{2}$$

则(1)式可写为

$$u=-\frac{\partial P}{\partial y},\quad v=\frac{\partial P}{\partial x}, w=0; \tag{3}$$

把它们代入 328 节(4)式后，可以看出，如把速度的二阶项略去，那么，328 节(4)式就可由

$$p=\text{const.},\quad \nabla^2 P=\text{const.} \tag{4}$$

所满足。(4)式中后一个方程可写为

$$\left.\begin{aligned}&\frac{d^2p}{dr^2}+\frac{2}{r}\frac{dP}{dr}=\text{const.},\\ \text{或}\qquad &r\frac{d\omega}{dr}+3\omega=\text{const.},\end{aligned}\right\} \tag{5}$$

故

$$\omega=A/r^3+B. \tag{6}$$

如流体延展至无限远，并在该处为静止，ω_0 为固体圆球 $(r=a)$ 的旋转角速度，则有

$$\omega/\omega_0=a^3/r^3. \tag{7}$$

如外边界为一半径等于 b 的固定的同心球面，则解为

$$\omega=\frac{a^3}{r^3}\frac{b^3-r^3}{b^3-a^3}\omega_0. \tag{8}$$

作用于圆球上的阻滞力偶可应用 326 节中的公式直接进行计算，但更为简单的方法是应用 329 节中的耗散函数. 为此，不难求得能量的耗散率为

$$\mu\iiint(x^2+y^2)\left(\frac{d\omega}{dr}\right)^2 dxdydz$$

$$=\frac{8}{3}\pi\mu\int_a^b r^4\left(\frac{d\omega}{dr}\right)^2 dr=8\pi\mu\frac{a^3b^3}{b^3-a^3}\omega_0^2. \tag{9}$$

如以 N 表示为维持圆球的旋转而必须施加于其上的力偶，则上面的表达式必等于 $N\omega_0$，故

$$N=8\pi\mu\frac{a^3b^3}{b^3-a^3}\omega_0; \tag{10}$$

而在与(7)式相对应的情况（$b=\infty$）下，

$$N=8\pi\mu a^3\omega_0. \tag{11}$$[1]

在这一问题中，把二阶项略去意味着速度的大小要受到比我们所预料的更为严格的限制. 不难查明，实际上所作的假定就是比值 $\omega_0 a^2/\nu$ 很小。如令 $\nu=0.018$（水），$a=10$，可求得赤道处的速度必须远小于 0.0018（厘米/秒）[2].

当二阶项不是非常小时，上述类型的定常运动是不可能的. 圆球的作用会像个离心式风机，在远离圆球处，流体的运动除了转动外，还要叠加上一个在赤道处向外、而在两极处向内的运动[3].

在(8)式和(10)式所指的情况下，上述近似方法能适用的条件是

$$\frac{\omega_0 a^2}{\nu}\left(1-\frac{b^3}{a^3}\right) \tag{12}$$

应为小量(假定 a 和 b 相差得不太大)[4].

334a. 某些简单的流动可以根据 328 节所述粘性的作用与热传导之间的模拟来求解[5].

1° 例如，设流体在两块平行平板之间作"层流"运动，运动的方向处处相同，而且在每一层流动平面上，速度也是均匀的. 适当地选取坐标系后，可使 $v=0$，$w=0$，而 u 则仅为 z 的函数. 这时，328节方程组(4)可由 $p=$ const. 和

---

1) Kirchhoff, *Mechanik*, c. xxvi.

2) Rayleigh, "On the Flow of Viscous Liquids, especially in two Dimensions," *Phil. Mag.* (4)xxxvi. 354(1893)[*Papers*, iv. 78].

3) Stokes, 328 节第六个脚注中引文.

4) Zemplén (*Ann. der phys.* (4) xxix. 869(1909) 和 xxxviii. 71 (1912)) 曾应用这里所述的内容作了测定空气粘性的实验，只是他是使外球面作转动；力偶N是由悬挂内圆球的金属线所作扭转而测定的. 他发现，和(10)式类似的公式在 $\omega_0 a^2/\nu$ 的相当大的范围内可以给出相互一致的结果，并因而认为，这类准数只表示量级而不表示一个绝对标准. 这种看法当然是可允许的，但应提到，在现在所讨论的情况中，有关的准数仍应具有(12)式的形式.

5) 这一模拟曾被 Rayleigh 和其后一些作者所利用，见 Rayleigh, *Proc. Lond. Math. Soc.* (1) xi. 57(1880) [*Papers*, i. 474]; G. I. Taylor, *Aeronautical Research Committee, R & M.* 598(1918); K. Terazawa, *Japanese Journ. of Phys.* i. 7(1922).

$$\frac{\partial u}{\partial t} = \nu \frac{\partial^2 u}{\partial z^2} \tag{1}$$

所满足。

上式在形式上和热的线性运动方程相同，因此，热传导问题中的现成解答就可以立即转用到我们目前所讨论的课题上来。

譬如说，假定流体在 z 的两个方向上都延伸到无限远，而且在初始时有 $u = \pm U$，其中上下两个符号按照 z 为正或负而取. 它对应于两个导体相接触、并在初始时具有不同温度时的情况。挪用导热问题中的已知解后，就有

$$u = \frac{2U}{\sqrt{\pi}} \int_0^\theta e^{-\theta^2} d\theta, \tag{2}$$

其中积分上限为

$$\theta = z/\sqrt{4\nu t}. \tag{3}$$

不难证明(2)式的确能满足(1)式，并能在 $t \to 0$ 时使 $u \to \pm U$。

(2)式中与 U 相乘的函数已由 Encke[1] 给出了计算用表. 由它可知，当 $\theta = 0.4769$ 时，$u = \frac{1}{2} U$. 如以秒和厘米计，则这一 θ 值对于水给出 $t = 61.8z^2$. 对于空气，相应的结果为 $t = 8.3z^2$. 这些结果表明粘性流体中的一个不连续面（如果它确实能够形成）消失得快慢的程度。

涡量为

$$\eta = \frac{\partial u}{\partial z} = \frac{U}{\sqrt{\pi \nu t}} e^{-z^2/4\nu t}. \tag{4}$$

这一公式表示了涡量怎样从初始时局限于 $z = 0$ 处的一个涡旋层而随后向两侧流体中扩散的情况.

2° 假定一块无穷大的平面薄板($z = 0$)两侧的流体在初始时是静止的，平板突然以速度 U 而平行于 Ox 运动，并保持这一速度不变. 其结果为，对 $z > 0$ 有

---

1) *Berl. Astr. Jahrbuch*, 1834. 这一计算用表也转载于 Kelvin *Papers* iii. 434 和(有所节删) Dale and Jahnke and Emde 的计算用表汇编中.

$$u = U\left\{1 - \frac{2}{\sqrt{\pi}}\int_0^\theta e^{-\theta^2} d\theta\right\}, \tag{5}$$

其中积分上限由(3)式给出. 作用于薄板每单位面积上的阻力为

$$-2\mu\left(\frac{\partial u}{\partial z}\right)_{z\to 0} = \frac{2\mu U}{\sqrt{\pi \nu t}}. \tag{6}$$

接着，假定薄板以变速度而移动，它的速度在时刻 t 时为 $U(t)$. 那么，在 t 以前的一个时刻 τ 时所出现的速度增量 δU 对阻力所作出的贡献就是

$$\frac{2\mu\delta U}{\sqrt{\pi\nu(t-\tau)}}.$$

因而，时刻 t 时的阻力为

$$\frac{2\mu}{\sqrt{\pi\nu}}\int_{-\infty}^{t}\frac{U'(\tau)d\tau}{\sqrt{t-\tau}} = \frac{2\mu}{\sqrt{\pi\nu}}\int_0^\infty U'(t-t_1)\frac{dt_1}{\sqrt{t_1}}. \tag{7}$$ [1]

确定薄板在给定的作用力之下的运动问题就较为困难了. 这一问题的实际意义不大，但在常力作用下的情况已被解出[2]，例如，当薄板是铅直的且受有重力的作用时. 所得结果表明，薄板并无“末速度”，其速度的渐近值为

$$\frac{g\sigma}{\rho}\sqrt{\frac{t}{\pi\nu}}, \tag{8}$$

其中 σ 为薄板单位面积的质量. 如薄板在运动方向上的长度为有限值时，情况就会大不相同.

3° 假定流体绕一根轴线而沿一个个圆周运动，其速度为距这一轴线的距离 r 的函数.

取这一轴线为 z 轴，显然有 $D\zeta/Dt = \partial\zeta/\partial t$，并因而根据328节(8)式有

$$\frac{\partial\zeta}{\partial t} = \nu\nabla_1^2\zeta, \tag{9}$$

式中 $\nabla_1^2 = \partial^2/\partial x^2 + \partial^2/\partial y^2$. 把上式在一个半径为 r 的圆形面积

1) Stokes, *Camb. Trans.* ix.(1850)[*Papers*, iii. 132].

2) Boggio, *Rend. dell, Accad. d. Lincei.* xvi. (1907); Rayleigh, *Phil. Mag.* (6)xxi. 697(1911)[*Papers*, vi. 29].

上求积，有

$$\frac{d}{dt}\int_0^r \zeta \cdot 2\pi r dr = \nu\iint \nabla_1^2\zeta dxdy = \nu\frac{\partial\zeta}{\partial r}2\pi r. \tag{10}$$

再对 r 求导，得

$$\frac{\partial\zeta}{\partial t} = \nu\left(\frac{\partial^2\zeta}{\partial r^2} + \frac{1}{r}\frac{\partial\zeta}{\partial r}\right), \tag{11}$$

它和热的二维径向流动的方程相同[1]。

例如，假定初始时有一个强度为 κ 的孤立涡旋集中于 z 轴上。其热模拟为热在无限导体中从一个瞬时线源向外扩散时的情况[2]故解为

$$\zeta = \frac{\kappa}{4\pi\nu t}e^{-r^2/4\nu t}. \tag{12}$$

它能满足(11)式是不难由求导后而证明的.此外，它给出半径为 r 的一个圆上的环量为

$$\int_0^r \zeta \cdot 2\pi r dr = \kappa(1 - e^{-r^2/4\nu t}), \tag{13}$$

它在 $t \to 0$ 时的极限为 κ。这一圆上的速度为

$$q = \frac{\kappa}{2\pi r}(1 - e^{-r^2/4\nu t}). \tag{14}$$

当 t 从 0 增大到∞时，速度由 $\kappa/2\pi r$ 减小到 0，但涡量则由 0 增大到一个最大值后再渐近地降为 0(对于 $r > 0$)。

4° 假定均匀的剪切应力 f 从时刻 $t = 0$ 开始作用于深度为 h 的静止液体表面上。

把原点取在底部，则所需满足的条件除方程(1)外还有

当 $t \to 0$ 时，　$u = 0$，

当 $z = h$ 时，$\mu\partial u/\partial z = f$.

令

$$u = fz/\mu + u', \tag{15}$$

其中右边第一项表示 $t \to \infty$ 时的渐近情况。方程(1)、条件 $z = 0$ 时有 $u' = 0$ 以及 $z = h$ 时有 $\partial u'/\partial z = 0$ 均可由级数

1) Carslaw, *Conduction of Heat*, Cambridge, 1921, p.113.

2) Carslaw, p.152.

$$u' = \sum A_m \sin mz e^{-\nu m^2 t} \tag{16}$$

所满足，只要

$$mh = \frac{1}{2}(2s+1)\pi, \tag{17}$$

其中 $s = 0,1,2,3,\cdots$. 我们需要确定出 A_m 以使

$$fz/\mu + \sum A_m \sin mz = 0 \tag{18}$$

能恒等地成立。为此，可以应用通常的 Fourier 方法来做，也可以直接应用一个已知的展开式

$$\theta = \frac{4}{\pi}\left\{\sin\theta - \frac{1}{3^2}\sin 3\theta + \frac{1}{5^2}\sin 5\theta - \cdots\right\}, \tag{19}$$

它在闭区间 $\theta = -\frac{1}{2}\pi$ 到 $\theta = \frac{1}{2}\pi$ 上成立。最后的结果是

$$u = \frac{hf}{\mu}\left\{\frac{z}{h} - \sin kze^{-\nu k^2 t} + \frac{1}{3^2}\sin 3kze^{-9\nu k^2 t} - \cdots\right\}, \tag{20}$$

其中 $k = \frac{1}{2}\pi/h$.

对这类问题作计算有时是企图用来解释风在产生海流中的作用的，但如果把 ν 和 h 的具体数值代入到所得到的公式中，那么，从这些公式来看，流动情况趋于终态的速度是异乎寻常地缓慢的。例如，取 $\nu = 0.018$，$h = 10^5$，那么(20)式中 $\sin kz$ 的系数由 1 降低到 $1/e$ 所需要的时间竟然是

$$t = 1/\nu k^2 = 4h^2/\pi^2\nu = 7140\text{年!}$$

实际上，由于湍流运动而会使情况发生巨大变化。接近于实际的解释可由把 μ 换为“湍流系数”(见 336 b 节)而得到[1]。

5° 可以把上面这个问题改变一下，那就是，在查看表面剪切

---

1) 动量扩散在纯粹层流运动中的极端缓慢是 Helmholtz 注意到的，见其 “Ueber atmosphärische Bewegungen,” *Sitzb. d. Berl. Akad.* 1888, p.649[*Wiss. Abh.* iii.292].

还可看 Hough, “On the influence of Viscousity on Waves and Currents,” *Proc. Lond. Math. Soc.* (1)xxviii. 264(1896).

应力所引起的定常海流时考虑进地球的转动[1]。

把原点取在自由表面上，取 z 轴铅直向上。如以 ω 表示地球的转动角速度在这一铅直轴线上的分量，则因已假定所有情况对 x、y 而言都是均匀的，而且流动也已成为定常，故有

$$-2\omega v=\nu\frac{\partial^2 u}{\partial z^2},\quad 2\omega u=\nu\frac{\partial^2 v}{\partial z^2}. \tag{21}$$

上式可合并成一个方程

$$\frac{\partial^2}{\partial z^2}(u+iv)=\frac{2i\omega}{\nu}(u+iv). \tag{22}$$

令

$$\omega/\nu=\beta^2, \tag{23}$$

并把水深取成在实用上为无穷大，就有

$$u+iv=Ae^{(1+i)\beta z}. \tag{24}$$

$z=0$ 处的 $\mu\partial u/\partial z=f$ 这一条件给出 $(1+i)\beta A=f/\mu$，故

$$u+iv=\frac{(1-i)f}{2\mu\beta}e^{(1+i)\beta z}, \tag{25}$$

亦即

$$\left.\begin{aligned}u&=\frac{f}{\sqrt{2\mu\beta}}e^{\beta z}\cos\left(\beta z-\frac{1}{4}\pi\right),\\ v&=\frac{f}{\sqrt{2\mu\beta}}e^{\beta z}\sin\left(\beta z-\frac{1}{4}\pi\right).\end{aligned}\right\} \tag{26}$$

流体的运动实际上仅仅局限在一个表面层中，这一表面层厚度的量级为 β^{-1}. 在自由表面上，流动的方向相对于外力的方向向右(在北半球)偏转了45°. 但另一方面，如在自由表面上取一单位面积，则其下部流体的总动量为

$$\int_{-\infty}^{0}\rho(u+iv)dz=-\frac{if}{2\mu\beta^2}=-\frac{if}{2\omega\rho}, \tag{27}$$

它的方向是与外力垂直的。

需要在这里再一次提到，只有当我们把 μ 换成湍流系数后，以

1) Ekman, "On the influence of the earth's rotation on ocean currents," *Arkiv f. matematik*…, ii.(1905), 以及 xvii.(1923), 在这些文章中有着其它的重要发展。

上结果才能具有实际价值．对于水而言，当用通常的 μ 值来计算的话，β^{-1} 的量级只有 20cm。

335. 当惯性的影响很小时，粘性不可压缩流体的运动可应用球谐函数而以非常普遍的方式作出处理。

为方便起见，首先探讨一下下列方程组的通解：

$$\nabla^2 u' = 0,\ \nabla^2 v' = 0,\ \nabla^2 w' = 0, \tag{1}$$

$$\frac{\partial u'}{\partial x} + \frac{\partial v'}{\partial y} + \frac{\partial w'}{\partial z} = 0. \tag{2}$$

函数 u', v' 和 w' 可展为球体谐函数的级数，而且很明显，在这些展开式中，代数幂次相同的诸项（设为 n 次）所组成的多项式（设为 u'_n, v'_n 和 w'_n）必能单独满足(2)式．应而，可把(1)式换写成以下形式：

$$\left.\begin{aligned}
\frac{\partial}{\partial y}\left(\frac{\partial v'_n}{\partial x} - \frac{\partial u'_n}{\partial y}\right) &= \frac{\partial}{\partial z}\left(\frac{\partial u'_n}{\partial z} - \frac{\partial w'_n}{\partial x}\right),\\
\frac{\partial}{\partial z}\left(\frac{\partial w'_n}{\partial y} - \frac{\partial v'_n}{\partial z}\right) &= \frac{\partial}{\partial x}\left(\frac{\partial v'_n}{\partial x} - \frac{\partial u'_n}{\partial y}\right),\\
\frac{\partial}{\partial x}\left(\frac{\partial u'_n}{\partial z} - \frac{\partial w'_n}{\partial x}\right) &= \frac{\partial}{\partial y}\left(\frac{\partial w'_n}{\partial y} - \frac{\partial v'_n}{\partial z}\right).
\end{aligned}\right\} \tag{3}$$

故

$$\left.\begin{aligned}
\frac{\partial w'_n}{\partial y} - \frac{\partial v'_n}{\partial z} &= \frac{\partial \chi_n}{\partial x},\\
\frac{\partial u'_n}{\partial z} - \frac{\partial w'_n}{\partial x} &= \frac{\partial \chi_n}{\partial y},\\
\frac{\partial v'_n}{\partial x} - \frac{\partial u'_n}{\partial y} &= \frac{\partial \chi_n}{\partial z},
\end{aligned}\right\} \tag{4}$$

其中 χ_n 为 x，y，z 的函数，而且还可进一步从以上关系看出 $\nabla^2\chi_n = 0$，故 χ_n 为一 n 次球体谐函数。

由(4)式还可得到

$$z\frac{\partial \chi_n}{\partial y} - y\frac{\partial \chi_n}{\partial z} = x\frac{\partial u'_n}{\partial x} + y\frac{\partial u'_n}{\partial y} + z\frac{\partial u'_n}{\partial z}$$

$$+u'_n-\frac{\partial}{\partial x}(xu'_n+yv'_n+zw'_n) \tag{5}$$

以及另外两个类似的方程。现由方程(1),(2)可知

$$\nabla^2(xu'_n+yv'_n+zw'_n)=0, \tag{6}$$

故可写出

$$xu'_n+yv'_n+zw'_n=\phi_{n+1}, \tag{7}$$

其中 ϕ_{n+1} 为一 $n+1$ 次的球体谐函数。故(5)式可写为

$$(n+1)u'_n=\frac{\partial\phi_{n+1}}{\partial x}+z\frac{\partial\chi_n}{\partial y}-y\frac{\partial\chi_n}{\partial z}. \tag{8}$$

因子 $n+1$ 可以去掉而并不失去普遍性，于是得到方程组(1),(2)的解为

$$\left.\begin{aligned}
u'&=\sum\left(\frac{\partial\phi_n}{\partial x}+z\frac{\partial\chi_n}{\partial y}-y\frac{\partial\chi_n}{\partial z}\right),\\
v'&=\sum\left(\frac{\partial\phi_n}{\partial y}+x\frac{\partial\chi_n}{\partial z}-z\frac{\partial\chi_n}{\partial x}\right),\\
w'&=\sum\left(\frac{\partial\phi_n}{\partial z}+y\frac{\partial\chi_n}{\partial x}-x\frac{\partial\chi_n}{\partial y}\right).
\end{aligned}\right\} \tag{9}$$

其中 ϕ_n 和 χ_n 为任意球体谐函数[1]。

336. 如略去惯性项，则当无外力时，粘性液体的运动方程组就简化为

$$\mu\nabla^2u=\frac{\partial p}{\partial x},\quad \mu\Delta^2v=\frac{\partial p}{\partial y},\quad \mu\nabla^2w=\frac{\partial p}{\partial z}, \tag{1}$$

和

$$\frac{\partial u}{\partial x}+\frac{\partial v}{\partial y}+\frac{\partial w}{\partial z}=0. \tag{2}$$

求导后可得

$$\nabla^2p=0, \tag{3}$$

---

1) 参看 Borchardt, "Untersuch ungen über die Elasticität fester körper unter Berücksichtigung der Wärme," *Berl. Monatsber.* Jan. 9, 1873 [*Gesammelte Werke*, Berlin, 1888, p.245]。本书中所作探讨则取自本书作者的文章 "On the Oscillations of a Viscous Spheroid," *Proc. Lond. Math. Soc.* (1)xiii, 51(1881).

故 p 可展为球体谐函数的级数，设为

$$p=\sum p_n. \tag{4}$$

在(3)式的解中，代数幂次不同的谐函数项是彼此独立的. 为求出 p_n 中各项，假定

$$\left.\begin{aligned}u&=Ar^2\frac{\partial p_n}{\partial x}+Br^{2n+3}\frac{\partial}{\partial x}\frac{p_n}{r^{2n+1}},\\v&=Ar^2\frac{\partial p_n}{\partial y}+Br^{2n+3}\frac{\partial}{\partial y}\frac{p_n}{r^{2n+1}},\\w&=Ar^2\frac{\partial p_n}{\partial z}+Br^{2n+3}\frac{\partial}{\partial z}\frac{p_n}{r^{2n+1}},\end{aligned}\right\} \tag{5}$$

其中 $r^2=x^2+y^2+z^2$. 根据第 81 和 83 节所述，上式中与 B 相乘的诸项为 $n+1$ 次的球体谐函数. 现

$$\nabla^2\left(r^2\frac{\partial p_n}{\partial x}\right)=r^2\nabla^2\frac{\partial p_n}{\partial x}+4\left(x\frac{\partial}{\partial x}+y\frac{\partial}{\partial y}+z\frac{\partial}{\partial z}\right)\frac{\partial p_n}{\partial x}+\frac{\partial p_n}{\partial x}\nabla^2r^2=2(2n+1)\frac{\partial p_n}{\partial x}.$$

因此，只要

$$A=\frac{1}{2(2n+1)\mu}, \tag{6}$$

(1)式就可得以满足. 此外，把(5)式代入(2)式后，可得

$$2nA-(n+1)(2n+3)B=0,$$

故

$$B=\frac{n}{(n+1)(2n+1)(2n+3)\mu}. \tag{7}$$

于是，方程组(1)，(2)的通解为

$$\begin{aligned}u&=\frac{1}{\mu}\sum\left\{\frac{r^2}{2(2n+1)}\frac{\partial p_n}{\partial x}+\frac{nr^{2n+3}}{(n+1)(2n+1)(2n+3)}\frac{\partial}{\partial x}\frac{p_n}{r^{2n+1}}\right\}+u',\\v&=\frac{1}{\mu}\sum\left\{\frac{r^2}{2(2n+1)}\frac{\partial p_n}{\partial y}\right.\end{aligned}$$

$$+\frac{nr^{2n+3}}{(n+1)(2n+1)(2n+3)}\frac{\partial}{\partial y}\frac{p_n}{r^{2n+1}}\Bigg\}+v',$$

$$w=\frac{1}{\mu}\sum\left\{\frac{r^2}{2(2n+1)}\frac{\partial p_n}{\partial z}\right.$$

$$\left.+\frac{nr^{2n+3}}{(n+1)(2n+1)(2n+3)}\frac{\partial}{\partial z}\frac{p_n}{r^{2n+1}}\right\}+w', \qquad (8)$$

其中 u',v' 和 w' 具有上一节中(9)式所给出的形式[1]。

公式(8)使

$$xu+yv+zw=\frac{1}{\mu}\sum\frac{nr^2}{2(2n+3)}p_n+\sum n\phi_n. \qquad (9)$$

另外，如以 ξ,η,ζ 表示涡量分量，可得

$$\left.\begin{aligned}
\xi&=\frac{1}{\mu}\sum\frac{1}{(n+1)}\left(y\frac{\partial p_n}{\partial z}-z\frac{\partial p_n}{\partial y}\right)+\sum(n+1)\frac{\partial\chi_n}{\partial x},\\
\eta&=\frac{1}{\mu}\sum\frac{1}{(n+1)}\left(z\frac{\partial p_n}{\partial x}-x\frac{\partial p_n}{\partial z}\right)+\sum(n+1)\frac{\partial\chi_n}{\partial y},\\
\zeta&=\frac{1}{\mu}\sum\frac{1}{(n+1)}\left(x\frac{\partial p_n}{\partial y}-y\frac{\partial p_n}{\partial x}\right)+\sum(n+1)\frac{\partial\chi_n}{\partial z}.
\end{aligned}\right\} \qquad (10)$$

它们使

$$x\xi+y\eta+z\zeta=\sum n(n+1)\chi_n. \qquad (11)$$

根据325节(4)式，半径为 r 的球面上的应力分量为

$$p_{rx}=\frac{x}{r}p_{xx}+\frac{y}{r}p_{xy}+\frac{z}{r}p_{xz},\cdots,\cdots. \qquad (12)$$

把326节(5)，(6)二式中 $p_{xx},p_{xy},p_{xz},\cdots$ 之值代入上式，可得

$$\left.\begin{aligned}
rp_{rx}&=-xp+\mu\left(r\frac{\partial}{\partial r}-1\right)u+\mu\frac{\partial}{\partial x}(xu+yv+zw),\\
rp_{ry}&=-yp+\mu\left(r\frac{\partial}{\partial r}-1\right)v+\mu\frac{\partial}{\partial y}(xu+yv+zw),\\
rp_{rz}&=-zp+\mu\left(r\frac{\partial}{\partial r}-1\right)w+\mu\frac{\partial}{\partial z}(xu+yv+zw).
\end{aligned}\right\} \qquad (13)$$

1）这一解答得自几个来源，并作了某些变更。参看 Thomson and Tait, Art. 736; Borchart, 上一脚注中引文; Oberbeck, "Ueber stationäre Flüssigkeits bewegungen mit Berücksichtigung der inneren Reibung," *Crelle*, lxxxi. 62(1876).

(13)式当然是具有普遍性的。在我们目前所考虑的情况中，如把(8)式代入(13)式，并应用关系式

$$xp_n = \frac{r^2}{2n+1}\left(\frac{\partial p_n}{\partial x} - r^{2n+1}\frac{\partial}{\partial x}\frac{p_n}{r^{2n+1}}\right), \tag{14}$$

则在稍作一些演算后，可得

$$rp_{rx} = \sum\left\{\frac{n-1}{2n+1}r^2\frac{\partial p_n}{\partial x} + \frac{2n^2+4n+3}{(n+1)(2n+1)(2n+3)} \cdot r^{2n+3}\frac{\partial}{\partial x}\frac{p_n}{r^{2n+1}}\right\} + 2\mu\sum(n-1)\frac{\partial \phi_n}{\partial x} - \mu\sum(n-1)\left(y\frac{\partial \chi_n}{\partial z} - z\frac{\partial \chi_n}{\partial y}\right). \tag{15}$$

rp_{ry} 和 rp_{rz} 的对应表达式则可由循环改变字母而写出。

337. 335 和 336 节中的结果可用于求解许多边界条件和球面有关的问题。最令人感兴趣的情况是下述两种情况之一。一种情况是处处都有

$$xu + yv + zw = 0, \tag{1}$$

并因而有 $p_n = 0$ 和 $\phi_n = 0$；另一种情况是

$$x\xi + y\eta + z\zeta = 0, \tag{2}$$

并因而有 $\chi_n = 0$。

1° 我们来考查液体流过一个固定的圆球形障碍物时的定常流动。把原点取在球心处，x 轴与流动方向平行，则边界条件为：在 $r = a$（球半径）处，$u = 0$，$v = 0$，$w = 0$；在 $r = \infty$ 处，$u = U$（设）。很明显，诸涡线为一个个绕 x 轴的圆，因而关系式(2)得以满足。此外，336 节(9)式连同无限远处所需满足的条件表明，对于函数 p_n 和 ϕ_n，我们只涉及到零阶和一阶球面谐函数，因而只涉及到 $n = 0$，$n = 1$ 和 $n = -2$ 的情况，而且，很明显应有 $p_1 = 0$。于是假定

$$p_{-2} = A\frac{x}{r^3}, \quad \phi_1 = Ux, \quad \phi_{-2} = B\frac{x}{r^3} \tag{3}$$

而得到

$$\left.\begin{aligned} u &= U + \left(B - \frac{Ar^2}{6\mu}\right)\frac{\partial}{\partial x}\frac{x}{r^3} + \frac{2A}{3\mu r}, \\ v &= \left(B - \frac{Ar^2}{6\mu}\right)\frac{\partial}{\partial y}\frac{x}{r^3}, \\ w &= \left(B - \frac{Ar^2}{6\mu}\right)\frac{\partial}{\partial z}\frac{x}{r^3}. \end{aligned}\right\} \tag{4}$$

它们使

$$xu + yv + zw = \left(U - \frac{2B}{r^3} + \frac{A}{\mu r}\right)x. \tag{5}$$

此外，由 336 节(15)式，或直接由该节(13)式，可得

$$\left.\begin{aligned}
p_{rx} &= -\frac{x}{r}p_0 + \left(Ar - \frac{6\mu B}{r}\right)\frac{\partial}{\partial x}\frac{x}{r^3} - \frac{A}{r^2},\\
p_{ry} &= -\frac{y}{r}p_0 + \left(Ar - \frac{6\mu B}{r}\right)\frac{\partial}{\partial y}\frac{y}{r^3},\\
p_{rz} &= -\frac{z}{r}p_0 + \left(Ar - \frac{6\mu B}{r}\right)\frac{\partial}{\partial z}\frac{z}{r^3}.
\end{aligned}\right\} \tag{6}$$

因表面 $r = a$ 上的无滑移条件给出

$$U + \frac{2A}{3\mu a} = 0, \qquad B - \frac{Aa^2}{6\mu} = 0, \tag{7}$$

故

$$A = -\frac{3}{2}\mu Ua, \quad B = -\frac{1}{4}Ua^3. \tag{8}$$

因而这一球面上的应力分量为

$$p_{rx} = -\frac{x}{a}p_0 + \frac{3}{2}\mu\frac{U}{a}, \; p_{ry} = -\frac{y}{a}p_0, \quad p_{rz} = -\frac{z}{a}p_0. \tag{9}$$

如 δS 为这一球面上的一个面元，则有

$$\iint p_{rx}dS = 6\pi\mu Ua, \quad \iint p_{ry}dS = 0, \quad \iint p_{rz}dS = 0. \tag{10}$$

即圆球所受到的合力为 $6\pi\mu aU$，并指向 x 轴的正方向.

方程组(4)现在成为

$$\left.\begin{aligned}
u &= U\left(1 - \frac{a}{r}\right) + \frac{1}{4}Ua(r^2 - a^2)\frac{\partial}{\partial x}\frac{x}{r^3},\\
v &= \frac{1}{4}Ua(r^2 - a^2)\frac{\partial}{\partial y}\frac{x}{r^3},\\
w &= \frac{1}{4}Ua(r^2 - a^2)\frac{\partial}{\partial z}\frac{x}{r^3}.
\end{aligned}\right\} \tag{11}$$

再应用 Stokes 流函数(第 94 节)就可以最为简洁地表示出流动的特点. 因径向速度为

$$U\left(1 - \frac{3}{2}\frac{a}{r} + \frac{1}{2}\frac{a^3}{r^3}\right)\cos\theta, \tag{12}$$

所以，从一个以 Ox 为轴线、半径在 O 处所对应立体角为 θ 的圆内穿过的通量 $(2\pi\psi)$ 就由

$$\psi = -\frac{1}{2}U\left(1 - \frac{3}{2}\frac{a}{r} + \frac{1}{2}\frac{a^3}{r^3}\right)r^2\sin^2\theta \tag{13}$$

给出.

如果在所有东西上都强加上一个与 x 轴平行的速度 $-U$，就得到一个圆球在无限远处为静止的粘性液体中作定常移动的情况. 这时的流函数为

$$\psi = \frac{3}{4} Uar\left(1 - \frac{1}{3}\frac{a^2}{r^2}\right)\sin^2\theta. \tag{14}$$[1]

附图中表示出了这一情况下由一系列等差的 ψ 值所绘出的流线族 $\psi = \text{const.}$.
它和第 96 节中所绘出的无粘性液体中的情况显著不同，但必须记住，这两种情况中的基本假定是极不相同的. 在前者中，惯性居于统治地位，粘性则被略去；而在现在所讨论的问题中，情况正好颠倒过来.

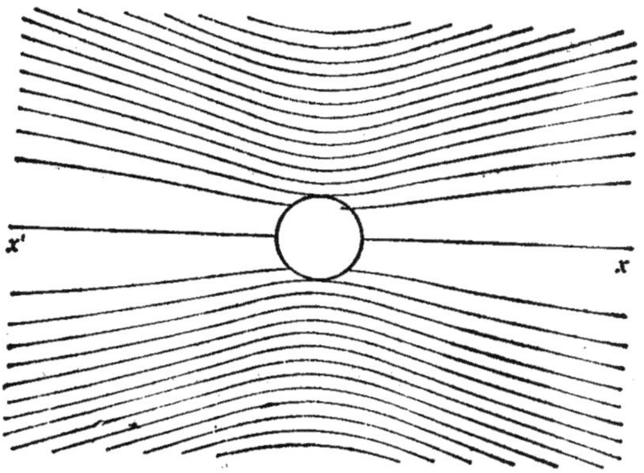

流线族的位形指示出，如果在外部有一个刚性边界，那么，即使它距圆球的距离是球体直径的许多倍，也会使结果发生巨大变化. 阻力当然会增大[2].

如 P 为沿 x 轴负方向而作用于圆球的外力，它就必须与阻力平衡，故

$$P = 6\pi\mu aU. \tag{15}$$

应注意到，(14)式使流体的动量和能量都成为无穷大[3]，因此，这里所讨论的定常运动是只有当圆柱体在无限长的距离上受到常力的作用才能完全建立起来的.

这里所作的全部探讨是以假定 328 节基本方程组(4)中惯性项 $u\partial u/\partial x$, … 在与 $\nu\nabla^2u$, … 相比之下可以略去为基础的. 由 (11) 式不难随之得知，Ua 必须远小于

1) 这一问题首先由 Stokes 应用流函数而求解，见338节.

2) Lorenz 探讨了一个圆球在一堵平面刚性墙附近作缓慢运动的问题，见其 *Abhandlungen über theoretische Physik*, Leipzig, 1907, …, i.23. 具有同心球面边界的情况由 Williiams 应用后面 338 节中的方法作了处理，并在一篇有趣的文章 (*Phil. Mag.* (6)xxix. 526(1915)) 中和实验作了比较. 一个圆球沿一充满液体的铅直管道的轴线下落的问题由 Ladenburg 作了讨论，见 *Ann. der Phys.* xxiii. 447(1907).

3) Rayleigh, *Phil. Mag.* (5)xxi. 374 (脚注)(1886) [*Papers*, ii. 480].

ν[1]．这一条件常可被理解为使U或a足够小，但对于像水这样的易于流动的流体来讲，它把速度和尺度的大小限制到小得从实用观点来看是异乎寻常的了．例如，当圆球在水中($\nu=0.18$)移动时，即使圆球半径只有1毫米，圆球的速度也需要显著地小于每秒0.18厘米[2]．

可以应用(15)式来计算一下一个圆球在流体中铅直下落时的"末速度"[3]．这时，P就是圆球重力超出浮力的那部分余量，即

$$P=\frac{4}{3}\pi(\rho'-\rho)a^3g, \tag{16}$$

其中ρ为流体的密度，ρ'为圆球的平均密度．它给出

$$U=\frac{2}{9}\frac{\rho'-\rho}{\mu}ga^2. \tag{17}$$

我们已经说明过，上式只能适用于Ua/ν为小量．对于一颗在水中下沉的砂粒，可以粗略地取

$$\rho'=2\rho,\ \nu=0.18,\ g=981,$$

则a必须远小于0.0114 cm．在服从这一条件下，末速度为$U=12000a^2$．

对于一滴在空气中下落的水珠，有

$$\rho'=1,\ \rho=0.00129,\ \mu=0.00017.$$

它给出的末速度为$U=1280000a^2$，而所需服从的条件为a远小于0.006 cm．

2° 如果圆球是液体，那就既要考虑外部的运动，也要考虑内部的运动了[4]．首先，我们假定周围流体不受外力，但在圆球的每单位体积上则受到一个外力$-K$．

如在球内设

$$p=p'+Kx, \tag{18}$$

其中p'为真实压力，则336节(1)式就可应用于内部空间．如进一步设

$$p_1=A'x,\ \phi_1=B'x, \tag{19}$$

则336节公式(8)就对球内的运动给出

---

1) 在这里被假定为很小的那个量Ua/ν是无量纲的，因而和所用的基本单位制无关．它可称为在我们目前所讨论的问题中所适用的"Reynolds数"．见后面366节．

2) Rayleigh, 334节第二个脚注中引文．在支持这一论点的实验研究方面，见Allen, "The Motion of a Sphere in a Viscous Fluid," *Phil. Mag.*(5) l. 323, 519(1900); Arnold, *Phil. Mag.* (6)xxii. 755(1911); Williams, 本节前面脚注中引文．

3) Stokes, 329节第一个脚注中引文．

4) 这一问题由Rybczynski(*Bull. Acad. d. Sciences de Cracovie*, 1911. p. 40)以及独立地由Hadamard(*Comptes Rendus*, clii. 1735(1911))作了探讨．这些资料取自Smoluchowski的文章"On the Practical Applicability of Stokes' Law of Resistance…," *Proc. of Math. Congress*, Cambridge, 1912, ii. 192.

$$\left.\begin{aligned}u &= \frac{A'r^5}{30\mu'}\frac{\partial}{\partial x}\frac{x}{r^3} + \frac{A'r^2}{6\mu'} + B',\\ v &= \frac{A'r^5}{30\mu'}\frac{\partial}{\partial y}\frac{x}{r^3},\\ w &= \frac{A'r^5}{30\mu'}\frac{\partial}{\partial z}\frac{x}{r^3},\end{aligned}\right\} \tag{20}$$

故

$$xu + yv + zw = \left(\frac{A'r^2}{10\mu'} + B'\right)x. \tag{21}$$

又因

$$x^2 = -\frac{1}{3}r^5\frac{\partial}{\partial x}\frac{x}{r^3} + \frac{1}{3}r^2, \quad xy = -\frac{1}{3}r^5\frac{\partial}{\partial y}\frac{x}{r^3},$$

$$xz = -\frac{1}{3}r^5\frac{\partial}{\partial z}\frac{x}{r^3}, \tag{22}$$

于是得到

$$\left.\begin{aligned}p_{rx} &= -\frac{x}{r}p_0 + \left(\frac{3}{10}A' - \frac{1}{3}K\right)r^4\frac{\partial}{\partial x}\frac{x}{r^3} + \frac{1}{3}Kr,\\ p_{ry} &= -\frac{y}{r}p_0 + \left(\frac{3}{10}A' - \frac{1}{3}K\right)r^4\frac{\partial}{\partial y}\frac{x}{r^3},\\ p_{rz} &= -\frac{z}{r}p_0 + \left(\frac{3}{10}A' - \frac{1}{3}K\right)r^4\frac{\partial}{\partial z}\frac{x}{r^3}.\end{aligned}\right\} \tag{23}$$

外部空间中的速度与应力和前面(4),(6)二式相同.

把 $r = a$ 处的径向速度为零表示出来后,就有

$$\frac{A}{\mu a} - \frac{2B}{a^3} + U = 0, \quad \frac{A'a^2}{10\mu'} + B' = 0. \tag{24}$$

速度的连续性进一步要求

$$-\frac{Aa^2}{6\mu} + B = \frac{A'a^5}{30\mu'}. \tag{25}$$

此外,把(6)式与(23)式相比较后,可以看出,应力的连续性要求

$$Aa - \frac{6\mu B}{a} = \frac{3}{10}A'a^4 - \frac{1}{3}Ka^4, \qquad A = -\frac{1}{3}Ka^3. \tag{26}$$

于是有五个方程可用以确定 A,B,A',B' 和 U,而 K 则是已知的.求解后可得

$$U = \frac{2}{3}\frac{Ka^2}{\mu}\cdot\frac{\mu+\mu'}{2\mu+3\mu'}. \tag{27}$$

为使液体圆球在气流中保持静止而必须施加于圆球上的作用力(沿 x 轴的负方向)就是

$$\frac{4}{3}\pi a^3 K = 6\pi a\mu U\cdot\frac{2\mu+3\mu'}{3\mu+3\mu'}. \tag{28}$$

圆球内部的运动由

$$\psi=-\frac{1}{2}B'\left(1-\frac{r^2}{a^2}\right)r^2\sin^2\theta \tag{29}$$

给出，其中

$$B'=-\frac{Ka^2}{6\mu+9\mu'}. \tag{30}$$

如令 $\mu'=\infty$，就重新得到固体圆球运动时的那些结果.

把上面结果应用于重力(假定它指向 x 轴的负方向)作用下的运动时，应令

$$K=g(\rho'-\rho), \tag{31}$$

其中 ρ' 为圆球内部的密度. 这时，末速度由(28)式给出. 如 $\rho'<\rho$，则 U 为负值，表示液滴相对于周围流体在上升. 对于气泡在水中上升时的情况，可足够精确地设 $\rho'=0$和 $\mu'=0$，故

$$U=-\frac{1}{3}g\rho a^2/\mu. \tag{32}$$

3° 如果我们认为流体在固体表面上能够出现滑移，而且采用 327 节小字部分所述假定，可以把固体圆球问题的解答改变如下.

公式(6)给出半径为 r 的球面上的法向应力为

$$-p_0-3A\frac{x}{r^3}+12\mu B\frac{x}{r^3}, \tag{33}$$

它的三个分量可应用 336 节(14)式而写为

$$\left.\begin{aligned}&-p_0\frac{x}{r}+\left(Ar-\frac{4\mu B}{r}\right)\frac{\partial}{\partial x}\frac{x}{r^3}-\frac{A}{r^2}+\frac{4\mu B}{r^4},\\&-p_0\frac{y}{r}+\left(Ar-\frac{4\mu B}{r}\right)\frac{\partial}{\partial y}\frac{x}{r^3},\\&-p_0\frac{z}{r}+\left(Ar-\frac{4\mu B}{r}\right)\frac{\partial}{\partial z}\frac{x}{r^3}.\end{aligned}\right\} \tag{34}$$

把(6)式减去(34)式后就得到剪切应力的三个分量为

$$\left.\begin{aligned}&-\frac{2\mu B}{r}\frac{\partial}{\partial x}\frac{x}{r^3}-\frac{4\mu B}{r^4},\\&-\frac{2\mu B}{r}\frac{\partial}{\partial y}\frac{x}{r^3},\\&-\frac{2\mu B}{r}\frac{\partial}{\partial z}\frac{x}{r^3}.\end{aligned}\right\} \tag{35}$$

在球面 $r=a$ 上，径向速度必须为零，所以(4)式中的诸表达式就成为切向速度的分量了. 于是必有

$$-\frac{2\mu B}{a}=\beta\left(B-\frac{Aa^2}{6\mu}\right),\quad -\frac{4\mu B}{a^4}=\beta\left(U+\frac{2A}{3\mu a}\right), \tag{36}$$

其中 β 为滑移摩擦系数．故

$$A=-\frac{3}{2}\mu Ua\cdot\frac{2\mu+\beta a}{3\mu+\beta a},\quad B=-\frac{\beta Ua^4}{12\mu+4\beta a}. \tag{37}$$

而由(5)式可看出，它们可使球面上径向速度为零的条件得到满足．

由(6)式可得作用于圆球上的合力为

$$X=\iint p_{rs}dS=-4\pi A=6\pi\mu Ua\cdot\frac{2\mu+\beta a}{3\mu+\beta a}. \tag{38}$$[1]

4°．求解无限液体中有一个旋转着的圆球问题的方法是假定

$$\left.\begin{aligned}u&=z\frac{\partial\chi_{-2}}{\partial y}-y\frac{\partial\chi_{-2}}{\partial z},\\ v&=x\frac{\partial\chi_{-2}}{\partial z}-z\frac{\partial\chi_{-2}}{\partial x},\\ w&=y\frac{\partial\chi_{-2}}{\partial x}-x\frac{\partial\chi_{-2}}{\partial y},\end{aligned}\right\} \tag{39}$$

其中

$$\chi_{-2}=Az/r^3, \tag{40}$$

z 轴则为转轴．在球面 $r=a$ 上，必有

$$u=-\omega y,\ v=\omega x,\ w=0,$$

其中 ω 为圆球的角速度．它给出 $A=\omega a^3$，参看 334 节．

338. 关于圆球绕流在一个个通过对称轴的平面上的流动情况，通常是应用流函数来处理的，就像 Stokes 原来的作法那样。因此，对这一方法给出一些指点可能是有用的。

令 $y=\varpi\cos\vartheta,\ z=\varpi\sin\vartheta$，于是

$$\left.\begin{aligned}&v=\nu\cos\vartheta,\ w=\nu\sin\vartheta,\\ &\xi=0,\ \eta=-\omega\sin\vartheta,\ \zeta=\omega\cos\vartheta;\end{aligned}\right\} \tag{1}$$

并可有

$$\begin{aligned}\nabla^2\eta&=-\left[\frac{\partial^2}{\partial x^2}+\frac{\partial^2}{\partial\varpi^2}+\frac{1}{\varpi}\frac{\partial}{\partial\varpi}+\frac{\partial}{\varpi^2\partial\vartheta^2}\right]\omega\sin\vartheta\\ &=-\sin\vartheta\left[\frac{\partial^2}{\partial x^2}+\frac{\partial^2}{\partial\varpi^2}+\frac{1}{\varpi}\frac{\partial}{\partial\varpi}-\frac{1}{\varpi^2}\right]\omega\\ &=-\frac{\sin\vartheta}{\varpi}\left[\frac{\partial^2}{\partial x^2}+\frac{\partial^2}{\partial\varpi^2}-\frac{1}{\varpi}\frac{\partial}{\partial\varpi}\right]\varpi\omega.\end{aligned} \tag{2}$$

同样，可有

$$\nabla^2\zeta=\frac{\cos\vartheta}{\varpi}\left[\frac{\partial^2}{\partial x^2}+\frac{\partial^2}{\partial\varpi^2}-\frac{1}{\varpi}\frac{\partial}{\partial\varpi}\right]\varpi\omega. \tag{3}$$

---

1) Basset, *Hydrodynamics*, ii. 271.

在定常流动中，由336节(1)式可有 $\nabla^2\eta=0,\ \nabla^2\zeta=0$，因而

$$\left[\frac{\partial^2}{\partial x^2}+\frac{\partial^2}{\partial\varpi^2}-\frac{1}{\varpi}\frac{\partial}{\partial\varpi}\right]\varpi\omega=0. \tag{4}$$

把161节(2)式中的 ω 值代入上式后，得

$$\left[\frac{\partial^2}{\partial x^2}+\frac{\partial^2}{\partial\varpi^2}-\frac{1}{\varpi}\frac{\partial}{\partial\varpi}\right]^2\psi=0. \tag{5}$$

在和球形边界有关的问题中，我们令

$$x=r\cos\theta,\ \varpi=r\sin\theta. \tag{6}$$

因

$$\frac{\partial}{\partial\varpi}=\sin\theta\frac{\partial}{\partial r}+\cos\theta\frac{\partial}{r\partial\theta},$$

于是可得 Stokes 给出的方程

$$\left[\frac{\partial^2}{\partial r^2}+\frac{\sin\theta}{r^2}\frac{\partial}{\partial\theta}\left(\frac{1}{\sin\theta}\right)\frac{\partial}{\partial\theta}\right]^2\psi=0. \tag{7}$$

它可由

$$\psi=\sin^2\theta f(r) \tag{8}$$

所满足，只要

$$\left[\frac{d^2}{dr^2}-\frac{2}{r^2}\right]^2f(r)=0. \tag{9}$$

(9)式的解为

$$f(r)=\frac{A}{r}+Br+Cr^2+Dr^4. \tag{10}$$

在无限远处为均匀流动的情况下，必有 $r=\infty$ 时之 $\psi=-\frac{1}{2}Ur^2\sin^2\theta$，故

$$D=0,\ C=\frac{1}{2}U. \tag{11}$$

现如以 U 表示沿矢径方向的速度，v 为在子午平面中与矢径垂直的速度，就有

$$\left.\begin{aligned}u&=-\frac{1}{r\sin\theta}\frac{\partial\psi}{r\partial\theta}=U\cos\theta-2\left(\frac{A}{r^3}+\frac{B}{r}\right)\cos\theta,\\ v&=\frac{1}{r\sin\theta}\frac{\partial\psi}{\partial r}=-U\sin\theta-\left(\frac{A}{r^3}-\frac{B}{r}\right)\sin\theta.\end{aligned}\right\} \tag{12}$$

在 r 和 θ 方向的伸长率、以及垂直于这两个方向的伸长率可分别由 u,v 所引起的部分相叠加而得知为

$$\left.\begin{aligned}&\frac{\partial U}{\partial r}=2\left(\frac{3A}{r^4}+\frac{B}{r^2}\right)\cos\theta,\\ &\frac{\partial v}{r\partial\theta}+\frac{u}{r}=-\left(\frac{3A}{r^4}+\frac{B}{r^2}\right)\cos\theta,\\ &\frac{u}{r}+\frac{v}{r\tan\theta}=-\left(\frac{3A}{r^4}+\frac{B}{r^2}\right)\cos\theta,\end{aligned}\right\} \tag{13}$$

而在 r,θ 平面中的剪应变率为

$$\frac{\partial u}{r\partial\theta}+\frac{\partial v}{\partial r}-\frac{v}{r}=\frac{6A}{r^4}\sin\theta. \tag{14}$$

涡量为

$$\omega=\frac{\partial v}{\partial r}+\frac{v}{r}-\frac{\partial u}{r\partial\theta}=-\frac{2B\sin\theta}{r^2}. \tag{15}$$

作用于圆球之力可以直接由应力公式来计算，但从能量耗散率来作出推断更为简便．由(13)式和(14)式可知，329 节(8)式中的函数 Φ 的形式为

$$\Phi=12\mu\left(\frac{3A}{r^4}+\frac{B}{r^2}\right)^2\cos^2\theta+36\mu\frac{A^2}{r^8}\sin^2\theta. \tag{16}$$

为求得流体中的全部能量耗散率，必须把上式乘以 $2\pi r\sin\theta r\delta\theta\delta r$，然后从 $\theta=0$ 到 $\theta=\pi$ 和从 $r=a$ 到 $r=\infty$ 积分．其结果为

$$16\pi\mu\left(\frac{3A^2}{a^5}+\frac{2AB}{a^3}+\frac{B^2}{a}\right). \tag{17}$$

根据在球面 $r=a$ 上无滑移的假定，可由(12)式求得

$$A=-\frac{1}{4}Ua^3,\quad B=\frac{3}{4}Ua, \tag{18}$$

因此

$$\psi=-\frac{1}{2}U\left(1-\frac{3}{2}\frac{a}{r}+\frac{1}{2}\frac{a^3}{r^3}\right)r^2\sin^2\theta. \tag{19}$$

而如把圆球看作以速度 $-U$ 在无限远处为静止的液体中运动，则

$$\psi=\frac{3}{4}Uar\left(1-\frac{1}{3}\frac{a^2}{r^2}\right)\sin^2\theta, \tag{20}$$

与 337 节(14)式相同．

为维持圆球的运动而必须施加于其上之力(设为 $-P$) 可由能量耗散率等于 PU 而得到．把(18)式代入(17)式后，可得

$$P=6\pi\mu aU, \tag{21}$$

和以前一样．

如果在球体表面上允许有滑移，其滑移摩擦系数为 β，则当我们把圆球视为静止时(也就是，在问题的原来形式中)，$r=a$ 处所应满足的条件就是

$$u=0,\quad \beta v=\mu\left(\frac{\partial v}{\partial r}+\frac{\partial u}{r\partial\theta}-\frac{v}{r}\right). \tag{22}$$

把(12)式和(14)式代入上式后得

$$\left.\begin{aligned}A&=-\frac{1}{4}Ua^3\div\left(1+\frac{3\mu}{\beta a}\right),\\ B&=\frac{3}{4}Ua\left(1+\frac{2\mu}{\beta a}\right)\div\left(1+\frac{3\mu}{\beta a}\right).\end{aligned}\right\} \tag{23}$$

在这一情况下，由于球体表面上的滑移摩擦而有一个附加的能量耗散率，其值在每单位面积上为 βv^2. 把它在整个球面上积分，则由(22)式和(14)式，可得结果为

$$\frac{96\pi\mu^2A^2}{\beta a^6}. \tag{24}$$

把(24)式加到(17)式上，并把(23)式中的 A, B 值代入，然后令它等于总能量耗散率 PU，就得到

$$P = 6\pi\mu a U\frac{\beta a + 2\mu}{\beta a + 3\mu}, \tag{25}$$

与 Basset 的结果相符.

339. 一个椭球体在粘性液体中作定常平移的问题可以采用把椭球体看作是均质的并具有单位密度、再由其引力势而求解的方法。

如椭球体表面的方程为

$$\frac{x^2}{a^2} + \frac{y^2}{b^2} + \frac{z^2}{c^2} = 1, \tag{1}$$

那么，根据 Dirichlet 公式[1)]，它在外部空间的引力势为

$$\Omega = \pi abc\int_\lambda^\infty\left(\frac{x^2}{a^2+\lambda} + \frac{y^2}{b^2+\lambda} + \frac{z^2}{c^2+\lambda} - 1\right)\frac{d\lambda}{\triangle}, \tag{2}$$

其中

$$\triangle = \{(a^2+\lambda)(b^2+\lambda)(c^2+\lambda)\}^{\frac{1}{2}}, \tag{3}$$

而积分下限则为

$$\frac{x^2}{a^2+\lambda} + \frac{y^2}{b^2+\lambda} + \frac{z^2}{c^2+\lambda} = 1 \tag{4}$$

的正根.

(2)式使

$$\frac{\partial\Omega}{\partial x} = 2\pi\alpha x, \quad \frac{\partial\Omega}{\partial y} = 2\pi\beta y \quad \frac{\partial\Omega}{\partial z} = 2\pi\gamma z, \tag{5}$$

其中

$$\alpha = abc\int_\lambda^\infty\frac{d\lambda}{(a^2+\lambda)\triangle}, \qquad \beta = abc\int_\lambda^\infty\frac{d\lambda}{(b^2+\lambda)\triangle},$$

$$\gamma = abc\int_\lambda^\infty\frac{d\lambda}{(c^2+\lambda)\triangle}. \tag{6}$$

我们还要令

1) *Crelle* xxxii 80(1846) [*Werke*, ii. 11], 以及 Kirchhoff, *Mechanik*, C. xviii. 和 Thomson and Tait (2nd ed.), Art. 494*m*.

$$\chi = abc\int_{\lambda}^{\infty}\frac{d\lambda}{\Delta}; \tag{7}$$

在 114 节中已证明过它能满足 $\nabla^2\chi = 0$.

如把椭球体看作是固定不动的，流体则以总体速度 U 沿 x 轴方向而流过这一椭球体，就假定[1]

$$\left.\begin{aligned} u &= A\frac{\partial^2\Omega}{\partial x^2} + B\left(x\frac{\partial\chi}{\partial x} - \chi\right) + U, \\ v &= A\frac{\partial^2\Omega}{\partial x\partial y} + Bx\frac{\partial\chi}{\partial y}, \\ w &= A\frac{\partial^2\Omega}{\partial x\partial z} + Bx\frac{\partial\chi}{\partial z}. \end{aligned}\right\} \tag{8}$$

根据关系式

$$\nabla^2\Omega = 0, \quad \nabla^2\chi = 0,$$

可知(8)式能满足连续性方程，而且很明显能使无限远处之 $u = U, v = 0, w = 0$, 此外，它使

$$\nabla^2 u = 2B\frac{\partial^2\chi}{\partial x^2}, \quad \nabla^2 v = 2B\frac{\partial^2\chi}{\partial x\partial y}, \quad \nabla^2 w = 2B\frac{\partial^2\chi}{\partial x\partial z}, \tag{9}$$

故 336 节(1)式可由

$$p = 2B\mu\frac{\partial\chi}{\partial x} + \text{const.} \tag{10}$$

满足.

还剩下要证明的是，适当地选择 A, B 后，就可以使表面(1)上的 $u, v, w = 0$. 条件 $v = 0$ 和 $w = 0$ 要求

$$\left[2\pi A\frac{d\alpha}{d\lambda} + B\frac{d\chi}{d\lambda}\right]_{\lambda=0} = 0,$$

即

$$2\pi\frac{A}{a^2} + B = 0. \tag{11}$$

借助于这一关系式，条件 $u = 0$ 可简化为

$$2\pi A\alpha_0 - B\chi_0 + U = 0, \tag{12}$$

其中下标 0 表示(6)，(7)两式中的积分下限换为零. 故

$$\pi A = -\frac{1}{2}Ba^2, \quad B = \frac{U}{\chi_0 + \alpha_0 a^2}. \tag{13}$$

在距原点很远的 r 处，有

$$\Omega = -\frac{4}{3}\pi abc/r, \quad \chi = 2abc/r,$$

---

1) Oberbeck, 336 节脚注中引文.

因此，和337节(4)式相比较后，可以看出，扰动的情况和一个半径为 R 的圆球所引起的相同，而 R 则由下式所确定：

$$\frac{3}{4}UR = 2abcB,$$

即

$$R = \frac{8}{3}\frac{abc}{\chi_0 + \alpha_0 a^2}. \tag{14}$$

于是椭球体所受到的阻力就是

$$6\pi\mu RU. \tag{15}$$

当一个圆盘沿垂直于盘面的方向而移动时，有 $a = 0$，$b = c$，因而 $\alpha_0 = 2$，$\chi_0 = \pi abc$，故

$$R = 8c/3\pi = 0.85c.$$

如圆盘在盘面所在的平面中移动，则

$$R = 16c/9\pi = 0.566c$$[1].

340. 为了把前面所讨论的问题改变一下，我们可以探讨探讨液体在已知的常力场作用下所作的定常运动。

略去二阶项后，有

$$\left.\begin{aligned}
-\frac{1}{\rho}\frac{\partial p}{\partial x} + X + \nu\nabla^2 u = 0,\\
-\frac{1}{\rho}\frac{\partial p}{\partial y} + Y + \nu\nabla^2 v = 0,\\
-\frac{1}{\rho}\frac{\partial p}{\partial z} + Z + \nu\nabla^2 w = 0
\end{aligned}\right\} \tag{1}$$

和

$$\frac{\partial u}{\partial x} + \frac{\partial v}{\partial y} + \frac{\partial w}{\partial z} = 0. \tag{2}$$

故

$$\nabla^2\frac{p}{\rho} = \frac{\partial X}{\partial x} + \frac{\partial Y}{\partial y} + \frac{\partial Z}{\partial z}, \tag{3}$$

而它则可由

$$\frac{p}{\rho} = -\frac{1}{4\pi}\iiint\left(\frac{\partial X'}{\partial x'} + \frac{\partial Y'}{\partial y'} + \frac{\partial Z'}{\partial z'}\right)\frac{dx'dy'dz'}{r} \tag{4}$$

所满足，其中

---

1) 另一些极限情况是圆柱体和无限长的平板形翼片，它们在流体中或者是以端部朝前的方式、或者是以打横的方向而移动．这些情况由 A. Berry and Miss L.M. Swain (*Proc.Roy. Soc.* A. cii. 766(1923)) 作了探讨．但无限远处的速度并不为零，而是以对数方式趋于无穷大．参看后面343节．

$$r=\sqrt{(x-x')^2+(y-y')^2+(z-z')^2}. \tag{5}$$

如力 X,Y,Z 只在某一个区域中非零，则由部分积分可得

$$\frac{p}{\rho}=\frac{1}{4\pi}\iiint\left(X'\frac{\partial}{\partial x'}+Y'\frac{\partial}{\partial y'}+Z'\frac{\partial}{\partial z'}\right)\frac{1}{r}dx'dy'dz'$$

$$=-\frac{1}{4\pi}\iiint\left(X'\frac{\partial}{\partial x}+Y'\frac{\partial}{\partial y}+Z'\frac{\partial}{\partial z}\right)\frac{1}{r}dx'dy'dz'. \tag{6}$$

因此，如果在原点处有一个集中力，则令

$$P=\rho\iiint X'dx'dy'dz', Q=\rho\iiint Y'dx'dy'dz',$$

$$R=\rho\iiint Z'dx'dy'dz' \tag{7}$$

后，可有

$$p=-\frac{1}{4\pi}\left(P\frac{\partial}{\partial x}+Q\frac{\partial}{\partial y}+R\frac{\partial}{\partial z}\right)\frac{1}{r}. \tag{8}$$

并可把 $\nabla^2 p=0$ 的任一解叠加于上式.

现在，除原点外都有

$$\nabla^2 u=\frac{1}{\mu}\frac{\partial p}{\partial x},\quad \nabla^2 v=\frac{1}{\mu}\frac{\partial p}{\partial y},\quad \nabla^2 w=\frac{1}{\mu}\frac{\partial p}{\partial z}. \tag{9}$$

由(8)式可知，(9)式之积分属于 336 节中所讨论的 $n=-2$ 的那种情况. 故有

$$\mu u=\frac{r^2}{24\pi}\frac{\partial}{\partial x}\left(P\frac{\partial}{\partial x}+Q\frac{\partial}{\partial y}+R\frac{\partial}{\partial z}\right)\frac{1}{r}+\frac{P}{6\pi r} \tag{10}$$

以及 v 和 w 的两个类似结果. 如在(8)式中增加一项

$$Ax+By+Cz, \tag{11}$$

则根据 336 节并取 $n=1$，可得 μu 中与这一项相对应之解为

$$A'+\frac{1}{6}Ar^2-\frac{1}{30}r^5\frac{\partial}{\partial x}\left(A\frac{\partial}{\partial x}+B\frac{\partial}{\partial y}+C\frac{\partial}{\partial z}\right)\frac{1}{r}. \tag{12}$$

全解则可由(10)式和(12)式相加而得到.

如有一个固定的球面边界 $r=b$，则可得

$$A=\frac{5P}{4\pi b^3},\quad A'=-\frac{3P}{8\pi b}, \tag{13}$$

故

$$6\pi\mu U=\frac{P}{r}\left(1-\frac{9r}{4b}+\frac{5r^3}{4b^3}\right)$$

$$+\frac{1}{4}r^2\left(1-\frac{r^3}{b^3}\right)\frac{\partial}{\partial x}\left(P\frac{\partial}{\partial x}+Q\frac{\partial}{\partial y}+R\frac{\partial}{\partial z}\right)\frac{1}{r}. \tag{14}$$

而如令 $b=\infty$，就得到

$$6\pi\mu U = \frac{P}{r} + \frac{1}{4} r^2 \frac{\partial}{\partial x}\left(P \frac{\partial}{\partial x} + Q \frac{\partial}{\partial y} + R \frac{\partial}{\partial z}\right)\frac{1}{r}. \tag{15}$$

如令 $P = -6\pi\mu Ua$, $Q = 0$, $P = 0$，则可看出，对于大的 r/a 值，上式与337节中的结果相符.

341. 二维中的对应问题可以很方便地应用二维流动的流函数来处理。

把

$$u = -\frac{\partial\psi}{\partial y},\ v = \frac{\partial\psi}{\partial x} \tag{1}$$

代入方程组

$$\left.\begin{aligned} X - \frac{1}{\rho}\frac{\partial P}{\partial x} + \nu\nabla_1^2 u = 0, \\ Y - \frac{1}{\rho}\frac{\partial p}{\partial y} + \nu\nabla_1^2 v = 0, \end{aligned}\right\} \tag{2}$$

并消去 p 后，有

$$\nu\nabla_1^4\psi = \frac{\partial X}{\partial y} - \frac{\partial Y}{\partial x}, \tag{3}$$

其中

$$\nabla_1^2 = \partial^2/\partial x^2 + \partial^2/\partial y^2. \tag{4}$$

故

$$\nabla_1^2\psi = \frac{1}{2\pi\nu}\iint\left(\frac{\partial X'}{\partial y'} - \frac{\partial Y'}{\partial x'}\right)\log r\, dx'dy' + \chi, \tag{5}$$

其中

$$r = \sqrt{(x-x')^2 + (y-y')^2}, \tag{6}$$

而 χ 则为 $\nabla_1^2\chi = 0$ 的解.

如假定力 X, Y 在某一区域之外为零，则由部分积分可得

$$\begin{aligned} \nabla_1^2\psi &= -\frac{1}{2\pi\nu}\iint\left(X'\frac{\partial}{\partial y'} - Y'\frac{\partial}{\partial x'}\right)\log r\, dx'dy' + \chi \\ &= \frac{1}{2\pi\nu}\iint\left(X'\frac{\partial}{\partial y} - Y'\frac{\partial}{\partial x}\right)\log r\, dx'dy' + \chi. \end{aligned} \tag{7}$$

如果是一个力集中地作用于原点处的一块小面积上，就令

$$P = \rho\iint X'dx'dy',\quad Q = \rho\iint Y'dx'dy', \tag{8}$$

可有

$$\nabla_1^2\psi = \frac{1}{2\pi\mu r^2}(Py - Qx) + \chi. \tag{9}$$

作为一个例子，可假定流体被封闭在固定边界 $r = a$ 之内，并在原点处受到力 P

的作用．这时，(9)式在极坐标中的形式为

$$\frac{\partial^2\psi}{\partial r^2}+\frac{1}{r}\frac{\partial\psi}{\partial r}+\frac{1}{r^2}\frac{\partial^2\psi}{\partial\theta^2}=\frac{P}{2\pi\mu}\frac{\sin\theta}{r}+Ar\sin\theta. \tag{10}$$

求积后得到

$$\psi=\frac{P}{4\pi\mu}(r\log r+A'r^3+Br)\sin\theta. \tag{11}$$

因在边界上必须有 $\psi=\text{const}.$ 和 $\partial\psi/\partial r=0$，故

$$\left.\begin{aligned}&\log a+A'a^2+B=0,\\&1+\log a+3A'a^2+B=0,\end{aligned}\right\} \tag{12}$$

即

$$A'=-\frac{1}{2a^2},\quad B=-\log a+\frac{1}{2}. \tag{13}$$

于是最后得到

$$\psi=\frac{Pr}{4\pi\mu}\left\{\log\frac{r}{a}+\frac{1}{2}\left(1-\frac{r^2}{a^2}\right)\right\}\sin\theta. \tag{14}$$

应注意到，对于$a=\infty$，上式不能给出确定的结果．

再回到普遍公式(7)，并令

$$F=\rho\iint X'\log r\,dx'dy',\quad G=\rho\iint Y'\log r\,dx'dy', \tag{15}$$

可有

$$\nabla^2\psi=\frac{1}{2\pi\mu}\left(\frac{\partial F}{\partial y}-\frac{\partial G}{\partial x}\right)+\chi. \tag{16}$$

因

$$\nabla_1^2F=2\pi\rho X,\quad \nabla_1^2G=2\pi\rho Y, \tag{17}$$

故由(2)式得

$$\left.\begin{aligned}\frac{\partial p}{\partial x}&=\frac{1}{2\pi}\frac{\partial}{\partial x}\left(\frac{\partial F}{\partial x}+\frac{\partial G}{\partial y}\right)+\mu\frac{\partial\chi'}{\partial x},\\\frac{\partial P}{\partial y}&=\frac{1}{2\pi}\frac{\partial}{\partial y}\left(\frac{\partial F}{\partial x}+\frac{\partial G}{\partial y}\right)+\mu\frac{\partial\chi'}{\partial y},\end{aligned}\right\} \tag{18}$$

式中 χ' 为χ的“共轭”函数，二者的关系为

$$\frac{\partial\chi'}{\partial x}=-\frac{\partial\chi}{\partial y},\quad\frac{\partial\chi'}{\partial y}=\frac{\partial\chi}{\partial x}. \tag{19}$$

于是，

$$p=\frac{1}{2\pi}\left(\frac{\partial F}{\partial x}+\frac{\partial G}{\partial y}\right)+\chi'+\text{const.}. \tag{20}$$

在粘性液体的二维定常运动理论和弹性平板的挠曲理论之间有着值得注意的极

拟[1]. 设 w 为弹性平板问题中的法向位移，则有[2]

$$A\nabla_1^4 w = Z + \frac{\partial M}{\partial x} - \frac{\partial L}{\partial y},$$

其中 Z 为单位面积上的法向力，L 和 M 为每单位长度上的外力偶分量（分别绕板内平行于 x 轴和 y 轴的直线），而 A 则为取决于板的弹性力学性质和板厚的常数. 如令 $Z=0$，则上式与(3)式的形式完全一样，这时，力偶 L,M 对应于力 X,Y，位移 w 对应于流函数 ψ，因而平板变形后的等高线就和流线相同. 由于在流体力学问题中，在固定边界上有 $\psi=\text{const.}$ 和 $\partial\psi/\partial n=0$，所以在弹性力学模拟中，必须假定平板在边缘处是固定的并被夹紧. 因此，公式(14)对应于边缘处被夹紧的一块圆形平板在其圆心处受到一个集中力偶（它作用于和平板垂直的平面中）时的情况.

这一模拟可以使我们在难以作出实际计算的情况下对速度分布的大致情况得到一个很好的概念[3].

我们不能在这类仅限于（原因已述）流体具有极大粘性的问题上更多地耽搁了，所以只把在数学上已作了极细致的处理的两项研究提一下. 它们是，一个椭球体在流体中作定常转动的问题[4]和流体在一个边界为单叶回转双曲面的通道中的流动问题[5].

342. 在某些重要的实际研究中，把缓慢移动的圆球所受阻力的 Stokes 公式作为估计微小水珠的尺寸、以及以此为基础来估计一个已知质量的云团中所含水珠数目的方法[6]. 所以，无论从实验方面[7]还是从理论方面，都对这一公式的有效性条件作了大量讨论.

我们已知（328 节）精确的运动方程可写成

---

1) Rayleigh, "On the Flow of Viscous Fluids, especially in Two Dimensions," *Phil. Mag.* (5) xxxvi. 354 (1893) [*Papers*, iv. 78]. 本书把二者之间的模拟稍加扩展了.

2) *Proc. Lond. Math. Soc.* xxi. 77.

3) Rayleign 在上述引文中给出了一些有趣的应用.

4) Edwardes, *Quart. Journ. Math.* xxvi. 70, 157 (1892); Jeffery, "On the Steady Rotation of a Solid of Revolution in a Viscous Fluid," *Proc. Lond. Math. Soc.* (2) xiv. 327(1915).

5) Sampson, 第 94 节脚注中引文.

6) Townsend, *Camb. Proc.* ix. 244(1897); J.J. Thomson, *Phil. Mag.* (5) xlvi. 528(1898) 及其 *Conduction of Electricity through Gasses*, Cambridge, 1903, *p.*120. 形成一个云团的诸水珠之间的相互影响问题曾由 Cunningham (*Proc. Roy. Soc.* A. lxxxiii. 357 (1910)) 和 Smoluchowski (337节第七个脚注中引文)作了考虑.

7) 见 337 节第五个脚注中所引 Allen 和 Arnold 的文章.

$$\frac{\partial u}{\partial t} - v\zeta + w\eta = X - \frac{\partial \chi'}{\partial x} + \nu\nabla^2 u, \cdots, \cdots, \tag{1}$$

其中

$$\chi' = \frac{p}{\rho} + \frac{1}{2}q^2. \tag{2}$$

因此，把二阶项略去后所得到的速度分布(它满足给定问题中的诸条件)能在保留这些二阶项时仍然成立，只要在保留这些二阶项时引进约束力

$$X_1 = w\eta - v\zeta,\ Y_1 = u\zeta - w\xi,\ Z_1 = v\xi - u\eta, \tag{3}$$

并同时假定压力减小$\frac{1}{2}q^2$. 这一约束力场处处垂直于流线和涡线，其强度为

$$R_1 = q\omega \sin\vartheta, \tag{4}$$

其中 ϑ 为速度 q 的方向和涡量 ω 的轴线之间的夹角[1].

在 Stokes 对流体流过一个固定圆球的定常流动所得到的公式(337 节(11)式)中，有

$$\xi = 0,\quad \eta = \frac{3}{2}\frac{Uaz}{r^3},\quad \zeta = -\frac{3}{2}\frac{Uay}{r^3}, \tag{6}$$

因而，在流体中速度接近于 $u = U,\ v = 0,\ w = 0$ 的远处，最终有

$$X_1 = 0,\ Y_1 = -\frac{3}{2}\frac{U^2ay}{r^3},\ Z_1 = -\frac{3}{2}\frac{U^2az}{r^3}. \tag{7}$$

另一方面，对(5)式中的粘性力则可得

$$\frac{3}{2}\nu Ua\frac{\partial^2}{\partial x^2}\frac{1}{r},\quad \frac{3}{2}\nu Ua\frac{\partial^2}{\partial x\partial y}\frac{1}{r},\quad \frac{3}{2}\nu Ua\frac{\partial^2}{\partial x\partial z}\frac{1}{r}. \tag{8}$$

前者与后者之比的量级为 Ur/ν，不论 U 有多么小，它都随 r 而无限增大. 由于这一原因，在远离圆球处就不能认为 Stokes 所得到的速度分布公式是有效的了. 但由于在远离圆球处，约束力和粘性力二者都相对地很小，所以上述结论并不一定表示圆球附近

1) Rayleigh, "On the Flow of Viscous Fluids, especially in Two Dimensions," *Phil. Mag.* (5) xxxvi. 354(1893)[*Papers*, iv, 78].

的流动会受到严重的影响．事实上，在靠近圆球处，约束力趋于零，而粘性力的量级则为 $\nu Ua/r^3$．

上述评论是 Upsala 的 Oseen[1] 提出的，他还把 Stokes 的处理作了改进，所用的方法是把 u 写成 $U+u$，而仅略去 u, v, w 的二阶项．现在，这些符号 u, v, w 表示整个系统被叠加上一个平移速度 $-U$ 后所剩下的速度分量了．相应地，流体动力学方程组的形式成为

$$\left.\begin{aligned} U\frac{\partial u}{\partial x} &= -\frac{1}{\rho}\frac{\partial p}{\partial x}+\nu\nabla^2 u, \\ U\frac{\partial v}{\partial x} &= -\frac{1}{\rho}\frac{\partial p}{\partial y}+\nu\nabla^2 v, \\ U\frac{\partial w}{\partial x} &= -\frac{1}{\rho}\frac{\partial p}{\partial z}+\nu\nabla^2 w, \end{aligned}\right\} \tag{9}$$

和

$$\frac{\partial u}{\partial x}+\frac{\partial v}{\partial y}+\frac{\partial w}{\partial z}=0. \tag{10}$$

这样，就在某种程度上把惯性项考虑进去了．但需要注意的是，虽然这一近似在 $u, v, w=0$ 的无限远处无疑地带来改进，但在 $u=-U$ 的球面上却多少带来一些损害．这是我们随后要作出考察的事情．

对目前的问题求解方程组(9)，(10)是很容易实现的[2]．首先，因有

$$\nabla^2 p=0, \tag{11}$$

故如令

---

1) "Ueber die Stokes'sche Formel, und über eine verwandte Aufgabe in der Hydrodynamik," *Arkiv för matematik,*…," Bd. vi. no. 29 (1910). F. Noether 也独立地作出了同样的评论，见其 "Ueber den Gültigkeitsbereich der Stokes'Schen Widerstandsformel," *Zeitschr. f. Math. u. Phys.* lxii. (1911).

2) 下面所用的方法(它不同于 Oseen 教授所用方法)以及随后的说明取自本书作者的文章 "On the Uniform Motion of a Sphere through a Viscous Fluid," *Phil. Mag.* (6)xxi. 112(1911).

$$p = \rho U \frac{\partial \phi}{\partial x}, \tag{12}$$

$$u = -\frac{\partial \phi}{\partial x}, \quad v = -\frac{\partial \phi}{\partial y}, \quad w = -\frac{\partial \phi}{\partial z}, \tag{13}$$

且其中 ϕ 满足

$$\nabla^2 \phi = 0, \tag{14}$$

我们就得到运动方程组的一个特解。

全解则可由

$$u = -\frac{\partial \phi}{\partial x} + u', \quad v = -\frac{\partial \phi}{\partial y} + v', \quad w = -\frac{\partial \phi}{\partial z} + w' \tag{15}$$

而得到，其中 u', v', w' 则为下列方程组之解：

$$\left.\begin{aligned} \left(\nabla^2 - 2k\frac{\partial}{\partial x}\right)u' = 0, \\ \left(\nabla^2 - 2k\frac{\partial}{\partial y}\right)v' = 0, \\ \left(\nabla^2 - 2k\frac{\partial}{\partial z}\right)w' = 0, \end{aligned}\right\} \tag{16}$$

和

$$\frac{\partial u'}{\partial x} + \frac{\partial v'}{\partial y} + \frac{\partial w'}{\partial z} = 0. \tag{17}$$

在这里，为简练起见而令

$$k = U/2\nu \tag{18}$$

了。

由于诸涡线一定是以 x 轴为公共轴的诸圆，故可假定

$$\xi = 0, \quad \eta = -\frac{\partial \chi}{\partial z}, \quad \zeta = -\frac{\partial \chi}{\partial y}, \tag{19}$$

其中 χ 仅为 x 和 ϖ（到 x 轴的距离）的函数。由(16)式，并考虑到在 χ 中可以任意加上一个自变量仅为 x 的函数，有

$$\left(\nabla^2 - 2k\frac{\partial}{\partial x}\right)\chi = 0. \tag{20}$$

故

$$
\left.\begin{aligned}
2k\frac{\partial u'}{\partial x}-\nabla^2 u'&=\frac{\partial \eta}{\partial z}-\frac{\partial \zeta}{\partial y}=-\left(\frac{\partial^2\chi}{\partial y^2}+\frac{\partial^2\chi}{\partial z^2}\right)\\
&=\frac{\partial^2\chi}{\partial x^2}-2k\frac{\partial \chi}{\partial x},\\
2k\frac{\partial v'}{\partial x}-\nabla^2 v'&=\frac{\partial \zeta}{\partial x}-\frac{\partial \xi}{\partial z}=\frac{\partial^2\chi}{\partial x\partial y},\\
2k\frac{\partial w'}{\partial x}-\nabla^2 w'&=\frac{\partial \xi}{\partial y}-\frac{\partial \eta}{\partial x}=\frac{\partial^2\chi}{\partial x\,\partial z}.
\end{aligned}\right\}\tag{21}
$$

于是得到解为

$$
u'=\frac{1}{2k}\frac{\partial \chi}{\partial x}-\chi,\quad v'=\frac{1}{2k}\frac{\partial \chi}{\partial y},\quad w'=\frac{1}{2k}\frac{\partial \chi}{\partial z},\tag{22}
$$

它是不难予以证明的。

方程(20)可写成

$$
(\nabla^2-k^2)e^{-kx}\chi=0.\tag{23}
$$

它的解是已知的，其中最简单的形式为 $e^{-kx}\chi=Ce^{-kr}/r$ （参看 289 节）。采用这一形式的解，就最后得到

$$
\left.\begin{aligned}
u&=-\frac{\partial \phi}{\partial x}+\frac{1}{2k}\frac{\partial \chi}{\partial x}-\chi,\\
v&=-\frac{\partial \phi}{\partial y}+\frac{1}{2k}\frac{\partial \chi}{\partial y},\\
w&=-\frac{\partial \phi}{\partial z}+\frac{1}{2k}\frac{\partial \chi}{\partial z},
\end{aligned}\right\}\tag{24}
$$

其中

$$
\chi=\frac{Ce^{-k(r-x)}}{r}.\tag{25}
$$

因 ϕ 很明显只能含有负数次的带谐函数，故令

$$
\phi=\frac{A_0}{r}+A_1\frac{\partial}{\partial x}\frac{1}{r}+A_2\frac{\partial}{\partial y}\frac{1}{r}+\cdots.\tag{26}
$$

对于小 kr 值，有

$$
\chi=C\left(\frac{1}{r}-k+\frac{kx}{r}+\cdots\right),\tag{27}
$$

它导致

$$\left.\begin{aligned}
\frac{1}{2k}\frac{\partial\chi}{\partial x}-\chi &= -\frac{C}{2k}\Big(\frac{4}{3}\frac{k}{r}-\frac{\partial}{\partial x}\frac{1}{r} \\
&\qquad +\frac{1}{3}kr^2\frac{\partial^2}{\partial x^2}\frac{1}{r}+\cdots\Big), \\
\frac{1}{2k}\frac{\partial\chi}{\partial y} &= -\frac{C}{2k}\Big(-\frac{\partial}{\partial y}\frac{1}{r}+\frac{1}{3}kr^2\frac{\partial^2}{\partial x\partial y}\frac{1}{r}+\cdots\Big), \\
\frac{1}{2k}\frac{\partial\chi}{\partial z} &= -\frac{C}{2k}\Big(-\frac{\partial}{\partial z}\frac{1}{r}+\frac{1}{3}kr^2\frac{\partial^2}{\partial x\partial z}\frac{1}{r}+\cdots\Big).
\end{aligned}\right\} \tag{28}$$

因此，只要

$$C=\frac{3}{2}Ua,\quad A_0=\frac{3}{2}\nu a,\quad A_1=-\frac{1}{4}Ua^3, \tag{29}$$

则在 $r=a$ 处所必须具备的关系式

$$u=-U,\ v=0,\ w=0$$

就可近似地得到满足. 应注意到，这一近似方法能够成功的条件仍是 ka 应为小量，即“Reynolds 数” Ua/ν 应为小量.

可以用(24)，(26)，(28)诸式以及由(29)式所给出的常数值而求出球体附近的速度分布. 如注意到现在 u 的意义已经改变，则所得结果和337节(11)式相同. 因此，圆球所受阻力和由Stokes理论所得到之值 ($6\pi\mu Ua$) 相同. 同样的结果也可根据流函数 ψ (在现在所讨论的问题中，它的形式相对来讲较为简单)而得到. 当把圆球看作在运动而流体在无限远处为静止时，径向速度为

$$-\frac{\partial\phi}{\partial r}+\frac{1}{2k}\frac{\partial\chi}{\partial r}-\chi\cos\theta, \tag{30}$$

其中 θ 为矢径相对于 x 轴的倾角. 故

$$\psi=r^2\int_0^\theta\Big(\frac{\partial\phi}{\partial r}-\frac{1}{2k}\frac{\partial\chi}{\partial r}+\chi\cos\theta\Big)\sin\theta d\theta. \tag{31}$$

把(25)，(26)和(29)诸式代入上式并完成积分后，得

$$\psi=\frac{3}{2}\nu a(1+\cos\theta)\{1-e^{-kr(1-\cos\theta)}\}-\frac{1}{4}\frac{Ua^3}{r}\sin^2\theta. \tag{32}$$

对于小 kr 值，上式成为

$$\psi=\frac{3}{4}Ua\left(r-\frac{1}{3}\frac{a^2}{r}\right)\sin^2\theta, \tag{33}$$

与 337 节(14)式相符.

但在其它方面，就和 Stokes 理论所表示的情况相差很大了．首先，如 Oseen 所指出，诸流线已不再对称于平面 $x=0$ 了，因此，运动实际上已不再是可逆的了．其次，涡量为

$$\omega=-\frac{\partial\chi}{\partial\varpi}=\frac{3}{2}Ua(1+kr)\frac{\varpi}{r^3}e^{-k(r-x)}, \tag{34}$$

因而，仅仅由于其中的指数函数因子，就会使涡量在某一区域之外变得很小，这一区域的边缘多少有点不那么明确地是一个焦点在 O 处、其 $k(r-x)$ 为一中等大小常数的回转抛物面．在这里，可把这一区域称为“尾流”区，虽然它包括了圆球前部的一部分空间．对于尾流之外且 r 为大值的远方，速度逐渐完全趋于径向，就好像是由原点处的一个强度为 $4\pi A_0=6\pi\nu a$ 的源所引起的一样．这一源由尾流中的向内流动所补充．为说明这一点，可以看一下原点右边尾流轴线上诸点的速度．因 $r=x$，可得

$$u=-\frac{3}{2}\frac{Ua}{r}+\frac{1}{2}\frac{Ua^3}{r^3}, \tag{35}$$

它表明，当把圆球看作在运动时，尾流轴线上的流体跟随圆球运动的速度最终反比于距原点的距离，而不是反比于这一距离的平方．

还剩下的问题是要在场中不同部分对上述结果的近似程度作出估计．为此，需要再次依靠把“约束力”(为使解成为精确解而必须引进的一个力场)和粘性力作出比较的方法．前者由(3)式给出，其中 u,v,w 具有新的意义；压力的变化则为

$$\frac{1}{2}\rho(u^2+v^2+w^2). \tag{36}$$

因压力的变化在圆球表面上为常数 $\left(=\frac{1}{2}\rho U^2\right)$，因此，它对作用于圆球上的合力并无影响．

在完全位于尾流之外的远处，(24)式中依赖于 χ 的诸项可以

略去，于是最终有

$$u=\frac{3}{2}\nu a\frac{x}{r^{3}},\quad v=\frac{3}{2}\nu a\frac{y}{r^{3}},\quad w=\frac{3}{2}\nu a\frac{z}{r^{3}}. \tag{37}$$

此外，由(34)式得

$$\xi=0,\ \eta=\frac{3}{2}Uka\frac{z}{r^{2}}e^{-k(r-x)},$$

$$\zeta=-\frac{3}{2}Uka\frac{y}{r^{2}}e^{-k(r-x)}. \tag{38}$$

故

$$\left.\begin{aligned}X_{1}&=\frac{9}{8}U^{2}a^{2}\frac{\tilde{\omega}^{2}}{r^{5}}e^{-k(r-x)},\\Y_{1}&=-\frac{9}{8}U^{2}a^{2}\frac{xy}{r^{5}}e^{-k(r-x)},\\Z_{1}&=-\frac{9}{8}U^{2}a^{2}\frac{xz}{r^{5}}e^{-k(r-x)};\end{aligned}\right\} \tag{39}$$

其合力为

$$R_{1}=\frac{9}{8}U^{2}a^{2}\frac{\tilde{\omega}}{r^{4}}e^{-k(r-x)}, \tag{40}$$

它的方向与矢径成直角并位于一个穿过 x 轴的平面内。粘性力可由(24)，(25)二式求得。如只保留 r 为大值时的重要项，则可得为

$$\left.\begin{aligned}\nu\nabla^{2}u&=-\nu k^{2}C\frac{\tilde{\omega}^{2}}{r^{3}}e^{-k(r-x)},\\\nu\nabla^{2}v&=-\nu k^{2}C\frac{y(r-x)}{r^{3}}e^{-k(r-x)},\\\nu\nabla^{2}w&=-\nu k^{2}C\frac{z(r-x)}{r^{3}}e^{-k(r-x)}.\end{aligned}\right\} \tag{41}$$

由29式可知，(39)式与(41)式之比具有量级 $(1/kr)\cdot(a/r)$。因此，对场中这部分而言，上述近似结果是极好的。

对于 $k(r-x)$ 为小值的深居于尾流之内的诸点，可由(32)式而对大 r/a 值得

$$u = -\frac{3}{2}\frac{Ua}{r},\ v = 0,\ w = 0, \tag{42}$$

并由(34)式而近似地得到

$$\xi = 0,\ \eta = \frac{3}{2}Uka\frac{z}{r^2},\ \zeta = -\frac{3}{2}Uka\frac{y}{r^2}. \tag{43}$$

它们使

$$X_1 = 0,\ Y_1 = \frac{9}{4}U^2ka^2\frac{y}{r^3},$$

$$Z_1 = \frac{9}{4}U^2ka^2\frac{z}{r^3}. \tag{44}$$

而粘性力则可近似地求得为

$$\nu\nabla^2 u = 2\nu kC\frac{x}{r^3},\quad \nu\nabla^2 v = 2\nu kC\frac{y}{r^3},$$

$$\nu\nabla^2 w = 2\nu kC\frac{z}{r^3}. \tag{45}$$

二者之比的量级为 ka。

在靠近球面处，近似地有 $u = -U$, $v = 0$, $w = 0$，因而由(3)式和(19)式得

$$X_1 = 0,\quad Y_1 = -U\frac{\partial\chi}{\partial y},\ Z_1 = -U\frac{\partial\chi}{\partial z}, \tag{46}$$

再由(27)式和(29)式得

$$X_1 = 0,\ Y_1 = \frac{3}{2}U^2a\frac{y}{r^3},\ Z_1 = \frac{3}{2}U^2a\frac{z}{r^3}. \tag{47}$$

其合力的量级为 U^2/a。粘性力可由(24)式和(27)式而得为

$$\nu\nabla^2 u = \frac{3}{2}\nu Ua\frac{3x^2 - r^2}{r^5},\quad \nu\nabla^2 v = \frac{3}{2}\nu Ua\frac{3xy}{r^5},$$

$$\nu\nabla^2 w = \frac{3}{2}\nu Ua\frac{3xz}{r^5}, \tag{48}$$

其合力的量级为 $\nu U/a^2$。因此，这两个量级之比为 Ua/ν，而它已被假定为一小量了。所以，虽然这一方法在靠近球面处不如 Stokes 理论完善，但也能令人满意了。

343. 如果我们想根据 336 节方程组 (1) 而求出一个圆柱体以常速度在无限液体中平移时所引起的定常运动，那么可以证明，不可能使所有条件都得到满足[1]. 这一点是 Stokes 指出的，而且还给出了以下解释："柱体作用于流体的压力要不断增加被柱体携带着一起运动的那部分流体数量，而远离柱体的流体则通过摩擦而要不断减少这部分流体数量. 如果是圆球，这两种影响最后会互相抵消，并使运动变为定常. 但对圆柱体而言，上述被携带的流体数量的增加值会不断超过周围流体通过摩擦作用所引起的减少值，因而，当柱体不停地运动时，所携带的流体数量就无限制地增加[2]".

然而，如果仿照 Oseen 的方法(342 节)而把惯性项部分地考虑进去，上述结论就会改变，而且可以对阻力得出一个确定值[3].

现在，流体动力学方程组可由

$$u=-\frac{\partial\phi}{\partial x}+\frac{1}{2k}\frac{\partial\chi}{\partial x}-\chi,\quad v=-\frac{\partial\phi}{\partial y}+\frac{1}{2k}\frac{\partial\chi}{\partial y}\tag{1}$$

和

$$p=\rho U\frac{\partial\phi}{\partial x}\tag{2}$$

所满足，只要

$$\nabla_1^2\phi=0\tag{3}$$

且

$$\left(\nabla_1^2-2k\frac{\partial}{\partial x}\right)\chi=0.\tag{4}$$

方程(4)的适宜解为

$$\chi=Ce^{kx}\int_0^\infty e^{-kr\cosh\omega}d\omega.\tag{5}$$

对于上式中的定积分可有以下二展开式[4]

---

1) 参看紧接在 341 节(14)式后面的说明.

2) *Camb. Trans.* ix. (1850) [*Papers.* iii. 65].

3) Bairstow 教授应用通常的近似理论，为位于具有两个平行壁面的渠道中的圆柱体得出了确定的阻力. 见 *Proc. Roy. Soc.* A,C.394(1922).

4) 它们的证明和 194 节中的证明类似，参看 Watson, pp. 80,202. 这一定积分是虚自变量的"第二类" Bessel 函数，在 watson 的著作中给出了计算用表并记作 $K_0(kr)$.

$$\int_0^\infty e^{-kr\cosh\omega}d\omega$$

$$= -\left(\gamma + \log\frac{1}{2}kr\right)I_0(kr) + \frac{k^2r^2}{2^2}$$

$$+ s_2\frac{k^4r^4}{2^2\cdot 4^2} + s_3\frac{k^6r^6}{2^2\cdot 4^2\cdot 6^2} + \cdots$$

$$= \sqrt{\frac{\pi}{2kr}}e^{-kr}\left\{1 - \frac{1^2}{8kr} + \frac{1^2\cdot 3^2}{1\cdot 2(8kr)^2} - \cdots\right\}, \tag{6}$$

其中后面一种半收敛的形式适用于大 kr 值。

对于小 kr 值，可有

$$\chi = -C(1+kx)\left(\gamma + \log\frac{1}{2}kr\right), \tag{7}$$

故

$$\left.\begin{aligned}\frac{1}{2k}\frac{\partial\chi}{\partial x} - \chi &= -\frac{C}{2k}\left\{k\left(\frac{1}{2} - \gamma - \log\frac{1}{2}kr\right) + \frac{\partial}{\partial x}\log r\right.\\ &\qquad\left. - \frac{1}{2}kr^2\frac{\partial^2}{\partial x^2}\log r + \cdots\right\},\\ \frac{1}{2k}\frac{\partial\chi}{\partial y} &= -\frac{C}{2k}\left\{\frac{\partial}{\partial y}\log r - \frac{1}{2}kr^2\frac{\partial^2}{\partial x\partial y}\log r + \cdots\right\}.\end{aligned}\right\} \tag{8}$$

故如令

$$\phi = A_0\log r + A_1\frac{\partial}{\partial x}\log r + \cdots, \tag{9}$$

则可求得，只要

$$C = \frac{2U}{\frac{1}{2} - \gamma - \log\left(\frac{1}{2}ka\right)},\quad A_0 = -\frac{C}{2k},\quad A_1 = \frac{1}{4}Ca^2, \tag{10}$$

那么，$r = a$ 处的条件 $u = -U$，$v = 0$，$w = 0$ 就可近似地得到满足。于是，在靠近柱体处有

$$\left.\begin{aligned}u &= \frac{1}{2}C\left\{\gamma - \frac{1}{2} + \log\frac{1}{2}kr + \frac{1}{2}(r^2 - a^2)\frac{\partial^2}{\partial x^2}\log r\right\},\\ v &= \frac{1}{4}C(r^2 - a^2)\frac{\partial^2}{\partial x\partial y}\log r.\end{aligned}\right\} \tag{11}$$

涡量由

$$\zeta=\frac{\partial v}{\partial x}-\frac{\partial u}{\partial y}=Ce^{kx}\frac{\partial}{\partial y}\int_0^\infty e^{-kr\cosh\omega}d\omega$$

给出；对于大 kr 值，它的形式为

$$\zeta=-kC\frac{y}{r}\sqrt{\frac{\pi}{2kr}}e^{-k(r-x)}. \tag{12}$$

可以仿照讨论圆球时(342 节)所作的解释而作出一般性的说明.

为求出流体作用于柱体上的力，需要把表达式

$$\begin{aligned} rp_{rx}&=\left(-p+2\mu\frac{\partial u}{\partial x}\right)x+\mu\left(\frac{\partial v}{\partial x}+\frac{\partial u}{\partial y}\right)y\\ &=-px+\mu r\frac{\partial u}{\partial r}+\mu\left(x\frac{\partial u}{\partial x}+y\frac{\partial v}{\partial x}\right) \end{aligned}\tag{13}$$

对角坐标 (θ) 求积(由 0 到 2π). 在这一计算过程中，不同阶的平面谐函数的乘积的积分为零. (13)式中第一项给出(令 $r=a$)

$$-\rho UA_0\int_0^{2\pi}\cos^2\theta d\theta=-\pi\rho UA_0=\pi\mu C. \tag{14}$$

把(11)式代入后，(13)式中第二项也给出 $\pi\mu C$. 第三项则在我们所取的近似级下给出等于零的结果. 因而，每单位柱长上的阻力的最后结果是

$$2\pi\mu C=\frac{4\pi\mu U}{\frac{1}{2}-\gamma-\log\left(\frac{1}{2}ka\right)}. \tag{15}$$

这一探讨也像 342 节中的情况那样，应服从 $ka=Ua/2\nu$ 为小量的条件[1]. 可注意到，表达式(15)之值并不随 a 而很快地变化. 例如，对于 $ka=\frac{1}{10}$，可得 4.31 μU，而对于 $ka=\frac{1}{20}$，可得 3.48 μU.

343a. 342 节(9)式中的 Oseen "线性化" 方程组已是许多探

---

1) 上述探讨取自 342 节第五个脚注所引本书作者的一篇文章.

据说公式(15)能在足够小的 Ua/ν 下与实验良好相符，见 Wieselsberger, *Phys. Zeitschr.* 1921, p.321.

讨的出发点了．应注意到，即使我们认为这一方程组是适当的，边界条件也只是近似地得到满足．Oseen 继续用他的近似方法而对圆球的阻力得到一个公式为[1]

$$6\pi\mu Ua\left(1+\frac{3}{8}R\right), \tag{16}$$

其中 $R=Ua/\nu$．他还探讨了回转椭球体问题[2]并对 Oberbeck 的结果(339 节)提出了修正．在这一问题中还包括了椭圆柱体的问题，是独立地由 Bairstow 等人[3]和 Harrison 以及 Filon[4] 作了处理的．这些作者所给出的单位柱长上的阻力公式为

$$\frac{4\pi\mu U}{\dfrac{a}{a+b}-\gamma-\log\left\{\dfrac{1}{4}k(a+b)\right\}}, \tag{17}$$

椭圆柱在流体中是对称放置的，而 a 则为平行于流动方向的半轴．如令 $b=a$，就又可得到圆柱体中的结果．如令 $b=0$，就得到平板形翼片顺流放置时的结果．对圆柱体的精确解曾由 Fexén 作过解析上的讨论[5]．他也曾根据 Oseen 方程组而探讨了一个圆球沿管子轴线、或平行于一个平面边界、或在两个平行壁面之间而运动的问题，并尽可能把所得结果和实验作了比较[6]．

以 Oseen 方程组为基础而作出的另一些更有疑问的计算将在以后(371 b节)谈到．

344. Helmholtz 和 Korteweg 给出了某些有趣的普遍定理，

---

1) *Arkiv f. matemat.*…ix. (1913)；以及 Burgess, *Amer. J. Math*. xxxviii. 81(1916). Goldstein 用"Reynolds 数"的幂级数而把这一近似方法作了延续，见 *Proc. Roy. Soc.* A, cxxiii. 225(1929).

2) *Arkiv f. matem.u. phys.* xxiv. (1915). 在 Oseen 的 *Hydrodynamik* (Leipzig, (1927))中对这一问题以及这方面的许多其它问题作出了叙述．

3) L. Bairstow, B.M.Cave, E.D. Lenz, *Phil. Trans.* A, ccxxiii.383(1923). 其中讨论了截面为任意形状的柱体这种更为一般的情况，并对圆形截面把理论结果和可得到的实验结果作了比较．

4) Harrison, *Camb. Trans.* xxiii. 71 (1924); Filon, *Proc. Roy. Soc.* A, cxiii. 7(1926) 和 *Phil. Trans.* A, ccxxvii. 93(1927).

5) *K. Soc. d. Wiss.* Upsala(1926).

6) *Dissertation*, Upsala, 1921; *Ann. d. Physik.* (4) lxviii. 89(1922); *Arkiv f. metemat.* xvii. (1933), xviii(1924), xix(1925).

它们和液体在常外力作用下作定常运动时的能量耗散有关。在这些定理中，假定了动力学方程组中的惯性项可略去不计。

1° 设任一闭曲面 Σ 所围圈的区域中有一给定运动，其速度分量为 u,v,w；设 $u+u',v+v',w+w'$ 为任意另一运动的速度分量，并仅仅服从一个条件：u',v',w' 在边界 Σ 的所有各点上为零. 根据329节(3)式，改变后的运动中的能量耗散率为

$$\iiint\{(p_{xx}+p'_{xx})(a+a')+\cdots+\cdots+(p_{yz}+p'_{yz})(f+f')+\cdots+\cdots\}dxdydz, \tag{1}$$

其中带撇的符号表示当 u,v,w 被 u',v',w' 取代后的诸函数之值. 326 节 (2) 式和 (3)式表明，在不可压缩流体中有

$$\begin{aligned}&p_{xx}a'+p_{yy}b'+p_{zz}c'+p_{yz}f'+p_{zx}g'+p_{xy}h'\\&=p'_{xx}a+p'_{yy}b+p'_{zz}c+p'_{yz}f+p'_{zx}g+p'_{xy}h,\end{aligned} \tag{2}$$

它的两边是 a,b,c,f,g,h 和 a',b',c',f',g',h' 的对称函数. 因此，并根据 329 节，表达式(1)可简化为以下形式：

$$\iiint\Phi dxdydz+2\iiint(p_{xx}a'+p_{yy}b'+p_{zz}c'+p_{yz}f'+p_{zx}g'+p_{xy}h')dxdydz+\iiint\Phi' dxdydz.$$

上式中第二个积分可写为

$$\iiint\left(p_{xx}\frac{\partial u'}{\partial x}+p_{xy}\frac{\partial u'}{\partial y}+p_{xz}\frac{\partial u'}{\partial z}+\cdots+\cdots\right)dxdydz;$$

再用部分积分法，并记住 u',v',w' 在边界上为零，它就可变为

$$-\iiint\left\{u'\left(\frac{\partial p_{xx}}{\partial x}+\frac{\partial p_{xy}}{\partial y}+\frac{\partial p_{xz}}{\partial z}\right)+\cdots+\cdots\right\}dxdydz,$$

亦即

$$\iiint\left\{u'\left(\frac{\partial p}{\partial x}-\mu\nabla^2u\right)+\cdots+\cdots\right\}dxdydz. \tag{3}$$

迄今，对 u,v,w 除只要求它们满足连续性方程外，并未加其它限制. 但如 u,v,w 能满足略去惯性项的运动方程组，即如能满足(下式中 Ω 为一单值势函数)

$$-\frac{\partial p}{\partial x}+\mu\nabla^2u-\rho\frac{\partial\Omega}{\partial x}=0,\cdots,\cdots, \tag{4}$$

则由于运动满足连续性方程，故由第42节(4)式可知，积分(3)为零.

在上述条件之下，改变后的运动中的能量耗散率等于

$$\iiint\Phi dxdydz+\iiint\Phi' dxdydz, \tag{5}$$

亦即 $2(F+F')$. 这就是说，它比定常运动中的耗散率多了一个本性正值 $2F'$ (这一 $2F'$ 表示以 u',v',w' 作运动时的耗散率).

换言之，如惯性项可以略去，那么，液体在具有单值势函数的常力作用下所作的运动的特点是：它在任一区域中的能量耗散率小于在区域边界上有着同样 u,v,w 值

的任何其它一种运动的能量耗散率.

随之可知,当规定了边界上的速度后,则在同样条件下,区域中只能有一种形式的定常运动[1].

Rayleigh 曾指出[2],可以在多少放宽一些的条件下而使积分(3)为零,并从而使耗散率最小. 事实上,积分(3)可由

$$-\mu\iiint(u'\nabla^2 u+v'\nabla^2 v+w'\nabla^2 w)dxdydz \tag{6}$$

所代替,因此,只要(下式中 H 为 x,y,z 的单值函数)

$$\nabla^2 u=\frac{\partial H}{\partial x},\ \nabla^2 v=\frac{\partial H}{\partial y},\ \nabla^2 w=\frac{\partial H}{\partial z}, \tag{7}$$

积分(6)就能成为零. 这一纯运动学条件意味着

$$\nabla^2\xi=0,\ \nabla^2\eta=0,\ \nabla^2\zeta=0, \tag{8}$$

而且反过来说也对. 例如,速度为

$$u=A+Bz+Cz^2,\ v=0,\ w=0 \tag{9}$$

的二平行平面之间的定常流动 (330 节)、以及二共轴圆柱面之间沿圆形路线的运动 (333 节)都属于这种情况. 应注意到,这一定理只看关系式 (7) 和连续性方程是否满足,而并不管 u,v,w 所表示的运动是否微弱,甚至不管定常运动在动力学上是否可能. 例如,在两个同心球面之间,任何其它运动在能量耗散上都必然大于 334 节中所求得的情况,因而,为维持运动所需施加的力偶 N 也必然会超过该节所给出之值.

2° 如 u,v,w 表示给定区域中的任意一种运动,则

$$\begin{aligned}2\dot{F}&=\iiint\dot{\Phi}dxdydz\\&=2\iiint(p_{xx}\dot{a}+p_{yy}\dot{b}+p_{zz}\dot{c}+p_{yz}\dot{f}+p_{zx}\dot{g}+p_{xy}\dot{h})dxdydz,\end{aligned} \tag{10}$$

这是由于一撇换为一点后,(2)式仍能成立.

对这一积分的处理方法和前面一样. 如假定 $\dot{u},\dot{v},\dot{w}$ 在区域的边界面 Σ 上为零,则在缓慢运动中可得

$$\begin{aligned}\dot{F}&=-\iiint\left\{\dot{u}\left(\frac{\partial p_{xx}}{\partial x}+\frac{\partial p_{xy}}{\partial y}+\frac{\partial p_{xz}}{\partial z}\right)+\cdots+\cdots\right\}dxdydz\\&=-\rho\iiint(\dot{u}^2+\dot{v}^2+\dot{w}^2)dxdydz+\rho\iiint(X\dot{u}+Y\dot{v}+Z\dot{w})dxdydz.\end{aligned} \tag{11}$$

如外力具有单值势函数,则上式最后一个积分为零,于是

$$\dot{F}=-\rho\iiint(\dot{u}^2+\dot{v}^2+\dot{w}^2)dxdydz. \tag{12}$$

它是本性负值,故 F 不断减小,直到 $\dot{u}=0,\ \dot{v}=0,\ w=0$ 时为止,也就是,直到运动

---

1) Helmholtz, "Zur Theorie der stationären Ströme in reibenden Flüssigkeiten," *Verh. d. naturhist. -med. Vereins*, Oct. 30, 1868 [*Wiss. Abh.* i. 223].

2) "On the Motion of a Viscous Fluid," *Phil. Mag.* (6) xxvi. 776 (1913) [*Papers*, vi. 187].

变为定常时为止.

因此，当区域边界面 Σ 上的速度保持不变时，区域内部的运动就会逐渐趋于定常. 最终所达到的定常运动的形态也因而是稳定的，而且是唯一的[1].

Rayleigh曾证明过[2]，上述定理可被推广而应用于任一不具有势能的动力学系统，只要其动能 (T) 和耗散函数 (F) 可表示为广义速度的具有常系数的二次函数.

如外力无单值势函数，或在边界上所给定的不是速度而是作用力，就需要把上述定理略加修改而成为：能量耗散率超过外力(包括边界上的作用力)所作功率两倍的那部分余额要趋于一个唯一的极小值，而这一极小值只有当运动为定常时才能达到[3].

周 期 运 动

345. 下面，我们考察粘性在各种微小振荡中的影响.

我们从讨论"层流"运动开始，因为这种情况可以使我们说明某些极重要的概念而无需复杂的数学. 假定 $v=0$，$w=0$，且 u 仅为 y 和 t 的函数，则328节方程(4)要求 $p=$ const. 和

$$\frac{\partial u}{\partial t}=\nu\frac{\partial^2 u}{\partial y^2}. \tag{1}$$

上式和热的线性运动方程具有同样的形式. 对于简谐运动，则假定 u 中的时间因子为 $e^{i(\sigma t+\varepsilon)}$ 后，有

$$\frac{\partial^2 u}{\partial y^2}=\frac{i\sigma}{\nu}u, \tag{2}$$

其解为

$$u=Ae^{(1+i)\beta y}+Be^{-(1+i)\beta y}, \tag{3}$$

式中

$$\beta=\left(\frac{\sigma}{2\nu}\right)^{\frac{1}{2}}. \tag{4}$$

首先，假定流体位于平面 xz 的正侧，流体的运动则是由和这一平面相重合的一个刚性平面作指定的振荡

$$u=ae^{i(\sigma t+\varepsilon)} \tag{5}$$

---

1) Korteweg, "On a General Theorem of the Stability of the Motion of a viscous Fluid," *Phil. Mag.* (5) xvi. 112(1883).

2) 同本节第二个脚注.

3) 参看 Helmholtz, 本节第一个脚注中引文.

而引起的．如流体在 y 的正方向延伸至无限远处，则(3)式右边第一项就被排除，再由边界条件(5)确定 B 后，就有

$$u = ae^{-(1+i)\beta y+i(\sigma t+\varepsilon)}, \tag{6}$$

或取其实部而有

$$u = ae^{-\beta y}\cos(\sigma t-\beta y+\varepsilon); \tag{7}$$

它对应于边界上有一个指定的运动[1)]

$$u = a\cos(\sigma t+\varepsilon). \tag{8}$$

(7)式表示一个横向振荡的波以波速 σ/β 由边界向流体内部传播，其振幅则迅速减小——在一个波长中，振幅减小到原有值的

$$e^{-2\pi} = \frac{1}{535}.$$

线性量 β^{-1} 在所有不出现密度变化的振荡问题中具有重要意义，因为它可以指示出粘性在流体中的影响能渗透到多远．如 P 为振荡周期(以秒计)，则在空气 ($\nu = 0.13$) 中，β^{-1} 之值为 $0.21P^{\frac{1}{2}}$ 厘米，在水中为 $0.072P^{\frac{1}{2}}$ 厘米．我们不久还将进一步表明，当作微小振荡的物体具有足够大的频率时，粘性的影响只局限于从物体表面向外的一个很小的距离内．当液体自由表面作波动时，也可作出类似的叙述．

流体作用于上述刚性平面每单位面积上的阻力为

$$-\mu\left[\frac{\partial u}{\partial y}\right]_{y=0} = \mu\beta a\{\cos(\sigma t+\varepsilon)-\sin(\sigma t+\varepsilon)\}$$

$$= \rho\nu^{\frac{1}{2}}\sigma^{\frac{1}{2}}a\cos\left(\sigma t+\varepsilon+\frac{1}{4}\pi\right). \tag{9}$$

在振荡着的平面通过其平均位置之前八分之一周期时，这一阻力具有最大值[2)]．

可以把任意一个可能的正则型自由运动叠加到上述强迫振荡上．如假定自由运动为

1) Stokes, 329 节第一个脚注中引文．

2) 对于平板的运动不限于简谐运动时的一些研究，见 Stokes, 同上脚注；Besset, *Quart. Journ. Math.* (1910)；Rayleigh, "On the Motion of Solid Bodies through a Viscous Fluid", *Phil. Mag.* (6) xxi. 697(1911) [*Papers*, vi. 29]. 还见 Havelock, *Phil. Mag.* (6) xlii. 620 (1921).

$$u \propto A\cos my + B\sin my, \tag{10}$$

并代入(1)式，就有

$$\frac{\partial u}{\partial t} = -\nu m^2 u, \tag{11}$$

于是得到解

$$u = \sum (A\cos my + B\sin my)e^{-\nu m^2 t}. \tag{12}$$

可允许的m值以及比值 $A:B$ 照例由边界条件来确定，然后，剩下的诸任意常数则可应用 Fourier 方法由初始条件求得.

当流体从 $y = -\infty$ 延伸到 $y = +\infty$ 时，所有实数值的 m 都是可允许的. 在这种情况下，由初始条件所表示的解可应用 Fourier定理(238节(4)式)而立即写出. 即

$$u = \frac{1}{\pi}\int_0^{\infty} dm \int_{-\infty}^{\infty} f(\lambda)\cos m(y - \lambda)e^{-\nu m^2 t}d\lambda, \tag{13}$$

其中

$$u = f(y) \tag{14}$$

表示了任意初始速度分布.

(13)式中对m的求积可用已知公式

$$\int_0^{\infty} e^{-\alpha x^2}\cos\beta x dx = \frac{1}{2}\left(\frac{\pi}{\alpha}\right)^{\frac{1}{2}} e^{-\beta^2/4\alpha} \tag{15}$$

来完成. 于是可得

$$u = \frac{1}{2(\pi\nu t)^{\frac{1}{2}}}\int_{-\infty}^{\infty} e^{-(y-\lambda)^2/4\nu t} f(\lambda)d\lambda. \tag{16}$$

由上式可导出 334 a 节中的解(2).

346. 当流体并不延伸到无限远，而是由固定的刚性平面 $y = h$ 所界限时，为确定由平面 $y = 0$ 的强迫振荡所引起的运动，(3)式右侧的两项都是需要的，并由边界条件可知

$$A + B = a,\ Ae^{(1+i)\beta h} + Be^{-(1+i)\beta h} = 0, \tag{17}$$

于是不难证明

$$u = a\frac{\sinh(1 + i)\beta((h - y)}{\sinh(1 + i)\beta h} \cdot e^{i(\sigma t+\varepsilon)}. \tag{18}$$

上式给出作用于振荡着的平面每单位面积上的阻力为

$$-\mu\left[\frac{\partial u}{\partial y}\right]_{y=0} = \mu(1 + i)\beta a\cosh(1 + i)\beta h \cdot e^{i(\sigma t+\varepsilon)}. \tag{19}$$

其实部可简化为以下形式:

$$\sqrt{2}\,\mu\beta a\frac{\sinh 2\beta h\cos\left(\sigma t+\varepsilon+\frac{1}{4}\pi\right)+\sin 2\beta h\sin\left(\sigma t+\varepsilon+\frac{1}{4}\pi\right)}{\cosh 2\beta h-\cos 2\beta h}. \tag{20}$$

当 βh 为中等大小时，上式与(9)式等价；而当 βh 为小值时，它简化为

$$\frac{\mu a}{h}\cdot\cos(\sigma t+\varepsilon), \tag{21}$$

这是可以预料到的。

这一例子中包含了 Maxwell[1] 对 Conlomb 研究流体粘性的方法（用圆形平板在自己的平面（水平的）中作旋转振荡）[2] 作出修改的理论依据。在圆形平板的上部和下部近距离处增加两块与之平行的固定圆板后，会使粘性的效应大为增加。

可叠加在(18)式上的自由运动由(12)式表示，并应满足 $y=0$ 和 $y=h$ 处的 $u=0$ 的条件。这一条件给出 $A=0$ 和 $mh=s\pi$（s 为整数）。于是，相应的衰减模量由 $\tau=1/\nu m^2$ 给出。

347. 作为另一个例子，设均匀深度为 h 的无限广阔的水均匀地受到水平力

$$X=f\cos(\sigma t+\varepsilon). \tag{1}$$

现在，345 节(1)式被换成

$$\frac{\partial u}{\partial t}=\nu\frac{\partial^2 u}{\partial y^2}+X. \tag{2}$$

如把原点取在底部，则边界条件为 $y=0$ 处的 $u=0$ 和 $y=h$ 处的 $\partial u/\partial y=0$（后一个条件表示自由表面上无切向力）。把(1)式换为

$$x=fe^{i(\sigma t+\varepsilon)}, \tag{3}$$

可得

$$u=-\frac{if}{\sigma}\left\{1-\frac{\cosh(1+i)\beta(h-y)}{\cosh(1+i)\beta h}\right\}e^{i(\sigma t+\varepsilon)}, \tag{4}$$

其中 $\beta=(\sigma/2\nu)^{\frac{1}{2}}$，和前面一样。

当 βh 为大值时，对于流体中从底部算起的高度超过 β^{-1} 的

1) 326 节第三个脚注中引文。

2) *Mém. de l'Inst.* iii.(1800).

中等大小倍数的所有点来讲，上式中{}内的表达式实际上只剩下了第一项．于是，取实部后有

$$u = \frac{f}{\sigma}\sin(\sigma t + \varepsilon). \tag{5}$$

它表示，除掉底部附近的一层流体外，其余全部流体就像一个自由质点那样作着振荡，粘性的影响极小．而对于底部附近的流体，(4)式成为

$$u = -\frac{if}{\sigma}(1 - e^{-(1+i)\beta y})e^{i(\sigma t+\varepsilon)}, \tag{6}$$

抛去虚部后，有

$$u = \frac{f}{\sigma}\sin(\sigma t + \varepsilon) - \frac{f}{\sigma}e^{-\beta y}\sin(\sigma t - \beta y + \varepsilon). \tag{7}$$

它可能已由直接求解(2)式、并令解在 $y = 0$ 处满足 $u = 0$ 和对于大 βy 值能满足

$$u = \frac{f}{\sigma}\sin(\sigma t + \varepsilon)$$

而得到．

附图中诸曲线 A, B, C, D, E, F 表示同一根质点线的相继位置和形状，时间间隔为十分之一周期．为把另外半个周期中的情况也画出，只需要加上 E, D, C, B 相对于通过原点的铅直线的镜像．整个曲线族可以看作是一根形状适宜的螺旋线绕通过 O 点的铅直轴线匀速转动时所相继出现的投影图．图中在铅直方向所取的范围是层流扰动的一个波长（$2\pi/\beta$）．

作为一个数值实例，可注意到，如 $\nu = 0.0178$，$2\pi/\sigma = 12$小时，可得 $\beta^{-1} = 15.6$ 厘米．它表明，粘性对海洋潮流的直接作用一定是极其微小的．几乎无疑，实际上所出现的、由“潮汐摩擦”而引起的能量耗散主要是由于潮流在变窄的通道中和在浅水中加大、以致出现了湍流而产生的．参看 365 节．

当 βh 为小值时，(4)式的实部给出

$$u = \frac{f}{2\nu}y(2h - y)\cdot\cos(\sigma t + \varepsilon); \tag{8}$$

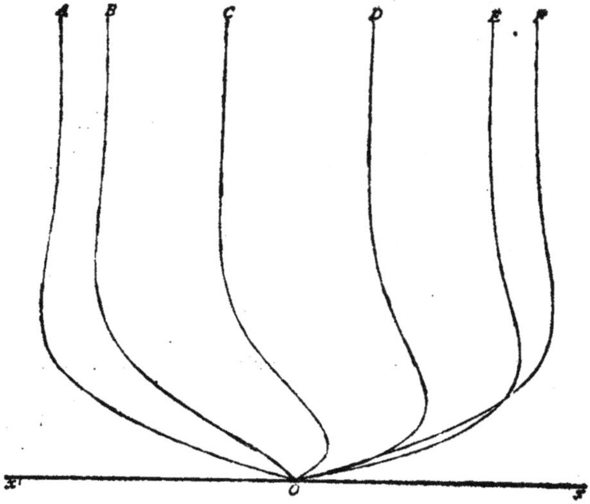

故速度与力的相位相同，并反比于 ν.

348. 关于粘性对深水中自由振荡波的影响可估算如下.

当粘性被忽略时有解如下：

$$\phi = \alpha c e^{ky} \cos k(x - ct), \tag{1}$$

$$u = k\alpha c e^{ky} \sin k(x - ct), \quad v = -k\alpha c e^{ky} \cos k(x - ct), \tag{2}$$

$$\eta = \alpha \sin k(x - ct), \tag{3}$$

其中 η 为水面升高量，c 为波速. 这种形式的运动即使在有粘性时也能出现，只要在水面上作用着所需要的应力

$$\left.\begin{aligned} p_{yy} &= -p + 2\mu\frac{\partial v}{\partial y} = -p - 2\mu k^2 \alpha c \cos k(x - ct), \\ p_{yx} &= \mu\left(\frac{\partial v}{\partial x} + \frac{\partial u}{\partial y}\right) = 2\mu k^2 \alpha c \sin k(x - ct). \end{aligned}\right\} \tag{4}$$

这一应力所作之功率为

$$p_{yy} v + p_{yx} u = p k \alpha c \cos k(x - ct) + 2\mu k^3 \alpha^2 c^2, \tag{5}$$

其平均值为 $2\mu k^3 \alpha^2 c^2$. 它显然应等于由(2)式所给出的自由运动中的能量耗散率，这一点可以用 329 节中任一公式来计算而得到

证明. 单位面积中的动能为 $\frac{1}{4}\rho k\alpha^2c^2$，而总能量则为其二倍. 所以,在并没有表面应力时,应有

$$\frac{d}{dt}\left(\frac{1}{2}\rho kc^2\alpha^2\right)=-2\mu k^3c^2\alpha^2, \tag{6}$$

即
$$\frac{d\alpha}{dt}=-2\nu k^2\alpha, \tag{7}$$

故
$$\alpha=\alpha_0e^{-2\nu k^2t}. \tag{8}$$

衰减模量为 $\tau=\frac{1}{2\nu k^2}$,如以波长（λ）来表示,则为

$$\tau=\frac{\lambda^2}{8\pi^2\nu}. \tag{9}$$ [1]

对于水,上式给出

$$\tau=0.712\lambda^2\text{ 秒}, \tag{10}$$

其中 λ 以厘米计. 随之可知，毛细波会由于粘性而很快消失；而对于波长为 1m 的波动，τ 则可大约达到 2 小时.

上述方法是建立在假定 $\sigma\tau$（$\sigma=kc$ 表示振荡“速率”）为中等大小的基础之上的. 对于水这样的易于流动的流体，除波长过于小的情况外,这一条件是可以满足的.另一个能使上述方法失效的情况是水深小于(大体上)波长的一半时. 因为在这种情况下,底部出现的滑动就会在实际上意味着阻力为无穷大,因此,能量耗散率就不再能按照无旋运动来计算了[2].

可以把上面的计算改变一下而用来解释由风所产生和维持的波动. 虽然很难把风的作用（即使是在一个简谐形波剖面上的作用)用一个简单公式来表示[3]，但如果把看来较为次要的切向作用

1) Stokes, 328 节第四个脚注中引文以及 *Papers*, iii. 74（在原来的计算中,由于疏忽而使所得 τ 值小了一半).

2) 同样的论点也出现于两种互相重叠的液体(231节)的振荡问题中,见Harrison, *Proc. Lond. Math. Soc.* (2)vi. 396和 vii. 107(1908). 所得到的衰减模量正比于 $\nu^{-\frac{1}{2}}$ 而不是 ν^{-1}. 参看 364 节.

3) 希望已故的 T.Staton 爵士所从事的和这一问题有关的实验报导能在不久出版.

略去，并把法向压力表示成 $k(x-ct)$ 的倍数的正弦和余弦的 Fourier 级数，那么，很明显，这一级数中唯一能在一个完整的周期中作出净功的成分是

$$\Delta p = C\cos k(x-ct). \tag{10}$$

于是，(6)式就被替换为

$$\frac{d}{dt}\left(\frac{1}{2}\rho k c^2\alpha^2\right) = \frac{1}{2}kc\alpha C - 2\mu k^3c^2\alpha^2, \tag{11}$$

即

$$\frac{d\alpha}{dt} = \frac{C}{2\rho c} - 2\nu k^2\alpha. \tag{12}$$

因此，振幅根据

$$C \gtrless 4\mu k^2 c\alpha \tag{13}$$

而增大或减小。

Jeffreys 博士在两篇近期文章[1]中假定风作用于行波剖面上的压力可粗略地表示为

$$\beta\rho'(u-c)^2\frac{\partial\eta}{\partial x}, \tag{14}$$

其中 U 为风速，ρ' 为空气密度，β 则为位于 0 和 1 之间的一个数值系数，而且可能小于 $\frac{1}{2}$. 它等价于令(13)式中的

$$C = \beta\rho'(U-c)^2k\alpha.$$

如略去表面张力，则 $c^2 = g/k$，于是上述判断准则就成为

$$(U-c)^2c \gtrless \frac{4\nu g\rho}{\beta\rho'}. \tag{15}$$

对于给定的风速，(15)式左边在 $c=\frac{1}{2}U$ 时具有最小值. 因此，在目前的假定之下，能够维持一个波动的最小风速为

$$U = 3\left(\frac{\nu g\rho}{\beta\rho'}\right)^{\frac{1}{3}}. \tag{16}$$

如取 $\nu = 0.0178$, $g = 981$, $\rho'/\rho = 0.00129$, $\beta = 0.3$，可得 $U = 107$ 和 $\lambda = 8.1$（分别以厘米和秒计）. Jeffreys 所作的一些观测能在数量级上与这一最小风速相符.

---

1) *Proc. Roy. Soc.* A, cvii, 189(1924); cx. 241(1925).

349. 粘性对水波的影响可直接计算如下.

把 y 轴取为铅直向上,并假定运动只限于二维 x,y, 就有

$$\frac{\partial u}{\partial t}=-\frac{1}{\rho}\frac{\partial p}{\partial x}+\nu\nabla^2 u,\quad \frac{\partial v}{\partial t}=-\frac{1}{\rho}\frac{\partial p}{\partial y}-g+\nu\nabla^2 v, \tag{1}$$

以及

$$\frac{\partial u}{\partial x}+\frac{\partial v}{\partial y}=0. \tag{2}$$

它们可由

$$u=-\frac{\partial\phi}{\partial x}-\frac{\partial\psi}{\partial y},\quad v=-\frac{\partial\phi}{\partial y}+\frac{\partial\psi}{\partial x} \tag{3}$$

和

$$\frac{p}{\rho}=\frac{\partial\phi}{\partial t}-gy \tag{4}$$

所满足,只要

$$\nabla_1\phi=0,\quad \frac{\partial\psi}{\partial t}=\nu\nabla_1^2\psi, \tag{5}$$

其中

$$\nabla_1^2=\frac{\partial^2}{\partial x^2}+\frac{\partial^2}{\partial y^2}.$$

为确定出对 x 具有周期性且波长为指定值 $2\pi/k$ 的诸"正则振型",我们假定 ϕ 和 ψ 中具有时间因子 e^{nt} 和空间因子 e^{ikx}. 于是(5)式之解为

$$\left.\begin{aligned}\phi&=(Ae^{ky}+Be^{-ky})e^{ikx+nt},\\ \psi&=(Ce^{my}+De^{-my})e^{ikx+nt},\end{aligned}\right\} \tag{6}$$

且

$$m^2=k^2+n/\nu. \tag{7}$$

边界条件所提供的方程足以确定各种振型的性质和相应的 n 值.

在水深为无限的情况下,边界条件之一的形式是 $y=-\infty$ 处的速度必须是有限值. 暂时先排除掉 m 为纯虚数的情况, 并以 m 表示 (7) 式中实部为正值的根,则这一边界条件要求 $B=0$ 和 $D=0$. 于是有

$$\left.\begin{aligned}u &= -(ikAe^{ky} + mCe^{my})e^{ikx+nt},\\ v &= -(kAe^{ky} - ikCe^{my})e^{ikx+nt}.\end{aligned}\right\} \tag{8}$$

如 η 表示自由表面的升高量，必有 $\partial\eta/\partial t = v$，再把 y 的原点取在未受扰时的水面上，就可由之而得

$$\eta = -\frac{k}{n}(A - iC)e^{ikx+nt}. \tag{9}$$

如 T_1 表示表面张力，则因已假定水面相对于水平面的倾斜度为无穷小，所以，如只取一阶小量，则水面处的应力条件显然为

$$p_{yy} = T_1\frac{\partial^2\eta}{\partial x^2},\ \ p_{xy} = 0. \tag{10}$$

现因

$$p_{yy} = -p + 2\mu\frac{\partial v}{\partial y},\ \ p_{xy} = \mu\left(\frac{\partial v}{\partial x} + \frac{\partial u}{\partial y}\right), \tag{11}$$

故由(4)式和(9)式可在水面处得

$$\begin{aligned}\frac{p_{yy}}{\rho} - T'\frac{\partial^2\eta}{\partial x^2} &= -\frac{\partial\phi}{\partial t} + (g + T'k^2)\eta + 2\nu\frac{\partial v}{\partial y}\\ &= -\frac{1}{n}\{(n^2 + 2\nu k^2 n + gk + T'k^3)A - i(gk\\ &\qquad + T'k^3 + 2\nu kmn)C\},\end{aligned} \tag{12}$$

$$\frac{p_{xy}}{\rho} = -\{2i\nu k^2 A + (n + 2\nu k^2)C\}, \tag{13}$$

其中 $T' = T_1/\rho_1$，而且应了解到公因子 e^{ikx+nt} 并未写出。

把它们代入(10)式并消去比值 $A:C$ 后，得

$$(n + 2\nu k^2)^2 + gk + T'k^2 = 4\nu^2k^3m. \tag{14}$$

如借助(7)式而消去 m，就得到 n 的一个双二次方程，但在它的诸根中，只有那些能使(14)式左边的实部为正值的根才是可允许的，因为这样的根才能使 m 的实部为正值。

如为简练起见而令

$$gk + T'k^3 = \sigma^2,\ \ \nu k^2/\sigma = \theta,\ \ n + 2\nu k^2 = x\sigma, \tag{15}$$

则上述双二次方程的形式成为

$$(x^2 + 1)^2 = 16\theta^3(x - \theta). \tag{16}$$

不难证明，上式总有两个复根是违反前述限制的，也总有两个根是

可允许的，这两个可允许根是实数还是复数则由比值 θ 的大小而定. 如 λ 为波长，$c(=\sigma/k)$ 为无摩擦时的波速，则有

$$\theta=\frac{\nu k}{c}=\frac{2\pi\nu}{c\lambda}. \tag{17}$$

对于水，如 c_m 表示 267 节所述最小波速，可得 $2\pi\nu/c_m=0.0048$ 厘米，因此，除非波长非常之小，否则 θ 就是一个小量. 略去 θ 的平方后，有 $x=\pm i$ 和

$$n=-2\nu k^2\pm i\sigma. \tag{18}$$

条件 $p_{xy}=0$ 表明

$$\frac{C}{A}=-\frac{2i\nu k^2}{n+2\nu k^2}=\mp\frac{2\nu k^2}{\sigma}, \tag{19}$$

它在同样条件下也是很小的. 因此，运动是近似于无旋的，其速度势为

$$\phi=Ae^{-2\nu k^2t+ky+i(kx\pm\sigma t)}. \tag{20}$$

如果我们令 $\alpha=\mp kA/\sigma$，则自由表面的公式 (9) 变成

$$\eta=\alpha e^{-2\nu k^2t}\cos(kx\pm\sigma t), \tag{21}$$

近似地取实部.

波速为 $\sigma/k=(gk+T'k)^{\frac{1}{2}}$，和 267 节中的结果相同；衰减的规律则与上一节中用另一种方法得到的结果相同[1].

为了更仔细地考查运动在粘性影响下的特点，可以计算一下流体中任意点处的涡量 (ω). 它等于

$$\omega=\frac{\partial v}{\partial x}-\frac{\partial u}{\partial y}=\nabla_1^2\psi=\frac{n}{\nu}Ce^{my+ikx+nt}. \tag{22}$$

现由(7)式和(18)式可近似地有

$$m=(1\pm i)\beta,$$

其中

$$\beta=(\sigma/2\nu)^{\frac{1}{2}}.$$

于是，使用和前面相同的记号后，可得

$$\omega=\mp2\sigma k\alpha e^{-2\nu k^2t+\beta y}\cos\{kx\pm(\sigma t+\beta y)\}. \tag{23}$$

从水面往下，它就迅速减小，和 328 节中所指出的热模拟相符. 由于运动的振荡特性，

---

1) Basset 得到了类似的结果，见其 *Hydrodynamics*, ii. Arts. 520—522 (1888)，其中还对有限水深的情况作了处理. 还可参看 Hough、334a 节第七个脚注中引文，其中讨论了球面形水层中的情况.

从水面向内部扩散的涡量在符号上是不断变化的，因此，从水面往下的距离超过量级 $2\pi/\beta$ 后，表面涡量的影响就很小了，就像地球表面上的温度脉动在深度为几码处就不出现可以察觉到的影响一样.

对于糖浆、沥青这类非常粘稠的流体，即使波长相当大，θ 仍可较大。这时，(16)式中两个可允许的根均为实数. 其中一个根很明显是接近于 2θ 的，应用近似方法可得

$$x = 2\theta - \frac{1}{2\theta} + \cdots.$$

于是，略去表面张力并根据(15)式，有

$$n = -\frac{g}{2k\nu}. \tag{24}$$

剩下的那个实根约为1.09θ，它给出

$$n = -0.91\nu k^2. \tag{25}$$

前一个根是更为重要的. 它表示的是流体向着一个具有水平表面的平衡状态而缓慢地蠕动. 其回复速度取决于流体的重力（正比于 $g\rho$）和粘性（μ）的对比，惯性的影响则很小. 由(7)式和(15)式可看出，近似地有 $m=k$，因而运动近似于无旋的[1].

反之，对应于(25)式的那种运动的持续时间则取决于惯性(ρ)和粘性(μ)的对比，重力的影响则是不重要的. 这种运动消失得极快.

以上研究给出了系统在指定波长下能够具有的最重要的正则振型. 我们可以预知，必然还有无限多个其它的正则振型. 它们对应于m为纯虚数，在持续时间上也更短. 如替代(6)式而假定

$$\phi = Ae^{ky}\cdot e^{ikx+nt},\quad \psi = (C\cos m'y + D\sin m'y)e^{ikx+nt}, \tag{26}$$

其中

$$m'^2 = -k^2 - \frac{n}{\nu}, \tag{27}$$

再像前面那样进行探讨，可得

$$\left.\begin{aligned} &(n^2+2\nu k^2 n + gk + T'k^3)A - i(gk+T'k^3)C - 2i\nu k m' n D = 0,\\ &2ik^2A + (k^2 - m'^2)C = 0. \end{aligned}\right\} \tag{28}$$

任何实数值的 m' 都是可允许的，而上式则确定了比值 $A:C:D$；相应的 n 值为

---

1) 参看 Tait, "Note on Ripples in a Viscous Liquid," *Proc. R. S. Edin.* xvii. 110 (1890) [*Scientific Papers*, Cambridge, 1898—1900, ii. 313].

$$n = -\nu(k^2 + m'^2).\tag{29}$$

在每一种振型中，平面 xy 都沿水平方面和铅直方向被分割成一系列拟矩形隔间，流体在每一个隔间中作循环运动，并由于粘性使初始动量不断消耗而逐渐变为静止。

借助于把不同的正则振型适当地组合在一起，必能表示出任意初始扰动的衰减情况。

350. 可以应用上一节中的方程(12)和(13)来较为仔细地说明一下，当水面上受到适当的作用力时，水面波怎样能反抗粘性而产生，并维持下去。

在外力 p'_{yy} 和 p'_{xy} 中把未写出的因子 e^{ikx+nt} 添上（k 和 n 为指定值），则上述方程就确定了 A 和 C，并因而确定了 η 值，而且可得

$$\frac{p'_{yy}}{g\rho\eta} = \frac{(n^2 + 2\nu k^2 n + \sigma^2)A - i(\sigma^2 + 2\nu kmn)C}{gk(A - iC)},\tag{1}$$

$$\frac{p'_{xy}}{g\eta\rho} = \frac{n}{gk}\cdot\frac{2i\nu k^2 A + (n + 2\nu k^2)C}{A - iC},\tag{2}$$

其中已把 $gk + T'k^3$ 写为 σ^2 了，如前。

我们首先考察纯切向力的作用。假定 $p'_{yy} = 0$，可得

$$\frac{p'_{xy}}{g\eta\rho} = \frac{in}{gk}\cdot\frac{(n + 2\nu k^2)^2 + \sigma^2 - 4\nu^2 k^3 m}{n + 2\nu k^2 - 2\nu km}.\tag{3}$$

如根据已提到过的原因而假定 $\nu k^2/\sigma$ 和 $\nu km/\sigma$ 为小量，则水面升高量约在 $n = \pm i\sigma$ 时最大：为了求出维持一个沿 x 正方向传播并具有给定振幅的波列而所需的外力，令 $n = -i\sigma$。它近似地使

$$\frac{p'_{xy}}{g\rho\eta} = \frac{4\nu k\sigma}{g},$$

即

$$p'_{xy} = 4\mu k\sigma\eta.\tag{4}$$

因此，外力在波峰处向前作用，在波谷处向后作用，并在节点处改变符号。具有同样分布但其强度（正比于波高）小于(4)式的外力只能使波延缓粘性所引起的衰减而不能阻止这一衰减。与(4)式符号相反的外力就加速波的衰减过程。

可以用同样方法来考察纯法向力的作用。如 $p'_{xy} = 0$，就有

$$\frac{p'_{yy}}{g\rho\eta} = \frac{(n+2\nu k^2)^2+\sigma^2-4\nu^2k^3m}{gk}. \tag{5}$$

读者可证明，当无粘性时，上式与 242 节中的结果相符。如令 $n=-i\sigma$，并取近似值如前，可得

$$p'_{yy} = -4i\mu k\sigma\eta. \tag{6}$$

故波系

$$\eta = \alpha\sin(kx-\sigma t) \tag{7}$$

在表面上所受到的压力分布为

$$p = \text{const.} + 4\mu k\alpha\sigma\cos(kx-\sigma t) \tag{8}$$

时，就会保持其形状而不增大或减小其振幅。所需要的压力在波的后坡上有最大值，在前坡上有最小值[1]。

如果我们能记得位于波剖面中不同部分的质点沿其圆形轨道运动时的相位，那么很明显，从总体上来看，上述两种作用力，不论是法向的还是切向的，都是促使水面质点沿其原有运动方向而运动的。

由于吹过不平坦的水面上的风具有不规则的湍流的特性，所以，对于风怎样能产生和维持一个波系就只能作出一个一般性的解释而难以更深入地说明了。然而，不难理解到风的作用是倾向于产生上述类型的表面力的。当空气沿波形的传播方向而运动，而且风速大于波速时，很明显，在波的后坡面上有剩余压力，而且在超出原水位的凸出部分上有切向作用力。这两种力的共同作用中的一部分作用就使波形发生变化，其余的那部分作用，不论是法向作用力还是切向作用力，都在总体上具有前述分布情况。因此，其趋势是使波的振幅逐渐增大，直到能量耗散与水面力所作之功相平衡。同样，当波传播得比风快时，或当波顶着风而传播时，其振幅就逐渐减小[2]。

在 267 节中曾表明过，在重力和表面张力的共同影响下，有一

1）它和 242 节末尾所给出的结果相符，虽然在那里所考虑的耗散力具有另一种规律。

2）参看 Airy, "Tides and Waves," Arts. 265—272; Stokes, *Camb. Trans.* ix. [62] [Papers, iii. 74]; Rayleigh, 174 节脚注中引文.

个最小波速，其值为每秒 23.2 厘米(每小时 0.45 英里). 因此，在任何情况下，为反抗粘性而维持一个波动，风速都必须超过这一数值[1]. 这里可以引用一下 Scott Rusell[2] 的某些观察结果.

"设观察者在一个极为宁静的环境下开始观察，那时，水面是光滑的，像一面镜子那样能把周围物体反射出来. 即使空气有些微弱的运动，也并不影响这一情况；当空气的速度小于每小时半英里(每秒 8.5 英寸)时，并不会对水面的光滑性产生明显的影响. 当一阵和风吹过水面时，可以暂时使像镜子一样的水面遭到破坏，但风吹过去以后，水面就恢复原来的那种抛光了的模样；当空气的速度约为每小时一英里时，水面的清晰反射能力就较差了，在这时观察水面时，可注意到，这种反射能力的降低是由于水面出现了皱纹——三阶波(毛细波). …. 扰动的这一第一阶段的特点是，当扰动原因终止时，水面皱纹也几乎同时消失，所以，在没有直接受到风的作用的地方，水面始终保持为平滑的，三阶波不能自发地向较远处传播(除非是在扰力连续不断的作用之下). 这种三阶波表示水面上现在有力在作用着，而不表示曾经有力作用过. 当水面出现三阶波时，会使水显出那样一种暗黑色，这种暗黑色就是海洋上的水手认为要起风的标志，而且常被他们认为要有风暴或其它严重情况来临的预兆."

"当光滑水面上的风速增大到每小时两英里时，可以观察到波动的第二种情况. 这时，会均匀地在整个水面上出现许多小波. 它们是二阶波，并以相当规则的方式覆盖在水上. 毛细波在这些波的波脊处已消失，但仍可在诸波脊之间的低凹处和波的前波上看到. 这些二阶波在水面上有着明显的规则分布. 它们在刚出现时的振幅约为一英寸，波长约为二英寸；随着波速或波的持续时间增大，振幅和波长也增大，不久，相邻的一些波就会合到一起了. 波脊会增高，而如风速再增大，波的顶部就会变得较尖，并成为规则的二阶波(重力波)[3]. 波不断增大其尺寸，运动向下传播的深度也随之而增加，在广阔的水面上都由几乎大小相同的波所覆盖."

上述援引由于其生动的描述而被本书从上一版中保留了下来，但对最早出现的波在大小上的估计可能需要修正. 特别是，所述初始波的波长对"毛细波"来讲显然是过大了.

351. 在水面上的油能对水波起到镇定作用一事似乎是由于被污染的表面在伸长和收缩时引起了表面张力的变化而产生的[4]，由于纯水的表面张力大于油和空气的分界面上以及油和水的分界

---

1) 252 节第一个脚注中引文.

2) W. Thomson 爵士，267节第一个脚注中引文.

3) Scott Rusell 的一阶波是 252 节中所讨论的"孤立波".

4) Reynolds, "On the Effect of Oil in destroying waves on the Surface of Water," *Brit. Ass. Rep.* 1880 [*Papers*, i. 409]; Aitken, "On the Effect of Oil on a Stormy Sea," *Proc. Roy. Soc. Edin.* xii. 56(1883).

面上的张力之和，因此，落在水面上的一滴油就逐渐被拉成一个薄膜。当这一薄膜足够薄时（譬如说，其厚度不超过百万分之二毫米），可以发现，其张力已不再是常数。当油膜由于被拉伸而使其厚度减小时，张力就增大，反之就减小。而从 228 节中的附图可明显看出，在振荡波中，表面上的任一部分会按照它的位置在平均水面的上部还是下部而交替地收缩或伸长。由此而引起的张力变化就对水产生了交替变化的切向作用力，并随之而使能量耗散率增大。

前面的公式可以使我们在某种程度上把上述解释提交给计算来检验.

很明显，波长越小，油膜的拟弹性性质的效应就越大；而如波长足够小，水面就可以在实际上看作是不能拉伸的，水面上的水平速度就可略去不计. 我们将假定这一条件能被满足.

水的内部运动由 349 节(8)式给出，但确定该式中常数的方法则与该节有所不同. 法向应力所应满足的条件和该节是一样的，并给出

$$(\alpha^2+2\nu k^2\alpha+\sigma^2)A-i(\sigma^2+2\nu km\alpha)C=0, \tag{1}$$

其中

$$\sigma^2=gk+T'k^3, \tag{2}$$

而 T' 现在则表示油膜的总张力. 现在要用条件

$$y=0 \text{ 时 } u=0$$

来替换掉以前所用的切向应力为零的条件；这一条件(3)给出 (3)

$$ikA+mC=0. \tag{4}$$

把比值 $A:C$ 消去后可得

$$m(\alpha^2+\sigma^2)-k\sigma^2=0, \tag{5}$$

如再借助方程

$$m^2=k^2+\alpha/\nu \tag{6}$$

而消去 m，就得到

$$\left(\frac{\alpha}{\nu}+k^2\right)(\alpha^2+\sigma^2)^2-k^2\sigma^4=0. \tag{7}$$

这一方程有一额外根 $\alpha=0$，其它的根由于代入(5)式后使 m 的实部为负值而不是可允许之根. 如 $\nu k^2/\sigma$ 为小值，则在初步近似中可把根取为 $\alpha=\pm i\sigma$，在第二次近似中取为

$$\alpha=\pm i\sigma-\frac{\nu^{\frac{1}{2}}k\sigma^{\frac{1}{2}}}{2\sqrt{2}}, \tag{8}$$

其中略去了对振荡"速率"σ 的修正. 因而衰减模量为

$$\tau=\frac{2\sqrt{2}}{\nu^{\frac{1}{2}}k\sigma^{\frac{1}{2}}}. \tag{9}$$

它和常表面张力下的衰减模量$\left(\frac{1}{2\nu k^2}\right)$之比为 $4\sqrt{2}\left(\frac{\nu k^2}{\sigma}\right)^{\frac{3}{2}}$，而根据假定，这一比值为一小量[1]。

352. 和球形表面有特殊关系的三维周期性运动问题可用一般性的方式处理如下。

首先讨论怎样用球谐函数来表示方程组

$$(\nabla^2 + h^2)u' = 0, \quad (\nabla^2 + h^2)v' = 0, \quad (\nabla^2 + h^2)w' = 0, \tag{1}$$

$$\frac{\partial u'}{\partial x} + \frac{\partial v'}{\partial y} + \frac{\partial w'}{\partial z} = 0 \tag{2}$$

的通解。这是 335 节所讨论的问题的推广。我们先只考虑 u', v', w' 在原点处为有限值的情况。

上述方程组有两种不同类的解。如 r 表示矢径，则第一类的典型解为

$$\left.\begin{aligned} u' &= \psi_n(hr)\left(y\frac{\partial}{\partial z} - z\frac{\partial}{\partial y}\right)\chi_n, \\ v' &= \psi_n(hr)\left(z\frac{\partial}{\partial x} - x\frac{\partial}{\partial z}\right)\chi_n, \\ w' &= \psi_n(hr)\left(x\frac{\partial}{\partial y} - y\frac{\partial}{\partial x}\right)\chi_n, \end{aligned}\right\} \tag{3}$$

其中 χ_n 为一正 n 阶的球体谐函数，ψ_n 则由 292 节（7）式所定义。这一表达式的确能满足(1)式和(2)式一事是不难证明的。

应注意到这一解能使

$$xu' + yv' + zw' = 0。\tag{4}$$

第二类的典型解为

$$\left.\begin{aligned} u' &= (n+1)\psi_{n-1}(hr)\frac{\partial \phi_n}{\partial x} - n\psi_{n+1}(hr)h^2r^{2n+3}\frac{\partial}{\partial x}\frac{\phi_n}{r^{2n+1}}, \\ v' &= (n+1)\psi_{n-1}(hr)\frac{\partial \phi_n}{\partial y} - n\psi_{n+1}(hr)h^2r^{2n+3}\frac{\partial}{\partial y}\frac{\phi_n}{r^{2n+1}}, \\ w' &= (n+1)\psi_{n-1}(hr)\frac{\partial \phi_n}{\partial z} - n\psi_{n+1}(hr)h^2r^{2n+3}\frac{\partial}{\partial z}\frac{\phi_n}{r^{2n+1}}, \end{aligned}\right\} \tag{5}$$

1) 这部分内容是本书第二版中所作探讨的压缩。

其中 ϕ_n 为一正 n 阶的球体谐函数. 在这组表达式中, $\psi_{n-1}(hr)$ 和 $\psi_{n+1}(hr)$ 的系数则分别为 $n-1$ 阶和 $n+1$ 阶的球体谐函数,因此方程(1)可以满足. 为证明方程(2)也能满足, 需要用到归约公式

$$\psi_n'(\zeta) = -\zeta\psi_{n+1}(\zeta), \tag{6}$$

$$\zeta\psi_n'(\zeta) + (2n+1)\psi_n(\zeta) = \psi_{n-1}(\zeta); \tag{7}$$

这两个公式只是 292 节(17)式和(18)式的重复.

(5)式能使

$$xu' + yv' + zw' = n(n+1)(2n+1)\psi_n(hr)\phi_n; \tag{8}$$

它可借助(6),(7)二式而得出.

如令

$$\xi' = \frac{\partial w'}{\partial y} - \frac{\partial v'}{\partial z}, \quad \eta' = \frac{\partial u'}{\partial z} - \frac{\partial w'}{\partial x},$$

$$\zeta' = \frac{\partial v'}{\partial x} - \frac{\partial u'}{\partial y}, \tag{9}$$

则在第一类解中可得

$$\left.\begin{aligned}
\xi' &= -\frac{1}{2n+1}\left\{(n+1)\psi_{n-1}(hr)\frac{\partial \chi_n}{\partial x}\right. \\
&\qquad \left. - n\psi_{n+1}(hr)h^2 r^{2n+3}\frac{\partial}{\partial x}\frac{\chi_n}{r^{2n+1}}\right\}, \\
\eta' &= -\frac{1}{2n+1}\left\{(n+1)\psi_{n-1}(hr)\frac{\partial \chi_n}{\partial y}\right. \\
&\qquad \left. - n\psi_{n+1}(hr)h^2 r^{2n+3}\frac{\partial}{\partial y}\frac{\chi_n}{r^{2n+1}}\right\}, \\
\zeta' &= -\frac{1}{2n+1}\left\{(n+1)\psi_{n-1}(hr)\frac{\partial \chi_n}{\partial z}\right. \\
&\qquad \left. - n\psi_{n+1}(hr)h^2 r^{2n+3}\frac{\partial}{\partial z}\frac{\chi_n}{r^{2n+1}}\right\}.
\end{aligned}\right\} \tag{10}$$

它们能使

$$x\xi' + y\eta' + z\zeta' = -n(n+1)\psi_n(hr)\chi_n, \tag{11}$$

在第二类解中有

$$
\left.\begin{aligned}
\xi' &= -(2n+1)h^2\psi_n(hr)\left(y\frac{\partial}{\partial z} - z\frac{\partial}{\partial y}\right)\phi_n,\\
\eta' &= -(2n+1)h^2\psi_n(hr)\left(z\frac{\partial}{\partial x} - x\frac{\partial}{\partial z}\right)\phi_n,\\
\zeta' &= -(2n+1)h^2\psi_n(hr)\left(x\frac{\partial}{\partial y} - y\frac{\partial}{\partial x}\right)\phi_n,
\end{aligned}\right\} \tag{12}
$$

并因而有

$$
x\xi' + y\eta' + z\zeta' = 0. \tag{13}
$$

在导出以上结果时用到了(6)式和对任何形式的 χ_n 都能成立的如下公式:

$$
\left.\begin{aligned}
x\chi_n &= \frac{r^2}{2n+1}\left(\frac{\partial\chi_n}{\partial x} - r^{2n+1}\frac{\partial}{\partial x}\frac{\chi_n}{r^{2n+1}}\right),\\
y\chi_n &= \frac{1}{2n+1}\left(\frac{\partial\chi_n}{\partial y} - r^{2n+1}\frac{\partial}{\partial y}\frac{\chi_n}{r^{2n+1}}\right),\\
z\chi_n &= \frac{1}{2n+1}\left(\frac{\partial\chi_n}{\partial z} - r^{2n+1}\frac{\partial}{\partial z}\frac{\chi_n}{r^{2n+1}}\right).
\end{aligned}\right\} \tag{14}
$$

为了证明方程组(1),(2)的全解就是解式(3)和(5)在所有整数值 n 和所有可能形式的球谐函数 ϕ_n, χ_n 下的总和,我们首先注意到方程(1),(2)意味着

$$
(\nabla^2 + h^2)(xu' + yv' + zw') = 0, \tag{15}
$$

和

$$
(\nabla^2 + h^2)(x\xi' + y\eta' + z\zeta') = 0. \tag{16}
$$

而由 292 节可知,如把方程(8)和(11)的右边添上一个对 n 求和的符号$\sum$作为前缀,那么,方程(15)和(16)的通解就被包含在方程(8)和(11)中了. 现在,当 $xu' + yv' + zw'$ 和 $x\xi' + y\eta' + z\zeta'$ 在任一空间中处处被给定后,u', v', w' 之值就由(2)式完全确定. 这是因为,如有两组值 u', v', w' 和 u'', v'', w'' 都能满足上述诸条件,则若令

$$
u_1 = u' - u'', v_1 = v' - v'', w_1 = w' - w'',
$$

就应有

$$
\left.\begin{aligned}
&xu_1 + yv_1 + zw_1 = 0,\\
&x\xi_1 + y\eta_1 + z\zeta_1 = 0,\\
&\frac{\partial u_1}{\partial x} + \frac{\partial v_1}{\partial y} + \frac{\partial w_1}{\partial z} = 0.
\end{aligned}\right\} \tag{17}
$$

如把 u_1, v_1, w_1 看作是液体运动的速度分量，则上式中第一式表示诸流线是位于一个同心球面族上的一些闭曲线. 因此，任一条流线上的“环量”(第 31 节)为有限值. 但另一方面，根据第 32 节，上式中第二式表明，在上述球面之一上所作的任一回路上的环量均应为零. 所以，除非 u_1, v_1, w_1 全都为零，否则，以上两个结论就不能相容.

所以，在目前所讨论的问题中，一旦 ϕ_n 和 χ_n 由(8)式和(11)式确定后，u', v', w' 就由(3)式和(5)式唯一地被确定.

当所考虑的区域在内部由一球形表面所界限时，诸函数在 $r=0$ 处为有限值的条件就不再出现，这时就有附加的解. 根据 292节，在这一附加解中，$\psi_n(\zeta)$ 就由 $\Psi_n(\zeta)$ 所代换[1].

353. 当无外力时，不可压缩流体微弱运动的运动方程为

$$\left.\begin{aligned}\frac{\partial u}{\partial t} &= -\frac{1}{\rho}\frac{\partial p}{\partial x} + \nu\nabla^2 u,\\ \frac{\partial v}{\partial t} &= -\frac{1}{\rho}\frac{\partial p}{\partial y} + \nu\nabla^2 v,\\ \frac{\partial w}{\partial t} &= -\frac{1}{\rho}\frac{\partial p}{\partial z} + \nu\nabla^2 w,\end{aligned}\right\} \tag{1}$$

1) 这里采用了 Love 提出的改进措施，见其“The Free and Forced Vibrations of an Elastic Spherical Shell containing a given Mass of Liquid,” *Proc. Lond. Math. Soc.* xix. 170(1888).

上述探讨取自以下文章(只是在记号上略有不同): “On the Oscillations of a Viscous Spheroid,” *Proc. Lond. Math. Soc.* xiii. 51 (1881); “On the Vibrations of an Elastic Sphere,” *Proc. Lond. Math. Soc.* xiii.189 (1882); “On the Motion of a Viscous Fluid contained in a Spherical Vessel,” *Proc. Lond. Math. Soc.* xvi. 27(1884). 本书作者和他人已把这一方法应用于许多物理问题. 在很长时期中未被注意到的一件事是，从实质上来讲，这一分析已在 Clebsch 的文章 “Ueber die Reflexion an einer Kugelfläche”(在第81 节第二个脚注和296 节第二个脚注中都已提到这篇文章)中给出了. 这篇文章是 Clebsch 不依赖“几何光学”理论中的假定而处理一个物理光学问题时所写的，由于他未能达到(这是肯定的)原来的目标，因而可能使他的文章受到不公正的忽视. 当波长远小于圆球的周长时，他在解析上所遇到的不能克服的困难和 300 节接近末尾处所提到的困难相同.

和

$$\frac{\partial u}{\partial x}+\frac{\partial v}{\partial y}+\frac{\partial w}{\partial z}=0. \tag{2}$$

如假定 u,v,w 都按 $e^{\alpha t}$ 而变化，则方程(1)可写为

$$\left.\begin{aligned}(\nabla^2+h^2)u&=\frac{1}{\mu}\frac{\partial p}{\partial x},\\(\nabla^2+h^2)v&=\frac{1}{\mu}\frac{\partial p}{\partial y},\\(\nabla^2+h^2)w&=\frac{1}{\mu}\frac{\partial p}{\partial z},\end{aligned}\right\} \tag{3}$$

其中

$$h^2=-\frac{\alpha}{\nu}. \tag{4}$$

由(2)式和(3)式可得出

$$\nabla^2 p=0. \tag{5}$$

因此，(3)式和(2)式的一个特解为

$$u=\frac{1}{h^2\mu}\frac{\partial p}{\partial x},\ v=\frac{1}{h^2\mu}\frac{\partial p}{\partial y},\ w=\frac{1}{h^2\mu}\frac{\partial p}{\partial z}; \tag{6}$$

通解则为

$$\left.\begin{aligned}u&=\frac{1}{h^2\mu}\frac{\partial p}{\partial x}+u',\\v&=\frac{1}{h^2\mu}\frac{\partial p}{\partial y}+v',\\w&=\frac{1}{h^2\mu}\frac{\partial p}{\partial z}+w',\end{aligned}\right\} \tag{7}$$

其中 u',v',w' 由上一节中所述诸条件确定。

所以，由球谐函数所表示、且服从于在原点处为有限值的条件的解就有两类。

在第一类解中有

$$p=\text{const.},$$

$$\left.\begin{aligned}u &= \psi_n(hr)\left(y\frac{\partial}{\partial z} - z\frac{\partial}{\partial y}\right)\chi_n,\\ v &= \psi_n(hr)\left(z\frac{\partial}{\partial x} - x\frac{\partial}{\partial z}\right)\chi_n,\\ w &= \psi_n(hr)\left(x\frac{\partial}{\partial y} - y\frac{\partial}{\partial x}\right)\chi_n,\end{aligned}\right\}\tag{8}$$

并因而有

$$xu + yv + zw = 0。\tag{9}$$

在第二类解中有

$$p = p_n,$$

$$\left.\begin{aligned}u &= \frac{1}{h^2\mu}\frac{\partial p_n}{\partial x} + (n+1)\psi_{n-1}(hr)\frac{\partial\phi_n}{\partial x}\\ &\quad - n\psi_{n+1}(hr)h^2r^{2n+3}\frac{\partial}{\partial x}\frac{\phi_n}{r^{2n+1}},\\ v &= \frac{1}{h^2\mu}\frac{\partial p_n}{\partial y} + (n+1)\psi_{n-1}(hr)\frac{\partial\phi_n}{\partial y}\\ &\quad - n\psi_{n+1}(hr)h^2r^{2n+3}\frac{\partial}{\partial y}\frac{\phi_n}{r^{2n+1}},\\ w &= \frac{1}{h^2\mu}\frac{\partial p_n}{\partial z} + (n+1)\psi_{n-1}(hr)\frac{\partial\phi_n}{\partial z}\\ &\quad - n\psi_{n+1}(hr)h^2r^{2n+3}\frac{\partial}{\partial z}\frac{\phi_n}{r^{2n+1}},\end{aligned}\right\}\tag{10}$$

和

$$x\xi + y\eta + z\zeta = 0,\tag{11}$$

其中 ξ,η,ζ 为流体在 (x,y,z) 点处的涡量分量，符号 χ_n,ϕ_n 和 p_n 表示 n 阶球体谐函数。

半径为 r 的球面上的应力分量像 336 节中一样由下式给出:

$$\left.\begin{aligned}rp_{rx} &= -xp + \mu\left(r\frac{\partial}{\partial r} - 1\right)u + \mu\frac{\partial}{\partial x}(xu + yv + zw),\\ rp_{ry} &= -yp + \mu\left(r\frac{\partial}{\partial r} - 1\right)v + \mu\frac{\partial}{\partial y}(xu + yv + zw),\\ rp_{rz} &= -zp + \mu\left(r\frac{\partial}{\partial r} - 1\right)w + \mu\frac{\partial}{\partial z}(xu + yv + zw).\end{aligned}\right\}\tag{12}$$

在第一类解中，可不难得到

$$\left.\begin{aligned}
rp_{rx} &= -xp + P_n\left(y\frac{\partial \chi_n}{\partial z} - z\frac{\partial \chi_n}{\partial y}\right),\\
rp_{ry} &= -yp + P_n\left(z\frac{\partial \chi_n}{\partial x} - x\frac{\partial \chi_n}{\partial z}\right),\\
rp_{rz} &= -zp + P_n\left(x\frac{\partial \chi_n}{\partial y} - y\frac{\partial \chi_n}{\partial x}\right),
\end{aligned}\right\} \tag{13}$$

其中

$$P_n = \mu\{hr\psi_n'(hr) + (n-1)\psi_n(hr)\}。 \tag{14}$$

为了对第二类解得出相应的公式，首先注意到，由 p_n 表示的诸项给出

$$\begin{aligned}
&-xp_n + \frac{1}{h^2}\left(r\frac{\partial}{\partial r} - 1\right)\frac{\partial p_n}{\partial x} + \frac{n}{h^2}\frac{\partial p_n}{\partial x}\\
&= \left\{\frac{2(n-1)}{h^2} - \frac{r^2}{2n+1}\right\}\frac{\partial p_n}{\partial x} + \frac{r^{2n+3}}{2n+1}\frac{\partial}{\partial x}\frac{p_n}{r^{2n+3}}。
\end{aligned} \tag{15}$$

其次，对于其余诸项有

$$\begin{aligned}
\left(r\frac{\partial}{\partial r} - 1\right)u' &= (n+1)\{hr\psi_{n-1}'(hr)\\
&\quad + (n-2)\psi_{n-1}(hr)\}\frac{\partial \phi_n}{\partial x} - n\{hr\psi_{n+1}'(hr)\\
&\quad + n\psi_{n+1}(hr)\}h^2r^{2n+3}\frac{\partial}{\partial x}\frac{\phi_n}{r^{2n+1}}
\end{aligned} \tag{16}$$

和

$$\begin{aligned}
\frac{\partial}{\partial x}(xu' + yv' + zw') &= n(n+1)(2n+1)\frac{\partial}{\partial x}\psi_n(hr)\phi_n\\
&= n(n+1)\left\{\psi_{n-1}(hr)\frac{\partial \phi_n}{\partial x}\right.\\
&\quad \left. + \psi_{n+1}(hr)h^2r^{2n+3}\frac{\partial}{\partial x}\frac{\phi_n}{r^{2n+1}}\right\}。
\end{aligned} \tag{17}$$

我们在这里是借助于 352 节(6)，(7)，(14)诸式而完成了种种演算。于是，根据对称性可得

$$
\left.\begin{aligned}
rp_{rx} &= A_n \frac{\partial p_n}{\partial x} + B_n r^{2n+1} \frac{\partial}{\partial x} \frac{p_n}{r^{2n+1}} \\
&\quad + C_n \frac{\partial \phi_n}{\partial x} + D_n r^{2n+1} \frac{\partial}{\partial x} \frac{\phi_n}{r^{2n+1}}, \\
rp_{ry} &= A_n \frac{\partial p_n}{\partial y} + B_n r^{2n+1} \frac{\partial}{\partial y} \frac{p_n}{r^{2n+1}} \\
&\quad + C_n \frac{\partial \phi_n}{\partial y} + D_n r^{2n+1} \frac{\partial}{\partial y} \frac{\phi_n}{r^{2n+1}}, \\
rp_{rz} &= A_n \frac{\partial p_n}{\partial z} + B_n r^{2n+1} \frac{\partial}{\partial z} \frac{p_n}{r^{2n+1}} \\
&\quad + C_n \frac{\partial \phi_n}{\partial z} + D_n r^{2n+1} \frac{\partial}{\partial z} \frac{\phi_n}{r^{2n+1}},
\end{aligned}\right\} \tag{18}
$$

其中

$$
\left.\begin{aligned}
A_n &= \frac{2(n-1)}{h^2} - \frac{r^2}{2n+1}, \\
B_n &= \frac{r^2}{2n+1}, \\
C_n &= \mu(n+1)\{hr\psi'_{n-1}(hr) + 2(n-1)\psi_{n-1}(hr)\}, \\
D_n &= -\mu n h^2 r^2 \{hr\psi'_{n+1}(hr) - \psi_{n+1}(hr)\}.
\end{aligned}\right\} \tag{19}
$$

354. 建立了上述普遍公式之后，应用它们去处理一些特殊问题是并不困难的。

1° **首先考察粘性流体在一个静止的球形容器中的运动衰减问题.**

边界条件为：当 $r = a$ (容器半径)时，

$$u = 0,\ v = 0,\ w = 0. \tag{1}$$

在 353 节(8)式所表示的第一类振型中，这一条件可由

$$\psi_n(ha) = 0 \tag{2}$$

所满足. 它的诸根都是实数，相应的衰减模量为

$$\tau = -\frac{1}{\alpha} = \frac{a^2}{\nu}(ha)^{-2}. \tag{3}$$

振型 $n = 1$ 属于回转运动. 这时，方程(2)的形式成为

$$\tan ha = ha, \tag{4}$$

其最小根为 $ha = 4.493$. 故

$$\tau = 0.0495 a^2/\nu.$$

对于水，$\nu = 0.18$c.s，故如 a 以厘米计，则

$$\tau = 2.75a^2\ \mathrm{s}.$$

第二类振型由 353 节(10)式给出. 其表面条件可以说成是，x, y, z 的以下一个函数在 $r=a$ 时均应为零:

$$\left.\begin{aligned}
u &= \frac{1}{h^2\mu}\frac{\partial p_n}{\partial x} + (n+1)\psi_{n-1}(ha)\frac{\partial\phi_n}{\partial x} \\
&\quad - n\psi_{n+1}(ha)h^2r^{2n+3}\frac{\partial}{\partial x}\frac{\psi_n}{r^{2n+1}}, \\
v &= \frac{1}{h^2\mu}\frac{\partial p_n}{\partial y} + (n+1)\psi_{n-1}(ha)\frac{\partial\phi_n}{\partial y} \\
&\quad - n\psi_{n+1}(ha)h^2r^{2n+3}\frac{\partial}{\partial y}\frac{\phi_n}{r^{2n+1}}, \\
w &= \frac{1}{h^2\mu}\frac{\partial p_n}{\partial z} + (n+1)\phi_{n-1}(ha)\frac{\partial\phi_n}{\partial z} \\
&\quad - n\psi_{n+1}(ha)h^2r^{2n+3}\frac{\partial}{\partial z}\frac{\phi^n}{r^{2n+1}}.
\end{aligned}\right\} \tag{5}$$

但这三个函数都是球体谐函数之和，因此能满足

$$\nabla^2 u = 0,\ \nabla^2 v = 0,\ \nabla^2 w = 0; \tag{6}$$

又因它们在球内处处为有限、并在边界上为零，因此，根据第 40 节，它们必处处为零. 于是，我们造出一个方程

$$\frac{\partial u}{\partial x} + \frac{\partial v}{\partial y} + \frac{\partial w}{\partial z} = 0 \tag{7}$$

后，就可得到

$$\psi_{n+1}(ha) = 0. \tag{8}$$

此外，因 $r=a$ 处有

$$xu + yv + zw = 0, \tag{9}$$

故应用 352 节(6)式和(7)式后可得

$$\frac{1}{h^2\mu}p_n + (n+1)(2n+1)\psi_n(ha)\phi_n = 0, \tag{10}$$

它则确定了比值 $p_n:\phi_n$[1).

对于 $n=1$，方程(8)成为

$$\tan ha = \frac{3ha}{3 - h^2a^2}, \tag{11}$$

其最小根为 $ha = 5.764$，由此可得

$$\tau = 0.0301a^2/\nu.$$

关于把各种解组合在一起以表示出任意一种初始运动的衰减情况的方法，需要参看 352 节脚注中所援引的本书作者的一篇文章.

---

1) 在 361 节中指出了另一种应用表面条件的方法.

2° 下面讨论一个盛满液体的空心球壳绕其铅直直径而振荡时的情况[1]。

很明显，液体的这一强迫振荡属于第一类解，且 $n=1$. 如 z 轴与铅直直径重合，则令 353 节(8)式中 $\chi_1 = Cz$ 后，可得

$$u = C\psi_1(hr)y,\ v = -C\psi_1(hr)x, w = 0. \tag{12}$$

如 ω 表示球壳的角速度，则表面条件给出

$$C\psi_1(ha) = -\omega. \tag{13}$$

所以，在任一时刻，位于半径为 r 且与边界同心的球面上的诸质点全都以角速度

$$\frac{\psi_1(hr)}{\psi_1(ha)}\omega \tag{14}$$

作旋转.

如假定

$$\omega = \alpha e^{i(\sigma t+\varepsilon)}, \tag{15}$$

并令

$$h^2 = -i\sigma/\nu = (1-i)^2\beta^2, \tag{16}$$

其中，如 345 节，

$$\beta^2 = \sigma/2\nu, \tag{17}$$

则表示液体质点角速度的表达式(14)可借助于公式

$$\psi_1(\zeta) = \frac{\sin\zeta}{\zeta^3} - \frac{\cos\zeta}{\zeta^2} \tag{18}$$

而分解成实部和虚部.

如粘性小到能使 βa 很大，则只取最重要的项后，可对表面附近的诸点得到

$$\psi_1(hr) = -\frac{1}{2h^2r^2}e^{(1+i)\beta r}, \tag{19}$$

并因而使角速度的表达式(14)成为

$$\alpha\frac{a^2}{r^2}e^{-\beta(a-r)}\cdot e^{i[\sigma t+\beta(r-a)+\varepsilon]}, \tag{20}$$

其实部为

$$\alpha\frac{a^2}{r^2}e^{-\beta(a-r)}\cdot\cos\{\sigma t+\beta(r-a)+\varepsilon\}. \tag{21}$$

它表示一个振幅很快减小的波系由表面向内部传播，像 345 节中所讨论的层流运动那样.

反之，如粘性很大而使 βa 很小，表达式(14)的实部就近似地简化为

$$\omega\cos(\sigma t+\varepsilon). \tag{22}$$

它表明，在这种情况下，流体几乎像块固体那样而随着球壳一起运动.

---

1) 这一问题首先是由 Helmholtz 用另一种方法处理的，见 326 节第四个脚注中引文.

球壳表面上的应力分量由 353 节(13)式给出．在目前所讨论的问题中，该式简化为

$$
\left.\begin{aligned}
p_{rx} &= -\frac{x}{a}p + \mu Ch\psi_1'(ha)y,\\
p_{ry} &= -\frac{y}{a}p - \mu Ch\psi_1'(ha)x,\\
p_{rz} &= -\frac{z}{a}p.
\end{aligned}\right\} \tag{23}
$$

如以 δS 表示表面上的一个微元，并根据(13)式和 252 节(6)式，可由上式得出一个力偶为

$$
\begin{aligned}
N &= -\iint(xp_{ry} - yp_{rx})dS = C\mu h\psi_1'(ha)\iint(x^2 + y^2)dS\\
&= \frac{8}{3}\pi\mu a^3\frac{h^2a^2\psi_2(ha)}{\psi_1(ha)}\omega.
\end{aligned} \tag{24}
$$

当粘性很小时，βa 为大值，这时，根据 292 节(8)式，并令 $ha = (1 - i)\beta a$，可近似地得到

$$
2i\psi_n(ha) = \left(-\frac{d}{\zeta d\zeta}\right)^n\frac{e^{i\zeta}}{\zeta}, \tag{25}
$$

其中 $\zeta = (1 - i)\beta a$． 它导致

$$
N = -\frac{8}{3}\pi\mu a^3(1 + i)\beta a\omega. \tag{26}
$$

如考虑到(15)式中的时间因子，则上式等价于

$$
N = -\frac{4}{3}\pi a^5(\beta a)^{-1}\frac{d\omega}{dt} - \frac{8}{3}\pi\mu a^3(\beta a)\omega. \tag{27}
$$

其中右边第一项相当于球壳的惯性略有增大，第二项表示由正比于球壳角速度的摩擦应力所引起的阻力偶．

355. 虽然可以应用 352 节和 353 节中的普遍公式来讨论粘性对一团液体相对于球形作微小振荡时的影响，但可以更为简单地应用 348 节的方法而得出主要结果．

由 262 节可知，当忽略粘性时，任意振型中的速度势具有以下形式：

$$
\phi = A\frac{r^n}{a^n}S_n \cdot \cos(\sigma t + \varepsilon), \tag{1}
$$

其中 S_n 为一球面谐函数．由上式可得，在一个半径为 r 的球面内的动能的两倍为（用 $\delta\tilde{\omega}$ 表示微元立体角）

$$
\rho\iint\phi\frac{\partial\phi}{\partial r}r^2d\tilde{\omega} = \rho na\left(\frac{r}{a}\right)^{2n+1}\iint S_n^2d\tilde{\omega}\cdot A^2\cos^2(\sigma t + \varepsilon). \tag{2}
$$

所以全部液体的动能为

$$T=\frac{1}{2}\rho na\iint S_n^2 d\tilde{\omega}\cdot A^2\cos^2(\sigma t+\varepsilon), \tag{3}$$

其势能必为

$$V=\frac{1}{2}\rho na\iint S_n^2 d\tilde{\omega}\cdot A^2\sin^2(\sigma t+\varepsilon), \tag{4}$$

而总能量则为

$$T+V=\frac{1}{2}\rho na\iint S_n^2 d\tilde{\omega}\cdot A^2. \tag{5}$$

此外，如假定运动为无旋而计算半径为 r 的球面内的能量耗散率时，则根据329节(12)式，可得其值为

$$\mu\iint\frac{\partial q^2}{\partial r}r^2 d\tilde{\omega}=\mu r^2\frac{\partial}{\partial r}\iint q^2 d\tilde{\omega}. \tag{6}$$

由于

$$r^2\iint q^2 d\tilde{\omega}=\frac{\partial}{\partial r}\iint\phi\frac{\partial\phi}{\partial r}r^2 d\tilde{\omega} \tag{7}$$

(这是因为把该式两边都乘以 $\rho\delta r$ 后，就都表示位于半径为 r 和 $r+\delta r$ 的两个球面之间的液体动能的两倍)，所以由(2)式可得

$$\iint q^2 d\tilde{\omega}=\frac{n(2n+1)}{a^2}\left(\frac{r}{a}\right)^{2n-2}\iint S_n^2 d\tilde{\omega}\cdot A^2\cos^2(\sigma t+\varepsilon).$$

代入(6)式，并令 $r=a$，可得总耗散率为

$$2F=2n(n-1)(2n+1)\frac{\mu}{a}\iint S_n^2 d\tilde{\omega}\cdot A^2\cos^2(\sigma t+\varepsilon), \tag{8}$$

其平均值为

$$2\bar{F}=n(n-1)(2n+1)\frac{\mu}{a}\iint S_n^2 d\tilde{\omega}\cdot A^2. \tag{9}$$

如用系数 A 的不断减小来表示出粘性的影响，则因有

$$\frac{d}{dt}(T+V)=-2\bar{F}, \tag{10}$$

再把(5)，(9)二式代入后，可得

$$\frac{dA}{dt}=-(n-1)(2n+1)\frac{\nu}{a^2}A. \tag{11}$$

它表明 $A\propto e^{-t/\tau}$，其中

$$\tau=\frac{1}{(n-1)(2n+1)}\cdot\frac{a^2}{\nu}. \qquad (12)^{1)}$$

这一结果中最值得注意的特点是，自然界中通常所遇到的那种程度的粘性，对于一个中等大小液体球的振荡的影响是极其微小的．对于地球那么大小的液体球，如具有

1) *Proc. Lond. Math. Soc.* (1) xiii. 61, 65 (1881).

和水相同的运动粘性系数，则在 C.G.S. 制中，$a = 6.37\times10^8$，$\nu = 0.0178$，因而对于周期最长的引力振荡($n = 2$)而言，其 τ 值为 $\tau = 1.44\times10^{11}$年. 即使选用 Darwin[1] 所得到的沥青在接近凝固温度时的粘性系数 $\mu = 1.3\times10^8\times g$，仍可对一个具有水的密度和沥青的粘性、大小和地球相同的液体球得到其最缓慢振荡的衰减模量为（取 $g = 980$）$\tau = 180$ 小时. 由于这一数值仍远大于 262 节中所得出的周期（1 小时 34 分），所以表明了，这样的一个液体球几乎是像理想流体那样在振荡.

上述探讨并未涉及到使液体团恢复其圆球形状的力的性质. 因此，所得结果也完全可应用于液滴在其边界薄膜的表面张力下所作的振荡. 一个水滴的最缓慢振荡的衰减模量为 $\tau = 11.2a^2$，其中 a 以厘米计，τ 以秒计.

把同样方法应用于球形气泡时，给出

$$\tau = \frac{1}{(n+2)(2n+1)}\frac{a^2}{\nu} \tag{13}$$

其中 ν 为外围液体的粘性，如外围为水，则对 $n = 2$ 可有 $\tau = 2.8a^2$

公式(12)当然也能应用于水平表面上的波动. 当 n 很大时，令 $\lambda = 2\pi a/n$，可得

$$\tau = \lambda^2/8\pi^2\nu, \tag{14}$$

与 348 节相符.

以上探讨是以 $2\pi\tau$ 与周期的比值是一个相当大的数值为前提的. 在和这一前提相反的一个极端情况下，也就是，如粘性大到已使运动不再是周期运动时，可以应用 335 和 336 节中所述方法（把惯性项全部扔掉）来处理. 当一个非圆球形的极为粘稠的液体团在引力作用下而渐近地趋于圆球形时，有 Darwin 给出的结果（前一脚注中引文）:

$$\tau = \frac{2(n+1)^2+1}{n}\frac{\nu}{ga}. \tag{15}$$

对于出现于水平表面上的一系列大小相等且互相平行的凹凸不平，可得

$$\tau = 4\pi\nu/g\lambda; \tag{16}$$

可参看 349 节(24)式.

356. 当处理液体在两个同心球面之间的空间中作周期性运动的问题时，需要在 353 节诸解中增加上一些附加项，在这些附加项中，p 具有形式 p_{-n-1}，而出现于余函数 u', v', w'，中的 $\psi_n(hr)$ 则改换为 $\Psi_n(hr)$.

如第二个球面的半径为无穷大，那么，根据流体在无限远处应为静止的条件，可使问题得到简化. 这是因为在 292 节中已表明，函数 $\psi_n(\zeta)$ 和 $\Psi_n(\zeta)$ 都被包含在以下形式之中:

---

1) "On the Bodily Tides of Viscous and Semi-Elastic Spheroids,...," *Phil. Trans.* clxx. 1(1878).

$$\left(\frac{d}{\zeta d\zeta}\right)^n \frac{Ae^{i\zeta} + Be^{-i\zeta}}{\zeta}. \tag{1}$$

而在目前问题中，$\zeta = hr$，其中 h 由 353 节(4)式所定义，而且为了论述确定起见，我们假定所取的 h 值能使 ih 的实部为正值，于是，无限远处速度为零的条件就要求 $A = 0$，而我们也就只涉及到 292 节所引进的函数

$$f_n(\zeta) = \left(-\frac{d}{\zeta d\zeta}\right)^n \frac{e^{-i\zeta}}{\zeta} \tag{2}$$

了. 又因为在 292 节中曾指出过 $f_n(\zeta)$ 和 $\psi_n(\zeta)$，$\Psi_n(\zeta)$ 具有完全一样的归约公式，因此，球外空间中粘性液体周期性微小运动的通解就可由把 353 节(8)式和(10)式中的 p_n 写成 p_{-n-1}，$\psi_n(hr)$ 写成 $f_n(hr)$ 而立即给出。

1° 由无限液体所包围的圆球作旋转振荡问题被包括在第一类解中，其 $n = 1$. 像 354 节 2° 中那样，令 $\chi_1 = Cz$，可得

$$u = Cf_1(hr)y,\quad v = -Cf_1(hr)x,\quad w = 0, \tag{3}$$

并具有条件

$$Cf_1(ha) = -\omega, \tag{4}$$

其中 a 为球半径，ω 为球的角速度并假定为

$$\omega = \alpha e^{i(\sigma t+\varepsilon)}. \tag{5}$$

令 $h = (1-i)\beta$，而 $\beta = (\sigma/2\nu)^{\frac{1}{2}}$，则可知位于一个半径为 r 的同心球面上的诸质点全都以角速度

$$\frac{f_1(hr)}{f_1(ha)}\omega = \frac{\alpha a^3}{r^3}\frac{1+ihr}{1+iha}e^{-\beta(r-a)}\cdot e^{i\{\sigma t-\beta(r-a)+\varepsilon\}} \tag{6}$$

而转动. 上式右边是把 292 节(15)式代入后而得到的. (6)式的实部为

$$\begin{aligned}\frac{\alpha}{1+2\beta a+2\beta^2a^2}\frac{a^3}{r^3}e^{-\beta(r-a)}[\{1+\beta(a+r)\\ +2\beta^2ar\}\cos\{\sigma t-\beta(r-a)+\varepsilon\}\\ -\beta(r-a)\sin\{\sigma t-\beta(r-a)+\varepsilon\}],\end{aligned} \tag{7}$$

它所对应的圆球角速度为

$$\omega = \alpha\cos(\sigma t+\varepsilon). \tag{8}$$

作用于球体的力偶可用相同于 354 节中的方法而求出为

$$\begin{aligned}N &= -\frac{8}{3}\pi\mu a^3\omega\frac{h^2a^2f_2(ha)}{f_1(ha)}\\ &= -\frac{8}{3}\pi\mu a^3\omega\frac{3+3iha-h^2a^2}{1+iha},\end{aligned} \tag{9}$$

令 $ha=(1-i)\beta a$，并把实部和虚部分开，可得

$$N=-\frac{8}{3}\pi\mu a^3\omega\frac{(3+6\beta a+6\beta^2a^2+2\beta^3a^3)+2i\beta^2a^2(1+\beta a)}{1+2\beta a+2\beta^2a^2}. \tag{10}$$

它等价于

$$N=-\frac{8}{3}\pi\rho a^5\frac{1+\beta a}{1+2\beta a+2\beta^2a^2}\frac{d\omega}{dt}$$

$$-\frac{8}{3}\pi\mu a^3\frac{3+6\beta a+6\beta^2a^2+2\beta^3a^3}{1+2\beta a+2\beta^2a^2}\omega. \tag{11}$$

对它的解释和对 354 节(27)式的解释相同[1)].

当周期$(2\pi/\sigma)$为无穷大时，上式简化为

$$N=-8\pi\mu a^3\omega, \tag{12}$$

与 334 节(11)式相符.

2° 当一个球摆在无限流体(按不可压缩流体来处理)中振荡时，我们把原点取在球心的平均位置处，x 轴取为沿球的振荡方向.

于是球面上应满足的条件为：在 $r=a$ (球半径)处有

$$u=U,\ v=0,\ w=0, \tag{13}$$

其中 U 表示圆球的速度. 显然，我们只涉及到第二类解，而且 353 节公式(10)中的 ψ_n 换为 f_n 后可使

$$xu+yv+zw$$

$$=-\frac{n+1}{h^2\mu}p_{-n-1}+n(n+1)(2n+1)f_n(hr)\phi_n. \tag{14}$$

把它和(13)式相比较后，可看出它只含有一阶球面谐函数. 因而令 $n=1$，并假定

$$p_{-2}=Ax/r^3,\ \phi_1=Bx. \tag{15}$$

于是

$$\left.\begin{aligned}u&=\frac{A}{h^2\mu}\frac{\partial}{\partial x}\frac{x}{r^3}+2Bf_0(hr)-Bf_2(hr)h^2r^5\frac{\partial}{\partial x}\frac{x}{r^3},\\ v&=\frac{A}{h^2\mu}\frac{\partial}{\partial y}\frac{x}{r^3}-Bf_2(hr)h^2r^5\frac{\partial}{\partial y}\frac{x}{r^3},\\ w&=\frac{A}{h^2\mu}\frac{\partial}{\partial z}\frac{x}{r^3}-Bf_2(hr)h^2r^5\frac{\partial}{\partial z}\frac{x}{r^3}.\end{aligned}\right\} \tag{16}$$

故如

$$A=\mu h^4a^5f_2(ha)B,\ 2f_0(ha)B=U, \tag{17}$$

则条件(13)可得以满足.

流体的运动显然对称于 x 轴，而最为简明地把它表示出来的方法就是利用流函数. 由(14)式或由(16)式可得

---

1) Kirchhoff 对这一问题给出了另一个处理方法，见 *Mechanik*, c. xxvi.

$$xu+yv+zw=-\frac{2A}{h^2\mu}\frac{x}{r^3}+6Bf_1(hr)x$$

$$=\frac{Ux}{f_0(ha)}\left\{\frac{h^2a^3}{r^3}f_2(ha)-3f_1(hr)\right\}. \tag{18}$$

再把 292 节(15)式代入后，得

$$xu+yv+zw=\left\{\left(1-\frac{3i}{ha}-\frac{3}{h^2a^2}\right)\frac{a^3}{r^3}\right.$$

$$\left.+3\left(\frac{i}{hr}+\frac{1}{h^2r^2}\right)\frac{a}{r}e^{-ih(r-a)}\right\}Ux. \tag{19}$$

令 $x=r\cos\theta$，可由上式得出第94节中所述的流函数为

$$\psi=-\frac{1}{2}Ua^2\sin^2\theta\left\{\left(1-\frac{3i}{ha}-\frac{3}{h^2a^2}\right)\frac{a}{r}\right.$$

$$\left.+\frac{3}{ha}+\left(i+\frac{1}{hr}\right)e^{-ih(r-a)}\right\}. \tag{20}$$

再令

$$U=\alpha e^{i(\sigma t+\varepsilon)} \tag{21}$$

和 $h=(1-i)\beta$，其中 $\beta=(\sigma/2\nu)^{\frac{1}{2}}$，则在抛掉(20)式中的虚部后可得

$$\psi=-\frac{1}{2}\alpha a^2\sin^2\theta\left[\left\{\left(1+\frac{3}{2\beta a}\right)\cos(\sigma t+\varepsilon)\right.\right.$$

$$\left.+\frac{3}{2\beta a}\left(1+\frac{1}{\beta a}\right)\sin(\sigma t+\varepsilon)\right\}\frac{a}{r}$$

$$-\frac{3}{2\beta a}\left\{\cos\{\sigma t-\beta(r-a)+\varepsilon\}\right.$$

$$\left.\left.+\left(1+\frac{1}{\beta r}\right)\sin\{\sigma t-\beta(r-a)+\varepsilon\}\right\}e^{-\beta(r-a)}\right]. \tag{22}$$

在距圆球足够远处，上式右边第一部分所表示的运动居于主导地位．这部分运动是无旋的，而且和振荡着的圆球在无粘性液体中所引起的运动(第 92,96 节）只在振幅和相位上有所差别．右边第二部分所表示的运动是已在层流运动（345 节)中所遇到过的那种类型．

为计算作用于圆球的合力（X)，需要依靠 353 节(18)式．把(15)式代入该式，并把 p_{rx} 中除常数项外的其余诸项省略(因非零阶的球面谐函数在球面上求积时为零)，可得

$$X=\iint p_{rx}ds=4\pi\left(B_{-2}\frac{A}{a}+C_1Ba^2\right), \tag{23}$$

其中 B_{-2} 和 C_1 根据 353 节(19)式为

$$B_{-2} = -\frac{1}{3}a^2, \quad C_1 = 2\mu h a f_0'(ha). \tag{24}$$

故由(17)式得

$$\begin{aligned} X &= \frac{2\pi\mu U h a^2}{f_0(ha)}\left\{2f_0'(ha) - \frac{1}{3}h^2a^2f_2(ha)\right\} \\ &= 2\pi\mu U h^2 a^3\left(\frac{1}{3} - \frac{3i}{ha} - \frac{3}{h^2a^2}\right) \\ &= -2\pi\rho a^3\sigma U\left\{\left(\frac{1}{3} + \frac{3}{2\beta a}\right)i + \frac{3}{2\beta a}\left(1 + \frac{1}{\beta a}\right)\right\}. \end{aligned} \tag{25}$$

它等价于

$$X = -\frac{4}{3}\pi\rho a^3\left(\frac{1}{2} + \frac{9}{4\beta a}\right)\frac{dU}{dt} - 3\pi\rho a^3\sigma\left(\frac{1}{\beta a} + \frac{1}{\beta^2 a^2}\right)U. \tag{26}$$

上式右边第一项给出圆球惯性的修正量，它等于圆球所排开的流体质量的

$$\frac{1}{2} + \frac{9}{4\beta a},$$

而不是无粘性流体中的 $\frac{1}{2}$ 了. 第二项给出了一个正比于圆球速度的阻力[1].

因 $\beta^2 = \sigma/2\nu$，故当周期 $2\pi/\sigma$ 为无穷大时，公式(26)简化为

$$X = -6\pi\rho\nu a U, \tag{27}$$

与337节(15)式相符.

357. 关于和354，356节相对应的二维问题，可以作出一些提示。

把二阶项略去后，运动方程就成为

$$\frac{\partial u}{\partial t} = -\frac{1}{\rho}\frac{\partial p}{\partial x} + \nu\nabla_1^2 u, \tag{1}$$

1) 这一问题首先是由 Stokes 用另一种方法求解的，见 329 节第一个脚注中引文. 关于其它的解法，可见 O. E. Meyer, "Ueber die pendelnde Bewegung einer Kugel unter dem Einflusse der inneren Reibung des umgebenden Mediums," *Crelle*, lxxiii. (1871); Kirchhoff, *Mechanik*, xxvi.

对于圆球速度为时间任意函数的更为普遍的情况，Basset 曾作过讨论，见其 "On the Motion of a sphere in a Viscosu Liquid," *Phil. Trans.* clxxix. 43 (1887); *Hydrodynamics*, c. xxii. 这一问题曾由 Picciati 和 Boggio 在近期的文章中作了简化，见 Basset, *Quart. J. of Math.* xli. 369 (1910) 和 Rayleigh, 334a 节第四个脚注中引文. 还可参看 Havelock, *Phil. Mag.* (6) xlii.628 (1921).

$$\left.\frac{\partial v}{\partial t}=-\frac{1}{\rho}\frac{\partial p}{\partial y}+\nu\nabla_1^2 v,\right\}$$

且有

$$\frac{\partial u}{\partial x}+\frac{\partial v}{\partial y}=0.$$

和 349 节一样，它们可由

$$u=-\frac{\partial \phi}{\partial x}-\frac{\partial \psi}{\partial y},\ v=-\frac{\partial \phi}{\partial y}+\frac{\partial \psi}{\partial x} \tag{2}$$

和

$$p=\rho\frac{\partial \phi}{\partial t} \tag{3}$$

所满足，只要

$$\nabla_1^2\phi=0,\quad \frac{\partial \psi}{\partial t}=\nu\nabla_1^2\psi. \tag{4}$$

1° 可求得，一个固定的圆柱形外壳中的液体作任意初始运动后的衰减情况可用极坐标而由

$$\psi=\left\{\frac{J_s(kr)}{J_s(ka)}-\frac{r^{s}}{a^{s}}\right\}(A\cos s\theta+B\sin s\theta)e^{-\nu k^2 t} \tag{5}$$

给出，其中 ψ 现在表示第 59 节中所述的流函数．边界 $(r=a)$ 上法向速度为零的条件已能满足，而如

$$kaJ_s'(ka)-sJ_s(ka)=0,$$

则边界上的切向速度 $\partial\psi/\partial r$ 也为零．根据 303 节(5)式，上式等价于

$$J_{s+1}(ka)=0. \tag{6}$$

它就确定了可允许的 k 值，并因而确定了衰减模量 $(\tau=1/\nu k^2)$[1]．

在运动为对称的情况下，$s=0$．$J_1(ka)=0$ 的最小根为 $ka=3.832$，它给出

$$\tau=0.0681a^2/\nu.$$

对于水，如取 $\nu=0.014$C.G.S. 单位，a 以厘米计，则可得 $\tau=4.9a^2$ 秒．

如 $s=1$，则最小根为 $ka=5.135$，故

$$\tau=0.0379a^2/\nu;$$

对于水则可得 $\tau=2.7a^2$．

---

1) 这一结果取自 352 节脚注中所援引的一篇文章 "On the Motion of a Viscous Fluid contained in a Spherical Vessel". Stern 讨论了 $s=0$ 的情况，见 "On some cases of the Varying Motion of a Viscous Fluid", *Quart. Journ. Math.* xvii. 90(1880).

2° 对于以 $e^{i\sigma t}$ 为时间因子的周期性运动，由(4)式可有

$$(\nabla_1^2 + h^2)\phi = 0, \tag{7}$$

其中 $h^2 = -i\sigma/\nu$，或

$$h = (1 - i)\beta, \ \beta = (\sigma/2\nu)^{\frac{1}{2}}. \tag{8}$$

(7) 式在极坐标系中的解含有以复数 $(1 - i)\beta r$ 为自变量的 Bessel 函数. 在不同的情况下如何选取适宜的函数以及如何把结果表示成实用的形式是需要一些技巧的[1]. 由于讨论起来太长，而且这一问题也不如边界为球形时重要，所以我们只满足于推荐 Stokes 的一篇文章[2]作参考了.

气体中的粘性

358. 当必须考虑密度的变化时，我们对"平均压力"p所能作出的最一般性假设(相容于前面各种假定的)是，在理想气体中有

$$p = R\rho\theta - \mu'(a + b + c), \tag{1}$$

其中 θ 为绝对温度，R 为依赖于气体性质的一个常数，而 μ' 则为第二粘性系数[3]. 似乎并没有任何实验方面的依据可以给出 μ' 的精确数值，但根据气体分子运动论，$\mu' = 0$[4]，所以，为了简化起见，我们也将采用这一假定. 如果想在公式中保留 μ'，也不难作出必要的修改.

329节中已表明过，在时间 δt 中，微元 $\delta x\delta y\delta z$ 诸表面上的作用力在微元的体积和形状发生改变时所作的元为

$$-p(a + b + c)\delta x\delta y\delta z \cdot \delta t + \Phi\delta x\delta y\delta z \cdot \delta t, \tag{2}$$

其中

---

1) 当自变量为复数时，194 节中的讨论需要加以修改. 虽然当自变量的实部为正值时(这一点可由选取上面(8)式中的 h 而得到保证)，194 节中的公式(4)，(5)，(6)仍然有效，但在导出降幂级数和升幂级数(13)，(20)时会出现新的问题. 另外，该节中由(5)，(6)二式的实部和虚部分别相等所得到的结果也需要加以检验.

2) 329节第一个脚注中引文. 还可参看 Watson, *Theory of Bessel Functions*, p. 201.

3) 参看 Kirchhoff, *Vorlesungen über die Theorie der Wärme*, Leipzig, 1894, c. xi; Stokes, *Papers*, iii. 136.

4) Maxwell, 326 节第三个脚注中引文.

$$\Phi = -\frac{2}{3}\mu(a+b+c)^2 + \mu(2a^2+2b^2+2c^2+f^2 + g^2+h^2). \tag{3}$$

现在，根据第(7)节(3)式，有

$$a+b+c = -\frac{1}{\rho}\frac{D\rho}{Dt} = \rho\frac{D\mathrm{v}}{Dt}, \tag{4}$$

其中 v 表示单位质量的体积．因此，如 E 为单位质量的内能，DQ/Dt 为流体微元在单位时间中由于导热而从相邻微元所得到的每单位体积的热量(或由于辐射而得到的)，我们就有单位体积的能量方程

$$\frac{DE}{Dt}\rho = -p\frac{D\mathrm{v}}{Dt}\rho + \Phi + \frac{DQ}{Dt}. \tag{5}$$

根据热力学原理，为完成密度和温度的变化，实际上的热量吸收率必须是

$$\frac{DQ'}{Dt} = p\frac{D\mathrm{v}}{Dt}\rho + \frac{DE}{Dt}\rho. \tag{6}$$

比较以上二式后可得

$$\frac{DQ'}{Dt} = \frac{DQ}{Dt} + \Phi. \tag{7}$$

因此，除由于导热等原因而获得的热量外，微元体还在每单位体积和单位时间中产生一个由 Φ 所度量的热量，并(当然)牺牲了其它形式的能量．

如把(3)式写成以下形式：

$$\Phi = \frac{2}{3}\mu\{(b-c)^2+(c-a)^2+(a-b)^2\} + \mu(f^2+g^2+h^2), \tag{8}$$

就可看出 Φ 为本性正值，而且，除非

$$a=b=c,\ f=g=h=0,$$

否则不能为零；也就是说，除非流体微元的变形是由在所有方向上都相同的膨胀或收缩所组成的，否则，Φ 就不能为零．在那种情况下没有能量耗散的这一结论当然是以(1)式中的 μ' 值为零的假

定为基础的.

359. 我们可以注意到粘性对声波的影响。为了相容，必须同时考虑进导热（它的影响具有同样程度的重要性[1]），但在开始时，我们却按照 Stokes[2] 的做法而单独检验粘性的作用.

在侧向无界介质的平面波中，如把 x 轴取为沿波的传播方向，并略去速度的二阶项，可根据328节(2)，(3)二式而有

$$\frac{\partial u}{\partial t}=-\frac{1}{\rho_0}\frac{\partial p}{\partial x}+\frac{4}{3}\nu\frac{\partial^2 u}{\partial x^2}. \tag{1}$$

如以 s 表示压缩率，则连续性方程为

$$\frac{\partial s}{\partial t}=-\frac{\partial u}{\partial x}, \tag{2}$$

如 277 节. 略去传热后的物理方程为

$$p=p_0+c^2\rho_0 s, \tag{3}$$

其中 c 为无粘性时的声速. 消去 p 和 s 后，就有

$$\frac{\partial^2 u}{\partial t^2}=c^2\frac{\partial^2 u}{\partial x^2}+\frac{4}{3}\nu\frac{\partial^3 u}{\partial x^2\partial t}. \tag{4}$$

为把上式应用于强迫波动，我们可以假定在平面 $x=0$ 处保持着一个给定的振动

$$u=ae^{i\sigma t}. \tag{5}$$

设(4)式之解为

$$u=ae^{i\sigma t+mx} \tag{6}$$

后，可得

$$m^2\left(c^2+\frac{4}{3}i\nu\sigma\right)=-\sigma^2; \tag{7}$$

故

$$m=\pm\frac{i\sigma}{c}\left(1-\frac{4}{3}i\frac{\nu\sigma}{c^2}\right)^{-\frac{1}{2}}. \tag{8}$$

---

1) 它首先由 Kirchhoff 提到，见 "Ueber den Einfluss der Wärmeleitung in einem Gase auf die Schallbewegung," *Pogg. Ann.* cxxxiv. 177(1868) [*Ges. Abh.* i. 540].

2) 见第17节第二个脚注中引文 [*Papers*, i. 100].

如略去 $\nu\sigma/c^2$ 的平方项，并取下面的符号，则上式给出

$$m=-\frac{i\sigma}{c}-\frac{3}{2}\frac{\nu\sigma^2}{c^3}. \tag{9}$$

代入(6)式，并取实部，我们就对沿 x 负方向传播的波得到

$$u=ae^{-x/l}\cos\sigma\left(t-\frac{x}{c}\right), \tag{10}$$

其中

$$l=\frac{3}{2}c^3/\nu\sigma^2. \tag{11}$$

当波传播时，其振幅按指数率而减小，而且，σ 之值越大，振幅就减小得越快。在准确到一阶 $\nu\sigma/c^2$ 的情况下，波速并不受摩擦的影响。

线性量 l 度量了振幅衰减到其原有值的 $1/e$ 时所对应的距离。如 λ 为波长 $(2\pi c/\sigma)$，有

$$\frac{2}{3}\nu\sigma/c^2=\lambda/2\pi l; \tag{12}$$

在上面的计算中已假定了这一比值是一个小量。

在空气波中，有 $c=3.32\times10^4$，$\nu=0.132$C.G.S.，故(下式中 λ 以厘米计)

$$\nu\sigma/c^2=2\pi\nu/\lambda c=2.50\lambda^{-1}\times10^{-5},$$

$$l=9.56\lambda^2\times10^3.$$

除波长极短的声波外，粘性对振幅的影响是很小的。

为了对任一指定波长 $(2\pi/k)$ 的自由波动求出其衰减情况，我们假定

$$u=ae^{ikx+nt}. \tag{13}$$

代入(4)式后得

$$n^2+\frac{4}{3}\nu k^2a=-k^2c^2. \tag{14}$$

如略去 $\nu k/c$ 的平方项，上式就给出

$$n=-\frac{2}{3}\nu k^2\pm ikc. \tag{15}$$

故在实数形式中有

$$u=ae^{-t/\tau}\cos k(x\pm ct), \tag{16}$$

其中

$$\tau = \frac{3}{2\nu k^2}. \tag{17}$$

360. 当允许出现导热时，动力学方程(1)和连续性方程(2)是不受影响的，但物理关系式则必须予以修正。

使气体单位质量的体积 v 和绝对温度 θ 发生微小变化所需要的热量为

$$\delta Q = p\delta v + C_v\delta\theta = \left\{(\gamma - 1)\frac{\theta_0}{v_0}\delta v + \delta\theta\right\}C_v, \tag{18}$$

其中 C_v 为定容比热。把上式乘以薄层 δx 上单位面积所对应的质量 $\rho_0\delta x$，然后除以 δt，就得到必须给予这一薄层的热量供给率。再令这一热量供给率等于 $k\partial^2\theta/\partial x^2 \cdot \delta x$（$k$ 为导热系数），可得[1)]

$$\frac{\partial\theta}{\partial t} + (\gamma - 1)\frac{\theta_0}{v_0}\frac{\partial v}{\partial t} = \nu'\frac{\partial^2\theta}{\partial x^2}, \tag{19}$$

其中

$$\nu' = \frac{k}{\rho_0 C_v}, \tag{20}$$

即 ν' 为"温度"传导率[2)]。

p,ρ,θ 之间的关系为

$$\frac{p}{p_0} = \frac{\rho\theta}{\rho_0\theta_0}. \tag{21}$$

如令

$$\rho = \rho_0(1 + s),\ \theta = \theta_0(1 + \eta), \tag{22}$$

并略去 s 和 η 的二阶项，则(19)式和(21)式可写为

$$\frac{\partial\eta}{\partial t} - (\gamma - 1)\frac{\partial s}{\partial t} = \nu'\frac{\partial^2\eta}{\partial x^2}, \tag{23}$$

---

1) 由内摩擦所产生的热（如358节所解释的那样）由于是小量的二阶项而在这里被略去了。

2) Maxwell, *Theory of Heat*, c. xviii. 如辐射的作用是重要的，那么，在(19)式中就要加进一项，它正比于 $\theta-\theta_0$。参看 Stokes, *Phil. Mag.* (5) i. 305 (1851) [*Papers*, iii. 142] 以及 Rayleigh, *Theory of Sound*, Art. 247.

和
$$p = p_0(1 + s + \eta). \tag{24}$$
把这一 p 值代入(1)式,有
$$\frac{\partial u}{\partial t} = -b^2\frac{\partial s}{\partial x} - b^2\frac{\partial \eta}{\partial x} + \frac{4}{3}\nu\frac{\partial^2 u}{\partial x^2}, \tag{25}$$
其中 $b = (p_0/\rho_0)^{\frac{1}{2}}$ 为 Newton 的声速(278节). 由(2)式消去 s 后可得
$$\frac{\partial^2 u}{\partial t^2} = b^2\frac{\partial^2 u}{\partial x^2} - b^2\frac{\partial^2 \eta}{\partial x\partial t} + \frac{4}{3}\nu\frac{\partial^3 u}{\partial x^2\partial t}, \tag{26}$$
和
$$\frac{\partial \eta}{\partial t} + (\gamma - 1)\frac{\partial u}{\partial x} = \nu'\frac{\partial^2 \eta}{\partial x^2}; \tag{27}$$
它们是确定 u 和 η 的联立方程.

现如假定 u 和 η 都按
$$e^{i\sigma t + mx}$$
而变化,可得
$$\left.\begin{aligned}&\left(\sigma^2 + m^2b^2 + \frac{4}{3}i\nu\sigma m^2\right)u - i\sigma mb^2\eta = 0,\\&(\gamma - 1)mu + (i\sigma - \nu'm^2)\eta = 0.\end{aligned}\right\} \tag{28}$$
所以,当把 γb^2 写为 c^2 后,有
$$\sigma^3 + \left\{c^2\sigma + \left(\frac{4}{3}\nu + \nu'\right)i\sigma^2\right\}m^2 + \nu'\left(ib^2 - \frac{4}{3}\nu\sigma\right)m^4 = 0. \tag{29}$$
于是,我们证明了当 $\nu = 0$ 和 $\nu' = 0$ 时,应有 $m = \pm i\sigma/c$. 而如 $\nu = 0$, $\nu' = \infty$, 则因情况实际上是等温的, 故应有 $m = \pm i\sigma/b$. 此外,如 σ 很大而 $\nu = 0$, 就又会有 $m = \pm i\sigma/c$ 而与 ν' 值无关. 参看 278 节.

按照 Maxwell 的气体分子运动论,应有
$$\nu' = \frac{5}{2}\nu. \tag{30}$$
但我们却将仅仅假定 ν' 和 ν 具有同一量级.

我们已知，对于普通的声波而言，比值 $\nu\sigma/c^2$ 为小量。因此，上述 m^2 的二次方程之根就近似为

$$\left.\begin{aligned} m_1^2 &= -\sigma^2/c^2, \\ m_2^2 &= i\sigma c^2/(\nu' b^2) = i\gamma\sigma/\nu'. \end{aligned}\right\} \tag{31}$$

前一个根的更为精确之值为

$$m_1^2 = -\frac{\sigma^2}{c^2}\left[1 - \left\{\frac{4}{3}\nu + \left(1 - \frac{b^2}{c^2}\right)\nu'\right\}\frac{i\sigma}{c^2}\right], \tag{32}$$

故

$$m_1 = \pm\left(\frac{i\sigma}{c} + \frac{1}{l}\right), \tag{33}$$

其中

$$l = \frac{c^3}{\left\{\frac{2}{3}\nu + \frac{1}{2}\left(1 - \frac{b^2}{c^2}\right)\nu'\right\}\sigma^2}. \tag{34}$$

对于 $x > 0$，可求得全解近似为

$$\left.\begin{aligned} u &= A_1 e^{i\sigma t + m_1 x} + A_2 e^{i\sigma t + m_2 x}, \\ \eta &= -\frac{\gamma - 1}{c} A_1 e^{i\sigma t + m_1 x} + \frac{m_2}{i\sigma} A_2 e^{i\sigma t + m_2 x}, \end{aligned}\right\} \tag{35}$$

其中 m_1 和 m_2 被选得使其实部为负值。任意常数 A_1 和 A_2 能使我们表示出 u, η 在平面 $x = 0$ 处作规定的周期变化的影响。对于通常的频率而言，比值 $m_2 c/\sigma$ 为大值，因而，由 $x = 0$ 处的热条件所确定的比值 A_2/A_1 通常都很小。这时，即使在靠近原点处，u 值中的第二项也是不重要的，而且，在任何情况下，对于足够大的 x 而言，这一项与第一项相比，总是不重要的。它的用处是为了表示出原点处的一个周期性热源的纯局部效应。

如果采用(30)式中的 ν' 值，并取 $c^2/b^2 = \gamma = 1.40$，我们可由(34)式得知，导热使 l 之值以 0.65:1 的比值而减小。

本节中的探讨主要是 Kirchhoff[1] 所作的，他还进一步探讨

1) 359 节第一个脚注中引文．他的探讨已转载于 Rayleigh 的 *Theory of Sound*' 2nd ed. Arts. 348—350.

了粘性对球面发散波和细管中声波传播的影响．这一问题和著名的 Kundt 的实验有关．

360a. 在 284 节中已提到过粘性在恒定型声波理论中的影响．当只出现粘性而可略去导热时，这一理论是很简单的，而且，由于它是 358 节所述原理的一个(在本书中唯一的一个)应用，因而值得注意．

把问题处理成定常运动问题时，动力学方程为

$$\rho u\frac{\partial u}{\partial x}=-\frac{\partial p}{\partial x}+\frac{4}{3}\mu\frac{\partial^2 u}{\partial x^2}. \tag{1}$$

像 284 节那样，令 $\rho u=m$，亦即，令 $u=mv$ (v 为单位质量的体积)，上式就可被写成

$$m^2\frac{\partial v}{\partial x}=-\frac{\partial p}{\partial x}+\frac{4}{3}\mu m\frac{\partial^2 v}{\partial x^2}. \tag{2}$$

故

$$\begin{aligned} p+m^2v&=p_0+m^2v_0+\frac{4}{3}\mu m\frac{\partial v}{\partial x}\\ &=p_1+m^2v_1+\frac{4}{3}\mu m\frac{\partial v}{\partial x}, \end{aligned} \tag{3}$$

这是因为 $\dfrac{\partial v}{\partial x}$ 在波的两端处为零．上式就替换掉了 284 节 (4) 式．

因而，如 Q 为单位质量流体在到达任一阶段时所吸收的热量，则由 284 节(12)式，可有

$$\begin{aligned} (r-1)\frac{\partial Q}{\partial x}&=v\frac{\partial p}{\partial x}+\gamma p\frac{\partial v}{\partial x}\\ &=\gamma\left\{p_0+m^2v_0-m^2v+\frac{4}{3}\mu m\frac{\partial v}{\partial x}\right\}\frac{\partial v}{\partial x}\\ &\quad+v\left\{-m^2\frac{\partial v}{\partial x}+\frac{4}{3}\mu m\frac{\partial^2 v}{\partial x^2}\right\}. \end{aligned} \tag{4}$$

由粘性而在每单位质量流体中所引起的热生成率则由 358 节而知

为 $\frac{4}{3}\mu v(\partial u/\partial x)^2$，它应等于 $u\partial Q/\partial x$，故(因 $u = mv$)

$$\frac{\partial Q}{\partial x} = \frac{4}{3}\mu m\left(\frac{\partial v}{\partial x}\right)^2. \tag{5}$$

代入(4)式后可得

$$\gamma(p_0 + m^2 v_0)\frac{\partial v}{\partial x} - (\gamma + 1)m^2 v\frac{\partial v}{\partial x} + \frac{4}{3}\mu m\frac{\partial}{\partial x}\left(v\frac{\partial v}{\partial x}\right) = 0. \tag{6}$$

在 $\partial v/\partial x = 0$ 的两端之间求积,并除以 $v_1 - v_0$，有

$$\gamma(p_0 + m^2 v_0) = \frac{1}{2}(\gamma + 1)m^2(v_0 + v_1). \tag{7}$$

故(6)式可写为

$$\frac{1}{2}(\gamma + 1)m(v_0 + v_1 - v)\frac{\partial v}{\partial x} + \frac{4}{3}\mu\frac{\partial}{\partial x}\left(v\frac{\partial v}{\partial x}\right) = 0. \tag{8}$$

它在 $v = v_0$ 时能使 $\partial v/\partial x = 0$ 的积分为

$$\frac{4}{3}\mu v\frac{\partial v}{\partial x} + \frac{1}{2}(\gamma + 1)(v - v_1)(v_0 - v) = 0. \tag{9}$$

故省去附加常数后,有

$$x = \frac{8\mu}{3(\gamma + 1)m(v_0 - v_1)}\{v_1\log(v - v_1) - v_0\log(v_0 - v)\}, \tag{10}$$

其中 m 由(7)式给出,而对比值 v_0/v_1 的大小则并无限制[1]

如在(10)式中令 $v = \alpha v_0 + \beta v_1$ (其中 $\alpha + \beta = 1$)则 x 之值与

$$\frac{8\mu}{3(\gamma + 1)m}\cdot\frac{v_1\log\alpha - v_0\log\beta}{v_0 - v_1} \tag{11}$$

只相差一个常数.

例如,如令 $\alpha = 0.9$, $\beta = 0.1$, 并再令 $\alpha = 0.1$, $\beta = 0.9$, 则二 x 值之差为

1) 这一探讨取自 282 节第一个脚注所引 Rayleigh 的一篇文章.

$$\frac{8\mu}{3(\gamma+1)m}\cdot\frac{v_0+v_1}{v_0-v_1}\log 9. \tag{12}$$

而如 $v_0=2v_1$，我们可由(7)式以及284节末尾处的数据而求得 $m=68.3$. 令 $\mu=0.00018$，则表达式(12)给出 1.94×10^{-5} 厘米.

360b. Rayleigh[1] 曾应用 360 节中的原理来解释多孔物体对声音的吸收作用. 为了给出一个一般性的解释，我们可以只考虑粘性而使问题简化.

根据 347 节(5)式可知，当流体在周期力 X 的作用下而在一平面壁上振荡时，流体每单位面积上所受到的切向阻力为

$$-\mu\left(\frac{\partial u}{\partial y}\right)_{y=0}=-(1-i)\frac{\mu\beta f}{\sigma}e^{i(\sigma t+\varepsilon)}$$

$$=-(1-i)\frac{\mu\beta}{\sigma}X. \tag{1}$$

这是在不可压缩假定下所得到的结果，但如波长远大于所涉及到的其它线性尺度，它就能近似地成立. 在所涉及到的线性尺度中，有一个量是 $\beta^{-1}=(2\nu/\sigma)^{\frac{1}{2}}$，它是粘性的阻滞作用在流体中渗透深度的一个度量[2].

把(1)式应用于波沿一根圆管、或波在二平行壁面之间的传播时，力 X（每单位质量的）可由 $-\dfrac{\partial p}{\rho_0\partial x}$ 所代换. 现在取波沿圆管传播时的情况，并暂设 β^{-1} 远小于管半径 a，则在计算了长度 δx 中所含流体上的各种作用力后，有

$$\pi\rho_0a^2\frac{\partial\bar{u}}{\partial t}=-\pi a^2\frac{\partial\bar{p}}{\partial x}+(1-i)\frac{\nu\beta}{\sigma}\frac{\partial\bar{p}}{\partial x}\cdot2\pi a,$$

其中 $\bar{u},\bar{p}$ 表示横截面上的平均速度和平均压力. 因 $\sigma=2\nu\beta^2$，故上式可写为

$$\frac{\partial\bar{u}}{\partial t}=-\left(1-\frac{1-i}{\beta a}\right)\frac{\partial\bar{p}}{\rho_0\partial x}. \tag{2}$$

---

1) "On Porous Bodies in relation to Sound," *Phil. Mag.* (5) xvi. 181 (1883) [*Papers*, ii. 220]; *Theory of Sound*, Art. 351. 还见本书作者的 *Dynamic Theory of Sound*, London, 1910, p. 192.

2) 取 $\nu=0.132$，并令 $N(=\sigma/2\pi)$ 表示频率，可得 $\beta^{-1}=0.207N^{-\frac{1}{2}}$ 厘米.

此外,还有

$$\bar{p}=p_0+c^2\rho_0\bar{s},\quad \frac{\partial \bar{s}}{\partial t}=-\frac{\partial \bar{u}}{\partial x},\tag{3}$$

其中 s 为压缩率. 故消去 $\bar{s}$ 后有

$$\frac{\partial^2\bar{u}}{\partial t^2}=\left(1-\frac{1-i}{\beta a}\right)c^2\frac{\partial^2\bar{u}}{\partial x^2}.\tag{4}$$

因已假定 $\bar{u}$ 正比于 $e^{i\sigma t}$, 于是令

$$\bar{u}=Ce^{i\sigma t+mx}\tag{5}$$

后得

$$m^2=-\frac{\sigma^2}{c^2}\left(1-\frac{1-i}{\beta a}\right)^{-1},$$

或即(由于已假定 $\frac{1}{\beta a}$ 为小量)

$$m=\pm\frac{i\sigma}{c}\left(1+\frac{1-i}{2\beta a}\right).\tag{6}$$

它可写成

$$m=\pm\left(\frac{i\sigma}{c'}+\frac{1}{l'}\right),\tag{7}$$

其中

$$c'=c\left(1-\frac{1}{2\beta a}\right),\quad l'=\frac{ac}{\nu\beta}.\tag{8}$$ [1)]

因而,取(7)式中下面的符号,并把(5)式写成实数形式,有

$$\bar{u}=Ce^{-x/l'}\cos\sigma\left(t-\frac{x}{c'}\right).\tag{9}$$

在 360 节(34)式中,如令 $\nu'=0$, 则 $l=\frac{3}{2}\frac{c^3}{\nu\sigma^2}$. 故近似有

$$\frac{l'}{l}=\frac{2}{3}\frac{\sigma^2 a}{\beta c^2}=\frac{2}{3}\left(\frac{2\pi a}{\lambda}\right)^2\cdot\frac{1}{\beta a},\tag{10}$$

其中 λ 为波长. 因此, 如波长大于横截面周长或与这一周长可比

---

1) 所得公式等价于 Helmholtz 在 1863 年所给出(未加证明)的结果,见其 *Wiss. Abh.* i. 384. Kirchhoff 在引用时出了一个错误.

较时，波在圆管中传播时的衰减率就远大于在开阔空间中传播时的衰减率。

当圆管细到使其半径 a 和 β^{-1} 具有同一量级时，运动的特征就发生了变化。这时，摩擦对振动着的流体所起的作用就大得多了，而流体的惯性则可忽略。于是，平均速度 $\bar{u}$ 实际上就按照 331 节(4)式而与平均压力梯度联系在一起，即

$$\bar{u}=-\frac{a^2}{8\mu}\frac{\partial\bar{p}}{\partial x}. \tag{11}$$

于是，参看(3)式后有

$$\frac{\partial\bar{u}}{\partial t}=\frac{c^2a^2}{8\nu}\frac{\partial^2\bar{u}}{\partial x^2}. \tag{12}$$

它和热的线传导方程在形式上相同。

把(5)式代入上式，可有

$$m=\pm(1+i)q, \tag{13}$$

其中

$$q^2=\frac{4\nu\sigma}{c^2a^2}=\frac{2\sigma^2}{\beta^2a^2c^2}. \tag{14}$$

因此，取(13)式中下面的符号，并取实数形式，就有

$$\bar{u}=Ce^{-qx}\cos(\sigma t-qx). \tag{15}$$

当 x 增大 $2\pi/q$ 时，相位就重现，但在这段距离中，振幅则按 $e^{-2\pi}:1$ 的比值（即 1/535）而减小。这段距离和开阔空间中的波长之比为

$$\frac{2\pi}{q\lambda}=\frac{\beta a}{\sqrt{2}}, \tag{16}$$

它在目前的假定中是一个很小的比值。

当声波射到一个充满大量微细孔道的固体表面上时，那么，就声波而论，部分能量就按照上述解释的方式而在这些孔道中耗散掉。房屋顶板和地毯中的孔隙也以同样方式而起着作用，而且，这类设备在消除房间中的回声中的效应也被归因于这一原因——在每次反射时，都有某个比例的能量损失掉。可以看到，在一个密闭

的空间中，声音只能通过粘性和导热这类真正的耗散力的作用才能消失。

361. 为了简化起见，在以后的探讨中将把热过程略去。从前面的结果中可以推断出，这样做法并不影响表示耗散作用的那些项的量级。

根据 328 节(2)式，在粘性影响下的声波的普遍方程为

$$\left.\begin{aligned}\frac{\partial u}{\partial t}&=-\frac{1}{\rho_0}\frac{\partial p}{\partial x}+\nu\nabla^2 u+\frac{1}{3}\nu\frac{\partial\vartheta}{\partial x},\\ \frac{\partial v}{\partial t}&=-\frac{1}{\rho_0}\frac{\partial p}{\partial y}+\nu\nabla^2 v+\frac{1}{3}\nu\frac{\partial\vartheta}{\partial y},\\ \frac{\partial w}{\partial t}&=-\frac{1}{\rho_0}\frac{\partial p}{\partial z}+\nu\nabla^2 w+\frac{1}{3}\nu\frac{\partial\vartheta}{\partial z},\end{aligned}\right\}\tag{1}$$

其中

$$\vartheta=\frac{\partial u}{\partial x}+\frac{\partial v}{\partial y}+\frac{\partial w}{\partial z}.\tag{2}$$

如 s 表示压缩率，我们就另外还有连续性方程

$$\frac{\partial s}{\partial t}=-\left(\frac{\partial u}{\partial x}+\frac{\partial v}{\partial y}+\frac{\partial w}{\partial z}\right)\tag{3}$$

和物理方程

$$p=p_0+\rho_0 c^2 s,\tag{4}$$

其中 c 为无粘性时之声速。

消去 p 和 ϑ 后有

$$\left.\begin{aligned}\frac{\partial u}{\partial t}&=\nu\nabla^2 u-\left(c^2+\frac{1}{3}\nu\frac{\partial}{\partial t}\right)\frac{\partial s}{\partial x},\\ \frac{\partial v}{\partial t}&=\nu\nabla^2 v-\left(c^2+\frac{1}{3}\nu\frac{\partial}{\partial t}\right)\frac{\partial s}{\partial y},\\ \frac{\partial w}{\partial t}&=\nu\nabla^2 w-\left(c^2+\frac{1}{3}\nu\frac{\partial}{\partial t}\right)\frac{\partial s}{\partial z}.\end{aligned}\right\}\tag{5}$$

由(5)，(3)二式，并借助于求导，可得

$$\frac{\partial^2 s}{\partial t^2}=\left(c^2+\frac{4}{3}\nu\frac{\partial}{\partial t}\right)\nabla^2 s.\tag{6}$$

如假定 s 有一个时间因子 $e^{i\sigma t}$，则(6)式成为

$$(\nabla^2 + k^2)s = 0, \tag{7}$$

其中

$$k^2 = \frac{\sigma^2}{c^2 + \frac{4}{3}i\nu\sigma}. \tag{8}$$

而(5)式则可写成

$$\left.\begin{aligned}(\nabla^2 + h^2)u &= (k^2 - h^2)\frac{\partial\phi}{\partial x},\\ (\nabla^2 + h^2)v &= (k^2 - h^2)\frac{\partial\phi}{\partial y},\\ (\nabla^2 + h^2)w &= (k^2 - h^2)\frac{\partial\phi}{\partial z},\end{aligned}\right\} \tag{9}$$

其中

$$h^2 = -i\sigma/\nu, \tag{10}$$

$$\phi = -i\sigma s/k^2. \tag{11}$$

以上方程组可由

$$u = -\frac{\partial\phi}{\partial x},\quad v = -\frac{\partial\phi}{\partial y},\quad w = -\frac{\partial\phi}{\partial z} \tag{12}$$

所满足，其中 ϕ 为(7)式的任意一个解。

在波从一个规定了径向速度 $e^{i\sigma t}$ 的球面 $r = a$ 向外发散的特殊情况中，有

$$\phi = Af_0(kr)e^{i\sigma t}, \tag{13}$$

其边界条件为

$$-kAf_0'(ka) = 1. \tag{14}$$

故

$$\phi = -\frac{f_0(kr)}{kf_0'(ka)}e^{i\sigma t}, \tag{15}$$

写得详细些就是

$$\phi = \frac{a^2}{1 + ika}\cdot\frac{e^{i(\sigma t - kr + ka)}}{r}. \tag{16}$$

我们已知(359 节)，即使在声频范围内，比值 $\nu\sigma/c^2$ 也是极小的，故极为近似地有

$$k = \frac{\sigma}{c}\left(1 - \frac{2}{3}\frac{i\nu\sigma}{c^2}\right). \tag{17}$$

对(16)式的解释，即在粘性对波速的微小作用以及粘性对波在传播时的衰减的影响方面的解释和359节中的一维情况相同. 它显示出，当距离超过许多波长后，粘性所引起的衰减和由于球面发散而引起的衰减相比是完全可以略去的.

当运动并不对称于原点时，方程(7)和(9)的解需要应用352节的分析来完成. 例如，在发散波中，我们有以下类型的解：

$$\left.\begin{aligned}u &= -\frac{\partial\phi}{\partial x}+(n+1)f_{n-1}(hr)\frac{\partial\chi_n}{\partial x}\\&\quad - nf_{n+1}(hr)h^2r^{2n+3}\frac{\partial}{\partial x}\frac{\chi_n}{r^{2n+1}},\\v &= -\frac{\partial\phi}{\partial y}+(n+1)f_{n-1}(hr)\frac{\partial\chi_n}{\partial y}\\&\quad - nf_{n+1}(hr)h^2r^{2n+3}\frac{\partial}{\partial y}\frac{\chi_n}{r^{2n+1}},\\w &= -\frac{\partial\phi}{\partial z}+(n+1)f_{n-1}(hr)\frac{\partial\chi_n}{\partial z}\\&\quad - nf_{n+1}(hr)h^2r^{2n+3}\frac{\partial}{\partial z}\frac{\chi_n}{r^{2n+1}},\end{aligned}\right\}\tag{18}$$

其中

$$\phi = f_n(kr)\phi_n,\tag{19}$$

而函数 ϕ_n,χ_n 则为正 n 次的球体谐函数[1].

它们使

$$\begin{aligned}xu+yv+zw &= -\{krf_n'(kr)+nf_n(kr)\}\phi_n\\&\quad + n(n+1)(2n+1)f_n(hr)\chi_n,\end{aligned}\tag{20}$$

和

$$\begin{aligned}yw-zv &= -f_n(kr)\left(y\frac{\partial}{\partial z}-z\frac{\partial}{\partial y}\right)\phi_n+(2n\\&\quad +1)\{hrf_n'(hr)+(n+1)f_n(hr)\}\left(y\frac{\partial}{\partial z}-z\frac{\partial}{\partial y}\right)\chi_n,\\zu-xw &= -f_n(kr)\left(z\frac{\partial}{\partial x}-x\frac{\partial}{\partial z}\right)\phi_n+(2n\end{aligned}$$

1) 从目前的观点来看，"第一类"解的意义较小.

$$+1)\{hrf_n'(hr)+(n+1)f_n(hr)\}\left(z\frac{\partial}{\partial x}-x\frac{\partial}{\partial z}\right)\chi_n,$$

$$xv-yu=-f_n(kr)\left(x\frac{\partial}{\partial y}-y\frac{\partial}{\partial x}\right)\phi_n+(2n$$

$$+1)\{hrf_n'(hr)+(n+1)f_n(hr)\}\left(x\frac{\partial}{\partial y}-y\frac{\partial}{\partial x}\right)\chi_n. \quad (21)$$

在得出这些结果时用到了 292 节中的递推公式。

由于已经谈到过的原因，我们可以足够精确地把 k 处理为一个实数并等于 σ/c。至于 h,则像 345 节那样而写出

$$h=(1-i\beta),$$

其中

$$\beta=\sqrt{\frac{\sigma}{2\nu}}. \quad (22)$$

于是，(18)式中含有 χ_n 的诸项就包含有一个因子 $e^{-\beta r}$，并因而当距离 r 远大于线性量 β^{-1} 时可以略去。对于空气，β^{-1} 之值约为 $0.21/\sqrt{N}$ 厘米，其中 N 为每秒钟的振荡次数(345节)。所以，在距离为 β^{-1} 的中等大小的倍数处，运动实际上是无旋的，其速度势由(19)式给出。还应注意到，比值 $\frac{ka}{\beta a}$ $\left(\text{它近似地等于}\sqrt{\frac{2\nu\sigma}{c^2}}\right)$ 应被视为小量。

为把上述公式应用于一个以速度

$$U=e^{i\sigma t} \quad (23)$$

平行于 x 轴而振荡的圆球，我们令(18)式中的 $n=1$，并假定

$$\phi_1=A_1x,\ \chi_1=B_1x. \quad (24)$$

于是，在球面 $r=a$ 上所应满足的条件

$$u=U,\ v=0,\ w=0 \quad (25)$$

就给出(根据(20)式和(21)式)

$$-\{kaf_1'(ka)+f_1(ka)\}A_1+6f_1(ha)B_1=1, \quad (26)$$

$$-f_1(ka)A_1+3\{haf_1'(ha)+2f_1(ha)\}B_1=1, \quad (27)$$

故

$$A_1=-\frac{haf_1'(ha)}{haf_1'(ha)\{kaf_1'(ka)+f_1(ka)\}+2f_1(ha)kaf_1'(ka)},$$

$$B_1=\frac{\frac{1}{3}kaf_1'(ka)}{haf_1'(ha)\{kaf_1'(ka)+f_1(ka)\}+2f_1(ha)kaf_1'(ka)}. \quad (28)$$

把 292 节(15)式代入后得

$$\left.\begin{aligned}A_1 &= -\frac{(3+3iha-h^2a^2)k^3a^3e^{ika}}{k^2a^2(1+iha)+(2+2ika-k^2a^2)h^2a^2},\\ B_1 &= \frac{\frac{1}{3}(3+3ika-k^2a^2)h^3a^3e^{iha}}{k^2a^2(1+iha)+(2+2ika-k^2a^2)h^2a^2}\end{aligned}\right\}. \tag{29}$$

在远处，运动实际上是无旋的，并具有速度势

$$\phi = A_1 f_1(kr)xe^{i\sigma t}. \tag{30}$$

从声学的观点来看，最感到兴趣的情况是球体的半径 a 远大于 β^{-1} 时. 这时，如在(29)式中只保留 ha 的最高幂次项，可得

$$A_1 = \frac{k^3a^3e^{ika}}{2+2ika-k^2a^2}, \tag{31}$$

和一开始时就把粘性略去时(295节)完全一样. 它表明了 Stokes 的一个结论：当振动向气体中传递时，粘性对侧向运动基本上没有影响. 当然，靠近振动着的表面的空气的侧向运动会由于粘性而发生变化，甚至会使运动方向反过来，但粘性只在厚度的量级为 β^{-1} 的一层中起作用，而如 β^{-1} 远小于球面上由诸节线所分割出来的隔块的尺度，那么，294 节中的一般性讨论就仍能适用.

反之，如振荡非常缓慢，或圆球的半径非常小，即如 βa 不是一个大值，而 ka 为一小值时，我们可由(29)式和(22)式近似地有

$$A_1 = \left\{\frac{1}{2}\left(1+\frac{3}{2\beta a}\right)-\frac{3i}{4\beta a}\left(1+\frac{1}{\beta a}\right)\right\}k^3a^3. \tag{32}$$

它和356节(22)式相一致. 所以，在距离 r 远小于波长、但和 β^{-1} 相比又适当大的地方，空气的运动实际上和流体是不可压缩时一样.

362. 我们可以进一步探讨平面波遇到球形障碍物时的散射问题. 问题和 297 节所讨论的相同，只是现在需要考虑进粘性了. 假定障碍物的周界远小于波长，因而 ka 为一小量[1].

由 296，可对入射波的速度势写出

$$\phi = e^{ikx} = \psi_0(kr) + 3ikr\psi_1(kr)\cos\theta + \cdots, \tag{1}$$

式中 θ 为通常的角坐标，另外，还应理解到时间因子 $e^{i\sigma t}$ (或 e^{ikct}) 未被写出. 由 297 节可知，含有阶数高于 1 的谐函数的那些项可以略去. 于是，对于小 kr 值，(1)式的形式成为

$$\phi = 1 - \frac{1}{6}k^2r^2 + \cdots + ikx + \cdots. \tag{2}$$

---

1) 这一问题以及二维中的对应问题是由 Sewell 处理的，见其 "On the Extinction of Sound in a Viscous Atmosphere by Small Obstacles…," *Phil. Trans.* A. ccx 239 (1910). 本书作者作了某些改变，并把处理过程作了压缩.

首先假定圆球是固定的．单独由(2)式而在球面上所引起的速度主要是由均匀的径向速度$\frac{1}{3}k^2a$和平行于x轴的均匀速度$-ik$所组成的．把这两个速度的方向反过来，那么，散射波在距离r远大于β^{-1}处的速度势ϕ'就可由361节(16)式和(30)式(并添上适当的系数)相叠加而得到．故

$$\phi' = -\frac{1}{3}\frac{k^3a^3e^{ika}}{1+ika}f_0(kr) + (H+iK)f_1(kr)kr\cos\theta + \cdots, \tag{3}$$

其中

$$H + iK = iA_1 = -\frac{(3+3iha-h^2a^2)ik^3a^3e^{ika}}{k^2a^2(1+iha)+(2+2ika-k^2a^2)h^2a^2}. \tag{4}$$

所要作的探讨的主要目的是，确定出由于摩擦耗散和由于出现了障碍物而从初始波列中转移的能量之和(每单位时间中的)．为此，ϕ和ϕ'必须表示为实数形式．在假定了它们的形式后，写出

$$q = \frac{\partial\phi}{\partial r}, \qquad q' = \frac{\partial\phi'}{\partial r}, \tag{5}$$

故q，q'分别为初始波和二次波在距离r（它远大于β^{-1}）处所产生的向内的径向速度；并令p，p'为相应的压力，即

$$p = \rho_0\frac{\partial\phi}{\partial t}, \qquad p' = \rho_0\frac{\partial\phi'}{\partial t}. \tag{6}$$

在一个半径r很大的球面上，对球面内的空气所作的功率由球面上的积分

$$\iint(p+p')(q+q')dS \tag{7}$$

给出．由于球面所围圈的空间中的机械能为一常数，这一积分的平均值就表示了由于流体的摩擦而耗散的能量．我们应当在它上面再加上由于产生散射波而花费的功率

$$-\iint p'q'dS. \tag{8}$$

此外，

$$\iint pq\,dS \tag{9}$$

项表示不存在障碍物时，在初始波中所耗费的功率．所以，由于出现了障碍物，在单位时间中从初始波中抽走的总能量就是积分

$$\iint(pq' + p'q)dS \tag{10}$$

(在一个半径很大的球面上求积)的时间平均值．

在计算$pq'+p'q$时，只需考虑含有同阶球谐函数乘积的那些项．而如只涉及零阶谐函数时，由于k被取为实数，所以最后结果必然和略去粘性时是一样的．其结果如用初始波中的能量通量作为单位来表示的话，就是(根据297节(7)式和(11)式)

$$\frac{4}{9}k^4a^4\pi a^2. \tag{11}$$

于是，我们可把注意力集中于一阶谐函数．把(1)式和(3)式乘以 $e^{i\sigma t}$ 后，取其实部，可由 292 节(14)式而有

$$\phi = -3kr\psi_1(kr)\cos\theta\sin\sigma t, \tag{12}$$

$$\begin{aligned}\phi' &= (H\cos\sigma t - K\sin\sigma t)kr\Psi_1(kr)\cos\theta \\ &\quad + (H\sin\sigma t + K\cos\sigma t)kr\psi_1(kr)\cos\theta.\end{aligned} \tag{13}$$

它们使

$$p = -3\rho_0\sigma kr\psi_1(kr)\cos\theta\cos\sigma t, \tag{14}$$

$$\begin{aligned}p' &= -\rho_0\sigma(H\sin\sigma t + K\cos\sigma t)kr\Psi_1(kr)\cos\theta \\ &\quad + \rho_0\sigma(H\cos\sigma t - K\sin\sigma t)kr\psi_1(kr)\cos\theta,\end{aligned} \tag{15}$$

$$q = -3k\{kr\psi'(kr) + \psi_1(kr)\}\cos\theta\sin\sigma t, \tag{16}$$

$$\begin{aligned}q' &= k(H\cos\sigma t - K\sin\sigma t)\{kr\Psi_1'(kr) + \Psi_1(kr)\}\cos\theta \\ &\quad + k(H\sin\sigma t + K\cos\sigma t)\{kr\psi_1'(kr) + \psi_1(kr)\}\cos\theta.\end{aligned} \tag{17}$$

故

$$\begin{aligned}&pq' + p'q \\ &= \frac{3}{2}\rho_0\sigma k^3r^2H\{\psi_1'(kr)\Psi_1(kr) \\ &\qquad - \psi_1(kr)\Psi_1'(kr)\}\cos^2\theta + \cdots,\end{aligned} \tag{18}$$

其中右边未写出的是由 $\cos 2\sigma t$，$\sin 2\sigma t$ 所表示的诸项．

因 $\iint\cos^2\theta dS = \frac{4}{3}\pi r^2$，故 (10) 式中由一阶谐函数所产生的那部分的平均值为

$$\begin{aligned}&2\pi\rho_0\sigma k^3r^4H\{\psi_1'(kr)\Psi_1(kr) - \psi_1(kr)\Psi_1'(kr)\} \\ &= 2\pi\rho_0 cH.\end{aligned} \tag{19}$$

在得到它时用到了 292 节(19)式．

当 βa 很大时，我们可以预料到粘性的影响可被略去．事实上，由(4)式可得

$$H + iK = \frac{ik^3a^3e^{ika}}{2 + 2ika + k^2a^2}. \tag{20}$$

对小 ka 值进行计算后，可得

$$H = \frac{1}{12}k^6a^6, \tag{21}$$

而(19)式中的结果就成为（以初始波中的能量通量$\frac{1}{2}\rho_0k^2c$ 为单位）

$$\frac{1}{3}k^4a^4\pi a^2. \tag{22}$$

把它和(11)式相加，我们就又得到曾用简单得多的方法而得到的 297 节(12)式．

反之，如 a 的量级同于或小于 β^{-1}，则在考虑到 ka 为小量后，有

$$H + iK = \frac{1}{2}i\left(1 - \frac{3i}{ha} - \frac{3}{h^2a^2}\right)k^3a^3$$

$$= \frac{3k^3a^3}{4\beta a}\left(1 + \frac{1}{\beta a}\right) + \frac{ik^3a^3}{2}\left(1 + \frac{3}{2\beta a}\right). \tag{23}$$

于是，能量的损失为(以初始通量为单位)

$$\frac{4\pi c^2 H}{k^2} = \frac{3ka}{\beta a}\left(1 + \frac{1}{\beta a}\right)\pi a^2. \tag{24}$$

现在，(11)式所表示的那一项在和上式相比之下就完全可以略去了.

如 a 远小于 β^{-1}，则结果近似为

$$\frac{6\nu}{ca}\pi a^2. \tag{25}$$

现在，入射能量中所损失掉的那部分比例就反比于圆球半径，总能量损失则正比于半径[1]. 对于 0℃ 的空气，有

$$\frac{6\nu}{ca} = 2.39 \times 10^{-5} a^{-1},$$

其中 a 以厘米计.

363. 上述计算对雾在传递声音方面的影响具有某些意义. 一滴悬浮的水珠，由于其惯性远大于同体积空气的惯性，所以，如果它不是太小，那么，在受到空气波的冲击后，它实际上仍是保持为静止的. 然而，如果它的半径减小，则惯性按 a^3 而减小，但受到粘性作用的表面积则按 a^2 而减小，于是可以预料到，它最终会达到单纯地随着振荡着的空气而来回飘动的地步，那时，就不再、或几乎不再引起能量的损失了.

为了较为仔细地来检验这一论点，我们现在把球体看作是可以完全自由运动的. 在散射波中，球面上的速度由径向速度 $-\frac{1}{3}k^2a$ (和以前一样) 和平行于 x 轴的速度 $ik + \frac{d\xi}{dt} = i(k + \sigma\xi)$ (ξ 表示球心相对于其平均位置的位移)所组成. 因此，我们必须写出

$$\phi_1 = i(k + \sigma\xi)A_1 x, \quad \chi_1 = i(k + \sigma\xi)B_1 x \tag{26}$$

以代替 361 节(24)式，其中 A_1 和 B_1 具有 361 节(29)式所给出之值.

直接计算球面上的应力是有些麻烦的，但可借助于动量方面的考虑而避免这种麻烦. 以后将会看到，在应用这一方法时，我们只需要考虑一阶球谐函数. 因此，我们分别对远处的入射波和散射波写出

---

1) 在 Sewell 的文章中，用很好的近似计算给出了数值结果 (在 βa 值的某一范围内).

$$\phi = \cdots + 3ikr\psi_1(kr)\cos\theta + \cdots, \tag{27}$$

$$\phi' = \cdots + i(k + \sigma\xi)A_1 r f_1(kr)\cos\theta + \cdots. \tag{28}$$

我们来计算位于圆球和一个半径 r 远大于 β^{-1} 的同心球面之间的流体的动量变化率. 那么,初始波就提供出

$$-i\sigma\rho_0 \iiint \frac{\partial\phi}{\partial x} dxdydz = 4\pi\rho_0\sigma k\{r^3\psi_1(kr) - a^3\psi_1(ka)\}. \tag{29}$$

至于二次波,则 361 节(18)式 u 值中的第一部分给出

$$-i\sigma\rho_0\iiint\frac{\partial\phi'}{\partial x}dxdydz$$

$$= \frac{4}{3}\pi\rho_0\sigma(k + \sigma\xi)A_1\{r^3 f_1(kr) - a^3 f_1(ka)\}. \tag{30}$$

而其余包含 χ_1 的部分则给出

$$-2\sigma\rho_0(k + \sigma\xi)B_1\int_0^r f_0(hr)4\pi r^2 dr$$

$$= -8\pi\rho_0\sigma(k + \sigma\xi)B_1\{r^3 f_1(hr) - a^3 f_1(ha)\}, \tag{31}$$

其中{}内的第一项可以略去,这是因为它包含了因子 $e^{-\beta r}$ 而最终趋于零. 圆球本身的动量变化率则为

$$-\frac{4}{3}\pi\rho_1 a^3\sigma^2\xi, \tag{32}$$

其中 ρ_1 为其密度.

在半径 r 很大的那个球面附近的运动最终可取为是无旋的,因而压力在这一球面上的总效果为

$$-\iint(p + p')dS = -i\sigma\rho_0\iint(\phi + \phi')\cos\theta dS$$

$$= 4\pi\rho_0\sigma kr^3\psi_1(kr) + \frac{4}{3}\pi\rho_0\sigma(k + \sigma\xi)A_1 r^3 f_1(kr). \tag{33}$$

令动量的总变化率等于压力的总效果,就有

$$\rho_0 k\psi_1(ka) + \frac{1}{3}\rho_0(k + \sigma\xi)A_1 f_1(ka)$$

$$- 2\rho_0(k + \sigma\xi)B_1 f_1(ka) + \frac{1}{3}\rho_1\sigma\xi = 0. \tag{34}$$

借助于 361 节(26)式,可把上式简化为

$$\rho_0 k\psi_1(ka) - \frac{1}{3}\rho_0(k + \sigma\xi)\{1 + kaf_1'(ka)A_1\}$$

$$+ \frac{1}{3}\rho_1\sigma\xi = 0, \tag{35}$$

故

$$-\frac{\sigma\xi}{k}=1-\frac{\rho_1-3\rho_0\psi_1(ka)}{\rho_1-\rho_0-\rho_0kaf_1'(ka)A_1}. \tag{36}$$

这一公式给出了圆球的位移和不存在圆球时、位于球心处的空气位移之比.

当粘性可略去时,有 $ha=\infty$. 故如 ka 为小量时,可近似地得到

$$A_1=\frac{1}{2}(ka)^3,\ -kaf_1'(ka)=3(ka)^{-3}. \tag{37}$$

相应地,上述比值成为

$$1-\frac{\rho_1-\rho_0}{\rho_1+\frac{1}{2}\rho_0}, \tag{38}$$

与298节(21)式相符.

反之,当 a 在量级上同于或小于 β^{-1} 时,由362节(4)式可近似地有

$$A_1=\left\{\frac{1}{2}\left(1+\frac{3}{2\beta a}\right)-\frac{3i}{4\beta a}\left(1+\frac{1}{\beta a}\right)\right\}k^3a^3, \tag{39}$$

其中 ka 的较高次项已被略去了. 对于小 βa 值,上式近似地简化为

$$A_1=-\frac{3ik^3a^3}{A\beta^2a^2}, \tag{40}$$

而公式(36)就成为

$$-\frac{\sigma\xi}{k}=1-\left\{1-\frac{9}{4}\frac{i\rho_0}{(\rho_1-\rho_0)\beta^2a^2}\right\}^{-1}. \tag{41}$$

如 β^2a^2 虽本身很小,但却远大于 $\rho_0/(\rho_1-\rho_0)$, 则上式之值为一小量, 即小球几乎保持静止,惯性仍居于统治地位. 而如 β^2a^2 远小于 $\rho_0/(\rho_1-\rho_0)$, 则前述比值近似为 1, 这时,小球就随着空气而一起运动.

令 $\rho_0/\rho_1=0.00129$, $\nu=0.132$, 上述情况就是 a 应远小于

$$1.10\times10^{-2}\times N^{-1/2}\mathrm{cm},$$

其中 N 为空气波的频率. 因此,如频率为 256, 则 a 的量级最多是 0.001 mm.

为计算能量损失,我们需要把(28)式写成类似于(3)式的形式如下:

$$\phi'=\cdots+(H'+iK')f_1(kr)kr\cos\theta+\cdots. \tag{42}$$

在只涉及一阶谐函数时,其结果为(代替了(19)式)

$$2\pi\rho_0cH'. \tag{43}$$

为计算 H', 有近似方程

$$H'+iK'=i\left(1+\frac{\sigma\xi}{k}\right)A_1=\frac{iA_1\{\rho_1-3\rho_0\psi_1(ka)\}}{\rho_1-\rho_0-\rho_0kaf_1'(ka)A_1}$$

$$=\frac{iA_1(\rho_1-\rho_0)}{\rho_1-\rho_0+3\rho_0\frac{A_1}{k^3a^3}}. \tag{44}$$

当粘性可略去时,或当 βa 为大值时,有

$$A_1 = \frac{1}{2} k^3a^3 - \frac{1}{12} ik^6a^6, \tag{45}$$

故

$$H' = \frac{1}{12}\left(\frac{\rho_1 - \rho_0}{\rho_1 + \frac{1}{2}\rho_0}\right)^2 k^6a^6. \tag{46}$$

从初始波中转移掉的能量为(以初始波中的能量通量为一个单位)

$$\left\{\frac{4}{9} + \frac{1}{3}\left(\frac{\rho_1 - \rho_0}{\rho_1 + \frac{1}{2}\rho_0}\right)^2\right\} k^4a^4\pi a^2, \tag{47}$$

其中已加上了(11)式所给出的那部分能量损失(由于小球抵抗压缩而引起的). 如令 $\rho_1/\rho_0 = \infty$, 我们就又得到 297 节(12)式中的结果.

反之,当 βa 为小值时,就难以应用上述近似方法了. 但很明显,当半径小到小球只是单纯地随着空气来回飘动时,由一阶谐函数所产生的诸项就可以略去,因而总耗散实际上就由 362 节(11)式给出了.

364. 为考察粘性对一个球形容器中的空气作自由振动时的影响,361 节公式(18)中所出现的诸函数 f_n 必须换成 ψ_n 以使球心处的速度为有限值.

于是,361 节(20)式和(21)式表明,在边界 $r = a$ 上,必须有

$$-\{ka\psi'_n(ka) + n\psi_n(ka)\}\phi_n + n(n+1)(2n+1)\psi_n(ha)\chi_n = 0, \tag{1}$$

和

$$-\psi_n(ka)\phi_n + (2n+1)\{ha\psi'_n(ha) + (n+1)\psi_n(ha)\}\chi_n = 0. \tag{2}$$

由以上二式可导出

$$ka\psi'_n(ka)\phi_n + n(2n+1)ha\psi'_n(ha)\chi_n = 0. \tag{3}$$

故

$$\frac{ka\psi'_n(ka) + n\psi_n(ka)}{ka\psi'_n(ka)} = -\frac{(n+1)\psi_n(ha)}{ha\psi'_n(ha)}. \tag{4}$$

如假定 a 远大于 β^{-1},我们就只需要对 293 节1°中的结果确定出应有的修正. 因该处表明了,在不出现粘性时,ka 应满足方程

$$\zeta\psi'_n(\zeta) + n\psi_n(\zeta) = 0, \tag{5}$$

所以我们写出

$$ka = \zeta + \varepsilon, \tag{6}$$

其中 ζ 满足(5)式,ε 则假定为一小量. 根据 292 节(10)式,(4)式的左边部分成为

$$\frac{\zeta\psi''_n(\zeta) + (n+1)\psi'_n(\zeta)}{-n\psi_n(\zeta)}\cdot\varepsilon = \frac{(n+1)\psi'_n(\zeta) + \zeta\psi_n(\zeta)}{n\psi_n(\zeta)}\cdot\varepsilon$$

$$= \frac{\zeta^2 - n(n+1)}{n\zeta}\cdot\varepsilon\ .$$

又因 ha 已假定为大值，故右边部分可根据 292 节(8)式而简化为

$$\frac{n+1}{ha}\tan\left(ha+\frac{1}{2}n\pi\right).$$

此外，写出

$$ha=(1-i)\beta a,$$

就近似地有

$$\tan\left(ha+\frac{1}{2}n\pi\right)=-i.$$

故

$$\varepsilon=\frac{n(n+1)\zeta}{\zeta^2-n(n+1)}\cdot\frac{-1+i}{2\beta a}. \tag{7}$$

因诸公式中未写出的时间因子为 e^{ikct}，故可看出，(7)式的实部表明频率略有减小. 虚部则表明振荡的衰减模量近似为$\left(因\ \beta=\sqrt{\frac{c\zeta}{2\nu a}}\right)$

$$\tau=\frac{\zeta^2-n(n+1)}{n(n+1)\zeta}\cdot\frac{2\beta a^2}{c}=\frac{\zeta^2-n(n+1)}{n(n+1)\sqrt{\zeta}}\sqrt{\frac{2a^3}{\nu c}}. \tag{8}$$

当 $n=1$ 时，我们有，对于最缓慢的振型，$\zeta=2.081$，并因而

$$\tau=1.143\sqrt{\frac{a^3}{\nu c}}.$$

假定 $c=3.32\times10^4$，$\nu=0.132$，上式给出 $\tau=0.173a^{3/2}$. 但应记住，由于略去了热过程，这类数值估算一定是估算得过低了.

上述探讨并不适用于径向振动. 当 $n=0$ 时，361 节公式(12)可以适用，其

$$\phi=C\psi_0(kr), \tag{9}$$

且边界条件给出

$$\psi_0'(ka)=0. \tag{10}$$

如 ka 为(10)式的一个根，则由 361 节(17)式可近似地有

$$\sigma=kc\left(1+\frac{2}{3}\frac{i\nu k}{c}\right). \tag{11}$$

因而衰减模量为

$$\tau=\frac{3a^2}{2\nu}(ka)^{-2}. \tag{12}$$

应注意到，把数值因子去掉后，(8)式和(12)式之比的量级为 $\sqrt{\frac{ac}{\nu}}$. 在我们所用的近似方法能够适用的所有情况中，这一比值都是一个大值，因此，只要仅涉及粘性，那么，径向振动就比对应于 n 大于 0 的那些振动衰减得慢得多. 现在就来解释这一点：在 n 大于 0 所对应的那些振动中，与容器相接触的流体的无滑移条件就意味着在气体

表面层中出现相对较大的流体微元变形，因而也就一定会出现较大的能量耗散了.

348 节中对水波所用的耗散函数方法可以用来对径向振动得到 (12) 式；但对于 $n>0$ 的情况则会得出错误的结果，这是由于粘性只使运动发生微小变化的这一基础假定在边界处已被违反了.

在最缓慢的径向振动中，有 $K_a = 4.493$，

故
$$\tau = 0.0743a^2/\nu.$$

在0℃的空气中，它使 $\tau = 0.56a^2$[1].

湍　流　运　动

365. 还剩下的是，要使读者注意到在我们所讨论的课题中尚未解决的主要困难.

我们曾提到过，把二阶项 ($u\partial u/\partial x$ 等)略去的做法会使前述许多结果在应用于具有通常流动性的流体时受到很大的限制. 除非速度或所涉及的线性尺度很小，否则，可以发现，在前述诸情况中，实际的运动（只要能进行观察的话）和由我们得到的公式所表示的运动是很不相同的. 例如，当一个形状"简单"的固体在液体中移动时，可以在靠近固体的流体层中产生不规则的旋涡运动，并在固体后面遗留下一个由旋涡组成的尾迹，而在侧向较远处的运动却较为平滑和均匀.

上面所指出的数学上的无能虽并不适用于 330，331 节中所讨论的那类直线流动，但即使在这类情况中，实际的观察也仍表明出，我们所讨论的那种类型的运动虽然在理论上是可能的，但在某些条件下却会变成不稳定的.

Reynolds 借助于把带色液体束引入水流的方法而对圆形截面管道中的流动作了仔细的研究[2]. 当截面上的平均速度 w_0 小

1) 本节取自 352 节脚注中所引本书作者的一篇文章，并略加更动.

2) "An Experimental Investigation of the Circumstances which determine whether the Motion of water shall be Direct or Sinuous, and of the law of Resistance in Parallel Channels." *Phil. Trans.* clxxiv. 935 (1883) [*Papers*, ii. 51].关于对这一研究的历史报道和其他作者的部分预料，可见 Knibbs, *Proc. Roy. Soc. N. S. W.* xxxi. 314(1897). 这篇文章中特别提到了 Hagen 的著作 (*Berl. Abh* 1854, p. 17)..

于某个依赖于圆管半径和流体性质的极限时，流动是平滑的，并符合 Poiseuille 定律.这时，偶然的扰动会迅速地被消除，而这种流动状态也显得完全是稳定的.当 w_0 逐渐增大到超过这一极限后，流动就变得对微小的扰动越来越敏感，但如仔细地避免出现这种扰动，那么，直到最终达到某一阶段之前，作平滑直线运动的特点就仍能暂时保存下来，超过这一阶段之后，这种情况就不再是可能的了. 当直线运动状态完全破坏后，运动就变得极为不规则，导管中显出充满了互相交织和不断变化的水流，这些水流横向于导管而来回运动. Reynolds 根据量纲上的考虑而断定，"上临界速度"(即平滑的直线运动的上限)必正比于 ν/D，其中 D 为导管直径，而 ν 则为运动粘性系数. 由于 ν 的量纲为 $\mathbf{L}^2\mathbf{T}^{-1}$，因此，事实上，$\nu/D$ 是具有速度量纲的唯一组合. 作为 Reynolds 的实验结果，上临界速度所给出的公式为

$$U = \frac{P}{BD}, \tag{1}$$

其中 P 为一因子，表示 Pouiseuille 所求出的水的粘性系数随温度(摄氏度)的变化，即

$$P = (1 + 0.033680\theta + 0.000220990\theta^2)^{-1},$$

而 $B = 43.79$，长度则以米计.

化为以厘米计，并令 $P = \nu/\nu_0$ 和取 326 节中的 ν_0 值，则临界比值可求得为

$$w_0 D/\nu = 12830. \tag{2}$$

临界速度随 ν 的变化是用改变温度的办法来检验的[1]. 对于(2)式中的数值常数，其后的观察者曾得到过大得多的数值，而且它好像依赖于在多大程度上能成功地避免掉产生扰动的原因[2].

366. 在运动特点出现变化的同时，压力梯度 $(-dp/dz)$ 与

---

1) w_0 正比于 ν 一事已由 Barnes 和 Coker 在很大的温度范围内得到证实，见 *Proc. R. S.* lxxiv. 341(1904).

2) 参看 Barnes and Coker 的上述文章以及 Ekman, *Arkiv för Matem.* vi, (1910). Ekman 的实验是用 Reynolds 原来的装置来作的.

平均速度 w_0 之间的关系也有所变化．只要直线运动的特点能得以维持，压力梯度就正比于w_0，如 Poiseuille 所求得的那样；而当流动的模式进入不规则的湍流[1]时，压力梯度就增加得较快了，并在许多情况下显得或多或少地接近于和 w^2 成正比．无疑，阻力的这种较快地增长来源于旋涡不断地把运动得较快的新鲜流体带到靠近边界处的作用，它使变形率（$\partial w/\partial n$）大大地超过了严格的"层流"运动时之值[2]．

Reynolds 发现，阻力从线性规律过渡到湍流规律是在一个确定的 w_0D/ν 值下发生的．由于在这类实验中，很难排除掉扰动的影响，所以，相应的 w_0 值应被视为一个"下"临界速度，以区别于 365 节中所提到的那个临界速度．Reynolds 的结果等价于

$$w_0D/\nu = 2030. \tag{3}$$

w_0 对 ν 的依赖关系是像前面所述那样用改变温度的方法来检验的[3]．

用量纲分析法可对导管壁面上每单位面积的切向应力的可能形式得出某些启示．如假定

$$p_{rz} \propto \rho^m \nu^n w_0^r a^s,$$

则必有

$$\mathbf{ML^{-1}T^{-2} = (ML^{-3})^m(L^2T^{-1})^n(LT^{-1})L^3},$$

于是

$$m = 1, s = -n, r = 2 - n,$$

故

$$p_{rz} \propto \rho w_0^2 \left(\frac{\nu}{w_0 a}\right)^n. \tag{4}$$

把它推广，就有公式

1）这一非常形象的名称是 Kelvin 勋爵起的．

2）参看 Stokes, *Papers*, i.99.

3）在 2000 附近的这一下 "Reynolds 数"已由不同的实验者所得到，例如，可见 Coker and Clement, *Phil. Trans.* A, cci. 45(1902).

$$p_{rx}=\rho w_0^2 f\left(\frac{w_0 a}{\nu}\right).\tag{5}$$[1]

如在(4)式中令 $n=1$，我们就得到直线流动中的 Poiseuille 定律. 如令 $n=0$，就得到水力学作者通常对直径超过某一极限的圆管中湍流所采用的公式

$$p_{rx}=k\rho w_0^2,\tag{6}$$

其中 k 为一取决于壁面性质的数值常数. 当水沿清洁的铁壁流动时，可取 $k=0.0025$ 作为一个粗略的平均值[2]. Darcy 对 p_{rx} 给出了一个把管径的影响考虑进去的更为完善的公式，它是对导管中水流作了大量观察的结果[3].

应注意到，如阻力精确地正比于速度的平方，那么，它就与粘性和管径无关. 这一点可由(5)式而立即得知[4].

Reynolds 和许多其他观察者发现，如在 (4) 式中给 n 一个非零的数值，可以得到更接近实际的表达式. 有人建议取 $n=1/4$，而 Reynolds 则推荐用 $n=0.277$. 看来，把这一指数取多少最为适宜一事，实际上要取决于壁面的光滑程度，而(4)式形式的公式或许没有一个是可以超过一定的适用范围的. Blasius 把所得到的一些对光滑管中湍流所作的最好实验加以整理后，给出了压力梯度等于 $\frac{1}{2}\lambda\rho w_0^2/D$，其中 $\lambda=0.3164\left(\frac{\nu}{w_0 D}\right)^{\frac{1}{4}}$；因

---

1) Rayleigh, "On the Question of the Stability of the Flow of Fluids," *Phil. Mag.* (5) xxxiv. 59(1892) [*Papers*, iii, 575].

(5)式曾用水和空气这些极不相同的流体、在很广泛的情况下作了检验. 已证实了，只要 $\frac{\nu}{w_0 a}$ 之值相同，阻力就正比于 ρw_0^2. 见 Stanton and Pannell, "Similarity of Motion in Relation to the Surface Friction of Fluids," *Phil. Trans.* A, ccxiv. 199(1913;) Blasius, "Das Aehnlichkeitsgesetz bei Reibungsvorgängen," *Zeitschr. d. Ver. deutsch. Ingenieure*, 1912, p. 639.

2) Rankine, *Applied Mechanics*, Art. 638; Unwin, *Encyc. Britann.* 11th ed. Art. "Hydraulics."

3) *Recherches expérimentales rélatives au mouvement de l'eau dans les tuyaux*, Paris, 1855. Darcy 的公式被 Rankine 和 Unwin 所引用.

4) Rayleigh, 本节前面引文.

$$\pi D p_{rz} = -\frac{\partial p}{\partial z} \cdot \frac{1}{4} \pi D^2,$$

所以它表示

$$p_{rz} = 0.027 \rho w_0^2 \left(\frac{\nu}{w_0 D} \right)^{\frac{1}{4}}. \tag{7}$$

Rayleigh 曾指出,(5)式中函数 f 的形式可以用仅使 ν 改变的实验而予以确定. 实验似乎表明,随着 $w_0 D/\nu$ 的增大,函数 f 趋于一个确定的极限,因此,(6)式是阻力的一种渐近规律[1].

如果我们接受 (6) 式而把它作为所观察到的事实的一个表达式,那么,可以立即得出一个有些趣味的结论. 把 z 轴取为沿总体流动的方向,并以 $\bar{w}$ 表示空间任一点处的平均速度 (对时间而言),则在壁面上有

$$\mu \frac{\partial \bar{w}}{\partial n} = k \rho w_0^2,$$

其中 w_0 表示水流的总体速度,δn 为一法线元. 而如取一线性量 l 以使

$$\frac{w_0}{l} = \frac{\partial \bar{w}}{\partial n},$$

那么,l 就表示以相对速度 w_0 而移动的两块平行平板之间的距离,这两块平板能在层流中给出同样的切向应力. 于是得到

$$w_0 l = \nu / h. \tag{8}$$

例如,令 $\nu = 0.018$,$w_0 = 300$[c.s.],$k = 0.0025$,可得 $l = 0.024$cm[2]. 这是一个很小的量,所以它提示我们,在流体的湍流中,$\bar{w}$ 的值是在距壁面的一个很小的距离内很快地降到零的[3].

平均速度 $\bar{w}$ 在横截面上的分布情况曾由 Stanton[4] 用实验作了考察,他的实验是在稍为粗糙的导管中用空气流来作的,而且实验时,可发现阻力保持着与速度平方成正比的规律. 在离开壁面

---

1) Stanton, *Friction*, London, 1923, p. 55.

2) 参看 W. Thomson 爵士,*Phil. Mag.* (5) xxiv. 277(1887).

3) 它实际上是 Darcy 由实验发现的,见本节前面引文.

4) *Proc. Roy.Soc.* A, lxxxv. 366(1911).

很短的一个距离之外，速度近似地遵循抛物线律

$$\overline{w}=\overline{w}_c\left(1-\beta\frac{r^2}{a^2}\right),\tag{9}$$

其中 $\overline{w}_c$ 为轴线处的平均速度，而 β 为一常数． 在他后来所作的一些实验里，他证实了在靠近壁面处有一个严格的层流区域的观点．在他所观察过的场合下，这一区域的厚度是一厘米的几分之一．

366a. 在 333 节中所提到过的 Mallock 和 Couette 的实验装置里，我们可以有另一种形式简单的定常流动，它更适于用实验来调查．Mallock 断言，当内圆柱静止时，只要外圆柱的角速度不超出某一极限，则 333 节(5)式所表示的定常运动就是稳定的；而当它超出某一更高的极限时，这种运动就肯定是不稳定的；在中间阶段里，运动对扰动的影响是很敏感的．这一点，很有些像管流中的情况[1]．反之，当外圆柱固定时，对于内圆柱的所有转速而言，这种定常运动都是不稳定的．虽然从后来的材料来看，这些结论是需要受到限制的，但是，这些实验是有意义的，因为除管流中的实验外，它们就是最早对湍流运动所作的实验研究了．

一个不对称的二维扰动的影响已由 Harrison 应用 Reynolds 和 Orr 的方法(369 节)从数学上作了讨论[2]．他探讨了对于这种扰动而言为稳定时的二圆柱最大相对角速度．

近来，Taylor 对这一问题从数学上和实验上作了研究[3]，并得出了确定的结果．他从一个稳定的情况出发而逐渐增大二圆柱的角速度比，就发现，首先出现的不稳定性的形式是一个三维的、在初始时为定常的扰动，这一扰动对称于转轴，但对于平行于这一转轴的距离而言则具有周期性．当把流线投影到一个子午平面上时，这些流线就显示出在一个个矩形隔间中的涡系，这些涡系交替

1) 见 Kelvin 的一封信，这封信曾被 Rayleigh 引用于 *Phil. Mag.* (6) xxviii. (1914) [*Papers*, vi. 266].

2) *Camb. Trans.* xxii. 425 *Proc. Camb. Phil. Soc.* xx. 455(1921).

3) "Stability of a Viscous Liquid Contained between Two Rotating Cylinders," *Phil. Trans.* A, ccxxiii. 289(1922).

地沿相反方向而旋转．当二圆柱以相同的方向旋转时，每一个隔间都占据了二圆柱之间的整个径向空间；反之，就会出现一个外部的、微弱得多的涡系．从理论上和实验上都可以肯定，当内圆柱固定时，对于外圆柱的所有被观察到的转速而言，定常运动都是稳定的．当外圆柱固定时，可在内圆柱的转速足够小时得到稳定性．在所有情况下，出现不稳定性时的转速都是很确定的．

366b. 我们曾不止一次地强调过，除非所涉及的速度很小或空间很狭隘，否则，像 330 节中那样的以直线流动假定为基础而作出的计算就会导致出与实际明显不符的结果．例如，在 334 节 4° 所考虑的情况中，如赋予 μ 以水的通常值，那么，就要用非常长的时间才能使水面切向力的影响穿透到一个很小的深度之外，而真正发生的是，会形成旋涡，其结果是使相邻的流体层之间具有动量交换．这一概念和 Maxwell 的气体分子运动论中的概念相同，只是和我们现在有关的不是分子的动量，而是摩尔动量，也就是，和我们有关的是被视为连续介质的流体中微元部分的动量(参看369节)．

从 Reynolds[1] 起，有好几个作者都曾建议过，用一个"摩尔"粘性系数(或称"机械"粘性系数、"旋涡"粘性系数) $\bar{\mu}$ 来替换掉 μ 以考虑进这一过程．也就是说，例如，我们假定与 Oz 垂直的平面上的切向应力是由分量

$$\bar{\mu}\frac{\partial\bar{u}}{\partial z},\quad \bar{\mu}\frac{\partial\bar{v}}{\partial z}$$

所组成的，其中 $\bar{u},\bar{v}$ 是所考虑的点处的 u, v 在一个短时间中的平均值．这样，我们就不必去注意所变生的快速变化的细节，而只需关心上述意义下的平均效果了．

当然，这一系数 $\bar{\mu}$ 不能被看作是表示了流体某种物理性质的常数，它的数值要依赖于所考虑的运动的类型和尺度，而且从流体中某一部分到另一部分时，也常会有很大的变化．因而它不是事先已知的(虽然有时可根据模拟而作出估值)，而是把计算和实验

1) 365节第一个脚注所提到的刊物，627(1886) [*Papers*, ii. 236].

比较后才能求出的．它的含意说得确切些是，它对所考虑的情况中的湍流度给出了一个度量．

例如，在366节中所引用的 Stanton 的实验中，如考虑一个长度为1单位、半径为 r 的空气圆柱体上的作用力，可有

$$\bar{\mu}\frac{\partial\bar{w}}{\partial r}\cdot 2\pi r=\frac{\partial p}{\partial z}\cdot\pi r^2, \tag{1}$$

其中 $\frac{\partial p}{\partial z}$ 为沿导管的压力梯度．再作出366节(6)式的假定，就有

$$k\rho w_0^2\cdot 2\pi a=-\frac{\partial p}{\partial z}\cdot\pi a^2, \tag{2}$$

于是有

$$\frac{\bar{\mu}}{\rho}\frac{\partial\bar{w}}{\partial r}=-\frac{kr}{a}w_0^2. \tag{3}$$

故

$$\frac{\bar{\mu}}{\rho}=\frac{kw_0^2a}{2\beta\bar{w}_c}. \tag{4}$$

它使 $\bar{\mu}$ 在导管横截面上是均匀的，但正比于截面上的平均速度和导管半径．如令[1]

$$w_c=1\,500,\ w_0=1\,125,$$
$$a=2.5,\ k=0.0025,\ \beta=0.5,$$

可得

$$\bar{\mu}/\rho=5.3,$$

即

$$\bar{\mu}=0.0068.$$

对于较大的尺度中的运动，那么，我们可以预料到，会求出大得多的 $\bar{\mu}$ 值[2]．

366c. 同样的概念也曾被应用于分析风随它在地面以上的高度的变化[3]．分析时，像334a节5°的类似问题中那样把地球的转动考虑进去．假定 z 轴沿相反于表观重力的方向而上指，x 轴和 y 轴则随地球绕 Oz 的角速度分量 (ω) 而一起转动．设运动相对于这样的坐标轴是定常的，并令 $w=0$ 和略去 u, v 的水平梯度，则由203节(1)式可得[4]

---

1) 所取数值和 Stanton 的实验之一中的数值具有同一量级．

2) 参看 Jeffreys, "On Turbulence in the Ocean," *Phil. Mag.* (6) xxxix. 578(1920).

3) G. I. Taylor, "Eddy Motion in the Atmosphere," *Phil. Trans.* A, ccxv. 1(1915).

4) 表示平均(对时间而言)的速度和压力的标志被删去了，因为它在目前是不必要的．

$$
\left.\begin{aligned}
-2\omega v &= -\frac{\partial p}{\rho\partial x} + \bar{\nu}\frac{\partial^2 u}{\partial z^2},\\
2\omega u &= -\frac{\partial p}{\rho\partial y} + \bar{\nu}\frac{\partial^2 v}{\partial z^2},\\
0 &= -\frac{\partial p}{\partial z} + g\rho,
\end{aligned}\right\} \tag{1}
$$

其中 $\bar{\nu} = \bar{\mu}/\rho$. 现假定原点附近的压力梯度是均匀的，例如，假定

$$
-\frac{\partial p}{\rho\partial x} = 0, \quad -\frac{\partial p}{\rho\partial y} = f, \tag{2}
$$

则有

$$
\bar{\nu}\frac{\partial^2}{\partial z^2}(u + iv) - 2i\omega(u + iv) = -if. \tag{3}
$$

如令

$$
\beta^2 = \frac{\omega}{\bar{\nu}}, \quad \frac{f}{2\omega} = V, \tag{4}
$$

则在 $z = \infty$ 处为有限值的解为

$$
u + iv = V + Ce^{-(1+i)\beta z}. \tag{5}
$$

在很高处有 $u = V, v = 0$，这是平行于等压线的"梯度风"，这种风在无摩擦的地方是占有优势的.

假定地面处($z = 0$)的风与 x 轴的正方向之间的夹角为 α,则

$$
u_0 + iv_0 = V_0 e^{i\alpha}. \tag{6}
$$

故

$$
\left.\begin{aligned}
u &= V + e^{-\beta z}\{V_0\cos(\alpha - \beta z) - V\cos\beta z\},\\
v &= e^{-\beta z}\{V_0\sin(\alpha - \beta z) + V\sin\beta z\}.
\end{aligned}\right\} \tag{7}
$$

我们可以假定地面处的切向应力和该处的速度在方向上相同,亦即,假定在 $z = 0$ 处有

$$
\frac{\partial u}{\partial z} : \frac{\partial v}{\partial z} = u:v, \tag{8}
$$

则在化简后有

$$
V_0 = V(\cos\alpha - \sin\alpha). \tag{9}
$$

把(9)式代入(7)式后可得

$$\left.\begin{aligned} u/V &= 1 - \sin\alpha\{\cos(\alpha-\beta z)+\sin(\alpha-\beta z)\}e^{-\beta z}, \\ v/V &= \sin\alpha\{\cos(\alpha-\beta z)-\sin(\alpha-\beta z)\}e^{-\beta z}. \end{aligned}\right\} \quad (10)$$

风在方向上和梯度风相重合处的高度由 $v=0$ 给出，即由

$$\tan(\alpha-\beta z)=1 \quad (11)$$

给出。因方程(9)表明 α 必小于$\frac{1}{4}\pi$，故满足(11)式的第一个 z 值为

$$z=\left(\alpha+\frac{3}{4}\pi\right)\beta. \quad (12)$$

把理论结果和观察相比较后，可确定出旋涡粘性系数 $\bar{\nu}$ 之量级为 10^5 C.G.S.

367. 虽然在这一题材上的著作很多，但对于直线式的流动会在 365，366 节所述条件下出现不稳定性的解释、以及对不规则的旋涡能反抗粘性而维持下来的方式的解释则仍有待于探索。在这里，我们只能把为阐明这一问题而作的种种尝试给出一个简短的叙述。

Rayleigh 曾在一系列文章中考查了种种定常运动（它们都有可能在粘性流体中产生）对无穷小扰动的稳定性[1)]。虽然在受扰后的运动中把粘性略去了，但除了边界的影响起主要作用的那些情况外，这些结果仍被认为能对上述问题作出某些说明。只是，边界的影响起主要作用的那类情况却是很重要的。

我们可以简短地谈谈这一问题的二维形式，因为所用到的方法很简单，而且所得结果有其独立意义。

设定常的层流运动

$$u=U,\ v=0,\ w=0$$

（其中 U 仅为 y 的函数）在稍受扰动后有

$$u=U+u',\ v=v',\ w=0. \quad (1)$$

---

1) *Proc. Lond. Math. Soc.* x.4.(1879), xi. 57(1880), xix. 67 (1887), xxvii. 5(1895); *Phil. Mag*. (5) xxxiv. 59, 177 (1892); xxvi. 1001 (1913) [*Papers*, i. 361, 374, iii. 575, 594, iv. 203].

连续性方程为

$$\frac{\partial u'}{\partial x}+\frac{\partial v'}{\partial y}=0. \tag{2}$$

动力学方程组可根据146节(4)式而简化为涡量守恒条件 $D\zeta/Dt=0$，亦即

$$\frac{\partial \zeta}{\partial t}+(U+u')\frac{\partial \zeta}{\partial x}+v'\frac{\partial \zeta}{\partial y}=0, \tag{3}$$

其中

$$\zeta=\frac{\partial v'}{\partial x}-\frac{\partial u'}{\partial y}-\frac{dU}{dy}. \tag{4}$$

于是，在略去 u' 和 v' 的二阶项后有

$$\left(\frac{\partial}{\partial t}+U\frac{\partial}{\partial x}\right)\left(\frac{\partial v'}{\partial x}-\frac{\partial u'}{\partial y}\right)-\frac{d^2U}{dy^2}v'=0. \tag{5}$$

现在，把注意力放在一个对 x 具有周期性的扰动上，故设 u', v' 按 $e^{ikx+i\sigma t}$ 而变化．于是，由(2)式和(5)式有

$$iku'+\frac{\partial v'}{\partial y}=0, \tag{6}$$

和

$$i(\sigma+kU)\left(ikv'-\frac{\partial u'}{\partial y}\right)-\frac{d^2U}{dy^2}v'=0. \tag{7}$$

消去 u' 后可得

$$(\sigma+ku)\left(\frac{\partial^2 v'}{\partial y^2}-k^2v'\right)-\frac{d^2U}{dy^2}kv'=0, \tag{8}$$

它就是基本方程．

如果 dU/dy 在某一任意值的 y 处是不连续的，则方程(8)需由下式所替换：

$$(\sigma+kU)\Delta\left(\frac{\partial v'}{\partial y}\right)-\Delta\left(\frac{dU}{dy}\right)kv'=0, \tag{9}$$

其中Δ表示不连续面两侧的对应值之差．上式是由(8)式对 y 求积、并把不连续性看作是一个无限快速变化的极限而得到的．它也可由压力的连续性条件或由边界面（有位移的）处无切向滑移的条件而得到．

在一个固定的边界上，必有 $v'=0$.

1° 设未受扰时由平面 $y=\pm h$ 所界限、并具有均匀涡量的流体层被夹在两部分作无旋运动的流体之间，并设速度处处是连续的．这是234节所讨论过的问题的一个有趣的变异．

于是假定，当 $y>h$ 时，$U=\mathrm{u}$，当 $h>y>-h$ 时，$U=\mathrm{u}y/h$，当 $y<h$ 时，$U=-\mathrm{u}$，并注意到，除过渡面处外，都有 $d^2u/dy^2=0$．故(8)式化简为

$$\frac{d^2v'}{dy^2}-k^2v'=0. \tag{10}$$

它的适宜解为

$$\left.\begin{array}{ll}\text{对于}\ y>h, & v'=Ae^{-ky};\\ \text{对于}\ h>y>-h, & v'=Be^{-ky}+Ce^{ky};\\ \text{对于}\ y<h, & v'=De^{ky}.\end{array}\right\}\qquad(11)$$

v' 的连续性要求

$$\left.\begin{array}{l}Ae^{-kh}=Be^{-kh}+Ce^{kh},\\ De^{-kh}=Be^{kh}+Ce^{-kh}.\end{array}\right\}\qquad(12)$$

在这些关系式的帮助下,(9)式给出

$$\left.\begin{array}{l}2(\sigma+k\mathbf{u})Ce^{kh}-\dfrac{\mathbf{u}}{h}(Be^{-kh}+Ce^{kh})=0,\\ 2(\sigma-k\mathbf{u})Be^{kh}+\dfrac{\mathbf{u}}{h}(Be^{kh}+Ce^{-kh})=0.\end{array}\right\}\qquad(13)$$

消去比值 $B:C$ 后,可得

$$\sigma^2=\frac{\mathbf{u}^2}{4h^2}\{(2kh-1)^2-e^{-4kh}\}.\qquad(14)$$

对于小 kh 值,上式使 $\sigma^2=-k^2\mathbf{u}^2$,和绝对不连续的情况(234 节)相同. 反之,对于大 kh 值,$\sigma=\pm k\mathbf{u}$,表示具有稳定性. 因此,对于波长为 λ 的扰动是否为稳定一事依赖于 $\dfrac{\lambda}{2h}$ 之值. (14)式右边{}中的函数已由 Rayleigh 给出计算用表. 看来是,当 $\dfrac{\lambda}{2h}>5$ 左右时是不稳定的;而且当 $\dfrac{\lambda}{2h}=8$ 时,具有最大的不稳定性.

2° Rayleigh 在我们所援引的一些文章中还进一步探讨了平行壁面之间的种种流动,其目的是为了说明导管中直线式流动具有稳定性时的条件. 所得到的主要结果是,如 d^2U/dy^2 不改变符号(换言之,即,如以 y 为横坐标、以 U 为纵坐标而得到的曲线从头到尾只有一种弯曲方式),则运动是稳定的. 但由于他所考虑的受扰后的运动在壁面处有滑移,而无滑移条件在目前所考虑的问题中却显得非常重要,因此,他所得到的一些结论在多大程度上能够应用就成为疑问了.

3° 当 $d^2U/dy^2=0$ 时,用(10)式代替(8)式就等价于假定涡量 ζ 和未受扰时的运动中的相同,这是因为在这一假定之下可有

$$\frac{\partial u'}{\partial y}=\frac{\partial v'}{\partial x}=ikv',\qquad(15)$$

它和(6)式在一起就可带来方程(10).

然而应看到,当 $d^2U/dy^2=0$ 时,方程(8)也可在某个特殊的 y 值下而由 $\sigma+kU=0$ 所满足. 例如,我们可以假定在平面 $y=0$ 处引进了一个无穷小的附加涡量薄层. 这时,假定流体无界后,有

$$v'=Ae^{\mp ky+i(\sigma t+kx)},\qquad(16)$$

其中,按照 y 为正或为负而取上面的或下面的符号. 于是,条件(9)就由

$$\sigma + kU_0 = 0, \quad \triangle\left(\frac{dU}{dy}\right) = 0 \tag{17}$$

所满足，其中 U_0 表示 $y=0$ 处的 U 值．由于叠加上一个沿 x 方向的均匀速度并不使问题发生变化，所以可设 $U_0 = 0$，并因而得到 $\sigma = 0$．它表示受扰后的运动是定常的，换言之就是，原来的流动形态对于这种扰动是(到一阶小量)中性的[1]．

368. Kelvin 直接冲击了一个非常困难的问题，那就是，在确定层流运动的稳定性时，把粘性的影响考虑进去[2]．他特别探讨了以下几种情况：(i) 两块固定的平行平板之间在压力作用下而引起的流动(见 330 节)，(ii) 两块平行平板(一块是固定的，另一块则相对于这一固定平板以常速度而运动)之间的均匀剪切运动，(iii) 在一块倾斜的平面底板上的水流．所得到的一般性结论是，对于无穷小的扰动而言，层流运动在所有情况下都是稳定的，但对于超过某一极限的扰动，运动就变为不稳定的了，而且，粘性越小，稳定性的范围也越狭窄．所作的探讨是很难的，而且 Rayleigh[3] 和 Orr 也对其中某些部分提出了问题．我们要感谢 Orr 对整个探讨作出了详尽的检验[4]．但曾冲击过这一课题的大多数作者都倾向于认为上述结论的可能性是很大的，虽然还很难证实．我们还可以注意到，这一结论符合 365，366 节中提到的 Reynolds 和别人所作的观察．

在两板平行平板 $y=0$ (它是静止的)和 $y=h$ 之间的均匀剪切运动中，这一方法的最初几步如下．假定未受扰的运动为

$$u = \beta y, \quad v = 0, \quad w = 0, \tag{1}$$

受扰后的运动为

---

1) 参看 W. Thomson 爵士，"On a Disturbing Infinity in Lord Rayleigh's solution for waves in a plane Vortex Stratum," *Brit. Ass. Rep.* 1880, p. 492[*Papers*, iv. 186] 和 Rayleigh 的答复，*Proc. Lond. Math. Soc.* xxvii. 5[*Papers*, iv. 203].

2) "Rectilinear Motion of Viscous Fluid between two Parallel Planes," *Phil. Mag.* (5) xxiv.188(1887); "Broad River flowing down an Inclined Plane Bed," *Phil. Mag.* (5) xxiv. 272(1887) [*Papers*, iv. 321].

3) 367 节第一个脚注中引文.

4) "The Stability or Instability of the Steady Motion of a Perfect Liquid and of a Viscous Liquid," *Proc. Roy. Irish. Acad.* xxvii. 9, 69 (1906—7).

$$u = \beta y - \frac{\partial \psi}{\partial y}, \quad v = \frac{\partial \psi}{\partial x}, \quad w = 0. \tag{2}$$

因而涡量为

$$\zeta = -\beta + \nabla_1^2 \psi. \tag{3}$$

328 节(8) 式中第三个方程给出

$$\frac{\partial \zeta}{\partial t} + u\frac{\partial \zeta}{\partial x} + v\frac{\partial \zeta}{\partial y} = \nu \nabla_1^2 \zeta. \tag{4}$$

把(2)式代入，并略去 ψ 的二阶项后可得

$$\left(\frac{\partial}{\partial t} + \beta y \frac{\partial}{\partial x}\right) \nabla_1^2 \psi = \nu \nabla_1^4 \psi. \tag{5}$$

假定扰动具有 $e^{i(\sigma t + kx)}$ 的形式，可有

$$\frac{\partial^2 S}{\partial y^2} = \left\{k^2 + \frac{i(\sigma + k\beta y)}{\nu}\right\} S, \tag{6}$$

其中

$$S = \nabla_1^2 \psi = \frac{\partial^2 \psi}{\partial y^2} - k^2 \psi, \tag{7}$$

而且未把指数函数因子写出.

因在边界上必须符合条件(1)，故在 $y = 0$ 和 $y = h$ 处必有 $\partial \psi / \partial x = 0$ 和 $\partial \psi / \partial y = 0$，即该处必有

$$\psi = 0, \quad \frac{\partial \psi}{\partial y} = 0. \tag{8}$$

如 S 为(6)式的全解，则应用“参数变值法”求积(7)式后给出

$$\psi = \frac{1}{2k}\left\{e^{ky}\int e^{-ky} S dy - e^{-ky}\int e^{ky} S dy\right\}, \tag{9}$$

故

$$\frac{\partial \psi}{\partial y} = \frac{1}{2}\left\{e^{ky}\int e^{-ky} S dy + e^{-ky}\int e^{ky} S dy\right\}. \tag{10}$$

除了在 S 中就已包含了两个任意常数外，上式中的两个不定积分当然还会带来两个任意附加常数.

如把这两个积分中的下限取为 0，则条件(8)可在 $y = 0$ 处满足. 而 $y = h$ 处的条件就导致

$$\int_0^h e^{-kh} S dy = 0, \quad \int_0^h e^{kh} S dy = 0. \tag{11}$$

因此，如写出

$$S = C_1 S_1 + C_2 S_2, \tag{12}$$

其中 S_1, S_2 为(6)式的任意两个独立解，则在消去任意常数 C_1 和 C_2 后，有

$$\int_0^h e^{ky} S_1 dy \cdot \int_0^h e^{-ky} S_2 dy - \int_0^h e^{-ky} S_1 dy \cdot \int_0^h e^{ky} S_2 dy = 0. \tag{13}$$

它是先由 Orr[1]，后来又独立地由 Sommerfeld[2] 所给出的方程．当 k 给定后，这一方程就确定了 σ 之值．如 $\sigma = p + iq$，那么，对于稳定的情况，q 必须为正值．

如令

$$k^2 + \frac{i(\sigma + k\beta y)}{\nu} = \left(\frac{k\beta}{\nu}\right)^{2/3} \eta, \tag{14}$$

则(6)式的形式成为

$$\frac{\partial^2 S}{\partial \eta^2} + \eta S = 0, \tag{15}$$

它可用级数来求积[3]．这样做时就得到

$$S = A_1 \left\{1 - \frac{\eta^3}{2\cdot 3} + \frac{\eta^6}{2\cdot 5\cdot 3\cdot 6} - \frac{\eta^9}{2\cdot 5\cdot 8\cdot 3\cdot 6\cdot 9} + \cdots\right\}$$
$$+ A_2 \left\{1 - \frac{\eta^3}{3\cdot 4} + \frac{\eta^6}{3\cdot 6\cdot 4\cdot 7} - \frac{\eta^9}{3\cdot 6\cdot 9\cdot 4\cdot 7\cdot 10} + \cdots\right\}, \tag{16}$$

或用 Bessel 函数的记号而写成[4]

$$S = B_1 \eta^{1/2} J_{-1/3}\left(\frac{2}{3}\eta^{3/2}\right) + B_2 \eta^{1/2} J_{1/3}\left(\frac{2}{3}\eta^{3/2}\right). \tag{17}$$

对这一问题作进一步的探讨就相当困难了．Orr 和其后 Rayleigh[5] 曾在某种程度上作了这一工作，在 Rayleigh 的文章中还列出了其它参考资料．

在 Southwell 教授不久前对这一问题所作的讨论[6]中，是从方程(5)出发，但假定 $\sigma = p + iq$(所以时间因子为 $e^{-qt+i(pt+kx)}$)，并进而证明了，如 $p = 0$，即如扰动是非振荡式的，则可允许的 q 值就必为正值，因而，对于这样的扰动，剪切运动是稳定的．他还进一步考察了相应的衰减模式的特点，并用一系列有趣的相对流线图形来作出了说明．

369. Reynolds 在一篇著名的文章[7]中，从另一个观点出发冲

---

1) 见本节前面引文．

2) *Atti del* IV. *Congr. intern. dei matematici*, Roma, 1909, ii. 116.

3) 参看 Stokes, *Camb. Trans.* x. 106(1857) [*Papers*, iv. 77].

4) 关于(15)式和 Riccati 方程以及和 Bessel 方程之间的关系见 Forsyth, *Differential Equations*, Art. 111.

5) "Stability of Viscous Fluid Motion," *Phil. Mag.* (6) xxviii. (1914); "On the Stability of the Simple Shearing Motion of a Viscous Incompressible Fluid," *Phil. Mag.* (6) xxx. 329 (1915) [*Papers*, vi. 266, 341].

6) *Phil. Trans.* A, ccix. 205(1930).

7) "On the Dynamical Theory of Incompressible Viscous Fluids and the Determination of the Criterion," *Phil. Trans.* A, clxxxvi. 123 (1894) [*Papers*, ii. 535].

击了这一普遍性问题．他把湍流运动取为已经存在了，然后着手来建立一个能决定湍流特性将增强还是减弱或保持不变的准则．

为此目的，要把速度 (u, v, w) 分解为两部分．例如，我们可以写出

$$\bar{u}=\frac{1}{\tau}\int_{t-\frac{1}{2}\tau}^{t+\frac{1}{2}\tau} u d t, \quad \bar{v}=\frac{1}{\tau}\int_{t-\frac{1}{2}\tau}^{t+\frac{1}{2}\tau} v d t,$$

$$\bar{w}=\frac{1}{\tau}\int_{t-\frac{1}{2}\tau}^{t+\frac{1}{2}\tau} w d t, \tag{1}$$

那么，$\bar{u}, \bar{v}, \bar{w}$ 就是点 (x, y, z) 处的 u, v, w 在时间间隔 $t-\frac{1}{2}\tau$ 到 $t+\frac{1}{2}\tau$ 中的平均值．另外，我们也可以取时刻 t 时、在点 (x, y, z) 周围的一个空间（例如，一个球形空间）中的平均值，即

$$\bar{u}=\frac{1}{S}\iiint u d x d y d z, \quad \bar{v}=\frac{1}{S}\iiint v d x d y d z,$$

$$\bar{w}=\frac{1}{S}\iiint w d x d y d z. \tag{2}$$

或者，还可以取一个双重平均值，即，既在时间间隔 τ 中取平均值，又在空间 S 中取平均值．在上述每一种情况下，真正的速度都表示为

$$u=\bar{u}+u', \quad v=\bar{v}+v', \quad w=\bar{w}+w', \tag{3}$$

而 u', v', w' 则可称为湍流运动的速度分量．这样做时就意味着

$$\bar{u}'=0, \quad \bar{v}'=0, \quad \bar{w}'=0, \tag{4}$$

其中，各符号上的一横表示按所采用的特殊约定而取的平均值．

为简练起见，我们将采用(1)式所表示的平均值的定义．

Reynolds 是从以下形式的动力学方程组出发的：

$$\left.\begin{aligned}\rho \frac{\partial u}{\partial t}=\rho X+\frac{\partial}{\partial x}(p_{xx}-\rho u u)+ & \frac{\partial}{\partial y}(p_{yx} \\ -\rho u v)+\frac{\partial}{\partial z}(p_{zx}-\rho u w), & \\ \cdots\cdots\cdots\cdots\cdots, & \\ \cdots\cdots\cdots\cdots\cdots. &\end{aligned}\right\} \tag{5}$$

这一方程组之等价于 328 节(1)式可利用连续性方程

$$\frac{\partial u}{\partial x}+\frac{\partial v}{\partial y}+\frac{\partial w}{\partial z}=0 \tag{6}$$

而看出．对我们的讨论而言，采用什么形式的动力学方程并不是重要的事，而采用上面这种形式可以有趣地表示出 Maxwell[1] 在气体分子运动理论中所用方法的一个应

---

1) 326 节第三个脚注中引文．

用．这种形式的动力学方程组表示出，一个固定的直角平行六面体空间 $\delta x\delta y\delta z$ 中所包含的动量的变化率是由于下述两个原因产生的：一是有力作用于占据着该空间(在所考虑的时刻)的物质上，另一则是穿过该空间边界的物质通量携带着动量．例如，在垂直于 Ox, Oy 和 Oz 的三个单位面积上所穿过的 x 方向的动量通量分别为 $\rho uu, \rho vu$ 和 ρwu，故取微元空间 $\delta x\delta y\delta z$ 的各相对面元上的通量之差后就得出单位时间中所获得的 x 方向的动量为

$$-\frac{\partial}{\partial x}(\rho u\delta y\delta z\cdot u)\delta x-\frac{\partial}{\partial y}(\rho v\delta z\delta x\cdot u)\delta y$$

$$-\frac{\partial}{\partial z}(\rho w\delta x\delta y\cdot u)\delta z$$

了．

现在，我们对方程(5)中每一项取平均值，并应用代换式(3)．当我们这样做时，我们假定，可以在不产生显著误差之下而把 $\bar{u}, \bar{u}u', \bar{u}v', \bar{u}w'\cdots$ 的平均值分别取为 $\bar{u}$, 0, 0…．这并不是精确的做法，但如 u, v, w 相对于其平均值的脉动在时间间隔 τ 中有足够多的次数的话，那么就是可允许的．于是，随之而有

$$\overline{uu}=\bar{u}\bar{u}+\overline{u'u'},\quad \overline{uv}=\bar{u}\bar{v}+\overline{u'v'}$$
$$\overline{uw}=\bar{u}\bar{w}+\overline{u'w'}.\tag{7}$$

用这种方法可得

$$\left.\begin{aligned}\rho\frac{\partial\bar{u}}{\partial t}&=\rho X+\frac{\partial}{\partial x}(\bar{p}_{xx}-\rho\bar{u}\bar{u}-\overline{\rho u'u'})+\frac{\partial}{\partial y}(\bar{p}_{yx}-\rho\bar{u}\bar{v}-\overline{\rho u'v'})\\&\quad+\frac{\partial}{\partial z}(\bar{p}_{zx}-\rho\bar{u}\bar{w}-\overline{\rho u'w'}),\\&\cdots\cdots\cdots\cdots,\\&\cdots\cdots\cdots\cdots,\end{aligned}\right\}\tag{8}$$

而连续性方程则给出

$$\frac{\partial\bar{u}}{\partial x}+\frac{\partial\bar{v}}{\partial y}+\frac{\partial\bar{w}}{\partial z}=0.\tag{9}$$

它们是平均运动[1]的方程组．应注意到，如果我们引进附加应力分量

$$P_{xx}=-\overline{\rho u'u'},\ P_{yx}=-\overline{\rho u'v'},\ P_{zx}=-\overline{\rho u'w'},\ \cdots,\tag{10}$$

则动力学方程组(8)就和精确方程组(5)具有同样形式．它使我们想起 Maxwell 对气体粘性所作的解释(见本书前面脚注中引文)．

应用(9)式后可把方程组(8)写成

---

1) 或按 Reynolds 的措词而称为“平均的平均运动”．他把速度 (u, v, w) 称为平均运动，以区别于“分子运动”，而把湍流运动 (u', v', w') 称为“相对平均运动”．

$$\left.\begin{aligned}\left(\frac{\partial}{\partial t}+\bar{u}\frac{\partial}{\partial x}+\bar{v}\frac{\partial}{\partial y}+\bar{w}\frac{\partial}{\partial z}\right)\rho\bar{u}=\rho X+\frac{\partial}{\partial x}(\bar{p}_{xx}-\overline{\rho u'u'})\\+\frac{\partial}{\partial y}(\bar{p}_{yx}-\overline{\rho u'v'})+\frac{\partial}{\partial z}(\bar{p}_{zx}-\overline{\rho u'w'}),\\\cdots\cdots\cdots\cdots,\\\cdots\cdots\cdots\cdots,\end{aligned}\right\}\quad(11)$$

如依次以 $\bar{u},\bar{v},\bar{w}$ 乘以上三式，然后相加，就得到

$$\begin{aligned}&\left(\frac{\partial}{\partial t}+\bar{u}\frac{\partial}{\partial x}+\bar{v}\frac{\partial}{\partial y}+\bar{w}\frac{\partial}{\partial z}\right)\frac{1}{2}\rho(\bar{u}^2+\bar{v}^2+\bar{w}^2)\\&=\rho(X\bar{u}+Y\bar{v}+Z\bar{w})\\&+\bar{u}\left\{\frac{\partial}{\partial x}(\bar{p}_{xx}-\rho\overline{u'u'})+\frac{\partial}{\partial y}(\bar{p}_{yx}-\rho\overline{u'v'})\right.\\&\left.+\frac{\partial}{\partial z}(\bar{p}_{zx}-\rho\overline{u'w'})\right\}+\bar{v}\left\{\frac{\partial}{\partial x}(\bar{p}_{xy}-\rho\overline{v'u'})\right.\\&\left.+\frac{\partial}{\partial y}(\bar{p}_{yy}-\rho\overline{v'v'})+\frac{\partial}{\partial z}(\bar{p}_{zy}-\rho\overline{v'w'})\right\}\\&+\bar{w}\left\{\frac{\partial}{\partial x}(\bar{p}_{xz}-\rho\overline{w'u'})+\frac{\partial}{\partial y}(\bar{p}_{yz}-\rho\overline{w'v'})\right.\\&\left.+\frac{\partial}{\partial z}(\bar{p}_{zz}-\rho\overline{w'w'})\right\}.\end{aligned}\quad(12)$$

首先，我们假定不存在外力 X,Y,Z，并把(12)式应用于一个由固定的壁面所围圈的区域——在壁面上，u,v,w 为零，因而 u',v',w' 也都为零．如写出

$$T_0=\frac{1}{2}\rho\iiint(\bar{u}^2+\bar{v}^2+\bar{w}^2)dxdydz,\quad(13)$$

则在作了几次分部积分后，可得

$$\frac{dT_0}{dt}=-\iiint\Phi_0dxdydz-\iiint\Psi dxdydz,\quad(14)$$

其中

$$\begin{aligned}\Phi_0&=\bar{p}_{xx}\frac{\partial\bar{u}}{\partial x}+\bar{p}_{yy}\frac{\partial\bar{v}}{\partial y}+\bar{p}_{zz}\frac{\partial\bar{w}}{\partial z}+\bar{p}_{yz}\left(\frac{\partial\bar{w}}{\partial y}+\frac{\partial\bar{v}}{\partial z}\right)\\&+\bar{p}_{zx}\left(\frac{\partial\bar{u}}{\partial z}+\frac{\partial\bar{w}}{\partial x}\right)+\bar{p}_{xy}\left(\frac{\partial\bar{v}}{\partial x}+\frac{\partial\bar{u}}{\partial y}\right)\\&=\mu\left\{2\left(\frac{\partial\bar{u}}{\partial x}\right)^2+2\left(\frac{\partial\bar{v}}{\partial y}\right)^2+2\left(\frac{\partial\bar{w}}{\partial z}\right)^2+\left(\frac{\partial\bar{w}}{\partial y}+\frac{\partial\bar{v}}{\partial z}\right)^2\right.\\&\left.+\left(\frac{\partial\bar{u}}{\partial z}+\frac{\partial\bar{w}}{\partial x}\right)^2+\left(\frac{\partial\bar{v}}{\partial x}+\frac{\partial\bar{u}}{\partial y}\right)^2\right\},\end{aligned}\quad(15)$$

$$\Psi=\rho\left\{\overline{u'u'}\frac{\partial\bar{u}}{\partial x}+\overline{v'v'}\frac{\partial\bar{v}}{\partial y}+\overline{w'w'}\frac{\partial\bar{w}}{\partial z}\right.$$

$$+\overline{v'w'}\left(\frac{\partial\bar{w}}{\partial y}+\frac{\partial\bar{v}}{\partial z}\right)+\overline{w'u'}\left(\frac{\partial\bar{u}}{\partial z}+\frac{\partial\bar{w}}{\partial x}\right)$$

$$\left.+\overline{u'v'}\left(\frac{\partial\bar{v}}{\partial x}+\frac{\partial\bar{u}}{\partial y}\right)\right\}. \tag{16}$$

(14)式给出了平均运动 (u,v,w) 的能量变化率. 右边第一项表示单独由平均运动而产生的耗散率,并为本性负值;右边第二项表示由虚拟的应力(10)式所作的功率.

现如 T 为真正的动能,则借助于已作过的假定,可写出

$$\bar{T}=T_0+\bar{T}', \tag{17}$$

其中

$$T'=\frac{1}{2}\rho\iiint(u'^2+v'^2+w'^2)dxdydz, \tag{18}$$

即 T' 为旋涡运动的动能. 用 344 节的方法可以证明,在目前所作的流体由固定边界(其上无滑移)所围圈的假定下,从平均来看,总耗散就等于分别由平均运动和旋涡运动所引起的耗散之和. 故

$$\frac{dT}{dt}=-\iiint\Phi_0dxdydz-\iiint\bar{\Phi}'dxdydz, \tag{19}$$ 1)

其中

$$\Phi'=\mu\left\{2\left(\frac{\partial u'}{\partial x}\right)^2+2\left(\frac{\partial v'}{\partial y}\right)^2+2\left(\frac{\partial w'}{\partial z}\right)^2\right.$$

$$\left.+\left(\frac{\partial w'}{\partial y}+\frac{\partial v'}{\partial z}\right)^2+\left(\frac{\partial u'}{\partial z}+\frac{\partial w'}{\partial x}\right)^2+\left(\frac{\partial v'}{\partial x}+\frac{\partial u'}{\partial y}\right)^2\right\}. \tag{20}$$

与(14)式相比较后有

$$\frac{dT'}{dt}=-\iiint\bar{\Phi}'dxdydz-\iiint\Psi dxdydz. \tag{21}$$

上式右边表达式的符号就确定了旋涡运动 (u',v',w') 的平均动能将增大还是减小. 其中含有粘性 μ 的第一部分为本性负值,第二部分依赖于流体的惯性,它根据情况而可为正值或负值.

当需要考虑进外力 X,Y,Z, 而且速度 u,v,w 在所考虑的区域的边界上不一定为零时,方程(14)就需要加上一些项来作出修正, 在这些项中,有的表示由于对流而带进区域中的平均运动动能,有的表示外力 X,Y,Z 所作的功, 有的则表示边界上的平

1) 应注意到, 我们现在把时间微分元 δt 实际上取为和定义(1)中的时间间隔 τ 具有同样的量级了. 本书中所用的方法避免了使用原来文章中所出现的一些冗长的方程.

均应力 $\bar{p}_{xx},\bar{p}_{yx},\bar{p}_{zx},\cdots$ 和虚拟应力 $P_{xx},P_{yx},P_{zx},\cdots$ 所作的功.

另一方面,方程(21)则只需加上一项,这一项表示由于对流而穿过边界的湍流运动的动能.

在所述前提下导出著名的公式(14)和(21)以及得出上面所提到的修正一事看来并不引起什么异议,但在把这些公式应用于实际问题时,却必须记住对湍流运动的特点所作的限制和假定.

可以提一下由(21)式能引出的一两个结论[1]. 首先,如果我们把 u',v',w' 的符号改变,或把它们乘上任一常数因子,(21)式右边两项的相对大小是并不改变的. 因此,某种状态的平均运动的稳定性与扰动的尺度无关. 另一方面,u',v',w' 的某种组合会比其它组合更有利于稳定性. 例如,对于两块刚性平面 $y=\pm b$ 之间的平行于 Ox 的层流运动受扰后的流动,公式(16)简化为

$$\Psi=\rho\overline{u'v'}\,\frac{\partial\bar{u}}{\partial y},\tag{22}$$

因此,能使扰动增大的是 u',v' 具有相同符号(对于 $y>0$)的情况占优势的那种组合. 它表示有着使各层中的速度趋于相等的那种情况. 此外,平均运动中的应变率 $\frac{\partial\bar{u}}{\partial x},\cdots$ 越大,则(21)式右边第二项(它才对增大 $\bar{T}'$ 有所供献)的相对重要性也越大. 这一点,对于为什么某种形式的平均运动在达到某一临界速度之前并不破坏的原因给出了启示.

如果把修正后的公式应用于均匀圆柱形管道中的流动,并假定压力梯度 $(-d\bar{p}/dx)$ 为零,可得

$$\frac{dT_0}{dt}=\rho X\bar{u}\pi a^2-2\pi\int_0^a\Phi_0 r\,dr+2\pi\int_0^a\Psi r\,dr,\tag{23}$$

和

$$\frac{d\bar{T}'}{dt}=-\iint\bar{\Phi}'dy\,dz-2\pi\int_0^a\Psi r\,dr,\tag{24}$$

其中

$$\Phi_0=\mu\left(\frac{\partial\bar{u}}{\partial r}\right)^2,\quad \Psi=\rho\,\overline{u'q'}\,\frac{\partial\bar{u}}{\partial r}.\tag{25}$$

在这里,我们所考虑的区域是相距为一个单位的两个横截面(面积为 πa^2)之间的空间,x 轴则取为与管轴线重合,q 则表示与这一轴线垂直的速度分量. 当然,还假定了 $\bar{q}=0$,$\frac{\partial\bar{u}}{\partial x}=0$,以及所有的平均量在各横截面上的分布是相同的. 而定常运动的条

1) 参看 Lorentz,"Ueber die Entstehung turbulenter Flüssigkeitsbewegungen und über den Einfluss disser Bewegungen bei der Strömung durch Röhren," *Abhandlungen über theoretische Physik*, Leipzig, 1907, i. 43. 这篇文章是1897年所发表的一篇文章的修改.

件就可由(23)和(24)二式的右边部分为零而得到.

Reynolds 详细地讨论了流体在两块固定的平面壁 $y=\pm b$ 之间平行于 x 轴而流动的情况——上述问题的二维形式. 他根据330节中的讨论而假定 $\bar{u}$ 正比于 b^2-y^2, 然后来寻求符合条件 $d\bar{T}'/dt=0$ 的最小通量之值. 详细的讨论需要参看他原来的文章,而他所得到的结果是,临界比 u_0b/ν (u_0 为 $\bar{u}$ 在两边界 $y=\pm b$ 之间的平均值)必须超过 258[1].

流体的阻力

370. 对许多实用问题(例如船的推进、导弹的飞行以及风对结构物的影响等)来讲,本课题是很重要的. 虽然近来由于它和人工飞行问题有关而有新的力量注入于研究,但这方面的知识仍大部分来自实验.

我们已知,一个孤立的物体在无摩擦的液体中远离边界(如果有的话)而运动时,是没有能量损失的; 而如果液体的运动是从静止开始的,那么就应是无旋的和无环量的,液体的影响就完全可以用修正固体的惯性的办法来考虑进去[2].

完全用理论方法的、最早所得到的和日常经验不那么太矛盾的结果是 Kirchhoff 和 Rayleigh 对平板运动问题的二维形式所作的探讨(第76,77节). 应注意到,在这种问题里,流体的运动已不是严格的无旋运动了,因为出现了一个等价于涡旋层(151节)的不连续面.

这一理论之所以易于招致异议一事不仅在于未考虑粘性,而且还在于跟随在平板后面的"死水"意味着出现无穷大的动能,并由于这一原因和其它原因, 而使 Helmholtz 和 Kirchhoff 的方

---

1) Sharpe 得到了一个不同的结果,见 "On the Stability of the Motion of a Viscous Liquid," *Trans. Amer. Math. Soc.* vi. 496 (1905), 其中也探讨了圆柱形导管中的流动. 这些问题,连同二平行平面之间的均匀剪切运动,都曾由 Orr 作了更为详细的讨论,见368节第三个脚注中引文. 数值结果上的不同似乎来源于所考虑的扰动的类型有所不同. 两个平行平面之间的均匀剪切运动问题也曾由 Lorentz 处理过,见本节前面脚注中引文.

2) 大陆上的作者常把阻力为零的结论称为 "d'Alembert 矛盾".

法只能应用于像射流这种具有自由表面的情况[1]. 事实上，虽然Kirchhoff 和 Rayleigh 根据他们的假定，用动量原理所作出的计算能像所希望的那样，给出了正比于速度平方的阻力[2]，而且在某个范围内和实际相符，但平板表面上的压力分布却和实际情况极不相同. 压力不仅应在板的前部表面上有所盈余，而且在板的后背面上还有所亏损(吸力)，二者都对总阻力作出了贡献. 这一点已在附图[3]中举例表明，其中纵坐标表示了不同倾角 α（相对于流动方向)下的压力沿板宽的分布.

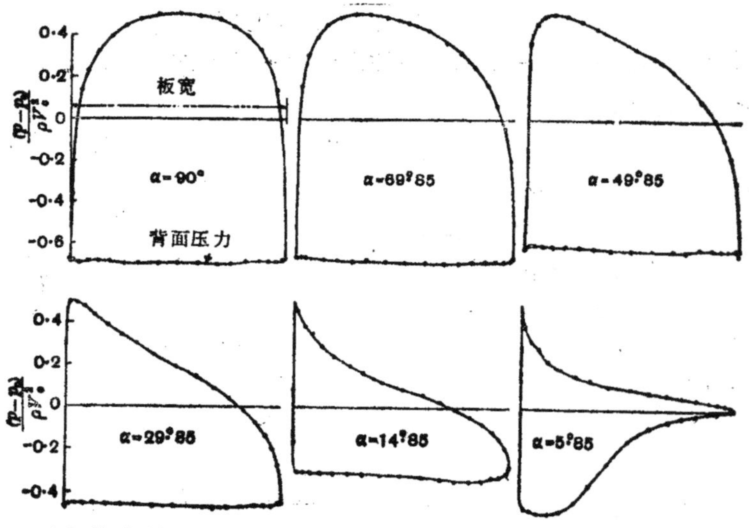

不少作者曾采用 Kirchhoff 方法计算了弧形板问题[4]，但由于

---

1) Kelvin, *Nature*, I. 542 (1894) [*Papers*, iv. 215].

2) 参看 Newton, *Principia*, lib. ii. prop. 33.

3) 取自 Fage and Johnnsen 的文章"On the Flow of Air behind an Inclined FlatPlate of Infinite Span," *Aeronautical Research Commitee, R. and M*. No. 1104[proc. *Roy. Soc*. cxvi. 170 (1927)]. 复制这些图线是取得 H.M. Stationery Office 主管人的允许的. 关于某些早期的测量结果，可参看 Stanton,"On the Resistance of Plane Surface in a Uniform Current of Air," *Proc. Inst. Civ. Eng*. clvi. 78 (1904); Eiffel, *La Résistance de l'Air*, Paris, 1910.

4) 参考文献已在第 79 节第三个脚注中给出.

我们在上面已说到的原因，这些计算对实际问题并没有多大意义.

370a. 在一块平板或一个柱形固体后面尾流中的两列以相反方向转动的涡旋，已由不少观察者借助于摄影而有效地描绘了出来[1]. 超过某个中等大小的速度后，涡旋就交替地从固体两侧脱落下来，它们的通常排列类似于 Kármán 所讨论过的那种非对称形式（156 节），只是，诸涡旋并不像为简化而假定的那样地是一个个集中涡旋. Kármán 作了无旋运动（除了诸集中涡旋处之外）的假定后，从动量上的考虑而得出了公式[2]

$$\frac{\rho\kappa b}{a}(U-2V)+\frac{\rho\kappa^2}{2\pi a}, \tag{1}$$

其中 U 为固体相对于流体的速度，其余诸记号的意义与 156 节中相同，特别是，V 表示涡列相对于未受扰处流体的速度. 在稳定的情况下，可求得

$$b/a=0.281,\ \kappa=\sqrt{8}\,Va. \tag{2}$$

不过，即使我们把(2)式之值代入(1)式，但比值 V/U 以及 b（或 a）与障碍物的尺度之间的关系也仍为未知的，因此，为使(1)式能成为计算阻力的完整公式，就必须确定它们. 由于实际的涡旋具有扩散性质而难于作出精确的观察，但 Kármán 曾用水、Fage 曾用空气作过尝试.

在结束这一课题之前，应当提到，需要用物体后面所形成的两列涡旋来解释许多声学现象. 一个熟知的例子是风疾驶过树木时所引起的声音以及在另一个尺度中、在适宜条件下所产生的"风奏

---

1) 例如，Ahlborn, *Ueber den Mechanismus des hydrodynamischen Widerstandes*, Hamburg, 1902; Bénard, *Comptes Rendus*, cxlvii.839(1908); Kármán and Rubach, *Phys. Zeitschr.* 1913, p. 49; Prandtl, "The generation of vortices…", London, 1927; Rosenhead, *Proc. Roy. Soc.* A, cxxix. 115 (1930).

2) Synge 教授假定仅有一串由涡旋组成的"半无穷"尾迹而作的独立计算得出了等价的结果，见 *Proc. Roy. Irish Acad.* xxxvii. A, 95(1929). 当流体被夹在两个平行壁面之间时的相应公式由 Rosenhead 和近似地由 Glauert 所得到，见 156 节最后一个脚注中引文.

琴音调”[1]. 在航空上，我们在不同尺度中有飞机天线的鸣叫[2]以及螺旋桨的吼声。

Rayleigh 提到过，从量纲上的考虑可知，当风吹过一个直径为 D 的圆柱形金属线时，所产生的鸣声的频率 N 必满足以下类型的公式：

$$N = \frac{U}{D} f\left(\frac{\nu}{UD}\right). \tag{3}$$

他还构造出了下面的经验公式作为 Strouhal 所得观察结果的一个良好的表达式：

$$\frac{ND}{U} = 0.195\left(1 - \frac{20.1\nu}{UD}\right). \tag{4}$$

我们可以把 Kármán 对水流中圆柱体后部的涡旋脱落频率所作某些观察和上式加以比较. Kármán 在两种速度下所得结果分别等价于

$$N = 0.207U/D, \quad N = 0.198U/D.$$

Fage 在空气中用一个横向于气流的平板翼作了实验，他发现，在相当大的速度范围内，涡旋从翼的一个边缘上脱落的频率可以很好地由公式

$$N = 0.146U/D$$

给出，式中 D 为翼的宽度. Kármán 在水中所作的类似实验则表明，数字因子的范围在 0.135 到 0.145 之间.

370b. 均匀[3]的无摩擦液流对浸没于其中的固体能产生作用力的唯一的一种情况是，固体为有环量环绕它的二维柱体. 这时，有一个与液流成直角的“升力”，其值在每单位长度上为

$$L = \kappa\rho U, \tag{1}$$ [4]

---

1) Rayleigh, *Phil. Mag.* (6) vi. 29 (1915) [*Papers*, vi. 315].

2) Relf, *Phil. Mag.* (6) xlii. 173 (1921).

3) 这一限制的必要性已在72b 节和 143 节中表明.

4) Kutta，第 69 节第一个脚注中引文. 这一定理是他在 1902 年的一个未发表的论文中给出的. 较早发表这一定理的是 Joukowski(1906).

式中U为液流速度，κ为环量. 这一与截面的形状和大小无关的定理形成了近代的机翼升力理论的基础[1). 在 72b 中已给出过这一定理的证明，但由于这一定理的重要性，我们有理由插进下面的证明方法，它是一个人为性质较少的证明方法.

如(u,v)为流体的速度，并在无限远处为零，则因相对于物体的运动是定常的，故压力的计算公式为

$$\frac{p}{\rho} = \text{const.} - \frac{1}{2}\{(u-U)^2 + v^2\}. \tag{2}$$

所以，如l,m为截面轮廓线上的一个微元δs的外法线的方向余弦，那么，作用于固体的压力的总效果在x方向的分量为

$$\begin{aligned} X &= \frac{1}{2}\rho\int(u^2+v^2)l\,ds - \rho U\int ul\,ds \\ &= -\rho\iint\left(u\frac{\partial u}{\partial x} + v\frac{\partial v}{\partial x}\right)dx\,dy - \rho U\int ul\,ds \\ &= -\rho\iint\left(u\frac{\partial u}{\partial x} + v\frac{\partial u}{\partial y}\right)dx\,dy - \rho U\int ul\,ds \\ &= \rho\int(lu+mv)u\,ds - \rho U\int ul\,ds. \end{aligned} \tag{3}$$

我们在这里已把两个沿无穷大的外围闭曲线的线积分略去了，它们之所以等于零是由于速度在无限远处具有量级$1/r$(r为离原点的距离). 用同样方法可得

$$\int Y = \rho\int(lu+mv)v\,ds - \rho U\int um\,ds. \tag{4}$$

在柱体表面上有

$$lu + mv = lU, \tag{5}$$

故

$$\left.\begin{aligned} X &= 0, \\ Y &= \rho U(lv - mu)ds = \rho\kappa U. \end{aligned}\right\} \tag{6}$$

对于椭圆柱(包括作为其极端形状的平板)，可在第72节末尾所给出的公式的基础上作出检验. 采用那里的记号的话，流体对半轴为a,b的椭圆柱的压力的作用就简化为(当$\omega=0$时)一个力

$$X = -\pi\rho\kappa V,\ Y = \pi\rho\kappa U \tag{7}$$

和一个力偶

$$N = -\pi\rho UV(a^2-b^2). \tag{8}$$

371. 值得注意的是，在很多情况下，计算每单位面积上切向

---

1) Lanchester, *Aerodynamics*, London, 1907; Prandtl, *Gött. Nachr. math. phys. Classe*, 1918, 1919.

阻力的公式

$$k\rho U^2 \tag{1}$$

以及其中系数 k 约为常数一事能在湍流沿很长的边界面流动时成立．例如，它可应用于计算风沿水平地面运动时的摩擦力[1]以及海床对潮流的阻力． Taylor 在一篇著名的文章[2]中，曾以这一公式为基础，用已知的潮流速度而计算了爱尔兰海中的能量耗散率．这一耗散率也可以用另一个方法来计算，那就是，根据进出的潮流在北面和南面的两个出入口处的速度和深度以及月球引力之功来计算． 用这两种方法所得到的结果都具有每秒 3×10^{17} 尔格的量级． H. Jeffreys[3] 应用同样的原理而估算了整个海洋中的潮流耗散率，所得数字达到 2.2×10^{19}．计及月球平均运动的加速度而得出的耗散率则为 1.41×10^{19}．

关于两个任意形状的相似物体在液体（或压缩性并不重要的气体）中沿同样方向运动时的总阻力，从量纲上来考虑，有以下形式的公式：

$$F = \rho U^2 l^2 f\left(\frac{Ul}{\nu}\right), \tag{2}$$

其中 l 为确定物体尺度的任一长度（例如，对于圆球，可为其半径）．在许多情况下，F 正比于 U^2，表明函数 f 这时接近于一个常数，因而阻力几乎与粘性无关．像以前所谈到过的情况一样，这一点并不表示粘性没有影响，而是表示，粘性在使流体滑过固体表面时受到阻力的同时，已把流动带进到一个最终建立起来的状态了．

公式 (2) 是用风洞中的模型实验来估算飞艇或飞机受到的作用力时所用到的方法的基础． 因子 $f(Ul/\nu)$ 事实上正是被作为“阻力系数”而予以确定的量．如果能使模型中和足尺中的“Rey-

1) G. I. Taylor, *Proc. Roy. Soc.* A, xcii. 196 (1915).

2) 319 节最后一个脚注中引文以及 *Monthly Notices R. A. S.* lxxx. 308 (1920).

3) *Phil. Trans.* A, ccxxi. 239 (1920).

nolds数” Ul/ν 相同，那么，作用力就正比于对应的 ρU^2l^2 值．模型中线性尺度 l 相对较小一事可在某个范围内由增大速度 U 来予以补偿，或者，像在“高速”风洞中那样，用高度压缩的空气来予以补偿——对于给定温度下的气体，ν 反比于密度．

当变量由零而增大时，可发现阻力系数先是减小，然后又增大，并似乎趋于一个常数．阻力最小时的形状只能由实验来求出．在通常所设计的飞艇中，其剖面在前端较钝，而在靠近尾部时则逐渐变得较尖，中央流线从头到尾几乎都紧贴着剖面，只是在表面附近的一个薄层中和在尾流中才能察觉到湍流．飞机上的支杆和天线也采用了类似的所谓“流线型”的截面．

在上面和在 365，366 节中曾用到过的“量纲上的”讨论可以处理成另一种形式[1]．当不可缩流体作某种运动时，我们从其动力学方程中取出任意一个方程，譬如取出

$$\frac{\partial u}{\partial t}+u\frac{\partial u}{\partial x}+v\frac{\partial u}{\partial y}+w\frac{\partial u}{\partial z}=-\frac{\partial p}{\rho\partial x}+\nu\nabla^2u, \tag{3}$$

并设想同样的流体或别的流体作着另一个运动，它与原运动的差别只是在长度尺度和时间尺度上有所不同．也就是，如用一撇来表示对于另一个运动而言的符号，那么，我们就是假定了 x',y',z' 分别与 x,y,z 成不变的比例，t' 与 t 成不变的比例．这时，如果比例等式

$$\frac{u'}{t'}:\frac{u}{t}=\frac{u'^2}{x'}:\frac{u^2}{x}=\frac{p'}{\rho'x'}:\frac{p}{\rho x}=\frac{\nu'u'}{x'^2}:\frac{\nu u}{x^2} \tag{4}$$

能够成立，那么，两种流动中所对应的(3)式中各项就都只相差一个同样的因子了．(4)式等价于

$$u':u=\frac{x'}{t'}:\frac{x}{t};\quad p':p=\rho'u'^2:\rho u^2;$$

$$\frac{u'x'}{\nu'}=\frac{ux}{\nu}. \tag{5}$$

---

1) 参看 Helmholtz, *Berl. Ber.* June 26, 1873 [*Wiss. Abh.* i. 158]，其中给出了动力相似定律的许多有趣的应用．

连续性方程显然也能由新的变量所满足．于是我们断定，如果 Reynolds 数 Ul/ν（其中 U 和 l 分别为典型速度和典型长度）在这两种运动中相同，那么，所说的另一个运动也在动力学上是可能的．而且两种运动中对应点处的应力正比于 ρU^2，作用于对应面积上的力就正比于 $\rho U^2 l^2$．

边　界　层

371a. 很明显，关于阻力的任一合理的理论，都必须考虑到固体有着反抗流体沿其表面滑动的绝对阻力．另一方面，稍微作些观察就足以表明，从固体表面的速度过渡到流体中和流体并肩前进的速度，常常是在一个很短的空间完成的．事实上，当一个形状简单的物体（例如一个圆球、圆柱或机翼）在容易流动的流体（例如水）中以远大于 337—343 诸节中所考虑的速度而移动时，涡量好像只出现在沿物体前部表面的一个狭窄的区域中和尾流中．许多研究者已在一段时期内把所做的努力指向从动力学上或实验上探索这一过渡区域．当然，由于过渡必然是连续的，所以，并没有假定在这一层和相邻流体之间有着确定的分界面，但通常却可以规定出一个厚度（常常是一个很小的厚度），并在实用上认为过渡已在这一厚度中完成．

在讨论下面的内容时，为方便起见而把固体看作是静止的，流体则流过固体；在流体受到由于出现固体而产生的扰动之前，流体的速度（U）是均匀的．

最简单的是一块薄平板沿流动而放置时的二维情况．这时，边界层从板的前缘处或靠近前缘处开始，并随着距前缘的距离（x）的增大而逐渐增厚．只要局部 Reynolds 数 Ux/ν 小于某个极限（其量级约为10^5），边界层中的流动就是定常的，并常被称为“层流”边界层——指流线接近于和边界面平行．当超过这一极限时，边界层变为湍流，其厚度会增加得较快．

许多作者曾从数学上研究了层流边界层．定常运动精确方程

组

$$\left.\begin{aligned} u\frac{\partial u}{\partial x}+v\frac{\partial u}{\partial y}&=-\frac{\partial p}{\rho\partial x}+\nu\nabla_1^2 u,\\ u\frac{\partial v}{\partial x}+v\frac{\partial v}{\partial y}&=-\frac{\partial p}{\rho\partial y}+\nu\nabla_1^2 v,\end{aligned}\right\}\tag{1}$$

$$\frac{\partial u}{\partial x}+\frac{\partial v}{\partial y}=0\tag{2}$$

是难于处理的，但可作出种种简化。

把原点取在板的前缘处，x 轴则与平板平行并沿流动方向。由于 v 相对较小，第二个方程就表明 p 实际上与 y 无关。于是，我们可略去 $\partial p/\partial x$，这是因为对于大的 y 值（该处的流动已不因出现平板而受影响）而言，它应为零。此外，因 u 和 $\partial u/\partial x$ 在板面上为零，故在边界层内，$\partial^2 u/\partial x^2$ 在与 $\partial^2 u/\partial y^2$ 相比较之下可以略去。这样，方程组就简化为

$$u\frac{\partial u}{\partial x}+v\frac{\partial u}{\partial y}=\nu\frac{\partial^2 u}{\partial y^2}\tag{3}$$

和 (2) 式。它就成为 Prandtl 和 Blasius 所作工作的出发点[1]。Blasius 对上述近似处理作了较详细的解释；它们的正确性最终可由所得到的结果而作出判断。应满足的条件为：对于 $y=0$，有 $u=0$ 和 $v=0$；对于 $y\to\infty$，有 $u=U$。

经过复杂的计算后，Blasius 对作用于平板上的切向牵引力得到一个结果，它可写成

$$(p_{xy})_{y=0}=0.332\rho U^2\sqrt{\frac{\nu}{Ux}}.\tag{4}$$

当然，他已假定了层流运动的条件能得以满足，也就是，Ux/ν 不超过已提到过的极限。如这一限制性条款在平板的全长 (l) 上

1) Prandtl, "Ueber Flüssigkeitsbewegung mit Kleiner Reibung" (1904), 它已转载于 *Vier Abhandlungen zur Hydrodynamik*…, Göttingen, 1927; Blasius, "Grenzschichten in Flüssigkeiten mit Kleiner Reibung" (报告), Leipzig, 1907. 关于另一个有趣的独立处理，见 R. V. Mises, *Zeitschr. f. angew. Math. u. Mech.* vii. 425 (1927).

都能有效，那么，作用于平板一侧的总牵引力就是

$$\int_0^l p_{xy}dx = 0.664U^2 l\sqrt{\frac{\nu}{Ul}}, \tag{5}$$

因而正比于 $U^{\frac{3}{2}}$.

Kármán 用另一方式处理了这一问题[1]. 他取了一个空间，这一空间由平板($y=0$)，表示边界层厚度的曲线

$$y = \eta(x) \tag{6}$$

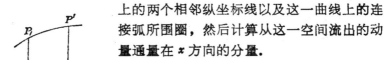

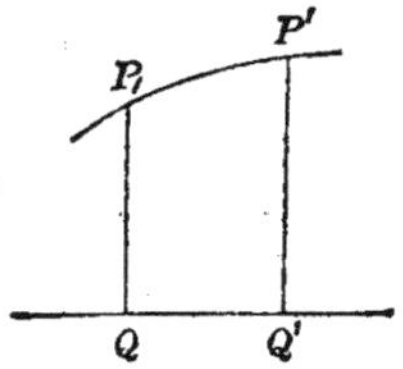

上的两个相邻纵坐标线以及这一曲线上的连接弧所围圈，然后计算从这一空间流出的动量通量在 x 方向的分量.

在附图中，

$$QQ' = \delta x,\ PQ = \eta,\ P'Q' = \eta + \delta\eta.$$

穿过 $P'Q'$ 的动量通量超出穿过 PQ 的动量通量之值为

$$\frac{d}{dx}\int_0^\eta \rho u^2 dy \cdot \delta x.$$

此外，穿过 $P'Q'$ 的质量通量超出穿过 PQ 的质量通量之值则为

$$\frac{d}{dx}\int_0^\eta \rho u dy \cdot \delta x,$$

它则必应等于单位时间中穿过 PP' 而流入这一空间的流体质量，而 PP' 上的速度则几乎等于 U 并平行于 x 轴. 因此，从所述区域中流出的总的动量通量为

$$\left\{\frac{d}{dx}\int_0^\eta \rho u^2 dy - U\frac{d}{dx}\int_0^\eta \rho u dy\right\}\delta x.$$

应令它等于当时占据这一区域的流体所受到的作用力在 x 轴方向的分量. 这一作用力则由压力总效果中的分量

$$-\frac{dp}{dx}\eta\delta x$$

1) *Abh. des aerodynamischen Instituts*, Aachen, 1921.

和由平板所施加的阻力

$$-\mu\left(\frac{\partial u}{\partial y}\right)_{y=0}\cdot\delta x$$

所组成．于是有

$$\frac{d}{dx}\int_0^\eta u^2dy-U\frac{d}{dx}\int_0^\eta udy=-\frac{dp}{\rho dx}-\nu\left(\frac{\partial u}{\partial y}\right)_{y=0},\qquad(7)$$

它就是Kármán的“积分方程”[1]．应注意到，到目前为止，曲线(6)可画在速度从平板处的零实际上已过渡到流动中的U的任何地方．所以，方程(7)在关于边界层的“厚度”或这一厚度随x而变化的模式方面并不能告诉我们什么．由于这一原因，我们必须对速度u在范围0到η内的分布作出较为合理的假定，而所得到的结果也就会在某种程度上依赖于所作的特殊假定．应该满足的条件是：对于$y=\eta$，有$u=U$和$\partial u/\partial y=0$；对于$y=0$，有$u=0$和$\partial^2u/\partial y^2=0$（后一条件是(3)式所要求的）．例如，这些条件可由

$$u=U\sin\frac{\pi y}{2\eta}\qquad(8)$$

所满足

把(8)式代入(7)式，并略去$\partial p/\partial x$，可得

$$\frac{d\eta}{dx}=\frac{\pi^2}{4-\pi}\frac{\nu}{U\eta},\qquad(9)$$

而在假定边界层从平板的前缘开始后就有

---

1) 它可由(1)式在极限0和η之间对y求积并考虑到连续性方程而得出．即

$$\int_0^\eta\left(u\frac{\partial u}{\partial x}+v\frac{\partial u}{\partial y}\right)dy=\int_0^\eta u\frac{\partial u}{\partial x}dy+[uv]_0^\eta-\int_0^\eta u\frac{\partial v}{\partial y}dy$$

$$=\int_0^\eta\frac{\partial(u^2)}{\partial x}dy+u(v)_\eta=\int_0^\eta\frac{\partial(u^2)}{\partial x}dy+\int_0^\eta\frac{\partial v}{\partial y}dy$$

$$=\int_0^\eta\frac{\partial}{\partial x}(u^2-Uu)dy,$$

它等价于(7)式的左边．

$$\eta = 4.80\sqrt{\frac{\nu x}{U}}. \tag{10}$$

故

$$(p_{xy})_{y=0} = \frac{\pi}{2}\frac{\mu U}{\eta} = 0.328\rho U^2\sqrt{\frac{\nu}{Ux}}. \tag{11}$$

它是(4)式中 Blasius 结果的一个很接近的近似.

(8)式中的特殊假定使

$$\frac{\partial v}{\partial y} = -\frac{\partial u}{\partial x} = \frac{\pi U y}{2\eta^2}\cos\frac{\pi y}{2\eta}\frac{d\eta}{dx},$$

故

$$v = U\frac{d\eta}{dx}\left\{\frac{y}{\eta}\sin\frac{\pi y}{2\eta} - \frac{2}{\pi}\left(1 - \cos\frac{\pi y}{2\eta}\right)\right\}. \tag{12}$$

371b. 当无湍的流动遇到一个具有连续曲率的固体时,在上游区域中,以及在物体前部不远处以外的区域中,运动仍几乎保持为无旋的,并具有第 68 节和 96 节中图线所示的那种位形[1]. 特别是,有一根在前"驻点"(其特征是速度为零)处和固体相连的中央流线. 从这一驻点出发的边界层开始时以层流的方式沿物体表面向后延伸一段距离. 这段距离可达到距驻点 70°或 80°处;对于机翼,这段距离则几乎可延伸至后缘. 它当然和物体的形状有关,而且也和流动的速度 U 有关. 通常,层流边界层在达到某一点处时会变为湍流,并从物体表面分离开,并在边界层和固体之间留下一个尺度较大的湍流区域,其中有一个沿物体表面的回流.

二维流动中的情况已由 Blasius 和别人作了理论上的处理. 他们取固体剖面上的弧长 s 和从固体表面指向流体的法线长 n 为曲线坐标系,因而,在略去曲率的影响后[2],对边界层所取的运动方程组为

---

1) R. Jones把一个长椭球体上各点的法向压力的实验结果和 104,105 节中所得到的理论值作了大量的比较,见 *Phil. Trans.* A, ccxxvi.231 (1927). 当椭球体的端部对准流动时,实验结果和理论值几乎在椭球体的全长上都很接近.

2) 可在 328a 节极坐标形式的方程中使 $r\to\infty$ 而看一下所出现的影响.

$$u\frac{\partial u}{\partial s}+v\frac{\partial u}{\partial n}=-\frac{\partial p}{\rho\partial s}+\nu\frac{\partial^2 u}{\partial n^2}, \tag{13}$$

$$\frac{\partial u}{\partial s}+\frac{\partial v}{\partial n}=0. \tag{14}$$

我们略去 $\partial p/\partial n$，但 $\partial p/\partial s$ 却不再像平板问题中那样而为零了。在靠近物体表面的无旋区域中，有 Bernoulli 方程

$$\frac{p}{\rho}+\frac{1}{2}U^2=\text{const.}, \tag{15}$$

故

$$-\frac{1}{\rho}\frac{\partial p}{\partial s}=U\frac{\partial U}{\partial s}. \tag{16}$$

在物体表面上，边界层出现"分离"时的那一点由条件

$$\partial u/\partial n=0$$

所确定。

Blasius 在上面提到过的那篇文章中，曾把以上诸方程应用于对称地放置于液流中的一个任意截面形状的柱体，然后专门处理了圆形截面的柱体。他发现，当流动为定常时，分离出现于距前驻点约为 90° 的地方。而如圆柱体从静止开始运动，那么，不论是突然运动还是常加速运动，分离都是先从 180° 开始，然后再前移。他还得出了后一种情况下的阻力公式，其中一部分与正压力有关，一部分与切向应力有关[1]。

这一计算由于解析上的技巧而值得注意，但由于假定了边界层外的速度 U 和流体能沿柱体表面自由滑动时相同，因此，所得到的诸结果是要受到某些限制的。事实上，本来也没有要求这些结果非常准确。其后的一些作者则曾把 U 用 s（固体剖面上的弧长）的代数函数来表示，所选用的表达式则可使压力 p 能与实验结果相符[2]。

1）对于轴线与流动方向重合的回转体这种三维问题，Boltz 曾作出类似的计算，见其学位论文（Göttingen，1908）。他还把这一计算具体地应用于一个圆球。

2）Polhausen, *Abh. d. aerodynam. Inst. Aachen*, 1921; Goldstein, *Camb. Proc.* xxvi. 1 (1930).

在前面 337，342 等节的探讨中，我们假定了 Reynolds 数$\left(R=\frac{Ul}{\nu}\right)$不超过一个很小的数值. 反之，在我们现在所考虑的情况中，由于所涉及的线性尺度较大和普通流体的粘性较小，R是可以非常之大的. Oseen 曾提出过一个很有趣的问题：在任一给定的场合下，当 $\nu\to 0$ 时，或即，当$R\to\infty$时，流体运动的极限情况是什么样的？当然，我们不能盼望这种情况会和在一开始时就假定 $\nu=0$ 而得到的结果相同了.

从流体动力学的精确方程组的观点来看，显然，这是个难题，而且几乎是没有希望得到解答的. Oseen 采用了 342 节(6)式中的线性方程组作为基础来探讨，但这样做就遇到了一个先验的困难，那就是，这些方程中略去了一些只在所涉及的 Reynolds 数非常小的情况下才知道是可被忽略的二次项；而当我们确定真实流体在R无限增大时会出现什么情况时，再以这些方程作为基础，就不能不使人产生疑虑了.

但除了上述这一点外，Ossen 的探讨在数学上是颇具趣味的. 我们不能在这里重复他的探讨[1]，但可把一般性的结论作出一个扼要的叙述. 以一个物体在无限液体中作定常移动为例，他发现，在物体所扫过的柱状区域(我们暂时称之为"尾流"区)中和在这一区域之外的无限空间中，所得到的解有着不同的解析性质. 在尾流之外的空间中，运动全部是无旋的，因而，流体在固体的前部表面上是平滑地滑移的. 反之，在尾流中，流体在固体的后部表面上并不滑移，因而，运动是有旋的(但不是真正的"湍流"). 在这两个区域之间的柱状分界面上，法向速度是连续的，切向速度则不连续，并伴有不能允许的压力上的间断. Zeilon 用这一方法对圆柱、圆盘和半球体(它在移动时，或者是曲面朝前，或者是平底朝前)等特殊情况求出了解析解[2]，并为避免上面提到的令人棘手的间断而作

---

1) 343a 节所援引的专著中给出了详细叙述，并附有参考文献.

2) "On potential problems in the theory of fluid resistance," Stockholm, 1924. 也可看 Zeilon 为 343a 节第一个脚注中援引的 Oseen 的专著所写的附录.

出了一些调整. 他认为，所得到的结果能为实际所发生的现象给出相当适宜的图像，尤其是，柱体前部的理论压力分布在总体上与实验结果相符(事实上，这种相符几乎可以从邻近区域中任何合理的无旋运动位形而获得. 参看 371 节). 但尾流从物体上分离时的那一点、尾流的边界以及尾流的内部结构是和观察到的结果很不一样的. 如果把这一方法应用于飞艇或机翼，那么，很可能会出现更为不符实际的情况[1].

371c. 当我们进而考虑固体外面的湍流边界层时，应从某种统计意义上来理解符号 u, v 的意义. 例如，它们表示在一个很短的时间中对时间所取的平均值. 如果我们像 369 节中那样，用在字母上加一横杠的方法来标志出改变后的意义，371a 节方程(7)就给出

$$\frac{\partial}{\partial x}\int_0^\eta \overline{u^2}dy - U\frac{\partial}{\partial x}\int_0^\eta \bar{u}dy = -\frac{1}{\rho}\frac{\partial p}{\partial x}\eta - \nu\left(\frac{\partial \bar{u}}{\partial y}\right)_{y=0}, \qquad (1)$$

并应注意到，其中速度平方的平均值 ($\overline{u^2}$) 和平均速度 ($\bar{u}$) 的平方是不同的. 这一区别，不管在实用上是否重要，却还没有被其他作者在讨论本问题时注意到. 而且可以提一下，如果湍流中的速度是用 Pitot 管和静压管的组合(第 24 节)来探测的，那么，由探测所得到的就应更合理地被认为是速度的均方值.

曾试图过以方程(1)为基础来探讨边界层为湍流时的情况，但必须作出补充假定——例如边界层中平均速度的分布或其它等价假定. 有人推荐

$$\frac{\bar{u}}{U} = \left(\frac{y}{\eta}\right)^n \qquad (2)$$

这种形式的公式，然而它却应受到某些制限，因为，除非把 n 取为不能采纳的 $n=1$，否则，当 $y\to 0$ 时，它会使 $\partial\bar{u}/\partial y$ 不是成

---

1) 我发现，F. Noether (*Handb. d. phys. u. techn. Mechanik*, Leipzig, 1928…, v. 792) 作出了和我类似的评论，而且更为详细.

为零就是成为无穷大[1].

我们到这里就达到理论的边缘了．本课题在这部分的进一步知识要由实验来获得，必须求助于许多航空实验室的刊物．这方面的文献很多，而且不断在增加，不可能在这里予以浓缩或作出概述．

关于已经提到过的机翼升力问题，可以在这里再加上一些说明．无摩擦的流体流过一个机翼时的流动特点由附图 A 所表明．图中只画出了中央流线，但可由第 71 节最后一个附图而对整个流线族的位形得出一个概念．但真实的流体是不能按照这种方式

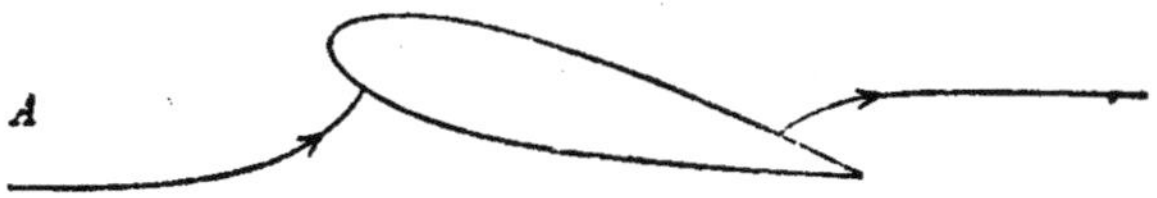

而流动的，这是因为会出现对滑移的阻力，而且在尖锐的机翼后缘处也不能出现无穷大的速度和与之相伴随的无穷大的负压力．在后缘附近，粘性的影响(它产生了涡量)之大已使得它不能再被忽略了．而且，即使假设有一个薄边界层以消除诸无穷大，也不能使流动图象得到很大的改进．

但是，如果在图 A 中的无旋运动上叠加一个顺时针向的环量，那么，是有可能把环量调整到使后缘处的速度成为有限值的[2]．这

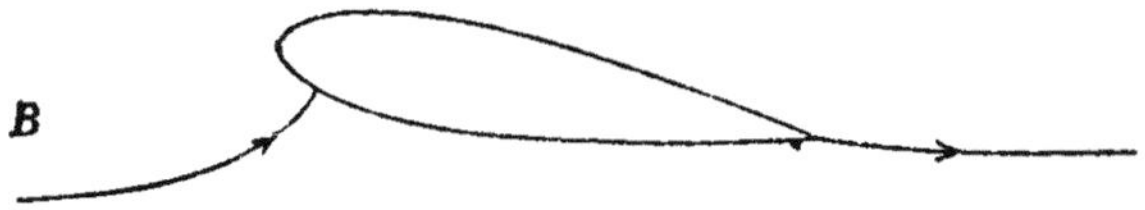

1) Hegge van der Zijnen 曾应用了一个能免除这一困难的公式如下(他取式中 $n=7$):

$$y=\frac{\bar{u}}{a}+\left(\eta-\frac{U}{a}\right)\left(\frac{\bar{u}}{U}\right)^n,$$

其中

$$a=\left(\frac{\partial\bar{u}}{\partial y}\right)_{y\to 0}$$

见 *Publications of the Delft aeronautical labratory*, No. 3, 1924.

2) 这一点，已在第 70 节中用圆弧形机翼为例作出说明了．

时，机翼两侧的流动就可以在不出现间断的情况下汇合，并平滑地从后缘流走。其结果已示于图 *B*。于是，我们现在就有可能理解了，怎样借助于引进一个很薄的边界层和一个狭窄的尾流而把实际流体的行为用思维来勾画出来了。

不过，尽管已作了许多努力，但当流体和机翼之间的相对运动开始以后，要推断出最后结果是怎样一步步建立起来的，仍然不完全是件容易的事[1]。所幸的是，在风洞中用小尺度模型所作的某些漂亮的实验[2]来帮助我们了。所出现的过程是，首先出现了一个逆时针向的涡旋，它旋即离开后缘并顺流而下，同时在机翼的外部留下一个方向和自己相反的环绕机翼的环量；机翼两侧面上的边界层则沿机翼而匍匐，并为尾流提供了转向相反的涡系，它们将逐渐扩散并互相消除。

压缩性的影响

371d. 可压缩流体流过一个障碍物时的问题似乎首先是由 Rayleigh[3] 从数学上来作出处理的。假定流体遵循绝热律，则有

$$\frac{c^2}{c_0^2}=\left(\frac{\rho}{\rho_0}\right)^{\gamma-1}, \tag{1}$$

其中 c 是与 ρ 的局部值相对应的声速，而下标零则指流动中的未受扰部分。而如运动还是无旋的，则由第 24a 节可有

$$q^2-U^2=\frac{2}{\gamma-1}(c_0^2-c^2). \tag{2}$$

故

---

1) 然而，仍应参看 Jeffreys 所作的讨论，见 *Proc. Roy. Soc. A*, cxxviii. 376 (1930).

2) Prandtl, 370a 节第一个脚注中引文；Walker, *Aeronatical Research Comm. R. and M.* 1402 (1932)(在 B. M. Jones 和 W. S. Farren 教授指导下的一个实验报告).

3) *Phil. Mag.* (6) xxxii. 1 (1916) [*Papers*. vi. 402].

$$\frac{d\rho}{\rho}=\frac{1}{\gamma-1}\frac{d(c^2)}{c^2}=-\frac{1}{2c^2}d(q^2). \tag{3}$$

因而，在定常流动中，第 7 节中的连续性方程就成为

$$\nabla^2\phi=\frac{1}{2c^2}\left\{\frac{\partial\phi}{\partial x}\frac{\partial(q^2)}{\partial x}+\frac{\partial\phi}{\partial y}\frac{\partial(q^2)}{\partial y}+\frac{\partial\phi}{r\partial\theta}\frac{\partial(q^2)}{r\partial\theta}\right\}, \tag{4}$$

其中 c 可借助于(2)式而用 q 来给出.

在极坐标系中，这一方程的二维形式为

$$\frac{\partial^2\phi}{\partial r^2}+\frac{1}{r}\frac{\partial\phi}{\partial r}+\frac{1}{r^2}\frac{\partial^2\phi}{\partial\theta^2}$$
$$=\frac{1}{2c^2}\left\{\frac{\partial\phi}{\partial r}\frac{\partial(q^2)}{\partial r}+\frac{\partial\phi}{r\partial\theta}\frac{\partial(q^2)}{r\partial\theta}\right\}, \tag{5}$$

且

$$q^2=\left(\frac{\partial\phi}{\partial r}\right)^2+\left(\frac{\partial\phi}{r\partial\theta}\right)^2. \tag{6}$$

Rayleigh 把(5)式应用于流体流过一个圆柱体时的情况. 他首先把方程右边的 ϕ 和 q 代换为不可压缩情况下的值，然后求积. 所得结果显示出，在初步近似下，并无阻力作用于圆柱，而且很容易看出，即使把计算过程不断延续下去，这一结论仍将保留，q^2 之值永远对称于穿过圆柱的轴线并与流动成直角的平面.

然而，这一结论由于相继所得到的近似解的收敛性问题而要受到某种限制，而且不止有一种迹象表明，当 U/c_0 超过某一限度时，就得不出这样的结论. 我们现在暂时把这一问题放一下，而把 Rayleigh 的方法应用于任意截面形状、且具有环量的柱体[1]. 如 c 为无穷大，则远处的 ϕ 值就趋于以下形式:

$$\phi_1=-Ur\cos\theta+\frac{\kappa\theta}{2\pi}, \tag{7}$$

其中 r 的原点取在障碍物的邻近，θ 的始线则与总体流动的方向平行. 我们把它取为第一个近似值，并把它代入(5)式的右边. 而且为一致起见，我们可以在下一步近似中把 c 换成它在无限远处

1) Lamb, *Aeronautical Research Comm. R. and M.* 1156 (1928).

的常值（c_0）. 由(7)式，并只保留 r 无限增大时所必须考虑的那些项后，可得

$$q_1^2 = U^2 + \frac{\kappa U}{\pi r} \sin\theta, \tag{8}$$

$$\frac{\partial(q_1^2)}{\partial r}\frac{\partial \phi}{\partial r} + \frac{\partial(q_1^2)}{r\partial\theta}\frac{\partial\phi_1}{r\partial\theta} = \frac{\kappa U^2}{\pi r^2}\sin 2\theta. \tag{9}$$

把(9)式代入(5)式，然后求积，并注意到无限远处的条件，我们可在远方的区域中有

$$\phi = -Ur\cos\theta + \frac{\kappa\theta}{2\pi} - \frac{\kappa U^2}{8\pi c_0^2}\sin 2\theta. \tag{10}$$

在这里，被略去的诸“补余”项只含有 r 的负幂次，因而不影响以后对作用力的计算. 于是，在足够的近似度下，径向和横向的速度分别为

$$\left.\begin{aligned} -\frac{\partial\phi}{\partial r} &= U\cos\theta, \\ -\frac{\partial\phi}{r\partial\theta} &= -U\sin\theta - \frac{\kappa}{2\pi r} + \frac{\kappa U}{4\pi c_0^2 r}\cos 2\theta. \end{aligned}\right\} \tag{11}$$

故

$$q^2 = U^2 + \frac{\kappa U}{2\pi r}\left(1 - \frac{U^2}{2c_0^2}\cos 2\theta\right)\sin\theta. \tag{12}$$

与总体流动平行和垂直的速度分别为

$$\left.\begin{aligned} u &= U + \frac{\kappa}{2\pi r}\left(1 - \frac{U^2}{2c_0^2}\cos 2\theta\right)\sin\theta, \\ v &= -\frac{\kappa}{2\pi r}\left(1 - \frac{U^2}{2c_0^2}\cos 2\theta\right)\sin\theta. \end{aligned}\right\} \tag{13}$$

现在，就可以像 Kutta-Joukowski 定理的原来证明那样，从无限远处的流动(修正后的)而推断出作用于障碍物上之力了. 根据(10)式和(13)式可知，任一时刻，位于半径为一个很大的 r 的圆内的流体在垂直于流动的方向上以速率

$$\int_0^{2\pi}\left(-\frac{\partial\phi}{\partial r}\right)\rho v r\, d\theta = -\frac{1}{2}\kappa\rho_0 U\left(1 - \frac{U^2}{4c_0^2}\right) \tag{14}$$

而获得动量。此外，由(3)式有

$$\log\frac{\rho}{\rho_0}=\int_q^U\frac{d(q^2)}{2c_0^2}=\frac{U^2-q^2}{2c_0^2},\tag{15}$$

故在相一致的近似级下有

$$\frac{\rho}{\rho_0}=1+\frac{U^2-q^2}{2c_0^2}.\tag{16}$$

由于当 r 为大值时，密度趋于 ρ_0，故可令

$$\begin{aligned}p&=p_0+c_0^2(\rho-\rho_0)\\&=p_0-\frac{\kappa\rho_0U}{2\pi r}\left(1+\frac{U^2}{2c_0^2}\cos 2\theta\right)\sin\theta.\end{aligned}\tag{17}$$

于是，由压力而产生的作用于上述流体、且垂直于总体流动之力为

$$-\int_0^{2\pi}p\sin\theta r\,d\theta=\frac{1}{2}\kappa\rho_0U\left(1+\frac{U^2}{4c_0^2}\right).\tag{18}$$

把它和(14)式相比较后可知，与流动相垂直的"升力"由熟知的 Joukowski 公式

$$L=\kappa\rho_0U\tag{19}$$

给出，其相对误差最多是一个量级为 $(U/c_0)^4$ 的量。还可以更为容易地证明出，在同样的近似级下，阻力为零。

Glauert[1] 是首先把公式(19)推广到可压缩流体的。在他的探讨中，只要比值 U/c_0 不超过 1，那就不出现对这一比值的明显的限制。对于无限远处的运动，他的公式等价于

$$\phi=-Ur\cos\theta+\frac{\kappa}{2\pi}\tan^{-1}\left\{\sqrt{1-\frac{U^2}{c_0^2}}\tan\theta\right\};\tag{20}$$

可把它与(10)式相比较。

371e. 为了检验在什么样的限制下，可压缩流体能够在流过一个给定形状的障碍物时作定常流动，G. I. Taylor 教授曾求助于一种电学的方法，它不同于第 60 节所述方法之处在于导电层的厚度为一变量。

二维、无旋的定常流动的运动学条件由以下诸方程所组成：

1) *Proc. Roy. Soc.* A, cxviii. 113 (1927).

$$U = -\frac{\partial \phi}{\partial x},\ v = -\frac{\partial \phi}{\partial y},\quad \rho u = -\frac{\partial \psi}{\partial y},\ \rho v = \frac{\partial \psi}{\partial x}. \tag{1}$$

电流在变厚度 (h) 的导电层中的方程组为

$$\sigma f = -\frac{\partial V}{\partial x},\quad \sigma g = -\frac{\partial V}{\partial y},\quad hf = -\frac{\partial W}{\partial y},$$
$$hg = \frac{\partial W}{\partial x}, \tag{2}$$

其中 (f,g) 为电流密度，σ 为电阻率，V 为电位，而W为流函数。为使以上两组方程相同，可使

$$\phi = V,\ \psi = W,\ u = \sigma f, v = \sigma g,$$
$$\rho u = hf, \rho v = hg, \tag{3}$$

其中包含了 $h = \rho\sigma$. 另外，也可使

$$\phi = W, \psi = -V, u = -hg, v = hf,$$
$$\rho u = -\sigma g, \rho v = \sigma f, \tag{4}$$

它则要求 $h = \sigma/\rho$. 到目前为止，这种对应仅仅是运动学上的对应，而且还应满足 371d 节的条件(2). 于是，在第一种形式的模拟中，必须有

$$\frac{h}{h_0} = \frac{\rho}{\rho_0}\left\{1 - \frac{\gamma-1}{2}\frac{U^2}{c_0^2}\left(\frac{q^2}{U^2} - 1\right)\right\}^{\frac{1}{\gamma-1}}, \tag{5}$$

其中下标零指流动几乎未受扰动之处. 把 U/c_0 之值固定，q/U 值的分布则在一开始时是从均匀厚度的导电层实验中用测定电量的方法而推算出来的. 把所得到的 q/U 值代入(5)式，就可以得到 h 的一组修正值. 再改善水槽，使之具有这种变深度，然后重复前述过程. 并以此类推地做下去. 关于具体细节，则需参看 Taylor 原来的文章[1].

对于流体流过一个圆柱体时的情况，Taylor 教授发现，当 U/c_0 小于 0.45 时，相继所得到的位形收敛得非常快，但当 U/c_0 超过这一极限时，就不再收敛了.

---

1) Taylor and Shearman, *Proc. Roy. Soc.*A. cxxi. 194 (1928): Taylor, *Journal of the Lond. Math. Soc.* v. 224(1930).

第二种模拟被应用于机翼，并把环量调整到后缘处不出现无穷大的速度． 可以发现，在这种情况下，收敛的极限是 $U/c_0 = 0.58$。

371f. 还应注意到可压缩流体的另一种形式的运动方程．如果只假定运动是定常的，但不一定是无旋的，则在二维中有（165 节）

$$u\frac{\partial\chi}{\partial x}+v\frac{\partial\chi}{\partial y}=0, \tag{1}$$

其中

$$\chi=\int\frac{dp}{\rho}+\frac{1}{2}q^2. \tag{2}$$

故

$$\frac{1}{\rho}\frac{dp}{d\rho}\left(u\frac{\partial\rho}{\partial x}+v\frac{\partial\rho}{\partial y}\right)-\frac{1}{2}\left(u\frac{\partial(q^2)}{\partial x}+v\frac{\partial(q^2)}{\partial y}\right)=0. \tag{3}$$

令 $dp/d\rho=c^2$，并引用连续性方程，可有

$$c^2\left(\frac{\partial u}{\partial x}+\frac{\partial v}{\partial y}\right)-\frac{1}{2}\left(u\frac{\partial(q^2)}{\partial x}+v\frac{\partial(q^2)}{\partial y}\right)=0, \tag{4}$$

或即

$$\left(1-\frac{u^2}{c^2}\right)\frac{\partial u}{\partial x}-\frac{uv}{c^2}\left(\frac{\partial v}{\partial x}+\frac{\partial u}{\partial y}\right)+\left(1-\frac{v^2}{c^2}\right)\frac{\partial v}{\partial y}=0. \tag{5}$$

在无旋运动中，上式成为

$$\left(1-\frac{u^2}{c^2}\right)\frac{\partial^2\phi}{\partial x^2}-\frac{2uv}{c^2}\frac{\partial^2\phi}{\partial x\partial y}+\left(1-\frac{v^2}{c^2}\right)\frac{\partial^2\phi}{\partial y^2}=0, \tag{6}$$

它与 371b 节中 Rayleigh 的方程(5)等价．

借助于“对偶原理”[1)]，并取 u,v 作为自变量，可把(6)式变换成一个线性方程．设

---

1) Forsyth, *Differential Equations*, Art. 242.

$$\Phi = ux + vy - \phi, \tag{7}$$

可得

$$\left(1-\frac{v^2}{c^2}\right)\frac{\partial\Phi}{\partial u^2} + \frac{2uv}{c^2}\frac{\partial^2\Phi}{\partial u\partial v} + \left(1-\frac{u^2}{c^2}\right)\frac{\partial^2\Phi}{\partial v^2} = 0. \tag{8}$$

Bateman[1] 曾应用这一方程而对现在所讨论的问题的性质作出了一些有趣的说明.

371g. 当必须考虑进压缩性时，就需要把 371 节公式(2)作出修改. 如 κ 为容积弹性模量，则由量纲分析法可不难得出以下假定:

$$F = \rho U^2 l^2 f\left(\frac{Ul}{\nu}, \frac{\rho U^2}{\kappa}\right). \tag{1}$$

如 U 远小于气体中的声速 $\sqrt{\kappa/\rho}$，上式就近似于以前所考虑过的形式:

$$F = \rho U^2 l^2 f\left(\frac{Ul}{\nu}, 0\right). \tag{2}$$

对于一个在空气中飞行的飞弹，在速度达到约每秒 800 英尺之前，阻力正比于速度平方的规律仍是成立的. 当速度接近或超过声速时，这一规律就变了，正如我们所能预料到的那样. 这时，除了摩擦型的阻力之外，还有一个兴波阻力，它和 249 节所讨论的那种阻力类似.

当 U 大于通常所说的声速 c_0 时，就会形成一种近似为间断的波，如 Mach, Boys[2] 和其他人的照片所示. 适用于这种情况下的 Rankine 公式 (284 节) 曾被 Rayleigh[3] 用来计算飞弹前端的压力. 这一点可叙述如下.

把问题化为定常运动，并考虑对称线上的运动. 需要把问题分成两个阶段来处理. 用 q 表示空气的相对速度，则在波的前方有 $q = U$, $p = p_0$, $\rho = \rho_0$. 再以 q_1, p_1 和 ρ_1 表示刚刚位于波后

---

1) *Proc. Roy. Soc.* A, cxxv. 598 (1929).

2) *Nature*, xlvii. 440 (1893).

3) 282 节第一个脚注中引文.

的相应值. 于是, 把 $m=\rho q$ 代入 284 节(14)式和(15)式后, 有

$$\rho_1 q_1^2=\frac{1}{2}(\gamma-1)p_1+\frac{1}{2}(\gamma+1)p_0, \tag{3}$$

$$\rho_0 U^2=\frac{1}{2}(\gamma+1)p_1+\frac{1}{2}(\gamma-1)p_0. \tag{4}$$

因 $c_0^2=\gamma p_0/\rho_0$, 故(4)式给出

$$\frac{p_1}{p_0}=\frac{2\gamma}{\gamma+1}\frac{U^2}{c_0^2}-\frac{\gamma-1}{\gamma+1}, \tag{5}$$

于是可确定 p_1/p_0 之值.

接着, 当空气从波的后面运动到飞弹的前端时, 其速度是由 q_1 连续地降为零的. 因此,根据第 25 节(1)式可有

$$q_1^2=\frac{2\gamma}{\gamma-1}\left(\frac{p_2}{\rho_2}-\frac{p_1}{\rho_1}\right)=\frac{2\gamma}{\gamma-1}\frac{p_1}{\rho_1}\left\{\left(\frac{p_2}{p_1}\right)^{\frac{\gamma-1}{\gamma}}-1\right\}, \tag{6}$$

其中 p_2 和 ρ_2 系指飞弹前端处之值. 把(3)式中的 $\rho_1 q_1^2/p_1$ 值代入上式后可得

$$\left(\frac{p_2}{p_1}\right)^{\frac{\gamma-1}{\gamma}}=\frac{(\gamma+1)^2}{4\gamma}+\frac{\gamma^2-1}{4\gamma}\frac{p_0}{p_1}. \tag{7}$$

(7)式和(5)式合在一起就给出所需之 p_2 值.

取 $\gamma=1.4$, 则在

$$U/c_0=1,2,3,4$$

时有 $p_2/p_0=1.90, 5.67, 11.7, 20.7$.

反之,也可在气流的速度超过声速时应用 Rankine 的理论来测定气流的速度. 这时,比值 p_2/p_1 是从一个 Pitot 管(管口对准气流)和一个‘静压’管上的两个读数而得到的. 接着就可由(7)式而确定出比值 p_1/p_0, 并进而由(5)式求得 U. Stanton 用这种方法测定了流速为声速的二倍或三倍时的气流速度,而且发现,所得结果和用更为复杂的实验测定方法所得结果非常接近[1].

---

1) Stanton, *Rep. of the Nat. Phys. Lab.* (1921), p. 146.

第 XII 章

旋转流体

372. 对这一课题的探讨起源于对地球形状的研究，这种研究由 Newton 和 Maclaurin 开始，并由十八世纪末叶和十九世纪初叶时很兴旺的大法兰西学派的数学家们继续下来。在近代，则由于 Thomson 和 Tait, Poincaré, Darwin 以及 Jeans 等人的工作而获得了很大的发展。

所要讨论的问题是，确定引力作用下的均质液体以常角速度绕一固定轴线旋转时可能的相对平衡形状，并确定这种形状的稳定性（或不稳定性）。

我们取转轴为 z 轴，并取质心（它很明显地应位于这一轴线上）为原点。如 ω 为旋转角速度，则 (x,y,z) 处的加速度分量为 $-\omega^2x, -\omega^2y, 0$，因而动力学方程组为

$$\left.\begin{aligned}-\omega^2x &= -\frac{1}{\rho}\frac{\partial p}{\partial x}-\frac{\partial\Omega}{\partial x},\\ -\omega^2y &= -\frac{1}{\rho}\frac{\partial p}{\partial y}-\frac{\partial\Omega}{\partial y},\\ 0 &= -\frac{1}{\rho}\frac{\partial p}{\partial z}-\frac{\partial\Omega}{\partial z},\end{aligned}\right\}\tag{1}$$

其中 Ω 为单位质量的势能。故

$$\frac{p}{\rho}=\frac{1}{2}\omega^2(x^2+y^2)-\Omega+\text{const.}.\tag{2}$$

在自由表面上则有 $p=\text{const.}$.

关于平衡形状的某些一般性质已由 Poincaré 和 Lichtenstein 作出证明。

首先，如外界压力为零[1]，那么，对于给定的流体，就有一个角速度的上限。为证明这一点，我们考虑任一内部区域，并由第42节(3)式而有

$$\iint \frac{\partial p}{\partial n} dS = -\iiint \nabla^2 p dxdydz$$

$$= -2\rho(2\pi\rho - \omega^2)\iiint dxdydz, \qquad (3)$$

其中 $\partial p/\partial n$ 表示 p 的内向梯度，ρ 是用"天文学"单位[2]来表示的。把上式应用于任一微小的球形区域后可知，如 $\omega^2 < 2\pi\rho$，则压力不可能在流体内部有极小值；而如 $\omega^2 > 2\pi\rho$，则不可能有极大值。因而，如压力在整个边界上为零，则在前一种情况下，压力不可能在流体内部的任一点处为负值，而在后一种情况下，不可能为正值。在 $\omega^2 = 2\pi\rho$ 的中间情况下，在整个内部有 $\nabla^2 p = 0$，并在边界上有 $p = 0$，故处处有 $p = 0$（第40节）。

因此，如流体不能承受拉应力，那么，角速度就有一个上限 $\sqrt{2\pi\rho}$[3]。如密度取为地球的平均密度，即如取 $\rho = \frac{3}{4}\pi ga$，则 ω 的极限值可用地球的角速度（ω_0）而由

$$\frac{\omega^2}{\omega_0^2} = \frac{3}{2}\frac{g}{\omega_0^2 a} = 433$$

给出。因而，最短的可能周期是1小时07分。

其次，平衡形状必对称于通过质心并垂直于转轴的平面[4]。关于这一点，可设想整个流体是由一个个柱状部分组成的，这些柱状部分的长度平行于 Oz，其截面为无穷小，其中心则位于某一曲面（它可以包括若干个独立部分）上。如果这一曲面不是平面，那么，它上面必有一个 z 为极大值的 M 点。这时，在流体中作线段 PQ，它平行于 Oz，并由 M 所平分，两端则位于边界上。

1）我们马上就会表明，这一限制条件是不必要的。

2）当然，这就意味着压力要用特殊的单位。

3）Poincaré, *Bull. Astr.* 1885; *Figures d'Équilibre*, Paris, 1902, p. 11, 这里已把原证明作了修改。

4）Lichtenstein, *Berl. Ber.* 1918, p. 1120. 本书中所作讨论已稍加简化。

设 $|z_P|>|z_Q|$. 从一根物质直线的引力理论不难得知，由任一基元柱体所产生的每单位质量的势能在P处之值不能小于在Q处之值，而照例应该较大. 因此，从总体上来看，就有 $\Omega_P>\Omega_Q$，并因而由(2)式有 $p_P<p_Q$，而与前提相抵触.

上面所取的 P,Q 是不同的两个点，而如果它们互相重合，我们也可以用类似的方法而得知，当不具有对称平面时，就应该在M点(现在它是自由表面上的一个点了)处有 $\partial\Omega/\partial z>0$，并应而在该处有 $\partial p/\partial z<0$. 但如 M 处的切平面平行于 Oz，那么，在该点处必应有 $\partial p/\partial z=0$，而如 M 为所述曲面上的一个奇点，那么，p 的所有空间导数都应为零.

附带提一下，我们可注意到，作为上述讨论的一个结果可知，如果没有转动，那么，通过质心的每一个平面都必为一对称平面. 这样，我们就对下述命题有了一个简单的证明：均质液体在自己的引力作用之下的唯一平衡形状是一个圆球[1].

我们可以推断出，如果在自由表面上画出平行于转轴的弦，那么所有这些弦的中点都位于一个垂直于转轴的平面上，这一平面可称为赤道平面. 因此，一根平行于转轴的直线最多只能和自由表面相交于两点. 随之可知，在流体内部或外部的一个点(它并不位于对称平面上)处，引力的 z 分量指向对称平面. 这是因为，我们曾求助过的均质直线的引力理论已表明，对于由整个流体分割而成的每一个基元柱体而言，这一结论是正确的. 因而，在对称平面正方向一侧的所有各点上，$\partial\Omega/\partial z>0$，而 $\partial p/\partial z<0$. 随之得知，在自由表面的所有各点上，$\partial p/\partial n>0$，而在所有内部点上，$p>0$. 如果 $\omega^2>2\pi\rho$，那么，上述结论的前面部分就和(3)式不相容. 因此，无须涉及流体内部是否可以有拉应力问题，也可以获得 $\omega<\sqrt{2\pi\rho}$ 这一限制.

---

1) Carleman, *Math. Zeitschrift*, iii. 1(1918) 由 Liapounoff 提出的圆球是唯一的稳定形状一事的一个证明由 Poincaré 给出，见 *Figures d'Équilibre*, c. ii.

Crudeli[1] 曾得出过一个较为狭窄的限制. 可把他的讨论稍作修改而叙述如下. 引力理论表明，一个函数如在流体内部的值为 $p-p_0$（p_0 为表面压力），而在流体外部之值为零，就可以看作是物质（正的或负的）在某种适当分布时所产生的势函数，而物质的这种适当分布则为以面密度

$$-\frac{1}{4\pi}\frac{\partial p}{\partial n}$$

沿边界而分布再加上一个以体密度

$$-\frac{1}{4\pi}\nabla^2 p=\frac{\rho}{2\pi}(2\pi\rho-\omega^2)$$

沿整个内部而分布. 于是可得

$$4\pi(p-p_0)=-\iint\frac{\partial p}{\partial n}\frac{dS}{r}+2\rho(2\pi\rho-\omega^2)\iiint\frac{dxdydz}{r}. \tag{4}$$

但在内部各点上有

$$\iiint\frac{\rho dxdydz}{r}=-\Omega=\frac{p}{\rho}-\frac{1}{2}\omega^2(x^2+y^2)+\text{const.},$$

故

$$\frac{2\omega^2}{\rho}p=4\pi p_0-\iint\frac{\partial p}{\partial n}\frac{dS}{r}-\omega^2(2\pi\rho-\omega^2)(x^2+y^2)+\text{const.}. \tag{5}$$

现在，考虑一个和转轴正交的切平面，且流体所占据区域全部位于这一切平面的一侧，并设 P 为切点[2]. 我们对(5)式两边在 P 点处取内法向的导数. 由于已知 $\partial p/\partial n$ 在边界的所有点上都必为正值，因而由引力理论和这里所设的假定可知

$$-\iint\frac{\partial p}{\partial n}\frac{dS}{r}$$

在 P 处的法向导数必小于 $2\pi\partial p/\partial n$. 故

1) *Accad. d. Lincei* (5) xix. 666(1910).

2) Crudeli 看来像是假设了边界处处是凸状的. 从这里所给出的讨论来看，这一假设似乎是不必要的. 例如，它并不排除边界可以是环形的.

$$\frac{2\omega^2}{\rho}\frac{\partial p}{\partial n} < 2\pi\frac{\partial p}{\partial n}, \tag{6}$$

亦即 $\omega^2 < \pi\rho$. 对密度等于地球平均密度的流体而言，这一结果使最小旋转周期改变为 1 小时 35 分.

373. 在进而考虑一些特殊形状时，我们将从外边界为 椭球面的情况开始. 首先，我们在这里把和椭球体的引力有关的某些公式写出.

曲面

$$\frac{x^2}{a^2}+\frac{y^2}{b^2}+\frac{z^2}{c^2}=1 \tag{1}$$

所围圈的均质椭球体在内部点处的引力势为

$$\Omega=\pi\rho abc\int_0^\infty\left(\frac{x^2}{a^2+\lambda}+\frac{y^2}{b^2+\lambda}+\frac{z^2}{c^2+\lambda}-1\right)\frac{d\lambda}{\Delta}, \tag{2}$$[1]

其中

$$\Delta=\{(a^2+\lambda)(b^2+\lambda)(c^2+\lambda)\}^{\frac{1}{2}}. \tag{3}$$

上式可写成

$$\Omega=\pi\rho(\alpha_0x^2+\beta_0y^2+\gamma_0z^2-\chi_0), \tag{4}$$

其中

$$\alpha_0=abc\int_0^\infty\frac{d\lambda}{(a^2+\lambda)\Delta},\qquad \beta_0=abc\int_0^\infty\frac{d\lambda}{(b^2+\lambda)\Delta},$$

$$\gamma_0=abc\int_0^\infty\frac{d\lambda}{(c^2+\lambda)\Delta}, \tag{5}$$

$$\chi_0=abc\int_0^\infty\frac{d\lambda}{\Delta}, \tag{6}$$

和 114 节相同.

椭球体的势能由

$$V=\frac{1}{2}\iiint\Omega\rho dxdydz \tag{7}$$

(在整个体积上求积)给出. 把(4)式代入上式后，可得

---

1) 可参看 339 节，我们所用的 Ω 在正负号上和习惯用法不同.

$$V = \frac{2}{3}\pi^2\rho^2 abc\left\{\frac{1}{5}(\alpha_0 a^2 + \beta_0 b^2 + \gamma_0 c^2) - \chi_0\right\}$$

$$= \frac{2}{3}\pi^2\rho^2 a^2b^2c^2\int_0^\infty\left\{\frac{1}{5}\left(\frac{a^2}{a^2+\lambda} + \frac{b^2}{b^2+\lambda} + \frac{c^2}{c^2+\lambda}\right) + 1\right\}\frac{d\lambda}{\Delta}$$

$$= \frac{2}{3}\pi^2\rho^2 a^2b^2c^2\int_0^\infty\left\{\frac{2}{5}\lambda d\left(\frac{1}{\Delta}\right) - \frac{2}{5}\frac{d\lambda}{\Delta}\right\}$$

$$= -\frac{8}{15}\pi^2\rho^2 a^2b^2c^2\int_0^\infty\frac{d\lambda}{\Delta}. \tag{8}$$

这一表达式为负值，这是因为它的零值对应于质量无限扩散时的状态。如果想把质量集中在一个半径为 $R=(abc)^{\frac{1}{3}}$ 的圆球内时的势能值取为零，就必须加上一项

$$\frac{16}{15}\pi^2\rho^2 R^5. \tag{9}$$

如椭球体为一回转体，则积分可得以简化。而如它是行星形的，可由令(用 107 节中的记号)

$$a = b = \frac{(\zeta^2+1)^{\frac{1}{2}}}{\zeta}c \tag{10}$$

而得出[1)]

$$\left.\begin{aligned}\alpha_0 = \beta_0 &= (\zeta^2+1)\zeta\cot^{-1}\zeta - \zeta^2,\\ \gamma_0 &= 2(\zeta^2+1)(1-\zeta\cot^{-1}\zeta),\end{aligned}\right\} \tag{11}$$

$$V = \frac{16}{15}\pi^2\rho^2 R^5\left\{1 - \left(\frac{\zeta^2+1}{\zeta^2}\right)^{\frac{1}{3}}\zeta\cot^{-1}\zeta\right\}, \tag{12}$$

其中 V 的零值对应于圆球形。如 e 为子午线的离心率，可有

$$e^2 = 1 - \frac{c^2}{a^2} = \frac{1}{\zeta^2+1}, \tag{13}$$

诸公式就可写成

---

1) 最简单的方法是令 $c^2+\lambda=(a^2-c^2)u^2$. Thomson 和 Tait (771 节)以及其他作者用 ζ 的倒数 f 来表示这些结果.

$$\left.\begin{aligned}\alpha_0 = \beta_0 = \frac{\sqrt{1-e^2}}{e^3}\sin^{-1}e - \frac{1-e^2}{e^2},\\ \gamma_0 = \frac{2}{e^2}\left\{1-\sqrt{1-e^2}\frac{\sin^{-1}e}{e^2}\right\},\end{aligned}\right\} \tag{14}$$

$$V = \frac{16}{15}\pi^2\rho^2R^5\left\{1-(1-e^2)^{\frac{1}{6}}\frac{\sin^{-1}e}{e}\right\}. \tag{15}$$

对于卵巢形椭球体，可令(103节)

$$a = b = \frac{(\zeta^2-1)^{\frac{1}{2}}}{\zeta}c \tag{16}$$

而得

$$\left.\begin{aligned}\alpha_0 = \beta_0 = \zeta^2-(\zeta^2-1)\zeta\coth^{-1}\zeta,\\ \gamma_0 = 2(\zeta^2-1)(\zeta\coth^{-1}\zeta-1),\end{aligned}\right\} \tag{17}$$

$$V = \frac{16}{15}\pi^2\rho^2R^5\left\{1-\left(\frac{\zeta^2-1}{\zeta^2}\right)^{\frac{1}{3}}\zeta\coth^{-1}\zeta\right\}. \tag{18}$$

可注意到物体为一无限长椭圆柱时的情况．令(5)式中 $c=\infty$，可得

$$\alpha_0 = \frac{2b}{a+b},\quad \beta_0 = \frac{2a}{a+b},\quad \gamma_0 = 0. \tag{19}$$

而每单位长度的势能为

$$V_1 = \frac{4}{15}\pi^2\rho^2a^2b^2\log\frac{(a+b)^2}{4ab}. \tag{20}$$

Maclaurin 椭　球

374. 现在，假定椭球体在相对平衡下以角速度 ω 绕 z 轴旋转．因

$$\frac{p}{\rho} = \frac{1}{2}\omega^2(x^2+y^2) - \Omega + \text{const.}, \tag{1}$$

故等压面由

$$\left(\alpha_0 - \frac{\omega^2}{2\pi\rho}\right)x^2 + \left(\beta_0 - \frac{\omega^2}{2\pi\rho}\right)y^2 + \gamma_0 z^2 = \text{const.} \tag{2}$$

给出．为使其中一个曲面能与外表面

$$\frac{x^2}{a^2}+\frac{y^2}{b^2}+\frac{z^2}{c^2}=1 \tag{3}$$

相重合，必须有

$$\left(\alpha_0-\frac{\omega^2}{2\pi\rho}\right)a^2=\left(\beta_0-\frac{\omega^2}{2\pi\rho}\right)b^2=\gamma_0c^2. \tag{4}$$

对于回转椭球体（$a=b$），这两个条件就简化为一个条件：

$$\left(\alpha_0-\frac{\omega^2}{2\pi\rho}\right)a^2=\gamma_0c^2. \tag{5}$$

由于 $a^2/(a^2+\lambda)$ 按照 a 大于或小于 c 而大于或小于 $c^2/(c^2+\lambda)$，因此，从 375 节(5)式所给出的 α_0 和 γ_0 的形式可知，对于任一指定的行星形椭球体，上面这个条件可由适宜的 ω 值得以满足，但对于卵巢形椭球体却做不到这一点．这一重要结果是 Maclaurin[1] 得到的．

把 373 节(11)式代入后，(5)式中的条件就成为

$$\frac{\omega^2}{2\pi\rho}=(3\zeta^2+1)\zeta\cot^{-1}\zeta-3\zeta^2, \tag{6}$$

或用 107 节中的记号而写成

$$\frac{\omega^2}{2\pi\rho}=\zeta q_2(\zeta). \tag{7}$$

应注意到，与任一指定的离心率相对应的 ω 值依赖于密度 ρ，而与椭球体的实际大小无关．不难看出，这是和“量纲”理论相符的．

如 M 为总质量，H 为绕转轴的角动量，则有

$$M=\frac{4}{3}\pi\rho a^2c,\quad H=\frac{2}{5}Ma^2\omega, \tag{8}$$

故

$$\frac{H^2}{M^3R}=\frac{6}{25}\left(\frac{\zeta^2+1}{\zeta^2}\right)^{\frac{1}{3}}\{(3\zeta^2+1)\zeta\cot^{-1}\zeta-3\zeta^2\}. \tag{9}$$

Simpson, d'Alembert 和 Laplace[2] 曾对(6)式(在不同形式下的)作过讨论（Laplace 的讨论较为完整)．不难证明，(6) 式右边在

1) 202 节第二个脚注中引文．

2) Laplace, *Mecanique Céleste*, Livre 3me, c. iii. 关于其它参考资料，可看 Todhunter, *History of the Theories of Attraction*…, London, 1873, cc. x, xvi.

$\zeta=0$ 和 $\zeta=\infty$ 时为零，但在其它 ζ 值下则为有限，并为正值，因而，它在 ζ 为某个中间值时有最大值. 所以，在给定的 ρ 下，为使回转椭球能成为可能的相对平衡形状，角速度就有一个上限，而为证明(6)式或 (7) 式右边的函数只有一个极大值（并因而无极小值），那就还需作出较为仔细的探讨了.

Laplace 还出于同样的着眼点而查看了角动量公式. 它表明，当 ζ 由 ∞ 降为 0 时，(9)式右边连续地由 0 增大到 ∞. 因此，当流体及其体积都给定时，就有一个、而且只有一个 Maclaurin 椭球的形状能具有指定的角动量.

这些问题也借助过实际计算(6)式和(9)式右边的函数而进行了探讨. 附表中给出了一系列 Maclaurin 椭球的数值细节，它取自 Thomson 和 Tait[1]. 附表最后一栏中角动量的单位是 $M^{\frac{3}{2}}R^{\frac{1}{2}}$，当然是用了"天文学"单位.

$\omega^2/(2\pi\rho)$ 的最大值为 0.2247，对应于 $e=0.9299$，$a/c=2.7198$. 对于任一较小的 $\omega^2/(2\pi\rho)$ 值，有两个可能的回转椭球体，其中一个的离心率小于、另一个的离心率则大于 0.9299.

e	a/R	c/R	$\omega^2/(2\pi\rho)$	角动量
0	1.0000	1.0000	0	0
0.1	1.0016	0.9967	0.0027	0.0255
0.2	1.0068	0.9865	0.0107	0.0514
0.3	1.0159	0.9691	0.0243	0.0787
0.4	1.0295	0.9435	0.0436	0.1085
0.5	1.0491	0.9086	0.0690	0.1417
0.6	1.0772	0.8618	0.1007	0.1804
0.7	1.1188	0.7990	0.1387	0.2283
0.8	1.1856	0.7114	0.1816	0.2934
0.8127	1.1973	0.6976	0.1868	0.3035
0.9	1.3189	0.5749	0.2203	0.4000
0.91	1.341	0.5560	0.2225	0.4156
0.92	1.367	0.5355	0.2241	0.4330
0.93	1.396	0.5131	0.2247	0.4525

1) *Natural Philosophy*, Art. 772.

续表

e	a/R	c/R	$\omega^2/(2\pi\rho)$	角动量
0.94	1.431	0.4883	0.2239	0.4748
0.95	1.474	0.4603	0.2213	0.5008
0.96	1.529	0.4280	0.2160	0.5319
0.97	1.602	0.3895	0.2063	0.5692
0.98	1.713	0.3409	0.1890	0.6249
0.99	1.921	0.2710	0.1551	0.7121
1.00	∞	0	0	∞

对于密度等于地球平均密度的均质液体，如长度和时间的单位取为厘米和秒，则有

$$\frac{4}{3}\pi\rho R = 980, \quad R = 6.37 \times 10^8,$$

于是可求得与回转椭球体形状相容的最快旋转所应具有的周期为 2 小时 25 分.

当 ζ 很大时，(7)式右边就近似地简化为 $\frac{4}{15}\zeta^{-2}$. 因此，如行星形椭球和一个圆球相差为无穷小，则其椭圆率为

$$\varepsilon = \frac{a-c}{a} = \frac{1}{2}\zeta^{-2} = \frac{15}{16}\frac{\omega^2}{\pi\rho}.$$

如 g 表示具有同样密度的一个半径为 a 的圆球表面处的重力值，就有

$$g = \frac{4}{3}\pi\rho a,$$

故

$$\varepsilon = \frac{5}{4}\frac{\omega^2 a}{g}.$$

令 $\omega^2 a/g = 1/289$，可知，一个和地球大小和质量相同的均质液体球以同样的周期旋转时，其椭圆率应为 1/231.

Jacobi 椭球

375. 为了确定三个轴不相等的椭球是否是相对平衡的可能形状，我们再回到 374 节的条件(4). 这些条件等价于

$$(\alpha_0 - \beta_0)a^2b^2 + \gamma_0 c^2(a^2 - b^2) = 0 \qquad (1)$$

和 $$\frac{\omega^2}{2\pi\rho}=\frac{\alpha_0a^2-\beta_0b^2}{a^2-b^2}. \tag{2}$$

把 373 节中的 α_0,β_0 和 γ_0 之值代入后，条件(1)可写成

$$(a^2-b^2)\int_0^\infty\left\{\frac{a^2b^2}{(a^2+\lambda)(b^2+\lambda)}-\frac{c^2}{c^2+\lambda}\right\}\frac{d\lambda}{\Delta}=0. \tag{3}$$

第一个因式等于零时就给出上一节已讨论过的 Maclaurin 椭球。第二个因式给出

$$\int_0^\infty\left\{a^2b^2-(a^2+b^2+\lambda)c^2\right\}\frac{\lambda d\lambda}{\Delta^3}=0, \tag{4}$$

它可以看作是用 a,b 来确定 c 的方程。当 $c^2=0$ 时，每一积分元素都是正值，而当

$$c^2=a^2b^2/(a^2+b^2)$$

时，每一积分元素就都是负值。因此，有着某一个小于二半轴 a,b 中的较小者的 c 值可使积分为零。

对应的 ω 值则由(2)式给出，其形式为

$$\frac{\omega^2}{2\pi\rho}=abc\int_0^\infty\frac{\lambda d\lambda}{(a^2+\lambda)(b^2+\lambda)\Delta}, \tag{5}$$

因而 ω 为实数。 可以看出，和以前一样，比值 $\omega^2/(2\pi\rho)$ 只依赖于椭球的形状，而与其绝对大小无关[1]。

C.O.Meyer[2] 曾仔细地讨论了方程(4)和(5)，他证明了，当 a,b 给定后，只有一个 c 值能满足(4)式，而且，$\omega^2/(2\pi\rho)$ 的极大值(即 0.1871)[3] 发生于 $a=b=1.7161c$ 时。 这时，Jacobi 椭球就和 Maclaurin 形状之一相重合。这一极限形状(已示于本节第一个附图)可令(3)式第二个因式中的

$$a=b, c^2+\lambda=(a^2-c^2)u^2, c^2=(a^2+b^2)\zeta^2$$

---

1) 一个三轴不等的椭球能成为相对平衡的可能形状是首先由 Jacobi 作出断定的，见其 "Ueber die Figur des Gleichgewichts", *Pogg. Ann.* xxxiii.229 (1834) [*Werke*,ii. 17]; 还可看 Liouville, "Sur la Figure d'une masse fluide homogène, et douée d'un mouvement de rotation," *Journ. de l'École Polytechn.* xiv. 290(1834).

2) "De aequilibrii formis ellipsoidicis", *Crelle*, xxiv. (1842).

3) 按照 Thomson 和 Tait 的计算，它应为 0.1868，见上一节中附表。

而予以确定．这样做时，可得

$$\int_{\zeta}^{\infty}\left\{\left(\frac{1+\zeta^2}{1+u^2}\right)^2-\frac{\zeta^2}{u^2}\right\}\frac{du}{1+u^2}=0, \tag{6}$$

故

$$\cot^{-1}\zeta=\frac{13\zeta+3\zeta^3}{3+14\zeta^2+3\zeta^4}. \tag{7}$$ [1]

它只有一个有限根 $\zeta=0.7171$，从而给出子午线的离心率为 $e=0.8127$。

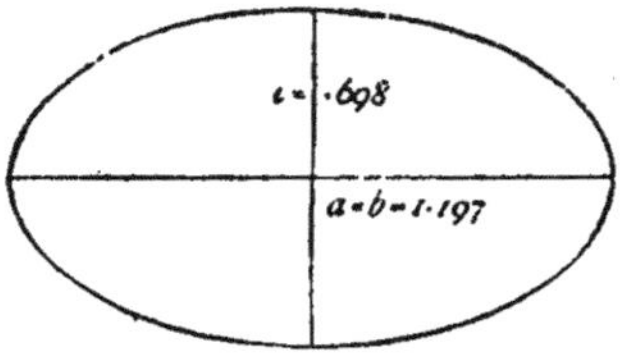

由于在一般情况下，比值 $a:b:c$ 要服从(4)式中的条件，所以实际上只有一个参变数，而诸 Jacobi 椭球就形成了一个所谓"线性系列"． 这一系列中的数值序列已在本节附表中表明，它是由 Darwin[2] 计算的．当 $\omega^2/(2\pi\rho)$ 由其上极限而减小时，一个赤道轴

轴			$\frac{\omega^2}{2\pi\rho}$	角动量
a/R	b/R	c/R		
1.197	1.197	0.698	0.1871	0.304
1.216	1.179	0.698	0.187	0.304
1.279	1.123	0.696	0.186	0.306
1.383	1.045	0.692	0.181	0.313
1.601	0.924	0.677	0.166	0.341
1 899	0.811	0.649	0.141	0.392
2.346	0.702	0.607	0.107	0.481
3.136	0.586	0.545	0.067	0.644
5.04	0.45	0.44	0.026	1.016
∞	0	0	0	∞

1) Thomson and Tait, Art. 778.

2) "On Jacobi's Figure of Equilibrium for a Rotating Mass of Fluid", *Proc. Roy. Soc.* xli. 319(1886) [*Papers*, iii. 119].

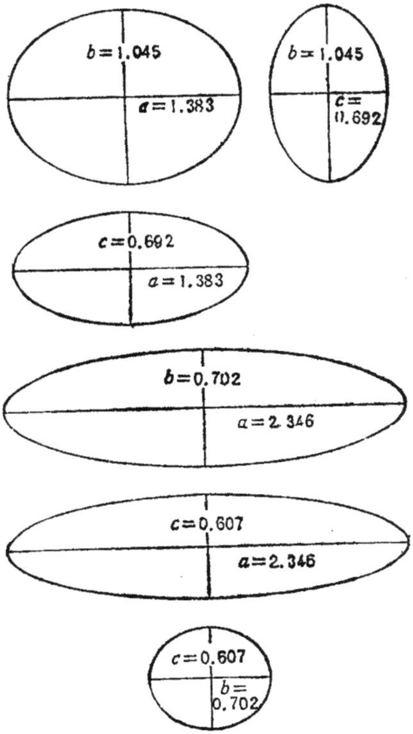

与极轴之比增大，另一赤道轴与极轴之比则减小，渐近形状则为一无限长圆柱体，并绕一根垂直于其长度的轴线而旋转（$a=\infty$，$b=c$）。本节第二个附图中表示出了两种中间形状，长度单位为等体积圆球体的半径（R）。

可注意到，一个无限长的椭圆柱体可以在相对平衡下而绕其纵轴旋转。而且，借助于 373 节公式(19)可不难证明，其角速度由下式给出：

$$\frac{\omega^2}{2\pi\rho}=\frac{2ab}{(a+b)^2}. \qquad (8)^{1)}$$

1) Matthiessen, "Neue Unters uchungen über frei rotirende Flüssigkeiten", *Schriften der Univ. zu kiel*, vi (1859). 这篇文章中有一张表格，详细地列出了在这一课题中的已有著作。

其它的特殊形状

376. 相对平衡问题（Maclaurin 椭球和 Jacobi 椭球是其中的特殊情况）是许多值得注意的研究的对象，对于这些研究，我们只能在这里稍微提一下.

环形体是首先由 Laplace[1] 引用了 Saturn 环的理论而作了处理的.

他所处理的环形体被假定为绕 z 轴的回转体，原点取在 z 轴和赤道对称平面相交处. 现在我们知道，这一平面必然存在（372节）. 此外，横截面被取为一个椭圆形，它和 O_x，O_z 轴相平行的半轴分别为 a，c. 令 C 为这一截面的中心，并令 $OC = D$，且假定了比值 a/D 和 c/D 都是小量.

在这些条件之下，在初步近似中，可把环形体内任一点处的引力分量看作是和半径 D 为无穷大时一样，因此，根据 373 节(19)式，可写出

$$\Omega = \pi\rho(\alpha_0 x^2 + \gamma_0 z^2) + \text{const.}, \tag{1}$$

其中

$$\alpha_0 = \frac{2c}{a+c}, \quad \gamma_0 = \frac{2a}{a+c}, \tag{2}$$

而 x 的原点则现已移至 C 点处. 于是，横截面上各点的压力方程为

$$\frac{p}{\rho} = \frac{1}{2}\omega^2(D+x)^2 - \Omega + \frac{S}{\sqrt{(D+x)^2 + z^2}} + \text{const.}, \tag{3}$$

其中 S 为 O 点处的中心引力体的质量. 上式可展成以下形式:

---

1) "Mémoire sur la théorie de l'anneau de Saturne," *Mem. de l'Acad. des Sciences*, 1789[1787] [*Mécanique Céleste*, Livre 3me, ç. vi].

$$\frac{p}{\rho}=\frac{1}{2}\omega^2(D^2+2Dx+x^2)-\pi\rho(\alpha_0 x^2+\gamma_0 z^2)$$
$$+\frac{S}{D}\left(1-\frac{x}{D}+\frac{2x^2-z^2}{2D^2}-\cdots\right). \tag{4}$$

如截面轮廓线

$$\frac{x^2}{a^2}+\frac{z^2}{c^2}=1 \tag{5}$$

上的压力 p 近似为常数，则 x 的诸一次项就必然互相抵消，而 x^2 项和 z^2 项的系数则必然具有 c^2 比 a^2 的比例. 故

$$\omega^2 D^3=S, \tag{6}$$

且

$$a^2\left(\alpha_0-\frac{3\omega^2}{2\pi\rho}\right)=c^2\left(\gamma_0+\frac{\omega^2}{2\pi\rho}\right). \tag{7}$$

(6)式表明，环的旋转周期必须和一个具有同样距离的卫星的周期相同，而(7)式则可写成

$$\frac{\omega^2}{2\pi\rho}=\frac{2ac(a-c)}{(3a^2+c^2)(a+c)}, \tag{8}$$

因而表明，横截面的赤道直径必大于极直径.

(8)式右边的表达式有一个最大值 0.1086，它对应于 $a/c=2.594$. 因此，对于给定了距中心体距离 D 的一个流体环来讲，它的密度就有一个下极限.

Laplace 指出，我们所设想的这种环形体，即使是刚体，也会是不稳定的，而如果是流体，就先验地必然是不稳定的. 现在，普遍都认为，Saturn 环是由陨星所组成的.

当不存在中心体时，或中心体的质量相对较小时，就要用较高程度的近似来计算环形体作用于其中各点处的引力. 不难看出，在这种情况下，横截面一定接近于圆形，而角速则必然比上述情况小很多. 当 $S=0$ 时，如 a/D 为一小量，则可近似地求得

$$\frac{\omega^2}{2\pi\rho}=\frac{a^2}{2D^2}\left(\log\frac{8D}{a}-\frac{5}{4}\right). \tag{9}$$ [1]

1) Matthiessen 得出一个与之稍有不同的结果，见上一节最后一个脚注中引文. (9)式由 Mme Sophie Kowalewsky (*Astr. Nachr.* cxi. 37 (1885)), Poincaré (377 节第一个脚注中引文) 和 Dyson (116 节第一个脚注中引文) 所得到. 还可看 Basset, *Amer. Journ. Math.* xi (1888).

它可证明如下．在柱坐标系中，如原点取在环形体的中心处，则外部点处的引力势满足 100 节(1)式类型的一个方程，即满足

$$\frac{\partial^2 \Omega}{\partial z^2}+\frac{\partial^2 \Omega}{\partial \varpi^2}+\frac{1}{\varpi}\frac{\partial \Omega}{\partial \varpi}=0. \tag{10}$$

如在横截面平面中引进极坐标系，并令

$$z=r\sin\theta,\quad \varpi=D+r\cos\theta, \tag{11}$$

则上式成为

$$\frac{\partial^2 \Omega}{\partial r^2}+\frac{1}{r}\frac{\partial \Omega}{\partial r}+\frac{1}{r^2}\frac{\partial^2 \Omega}{\partial \theta^2}+\frac{1}{D+r\cos\theta}\left(\frac{\partial \Omega}{\partial r}\cos\theta\right.$$

$$\left.-\frac{1}{r}\frac{\partial \Omega}{\partial r}\sin\theta\right)=0. \tag{12}$$

为了求出适用于 r 远小于 D 时的解，我们在初步近似中取 $\Omega=\Omega_0$，其中 Ω_0 满足

$$\frac{\partial^2 \Omega_0}{\partial r^2}+\frac{1}{r}\frac{\partial \Omega_0}{\partial r}=0. \tag{13}$$

故

$$\Omega_0=A+B\log r. \tag{14}$$

在第二步近似中，令

$$\Omega=\Omega_0+\Omega_1\cos\theta. \tag{15}$$

代入(12)式后，得

$$\frac{\partial^2 \Omega_1}{\partial r^2}+\frac{1}{r}\frac{\partial \Omega_1}{\partial r}-\frac{\Omega_1}{r^2}=-\frac{1}{D}\frac{\partial \Omega_0}{\partial r}=-\frac{B}{Dr}, \tag{16}$$

故

$$\Omega_1=Cr+\frac{C'}{r}-\frac{B}{2D}r\log r. \tag{17}$$

在 r 虽远小于 D 但却远大于截面半径 a 处，这样所得到的结果必近似于一个半径为 D、线密度为 $\pi\rho a^2$ 的圆形物质线所产生的势，即

$$\Omega=-\pi\rho a^2 D\int_0^{2\pi}\frac{d\chi}{\sqrt{r_1^2\cos^2\frac{1}{2}\chi+r_2^2\sin^2\frac{1}{2}\chi}}$$

$$=-\frac{4\pi\rho a^2 D}{r_2}F_1(k), \tag{18}$$

其中，和161节中一样，r_1 和 r_2 表示所考虑的点到截面周边的最小和最大距离，而椭圆积分的模量 k 则由

$$k^2 = 1 - \frac{r_1^2}{r_2^2} \tag{19}$$

给出．因它近似为1，故有[1]

$$F_1(k) = \log\frac{4r_2}{r_1} + \frac{1}{4}\frac{r_1^2}{r_2^2}\left(\log\frac{4r_2}{r_1} - 1\right) + \cdots. \tag{20}$$

对我们来说，取其第一项就够了．

为了和现在所用的记号相一致起见，可近似地令

$$\left.\begin{aligned} &r_1 = r, \\ &r_2 = \sqrt{4D^2 + 4rD\cos\theta + r^2} = 2D\left(1 + \frac{r}{2D}\cos\theta\right). \end{aligned}\right\} \tag{21}$$

于是

$$\Omega = -2\pi\rho a^2\left(\log\frac{8D}{r} - \frac{r\cos\theta}{2D}\log\frac{8D}{r} + \frac{r\cos\theta}{2D}\right). \tag{22}$$

如

$$B = 2\pi\rho a^2, \quad C = \frac{\pi\rho a^2}{D}(\log 8D - 1), \tag{23}$$

则当 r 不断增大、但仍保持为远小于 D 时，(15)，(14)和(17)诸式中所包含的结果就趋于和(22)式重合．因而，在靠近流体环表面处，可取外部势之值为

$$\Omega = -2\pi\rho a^2\left\{\log\frac{8D}{r} - \left(\log\frac{8D}{r} - 1\right)\frac{r\cos\theta}{2D}\right\} + \frac{C'\cos\theta}{r}. \tag{24}$$

为求出内部点处的引力势，必须把(12)式右边换为 $4\pi\rho$．应用和前面一样的近似方法，并考虑到 Ω 在 $r = 0$ 处为有限的条件，可得

$$\Omega = \text{const.} + \pi\rho r^2 + C''r\cos\theta - \frac{\pi\rho r^3}{4D}\cos\theta. \tag{25}$$

Ω 和 $\partial\Omega/\partial r$ 之值必须在 $r = a$ 处连续，它给出

$$C'' = \frac{\pi\rho a^2}{D}\left(\log\frac{8D}{a} - 1\right), \quad C' = -\frac{\pi\rho a^4}{4D}. \tag{26}$$

自由表面的条件要求表达式

$$\frac{1}{2}\omega^2(D + r\cos\theta)^2 - \Omega \tag{27}$$

在 $r = a$ 上为常数．于是，略去 r/D 的平方项后，可得

$$\omega^2 D = C'' - \frac{\pi\rho a^2}{4D}. \tag{28}$$

把(26)式中的 C'' 值代入上式后，就得到(9)式中的结果．

Dyson 曾证明了，上述环形体对于截面面积随经度而变化的扰动是不稳定的，而

---

1) Cayley, *Elliptic Functions*, p. 54.

且也只对于这种扰动是不稳定的．因而，它具有破裂成一些分离质量的趋势．

Darwin[1] 曾详细地探讨了两部分分离的液体绕其公共重心、像双星一样在相对平衡下转动时的情况．当两部分液体之间的距离远大于每一部分的尺度时，解的表达式中的球谐函数级数可以迅速收敛，但在其它情况下，所用的近似方法就极其麻烦了[2]．对于一部分液体的质量远小于另一部分时的这种特别令人感兴趣的情况，似乎首先由 Roche 在 1847 年作了讨论[3]．

相对平衡中的一般性问题

377. Poincaré 在一篇著名的文章中[4]，从较为一般性的观点出发来处理了旋转的均质液体在相对平衡下的可能位形问题．

首先，考虑一个 n 自由度的普通动力学系统，其状态依赖于某个参数 λ，因而势能为 n 个广义坐标 $q_1, q_2, \cdots q_n$ 和 λ 的函数．与指定的 λ 值相对应的可能平衡位形由 n 个形如

$$\frac{\partial V}{\partial q_r}=0 \tag{1}$$

的方程所确定，而且，改变 λ，就可以得到一个或几个平衡位形的"线性系列"．这样的一个系列可以用 n 维空间(其中，$q_1, q_2, \cdots, q_n$ 为笛卡儿坐标)中的一条曲线来表示．

此外，考虑任意一个相对于平衡位形的微小偏离后，可有

1 "On Figures of Equilibrium of Rotating Masses of Fluid, *Phil. Trans*. A, clxxviii. 379(1887) [*Papers*, iii. 135].

2) 关于对 374—376 诸节所讨论问题的更为详细的研究，可参看Tisserand, *Traité de Mecanique Céleste*, Paris, 1889—1896, ii.

3) 见 Darwin, "On the Figure and Stability of a Liquid Satellite", *Phil. Trans*. A, ccvi. 161 (1906)[*Papers*,iii. 436]. 关于把 Poincaré 方法应用于本问题方面，可参看 Schwarzschild, "Die Poincaré'sche Theorie des Gleichgewichts…," *Ann. d. Münch. Sternwarte*, iii. 233 (1897) 以及 Jeans, *Problem of Cosmogony*…, Cambridge, 1919.

4) "Sur l'équilibre d'une masse fluide animée d'un mouvement de rotation",*Acta Math*. vii. 259(1885). 还见其 *Figures d'équilibre*. 关于 Liapounoff 所作的早期研究和部分预见，见 Liechtenstein, *Math. Zeitschrift*, i. 228(1918).

$$V = c_{11}\delta q_1^2 + c_{22}\delta q_2^2 + \cdots + 2c_{12}\delta q_1\delta q_2 + \cdots, \qquad (2)$$

其中 $c_{11}, c_{22}, c_{12}\cdots$ 是“稳定性系数”(168节)，并定义为

$$c_{rr} = \frac{\partial^2 V}{\partial q_r^2}, \quad c_{rs} = \frac{\partial^2 V}{\partial q_r \partial q_s}. \qquad (3)$$

对变分 $\delta q_1, \delta q_2, \cdots, \delta q_n$ 作线性变换，可有无限多种方式来把表达式(2)简化为平方项之和. 但根据 Sylvester 的定理，不论采用哪种简化方式，正系数和负系数的个数是不变的. 变换后的表达式中的系数可称为主稳定性系数. 能成为稳定的平衡位形的必要和充分条件是这些系数全部为正值.

当改变 λ 时，只要二次式(2)的判别式 Δ 不为零，也就是，只要主稳定性系数没有一个为零，那么，各线性系列就保持相异. 但当我们跟着一个线性系列走时，如在某个特殊的 λ 值处，Δ 为零并改变符号，就表明，所考虑的位形是一种“分歧形式”，也就是，遇到了和另一线性系列的相交点了. 这种情况也可出现于两个线性系列在 λ 穿过一个特殊值时互相重叠然后变为虚系列之处. 如果所讨论的位形不属于任何其它线性系列，我们就得到一个所谓的平衡“极限形式”，而且可以证明，Δ 在连接处附近的两个系列中具有不同的符号. 一个特别重要的情况是，两个系列重叠、然后变为虚系列，而第三个系列则连续地通过公共点.

以上所述可用一单自由度系统为例来作出说明. 这时，平衡位置由

$$\partial V/\partial q = 0 \qquad (4)$$

给出，它通过 λ 来确定出一个或几个 q 之值. 如对 λ 求导，可得

$$\frac{\partial^2 V}{\partial q^2}\frac{dq}{d\lambda} + \frac{\partial^2 V}{\partial q\partial\lambda} = 0. \qquad (5)$$

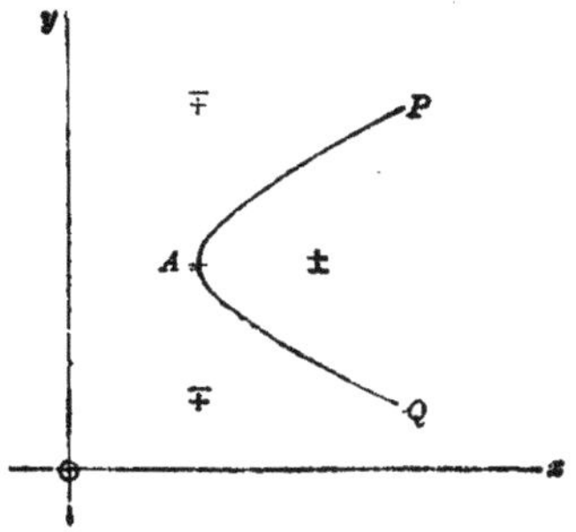

对于每一个线性系列，只要 $\partial^2 V/\partial q^2$ 非零，上式就给出唯一的 $dq/d\lambda$ 值，于是就确定了平衡位形的序列. 所以，只要稳定性系数不等于零，诸系列就保持为相异的. 但如 $\partial^2 V/\partial q^2 = 0$，这时，$dq/d\lambda$ 就按照 $\partial^2 V/\partial q\partial\lambda$ 是零还是非零而成为无穷大或不确定的. 在前一种情况下，通常是两个系列重叠.

令

$$\partial V/\partial q = \phi(\lambda, q), \qquad (6)$$

并考虑曲面

$$z=\phi(x,y),\tag{7}$$

其中 x,y,z 为普通的笛卡儿坐标．曲线 $\phi(x,y)=0$（它在 xy 平面上把 z 的正值部分和负值部分分割开）就表示了各种平衡形式的线性系列．而且，曲线上梯度 $\partial z/\partial y$ 为正的部分对应于稳定的位形，而 $\partial z/\partial y$ 为负的部分则对应于不稳定的位形．

临界点（$\partial^2V/\partial q^2=0$）对应于 $\partial z/\partial y=0$，所以该点的切线平行于 y 轴，否则，该点就是曲线上的一个奇点．在前一种情况下，如果曲线没有其它分支穿过切点，我们就有一个"极限形式"，而且很明显，在该处有一个从稳定性到不稳定性的变化．这种情况已示于本节第一个附图，其中两个系列 PA 和 QA 在极限形式 A 中重叠．如图中上面的符号指的是对应区域中的 z 值，系列 PA 就是不稳定的，而 QA 是稳定的；而如所得到的是下面的符号，情况就反过来．

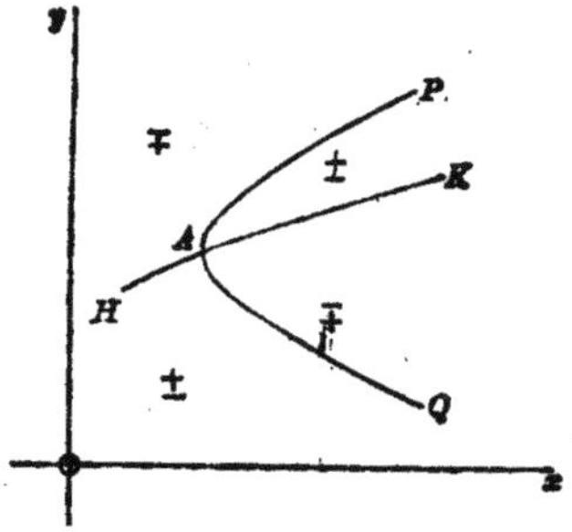

然而，如我们还有 $\partial^2V/\partial q\partial\lambda=0$（即 $\partial z/\partial x=0$），那就有一奇点．在本节第二个附图中表示出了两个系列（PA 和 QA）重叠并变为虚系列、而第三个系列（HAK）穿过公共点并保持为实系列的情况．在第三个系列中，在 A 点附近有着从稳定性到不稳定性的过渡（或反之），而其它两个系列则都是稳定的或都是不稳定的[1]．

当有 n 个自由度时，诸平衡方程为

$$\frac{\partial V}{\partial q_1}=0,\ \frac{\partial V}{\partial q_2}=0,\cdots,\frac{\partial V}{\partial q_n}=0.\tag{8}$$

我们可以利用从第二个方程开始的 $n-1$ 个方程而通过 q_1 和 λ 来表示出 $q_2,\cdots,q_n$．现在，把它们代入 V 的普遍表达式，并把所得到的结果用 $\psi(q_1,\lambda)$ 来表示．那么，根据(8)式，有

1）一个简单的例子是一个质点可在一光滑弯管（具有拐点）中自由运动时的情况，这一弯管位于一铅直平面内，并可借助于绕一根垂直于这一平面的轴线旋转而位于不同的位置．另外，对漂浮的原木的诸平衡位置（依赖于原木的密度）及其稳定性的研究可提供出其它例子．本书作者曾讨论了原木截面为正方形时的情况，见 Lamb, *Statics*, Cambridge, 1912, pp. 221,234.．关于两个系列简单交叉、且二系列在交点两侧都是实系列的情况，可以用类似方法加以说明．

$$\frac{\partial\psi}{\partial q_1}=\frac{\partial V}{\partial q_1}+\frac{\partial V}{\partial q_2}\frac{\partial q_2}{\partial q_1}+\cdots+\frac{\partial V}{\partial q_n}\frac{\partial q_n}{\partial q_1}=\frac{\partial V}{\partial q_1}, \tag{9}$$

所以，剩下的那个平衡条件就可写成

$$\frac{\partial\psi}{\partial q_1}=0. \tag{10}$$

从上式可得出

$$\frac{\partial^2\psi}{\partial q_1^2}\frac{dq_1}{d\lambda}+\frac{\partial^2\psi}{\partial q_1\partial\lambda}=0, \tag{11}$$

它表明，除非 $\partial^2\psi/\partial q_1^2=0$，否则，平衡位形的序列就是唯一的. 剩下所要讨论的就和以前一样了，只是用 ψ 来替换 V. 不难证明，$\partial^2\psi/\partial q_1^2=0$ 的条件在解析上等价于 $\Delta=0$[1].

378. 我们就要看到上述讨论在旋转系统相对平衡理论中的作用了.

如一刚性标架受到约束而限于以常角速度 ω 绕一固定轴线旋转，而所考虑的平衡是相对于这一标架而言的，那么，最方便的是把诸平衡条件取为

$$\frac{\partial}{\partial q_r}(V-T_0)=0 \tag{1}$$

的形式，其中 V 为势能，T_0 为系统在任一指定位形 $(q_1, q_2, \cdots q_n)$ 下作刚性转动时的动能，参看 205 节. 改变 ω，我们就可得到平衡位形的各线性系列. 此外，如系统受到耗散力（它能影响所有相对运动）的作用，则长期稳定性的条件是 $V-T_0$ 应为极小值.

反之，如系统是自由的（在陀螺系统的一般理论中就会出现这种情况），那么，诸平衡条件的更为适宜的形式为

$$\frac{\partial}{\partial q_r}(V+K)=0. \tag{2}$$

其中 K 为系统在位形 $q_1, q_2, \cdots q_n$ 下像刚体一样地旋转、且对应于被遗坐标的动量分量不变时的动能（254 节）. 长期稳定性的条件则是 $V+K$ 应为极小值. 从我们现在的角度来看，唯一需要考虑的被遗坐标是一个角坐标，它规定了系统中的一个穿过转轴

1）这一讨论是几乎不变地取自 Poincaré 的著作.

(因而也就穿过了惯性中心)的参考平面在空间中的位置. 对应的动量分量是绕这一转轴的角动量,我们用 κ 来表示它. 改变 κ,就可以得到平衡位形的各线性系列.

对于旋转的液体,广义坐标 $q_1, q_2, \cdots$ 有无限多个,但所述理论在其它方面并不改变. 现在我们暂时假定,液体是覆盖在一个作着刚性转动的核心上的. 那么如果这一核心受到约束而只能以常角速度旋转,或者(这是一回事)它具有很大的惯性,我们就有问题的第一种形式;而如核心是自由的,第二种形式就可适用. 当我们所讨论的扰动并不影响系统对于转轴的惯性矩时,这两种形式之间的差别就消失了.

从目前的角度来看,问题的第二种形式是更为重要的. 现在,我们借助于把核心设想为无穷小而转回到旋转的均质液体. 对于这种情况,相对平衡的一部分解是已经知道了的. 首先,我们有 Maclaurin 椭球的线性系列,其中,当 κ 的范围在 0 和∞之间时,a/R 的范围在 1 和∞之间(374 节). 接着,我们有两个[1] Jacobi 椭球的系列,其中,当 κ 在 $0.304M^{\frac{3}{2}}R^{\frac{1}{2}}$ 到∞之间时,一个系列中的 a/b 在 1 到∞之间,另一系列中的 a/b 在 1 到 0 之间(a 和 b 为两个赤道半轴;375 节). 当 $\kappa = 0.304M^{\frac{3}{2}}R^{\frac{1}{2}}$ 时,就有分歧形式,并因而在稳定性的特点上会出现变化.

379. 作为上述理论的一个简单例子,我们可以来检验一下 Maclaurin 椭球对于始终使转轴为一主轴的椭球形挠动的长期稳定性[2].

设 ω 为平衡状态下的角速度,κ 为角动量. 如 I 为系统受扰后的惯性矩,则如系统像刚体一样旋转时,受扰后的角速度就是 κ/I. 故

$$V + K = V + \frac{1}{2}I\left(\frac{\kappa}{I}\right)^2 = V + \frac{1}{2}\frac{\kappa^2}{I}, \tag{1}$$

1) 这两个系列包含着同样的几何形状序列,但在目前的观点中,要把它们看作在解析上是相异的.

2) Poincaré, 377 节第一个脚注中引文. Basset 给出了一个解析性更强的探讨,见其 'On the Stability of Maclaurin's Liquid Spheroid," *Proc. Camb. Phil. Soc.* viii. 23 (1892).

而长期稳定的条件就是它为极小值. 为确定起见，假定V的零值对应于无限扩散时的状态，因而，在其它的位形下，V为负值.

应用以前所用记号，并取c为转轴，有

$$I = \frac{1}{5}M(a^2 + b^2). \tag{2}$$

因 $abc = R^3$，故可写出

$$V + \frac{5}{2}\frac{\kappa^2}{M(a^2+b^2)} = f(a,b), \tag{3}$$

其中 $f(a,b)$ 为两个自变量 a,b 的对称函数. 如果我们把 a,b 看作是水平平面上一个点的直角坐标，并考虑一个纵坐标为 $f(a,b)$ 的曲面，那么，相对平衡的位形就对应于高度取平稳值的那些点，而对于长期稳定性来讲，高度还应进一步取极小值.

当 $a=\infty$ 或 $b=\infty$ 时，有 $f(a,b)=0$. 当 $a=0$ 时，有 $V=0$ 和 $f(a,b)\propto 1/b^2$；当 $b=0$ 时，也有类似情况. 当 $a=0$ 且 $b=0$ 时，有 $f(a,b)=\infty$. 我们已知，不论κ之值是多少，总有一个、而且也只有一个可能的 Maclaurin 椭球的形状. 因此，当我们沿着上述曲面和对称平面（$a=b$）的交线走时，纵坐标从∞变为0，并在这一区间中有一个、而且只有一个平稳值. 很明显，这个值为负并为一极小值[1]. 我们也因而得知曲面上这一点处的高度不可能是极大值. 而且，由于V的负值有个极限（这一极限就是椭球变为圆球时之值），因此可知，这一曲面上至少有一个有限的极小高度（负值）点.

现在，参看 304 节中附表后可知，当 $\kappa<0.304M^{\frac{3}{2}}R^{\frac{1}{2}}$ 时，有着一个、而且只有一个平衡的椭球形状，它是回转体形的. 上述考虑则表明，这一形状对应于一个极小高度点，并因而是长期稳定的（对于对称的椭球形扰动而言）.

当 $\kappa>0.304M^{\frac{3}{2}}R^{\frac{1}{2}}$ 时，有三个平稳高度点，其中一个位于对称平面内，对应于 Maclaurin 椭球，另两个对称地位于这一对称平面的两侧，对应于 Jacobi 形状. 从地形上的考虑来看，很明显，后两点处的高度必为极小值，而前一点的高度则既非极大值也非极小值. 在任何其它的布局中，都会有额外的平稳 度点.

研究的结果是，对于椭球形扰动而言，Maclaurin 椭球按照离心率e是小于还是大于 0.8127 而为长期稳定的或不稳定的. 回转椭球的这一离心率 $e=0.8127$ 是 Jacobi 系列的开始点，而 Jacobi 椭球则对于这种扰动全部是稳定的[2].

对 Maclaurin 椭球的稳定性作进一步的讨论就会把我们带到太远的地方去了. Poincaré 证明了，只要e小于上述极限，那

---

1) 由此可知，Maclaurin 椭球对于使其表面始终保持为回转椭球面的变形而言，总是稳定的.

2) Thomson 和 Tait 未加证明而指出了这一结果以及前面的结果，见其 *Natural Phylosophy* (2nd ed.), Art.778.

么，对所有形式的扰动而言，平衡都是长期稳定的．这一点是借助于证明出离心率较小的回转椭球体没有分歧形式而建立起来的．随之，从“稳定性的互换”上来考虑可得知，Jacobi 系列是从完全稳定的平衡开始的．

380. Poincaré 曾应用 Lamé 函数进一步检验了 Maclaurin 和 Jacobi 椭球系列的稳定性系数，为的是弄清楚什么样的成员是分歧形式的．他求得，这种形式的数目有无限多，因而，平衡位形也就有无限多个其它的线性系列．在每一种情况下，都可以在分歧附近指定新系列中的成员形式．这一问题曾由 Darwin[1] 和 Poincaré 自己在后来的一篇文章[2]中作了进一步讨论．

最使人感兴趣的情况是在 Jacobi 系列中出现的第一个分歧．按照 Darwin[1] 的计算，临界椭球形的 $a/R=1.8858$，$b/R=0.8150$，$c/R=0.6507$，过了这一点后，Jacobi 椭球就是不稳定的了．

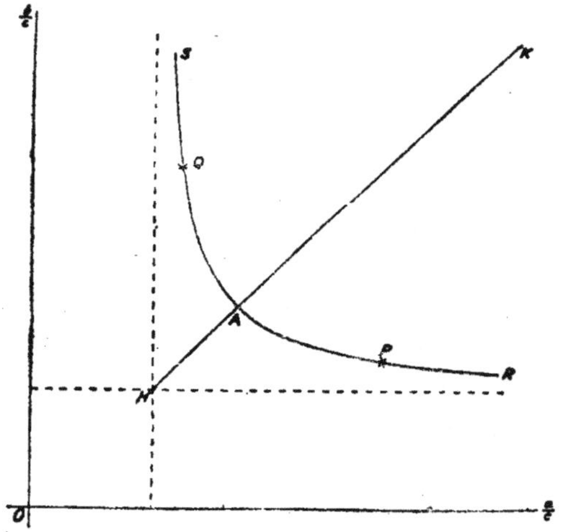

1) "On the Pear-Shaped Figure of Equilibrium of a Rotating Mass of Liquid," *Phil. Trans.* A, cxcviii. 301(1901) [*Papers*,iii.288].

2) "Sur la Stabilité des Figures Pyriforms affectées par une Masse Fluide en Rotation," *Phil. Trans.* A, cxcviii. 333(1901).

在本节第一个附图[1]中，把比值 a/c 和 b/c 取为二坐标，直线 HAK 表示对应于各 κ 值的 Maclaurin 椭球系列，而分支 AR 和 AS 则表示 Jacobi 形状。H点对应于 $\kappa=0$ 时的圆球。从 H 到 A，Maclaurin系列是稳定的，以后就是不稳定的。P点和Q点表示 Jacobi 椭球变为不稳定时的地方。新的系列在这两点处分支出来。Darwin, Poincaré 和 Jeans[2]曾讨论了新系列的稳定性这一难题。Jeans 很明确地作出结论说，它们在一开始时都

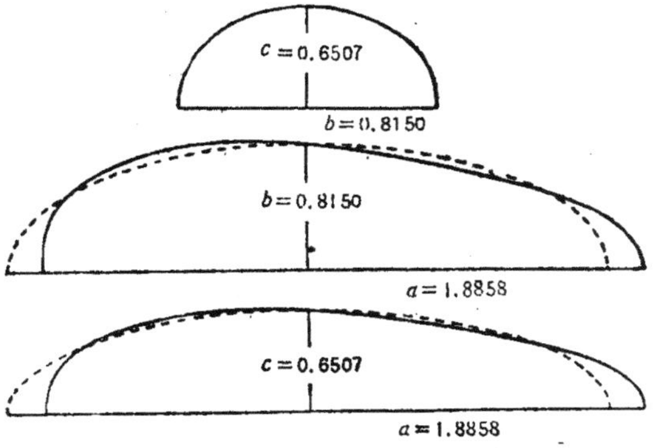

是不稳定的。这些新系列中的第一个成员具有"梨形"，如本节第二个附图所示(这一附图取自方才援引过的 Darwin 的文章)。

对应的二维问题曾由 Jeans[3] 用特殊方法作了讨论。

微小振荡

381. 许多作者曾讨论了旋转的椭球体的微小振荡。

我们所能考虑的一些最简单的扰动是使表面仍保持为椭球

1) 这一附图是根据 374,375 节中的附表而画出的。在 Poincaré 的著作中给出了一个草图。

2) Poincaré, 上面的引文；Darwin, "The Stability of the Pear-shaped Figure of Equilibrium," *Phil. Trans.* A, *cc*. 251 (1902) [*Papers*, iii. 317]; Jeans, 376 节最后一个脚注中引文。

3) "On the Equilibrium of Rotating Liquid Cylinders," *Phil. Trans.* A, *cc*, 67(1902).

形、且转轴仍为一主轴的那类扰动。对Maclaurin 椭球而言，具有这种性质的扰动有两种不同的类型，其中一种是使表面仍保持为回转椭球面，另一种是使二赤道轴变得不相等(一个增大，另一个则减小)，而极轴则不变。Riemann[1) 证明了，当子午截面的离心率(e) 超过 0.9525 时，Maclaurin 椭球对于后一种扰动就是不稳定的了。在他的探讨中未考虑摩擦力，所以，所提出的判据是属于"普通"稳定性的。 而我们已经知道 (379 节)，实际上，在 e 超过 0.8127时，平衡就是不稳定的了。Love 曾计算了 Riemann 的两种振荡($e < 0.9529$ 时) 的周期[2)，而且讨论了一个旋转的椭圆柱的二维振荡(椭圆式的)[3)。

Poincaré[4) 用较为一般性的方式处理了微小振荡的问题。207 节表明，相对于旋转坐标轴的微小运动方程组可写为

$$\left.\begin{aligned} \frac{\partial u}{\partial t} - 2\omega v &= -\frac{\partial \phi}{\partial x}, \\ \frac{\partial v}{\partial t} + 2\omega u &= -\frac{\partial \phi}{\partial y}, \\ \frac{\partial w}{\partial t} &= -\frac{\partial \phi}{\partial z}, \end{aligned}\right\} \tag{1}$$

其中

$$\phi = \frac{p}{\rho} + \Omega - \frac{1}{2}\omega^2(x^2 + y^2), \tag{2}$$

而 Ω 则为液体团的引力势。由这些方程和连续性方程

---

1) "Beitrag zu den Untersuchungen über die Bewegung eines flüssigen gleichartigen Ellipsoides," *Gött. Abh.* ix. 3(1860) [Werke, p.192]. 还见 Basset, *Hydrodynamics*, Art. 367. Reimann 还证明了 Jacobi 椭球对于椭球形扰动(上述限制下的)是稳定的.

2) "On the Oscillations of a Rotating Liquid Spheroid, and the Genesis of the Moon," *Phil. Mag.* (5) xxvii.254(1889). 对称的振荡是不难用下面 382 节中的方程(23)来处理的.

3) "On the Motion of a Liquid Elliptic Cylinder under its own Attraction." *Quart. Journ. Math.* xxiii. 153(1888).

4) 377 节第一个脚注中引文.

$$\frac{\partial u}{\partial x}+\frac{\partial v}{\partial y}+\frac{\partial w}{\partial z}=0 \tag{3}$$

可导出

$$\frac{\partial^2}{\partial t^2}\nabla^2\psi+4\omega^2\frac{\partial^2\psi}{\partial z^2}=0. \tag{4}$$

如假定 u,v,w 正比于 $e^{i\sigma t}$，可得

$$u=\frac{i\sigma\frac{\partial\phi}{\partial x}+2\omega\frac{\partial\phi}{\partial y}}{\sigma^2-4\omega},\quad v=\frac{-2\omega\frac{\partial\phi}{\partial x}+i\sigma\frac{\partial\phi}{\partial y}}{\sigma^2-4\omega^2},$$

$$w=\frac{i}{\sigma}\frac{\partial\phi}{\partial z}. \tag{5}$$

因而，由(3)式、或直接由(4)式可得

$$\frac{\partial^2\psi}{\partial x^2}+\frac{\partial^2\psi}{\partial y^2}+\left(1-\frac{4\omega^2}{\sigma^2}\right)\frac{\partial^2\psi}{\partial z^2}=0. \tag{6}$$

如令

$$1-\frac{4\omega^2}{\sigma^2}=\tau^2,\ z=\tau z', \tag{7}$$

则上式成为

$$\frac{\partial^2\psi}{\partial x^2}+\frac{\partial^2\psi}{\partial y^2}+\frac{\partial^2\psi}{\partial z'^2}=0. \tag{8}$$

如液体未受扰时的表面方程为

$$\frac{x^2}{a^2}+\frac{y^2}{b^2}+\frac{z^2}{c^2}=1, \tag{9}$$

则方程(8)的适宜解中应包含对应于曲面

$$\frac{x^2}{a^2}+\frac{y^2}{b^2}+\frac{z'^2}{c^2/\tau^2}=1 \tag{10}$$

的椭球谐函数；至于(10)式，则是借助于均匀应变而从(9)式得到的[1)]。

在曲面(9)上应有 $p=\text{const.}$，故

1) 对于某些类型的自由振荡，τ 为虚数，曲面(9)因而为双曲面.

$$\psi=\Omega-\frac{1}{2}\omega^2(x^2+y^2). \tag{11}$$

液体受扰后的引力势依赖于表面的法向位移（ζ），它和ψ由以下形式的关系式而联系在一起:

$$lu+mv+nw=\frac{\partial\zeta}{\partial t}=i\sigma\zeta, \tag{12}$$

其中,表面上的 u,v,w 值取自(5)式.

于是,处理方法如下. 把ζ假定为一个与(9)式有关的椭球面谐函数,并计算出Ω在表面上之值,然后代入(11)式. 所得到的ψ在表面上的值就是用和辅助曲面（10）有关的诸谐函数来表示的了;而ψ在内部的表达式就可以用椭球体谐函数来写出. 这样,条件式(12)就给出一个确定σ的方程，而且它看来总是一个代数方程.

对于 Maclarin 椭球，由于所涉及的谐函数是 104,107 节中所讨论过的那种类型的,所以,计算方法可得到一些简化. 这一问题已由 Bryan[1] 完全解出，他还特别考虑了 Riemann 的探讨而证明了，只要子午线的离心率小于 0.9525，那么，对于所有类型的扰动,平衡都是“普通”稳定的.

Dirichlet 椭 球

382. 具有变化着的椭球形表面的液体团在自己的引力之下的运动问题,首先由 Dirichlet[2] 作了研究. 他采用了第 13 节中的 Lagrange 方法，并把位移为坐标的线性函数的那类运动定为研究目标. Dedekind[3] 和 Riemann[4] 沿着这条路线而继续作了

1) "The Waves on a Rotating Liquid Spheroid of Finite Ellipticity," *Phil. Trans.* A, clxxx. 187 (1888).

2) "Untersuchungen über ein Problem der Hydrodynamik," *Gött. Abh.* viii. 3(1860); *Crelle*, lviii. 181[*Werke*, ii. 263]. 这是一篇遗著，并由 Dedekind 加以修正和扩充.

3) *Crelle*, lviii. 217(1861).

4) 381 节第一个脚注中引文.

研究。后来，Greenhill[1] 和别人则曾表明，应用 Euler 方法可以很成功地处理这一问题的某些分支。

我们首先考虑椭球体不改变其主轴方向、且其内部运动为无旋的情况。这种情况可作为液体团相对于圆球形作有限振荡的一个例子，因而使人感到有兴趣。

速度势的表达式已由 110 节给出，即

$$\phi=-\frac{1}{2}\left(\frac{\dot{a}}{a}x^2+\frac{\dot{b}}{b}y^2+\frac{\dot{c}}{c}z^2\right), \tag{1}$$

并有常体积条件

$$\frac{\dot{a}}{a}+\frac{\dot{b}}{b}+\frac{\dot{c}}{c}=0. \tag{2}$$

然后，根据第 20 节(4)式，压力由

$$\frac{p}{\rho}=\frac{\partial\phi}{\partial t}-\Omega-\frac{1}{2}q^2+F(t) \tag{3}$$

给出。把 373 节中的 Ω 值代入上式后，可得

$$\frac{p}{\rho}=-\frac{1}{2}\left(\frac{\ddot{a}}{a}x^2+\frac{\ddot{b}}{b}y^2+\frac{\ddot{c}}{c}z^2\right)-\pi\rho\left(\alpha_0x^2+\beta_0y^2+\gamma_0z^2\right)+F(t). \tag{4}$$

因此，在外表面

$$\frac{x^2}{a^2}+\frac{y^2}{b^2}+\frac{z^2}{c^2}=1 \tag{5}$$

上，压力应均匀的条件就是

$$\left(\frac{\ddot{a}}{a}+2\pi\rho\alpha_0\right)a^2=\left(\frac{\ddot{b}}{b}+2\pi\rho\beta_0\right)b^2=\left(\frac{\ddot{c}}{c}+2\pi\rho\gamma_0\right)c^2. \tag{6}$$

它和(2)式一起确定了 a,b,c 的变化。把(2)式中的三项乘以(6)

---

1) "On the Rotation of a Liquid Ellipsoid about its Mean Axis," *Proc. Camb. Phil. Soc.* iii. 233(1879); "On the general Motion of a liquid Ellipsoid under the Gravitation of its own parts," *Proc. Camb. Phil. Soc.* iv. 4(1880).

式中的三个相等的量后，可得

$$\dot{a}\ddot{a}+\dot{b}\ddot{b}+\dot{c}\ddot{c}+2\pi\rho(\alpha_0 a\dot{a}+\beta_0 b\dot{b}+\gamma_0 c\dot{c})=0。\tag{7}$$

把373节中的 $\alpha_0,\beta_0,\gamma_0$ 值代入后，上式就有以下积分：

$$\dot{a}^2+\dot{b}^2+\dot{c}^2-4\pi\rho abc\int_0^\infty\frac{d\lambda}{\Delta}=\text{const.}。\tag{8}$$

因已证明过 (373 节)势能为

$$V=\text{const.}-\frac{8}{15}\pi^2\rho^2a^2b^2c^2\int_0^\infty\frac{d\lambda}{\Delta},\tag{9}$$

而且从(1)式不难得知动能为

$$T=\frac{2}{15}\pi\rho abc(\dot{a}^2+\dot{b}^2+\dot{c}^2),\tag{10}$$

所以，可认识到(8)式就是能量方程

$$T+V=\text{const.}。\tag{11}$$

如椭球为回转体 ($a=b$)，(8) 式再加上 $a^2c=R^3$ 就足以确定运动了．这时，有

$$\frac{2}{15}\pi\rho R^3\left(1+\frac{R^3}{2c^3}\right)\dot{c}^2+V=\text{const}。\tag{12}$$

运动的特点依赖于总能量． 如总能量小于无限扩散状态下的势能，椭球体就在长椭球形和扁椭球形之间作规则的振荡；而如总能量超过这一极限，椭球体就不再振荡，而是趋于两个极端形状之一——或是趋于与 z 轴重合的一根无限长物质线，或是趋于与平面 xy 重合的一个无限大薄膜[1]。

对于回转椭球体，如在(1) 式所给出的无旋运动之上叠加一个绕 z 轴的均匀转动 ω，则平行于诸固定坐标轴的速度分量为

$$u=\frac{\dot{a}}{a}x-\omega y,\quad v=\frac{\dot{a}}{a}y+\omega x,\quad w=\frac{\dot{c}}{c}z.\tag{13}$$

于是 Euler 方程组(第 6 节(2)式)化为

---

1) Dirichlet，本节第一个脚注中引文．当振荡的振幅很小时，周期必与令 262 节(10)式中 $n=2$ 时所得的结果相同．这一点已由 Hicks 所证实，见其 *Proc. Camb. Phil. Soc.* iv. 309(1883).

$$
\left.\begin{aligned}
&\frac{\ddot{a}}{a}x-\dot{\omega}y-2\frac{\dot{a}}{a}\omega y-\omega^2x=-\frac{1}{\rho}\frac{\partial p}{\partial x}-\frac{\partial\Omega}{\partial x},\\
&\frac{\ddot{a}}{a}y-\dot{\omega}x+2\frac{\dot{a}}{a}\omega x-\omega^2y=-\frac{1}{\rho}\frac{\partial p}{\partial y}-\frac{\partial\Omega}{\partial y},\\
&\frac{\ddot{c}}{c}z=-\frac{1}{\rho}\frac{\partial p}{\partial z}-\frac{\partial\Omega}{\partial z}.
\end{aligned}\right\} \tag{14}
$$

前两个方程在交叉求导后就给出

$$\frac{\dot{\omega}}{\omega}+2\frac{\dot{a}}{a}=0. \tag{15}$$

或即

$$\omega a^2=\omega_0a_0^2, \tag{16}$$

它只是 Helmholtz 关于一个涡旋的"强度"为常数的那个定理(146 节)的一个表达式．借助于(15)式，方程组(14)可有以下积分：

$$\frac{p}{\rho}=-\frac{1}{2}\left(\frac{\ddot{a}}{a}-\omega^2\right)(x^2+y^2)-\frac{1}{2}\frac{\ddot{c}}{c}z^2-\Omega+\text{const.} \tag{17}$$

引进373节(4)式中的 Ω 值后可知，压力在曲面

$$\frac{x^2+y^2}{a^2}+\frac{z^2}{c^2}=1 \tag{18}$$

上可以是常数，只要

$$\left(\frac{\ddot{a}}{a}+2\pi\rho\alpha_0-\omega^2\right)a^2=\left(\frac{\ddot{c}}{c}+2\pi\rho\gamma_0\right)c^2. \tag{19}$$

应用关系式(15)和容积不变的条件

$$2\frac{\dot{a}}{a}+\frac{\dot{c}}{c}=0 \tag{20}$$

后，可把上式写成

$$2\dot{a}\ddot{a}+\dot{c}\ddot{c}+2(\omega^2a\dot{a}+\omega\dot{\omega}a^2)+4\pi\rho\alpha_0a\dot{a}+2\pi\rho\gamma_0c\dot{c}=0, \tag{21}$$

故

$$2\dot{a}^2+\dot{c}^2+2\omega^2a^2-4\pi\rho a^2c\int_0^\infty\frac{d\lambda}{(a^2+\lambda)(c^2+\lambda)^{\frac{1}{2}}}=\text{const.}. \tag{22}$$

可以认出它又是能量方程．

以 c 为因变量来表示时，(22)式可写为

$$\frac{2}{15}\pi\rho R^3\left\{\left(1+\frac{R^3}{2c^3}\right)\dot{c}^2+\frac{2\omega_0^2\alpha_0^4}{R^3}c\right\}+V=\text{const.}. \tag{23}$$

如初始情况合适，液体表面就会规则地在两个极端形状之间振荡．由于长椭球体的 V 随 c 而增大，所以很明显，不论初始条件怎样，旋转着的椭球体沿转轴方向的伸长是有极限的．反之，在赤道平面内则可无限度地扩展[1]．

1) Dirichlet，本节第一个脚注中引文．

如写出

$$K = \frac{4}{15}\pi\rho\omega_0^2\alpha_0^4 c, \tag{24}$$

则由(23)式所得到的相对平衡条件就是

$$\frac{d}{dc}(V+K)=0, \tag{25}$$

与378节(2)式相符. 关于相对于平衡位形的微小振荡(对称形式的)问题，可令 $c=c_0+c'$ 而作出探讨，其中 c_0 为(25)式之解，c' 则为一小量.

383. 在我们援引过的 Riemann 的一篇文章中，曾进一步讨论了由变化着的椭球形表面所围圈的液体的运动. 此后，这一问题就成为许许多多文献的主题，脚注中给出了其中某些参考资料[1]. 当椭球形边界并不改变形状而只是绕主轴 Oz 旋转时，可以处理得非常简单[2].

如 x, y 为以常角速度在它们自已的平面中旋转的坐标轴，而 u, v, w 为相对于这一坐标系的表观速度，则根据 207 节[3]，可得运动方程组为

$$\left.\begin{aligned}
&\frac{Du}{Dt}-2\omega v-\omega^2 x=-\frac{1}{\rho}\frac{\partial p}{\partial x}-\frac{\partial \Omega}{\partial x},\\
&\frac{Dv}{Dt}+2\omega u-\omega^2 y=-\frac{1}{\rho}\frac{\partial p}{\partial y}-\frac{\partial \Omega}{\partial y},\\
&\frac{Dw}{Dt}=-\frac{1}{\rho}\frac{\partial p}{\partial z}-\frac{\partial \Omega}{\partial z}.
\end{aligned}\right\} \tag{1}$$

如流体具有均匀涡量 ζ，其轴线平行于 Oz，则平行于坐标轴瞬时位置的实际速度为

---

1) Brioschi, "Développements rélatifs au §3 des Recherches de Dirichlet sur un probléme d'Hydrodynamique," *Crelle*, lix. 63(1861); Lipschitz, "Reduction der Bewegung eines Flüssigen homogenen Ellipsoids auf das Variation s-problem eines einfachen Integrals,…,"*Crelle*, lxxviii. 245(1874); Greenhill, 382 节第四个脚注中引文;Basset, "On the Motion of a Liquid Ellipsoid under the Influence of its own Attraction," *Proc. Lond. Math. Soc.* xvii. 255 (1886) [*Hydrodynamics, C.xv.*]; Tedone, *Il moto di un ellisoide fluido secondo l'ipotesi di Dirichlet*, Pisa, 1894; Stekloff, "Problème du mouvement d'une masse fluide incompressible de la forme ellipsoidalle…," *Ann.de l'écobe normale* (3), xxvi. (1909); Hargreaves, *Camb. Trans.* xxii. 61(1914).

2) Greenhill, 382 节脚注中引文.

3) 我们也可应用第 12 节中的方程组，只要注意到记号 u, v, w 的意义已有所不同.

$$
\left.\begin{aligned}
u - \omega y &= \frac{a^2 - b^2}{a^2 + b^2}\left(\omega - \frac{1}{2}\zeta\right) - \frac{1}{2}\zeta y, \\
v + \omega x &= \frac{a^2 - b^2}{a^2 + b^2}\left(\omega - \frac{1}{2}\zeta\right) + \frac{1}{2}\zeta x, \\
w &= 0,
\end{aligned}\right\} \tag{2}
$$

这是因为，如果把一个刚性椭球形外壳以角速 $\omega - \frac{1}{2}\zeta$ 作旋转时所产生的无旋运动叠加到均匀转动 $\frac{1}{2}\zeta$ 上，则诸条件明显地可得以满足(参看 110 节). 于是可得

$$
u = \frac{2a^2}{a^2 + b^2}\left(\omega - \frac{1}{2}\zeta\right)y, \quad v = \frac{2b^2}{a^2 + b^2}\left(\omega - \frac{1}{2}\zeta\right)x,
$$

$$
w = 0. \tag{3}
$$

代入(1)式，并求积，可得

$$
\frac{p}{\rho} = \frac{2a^2b^2}{(a^2 + b^2)^2}\left(\omega - \frac{1}{2}\zeta\right)^2(x^2 + y^2) + \frac{1}{2}\omega^2(x^2 + y^2)
$$

$$
- \frac{2(b^2x^2 + a^2y^2)}{a^2 + b^2}\omega\left(\omega - \frac{1}{2}\zeta\right) - \Omega + \text{const.}, \tag{4}
$$

因此，自由表面上的条件有以下形式：

$$
\left\{\frac{2a^2b^2}{(a^2 + b^2)^2}\left(\omega - \frac{1}{2}\zeta\right)^2 + \frac{1}{2}\omega^2 - \frac{2b^2}{a^2 + b^2}\omega\left(\omega - \frac{1}{2}\zeta\right)\right.
$$

$$
\left. - \pi\rho\alpha_0\right\}a^2
$$

$$
= \left\{\frac{2a^2b^2}{(a^2 + b^2)^2}\left(\omega - \frac{1}{2}\zeta\right)^2 + \frac{1}{2}\omega^2\right.
$$

$$
\left. - \frac{2a^2}{a^2 + b^2}\omega\left(\omega - \frac{1}{2}\zeta\right) - \pi\rho\beta_0\right\}b^2
$$

$$
= -\pi\rho\gamma_0c^2. \tag{5}
$$

上式包括了许多有趣的情况：

1° 如令 $\omega = \frac{1}{2}\zeta$，就得到 Jacobi 椭球的条件(374 节(4)式).

2° 如令 $\omega = 0$，即外边界在空间是静止的，则有

$$
\left\{\pi\rho\alpha_0 - \frac{a^2b^2}{2(a^2 + b^2)^2}\zeta^2\right\}a^2 = \left\{\pi\rho\beta_0\right.
$$

$$
\left. - \frac{a^2b^2}{2(a^2+b^2)^2}\zeta^2\right\}b^2 = \pi\rho\gamma_0c^2, \tag{6}
$$

这些条件等价于

$$(\alpha_0-\beta_0)a^2b^2+\gamma_0c^2(a^2-b^2)=0 \tag{7}$$

和

$$\frac{\zeta^2}{2\pi\rho}=\frac{(a^2+b^2)^2}{a^2b^2}\cdot\frac{a^2\alpha_0-b^2\beta_0}{a^2-b^2}. \tag{8}$$

和 375 节相比较后可明显看出，c 必为椭球的最小轴，且(8)式中 $\zeta^2/(2\pi\rho)$ 之值为正.

质点的迹线由

$$\dot{x}=-\frac{a^2}{a^2+b^2}\zeta y,\quad \dot{y}=\frac{b^2}{a^2+b^2}\zeta x,\quad \dot{z}=0 \tag{9}$$

确定，故有

$$x=ka\cos(\sigma t+\varepsilon),\quad y=kb\sin(\sigma t+\varepsilon),\quad z=0, \tag{10}$$

其中

$$\sigma=\frac{ab}{a^2+b^2}\zeta, \tag{11}$$

而 k，ε 为任意常数.

以上结果是 Dedekind[1] 得到的. Love 曾指出，Dedekind 椭球系列和 Jacobi 椭球系列在外形上是一样的.

3° 令 $\zeta=0$，因而运动是无旋的. 条件(5)简化为

$$\left\{\alpha_0-\frac{(a^2-b^2)(a^2+3b^2)}{(a^2+b^2)^2}\frac{\omega^2}{2\pi\rho}\right\}a^2$$

$$=\left\{\beta_0-\frac{(b^2-a^2)(3a^2+b^2)}{(a^2+b^2)^2}\frac{\omega^2}{2\pi\rho}\right\}b^2=\gamma_0c^2. \tag{12}$$

它们可用

$$\{\alpha_0(3a^2+b^2)+\beta_0(3b^2+a^2)\}a^2b^2-\gamma_0(a^4+6a^2b^2+b^4)c^2=0 \tag{13}$$

和

$$\frac{\omega^2}{2\pi\rho}=\frac{(a^2+b^2)^2}{a^4+6a^2b^2+b^4}\cdot\frac{\alpha_0a^2-\beta_0b^2}{a^2-b^2} \tag{14}$$

来替换.

方程(13)通过 a，b 来确定了 c. 现如假定 $a>b$，则不难看出方程左边在 $c=a$ 时为负，而在 $c=b$ 时为正. 因此，在 a 和 b 之间有着某些实数值的 c 可使(13)式得以满足，这时，根据与 375 节所述相同的理由可知，由(14)式所给出的 ω 值为实数.

4° 当一椭圆柱体绕其轴线旋转时，(5)式可根据 373 节(19)式而简化为

---

1) 382节第二个脚注中引文. 还可看 Love, "On Dedekind's Theorem,..." *Phil. Mag.* (5) xxv.40(1888).

$$\omega^2 + \frac{4a^2b^2}{(a^2+b^2)^2}\left(\omega - \frac{1}{2}\zeta\right)^2 = \frac{4\pi\rho ab}{(a+b)^2}. \qquad (15)$$[1]

如令 $\omega = \frac{1}{2}\zeta$，就得到 375 节(8)式。

如 $\omega = 0$，则外边界是固定的，这时有

$$\zeta^2 = 4\pi\rho \frac{(a^2+b^2)^2}{ab(a+b)^2}. \qquad (16)$$

如 $\zeta = 0$，则运动为无旋，这时有

$$\omega^2 = 4\pi\rho \frac{ab(a^2+b^2)^2}{(a+b)^2(a^4+6a^2b^2+b^4)}. \qquad (17)$$

384. 封闭在一个刚性外壳中的旋转椭球形液体团的振荡问题已由某些作者作了探讨[2]。我们首先按照 Poincaré 所采用的非常漂亮的处理方法来讨论(并作了某些扩充)。

假定外壳的质心和惯性主轴与流体的相重合，而且流体的涡量是均匀的。

在 146 节(在该处，外壳被假定为是固定的) (13)式上叠加一个均匀旋转 (p, q, r)，我们有(把记号稍作改变)

$$\left.\begin{aligned} u &= \frac{a}{c}q_1z - \frac{a}{b}r_1y + qz - ry, \\ v &= \frac{b}{a}r_1x - \frac{b}{c}p_1z + rx - pz, \\ w &= \frac{c}{b}p_1y - \frac{c}{a}q_1x + py - qx. \end{aligned}\right\} \qquad (1)$$

因而涡量分量为

$$\xi = 2p + \left(\frac{c}{b} + \frac{b}{c}\right)p_1, \quad \eta = 2q + \left(\frac{a}{c} + \frac{c}{a}\right)q_1,$$

$$\zeta = 2r + \left(\frac{b}{a} + \frac{a}{b}\right)r_1. \qquad (2)$$

整个系统的动能由

---

1) Greenhill, *Proc. Camb. Phil. Soc.* iii. 233(1879).

2) Greenhill,第 12 节脚注中引文;Hough, "The Oscillations of a Rotating Ellipsoidal Shell containing Fluid," *Phil. Trans.* A. clxxxvi. 469 (1895);Poincaré,"Surla précession des corps déformables,"*Bull. Astr.* 1910; Basset, *Quart. J. of Math.* xlv. 223(1914). 把它应用于进动问题似乎首先是 Kelvin [*Papers*, iii. 322, *and* iv. 129] 作的; 显式解属于 Hough 和 Poincaré.

$$2T = Ap^2 + Bq^2 + Cr^2 + A_1p_1^2 + B_1q_1^2 + C_1r_1^2$$
$$+ 2Fpp_1 + 2Gqq_1 + 2Hrr_1 \tag{3}$$

给出，其中 A,B,C 表示整个系统的主惯性矩，A_1,B_1,C_1,F,G,H 则仅指流体的，即

$$A_1 = \frac{b^2}{c^2}\sum(mz^2) + \frac{c^2}{b^2}\sum(my^2) = \frac{1}{5}\sum(m)(b^2+c^2),$$
$$\cdots, \quad \cdots, \tag{4}$$

$$F = \frac{b}{c}\sum(mz^2) + \frac{c}{b}\sum(my^2) = \frac{2}{5}\sum(m)bc, \cdots, \quad \cdots, \tag{5}$$

其中求和是在整个流体上进行的．外壳的主惯性矩为

$$A_0 = A - A_1, B_0 = B - B_1, C_0 = C - C_1. \tag{6}$$

系统绕 Ox 轴的角动量为

$$A_0p + \sum m(yw - zv)$$
$$= A_0p + \left(p + \frac{c}{b}p_1\right)\sum(my^2) + \left(p + \frac{b}{c}p_1\right)\sum(mz^2)$$
$$= Ap + Fp_1 = \frac{\partial T}{\partial p}. \tag{7}$$

因而，相对于动坐标系的动力学方程组为

$$\left.\begin{aligned}
\frac{d}{dt}\frac{\partial T}{\partial p} - r\frac{\partial T}{\partial q} + q\frac{\partial T}{\partial r} = L,\\
\frac{d}{dt}\frac{\partial T}{\partial q} - p\frac{\partial T}{\partial r} + r\frac{\partial T}{\partial p} = M,\\
\frac{d}{dt}\frac{\partial T}{\partial r} - q\frac{\partial T}{\partial p} + p\frac{\partial T}{\partial q} = N,
\end{aligned}\right\} \tag{8}$$

其中 L,M,N 为外力的矩．

Helmholtz 方程组(146 节(4)式)在应用于动坐标系时成为

$$\frac{D\xi}{Dt} - r\eta + q\zeta = \xi\frac{\partial u}{\partial x} + \eta\frac{\partial u}{\partial y} + \zeta\frac{\partial u}{\partial z}, \cdots, \quad \cdots. \tag{9}$$

把(1),(2)二式代入上式后就得到

$$\frac{d\xi}{dt} = \frac{a}{c}q_1\zeta - \frac{a}{b}r_1\eta, \cdots, \cdots; \tag{10}$$

这里用了全导数的记号 (d/dt)，这是因为，根据假定，ξ,η,ζ 仅为 t 的函数

现在，由(2)式有

$$\frac{1}{5}\sum(m)bc\xi = Fp + A_1p_1 = \frac{\partial T}{\partial p_1}, \tag{11}$$

因而 Helmholtz 方程组的形式成为

$$
\left.\begin{aligned}
\frac{d}{dt}\frac{\partial T}{\partial p_1} - q_1\frac{\partial T}{\partial r_1} + r_1\frac{\partial T}{\partial q_1} = 0,\\
\frac{d}{dt}\frac{\partial T}{\partial q_1} - r_1\frac{\partial T}{\partial p_1} + p_1\frac{\partial T}{\partial r_1} = 0,\\
\frac{d}{dt}\frac{\partial T}{\partial r_1} - p_1\frac{\partial T}{\partial q_1} + q_1\frac{\partial T}{\partial p_1} = 0.
\end{aligned}\right\} \tag{12}
$$

把(3)式代入(8)式和(12)式后,就得到以下两组方程:

$$
\left.\begin{aligned}
\frac{d}{dt}(Ap + Fp_1) - r(Bq + Gq_1) + q(Cr + Hr_1) = L,\\
\frac{d}{dt}(Bq + Gq_1) - p(Cr + Hr_1) + r(Ap + Fp_1) = M,\\
\frac{d}{dt}(Cr + Hr_1) - q(Ap + Fp_1) + p(Bq + Gq_1) = N,
\end{aligned}\right\} \tag{13}
$$

$$
\left.\begin{aligned}
\frac{d}{dt}(Fp + A_1p_1) + r_1(Gq + B_1q_1) - q_1(Hr + C_1r_1) = 0,\\
\frac{d}{dt}(Gq + B_1q_1) + p_1(Hr + C_1r_1) - r_1(Fp + A_1p_1) = 0,\\
\frac{d}{dt}(Hr + C_1r_1) + q_1(Fp + A_1p_1) - p_1(Gq + B_1q_1) = 0.
\end{aligned}\right\} \tag{14}
$$

我们现在只限于讨论对称于 z 轴的情况[1],这时有

$$
a = b,\ A = B,\ A_1 = B_1,\ C_1 = H_1,\ F = G. \tag{15}
$$

故如(我们将这样假定)外力绕对称轴之矩为零,则有

$$
C\frac{dr}{dt} + C_1\frac{dr_1}{dt} + F(pq_1 - p_1q) = 0, \tag{16}
$$

$$
C_1\left(\frac{dr}{dt} + \frac{dr_1}{dt}\right) + F(pq_1 - p_1q) = 0. \tag{17}
$$

随之可知 $dr/dt = 0$,这一结果在动力学上也是很明显的.故

$$
r = \text{const.} = \omega\ (\text{设}), \tag{18}
$$

$$
C_1\frac{dr_1}{dt} + F(pq_1 - p_1q) = 0. \tag{19}
$$

如果流体和固体像一个整体那样绕对称轴作定常转动,并在这种状态下出现了微小扰动,那么,p, q, p_1, q_1 就是小量(至少在一开始时).略去这些小量的乘积后,根据(19)式,可知 r_1 为常数,并由于它在定常运动中可被假定为零而可把它取为小量.应用这些简化后,方程组(13)和(14)中剩下的几个方程就成为

---

1) 具有三个不等轴的椭球体的自由振荡由 Hough 作了讨论(见上一个脚注中引文),他假定了椭圆率很小.

$$\left.\begin{aligned} A\frac{dp}{dt}+F\frac{dp_1}{dt}+(C-A)\omega q-F\omega q_1=L,\\ A\frac{dq}{dt}+F\frac{dq_1}{dt}-(C-A)\omega p+F\omega p_1=M,\end{aligned}\right\}\tag{20}$$

$$\left.\begin{aligned} F\frac{dp}{dt}+A_1\frac{dp_1}{dt}-C_1\omega q_1=0,\\ F\frac{dq}{dt}+A_1\frac{dq_1}{dt}+C_1\omega p_1=0.\end{aligned}\right\}\tag{21}$$

按照天体扰力的典型表达式,可令

$$L=\kappa\cos\sigma t,\ M=\kappa\sin\sigma t.\tag{22}$$

故令

$$p+iq=\tilde{\omega},\ p_1+iq_1=\tilde{\omega}_1\tag{23}$$

后有

$$A\frac{d\tilde{\omega}}{dt}+F\frac{p\tilde{\omega}_1}{dt}-{}_1(C-A)\omega\tilde{\omega}+iF\omega\tilde{\omega}_1=\kappa e^{i\sigma t},\tag{24}$$

$$F\frac{d\tilde{\omega}}{dt}+A_1\frac{d\tilde{\omega}_1}{dt}+iC_1\omega\tilde{\omega}_1=0.\tag{25}$$

于是,对于强迫振荡就得到

$$\tilde{\omega}=-\frac{A_1\sigma+C_1\omega}{\Delta(\sigma)}i\kappa e^{i\sigma t},\tag{26}$$

$$\tilde{\omega}_1=\frac{F\sigma}{\Delta(\sigma)}i\kappa e^{i\sigma t},\tag{27}$$

其中

$$\Delta(\sigma)=\begin{vmatrix} A\sigma-(C-A)\omega, & F(\sigma+\omega)\\ F\sigma, & A_1\sigma+C_1\omega\end{vmatrix}.\tag{28}$$

自由振荡由

$$\Delta(\sigma)=0\tag{29}$$

确定.

我们主要是考察空腔的椭圆率很小时的情况. 如果空腔是准确的圆球形,那么,由(4)式和(5)式,应有

$$A_1=C_1=F,\tag{30}$$

因而

$$\Delta(\sigma)=C_1(\sigma+\omega)\{A_0\sigma-(C_0-A_0)\omega\}.\tag{31}$$

所以,对于自由振荡(相对于转动坐标系的),应有

$$\sigma=-\omega\ \text{和}\ \sigma=\frac{C_0-A_0}{A_0}\omega.\tag{32}$$

根据(25)式, 前一个根使 $p=0$, $q=0$, 并对应于流体涡量轴线在空间中的一个微

小的持久偏移．第二个根对应于外壳的自由"Euler 章动"，在现在的情况下，这一章动不受流体存在的影响．外壳的强迫振荡也和流体无关．

在一般情况下，(28)式可写成以下形式：

$$\begin{aligned}\Delta(\sigma) = & A_1(\sigma + \omega)\{A_0\sigma - (C - A)\omega\} + (A_1^2 - F^2)\sigma^2 \\ & + \{(C_1 - A_1)A_0 + C_1A_1 - F^2\}\omega\sigma \\ & - (C_1 - A_1)(C - A)\omega^2. \end{aligned} \tag{33}$$

令

$$\varepsilon = \frac{C_1 - A_1}{A_1} = \frac{a^2 - c^2}{a^2 + c^2}, \tag{34}$$

并假定它为小量；在这种情况下，它和通常定义下的空腔椭圆率相重合．由(4)，(5)二式还有

$$\frac{C_1A_1 - F^2}{C_1A_1} = \varepsilon, \frac{A_1^2 - F^2}{A_1^2} = \varepsilon^2. \tag{35}$$

作为自由振荡的一个初步近似，由(33)式，有

$$\sigma = -\omega \text{ 和 } \sigma = \frac{C - A}{A_0}\omega. \tag{36}$$

后一个根表示自由 Euler 章动的周期小于整个系统变为固体时之值，其比值为 A_0/A，如我们所能预料的那样．这一近似计算可以继续作下去，但并没有多大的意义了．小椭圆率的影响在任何情况下都是很小的．

对于强迫振荡，情况就不同了，尤其是长周期的振荡．如果扰力的分布在空间是不变的，扰力相对于动坐标系就有一个角速度 $-\omega$．于是，令(26)，(28)二式中的 $\sigma = -\omega$，可得

$$p + iq = \tilde{\omega} = \frac{\kappa}{C\omega} ie^{-i\omega t}. \tag{37}$$

可把上式与陀螺作缓慢进动时（它可以看作是一种特殊情况）的公式相比较． 其结果和系统全部变成固体时的情况完全相同．应注意到，这一结果和 ε 为小量无关．

如扰力的分布是在空间缓慢地变化的，其时间因子为 e^{int}，就必须令

$$\sigma = -\omega + n,$$

故

$$p + iq = -\frac{(C_1 - A_1)\omega + A_1 n}{\Delta(-\omega + n)} i\kappa e^{-i(\omega - n)t}. \tag{38}$$

上式中的分母可写成

$$\begin{aligned}\Delta(-\omega + n) = & (A_0A_1 + A_1^2 - F^2)n^2 \\ & - \{C_0A_1 - A(C_1 - A_1) + C_1A_1 - F^2\}n\omega \\ & - C(C_1 - A_1)\omega^2. \end{aligned} \tag{39}$$

于是，参看(34)和(35)式后可以得知，上式表明，如比值 n/ω 不仅是小量，而且远小于 ε，则(38)式可近似地简化为

$$p + iq = \frac{i\kappa}{C\omega} e^{-i(\omega-\epsilon)t}, \tag{40}$$

又是和流体好像固化了一样．在这里，我们所假定的条件是，扰力的(绝对)周期与转动周期 $2\pi/\omega$ 之比应远大于 $1/\epsilon$．

随之可知，空腔有一个很小的椭圆率就能在实际上使长周期的强迫振荡和整个系统是刚体时的情况相同了．如果地球是由一个刚性的地壳和充满于其内的液体所组成的，其内部液体所具有的椭圆率在量级上和外表面的相同 (1/300)，那么，对周期为 26000 年的太阴-太阳进动而言，所述条件就完全可以满足．另一方面，内部流体的流动性却会对太阴 90 年章动产生可察觉的影响，并对周期分别为半年和两周的太阳章动和太阴章动产生重大影响[1]．

应当再说明一点：自由振荡中的结果(36)式的基础是假定了外壳质量和流体质量具有同一量级．而在外壳质量可以略去的极端情况中，就有

$$\Delta(\sigma) = (A_1^2 - F^2)\sigma(\sigma + \omega) - C_1(C_1 - A_1)\omega^2. \tag{41}$$

因而，确定自由周期的方程为

$$(a^2 - c^2)\sigma(\sigma + \omega) - 2a^2\omega^2 = 0. \tag{42}$$

它表明，如 $c<a$，或如 $c>3a$，则周期为实数，而如 $a<c<3a$，则周期为虚数．它和 Kelvin 的下述观察[2]相符，那就是，如外壳是稍长的回转椭球形，则液体陀螺仪是不稳定的，而如外壳是扁形的，则液体陀螺仪是稳定的．

385. Poincaré 还讨论了具有自由表面的液体椭球的进动，而且证明了 Kelvin 的一个推测，那就是，如果扰力的周期足够长，那么，进动在实际上就和液体变成固体时的情况相同．这一问题比前一个问题更为困难，原因是扰力会引起潮汐振荡，因此，必须使进动问题摆脱掉变形问题．

Poincaré 用的是 382 节所提到的 Dirichlet 的 Lagrange 方法，但在应用这一方法(并作了适当的改变)时，作出了一些有趣的发展．在处理方法上则有点不那么直接，那就是，在一开始时，假定(如果必要的话)流体的边界受到适宜的压力的约束而能保持为椭球形，但尺寸可以变化，最后则可表明，这种约束力是不必要的(参看 382 节)．

按照110节(5)式，可把(1)式替换为

---

1) 这些见解是 Kelvin 在 1876 年宣布的 [*Papers*, iii. 322]，但它们所根据的数学探讨却未发表．

2) *Papers*, iv. 129, 183．对稳定性更精确的判断是 Greenhill 给出的；也可看 Hough，本节前面脚注中引文．

$$
\left.\begin{aligned}
u &= \frac{a}{c} q_1 z - \frac{a}{b} r_1 y + qz - ry + \frac{\dot{a}}{a} x, \\
v &= \frac{b}{a} r_1 x - \frac{b}{c} p_1 z + rx - pz + \frac{\dot{b}}{b} y, \\
w &= \frac{c}{b} p_1 y - \frac{c}{a} q_1 x + py - qx + \frac{\dot{c}}{c} z,
\end{aligned}\right\} \tag{43}
$$

其中诸主轴的变化率则由不可压缩条件

$$
\frac{\dot{a}}{a} + \frac{\dot{b}}{b} + \frac{\dot{c}}{c} = 0 \tag{44}
$$

而连系在一起．动能的公式(3)则应增加一项

$$
\frac{1}{5} \sum (m)(\dot{a}^2 + \dot{b}^2 + \dot{c}^2). \tag{45}
$$

(4)式所定义的符号 A_1, B_1, C_1 中的下标现在已可略去，这是因为 $A_0, B_0, C_0 = 0$.

角动量分量仍如(7)式所表示的那样，动力学方程组(13)也因而仍能成立，只是应记住，诸系数 A, B, C, F, G, H 已不再是常数，因为它们含有变量 a, b, C. 符号 L, M、N 中则应含有自由表面上的约束压力之矩(如果有的话).

涡量分量仍由(2)式给出，公式(11)也不改变，但(10)式应换为

$$
\frac{d\xi}{dt} = \frac{\dot{a}}{a} \xi + \frac{a}{c} q_1 \zeta - \frac{a}{b} r_1 \eta, \cdots, \tag{46}
$$

于是，考虑到(44)式而有

$$
\frac{d}{dt}(bc\xi) = abq_1\zeta - car_1\eta, \cdots, \tag{47}
$$

因而 Helmholtz 方程组仍保持为(12)式的形式，但(14)式中的系数当然是变量.

流体中任一点处的加速度分量可由第12节中的公式导出，例如，平行于 x 轴的加速度分量为

$$
\frac{\partial u}{\partial t} - rv + qw + \frac{\partial u}{\partial x} \frac{Dx}{Dt} + \frac{\partial u}{\partial y} \frac{Dy}{Dt} + \frac{\partial u}{\partial z} \frac{Dz}{Dt}, \tag{48}
$$

其中

$$
\left.\begin{aligned}
\frac{Dx}{Dt} &= \frac{\dot{a}}{a} x + \frac{a}{c} q_1 z - \frac{a}{b} r_1 y, \\
\frac{Dy}{Dt} &= \frac{\dot{b}}{b} y + \frac{b}{a} r_1 x - \frac{b}{c} p_1 z, \\
\frac{Dz}{Dt} &= \frac{\dot{c}}{c} z + \frac{c}{b} p_1 y - \frac{c}{a} q_1 x.
\end{aligned}\right\} \tag{49}
$$

因此，加速度为 x, y, z 的线性函数，其系数则为 t 的函数．由流体动力学方程组的可积性条件可立即得知这些函数必可化为以下形式:

$$
\alpha x + hy + gz,\quad hx + \beta y + fz,\quad gx + fy + \gamma z. \tag{50}
$$

这一点可借助于 Helmholtz 方程(14)(事实上，它就是所说的可积性条件)而作出证明(只是稍有些麻烦)．因而，流体动力学方程组的形式就成为

$$\left.\begin{aligned} -\frac{1}{\rho}\frac{\partial P}{\partial x}&=\alpha x+hy+gz+\frac{\partial \Omega}{\partial x}+\frac{\partial \Omega'}{\partial x},\\ -\frac{1}{\rho}\frac{\partial p}{\partial y}&=hx+\beta y+fz+\frac{\partial \Omega}{\partial y}+\frac{\partial \Omega'}{\partial y},\\ -\frac{1}{\rho}\frac{\partial P}{\partial z}&=gx+fy+\gamma z+\frac{\partial \Omega}{\partial z}+\frac{\partial \Omega'}{\partial z},\end{aligned}\right\} \tag{51}$$

其中 P 为压力，Ω 为椭球体本身之势，而 Ω' 则为远处扰源体之势.

如应用 373 节中的记号，则有

$$\Omega=\pi\rho(\alpha_0x^2+\beta_0y^2+\gamma_0z^2-\chi_0). \tag{52}$$

对于原点附近的各点，扰力势 Ω' 可展为正次的球体谐函数的级数．其中一阶项对相对于质心的运动没有影响，而高于二阶的项则通常可略去．于是，令

$$\Omega'=\frac{1}{2}(A'x^2+B'y^2+C'z^2+2F'yz+2G'zx+2H'xy), \tag{53}$$

其中系数(它们是时间的已知函数)由于 $\nabla^2\Omega'=0$ 而服从于关系式

$$A'+B'+C'=0.$$

因而，方程组(51)可由

$$P=\lambda\rho\left(1-\frac{x^2}{a^2}-\frac{y^2}{b^2}-\frac{z^2}{c^2}\right) \tag{54}$$

所满足，只要

$$\alpha+2\pi\rho\alpha_0+A'=\frac{2\lambda}{a^2},\quad \beta+2\pi\rho\beta_0+B'=\frac{2\lambda}{b^2},$$

$$\gamma+2\pi\rho\gamma_0+C'=\frac{2\lambda}{c^2}, \tag{55}$$

且

$$f+F'=0,g+G'=0,\ h+H'=0. \tag{56}$$

在方程(14)，(44)，(55)，(56)中，我们有十个方程，它们把随时间而改变的十个因变量 $a,b,c,p,q,r,p_1,q_1,r_1,\lambda$ 联系在一起.

应注意到，如果令相对于与椭球轴瞬时位置相重合的固定轴系的角动量的增长率与外力之矩相等，那么，方程(56)就和由(51)，(53)式所得出的方程完全一样．事实上，方程(56)等价于(13)式，且其中 L,M,N 现在可只取扰力之矩，因为由(54)式所给出的压力分布对诸轴之矩为零．直接用(13)式来辨认(56)式也并不困难.

还有一点是(虽然对于我们现在并不重要)，可以把从(48)式所得到的 α,β,γ 值代入(55)式，并消去 λ 而得到

$$a\ddot{a}-a^2(q^2+r^2+q_1^2+r_1^2)-2caqq_1-2abrr_1+2\pi\rho a^2\alpha_0+A'a^2$$
$$=b\ddot{b}-b^2(r^2+p^2+r_1^2+p_1^2)-2abrr_1-2bcpp_1+2\pi\rho b^2\beta_0+B'b^2$$

$$= c\ddot{c} - c^2(p^2 + q^2 + p_1^2 + q_1^2) - 2bcpp_1 - 2caqq_1 + 2\pi\rho c^2\gamma_0 + Cc^2. \quad (57)$$

这两个方程再加上(13),(14)和(44)诸式也可以取为我们的基本方程组.

迄今并未用到近似,所以,诸方程可应用于(例如) Jacobi 椭球在(53)式类型的扰力下的有限振荡等问题. 但如讨论的问题是绕 z 轴作定常转动时受到微小扰动,则诸量 p, q, p_1, q_1, r_1 就是小量,而 r 近似为常数. 随之可知,如略去(13)式前两式和(14)式前两式中的二阶小量,则诸系数可按常数来处理. 这时,瞬时轴的变化就与潮汐变形无关,而且和流体被封闭在一个可略去质量的刚性外壳中时的情况相同.

另一方面,自由表面的潮汐振荡由方程(57),(44)以及(13)式和(14)中的第三个方程所确定. 应注意到,上述最后两个方程的形式已成为

$$\frac{d}{dt}(cr + Hr_1) = N, \frac{d}{dt}(Hr + Cr_1) = 0. \quad (58)$$

如未受扰时的椭球体为绕 z 轴的回转体,则进动方程就和以前一样可简化为(20)式和(21)式的形式. 此外,在天文学的应用中,扰力势中对进动起作用的部分是由形式为

$$\Omega' = -kr^2 \sin\theta \cos\theta \cos(\sigma t + \phi) \quad (59)$$

的诸项所组成的,其中 σ 非常接近于 ω; 参看 219 节(1)式和第 VIII 章附录之 e. 在笛卡儿坐标系中,有

$$\Omega' = \kappa z(y \sin st - x \cos st). \quad (60)$$

它使

$$L = -k(C - A)\sin\sigma t, \ M = -\kappa(C - A)\cos\sigma t,$$
$$N = 0. \quad (61)$$

故

$$L + iM = -ik(C - A)e^{-i\sigma t}. \quad (62)$$

于是,为得出进动情况在一定条件下和流体变成固体时的情况相同的这一结论,所要作的讨论就和上一节中所用方法一样了.

对地球而言,当扰力的势函数具有(59)式中的形式时,半轴 a, c 的振荡就对应于全日潮.